新编五金手册

第 2 版

主　编　陈　永
副主编　曹文博　田　珩
参　编　吴　娜　吴红涛　张旭锋　王璐璐　潘继民
　　　　王成明　关　成　丁　俊　王瑞娟　陈志民
　　　　李立碑　刘胜新　李　响　孟　迪　李　菁

机械工业出版社

本手册系统地介绍了金属材料的分类、牌号表示方法、化学成分、力学性能和品种及规格，五金件和五金工具的品种、规格及技术参数等内容。其主要内容包括基础资料、金属材料的化学成分及力学性能、金属材料的品种及规格、建筑装潢五金件、电器五金件、紧固件、传动件、密封及润滑件、钳工工具、手工工具、木工工具、切削工具、测量工具、电动工具、气动工具，共 15 章。本手册采用现行的国家标准和行业标准，以图表结合的形式为主，配备了丰富的实物图片，结构安排合理，内容简洁明了，便于读者查阅，实用性强。

本手册适合从事五金产品设计、生产、营销、采购、管理的人员及五金产品用户使用。

图书在版编目（CIP）数据

新编五金手册／陈永主编. -- 2 版. -- 北京：机械工业出版社，2024. 11. -- ISBN 978-7-111-76786-2

Ⅰ. TS914-62

中国国家版本馆 CIP 数据核字第 20243R5C17 号

机械工业出版社（北京市百万庄大街 22 号　邮政编码 100037）
策划编辑：陈保华　　　　　　　　　　责任编辑：陈保华　贺　怡
责任校对：张爱妮　郑　婕　陈　越　李　婷　　封面设计：马精明
责任印制：郜　敏
三河市宏达印刷有限公司印刷
2025 年 1 月第 2 版第 1 次印刷
130mm×184mm · 35.5 印张 · 2 插页 · 1053 千字
标准书号：ISBN 978-7-111-76786-2
定价：99.00 元

电话服务　　　　　　　　　　网络服务
客服电话：010-88361066　　　机 工 官 网：www.cmpbook.com
　　　　　010-88379833　　　机 工 官 博：weibo.com/cmp1952
　　　　　010-68326294　　　金 　书 　网：www.golden-book.com
封底无防伪标均为盗版　　机工教育服务网：www.cmpedu.com

前　　言

《新编五金手册》自 2010 年出版以来，已印刷 7 次，发行了 3 万多册，深受读者欢迎。考虑到本手册已出版十多年，这期间五金材料及产品的应用越来越广，产品规格日益增多，相应的技术标准和资料不断更新，所以为了满足广大从事五金产品设计、生产、营销、采购、管理的人员及五金产品用户的需求，我们决定对《新编五金手册》进行修订，出版第 2 版。

本次修订时，全面贯彻了五金材料及产品相关的现行标准，更新了相关内容；在第 1 版的基础上，将金属材料、五金件和五金工具等内容进行了充实，并进行了相应章节的拆分及合并，使手册的内容更实用、结构安排更合理。

本手册具有内容实用、资料新、查阅方便的鲜明特色。

（1）内容实用　本手册涵盖了国民经济建设和日常生活中常用的金属材料、五金件和五金工具，系统地介绍了金属材料的分类、牌号表示方法、化学成分、力学性能和品种及规格，五金件和五金工具的品种、规格及技术参数等内容。其主要内容包括基础资料、金属材料的化学成分及力学性能、金属材料的品种及规格、建筑装潢五金件、电器五金件、紧固件、传动件、密封及润滑件、钳工工具、手工工具、木工工具、切削工具、测量工具、电动工具、气动工具，共 15 章。

（2）资料新　在手册编写过程中，我们全面核实查对了 2024 年 6 月以前发布的相关国家标准和行业标准，以现行的技术标准资料为基础，经过认真分析，精心筛选，最后进行归纳总结，编写了这本手册。

（3）查阅方便　本手册以图表结合的形式为主，配备了丰富的实物图片，结构安排合理，内容简洁明了，便于读者查阅。

本手册由陈永任主编，曹文博、田珩任副主编，参加编写的还有吴娜、吴红涛、张旭锋、王璐璐、潘继民、王成明、关成、丁俊、王瑞娟、陈志民、李立碑、刘胜新、李响、孟迪、李菁。全书由陈永统稿，王金荣对全书进行了认真审阅。

在本手册的编写过程中，我们参考了国内外同行的大量文献资料和相关技术标准，谨向相关人员表示衷心的感谢！

由于我们水平有限，手册中错误之处在所难免，敬请广大读者批评指正。

编　者

目　　录

第1章 基础资料

1.1 常用换算关系

1.1.1 长度单位换算

法定长度单位见表 1-1，英制长度单位见表 1-2，长度单位换算见表 1-3。

表 1-1 法定长度单位

单位名称	旧名称	符号	与基本单位的换算
微米	公忽	μm	0.000001m
毫米	公厘	mm	0.001m
厘米	公分	cm	0.01m
分米	公寸	dm	0.1m
米	公尺	m	基本单位
十米	公丈	dam	10m
百米	公引	hm	100m
千米(公里)	公里	km	1000m

表 1-2 英制长度单位

单位名称	符号	与基本单位的换算	与法定基本单位的换算
英里	mile	1760×3×12in	1609.344m
码	yd	3×12in	0.9144m
英尺	ft	12in	0.3048m
英寸	in	基本单位	0.0254m
英分①	—	1/8in	0.003175m
密耳(英毫)	mil	1/1000in	0.0000254m

① 英分（1/8in）是我国的习惯称呼，英制中无此长度计量单位。

表 1-3　长度单位换算

米 （m）	厘米 （cm）	毫米 （mm）	[市]尺	英尺 （ft）	英寸 （in）
1	100	1000	3	3.28084	39.3701
0.01	1	10	0.03	0.032808	0.393701
0.001	0.1	1	0.003	0.003281	0.03937
0.333333	33.3333	333.333	1	1.09361	13.1234
0.3048	30.48	304.8	0.9144	1	12
0.0254	2.54	25.4	0.0762	0.083333	1

1.1.2　线规号与公称直径换算（见表 1-4）

表 1-4　线规号与公称直径换算

线规号	SWG 英国线规		BWG 伯明翰线规		AWG 美国线规	
	in	mm	in	mm	in	mm
3	0.252	6.401	0.259	6.58	0.2294	5.83
4	0.232	5.893	0.238	6.05	0.2043	5.19
5	0.212	5.385	0.220	5.59	0.1819	4.62
6	0.192	4.877	0.203	5.16	0.1620	4.11
7	0.176	4.470	0.180	4.57	0.1443	3.67
8	0.160	4.064	0.165	4.19	0.1285	3.26
9	0.144	3.658	0.148	3.76	0.1144	2.91
10	0.128	3.251	0.134	3.40	0.1019	2.59
11	0.116	2.946	0.120	3.05	0.09074	2.30
12	0.104	2.642	0.109	2.77	0.08081	2.05
13	0.092	2.337	0.095	2.41	0.07196	1.83
14	0.080	2.032	0.083	2.11	0.06408	1.63
15	0.072	1.829	0.072	1.83	0.05707	1.45
16	0.064	1.626	0.065	1.65	0.05082	1.29
17	0.056	1.422	0.058	1.47	0.04526	1.15
18	0.048	1.219	0.049	1.24	0.04030	1.02
19	0.040	1.016	0.042	1.07	0.03589	0.91
20	0.036	0.914	0.035	0.89	0.03196	0.812
21	0.032	0.813	0.032	0.81	0.02846	0.723
22	0.028	0.711	0.028	0.71	0.02535	0.644
23	0.024	0.610	0.025	0.64	0.02257	0.573

（续）

线规号	SWG 英国线规		BWG 伯明翰线规		AWG 美国线规	
	in	mm	in	mm	in	mm
24	0.022	0.559	0.022	0.56	0.02010	0.511
25	0.020	0.508	0.020	0.51	0.01790	0.455
26	0.018	0.457	0.018	0.46	0.01594	0.405
27	0.0164	0.4166	0.016	0.41	0.01420	0.361
28	0.0148	0.3759	0.014	0.36	0.01264	0.321
29	0.0136	0.3454	0.013	0.33	0.01126	0.286
30	0.0124	0.3150	0.012	0.30	0.01003	0.255
31	0.0116	0.2946	0.010	0.25	0.008928	0.227
32	0.0108	0.2743	0.009	0.23	0.007950	0.202
33	0.0100	0.2540	0.008	0.20	0.007080	0.180
34	0.0092	0.2337	0.007	0.18	0.006304	0.160
35	0.0084	0.2134	0.005	0.13	0.005615	0.143
36	0.0076	0.1930	0.004	0.10	0.005000	0.127

1.1.3 标准筛网号与目数换算（见表 1-5）

表 1-5 标准筛网号与目数换算

网号/号	目数/目	孔数/（个/cm²）	网号/号	目数/目	孔数/（个/cm²）	网号/号	目数/目	孔数/（个/cm²）	网号/号	目数/目	孔数/（个/cm²）
5	4	2.56	0.63	28	125.44	0.301	60	576	0.088	160	
4	5	4	0.6	30	144	0.28	65	676	0.077	180	5184
3.22	6	5.76	0.55	32	163.84	0.261	70	784		190	5776
2.5	8	10.24	0.525	34	185	0.25	75	900	0.076	200	6400
2	10	16	0.5	36	207	0.2	80	1024	0.065	230	3464
	12	23.04	0.425	38	231	0.18	85			240	9216
1.43	14	31.36	0.4	40	256	0.17	90	1296	0.06	250	10000
1.24	16	40.96	0.375	42	282	0.15	100	1600	0.052	275	12100
1	18	51.84		44	310	0.14	110	1936		280	12544
0.95	20	64	0.345	46	339	0.125	120	2304	0.045	300	14400
	22	77.44		48	369	0.12	130	2704	0.044	320	16384
0.7	24	92.16	0.325	50	400		140	3136	0.042	350	19600
0.71	26	108.16		55	484	0.1	150	3600	0.034	400	25600

注：1. 网号是指筛网的公称尺寸，单位为 mm。例如：1 号网，即指正方形网孔每边长 1mm。

2. 目数是指 1in（25.4mm）长度上的孔眼数目，单位为目/in。例如：1in 长度上有 20 孔眼，即为 20 目。

1.1.4 粒度代号与尺寸范围换算（见表 1-6）

表 1-6　粒度代号与尺寸范围换算

粒度代号	公称筛孔尺寸范围 /μm	99.9%通过的网孔尺寸（上限筛）/μm	上检查筛		下检查筛			不多于 2%通过的网孔尺寸（下限筛）/μm
			网孔尺寸 /μm	筛上物不多于（%）	网孔尺寸 /μm	筛上物不少于（%）	筛下物不多于（%）	
16/18	1180/1000	1700	1180	8	1000	90	8	710
18/20	1000/850	1400	1000	8	850	90	8	600
20/25	850/710	1180	850	8	710	90	8	500
25/30	710/600	1000	710	8	600	90	8	425
30/35	600/500	850	600	8	500	90	8	355
35/40	500/425	710	500	8	425	90	8	300
40/45	425/355	600	455	8	360	90	8	255
45/50	355/300	500	384	8	302	90	8	213
50/60	300/250	455	322	8	255	90	8	181
60/70	250/212	384	271	8	213	90	8	151
70/80	212/180	322	227	8	181	90	8	127
80/100	180/150	271	197	10	151	87	10	107
100/120	150/125	227	165	10	127	87	10	90
120/140	125/106	197	139	10	107	87	10	75
140/170	106/90	165	116	11	90	85	11	65

窄范围

（续）

粒度代号	公称筛孔尺寸范围/μm	99.9%通过的网孔尺寸（上限筛）/μm	上检查筛 网孔尺寸/μm	上检查筛 筛上物不多于(%)	下检查筛 网孔尺寸/μm	下检查筛 筛上物不少于(%)	下检查筛 筛下物不多于(%)	不多于2%通过的网孔尺寸（下限筛）/μm
170/200	90/75	139	97	11	75	85	11	57
200/230	75/63	116	85	11	65	85	11	49
230/270	63/68	97	75	11	57	85	11	41
270/325	53/45	85	65	15	49	80	15	—
325/400	45/38	75	57	15	41	80	15	—
16/20	1180/850	1700	1180	8	850	90	8	600
20/30	850/600	1180	850	8	600	90	8	425
30/40	600/425	850	600	8	425	90	8	300
40/50	425/300	600	455	8	302	90	8	213
60/80	250/180	384	271	8	181	90	8	127

（上半部分为窄范围，下半部分为宽范围）

注：隔离粗线以上者用金属编织筛，其余用电成形筛筛分。

1.1.5　面积单位换算

法定面积单位见表 1-7，英制面积单位见表 1-8，面积单位换算见表 1-9。

表 1-7　法定面积单位

单位名称	旧名称	符号	与基本单位的换算
平方米	平方公尺	m^2	基本单位
平方厘米	平方公分	cm^2	$0.0001m^2$
平方毫米	平方公厘	mm^2	$0.000001m^2$
平方公里	平方公里	km^2	$1000000m^2$
公顷	公顷	hm^2	$10000m^2$

注：公顷（国际符号为 ha）、公亩（a）是国际计量大会认可的暂用单位。1992 年 11 月起，公顷列为我国法定单位，而公亩未予选用。$1a = 100m^2$，$1ha = 100a$。

表 1-8　英制面积单位

单位名称	符号	与基本单位的换算
英亩	acre	$6272640in^2$
平方码	yd^2	$1296in^2$
平方英尺	ft^2	$144in^2$
平方英寸	in^2	基本单位

表 1-9　面积单位换算

平方米 （m^2）	平方厘米 （cm^2）	平方毫米 （mm^2）	平方 [市] 尺	平方英尺 （ft^2）	平方英寸 （in^2）
1	10000	1000000	9	10.7639	1550
0.0001	1	100	0.0009	0.001076	0.155
0.000001	0.01	1	0.000009	0.000011	0.00155
0.111111	1111.11	111111	1	1.19599	172.223
0.092903	929.03	92903	0.836127	1	144
0.00064516	6.4516	645.16	0.005806	0.006944	1

公顷 （hm^2）	公亩 （a）	[市] 亩	英亩 （acre）
1	100	15	2.47105
0.01	1	0.15	0.024711
0.066667	6.66667	1	0.164737
0.404686	40.4686	6.07029	1

注：1 [市] 亩 = $666.6m^2$。

1.1.6 体积单位换算

法定体积单位见表 1-10，英制和美制体积单位见表 1-11，体积单位换算见表 1-12。

表 1-10 法定体积单位

单位名称	旧名称	符号	与基本单位的换算
毫升	公撮	mL	0.001L
厘升	公勺	cL	0.01L
分升	公合	dL	0.1L
升	公升	L(或 l)	基本单位
十升	公斗	daL	10L
百升	公石	hL	100L
千升	公秉	kL	1000L

注：1. $1L = 1dm^3 = 1000cm^3$。

2. $1mL = 1cm^3$。

表 1-11 英制和美制体积单位

类别	单位名称	符号	进位	折合升(L)	
				英制	美制
干量	品脱	pt		0.568261	0.550610
	夸脱	qt	2pt	1.13652	1.10122
	加仑	gal	4qt	4.54609	4.40488
	配克	pk	2gal	9.09218	8.80976
	蒲式耳	bu	4pk	36.3687	35.2391
液量	及耳	gi		0.142065	0.118294
	品脱	pt	4gi	0.568261	0.473176
	夸脱	qt	2pt	1.13652	0.946353
	加仑	gal	4qt	4.54609	3.78541

注：1. 1 美制（石油）桶（符号 bbl）= 42 美液量加仑 = 158.987L。

2. 有时，美制干量符号前面，加上"dry"符号；美制液量符号前面，加上"liq"符号；英制液量符号前面，加上"fl"符号。又有时，各种美制符号前面，加上"US"符号；各种英制符号前面，加上"UK"符号。

表 1-12　体积单位换算

立方米 （m³）	升 （L）	立方英寸 （in³）	英加仑 （UKgal）	美加仑（液量） （USgal）
1	1000	61023.7	219.969	264.172
0.001	1	61.0237	0.219969	0.264172
0.000016	0.016387	1	0.003605	0.004329
0.004546	4.54609	277.420	1	1.20095
0.003785	3.78541	231	0.832674	1

1.1.7　质量（重量）单位换算

法定质量（重量）单位见表 1-13，英制和美制质量（重量）单位见表 1-14，质量（重量）单位换算见表 1-15。

表 1-13　法定质量（重量）单位

单位名称	旧名称	符号	与基本单位的换算
毫克	公丝	mg	0.000001kg
厘克	公毫	cg	0.00001kg
分克	公厘	dg	0.0001kg
克	公分	g	0.001kg
十克	公钱	dag	0.01kg
百克	公两	hg	0.1kg
千克（公斤）	公斤，千克	kg	基本单位
吨	公吨	t	1000kg

注：1. 旧单位公担（q，100kg）因不符合法定单位规定，现已废除不用。

2. 人民生活和贸易中，质量习惯称为重量。

表 1-14　英制和美制质量（重量）单位

单位名称	符号	与基本单位的换算
英吨	ton	2240 lb
短吨	sh ton	2000 lb
磅	lb	基本单位
盎司	oz	1/16lb
格令	gr	1/7000lb

表 1-15 质量（重量）单位换算

吨 （t）	千克 （kg）	［市］ 担	［市］ 斤	英吨 （ton）	短吨 （sh ton）	磅 （lb）
1	1000	20	2000	0.984207	1.10231	2204.62
0.001	1	0.02	2	0.000984	0.001102	2.20462
0.05	50	1	100	0.049210	0.055116	110.231
0.0005	0.5	0.01	1	0.000492	0.000551	1.10231
1.01605	1016.05	20.3209	2032.09	1	1.12	2240
0.907185	907.185	18.1437	1814.37	0.892857	1	2000
0.000453592	0.453592	0.009072	0.907185	0.000446	0.0005	1

1.1.8 密度单位换算（见表 1-16）

表 1-16 密度单位换算

千克/米³ （kg/m³）	吨/米³（t/m³） 克/厘米³ （g/cm³）	磅/英寸³ （lb/in³）	磅/英尺³ （lb/ft³）	磅/英加仑 （lb/UKgal）
1	0.001	3.6×10^{-5}	0.062	0.01
1000	1	0.036	62.43	10.017
27679.9	27.6799	1	1728	277.27
16.0185	0.0160185	5.78×10^{-4}	1	0.1605
99.83	0.1	0.0036	6.2305	1

1.1.9 速度单位换算（见表 1-17）

表 1-17 速度单位换算

厘米/秒 （cm/s）	米/秒 （m/s）	千米/时 （km/h）	英尺/秒 （ft/s）	英尺/分 （ft/min）
1	0.01	0.036	0.03281	1.9686
100	1	3.6	3.281	196.86
27.78	0.2778	1	0.9113	54.678
30.48	0.3048	1.097	1	60
0.508	0.00508	0.01828	0.0167	1

1.1.10　流量单位换算（见表 1-18）

表 1-18　流量单位换算

米³/分 （m³/min）	升/分 （L/min）	美加仑/分 （US gal/min）	美加仑/秒 （US gal/s）	英尺³/分 （ft³/min）
1	1000	264.17	4.4028	35.315
0.001	1	0.2642	0.0044	0.0353
0.0038	3.785	1	0.0167	0.1337
0.2271	227.12	60	1	8.022
0.0283	28.3	7.481	0.1247	1

1.1.11　力单位换算（见表 1-19）

表 1-19　力单位换算

牛 （N）	千克力 （kgf）	克力 （gf）	磅力 （lbf）	英吨力 （tonf）
1	0.101972	101.972	0.224809	0.0001
9.80665	1	1000	2.20462	0.000984
0.009807	0.001	1	0.002205	0.000001
4.44822	0.453592	453.592	1	0.000446
9964.02	1016.05	1016046	2240	1

注：牛是法定单位，其余是非法定单位。

1.1.12　力矩单位换算（见表 1-20）

表 1-20　力矩单位换算

牛·米 （N·m）	千克力·米 （kgf·m）	克力·厘米 （gf·cm）	磅力·英尺 （lbf·ft）	磅力·英寸 （lbf·in）
1	0.101972	10197.2	0.737562	8.85075
9.80665	1	100000	7.23301	86.7962
0.000098	0.00001	1	0.000072	0.000868
1.35582	0.138255	13825.5	1	12
0.112985	0.011521	1152.12	0.083333	1

注：牛·米是法定单位，其余是非法定单位。

1.1.13　强度（应力）及压力（压强）单位换算（见表1-21）

表 1-21　强度（应力）及压力（压强）单位换算

牛/毫米^2（N/mm^2）或兆帕（MPa）	千克力/毫米^2（kgf/mm^2）	千克力/厘米^2（kgf/cm^2）	千磅力/英寸^2（1000lbf/in^2）	英吨力/英寸^2（tonf/in^2）
1	0.101972	10.1972	0.145038	0.064749
9.80665	1	100	1.42233	0.634971
0.098067	0.01	1	0.014223	0.006350
6.89476	0.703070	70.3070	1	0.446429
15.4443	1.57488	157.488	2.24	1

帕（Pa）或牛/米^2（N/m^2）	千克力/厘米^2（kgf/cm^2）	磅力/英寸^2（lbf/in^2）	毫米水柱（mmH$_2$O）	毫巴（mbar）
1	0.00001	0.000145	0.101972	0.01
98066.5	1	14.2233	10000	980.665
6894.76	0.070307	1	703.070	68.9476
9.80665	0.000102	0.001422	1	0.098067
100	0.001020	0.014504	10.1972	1

注：1. 牛/毫米^2、帕是法定单位，其余是非法定单位。

　　2. 1Pa = 1N/m^2，1MPa = 1N/mm^2。

　　3. 1kgf/mm^2 = 9.80665MPa ≈ 10MPa。

　　4. 巴（bar）在国际单位制中允许使用，1bar = 0.1MPa。

　　5. 1标准大气压（atm）= 101325Pa ≈ 0.1MPa。

　　6. 1工程大气压（at）= 1kgf/cm^2 = 0.0980665MPa ≈ 0.1MPa。

　　7. "磅力/英寸^2"符号也可以写成"psi"，"千磅力/英寸^2"符号也可以写成"ksi"。

　　8. 1毫米汞柱（mmHg）= 133.322Pa。

1.1.14　功率单位换算（见表1-22）

表 1-22　功率单位换算

千瓦（kW）	米制马力（PS）	英制马力（hp）	千克力·米/秒（kgf·m/s）	英尺·磅力/秒（ft·lbf/s）
1	1.36	1.341	102	737.6
0.7355	1	0.9863	75	542.5

（续）

千瓦 （kW）	米制马力 （PS）	英制马力 （hp）	千克力· 米/秒 （kgf·m/s）	英尺· 磅力/秒 （ft·lbf/s）
0.7457	1.014	1	76.04	550
9.807×10^{-3}	13.33×10^{-3}	13.15×10^{-3}	1	7.233
1.356×10^{-3}	1.843×10^{-3}	1.82×10^{-3}	0.1383	1

注：1. 瓦是法定单位，其余是非法定单位。

2. $1W = 1J/s$。

3. $1kW = 0.239kcal/s$。

1.1.15　功、能及热量单位换算（见表1-23）

表1-23　功、能及热量单位换算

焦 （J）	瓦·时 （W·h）	千克力·米 （kgf·m）	磅力·英尺 （lbf·ft）	卡 （cal）	英热单位 （Btu）
1	0.000278	0.101972	0.737562	0.238846	0.000948
3600	1	367.098	2655.22	859.845	3.41214
9.80665	0.002724	1	7.23301	2.34228	0.009295
1.35582	0.000377	0.138255	1	0.323832	0.001285
4.1868	0.001163	0.426936	3.08803	1	0.003967
1055.06	0.293071	107.587	778.169	252.074	1

注：1. 焦、瓦·时是法定单位，其余是非法定单位。

2. $1J = 1N·m$。

3. $1kW·h = 3.6MJ$，$1MJ = 0.277778kW·h$。

1.1.16　温度单位换算（见表1-24）

表1-24　温度单位换算

摄氏度（℃）	华氏度（℉）	兰氏度（°R）	开尔文（K）
C	$\dfrac{9}{5}C + 32$	$\dfrac{9}{5}C + 491.67$	$C + 273.15$[①]
$\dfrac{5}{9}(F-32)$	F	$F + 459.67$	$\dfrac{5}{9}(F+459.67)$

（续）

摄氏度（℃）	华氏度（℉）	兰氏度（°R）	开尔文（K）
$\dfrac{5}{9}(R-491.67)$	$R-459.67$	R	$\dfrac{5}{9}R$
$K-273.15$①	$\dfrac{9}{5}K-459.67$	$\dfrac{9}{5}K$	K

① 摄氏温度的标定是以水的冰点为一个参照点作为 0℃，相对于开尔文温度上的 273.15K。开尔文温度的标定是以水的三相点为一个参照点作为 273.15K，相对于摄氏 0.01℃（即水的三相点高于水的冰点 0.01℃）。

1.1.17 比热容单位换算 （见表 1-25）

表 1-25 比热容单位换算

焦/（千克·开） [J/（kg·K）]①	焦/（克·开） [J/（g·K）]	千卡/（千克·开） [kcal/（kg·K）]	千卡(th)/（千克·开） [kcal$_{th}$/（kg·K）]
1	1×10^{-3}	0.238846×10^{-2}	0.239066×10^{-3}
1×10^2	1	0.238846	0.239066
4186.8	4.1868	1	1.00067
4184	4.184	0.999331	1

① J/（kg·K）常用 J/（kg·℃）表示。

1.1.18 热导率（导热系数）单位换算 （见表 1-26）

表 1-26 热导率（导热系数）单位换算

瓦/（米·开） [W/（m·K）]	卡/（厘米·秒·℃） [cal/（m·h·℃）]	千卡/（米·时·℃） [kcal/（m·h·℃）]	焦/（厘米·秒·℃）[J/（cm·s·℃）]	英热单位/（英尺·时·华氏度） [Btu/（ft·h·℉）]
1	2.388×10^{-3}	0.85985	0.01	0.5778
418.68	1	360	4.1868	241.91
1.163	2.778×10^{-3}	1	1.163×10^{-2}	0.672
100	0.2388	85.985	1	57.78
1.731	4.13×10^{-3}	1.488	1.731×10^{-2}	1

1.1.19　传热系数单位换算 （见表1-27）

表1-27　传热系数单位换算

卡/（厘米^2·秒·℃）[cal/（cm^2·s·℃）]	瓦/（米^2·开）[W/（m^2·K）]	千卡/（米^2·时·℃）[kcal/（m^2·h·℃）]	焦/（厘米^2·秒·℃）[J/（cm^2·s·℃）]	英热单位/（英尺^2·时·华氏度）[Btu/（ft^2·h·℉）]
1	41868	36000	4.1868	7373
2.388×10^{-5}	1	0.85985	10^{-4}	0.1761
2.778×10^{-5}	1.163	1	1.163×10^{-4}	0.2048
0.2388	10^4	8598.5	1	1761
1.356×10^{-4}	5.678	4.8828	5.678×10^{-4}	1

1.1.20　表面粗糙度与表面光洁度换算 （见表1-28）

表1-28　表面粗糙度与表面光洁度换算

（单位：μm）

表面光洁度		▽1	▽2	▽3	▽4	▽5	▽6	▽7
表面粗糙度	Ra	50	25	12.5	6.3	3.2	1.60	0.80
	Rz	200	100	50	25	12.5	6.3	6.3
表面光洁度		▽8	▽9	▽10	▽11	▽12	▽13	▽14
表面粗糙度	Ra	0.40	0.20	0.100	0.050	0.025	0.012	—
	Rz	3.2	1.60	0.80	0.40	0.20	0.100	0.050

1.1.21　各种硬度的换算 （见表1-29）

1.1.22　钢铁材料硬度与强度换算

为了能用硬度试验代替某些力学性能试验，生产上需要一个比较准确的硬度和强度的换算关系。布氏硬度 H_B （HBW）与抗拉强度 R_m （MPa）的换算关系近似为：

1）低碳钢：$R_m \approx 3.53 H_B$；

表 1-29　各种硬度的换算

洛氏硬度 HRC	肖氏硬度 HS	维氏硬度 HV	布氏硬度 HBW	洛氏硬度 HRC	肖氏硬度 HS	维氏硬度 HV	布氏硬度 HBW	洛氏硬度 HRC	肖氏硬度 HS	维氏硬度 HV	布氏硬度 HBW
70	—	1037	—	52	69.1	543	—	34	46.6	320	314
69	—	997	—	51	67.7	525	501	33	45.6	312	306
68	96.6	959	—	50	66.3	509	488	32	44.5	304	298
67	94.6	923	—	49	65	493	474	31	43.5	296	291
66	92.6	889	—	48	63.7	478	461	30	42.5	289	283
65	90.5	856	—	47	62.3	463	449	29	41.6	281	276
64	88.4	825	—	46	61	449	436	28	40.6	274	269
63	86.5	795	—	45	59.7	436	424	27	39.7	268	263
62	84.8	766	—	44	58.4	423	413	26	38.8	261	257
61	83.1	739	—	43	57.1	411	401	25	37.9	255	251
60	81.4	713	—	42	55.9	399	391	24	37	249	245
59	79.9	688	—	41	54.7	388	380	23	36.3	243	240
58	78.1	664	—	40	53.5	377	370	22	35.5	237	234
57	76.5	642	—	39	52.3	367	360	21	34.7	231	229
56	74.9	620	—	38	51.1	357	350	20	34	226	225
55	73.5	599	—	37	50	347	341	19	33.2	221	220
54	71.9	579	—	36	48.8	338	332	18	32.6	216	216
53	70.5	561	—	35	47.8	329	323	17	31.9	211	211

2）高碳钢：$R_m \approx 3.33 H_B$；

3）合金钢：$R_m \approx 3.19 H_B$；

4）灰铸铁：$R_m \approx 0.98 H_B$。

钢铁材料硬度与强度换算见表 1-30。

1.1.23　有色金属材料硬度与强度换算

有色金属材料硬度 H_B（HBW）与抗拉强度 R_m（MPa）的关系可按关系式 $R_m = K H_B$ 计算，其中强度-硬度系数 K 值按表 1-31 取值。

表 1-30　钢铁材料硬度与强度换算

硬度								抗拉强度 R_m/MPa								
洛氏		表面洛氏			维氏	布氏 (0.012F/D^2=30)		碳钢	铬钢	铬钒钢	铬镍钢	铬钼钢	铬镍钼钢	铬锰硅钢	超高强度钢	不锈钢
HRC	HRA	HR15N	HR30N	HR45N	HV	HBS[1]	HBW[2]									
20.0	60.2	68.8	40.7	19.2	226	225	—	774	742	736	782	747	—	781	—	740
20.5	60.4	69.0	41.2	19.8	228	227	—	784	751	744	787	753	—	788	—	749
21.0	60.7	69.3	41.7	20.4	230	229	—	793	760	753	792	760	—	794	—	758
21.5	61.0	69.5	42.2	21.0	233	232	—	803	769	761	797	767	—	801	—	767
22.0	61.2	69.8	42.6	21.5	235	234	—	813	779	770	803	774	—	809	—	777
22.5	61.5	70.0	43.1	22.1	238	237	—	823	788	779	809	781	—	816	—	786
23.0	61.7	70.3	43.6	22.7	241	240	—	833	798	788	815	789	—	824	—	796
23.5	62.0	70.6	44.0	23.3	244	242	—	843	808	797	822	797	—	832	—	806
24.0	62.2	70.8	44.5	23.9	247	245	—	854	818	807	829	805	—	840	—	816
24.5	62.5	71.1	45.0	24.5	250	248	—	864	828	816	836	813	—	848	—	826
25.0	62.8	71.4	45.5	25.1	253	251	—	875	838	826	843	822	—	856	—	837
25.5	63.0	71.6	45.9	25.7	256	254	—	886	848	837	851	831	850	865	—	847
26.0	63.3	71.9	46.4	26.3	259	257	—	897	859	847	859	840	859	874	—	858
26.5	63.5	72.2	46.9	26.9	262	260	—	908	870	858	867	850	869	883	—	868
27.0	63.8	72.4	47.3	27.5	266	263	—	919	880	869	876	860	879	893	—	879
27.5	64.0	72.7	47.8	28.1	269	266	—	930	891	880	885	870	890	902	—	890

901	—	912	901	880	894	892	902	942	—	269	273	28.7	48.3	73.0	64.3	28.0
913	—	922	912	891	904	903	914	954	—	273	276	29.3	48.7	73.3	64.6	28.5
924	—	933	923	902	914	915	925	965	—	276	280	29.9	49.2	73.5	64.8	29.0
936	—	943	935	913	924	928	937	977	—	280	284	30.5	49.7	73.8	65.1	29.5
947	—	954	947	924	935	940	948	989	—	283	288	31.1	50.2	74.1	65.3	30.0
959	—	965	959	936	946	953	960	1002	—	287	292	31.7	50.6	74.4	65.6	30.5
971	—	977	972	948	957	966	972	1014	—	291	296	32.3	51.1	74.7	65.8	31.0
983	—	989	985	961	969	980	984	1027	—	294	300	32.9	51.6	74.9	66.1	31.5
996	—	1001	999	974	981	993	996	1039	—	298	304	33.5	52.0	75.2	66.4	32.0
1008	—	1013	1012	987	994	1007	1009	1052	—	302	308	34.1	52.5	75.5	66.6	32.5
1021	—	1026	1027	1001	1007	1022	1022	1065	—	306	313	34.7	53.0	75.8	66.9	33.0
1034	—	1039	1041	1015	1020	1036	1034	1078	—	310	317	35.3	53.4	76.1	67.1	33.5
1047	—	1052	1056	1029	1034	1051	1048	1092	—	314	321	35.9	53.9	76.4	67.4	34.0
1060	—	1066	1071	1043	1048	1067	1061	1105	—	318	326	36.5	54.4	76.7	67.7	34.5
1074	—	1079	1087	1058	1063	1082	1074	1119	—	323	331	37.0	54.8	77.0	67.9	35.0
1087	—	1094	1103	1074	1078	1098	1088	1133	—	327	335	37.6	55.3	77.2	68.2	35.5
1101	—	1108	1119	1090	1093	1114	1102	1147	—	332	340	38.2	55.8	77.5	68.4	36.0
1116	—	1123	1136	1106	1109	1131	1116	1162	—	336	345	38.8	56.2	77.8	68.7	36.5
1130	—	1139	1153	1122	1125	1148	1131	1177	—	341	350	39.4	56.7	78.1	69.0	37.0
1145	—	1155	1171	1139	1142	1165	1146	1192	—	345	355	40.0	57.2	78.4	69.2	37.5
1161	—	1171	1189	1157	1159	1183	1161	1207	—	350	360	40.6	57.6	78.7	69.5	38.0
1176	1170	1187	1207	1174	1177	1201	1176	1222	—	355	365	41.2	58.1	79.0	69.7	38.5
1193	1195	1204	1226	1192	1195	1219	1192	1238	—	360	371	41.8	58.6	79.3	70.0	39.0

(续)

| 硬度 | | | | | | | | 抗拉强度 R_m /MPa | | | | | | | | |
| 洛氏 | | 表面洛氏 | | | 维氏 | 布氏 (0.012F/D^2=30) | | 碳钢 | 铬钢 | 铬钒钢 | 铬镍钢 | 铬钼钢 | 铬镍钼钢 | 铬锰硅钢 | 超高强度钢 | 不锈钢 |
HRC	HRA	HR15N	HR30N	HR45N	HV	HBS[①]	HBW[②]									
39.5	70.3	79.6	59.0	42.4	376	365	—	1254	1208	1238	1214	1211	1245	1222	1219	1209
40.0	70.5	79.9	59.5	43.0	381	370	370	1271	1225	1257	1233	1230	1265	1240	1243	1226
40.5	70.8	80.2	60.0	43.6	387	375	375	1288	1242	1276	1252	1249	1285	1258	1267	1244
41.0	71.1	80.5	60.4	44.2	393	380	381	1305	1260	1296	1273	1269	1306	1277	1290	1262
41.5	71.3	80.8	60.9	44.8	398	385	386	1322	1278	1317	1293	1289	1327	1296	1313	1280
42.0	71.6	81.1	61.3	45.4	404	391	392	1340	1296	1337	1314	1310	1348	1316	1336	1299
42.5	71.8	81.4	61.8	45.9	410	396	397	1359	1315	1358	1336	1331	1370	1336	1359	1319
43.0	72.1	81.7	62.3	46.5	416	401	403	1378	1335	1380	1358	1353	1392	1357	1381	1339
43.5	72.4	82.0	62.7	47.1	422	407	409	1397	1355	1401	1380	1375	1415	1378	1404	1361
44.0	72.6	82.3	63.2	47.7	428	413	415	1417	1376	1424	1404	1397	1439	1400	1427	1383
44.5	72.9	82.6	63.6	48.3	435	418	422	1438	1398	1446	1427	1420	1462	1422	1450	1405
45.0	73.2	82.9	64.1	48.9	441	424	428	1459	1420	1469	1451	1444	1487	1445	1473	1429
45.5	73.4	83.2	64.6	49.5	448	430	435	1481	1444	1493	1476	1468	1512	1469	1496	1453
46.0	73.7	83.5	65.0	50.1	454	436	441	1503	1468	1517	1502	1492	1537	1493	1520	1479
46.5	73.9	83.7	65.5	50.7	461	442	448	1526	1493	1541	1527	1517	1563	1517	1544	1505
47.0	74.2	84.0	65.9	51.2	468	449	455	1550	1519	1566	1554	1542	1589	1543	1569	1533
47.5	74.5	84.3	66.4	51.8	475	—	463	1575	1546	1591	1581	1568	1616	1569	1594	1562

48.0	74.7	84.6	66.8	52.4	482	—	470	1600	1574	1617	1608	1595	1643	1595	1620	1592
48.5	75.0	84.9	67.3	53.0	489	—	478	1626	1603	1643	1636	1622	1671	1623	1646	1623
49.0	75.3	85.2	67.7	53.6	497	—	486	1653	1633	1670	1665	1649	1699	1651	1674	1655
49.5	75.5	85.5	68.2	54.2	504	—	494	1681	1665	1697	1695	1677	1728	1679	1702	1689
50.0	75.8	85.7	68.6	54.7	512	—	502	1710	1698	1724	1724	1706	1758	1709	1731	1725
50.5	76.1	86.0	69.1	55.3	520	—	510	—	1732	1752	1755	1735	1788	1739	1761	—
51.0	76.3	86.3	69.5	55.9	527	—	518	—	1768	1780	1786	1764	1819	1770	1792	—
51.5	76.6	86.6	70.0	56.5	535	—	527	—	1806	1809	1818	1794	1850	1801	1824	—
52.0	76.9	86.8	70.4	57.1	544	—	535	—	1845	1839	1850	1825	1881	1834	1857	—
52.5	77.1	87.1	70.9	57.6	552	—	544	—	—	1869	1883	1856	1914	1867	1892	—
53.0	77.4	87.4	71.3	58.2	561	—	552	—	—	1899	1917	1888	1947	1901	1929	—
53.5	77.7	87.6	71.8	58.8	569	—	561	—	—	1930	1951	—	—	1936	1966	—
54.0	77.9	87.9	72.2	59.4	578	—	569	—	—	1961	1986	—	—	1971	2006	—
54.5	78.2	88.1	72.6	59.9	587	—	577	—	—	1993	2022	—	—	2008	2047	—
55.0	78.5	88.4	73.1	60.5	596	—	585	—	—	2026	2058	—	—	2045	2090	—
55.5	78.7	88.6	73.5	61.1	606	—	593	—	—	—	—	—	—	—	2135	—
56.0	79.0	88.9	73.9	61.7	615	—	601	—	—	—	—	—	—	—	2181	—
56.5	79.3	89.1	74.4	62.2	625	—	608	—	—	—	—	—	—	—	2230	—
57.0	79.5	89.4	74.8	62.8	635	—	616	—	—	—	—	—	—	—	2281	—
57.5	79.8	89.6	75.2	63.4	645	—	622	—	—	—	—	—	—	—	2334	—
58.0	80.1	89.8	75.6	63.9	655	—	628	—	—	—	—	—	—	—	2390	—
58.5	80.3	90.0	76.1	64.5	666	—	634	—	—	—	—	—	—	—	2448	—
59.0	80.6	90.2	76.5	65.1	676	—	639	—	—	—	—	—	—	—	2509	—
59.5	80.9	90.4	76.9	65.6	687	—	643	—	—	—	—	—	—	—	2572	—

（续）

| 硬度 | | | | | | | | 抗拉强度 R_m/MPa | | | | | | | | |
| 洛氏 | | 表面洛氏 | | | 维氏 | 布氏 (0.012F/D^2=30) | | 碳钢 | 铬钢 | 铬钒钢 | 铬镍钢 | 铬钼钢 | 铬镍钼钢 | 铬锰硅钢 | 超高强度钢 | 不锈钢 |
HRC	HRA	HR15N	HR30N	HR45N	HV	HBS①	HBW②									
60.0	81.2	90.6	77.3	66.2	698	—	647	—	—	—	—	—	—	—	2639	—
60.5	81.4	90.8	77.7	66.8	710	—	650	—	—	—	—	—	—	—	—	—
61.0	81.7	91.0	78.1	67.3	721	—	—	—	—	—	—	—	—	—	—	—
61.5	82.0	91.2	78.6	67.9	733	—	—	—	—	—	—	—	—	—	—	—
62.0	82.2	91.4	79.0	68.4	745	—	—	—	—	—	—	—	—	—	—	—
62.5	82.5	91.5	79.4	69.0	757	—	—	—	—	—	—	—	—	—	—	—
63.0	82.8	91.7	79.8	69.5	770	—	—	—	—	—	—	—	—	—	—	—
63.5	83.1	91.8	80.2	70.1	782	—	—	—	—	—	—	—	—	—	—	—
64.0	83.3	91.9	80.6	70.6	795	—	—	—	—	—	—	—	—	—	—	—
64.5	83.6	92.1	81.0	71.2	809	—	—	—	—	—	—	—	—	—	—	—
65.0	83.9	92.2	81.3	71.7	822	—	—	—	—	—	—	—	—	—	—	—
65.5	84.1	—	—	—	836	—	—	—	—	—	—	—	—	—	—	—
66.0	84.4	—	—	—	850	—	—	—	—	—	—	—	—	—	—	—
66.5	84.7	—	—	—	865	—	—	—	—	—	—	—	—	—	—	—
67.0	85.0	—	—	—	879	—	—	—	—	—	—	—	—	—	—	—
67.5	85.2	—	—	—	894	—	—	—	—	—	—	—	—	—	—	—
68.0	85.5	—	—	—	909	—	—	—	—	—	—	—	—	—	—	—

① HBS 为采用钢球压头所测布氏硬度值，在 GB/T 231.1 中已取消了钢球压头。

② HBW 为采用硬质合金球压头压头所测布氏硬度值。

表 1-31　有色金属材料强度-硬度系数 *K* 值

材料	*K* 值	材料	*K* 值
铝	2.7	铝黄铜	4.8
铅	2.9	铸铝 ZL103	2.12
锡	2.9	铸铝 ZL101	2.66
铜	5.5	硬铝	3.6
单相黄铜	3.5	锌合金铸件	0.9
H62	4.3~4.6		

1.2　金属材料常用代号和标记

1.2.1　钢铁材料的标记代号和涂色标记

钢铁材料的标记代号见表 1-32，钢铁材料的涂色标记见表 1-33。

表 1-32　钢铁材料的标记代号

总类	分类代号	中文名称
加工状态或方法（W）	WH	热加工
	WHR	热轧
	WHE	热扩
	EHEX	热挤
	WHF	热锻
	WC	冷加工、冷轧
	WCE	冷挤压
	WCD	冷拉、冷拔
	WW	焊接
尺寸精度（P）	尺寸精度	—
边缘状态（E）	EC	切边
	EM	不切边
	ER	磨边
表面质量（F）	FA	普通级
	FB	较高级
	FC	高级
表面种类（S）	SPP	压力加工表面
	SA	酸洗
	SS	喷丸、喷砂

（续）

总类	分类代号	中文名称
表面种类（S）	SF	剥皮
	SP	磨光
	SB	抛光
	SBL	氧化（发蓝）
	S	镀层
	SC	涂层
表面处理（ST）	STC	钝化（铬酸）
	STP	磷化
	STO	涂油
	STS	耐指纹处理
软化程度（S）	S1/4	1/4 软
	S1/2	半软
	S	软
	S2	特软
硬化程度（H）	H1/4	低冷硬
	H1/2	半冷硬
	H	冷硬
	H2	特硬
热处理类型	A	退火
	SA	软化退火
	G	球化退火
	L	光亮退火
	N	正火
	T	回火
	QT	淬火+回火
	NT	正火+回火
	S	固溶
	AG	时效
冲压性能	CQ	普通级
	DQ	冲压级
	DDQ	深冲级
	EDDQ	特深冲级
	SDDQ	超深冲级
	ESDDQ	特超深冲级

（续）

总类	分类代号	中文名称
	UP	压力加工用
	UHP	热加工用
使用加工	UCP	冷加工用
方法（U）	UF	顶锻用
	UHF	热顶锻用
	UCF	冷顶锻用
	UC	切削加工用

表 1-33　钢铁材料的涂色标记

类别	牌号或组别	涂色标记
	05～15	白色
	20～25	棕色+绿色
优质碳素结构钢	30～40	白色+蓝色
	45～85	白色+棕色
	15Mn～40Mn	白色两条
	45Mn～70Mn	绿色 3 条
	锰钢	黄色+蓝色
	硅锰钢	红色+黑色
	锰钒钢	蓝色+绿色
	铬钢	绿色+黄色
	铬硅钢	蓝色+红色
	铬锰钢	蓝色+黑色
	铬锰硅钢	红色+紫色
	铬钒钢	绿色+黑色
合金结构钢	铬锰钛钢	黄色+黑色
	铬钨钒钢	棕色+黑色
	钼钢	紫色
	铬钼钢	绿色+紫色
	铬锰钼钢	绿色+白色
	铬钼钒钢	紫色+棕色
	铬硅钼钒钢	紫色+棕色
	铬铝钢	铝白色
	铬钼铝钢	黄色+紫色

（续）

类别	牌号或组别	涂色标记
合金结构钢	铬钨钒铝钢	黄色+红色
	硼钢	紫色+蓝色
	铬钼钨钒钢	紫色+黑色
高速工具钢	W12Cr4V4Mo	棕色 1 条+黄色 1 条
	W18Cr4V	棕色 1 条+蓝色 1 条
	W9Cr4V2	棕色两条
	W9Cr4V	棕色 1 条
铬轴承钢	GCr6	绿色 1 条+白色 1 条
	GCr9	白色 1 条+黄色 1 条
	GCr9SiMn	绿色两条
	GCr15	蓝色 1 条
	GCr15SiMn	绿色 1 条+蓝色 1 条
不锈耐酸钢	铬钢	铝色+黑色
	铬钛钢	铝色+黄色
	铬锰钢	铝色+绿色
	铬钼钢	铝色+白色
	铬镍钢	铝色+红色
	铬锰镍钢	铝色+棕色
	铬锰钛钢	铝色+蓝色
	铬镍铌钢	铝色+蓝色
	铬钼钛钢	铝色+白色+黄色
	铬钼钒钢	铝色+红色+黄色
	铬镍钼钛钢	铝色+紫色
	铬钼钒钴钢	铝色+紫色
	铬镍铜钛钢	铝色+蓝色+白色
	铬镍钼铜钛钢	铝色+黄色+绿色
	铬镍钼铜铌钢	铝色+黄色+绿色 （铝色为宽色条,其余为窄色）

1.2.2　有色金属材料的状态代号和涂色标记

有色金属材料的状态代号见表 1-34,有色金属材料的涂色标记见表 1-35。

表1-34 有色金属材料的状态代号

代号	状态	代号	状态
m	消除应力状态	CT	超弹硬状态
M（C）	软状态①	R	热轧状态
M_2	轻软状态	CYS②	淬火+冷加工+人工时效状态
TM	特软状态	ST	固溶状态
Y（CY）	硬状态	TH01	1/4 硬时效状态
Y_2（CY_2）	1/2 硬状态	TH02	1/2 硬时效状态
Y_3（CY_3）	1/3 硬状态	TH03	3/4 硬时效状态
Y_4（CY_4）	1/4 硬状态	TH04	硬时效状态
Y_8（CY_8）	1/8 硬状态	TF00	软时效状态
T	特硬状态	Sh	烧结状态
TY	弹硬状态	X	交叉辗压状态

注：工业生产中，在表示有色金属材料的状态时，有时用括号内的代号。
① 也称为退火状态。
② 根据硬度大小分为 CYS、CY_2S、CY_3S、CY_4S、CY_8S。

表1-35 有色金属材料的涂色标记

名称	牌号或组别	标记涂色	名称	牌号或组别	标记涂色
锌锭	Zn-01	红色二条	铝锭	Al-00（特一号）	白色一条
	Zn-1	红色一条		Al-0（特二号）	白色二条
	Zn-2	黑色二条		Al-1（一号）	红色一条
	Zn-3	黑色一条		Al-2（二号）	红色二条
	Zn-4	绿色二条		Al-3（三号）	红色三条
	Zn-5	绿色一条	镍板	Ni-01（特号）	红色
铅锭	Pb-1	红色二条		Ni-1（一号）	蓝色
	Pb-2	红色一条		Ni-2（二号）	黄色
	Pb-3	黑色二条	铸造碳化钨	（二号）	绿色
	Pb-4	黑色一条		（三号）	黄色
	Pb-5	绿色二条		（四号）	白色
	Pb-6	绿色一条		（六号）	浅蓝色

1.2.3 紧固件标记方法

1. 紧固件产品的完整标记

紧固件产品的完整标记如下：

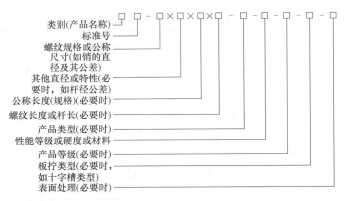

类别(产品名称)
标准号
螺纹规格或公称
尺寸(如销的直
径及其公差)
其他直径或特性(必
要时，如杆径公差)
公称长度(规格)(必要时)
螺纹长度或杆长(必要时)
产品类型(必要时)
性能等级或硬度或材料
产品等级(必要时)
板拧类型(必要时,
如十字槽类型)
表面处理(必要时)

2. 紧固件标记的简化原则

1）类别（名称）、标准年代号及其前面的一字线，允许全部或部分省略。省略年代号的标准应以现行标准为准。

2）标记中的短横线允许全部或部分省略，"其他直径或特性"前面的"×"允许省略，但省略后不应导致对标记的误解，一般以空格代替。

3）当产品标准中只规定一种产品类型、性能等级或硬度或材料、产品等级、扳拧类型及表面处理时，允许全部或部分省略。

4）当产品标准中规定两种及其以上的产品类型、性能等级或硬度或材料、产品等级、扳拧类型及表面处理时，应规定可以省略其中的一种，并在产品标准的标记中给出省略后的简化标记。

3. 紧固件的标记（见表 1-36）

表 1-36　紧固件的标记

序号	紧固件名称	完整标记	简化标记
1	螺栓	螺纹规格 d = M12、公称长度 l = 80mm、性能等级为 10.9 级、表面氧化、产品等级为 A 级的六角头螺栓的标记如下 螺栓　GB/T 5782—2016-M12×80-10.9-A-O	螺纹规格 d = M12、公称长度 l = 80mm、性能等级为 8.8 级、表面氧化、产品等级为 A 级的六角头螺栓的标记如下 螺栓　GB/T 5782 M12×80

（续）

序号	紧固件名称	完整标记	简化标记
2	螺钉	螺纹规格 $d = M6$、公称长度 $l = 6mm$、长度 $z = 4mm$、性能等级为 33H 级、表面氧化的开槽盘头定位螺钉的标记如下 　　螺钉　GB/T 828—1988-M6×6×4-33H-O	螺纹规格 $d = M6$、公称长度 $l = 6mm$、长度 $z = 4mm$、性能等级为 14H 级、不经表面处理的开槽盘头定位螺钉的标记如下 　　螺钉　GB/T 828 M6×6×4
3	螺母	螺纹规格 $D = M12$、性能等级为 10 级、表面氧化、产品等级为 A 级的 1 型六角螺母的标记如下 　　螺母　GB/T 6170—2015-M12-10-A-O	螺纹规格 $D = M12$、性能等级为 8 级、不经表面处理、产品等级为 A 级的 1 型六角螺母的标记如下 　　螺母　GB/T 6170 M12
4	垫圈	标准系列、规格 8mm、性能等级为 300HV、表面氧化、产品等级为 A 级的平垫圈的标记如下 　　垫圈　GB/T 97.1—2002-8-300HV-A-O	标准系列、规格 8mm、性能等级为 140HV、不经表面处理、产品等级为 A 级的平垫圈的标记如下 　　垫圈　GB/T 97.1 8
5	自攻螺钉	螺纹规格 ST3.5、公称长度 $l = 16mm$、Z 型槽、表面氧化的 F 型十字槽盘头自攻螺钉的标记如下 　　自攻螺钉　GB/T 845—2017-ST3.5×16-F-Z-O	螺纹规格 ST3.5、公称长度 $l = 16mm$、H 型槽、镀锌钝化的 C 型十字槽盘头自攻螺钉的标记如下 　　自攻螺钉　GB/T 845 ST3.5×16
6	销	公称直径 $d = 6mm$、公差为 m6、公称长度 $l = 30mm$、材料为 C1 组马氏体不锈钢、表面简单处理的圆柱销的标记如下 　　销　GB/T 119.2—2000-6-m6×30-C1-简单处理	公称直径 $d = 6mm$、公差为 m6、公称长度 $l = 30mm$、材料为钢、普通淬火（A 型）、表面氧化的圆柱销的标记如下 　　销　GB/T 119.2 6×30

（续）

序号	紧固件名称	完整标记	简化标记
7	铆钉	公称直径 $d = 5mm$、公称长度 $l = 10mm$、性能等级为 10 级的开口型扁圆头抽芯铆钉的标记如下 抽芯铆钉 GB/T 12618.1—2006-5×10-08	公称直径 $d = 5mm$、公称长度 $l = 10mm$、性能等级为 10 级的开口型扁圆头抽芯铆钉的标记如下 抽芯铆钉 GB/T 12618.1 5×10
8	挡圈	公称直径 $d = 30mm$、外径 $D = 40mm$、材料为 35 钢、热处理硬度为 25～35HRC、表面氧化的轴肩挡圈的标记如下 挡圈 GB/T 886—1986-30×40-35 钢、热处理 25～35HRC-O	公称直径 $d = 30mm$、外径 $D = 40mm$、材料为 35 钢、不经热处理及表面处理的轴扁挡圈的标记如下 挡圈 GB/T 886 30×40

1.3 金属材料的分类

1.3.1 钢铁材料的分类

1. 生铁的分类（见表 1-37）

表 1-37 生铁的分类

分类方法	分类名称	说明
按用途分类	炼钢生铁	指用于平炉、转炉炼钢用的生铁，一般硅含量较低（硅的质量分数不大于 1.75%），硫含量较高（硫的质量分数不大于 0.07%）。这种生铁是炼钢用的主要原料，在生铁产量中占 80%～90%。炼钢生铁质硬而脆，断口呈白色，所以也叫白口铁
	铸造生铁	指用于铸造各种铸件的生铁，俗称翻砂铁。一般硅含量较高（硅的质量分数达 3.75%），硫含量稍低（硫的质量分数小于 0.06%）。它在生铁产量中约占 10%，是钢铁厂中的主要商品铁，其断口为灰色，所以也叫灰口铁

（续）

分类方法	分类名称		说明
按化学成分分类	普通生铁		指不含其他合金元素的生铁,如炼钢生铁、铸造生铁都属于这一类生铁
	特种生铁	天然合金生铁	指用含有共生金属(如铜、钒、镍等)的铁矿石或精矿,或用还原剂还原而炼成的一种特种生铁。它含有一定量的合金元素(一种或多种,由矿石的成分来决定),可用来炼钢,也可用于铸造
		铁合金	铁合金是在炼铁时特意加入其他成分,炼成含有多种合金元素的特种生铁。铁合金是炼钢的原料之一,也可用于铸造。在炼钢时作钢的脱氧剂和合金元素添加剂,用以改善钢的性能。铁合金的品种很多,如按所含的元素来分,可分为硅铁、锰铁、铬铁、钨铁、钼铁、钛铁、钒铁、磷铁、硼铁、镍铁、铌铁、硅锰合金及稀土合金等,其中用量最大的是锰铁、硅铁和铬铁;按照生产方法的不同,可分为高炉铁合金、电炉铁合金、炉外法铁合金、真空碳还原铁合金等

2. 铸铁的分类 （见表 1-38）

表 1-38　铸铁的分类

分类方法	分类名称	说明
按断口颜色分类	灰口铸铁	1)这种铸铁中的碳大部分或全部以自由状态的石墨形式存在,其断口呈灰色或灰黑色。灰口铸铁包括灰铸铁、球墨铸铁、蠕墨铸铁等 2)有一定的力学性能和良好的可加工性,在工业上应用普遍
	白口铸铁	1)白口铸铁是组织中完全没有或几乎完全没有石墨的一种铁碳合金,其中碳全部以渗碳体形式存在,断口呈白亮色 2)硬而且脆,不能进行切削加工,工业上很少直接应用其来制造机械零件。在机械制造中,只能用来制造对耐磨性要求较高的零件 3)可以用激冷的办法制造内部为灰铸铁组织、表层为白口铸铁组织的耐磨零件,如火车轮圈、轧辊、犁铧等。这种铸铁具有很高的表面硬度和耐磨性,通常又称为激冷铸铁或冷硬铸铁

（续）

分类方法	分类名称	说明
按断口颜色分类	麻口铸铁	这是介于白口铸铁和灰铸铁之间的一种铸铁,其组织为珠光体+渗碳体+石墨,断口呈灰白相间的麻点状,故称麻口铸铁。这种铸铁性能不好,极少应用
按化学成分分类	普通铸铁	普通铸铁是指不含任何合金元素的铸铁,一般常用的灰铸铁、可锻铸铁和球墨铸铁等都属于这一类铸铁
	合金铸铁	在普通铸铁内有意识地加入一些合金元素,以提高铸铁某些特殊性能而配制成的一种高级铸铁,如各种耐蚀、耐热、耐磨的特殊性能铸铁,都属于这一类铸铁
按生产方法和组织性能分类	灰铸铁	1)灰铸铁中碳以片状石墨形式存在 2)灰铸铁具有一定的强度、硬度,良好的减振性和耐磨性,较高的导热性和抗热疲劳性,同时还具有良好的铸造工艺性能及可加工性,生产简便,成本低,在工业和民用生活中得到了广泛的应用
	孕育铸铁	1)孕育铸铁是铁液经孕育处理后获得的亚共晶灰铸铁。在铁液中加入孕育剂,造成人工晶核,从而可获得细晶粒的珠光体和细片状石墨组织 2)这种铸铁的强度、塑性和韧性均比一般灰铸铁要好得多,组织也较均匀一致,主要用来制造力学性能要求较高而截面尺寸变化较大的大型铸铁件
	可锻铸铁	1)由一定成分的白口铸铁经石墨化退火后而成,其中碳大部或全部呈团絮状石墨的形式存在,由于其对基体的破坏作用较之片状石墨大大减轻,因而比灰铸铁具有较高的韧性 2)可锻铸铁实际并不可以锻造,只不过具有一定的塑性而已,通常多用来制造承受冲击载荷的铸件
	球墨铸铁	1)球墨铸铁是通过在浇注前往铁液中加入一定量的球化剂(如纯镁或其合金)和墨化剂(硅铁或硅钙合金),以促进碳呈球状石墨结晶而获得的 2)由于石墨呈球形,应力大为减轻,因而这种铸铁的力学性能比灰铸铁高得多,也比可锻铸铁好 3)具有比灰铸铁好的焊接性和热处理工艺性 4)和钢相比,除塑性、韧性稍低外,其他性能均接近,是一种同时兼有钢和铸铁优点的优良材料,因此在机械工程上获得了广泛的应用
	特殊性能铸铁	这是一类具有某些特性的铸铁,根据用途的不同,可分为耐磨铸铁、耐热铸铁、耐蚀铸铁等。这类铸铁大部分属于合金铸铁,在机械制造上应用也较为广泛

3. 钢的分类（见表 1-39）

表 1-39　钢的分类

分类方法	分类名称		说明
按冶炼方法分类	按冶炼设备分类	平炉钢	1）指用平炉炼钢法炼制出来的钢 2）按炉衬材料不同，分酸性平炉钢和碱性平炉钢两种。一般平炉钢都是碱性的，只有特殊情况下才在酸性平炉内炼制 3）平炉炼钢法具有原料来源广、设备容量大、品种多、质量好等优点。平炉钢以往曾在世界钢总产量中占绝对优势，现在世界各国有停建平炉的趋势 4）平炉钢的主要品种是普通碳素钢、低合金钢和优质碳素钢
		转炉钢	1）指用转炉炼钢法炼制出来的钢 2）除分为酸性和碱性转炉钢外，还可分为底吹、侧吹、顶吹和空气吹炼、纯氧吹炼等转炉钢，常可混合使用 3）我国现在大量生产的为侧吹碱性转炉钢和氧气顶吹转炉钢。氧气顶吹转炉钢有生产速度快、质量高、成本低、投资少、基建快等优点，是当代炼钢的主要方法 4）转炉钢的主要品种是普通碳素钢，氧气顶吹转炉也可生产优质碳素钢和合金钢
		电炉钢	1）指用电炉炼钢法炼制出的钢 2）可分为电弧炉钢、感应电炉钢、真空感应电炉钢、电渣炉钢、真空自耗炉钢、电子束炉钢等 3）工业上大量生产的主要是碱性电弧炉钢，品种是优质碳素钢和合金钢
	按脱氧程度和浇注制度分类	沸腾钢	1）指脱氧不完全的钢，浇注时在钢模里产生沸腾，所以称沸腾钢 2）其特点是收缩率高，成本低，表面质量及深冲性能好 3）成分偏析大，质量不均匀，耐蚀性和力学性能较差 4）大量用于轧制普通碳素钢的型钢和钢板

（续）

分类方法	分类名称		说明
按冶炼方法分类	按脱氧程度和浇注制度分类	镇静钢	1）脱氧完全的钢,浇注时钢液镇静,没有沸腾现象,所以称镇静钢 2）成分偏析少,质量均匀,但金属的收缩率低（缩孔多）,成本较高 3）通常情况下,合金钢和优质碳素钢都是镇静钢
		半镇静钢	1）脱氧程度介于沸腾钢和镇静钢之间的钢,浇注时沸腾现象较沸腾钢弱 2）钢的质量、成本和收缩率也介于沸腾钢和镇静钢之间。生产较难控制,故目前在钢产量中占比例不大
按化学成分分类	碳素钢		1）指碳的质量分数≤2%,并含有少量锰、硅、硫、磷和氧等杂质元素的铁碳合金 2）按钢中碳含量分类 低碳钢:碳的质量分数≤0.25%的钢 中碳钢:碳的质量分数为>0.25%~0.60%的钢 高碳钢:碳的质量分数>0.60%的钢 3）按钢的质量和用途的不同,又分为普通碳素结构钢、优质碳素结构钢和碳素工具钢 3 大类
	合金钢		1）在碳素钢基础上,为改善钢的性能,在冶炼时加入一些合金元素（如铬、镍、硅、锰、钼、钨、钒、钛、硼等）而炼成的钢 2）按其合金元素的总含量分类 低合金钢:这类钢的合金元素总质量分数≤5% 中合金钢:这类钢的合金元素总质量分数>5%~10% 高合金钢:这类钢的合金元素总质量分数>10% 3）按钢中主要合金元素的种类分类 三元合金钢:指除铁、碳以外,还含有另一种合金元素的钢,如锰钢、铬钢、硼钢、钼钢、硅钢、镍钢等 四元合金钢:指除铁、碳以外,还含有另外两种合金元素的钢,如硅锰钢、锰硼钢、铬锰钢、铬镍钢等 多元合金钢:指除铁、碳以外,还含有另外 3 种或 3 种以上合金元素的钢,如铬锰钛钢、硅锰钼钒钢等

（续）

分类 方法	分类名称		说明
按用途分类	结构钢	建筑及工程用结构钢	1) 用于建筑、桥梁、船舶、锅炉或其他工程上制造金属结构件的钢,多为低碳钢。由于大多要经过焊接施工,故其碳含量不宜过高,一般都是在热轧供应状态或正火状态下使用 2) 主要类型如下 普通碳素结构钢:按用途又分为一般用途的普通碳素结构钢和专用普通碳素结构钢 低合金钢:按用途又分为低合金结构钢、耐腐蚀用钢、低温用钢、钢筋钢、钢轨钢、耐磨钢和特殊用途专用钢
		机械制造用结构钢	1) 用于制造机械设备上的结构零件 2) 这类钢基本上都是优质钢或高级优质钢,需要经过热处理、塑性成形和机械切削加工后才能使用 3) 主要类型有优质碳素结构钢、合金结构钢、易切结构钢、弹簧钢、滚动轴承钢
	工模具钢		1) 指用于制造各种工具的钢 2) 这类钢按其化学成分为非合金工模具钢、合金工模具钢、高速工具钢 3) 按照用途又可分为刃具钢(或称刀具钢)、模具钢(包括冷作模具钢和热作模具钢)、量具钢
	特殊钢		1) 指用特殊方法生产,具有特殊物理性能、化学性能和力学性能的钢 2) 主要包括不锈钢、耐热钢、高电阻合金钢、低温用钢、耐磨钢、磁钢(包括硬磁钢和软磁钢)、抗磁钢和超高强度钢(指 $R_m \geqslant 1400\text{MPa}$ 的钢)
	专业用钢		指各工业部门专业用途的钢,例如,农机用钢、机床用钢、重型机械用钢、汽车用钢、航空用钢、宇航用钢、石油机械用钢、化工机械用钢、锅炉用钢、电工用钢、焊条用钢等

（续）

分类方法	分类名称		说明
按金相组织分类	按退火后的金相组织分类	亚共析钢	碳的质量分数<0.77%,组织为游离铁素体+珠光体
		共析钢	碳的质量分数为 0.77%,组织全部为珠光体
		过共析钢	碳的质量分数>0.77%,组织为游离碳化物+珠光体
		莱氏体钢	实际上也是过共析钢,但其组织为碳化物和珠光体的共晶体
	按正火后的金相组织分类	珠光体钢、贝氏体钢	当合金元素含量较少时,在空气中冷却得到珠光体或索氏体、屈氏体的钢,就属于珠光体钢;得到贝氏体的钢,就属于贝氏体钢
		马氏体钢	当合金元素含量较高时,在空气中冷却得到马氏体的钢称为马氏体钢
		奥氏体钢	当合金元素含量较高时,在空气中冷却,奥氏体直到室温仍不转变的钢称为奥氏体钢
		碳化物钢	当碳含量较高并含有大量碳化物组成元素时,在空气中冷却,得到由碳化物及其基体组织(珠光体或马氏体、奥氏体)所构成的混合物组织的钢称为碳化物钢。最典型的碳化物钢是高速工具钢
	按加热、冷却时有无相变和室温时的金相组织分类	铁素体钢	碳含量很低并含有大量的形成或稳定铁素体的元素,如铬、硅等,故在加热或冷却时,始终保持铁素体组织
		半铁素体钢	碳含量较低并含有较多的形成或稳定铁素体的元素,如铬、硅等,在加热或冷却时,只有部分发生 $\alpha \rightleftharpoons \gamma$ 相变,其他部分始终保持 α 相的铁素体组织
		半奥氏体钢	含有一定的形成或稳定奥氏体的元素,如镍、锰等,故在加热或冷却时,只有部分发生 $\alpha \rightleftharpoons \gamma$ 相变,其他部分始终保持 γ 相的奥氏体组织
		奥氏体钢	含有大量的形成或稳定奥氏体的元素,如锰、镍等,故在加热或冷却时,始终保持奥氏体组织

（续）

分类方法	分类名称	说明
按品质分类	普通钢	1）含杂质元素较多，其中磷、硫的质量分数均应≤0.07% 2）主要用作建筑结构和要求不太高的机械零件 3）主要类型有普通碳素钢、低合金结构钢等
	优质钢	1）含杂质元素较少，质量较好，其中硫、磷的质量分数均应≤0.04%，主要用于机械结构零件和工具 2）主要类型有优质碳素结构钢、合金结构钢、碳素工具钢和合金工具钢、弹簧钢、轴承钢等
	高级优质钢	1）含杂质元素极少，其中硫、磷的质量分数均应≤0.03%，主要用于重要机械结构零件和工具 2）属于这一类的钢大多是合金结构钢和工具钢，为了区别于一般优质钢，这类钢的钢号后面，通常加符号"A"，以便识别
按制造加工形式分类	铸钢	1）指采用铸造方法而生产出来的一种钢铸件，其碳的质量分数一般为0.15%~0.60% 2）其性能差，往往需要用热处理和合金化等方法来改善其组织和性能，主要用于制造一些形状复杂、难于进行锻造或切削加工成形，而又要求较高的强度和塑性的零件 3）按化学成分分为铸造碳钢和铸造合金钢，按用途分为铸造结构钢、铸造特殊钢和铸造工具钢
	锻钢	1）采用锻造方法生产出来的各种锻材和锻件 2）塑性、韧性和其他方面的力学性能也都比铸钢件高，用于制造一些重要的机器零件 3）冶金工厂中某些截面较大的型钢也采用锻造方法来生产和供应一定规格的锻材，如锻制圆钢、方钢和扁钢等
	热轧钢	1）指用热轧方法生产出的各种热轧钢材。大部分钢材都是采用热轧轧成的 2）热轧常用于生产型钢、钢管、钢板等大型钢材，也用于轧制线材

（续）

分类方法	分类名称	说明
按制造加工形式分类	冷轧钢	1）指用冷轧方法生产出的各种钢材 2）与热轧钢相比，冷轧钢的特点是：表面光洁，尺寸精确，力学性能好 3）冷轧常用来轧制薄板、钢带和钢管
	冷拔钢	1）指用冷拔方法生产出的各种钢材 2）特点是：精度高，表面质量好 3）冷拔主要用于生产钢丝，也用于生产直径 50mm 以下的圆钢和六角钢，以及直径在 76mm 以下的钢管

4. 钢产品分类（见表 1-40）

表 1-40　钢产品分类（GB/T 15574—2016）

序号	类别	释义
1	液态钢	通过冶炼或直接熔化原料而获得的液体状态钢，用于铸锭或连续浇注或铸造铸钢件
2	钢锭和半成品	钢锭：将液态钢浇注到具有一定形状的锭模中得到的产品 半成品：由轧制或锻造钢锭获得的，或者由连铸获得的产品
3	轧制成品和最终产品	包括扁平产品和长材 扁平产品：包括无涂层扁平产品、电工钢、包装用镀锡和相关产品、热轧或冷轧扁平镀层产品、压型钢板、复合产品 长材：包括盘条、钢丝、热成形棒材、光亮产品、钢筋混凝土用和预应力混凝土用产品、热轧型材、焊接型钢、冷弯型钢、管状产品
4	其他产品	包括钢丝绳、自由锻产品、模锻和冲压件、铸件、粉末冶金产品

1.3.2　有色金属材料的分类

常用有色金属材料的分类见表 1-41。

表 1-41　常用有色金属材料的分类

合金类型	合金品种	合金系列
铜合金	普通黄铜	Cu-Zn 合金,可变形加工或铸造
	特殊黄铜	在 Cu-Zn 基础上还含有 Al、Si、Mn、Pb、Sn、Fe、Ni 等合金元素,可变形加工或铸造
	锡青铜	在 Cu-Sn 基础上加入 P、Zn、Pb 等合金元素,可变形加工或铸造
	特殊青铜	不以 Zn、Sn 或 Ni 为主要合金元素的铜合金,有铝青铜、硅青铜、锰青铜、铍青铜、锆青铜、铬青铜、镉青铜、镁青铜等,可变形加工或铸造
	普通白铜	Cu-Ni 合金,可变形加工
	特殊白铜	在 Cu-Ni 基础上加入其他合金元素,有锰白铜、铁白铜、锌白铜、铝白铜等,可变形加工
铝合金	变形铝合金	以变形加工方法生产管、棒、线、型、板、带、条、锻件等。合金系列有:工业纯铝(质量分数>99%)、Al-Cu 或 Al-Cu-Li、Al-Mn、Al-Si、Al-Mg、Al-Mg-Si、Al-Zn-Mg、Al-Li-Sn、Zr、B、Fe 或 Cu 等
	铸造铝合金	浇注异型铸件用的铝合金,合金系列有工业纯铝、Al-Cu、Al-Si-Cu 或 Al-Mg-Si、Al-Si、Al-Mg、Al-Zn-Mg、Al-Li-Sn(Zr、B 或 Cu)
镁合金	变形镁合金	以变形加工方法生产板、型、管、线、锻件等,合金系列有 Mg-Al-Zn-Mn、Mg-Al-Zn-Cs、Mg-Al-Zn-Zr、Mg-Th-Zr、Mg-Th-Mn 等,其中含 Zr、Th 的镁合金可时效硬化
	铸造镁合金	合金系与变形合金类似,砂型铸造的镁合金中还可含有质量分数为 1.2%~3.2%的稀土元素或质量分数为 2.5%的 Be
钛合金	α 钛合金	具有 α(密排六方 hcp)固溶体的晶体结构,含有稳定 α 相和固溶强化的合金元素铝(提高 α—β 转变温度)以及固溶强化的合金元素铜与锡,铜还有沉淀强化作用。合金系是 Ti-Al、Ti-Cu-Sn
	近 α 钛合金	通过化学成分调整和不同的热处理制度可形成 α 或"α+β"的相结构,以满足某些性能要求
	α+β 钛合金	同时含有稳定 α 相的合金元素铝和稳定 β 相(降低 α—β 转变温度)的合金元素钒或钽、钼、铌,在室温下具有"α+β"的相结构。合金系为 Ti-Al-V(Ta、Mo、Nb)

（续）

合金类型	合金品种	合金系列
钛合金①	β 钛合金	含有稳定 β 相的合金元素钒或钼，快冷后在室温下为亚稳 β 结构。合金系为 Ti-V（Mo、Ta、Nb）
高温合金②	镍基高温合金	合金系为 Ni-Cr-Al、Ni-Cr-Al-Ti 等，常含有其他合金元素
	钴基高温合金	合金系为 Co-Cr、Co-Ni-W、Co-Mo-Mn-Si-C 等
锌合金	变形加工锌合金	合金系为 Zn-Cu 等
	铸造锌合金	合金系为 Zn-Al 等
轴承合金	铅基轴承合金	合金系为 Pb-Sn、Pb-Sb、Pb-Sb-Sn 等
	锡基轴承合金	合金系为 Sn-Sb 等
	其他轴承合金	合金系为铜合金、铝合金等
硬质合金	碳化钨	以钴作为黏结剂的合金，用于切削铸铁或制成矿山用钻头
	碳化钨、碳化钛	以钴作为黏结剂的合金，用于钢材的切削
	碳化钨、碳化钛、碳化铌	以钴作为黏结剂的合金，具有较高的高温性能和耐磨性，用于加工合金结构钢和镍铬不锈钢

① 钛合金与铝合金、镁合金、铍合金同属轻有色合金。钛合金具有中等的密度，很高的比强度与比刚度，良好的耐热性和很好的耐蚀性，主要用于航空航天和化工设备。

② 高温合金是指在 1000℃ 左右高温下仍具有足够的持久强度、蠕变强度、热疲劳强度、高温韧性及足够的化学稳定性的热强性材料，可用于在高温下工作的热动力部件。

1.4　钢铁材料牌号表示方法

1.4.1　生铁牌号表示方法

生铁产品牌号通常由两部分组成。

第一部分：表示产品用途、特性及工艺方法的大写汉语拼音字母。

第二部分：表示主要元素平均含量（以千分之几计）的阿拉伯数字。炼钢用生铁、铸造用生铁、球墨铸铁用生铁、耐磨生铁为硅元素平均含量，脱碳低磷粒铁为碳元素平均含量，含钒生铁为钒元素平均含量。

生铁牌号表示方法见表1-42。

表 1-42　生铁牌号表示方法（GB/T 221—2008）

产品名称	第一部分			第二部分	牌号示例
	采用汉字	汉语拼音	采用字母		
炼钢用生铁	炼	LIAN	L	硅的质量分数为 0.85%～1.25%的炼钢用生铁，阿拉伯数字为 10	L10
铸造用生铁	铸	ZHU	Z	硅的质量分数为 2.80%～3.20%的铸造用生铁，阿拉伯数字为 30	Z30
球墨铸铁用生铁	球	QIU	Q	硅的质量分数为 1.00%～1.40%的球墨铸铁用生铁，阿拉伯数字为 12	Q12
耐磨生铁	耐磨	NAI MO	NM	硅的质量分数为 1.60%～2.00%的耐磨生铁，阿拉伯数字为 18	NM18
脱碳低磷粒铁	脱粒	TUO LI	TL	碳的质量分数为 1.20%～1.60%的炼钢用脱碳低磷粒铁，阿拉伯数字为 14	TL14
含钒生铁	钒	FAN	F	钒的质量分数不小于 0.40%的含钒生铁，阿拉伯数字为 04	F04

1.4.2　铁合金产品牌号表示方法

各类铁合金产品牌号表示方法如下：

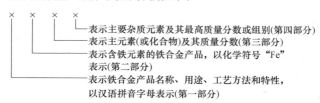

1）需要表示产品名称、用途、工艺方法和特性时，其牌号以汉语拼音字母开始。例如：①高炉法用"G"（"高"字汉语拼音中的第一个字母）表示；②电解法用"D"（"电"字汉语拼音中的第一个字母）表示；③重熔法用"C"（"重"字汉语拼音中的第一个字母）表示；④真空法用"ZK"（"真""空"字汉语拼音中的第一个字母组合）表示；⑤金属用"J"（"金"字汉语拼音中的第一个字母）表示；⑥氧化物用"Y"（"氧"字汉语拼音中的第一个字母）表示；⑦钒渣用"FZ"（"钒""渣"字汉语拼音中的第一个字母组合）表示。铁合金产品名称、用途、工艺方法和特性表示符号见表1-43。

表1-43　铁合金产品名称、用途、工艺方法和特性表示符号（GB/T 7738—2008）

名称	采用的汉字及汉语拼音		采用符号	字体	位置
	汉字	汉语拼音			
金属锰（电硅热法）、金属铬	金	JIN	J	大写	牌号头
金属锰（电解重熔法）	金重	JIN CHONG	JC	大写	牌号头
真空法微碳铬铁	真空	ZHEN KONG	ZK	大写	牌号头
电解金属锰	电金	DIAN JIN	DJ	大写	牌号头
钒渣	钒渣	FAN ZHA	FZ	大写	牌号头
氧化钼块	氧	YANG	Y	大写	牌号头
组别			英文字母 A	大写	牌号尾
			B	大写	牌号尾
			C	大写	牌号尾
			D	大写	牌号尾

2）需要表明产品的杂质含量时，以元素符号及其最高质量分数或以组别符号"A""B"等表示。

3）含有一定铁量的铁合金产品，其牌号中应有"Fe"的符号。

铁合金牌号表示示例见表1-44。

1.4.3　铸铁牌号表示方法

1. 铸铁代号

1）铸铁基本代号由表示该铸铁特征的汉语拼音字母的第一个大

表 1-44 铁合金牌号表示示例 （GB/T 7738—2008）

产品名称	第一部分	第二部分	第三部分	第四部分	牌号示例
硅铁		Fe	Si75	Al1.5-A	FeSi75Al1.5-A
金属锰	J		Mn97	A	JMn97-A
	JC		Mn98		JCMn98
金属铬	J		Cr99	A	JCr99-A
钛铁		Fe	Ti30	A	FeTi30-A
钨铁		Fe	W78	A	FeW78-A
钼铁		Fe	Mo60		FeMo60-A
锰铁		Fe	Mn68	C7.0	FeMn68C7.0
钒铁		Fe	V40	A	FeV40-A
硼铁		Fe	B23	C0.1	FeB23C0.1
铬铁		Fe	Cr65	C1.0	FeCr65C1.0
	ZK	Fe	Cr65	C0.010	ZKFeCr65C0.010
铌铁		Fe	Nb60	B	FeNb60-B
锰硅合金		Fe	Mn64Si27		FeMn64Si27
硅铬合金		Fe	Cr30Si40	A	FeCr30Si40-A
稀土硅铁合金		Fe	SiRE23		FeSiRE23
稀土镁硅铁合金		Fe	SiMg8RE5		FeSiMg8RE5
硅钡合金		Fe	Ba30Si35		FeBa30Si35
硅铝合金		Fe	Al52Si5		FeAl52Si5
硅钡铝合金		Fe	Al34Ba6Si20		FeAl34Ba6Si20
硅钙钡铝合金		Fe	Al16Ba9Ca12Si30		FeAl16Ba9Ca12Si30
硅钙合金			Ca31Si60		Ca31Si60
磷铁		Fe	P24		FeP24
五氧化二钒			$V_2O_5$98		$V_2O_5$98
钒氮合金			VN12		VN12
电解金属锰	DJ		Mn	A	DJMn-A
钒渣	FZ			1	FZ1
氧化钼块	Y		Mo55.0	A	YMo55.0-A
氮化金属锰	J		MnN	A	JMnN-A
氮化锰铁		Fe	MnN	A	FeMnN-A
氮化铬铁		Fe	NCr3	A	FeNCr3-A

写正体字母组成，当两种铸铁名称的代号字母相同时，可在该大写正体字母后加小写正体字母来区别。

2）当要表示铸铁的组织特征或特殊性能时，代表铸铁组织特征或特殊性能的汉语拼音的第一个大写正体字母排列在基本代号的后面。

2. 以化学成分表示的铸铁牌号

1）当以化学成分表示铸铁的牌号时，合金元素符号及名义含量（质量分数）排在铸铁代号之后。

2）在牌号中，常规碳、硅、锰、硫、磷元素一般不标注，有特殊作用时，才标注其元素符号及含量。

3）合金化元素的质量分数大于或等于 1% 时，在牌号中用整数标注，数值修约按 GB/T 8170 执行；质量分数小于 1% 时，一般不标注，只有对该合金特性有较大影响时，才标注其合金化学元素符号。

4）合金化元素按其含量递减次序排列，含量相等时按元素符号的字母顺序排列。

3. 以力学性能表示的铸铁牌号

1）当以力学性能表示铸铁的牌号时，力学性能值排列在铸铁代号之后。当牌号中有合金元素符号时，抗拉强度值排列于元素符号及含量之后，之间用"-"隔开。

2）牌号中代号后面有一组数字时，该组数字表示抗拉强度值，单位为 MPa；当有两组数字时，第一组表示抗拉强度值，单位为 MPa，第二组表示断后伸长率值（%），两组数字间用"-"隔开。

4. 铸铁牌号示例

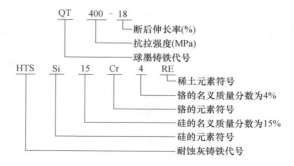

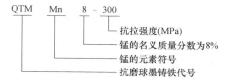

5. 各种铸铁名称、代号及牌号表示方法（见表 1-45）

表 1-45　各种铸铁名称、代号及牌号表示
方法（GB/T 5612—2008）

铸铁名称	代号	牌号示例
灰铸铁	HT	HT250,HTCr-300
奥氏体灰铸铁	HTA	HTANi20Cr2
冷硬灰铸铁	HTL	HTLCr1Ni1Mo
耐磨灰铸铁	HTM	HTMCu1CrMo
耐热灰铸铁	HTR	HTRCr
耐蚀灰铸铁	HTS	HTSNi2Cr
球墨铸铁	QT	QT400-18
奥氏体球墨铸铁	QTA	QTANi30Cr3
冷硬球墨铸铁	QTL	QTLCrMo
抗磨球墨铸铁	QTM	QTMMn8-30
耐热球墨铸铁	QTR	QTRSi5
耐蚀球墨铸铁	QTS	QTSNi20Cr2
蠕墨铸铁	RuT	RuT420
可锻铸铁	KT	
白心可锻铸铁	KTB	KTB350-04
黑心可锻铸铁	KTH	KTH350-10
珠光体可锻铸铁	KTZ	KTZ650-02
白口铸铁	BT	
抗磨白口铸铁	BTM	BTMCr15Mo
耐热白口铸铁	BTR	BTRCr16
耐蚀白口铸铁	BTS	BTSCr28

1.4.4　铸钢牌号表示方法

1. 铸钢代号

1）铸钢代号用"铸"和"钢"两字的汉语拼音的第一个大写正

体字母"ZG"表示。

2）当要表示铸钢的特殊性能时，可以用代表铸钢特殊性能的汉语拼音的第一个大写正体字母排列在铸钢代号的后面。

3）各种铸钢名称、代号及牌号表示方法见表 1-46。

表 1-46　各种铸钢名称、代号及牌号表示方法（GB/T 5613—2014）

铸钢名称	代号	牌号示例
铸造碳钢	ZG	ZG270-500
焊接结构用铸钢	ZGH	ZGH230-450
耐热铸钢	ZGR	ZGR40Cr25Ni20
耐蚀铸钢	ZGS	ZGS06Cr16Ni5Mo
耐磨铸钢	ZGM	ZGM30CrMnSiMo

2. 元素符号、名义含量及力学性能

铸钢牌号中主要合金元素符号用国际化学元素符号表示，混合稀土元素用符号"RE"表示。名义含量及力学性能用阿拉伯数字表示。其含量修约规则执行 GB/T 8170 的规定。

3. 以力学性能表示的铸钢牌号

在牌号中，"ZG"后面的两组数字表示力学性能，第一组数字表示该牌号铸钢的屈服强度最低值，第二组数字表示其抗拉强度最低值，单位均为 MPa，两组数字间用"-"隔开。

4. 以化学成分表示的铸钢牌号

1）当以化学成分表示铸钢的牌号时，碳含量和合金元素符号及其含量排列在铸钢代号"ZG"之后。

2）在牌号中，"ZG"后面以一组（两位或三位）阿拉伯数字表示铸钢的名义碳含量（以万分之几计）。

3）平均碳的质量分数<0.1%的铸钢，其第一位数字为"0"，牌号中名义碳含量用上限表示；平均碳的质量分数≥0.1%的铸钢，牌号中名义碳含量用平均碳含量表示。

4）在名义碳含量后面排列各主要合金元素符号，在元素符号后用阿拉伯数字表示合金元素名义含量（以百分之几计）。合金元素的平均质量分数<1.50%时，牌号中只标明元素符号，一般不标明含量；

合金元素的平均质量分数为 1.50% ~ 2.49%、2.50% ~ 3.49%、3.50% ~ 4.49%、4.50% ~ 5.49% 等时，在合金元素符号后面相应写成 2、3、4、5 等。

5）当主要合金化元素多于三种时，可以在牌号中只标注前两种或前三种元素的名义含量值；各元素符号的标注顺序按它们的平均含量的递减顺序排列。若两种或多种元素平均含量相同，则按元素符号的英文字母顺序排列。

6）铸钢中常规的锰、硅、磷、硫等元素一般在牌号中不标明。

7）在特殊情况下，当同一牌号分几个品种时，可在牌号后面用"-"隔开，用阿拉伯数字标注品种序号。

5. 铸钢牌号示例

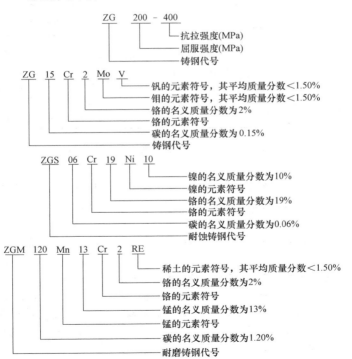

1.4.5　钢牌号表示方法

1. 碳素结构钢和低合金结构钢

碳素结构钢和低合金结构钢的牌号通常由四部分组成。

第一部分：前缀符号＋强度值（以 MPa 为单位），其中通用结构钢前缀符号为代表屈服强度的拼音的字母"Q"，专用结构钢的前缀符号见表 1-47。

表 1-47　专用结构钢的前缀符号（GB/T 221—2008）

产品名称	采用的汉字及汉语拼音或英文单词			采用字母	位置
	汉字	汉语拼音	英文单词		
细晶粒热轧带肋钢筋	热轧带肋钢筋＋细	—	Hot Rolled Ribbed Bars＋Fine	HRBF	牌号头
冷轧带肋钢筋	冷轧带肋钢筋	—	Cold Rolled Ribbed Bars	CRB	牌号头
预应力混凝土用螺纹钢筋	预应力、螺纹、钢筋	—	Prestressing、Screw、Bars	PSB	牌号头
焊接气瓶用钢	焊瓶	HAN PING	—	HP	牌号头
管线用钢	管线	—	Line	L	牌号头
船用锚链钢	船锚	CHUAN MAO	—	CM	牌号头
煤机用钢	煤	MEI	—	M	牌号头

第二部分（必要时）：钢的质量等级，用英文字母 A、B、C、D、E、F 等表示。

第三部分（必要时）：脱氧方式表示符号，即沸腾钢、半镇静钢、镇静钢、特殊镇静钢分别以 F、b、Z、TZ 表示。镇静钢、特殊镇静钢表示符号通常可以省略。

第四部分（必要时）：产品用途、特性和工艺方法表示符号，见表 1-48。

根据需要，低合金高强度结构钢的牌号也可以采用两位阿拉伯数字（表示平均碳含量，以万分之几计）加元素符号（必要时加代表产品用途、特性和工艺方法的表示符号）按顺序表示。例如：碳的质量分数为 0.15%～0.26%、锰的质量分数为 1.20%～1.60% 的矿用钢牌号为 20MnK。

表 1-48　碳素结构钢和低合金结构钢产品用途、特性和工艺方法表示符号 (GB/T 221—2008)

产品名称	采用的汉字及汉语拼音或英文单词			采用字母	位置
	汉字	汉语拼音	英文单词		
锅炉和压力容器用钢	容	RONG	—	R	牌号尾
锅炉用钢(管)	锅	GUO	—	G	牌号尾
低温压力容器用钢	低容	DI RONG	—	DR	牌号尾
桥梁用钢	桥	QIAO	—	Q	牌号尾
耐候钢	耐候	NAI HOU	—	NH	牌号尾
高耐候钢	高耐候	GAO NAI HOU	—	GNH	牌号尾
汽车大梁用钢	梁	LIANG	—	L	牌号尾
高性能建筑结构用钢	高建	GAO JIAN	—	GJ	牌号尾
低焊接裂纹敏感性钢	低焊接裂纹敏感性	—	Crack Free	CF	牌号尾
保证淬透性钢	淬透性	—	Hardenability	H	牌号尾
矿用钢	矿	KUANG	—	K	牌号尾
船用钢	采用国际符号				

碳素结构钢和低合金结构钢的牌号示例见表 1-49。

表 1-49　碳素结构钢和低合金结构钢的牌号示例 (GB/T 221—2008)

产品名称	第一部分	第二部分	第三部分	第四部分	牌号示例
碳素结构钢	最小屈服强度 235MPa	A 级	沸腾钢	—	Q235AF
低合金高强度结构钢	最小屈服强度 345MPa	D 级	特殊镇静钢	—	Q345D
热轧光圆钢筋	屈服强度特征值 235MPa	—	—	—	HPB235
热轧带肋钢筋	屈服强度特征值 335MPa	—	—	—	HRB335
细晶粒热轧带肋钢筋	屈服强度特征值 335MPa	—	—	—	HRBF335

（续）

产品名称	第一部分	第二部分	第三部分	第四部分	牌号示例
冷轧带肋钢筋	最小抗拉强度 550MPa	—	—	—	CRB550
预应力混凝土用螺纹钢筋	最小屈服强度 830MPa	—	—	—	PSB830
焊接气瓶用钢	最小屈服强度 345MPa	—	—	—	HP345
管线用钢	最小规定总延伸强度 415MPa	—	—	—	L415
船用锚链钢	最小抗拉强度 370MPa	—	—	—	CM370
煤机用钢	最小抗拉强度 510MPa	—	—	—	M510
锅炉和压力容器用钢	最小屈服强度 345MPa	—	特殊镇静钢	压力容器"容"的汉语拼音首位字母"R"	Q345R

2. 优质碳素结构钢和优质碳素弹簧钢

优质碳素结构钢牌号通常由五部分组成。

第一部分：以两位阿拉伯数字表示平均碳含量（以万分之几计）。

第二部分（必要时）：较高锰含量的优质碳素结构钢，加锰元素符号 Mn。

第三部分（必要时）：钢材冶金质量，即高级优质钢、特级优质钢分别以 A、E 表示，优质钢不用字母表示。

第四部分（必要时）：脱氧方式表示符号，即沸腾钢、半镇静钢、镇静钢分别以 F、b、Z 表示，但镇静钢表示符号通常可以省略。

第五部分（必要时）：产品用途、特性或工艺方法表示符号，应符合表 1-48 的规定。

优质碳素弹簧钢牌号表示方法与优质碳素结构钢相同。

优质碳素结构钢和弹簧钢的牌号示例见表 1-50。

表 1-50　优质碳素结构钢和弹簧钢的牌号示例（GB/T 221—2008）

产品名称	第一部分	第二部分	第三部分	第四部分	第五部分	牌号示例
优质碳素结构钢	碳的质量分数：0.05% ~ 0.11%	锰的质量分数：0.25% ~ 0.50%	优质钢	沸腾钢	—	08F
	碳的质量分数：0.47% ~ 0.55%	锰的质量分数：0.50% ~ 0.80%	高级优质钢	镇静钢	—	50A
	碳的质量分数：0.48% ~ 0.56%	锰的质量分数：0.70% ~ 1.00%	特级优质钢	镇静钢	—	50MnE
保证淬透性用钢	碳的质量分数：0.42% ~ 0.50%	锰的质量分数：0.50% ~ 0.85%	高级优质钢	镇静钢	保证淬透性钢表示符号"H"	45AH
优质碳素弹簧钢	碳的质量分数：0.62% ~ 0.70%	锰的质量分数：0.90% ~ 1.20%	优质钢	镇静钢	—	65Mn

3. 易切削钢

易切削钢牌号通常由三部分组成。

第一部分：易切削钢表示符号"Y"。

第二部分：以两位阿拉伯数字表示平均碳含量（以万分之几计）。

第三部分：易切削元素符号，例如：含钙、铅、锡等易切削元素的易切削钢分别以 Ca、Pb、Sn 表示。加硫和加硫磷易切削钢，通常不加易切削元素符号 S、P。较高锰含量的加硫或加硫磷易切削钢，本部分为锰元素符号 Mn。为区分牌号，对较高硫含量的易切削，在牌号尾部加硫元素符号 S。

例如：①碳的质量分数 0.42% ~ 0.50%、钙的质量分数为 0.002% ~ 0.006% 的易切削钢，其牌号表示为 Y45Ca；②碳的质量分数为 0.40% ~ 0.48%、锰的质量分数 1.35% ~ 1.65%、硫的质量分数为 0.16% ~ 0.24% 的易切削钢，其牌号表示为 Y45Mn；③碳的质量分数为 0.40% ~ 0.48%、锰的质量分数为 1.35% ~ 1.65%、硫的质量分数为 0.24% ~ 0.32% 的易切削钢，其牌号表示为 Y45MnS。

4. 车辆车轴及机车车辆用钢牌号表示方法

车辆车轴及机车车辆用钢牌号通常由两部分组成。

第一部分：车辆车轴用钢表示符号"LZ"或机车车辆用钢表示符号"JZ"。

第二部分：以两位阿拉伯数字表示平均碳含量（以万分之几计）。

5. 合金结构钢及合金弹簧钢牌号表示方法

合金结构钢牌号通常由四部分组成：

第一部分：以两位阿拉伯数字表示平均碳含量（以万分之几计）。

第二部分：合金元素含量，以化学元素符号及阿拉伯数字表示。具体表示方法为：平均质量分数小于 1.50% 时，牌号中仅标明元素，一般不标明含量；平均质量分数为 1.50% ~ 2.49%、2.50% ~ 3.49%、3.50% ~ 4.49%、4.50% ~ 5.49% 等时，在合金元素后相应写成 2、3、4、5 等；化学元素符号的排列顺序推荐按含量值递减排列，如果两个或多个元素的含量相等时，相应符号位置按英文字母的顺序排列。

第三部分：钢材冶金质量，即高级优质钢、特级优质钢分别以 A、B 表示，优质钢不用字母表示。

第四部分（必要时）：产品用途、特性或工艺方法表示符号。

合金弹簧钢的表示方法与合金结构钢相同。

合金结构钢和合金弹簧钢的牌号示例见表 1-51。

表 1-51　合金结构钢和合金弹簧钢的牌号示例（GB/T 221—2008）

产品名称	第一部分	第二部分	第三部分	第四部分	牌号示例
合金结构钢	碳的质量分数：0.22% ~ 0.29%	铬的质量分数：1.50% ~ 1.80% 钼的质量分数：0.25% ~ 0.35% 钒的质量分数：0.15% ~ 0.30%	高级优质钢	—	25Cr2MoVA
锅炉和压力容器用钢	碳的质量分数：≤0.22%	锰的质量分数：1.20% ~ 1.60% 钼的质量分数：0.45% ~ 0.65% 铌的质量分数：0.025% ~ 0.050%	特级优质钢	锅炉和压力容器用钢	18MnMoNbER

(续)

产品名称	第一部分	第二部分	第三部分	第四部分	牌号示例
优质弹簧钢	碳的质量分数：0.56%~0.64%	硅的质量分数：1.60%~2.00% 锰的质量分数：0.70%~1.00%	优质钢	—	60Si2Mn

6. 非调质机械结构钢牌号表示方法

非调质机械结构钢牌号通常由四部分组成。

第一部分：非调质机械结构钢表示符号"F"。

第二部分：以两位阿拉伯数字表示平均碳含量（以万分之几计）。

第三部分：合金元素含量，以化学元素符号及阿拉伯数字表示，表示方法同合金结构钢第二部分。

第四部分（必要时）：改善切削性能的非调质机械结构钢加硫元素符号 S。

7. 工具钢牌号表示方法

工具钢通常分为碳素工具钢、合金工具钢和高速工具钢三类。

（1）碳素工具钢　碳素工具钢牌号通常由四部分组成。

第一部分：碳素工具钢表示符号"T"。

第二部分：阿拉伯数字表示平均碳含量（以千分之几计）。

第三部分（必要时）：较高锰含量碳素工具钢，加锰元素符号 Mn。

第四部分（必要时）：钢材冶金质量，即高级优质碳素工具钢以 A 表示，优质钢不用字母表示。

（2）合金工具钢　合金工具钢牌号通常由两部分组成。

第一部分：平均碳的质量分数小于 1.00% 时，采用一位数字表示碳含量（以千分之几计）。平均碳的质量分数不小于 1.00% 时，不标明碳含量数字。

第二部分：合金元素含量，以化学元素符号及阿拉伯数字表示，表示方法同合金结构钢第二部分。低铬（平均铬的质量分数小于 1%）合金工具钢，在铬含量（以千分之几计）前加数字"0"。

（3）高速工具钢　高速工具钢牌号表示方法与合金结构钢相同，

但在牌号头部一般不标明表示碳含量的阿拉伯数字。为了区别牌号，在牌号头部可以加"C"，表示高碳高速工具钢。

8. 轴承钢牌号表示方法

轴承钢分为高碳铬轴承钢、渗碳轴承钢、高碳铬不锈轴承钢和高温轴承钢四大类。

（1）高碳铬轴承钢　高碳铬轴承钢牌号通常由两部分组成。

第一部分：（滚珠）轴承钢表示符号"G"，但不标明碳含量。

第二部分：合金元素"Cr"符号及其含量（以千分之几计）。其他合金元素含量，以化学元素符号及阿拉伯数字表示，表示方法同合金结构钢第二部分。

（2）渗碳轴承钢　在牌号头部加符号"G"，采用合金结构钢的牌号表示方法。高级优质渗碳轴承钢在牌号尾部加"A"。

例如：碳的质量分数为 0.17%～0.23%、铬的质量分数为 0.35%～0.65%、镍的质量分数为 0.40%～0.70%、钼的质量分数为 0.15%～0.30%的高级优质渗碳轴承钢，其牌号表示为 G20CrNiMoA。

（3）高碳铬不锈轴承钢和高温轴承钢　在牌号头部加符号"G"，采用不锈钢和耐热钢的牌号表示方法。

例如：①碳的质量分数为 0.90%～1.00%、铬的质量分数为 17.0%～19.0%的高碳铬不锈轴承钢，其牌号表示为 G95Cr18；②碳的质量分数为 0.75%～0.85%、铬的质量分数为 3.75%～4.25%、钼的质量分数为 4.00%～4.50%的高温轴承钢，其牌号表示为 G80Cr4Mo4V。

9. 钢轨钢及冷镦钢牌号表示方法

钢轨钢、冷镦钢牌号通常由三部分组成。

第一部分：钢轨钢表示符号"U"，冷镦钢（铆螺钢）表示符号"ML"。

第二部分：以阿拉伯数字表示平均碳含量，优质碳素结构钢同优质碳素结构钢第一部分，合金结构钢同合金结构钢第一部分。

第三部分：合金元素含量，以化学元素符号及阿拉伯数字表示，表示方法同合金结构钢第二部分。

10. 不锈钢及耐热钢牌号表示方法

不锈钢和耐热钢的牌号采用化学元素符号和表示各元素含量的阿

拉伯数字表示，各元素含量的阿拉伯数字表示应符合下列规定：

（1）碳含量　用两位或三位阿拉伯数字表示碳含量最佳控制值（以万分之几或十万分之几计）。

1）只规定碳含量上限者，当碳的质量分数上限不大于 0.10% 时，以其上限的 3/4 表示碳含量；当碳的质量分数上限大于 0.10% 时，以其上限的 4/5 表示碳含量。

例如：①碳的质量分数上限为 0.08%，碳含量以 06 表示；②碳的质量分数上限为 0.20%，碳含量以 16 表示；③碳的质量分数上限为 0.15%，碳含量以 12 表示。

对超低碳不锈钢（即碳的质量分数不大于 0.030%），用三位阿拉伯数字表示碳含量最佳控制值（以十万分之几计）。

例如：①碳的质量分数上限为 0.03% 时，其牌号中的碳含量以 022 表示；②碳的质量分数上限为 0.02% 时，其牌号中的碳含量以 015 表示。

2）规定上、下限者，以平均碳含量乘以 100 表示。

例如：碳的质量分数为 0.16%~0.25% 时，其牌号中的碳含量以 20 表示。

（2）合金元素含量　合金元素含量以化学元素符号及阿拉伯数字表示，表示方法同合金结构钢第二部分。钢中有意加入的铌、钛、锆、氮等合金元素，虽然含量很低，也应在牌号中标出。

例如：①碳的质量分数不大于 0.08%、铬的质量分数为 18.00%~20.00%、镍的质量分数为 8.00%~11.00% 的不锈钢，牌号为 06Cr19Ni10；②碳的质量分数不大于 0.030%、铬的质量分数为 16.00%~19.00%、钛的质量分数为 0.10%~1.00% 的不锈钢，牌号为 022Cr18Ti；③碳的质量分数为 0.15%~0.25%、铬的质量分数为 14.00%~16.00%、锰的质量分数为 14.00%~16.00%、镍的质量分数为 1.50%~3.00%、氮的质量分数为 0.15%~0.30% 的不锈钢，牌号为 20Cr15Mn15Ni2N；④碳的质量分数不大于 0.25%、铬的质量分数为 24.00%~26.00%、镍的质量分数为 19.00%~22.00% 的耐热钢，牌号为 20Cr25Ni20。

11. 焊接用钢牌号表示方法

焊接用钢包括焊接用碳素钢、焊接用合金钢和焊接用不锈钢等。

焊接用钢牌号通常由两部分组成。

第一部分：焊接用钢表示符号"H"。

第二部分：各类焊接用钢牌号表示方法。其中优质碳素结构钢、合金结构钢和不锈钢应分别符合相关规定。

12. 冷轧电工钢牌号表示方法

冷轧电工钢分为取向电工钢和无取向电工钢，牌号通常由三部分组成。

第一部分：材料公称厚度（单位：mm）100 倍的数字。

第二部分：普通级取向电工钢表示符号"Q"、高磁导率级取向电工钢表示符号"QG"或无取向电工钢表示符号"W"。

第三部分：对于取向电工钢，磁极化强度在 1.7T 以下和频率在 50Hz 以下时，或对于无取向电工钢，磁极化强度为 1.5T 和频率为 50Hz 时，用以 W/kg 为单位的相应厚度产品的最大比总损耗值 100 倍的数值表示。

例如：①公称厚度为 0.30mm、比总损耗 P1.7/50 为 1.30W/kg 的普通级取向电工钢，牌号为 30Q130；②公称厚度为 0.30mm、比总损耗 P1.7/50 为 1.10W/kg 的高磁导率级取向电工钢，牌号为 30QG110；③公称厚度为 0.50mm、比总损耗 P1.5/50 为 4.0W/kg 的无取向电工钢，牌号为 50W400。

1.4.6　其他钢铁材料牌号表示方法

1. 电磁纯铁牌号表示方法

电磁纯铁牌号通常由三部分组成。

第一部分：电磁纯铁表示符号"DT"。

第二部分：以阿拉伯数字表示不同牌号的顺序号。

第三部分：根据电磁性能不同，分别加质量等级表示符号 A。

2. 原料纯铁牌号表示方法

原料纯铁牌号通常由两部分组成。

第一部分：原料纯铁表示符号"YT"。

第二部分：以阿拉伯数字表示不同牌号的顺序号。

3. 高电阻电热合金牌号表示方法

高电阻电热合金牌号采用化学元素符号和阿拉伯数字表示，牌号表示方法与不锈钢和耐热钢的牌号表示方法相同（镍铬基合金不标出碳含量）。

例如：铬的质量分数为 18.00% ~ 21.00%、镍的质量分数为 34.00% ~ 37.00%、碳的质量分数不大于 0.08% 的合金（其余为铁），其牌号表示为 06Cr20Ni35。

1.4.7 钢铁及合金牌号统一数字代号体系

1. 基本原则

1）统一数字代号由固定的六位符号组成，左边首位用大写的拉丁字母作为前缀（一般不使用"1"和"0"字母），后接五位阿拉伯数字，字母和数字之间应无间隙排列。

2）每一个统一数字代号只适用于一个产品牌号；反之，每一个产品牌号只对应于一个统一数字代号。当产品牌号取消后，一般情况下，原对应的统一数字代号不再分配给另一个产品牌号。

2. 钢铁及合金牌号统一数字代号的结构形式

根据 GB/T 17616—2013 的规定，钢铁及合金牌号统一数字代号的结构形式如下所示：

前缀字母：代表不同的钢铁及合金类型

第一位阿拉伯数字：代表各类型钢铁及合金细分类

第二、三、四、五位阿拉伯数字：代表不同分类内的编组的同一编组内的不同牌号的区别顺序号（各类型材料组不同）

3. 钢铁及合金的分类、编组与统一数字代号

1）钢铁及合金的分类和编组，主要按其基本成分、特性和用途，同时兼顾我国现有的习惯分类方法以及各类产品牌号实际数量等情况综合考虑。

2）钢铁及合金的分类和编组及顺序号的编排，应充分考虑到各类钢铁及合金的发展和新型材料的出现，留有一定的备用空位。

3）钢铁及合金的类型与统一数字代号见表 1-52。

表 1-52　钢铁及合金的类型与统一数字代号（GB/T 17616—2013）

钢铁及合金的类型	英文名称	前缀字母	统一数字代号（ISC）
合金结构钢	Alloy structural steel	A	A××××
轴承钢	Bearing steel	B	B××××
铸铁、铸钢及铸造合金	Cast iron、cast steel and cast alloy	C	C××××
电工用钢和纯铁	Electrical steel and iron	E	E××××
铁合金和生铁	Ferro alloy and pig iron	F	F××××
耐蚀合金和高温合金	Heat resisting and corrosion resisting alloy	H	H××××
金属功能材料	Metallic functional materials	J	J××××
低合金钢	Low alloy steel	L	L××××
杂类材料	Miscellaneous materiais	M	M××××
粉末及粉末冶金材料	Powders and powder metallurgy materials	P	P××××
快淬金属及合金	Quick quench matels and alloys	Q	Q××××
不锈钢和耐热钢	Stainless steel and heat resisting steel	S	S××××
工模具钢	Tool and mould steel	T	T××××
非合金钢	Unalloy steel	U	U××××
焊接用钢及合金	Steel and alloy for welding	W	W××××

1.5　有色金属材料牌号表示方法

1.5.1　铝及铝合金牌号（代号）表示方法

1. 铸造铝及铝合金牌号表示方法

（1）铸造纯铝　按 GB/T 8063—2017《铸造有色金属及其合金牌号表示方法》的规定，铸造纯铝牌号由铸造代号"Z"（"铸"的汉语拼音第一个字母）和基体金属的化学元素符号 Al，以及表明产品纯度百分含量的数字组成，如 ZAl99.5。

（2）铸造铝合金　按 GB/T 8063—2017《铸造有色金属及其合金牌号表示方法》的规定，铸造铝合金牌号由铸造代号"Z"和基体金属的化学元素符号 Al、主要合金的化学元素符号，以及表明合金元素名义百分含量的数字组成。示例如下：

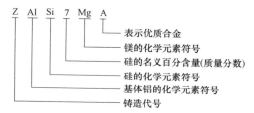

Z　Al　Si　7　Mg　A

└─ 表示优质合金
└─ 镁的化学元素符号
└─ 硅的名义百分含量(质量分数)
└─ 硅的化学元素符号
└─ 基体铝的化学元素符号
└─ 铸造代号

1）当合金元素多于两个时，合金牌号中应列出足以表明合金主要特性的元素符号及其名义百分含量的数字。

2）合金元素符号按其名义百分含量递减的次序排列。当名义含量相等时，则按元素符号字母顺序排列。当需要表明决定合金类别的合金元素首先列出时，不论其含量多少，该元素符号均应置于基体元素符号之后。

3）除基体元素的名义百分含量不标注外，其他合金元素的名义百分含量均标注于该元素符号之后。当合金元素含量规定为大于或等于 1%（质量分数）的某个范围时，采用其平均含量的修约化整值。必要时也可用带一位小数的数字标注。合金元素含量小于 1%（质量分数）时，一般不标注，只有对合金性能起重大影响的合金元素，才允许用一位小数标注其平均含量。

4）数值修约按 GB/T 8170 的规定进行。

5）对具有相同主成分，需要控制超低间隙元素的合金，在牌号结尾加注（ELI）。

6）对具有相同主成分，杂质限量有不同要求的合金，在牌号结尾加注"A、B、C……"表示等级。

（3）压铸铝合金　压铸铝合金牌号由压铸铝合金代号"YZ"（"压"和"铸"的汉语拼音第一个字母）和基体金属的化学元素符号 Al、主要合金元素符号，以及表明合金元素名义百分含量的数字组成，如 YZAlSi10Mg。

2. 铸造铝合金代号表示方法

1）按 GB/T 1173—2013《铸造铝合金》的规定，铸造铝合金（除压铸外）代号由字母"Z""L"（它们分别是"铸""铝"的汉语拼音第一个字母）及其后的三个阿拉伯数字组成。ZL 后面第一个数字表示合金系列，其中 1、2、3、4 分别表示铝硅、铝铜、铝镁、铝锌系列合金，ZL 后面第二、三两个数字表示顺序号。优质合金在数字后面附加字母"A"。示例如下：

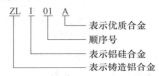

2）按 GB/T 15115—2024《压铸铝合金》的规定，压铸铝合金代号由字母"Y""L"（它们分别是"压""铝"的汉语拼音第一个字母）及其后的三个阿拉伯数字组成。YL 后面第一个数字表示合金系列，其中 1、2、3、4 分别表示铝硅、铝铜、铝镁、铝锡系列合金，YL 后面第二、三两个数字表示顺序号。示例如下：

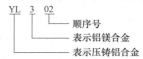

3. 变形铝及铝合金牌号表示方法 （见表 1-53）

表 1-53　变形铝及铝合金牌号表示方法 （GB/T 16474—2011）

四位字符体系牌号命名方法	四位字符体系牌号的第一、三、四位为阿拉伯数字，第二位为英文大写字母（C、I、L、N、O、P、Q、Z 字母除外）。牌号的第一位数字表示铝及铝合金的组别，见表 1-54。除改型合金外，铝合金组别按主要合金元素（6×××系按 Mg_2Si）来确定，主要合金元素指极限含量算术平均值为最大的合金元素。当有一个以上的合金元素极限含量算术平均值同为最大时，应按 Cu、Mn、Si、Mg、Mg_2Si、Zn，其他元素的顺序来确定合金组别。牌号的第二位字母表示原始纯铝或铝合金的改型情况，最后两位数字用以标识同一组中不同的铝合金或表示铝的纯度
纯铝的牌号命名法	铝的质量分数不低于 99.00% 时为纯铝，其牌号用 1××× 系列表示。牌号的最后两位数字表示最低铝百分含量（质量分数）。当最低铝的质量分数精确到 0.01% 时，牌号的最后两位数字就是最低铝百分含量中小数点后面的两位。牌号第二位的字母表示原始纯铝的改型情况。如果第二位的字母为 A，则表示为原始纯铝；如果是 B~Y 的其他字母，则表示为原始纯铝的改型，与原始纯铝相比，其元素含量略有改变

（续）

铝合金的牌号命名法	铝合金的牌号用 2×××~8××× 系列表示。牌号的最后两位数字没有特殊意义，仅用来区分同一组中不同的铝合金。牌号第二位的字母表示原始合金的改型情况。如果牌号第二位的字母是 A，则表示为原始合金；如果是 B~Y 的其他字母（按国际规定用字母表的次序运用），则表示为原始合金的改型合金。改型合金与原始合金相比，化学成分的变化，仅限于下列任何一种或几种情况 　　1）一个合金元素或一组组合元素①形式的合金元素，极限含量算术平均值的变化量符合表 1-55 的规定 　　2）增加或删除了极限含量算术平均值不超过 0.30%（质量分数）的一个合金元素；增加或删除了极限含量算术平均值不超过 0.40%（质量分数）的一组组合元素①形式的合金元素 　　3）为了同一目的，用一个合金元素代替了另一个合金元素 　　4）改变了杂质的极限含量 　　5）细化晶粒的元素含量有变化

　① 组合元素是指在规定化学成分时，对某两种或两种以上的元素总含量规定极限值时，这两种或两种以上的元素的统称。

表 1-54　铝及铝合金的组别 （GB/T 16474—2011）

组别	牌号系列
纯铝（铝的质量分数不小于 99.00%）	1×××
以铜为主要合金元素的铝合金	2×××
以锰为主要合金元素的铝合金	3×××
以硅为主要合金元素的铝合金	4×××
以镁为主要合金元素的铝合金	5×××
以镁和硅为主要合金元素并以 Mg_2Si 相为强化相的铝合金	6×××
以锌为主要合金元素的铝合金	7×××
以其他合金元素为主要合金元素的铝合金	8×××
备用合金组	9×××

表 1-55　合金元素极限含量的变化量 （GB/T 16474—2011）

原始合金中的极限含量（质量分数）算术平均值范围	极限含量（质量分数）算术平均值的变化量≤	原始合金中的极限含量（质量分数）算术平均值范围	极限含量（质量分数）算术平均值的变化量≤
≤1.0%	0.15%	>2.0%~3.0%	0.25%
>1.0%~2.0%	0.20%	>3.0%~4.0%	0.30%

（续）

原始合金中的极限 含量(质量分数)算 术平均值范围	极限含量(质量 分数)算术平均 值的变化量≤	原始合金中的极限 含量(质量分数)算 术平均值范围	极限含量(质量 分数)算术平均 值的变化量≤
>4.0%~5.0%	0.35%	>6.0%	0.50%
>5.0%~6.0%	0.40%		

注：改型合金中的组合元素极限含量的算术平均值，应与原始合金中相同
　　组合元素的算术平均值或各相同元素（构成该组合元素的各单个元
　　素）的算术平均值之和相比较。

1.5.2　镁及镁合金牌号（代号）表示方法

1. 铸造镁及镁合金牌号表示方法

1）铸造镁及镁合金牌号表示方法应符合 GB/T 8063—2017《铸造
有色金属及其合金牌号表示方法》的规定。示例如下：

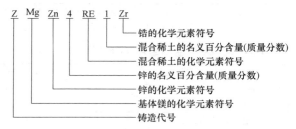

Z　Mg　Zn　4　RE　1　Zr
　　　　　　　　　　└─ 锆的化学元素符号
　　　　　　　　└─ 混合稀土的名义百分含量(质量分数)
　　　　　　└─ 混合稀土的化学元素符号
　　　　└─ 锌的名义百分含量(质量分数)
　　└─ 锌的化学元素符号
　└─ 基体镁的化学元素符号
└─ 铸造代号

2）压铸镁合金牌号由压铸镁合金代号“YZ”（“压”和“铸”的
汉语拼音第一个字母）和基体金属的化学元素符号 Mg、主要合金化
学元素符号，以及表明合金化元素名义百分含量的数字组成，如
YZMgAl2Si。

2. 铸造镁合金代号表示方法

1）按 GB/T 1177—2018《铸造镁合金》的规定，铸造镁合金
（除压铸外）代号由字母“Z”“M”（它们分别是“铸”“镁”的汉语
拼音第一个字母）及其后的一个阿拉伯数字组成。ZM 后面数字表示
合金的顺序号。示例如下：

ZM　6
　　└─ 顺序号
└─ 表示铸造镁合金

2）按 GB/T 25748—2010《压铸镁合金》的规定，压铸镁合金代号由字母"Y""M"（它们分别是"压""镁"的汉语拼音第一个字母）及其后的三个阿拉伯数字组成。YM 后面第一个数字表示合金系列，其中 1、2、3 分别表示镁铝硅、镁铝锰、镁铝锌系列合金，YM 后面第二、三两个数字表示顺序号。示例如下：

3. 变形镁及镁合金牌号表示方法

按 GB/T 5153—2016《变形镁及镁合金牌号和化学成分》的规定，变形镁及镁合金牌号表示方法如下：

1）纯镁牌号以 Mg 加数字的形式表示，Mg 后的数字表示 Mg 的质量分数。

2）镁合金牌号以英文字母加数字再加英文字母的形式表示。前面的英文字母是其最主要的合金组成元素代号（元素代号符合表 1-56 的规定，可以是一位也可以是两位），其后的数字表示其最主要的合金组成元素的大致含量。最后面的英文字母为标识代号，用以标识各具体组成元素相异或元素含量有微小差别的不同合金。

表 1-56　镁及镁合金中的元素代号（GB/T 5153—2016）

元素代号	元素名称	元素代号	元素名称	元素代号	元素名称
A	铝	H	钍	R	铬
B	铋	K	锆	S	硅
C	铜	L	锂	T	锡
D	镉	M	锰	W	镱
E	稀土	N	镍	Y	锑
F	铁	P	铅	Z	锌
G	钙	Q	银		

示例如下：

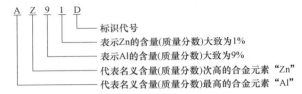

A Z 91 D ——— 标识代号
————— 表示Zn的含量(质量分数)大致为1%
————— 表示Al的含量(质量分数)大致为9%
————— 代表名义含量(质量分数)次高的合金元素"Zn"
————— 代表名义含量(质量分数)最高的合金元素"Al"

1.5.3　铜及铜合金牌号表示方法

1. 铸造铜及铜合金牌号表示方法

1) 铸造铜及铜合金牌号表示方法应符合 GB/T 8063—2017《铸造有色金属及其合金牌号表示方法》的规定。示例如下：

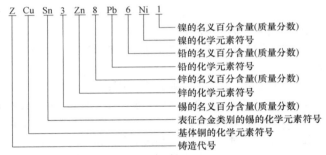

Z Cu Sn 3 Zn 8 Pb 6 Ni 1 ——— 镍的名义百分含量(质量分数)
————— 镍的化学元素符号
————— 铅的名义百分含量(质量分数)
————— 铅的化学元素符号
————— 锌的名义百分含量(质量分数)
————— 锌的化学元素符号
————— 锡的名义百分含量(质量分数)
————— 表征合金类别的锡的化学元素符号
————— 基体铜的化学元素符号
————— 铸造代号

2) 压铸铜合金牌号由压铸代号"YZ"（"压"和"铸"的汉语拼音第一个字母）和铜及主要合金元素的化学符号组成，主要合金元素后面跟有表示其名义百分含量的数字（名义百分含量为该元素平均百分含量的修约化整值）。压铸镁合金代号按合金名义成分的百分含量命名，并在合金代号前面标注字母"YT"（"压"和"铜"汉语拼音的第一个字母）表示压铸铜合金，后加文字说明合金分类，如 YT40-1 铅黄铜、YT16-4 硅黄铜、YT30-3 铝黄铜。

2. 加工铜及铜合金牌号表示方法

按 GB/T 29091—2012《铜及铜合金牌号和代号表示方法》的规定，加工铜及铜合金牌号表示方法如下：

（1）铜和高铜合金牌号表示方法　高铜合金是指以铜为基体金属，在铜中加入一种或几种微量元素以获得某些预定特性的合金。一般铜的质量分数为 96%～<99.3%，用于冷、热压力加工。铜和高铜合

金牌号中不体现铜的含量，其命名方法如下：

1）铜以"T+顺序号"或"T+第一主添加元素化学符号+各添加元素含量（质量分数，数字间以"-"隔开）"命名。示例如下：

铜的质量分数≥99.90%的二号纯铜（含银）的牌号：

银的质量分数为 0.06%～0.12%的银铜的牌号：

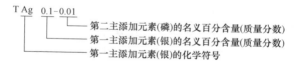

银的质量分数为 0.08%～0.12%、磷的质量分数为 0.004%～0.012%的银铜的牌号：

2）无氧铜以"TU+顺序号"或"TU+添加元素的化学符号+各添加元素含量（质量分数）"命名。示例如下：

氧的质量分数≤0.002%的一号无氧铜的牌号：

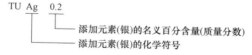

银的质量分数为 0.15%～0.25%、氧的质量分数≤0.003%的无氧银铜的牌号：

3）磷脱氧铜以"TP+顺序号"命名。示例如下：

磷的质量分数为 0.015%～0.040%的二号磷脱氧铜的牌号：

4）高铜合金以"T+第一主添加元素化学符号+各添加元素含量（质量分数，数字间以"-"隔开）"命名。示例如下：

铬的质量分数为 0.50%～1.50%、锆的质量分数为 0.05%～0.25% 的高铜合金的牌号：

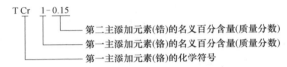

（2）黄铜牌号表示方法 黄铜中锌为第一主添加元素，但牌号中不体现锌的含量。其命名方法如下：

1）普通黄铜以"H+铜含量（质量分数）"命名。示例如下：

铜的质量分数为 63%～68% 的普通黄铜的牌号：

H 65
└── 铜的名义百分含量(质量分数)

2）复杂黄铜以"H+第二主添加元素化学符号+铜含量（质量分数）+除锌以外的各添加元素含量（质量分数，数字间以"-"隔开）"命名。示例如下：

铅的质量分数为 0.8%～1.9%、铜的质量分数 57.0%～60.0% 的铅黄铜的牌号：

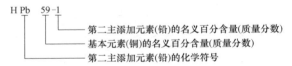

（3）青铜牌号表示方法 青铜以"Q+第一主添加元素化学符号+各添加元素含量（质量分数，数字间以"-"隔开）"命名。示例如下：

铝的质量分数为 4.0%～6.0% 的铝青铜的牌号：

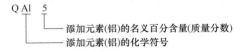

锡的质量分数为 6.0%~7.0%、磷的质量分数为 0.10%~0.25%的锡磷青铜的牌号：

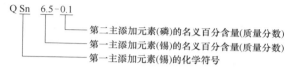

（4）白铜牌号表示方法 白铜牌号命名方法如下：

1）普通白铜以"B+铜含量（质量分数）"命名。示例如下：

镍的质量分数（含钴）为 29%~33%的普通白铜的牌号：

```
 B 30
 └── 镍的名义百分含量(质量分数)
```

2）复杂白铜包括铜为余量的复杂白铜和锌为余量的复杂白铜：①铜为余量的复杂白铜，以"B+第二主添加元素化学符号+镍含量（质量分数）+各添加元素含量（质量分数，数字间以"-"隔开）"命名；②锌为余量的锌白铜，以"B+Zn 元素化学符号+第一主添加元素（镍）含量（质量分数）+第二主添加元素（锌）含量（质量分数）+第三主添加元素含量（质量分数，数字间以"-"隔开）"命名。示例如下：

镍的质量分数为 9.0%~11.0%、铁的质量分数为 1.0%~1.5%、锰的质量分数为 0.5%~1.0%的铁白铜的牌号：

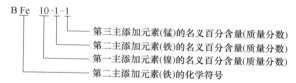

铜的质量分数为 60.0%~63.0%、镍的质量分数为 14.0%~16.0%、铅的质量分数为 1.5%~2.0%、锌为余量的含铅锌白铜的牌号：

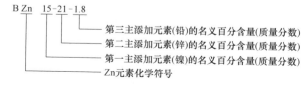

3. 再生铜及铜合金牌号表示方法

按 GB/T 29091—2012《铜及铜合金牌号和代号表示方法》的规定，再生铜及铜合金牌号表示方法为：在加工铜及铜合金牌号的命名方法的基础上，牌号的最前端冠以"再生"英文单词"recycling"的第一个大写字母"R"。

1.5.4　锌及锌合金牌号表示方法

根据 GB/T 8063—2017《铸造有色金属及其合金牌号表示方法》、GB/T 13818—2024《压铸锌合金》、GB/T 2056—2005《电镀用铜、锌、镉、镍、锡阳极板》、GB/T 3610—2010《电池锌饼》、YS/T 565—2010《电池用锌板和锌带》的规定，锌及锌合金牌号表示方法见表 1-57。

表 1-57　锌及锌合金牌号表示方法

牌号名称		牌号举例	表示方法说明
铸造锌合金		ZZnAl4Cu1Mg	Z Zn Al 4 Cu 1 Mg 加有少量镁 铜的名义百分含量(质量分数) 铜的元素符号 铝的名义百分含量(质量分数) 铝的元素符号 基体金属锌的元素符号 铸造代号
压铸锌合金		YZZnAl4Cu1	YZ Zn Al 4 Cu 1 铜的名义百分含量(质量分数) 铜的元素符号 铝的名义百分含量(质量分数) 铝的元素符号 基体金属锌的元素符号 压力铸造代号
加工锌	由锌锭加工成的锌制品	Zn99.95	与所用锌锭牌号相同，如电镀用锌阳极板
	锌饼、锌板和锌带	DX	包括锌饼、锌板和锌带等加工产品

1.5.5 钛及钛合金牌号表示方法

根据 GB/T 8063—2017《铸造有色金属及其合金牌号表示方法》、GB/T 3620.1—2016《钛及钛合金牌号和化学成分》、GB/T 2524—2019《海绵钛》的规定，钛及钛合金牌号表示方法见表1-58。

表 1-58 钛及钛合金牌号表示方法

类别	牌号举例		牌号表示方法说明
	名称	牌号	
加工钛及钛合金	工业纯钛、α型和近α型钛合金	TA1、TA3、TA5	TA 1 — 顺序号 金属或合金的顺序号；合金代号 表示金属或合金组织类型：TA—工业纯钛、α型和近α型钛合金，TB—β型和近β型钛合金，TC—α-β型钛合金
	β型和近β型钛合金	TB2、TB3	
	α-β型钛合金	TC1、TC4、TC9	
铸造钛及钛合金	ZTiAl5Sn2.5(ELI)		Z Ti Al 5 Sn 2.5 (ELI) — 超低间隙元素的英文缩写；锡的名义百分含量(质量分数)；锡的元素符号；铝的名义百分含量(质量分数)；铝的元素符号；基体钛的元素符号；铸造代号
海绵钛	MHT-200		MHT-200 — 布氏硬度的最大值；海绵钛的汉语拼音代号

1.5.6 镍及镍合金牌号表示方法

1. 铸造镍及镍合金牌号表示方法

铸造镍及镍合金牌号表示方法应符合 GB/T 8063—2017《铸造有色金属及其合金牌号表示方法》的规定。

2. 加工镍及镍合金牌号表示方法

根据 GB/T 5235—2021《加工镍及镍合金牌号和化学成分》、GB/T 6516—2010《电解镍》的规定，加工镍及镍合金牌号表示方法见表 1-59。

表 1-59 加工镍及镍合金牌号表示方法

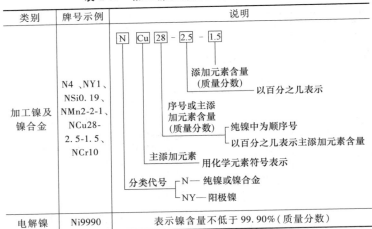

类别	牌号示例	说明
加工镍及镍合金	N4、NY1、NSi0.19、NMn2-2-1、NCu28-2.5-1.5、NCr10	
电解镍	Ni9990	表示镍含量不低于 99.90%（质量分数）

1.5.7 稀土金属材料牌号表示方法

稀土金属材料的牌号分两个层次，见表 1-60。稀土金属材料牌号表示方法见表 1-61。

表 1-60 稀土金属材料牌号的两个层次（GB/T 17803—2015）

类别	两个层次
单一稀土金属、混合稀土金属、单一稀土化合物、混合稀土化合物	××-×× 第二层次：表示该产品的级别(规格) 第一层次：表示该产品的名称
稀土合金	××-×× 第二层次：表示合金中稀土元素的百分含量 第一层次：表示该产品的名称

表 1-61 稀土金属材料牌号表示方法 （GB/T 17803—2015）

类别	第一层次	第二层次	示例
单一稀土金属	该产品的名称,采用元素符号表示	该产品的级别(规格),采用其稀土相对纯度(质量分数)来表示 当该产品稀土相对纯度(质量分数)等于或大于99%时,用质量分数中"9"的个数加"N"来表示("N"为数字9的英文首字母),如99%用2N表示,99.995%用4N5表示 稀土相对纯度(质量分数)小于99%的产品,其稀土相对纯度(质量分数)采用四舍五入方法修约后取前两位数字表示 稀土相对纯度(质量分数)相同,但其他成分(包括杂质)百分含量要求不同的产品,可在数字代号最后面依次加大写字母A、B、C、D等表示,以示区别这些不同的产品	稀土相对纯度为99.95%的金属钐的牌号表示为Sm-3N5(第一层次为Sm,第二层次为3N5)
混合稀土金属	该产品的名称,采用元素符号表示,按元素周期表内的先后顺序编写	该产品的规格(级别),采用有价元素(有价元素指Eu、Tb、Dy、Lu)的百分含量加元素符号表示。如果该产品不含有价元素时,则用主量元素的百分含量加主量元素符号表示;如果该产品中含两个有价元素(含两个)以上时,则取百分含量最高的有价元素的百分含量加该元素的元素符号表示 稀土相对纯度(质量分数)相同,但其他成分(包括杂质)百分含量要求不同的产品,可在数字代号最后面依次加大写字母A、B、C、D等表示,以示区别这些不同的产品	稀土相对纯度为Pr25%、Nd75%的镨钕金属的牌号表示为PrNd-75Nd(第一层次为PrNd,第二层次为75Nd)

（续）

类别	第一层次	第二层次	示例
单一稀土化合物	该产品的名称，采用该产品的分子式表示	该产品的级别（规格），采用其稀土相对纯度（质量分数）来表示 当该产品稀土相对纯度（质量分数）等于或大于 99% 时，用质量分数中"9"的个数加"N"来表示，如 99% 用 2N 表示，99.995% 用 4N5 表示 稀土相对纯度（质量分数）小于 99% 的产品，其质量分数采用四舍五入方法修约后取前两位数字表示。当质量分数只有一位数字时，采用四舍五入修约后取整数，再在该数字前加"0"补足两位数字表示 稀土相对纯度（质量分数）相同，但其他成分（包括杂质）百分含量要求不同的产品，可在该组牌号最后依次加上大写字母 A、B、C、D 等表示，以示区别这些不同的产品	稀土相对纯度为 99.999% 的氧化镧的牌号表示为 La_2O_3-5N（第一层次为 La_2O_3，第二层次为 5N）
混合稀土化合物	该产品名称，用该产品的分子式表示	该产品的规格（级别），用有价元素（有价元素指 Eu、Tb、Dy、Lu）的百分含量加元素符号表示。如果该产品不含有价元素时，则用主量元素的百分含量加主量元素符号表示；如果该产品中含两个有价元素（含两个）以上时，则取百分含量最高的有价元素的百分含量加该元素的元素符号表示 稀土百分含量相同，但其他成分（包括杂质）百分含量要求不同的产品，可在数字代号最后面依次加大写字母 A、B、C、D 等表示，以示区别这些不同的产品	各元素含量（质量分数）为 Y94.6%、Eu5.4% 的氧化钇铕牌号表示为 $(YEu)_2O_3$-5.4Eu（第一层次为 $(YEu)_2O_3$，第二层次为 5.4Eu）

（续）

类别	第一层次	第二层次	示例
稀土合金	该产品的名称，用元素符号表示，并按照稀土元素在前，其他元素在后的排序方法来排序。当合金中有两种（含两个）以上的稀土元素时，其排列顺序按照元素周期表的顺序排列	该合金中稀土元素的百分含量，采用合金中稀土元素的百分含量的前两位数字表示，含两种及两种以上稀土元素的稀土合金用四位阿拉伯数字表示两种稀土元素的百分含量 合金中构成元素相同，稀土元素百分含量也相同，但非稀土元素的百分含量不同，或者成分相同，性能、结构不一致的产品，可在数字代号最后面依次加大写字母 A、B、C、D 等表示，以示区别这些不同的产品 当稀土合金中稀土含量未知、不可检测、波动很大，或者稀土含量不是重点关注指标时，可用阿拉伯数字"00"特指稀土成分不确定的稀土合金，数字"00"后面可增加 A、B、C 等来区分产品等级	稀土相对纯度为 Dy80.2%、Fe19.8% 的镝铁合金的牌号表示为 DyFe-80（第一层次为 DyFe，第二层次为 80）

1.5.8　贵金属及其合金牌号表示方法

贵金属及其合金牌号表示方法见表 1-62。

表 1-62　贵金属及其合金牌号表示方法

类别	牌号举例	方法说明
冶炼产品	IC-Au99.99 SM-Pt99.999	□ - □ □ 　　　└─ 产品纯度(用百分含量的数字表示，不含百分号) 　　└─ 产品名称(用化学元素符号表示) └─ 产品形状 { IC—英文字母，表示铸锭状金属 　　　　　　　 SM—英文字母，表示海绵状金属

（续）

类别	牌号举例	方法说明
加工产品	Pl-Au99.999 W-Pt90Rh W-Au93NiFeZr St-Au75Pd St-Ag30Cu	□-□ □ □ 添加元素 { 纯金属无此项 二元及以上的合金根据含量的 多少依次用化学元素符号表示 基体元素含量 { 纯金属用百分含量，不含百分号 合金用基体元素的百分含量， 不含百分号 产品名称(用纯金属及合金基体的 化学元素符号表示) 产品形状(用英文字母表示：Pl—板材，Sh—片材， St—带材，F—箔材，T—管材，R—棒材， W—线材，Th—丝材) 注：若产品的基体元素为贱金属，添加元素为贵金属， 则仍将贵金属作为基体元素放在第二项，第三项表示该 贵金属的含量，贱金属元素放在第四项
复合材料	St-Ag99.95/ QSn6.5~0.1 St-Ag90Ni/H62 St-Ag99.95/T2/ Ag99.95	□-□/□ □ 产品状态(可省略) 贱金属牌号(表示方法参见现行国标) 贵金属牌号相关部分(表示方法同加工产品牌号 表示方法中的第二项～第四项及"注") 产品形状(表示方法同加工产品牌号 表示方法中的第一项) 注：三层及三层以上复合材料，在第三项后面依次插 入表示后面层的相关牌号，并以"/"相隔开
粉末产品	PAg-S6.0 PPd-G0.15	P-□ □ □ 粉末平均粒径(用单位为微米的粒径数值表示， 当平均粒径为一范围时则取其上限值) 粉末形状 { S—(英文字母)表示片状 G—(英文字母)表示球状 粉末名称(纯金属用元素符号，氧化物用 分子式，合金用基体元素符号及其含量、 添加元素符号，依次表示) 粉末产品代号(英文字母)

（续）

类别	牌号举例	方法说明
钎焊料	BVAg72Cu-780 BAg70CuZn-690/740	B(□)□-□ —— 钎焊料熔化温度(共晶温度或固液相线温度) —— 钎焊料的基体元素及其含量、添加元素(表示方法同加工产品表示方法中第二项~第四项及"注") —— 钎焊料用途(用英文字母大写表示,如V为电真空钎焊料) —— 钎焊料代号(英文字母) 注:若不强调钎焊料的用途,第二项可不用字母表示

第 2 章　金属材料的化学成分及力学性能

2.1　生铁及铁合金

2.1.1　生铁

炼钢用生铁、灰铸铁用生铁、球墨铸铁用生铁的化学成分见表 2-1 ~ 表 2-3。

表 2-1　炼钢用生铁的化学成分（YB/T 5296—2011）

牌号			L03	L07	L10
化学成分（质量分数，%）	C		≥3.50		
	Si		≤0.35	>0.35 ~ 0.70	>0.70 ~ 1.25
	Mn	一组	≤0.40		
		二组	>0.40 ~ 1.00		
		三组	>1.00 ~ 2.00		
	P	特级	≤0.100		
		一级	>0.100 ~ 0.150		
		二级	>0.150 ~ 0.250		
		三级	>0.250 ~ 0.400		
	S	一类	≤0.030		
		二类	>0.030 ~ 0.050		
		三类	>0.050 ~ 0.070		

表 2-2　灰铸铁用生铁的化学成分（GB/T 718—2024）

牌号			Z14	Z18	Z22
化学成分（质量分数，%）	C		≥3.30		
	Si		>1.25 ~ 1.60	>1.60 ~ 2.00	>2.00 ~ 2.40
	Mn	一组	≤0.50		
		二组	>0.50 ~ 1.00		
	P		≤0.12		
	S		≤0.12		

表 2-3 球墨铸铁用生铁的化学成分（GB/T 718—2024）

牌号			Q8	Q10	Q12
常规元素（质量分数，%）	C		≥3.80		
	Si		>0.50~0.80	>0.80~1.00	>1.00~1.40
	Ti	一档	≤0.040		
		二档	>0.040~0.450		
		三档	>0.050~0.080		
	Mn	一组	≤0.20		
		二组	>0.20~0.50		
	P	一级	≤0.040		
		二级	>0.040~0.050		
		三级	>0.050~0.080		
	S	一类	≤0.020		
		二类	>0.020~0.030		
球化干扰元素（质量分数，%）	Sn		≤0.010		
	Sb		≤0.005		
	Pb		≤0.001		
	Bi		≤0.001		
	As		≤0.008		
	Al		≤0.050		

2.1.2 铁合金

钒铁、硅铁、铬铁、磷铁、锰铁、钼铁、铌铁、硼铁、钛铁、钨铁的化学成分见表 2-4~表 2-13。

表 2-4 钒铁的化学成分（GB/T 4139—2012）

牌号	化学成分（质量分数，%）						
	V	C	Si	P	S	Al	Mn
		≤					
FeV50-A	48.0~55.0	0.40	2.0	0.06	0.04	1.5	—
FeV50-B	48.0~55.0	0.60	3.0	0.10	0.06	2.5	—
FeV50-C	48.0~55.0	5.0	3.0	0.10	0.06	0.5	—
FeV60-A	58.0~65.0	0.40	2.0	0.06	0.04	1.5	—
FeV60-B	58.0~65.0	0.60	2.5	0.10	0.06	2.5	—
FeV60-C	58.0~65.0	3.0	1.5	0.10	0.06	0.5	—
FeV80-A	78.0~82.0	0.15	1.5	0.05	0.04	1.5	0.50
FeV80-B	78.0~82.0	0.30	1.5	0.08	0.06	2.0	0.50
FeV80-C	75.0~80.0	0.30	1.5	0.08	0.06	2.0	0.50

表 2-5　硅铁的化学成分（GB/T 2272—2020）

类别	牌号	Si	化学成分（质量分数,%）				≤					
			Al	Fe	Ca	Mn	Cr	P	S	C	Ti
高硅硅铁	GG FeSi97Al1.5	≥97.0	1.5	1.5	0.3	0.4	0.2	0.040	0.030	0.20	—
	GG FeSi95Al1.5	95.0~<97.0	1.5	2.0	0.3	0.4	0.2	0.040	0.030	0.20	—
	GG FeSi95Al2.0	95.0~<97.0	2.0	2.0	0.4	0.4	0.2	0.040	0.030	0.20	—
	GG FeSi93Al1.5	93.0~<95.0	1.5	2.0	0.6	0.4	0.2	0.040	0.030	0.20	—
	GG FeSi93Al3.0	93.0~<95.0	3.0	2.5	0.6	0.4	0.2	0.040	0.030	0.20	—
	GG FeSi90Al2.0	90.0~<93.0	2.0	—	1.5	0.4	0.2	0.040	0.030	0.20	—
	GG FeSi90Al3.0	90.0~<93.0	3.0	—	1.5	0.4	0.2	0.040	0.030	0.20	—
	GG FeSi87Al2.0	87.0~<90.0	2.0	—	1.5	0.4	0.2	0.040	0.030	0.20	—
	GG FeSi87Al3.0	87.0~<90.0	3.0	—	1.5	0.4	0.2	0.040	0.030	0.20	—

类别	牌号	Si	化学成分（质量分数,%）				≤				
			Al	Ca	Mn	Cr	P	S	C	Ti
普通硅铁	PG FeSi75Al1.5	75.0~<80.0	1.5	1.5	0.4	0.3	0.045	0.020	0.10	0.30
	PG FeSi75Al2.0	75.0~<80.0	2.0	1.5	0.4	0.3	0.040	0.020	0.20	0.30
	PG FeSi75Al2.5	75.0~<80.0	2.5	—	0.4	0.3	0.040	0.020	0.20	0.30
	PG FeSi72Al1.5	72.0~<75.0	1.5	1.5	0.4	0.3	0.045	0.020	0.20	0.30
	PG FeSi72Al2.0	72.0~<75.0	2.0	1.5	0.4	0.3	0.040	0.020	0.20	0.30
	PG FeSi72Al2.5	72.0~<75.0	2.5	—	0.4	0.3	0.040	0.020	0.20	0.30

类别	牌号	化学成分(质量分数,%)											
		Si ≥	Ti ≤	C ≤	Al ≤	P ≤	S ≤	Mn ≤	Cr ≤	Ca ≤	V ≤	Ni ≤	B ≤
低铝硅铁	PG FeSi70Al2.0	70.0~<72.0			2.0	—	0.5	0.5	0.5	0.045	0.020	0.20	—
	PG FeSi70Al2.5	70.0~<72.0			2.5	—	0.5	0.5	0.5	0.045	0.020	—	—
	PG FeSi65	65.0~<70.0			3.0	—	0.6	0.6	0.5	0.045	0.020	—	—
	PG FeSi40	40.0~<47.0			—	—	—	—	—	—	—	—	—
	DL FeSi75Al0.3	75.0~<80.0			0.3	0.3	0.4	0.4	0.3	0.030	0.020	0.10	0.30
	DL FeSi75Al0.5	75.0~<80.0			0.5	0.5	0.4	0.4	0.3	0.030	0.020	0.10	0.30
	DL FeSi75Al0.8	75.0~<80.0			0.8	1.0	0.4	0.4	0.3	0.030	0.020	0.10	0.30
	DL FeSi75Al1.0	75.0~<80.0			1.0	1.0	0.4	0.4	0.3	0.035	0.020	0.10	0.30
	DL FeSi72Al0.3	72.0~<75.0			0.3	0.3	0.4	0.4	0.3	0.030	0.020	0.10	0.30
	DL FeSi72Al0.5	72.0~<75.0			0.5	0.5	0.4	0.4	0.3	0.030	0.020	0.10	0.30
	DL FeSi72Al0.8	72.0~<75.0			0.8	1.0	0.4	0.4	0.3	0.035	0.020	0.10	0.30
	DL FeSi72Al1.0	72.0~<75.0			1.0	1.0	0.4	0.4	0.3	0.035	0.020	0.10	0.30
高纯硅铁	GC FeSi75Ti0.01-A	75.0	0.010	0.012	0.01	0.010	0.010	0.1	0.1	0.01	0.010	0.02	0.002
	GC FeSi75Ti0.01-B	75.0	0.010	0.015	0.03	0.015	0.010	0.2	0.1	0.03	0.020	0.03	0.005
	GC FeSi75Ti0.015-A	75.0	0.015	0.015	0.01	0.020	0.010	0.1	0.1	0.01	0.015	0.03	—
	GC FeSi75Ti0.015-B	75.0	0.015	0.020	0.03	0.025	0.010	0.2	0.1	0.03	0.020	0.03	—
	GC FeSi75Ti0.02-A	75.0	0.020	0.015	0.03	0.025	0.010	0.2	0.1	0.03	0.020	0.03	—
	GC FeSi75Ti0.02-B	75.0	0.020	0.020	0.10	0.030	0.010	0.2	0.1	0.10	0.020	0.03	—
	GC FeSi75Ti0.02-C	75.0	0.020	0.050	0.50	0.030	0.010	0.2	0.1	0.50	0.020	0.03	—

（续）

类别	牌号	化学成分（质量分数，%）											
		Si	Ti	C	Al	P	S	Mn	Cr	Ca	V	Ni	B
		≥	≤	≤	≤	≤	≤	≤	≤	≤	≤	≤	≤
高纯硅铁	GC FeSi75Ti0.03-A	75.0	0.030	0.015	0.10	0.030	0.010	0.2	0.1	0.10	0.020	0.03	—
	GC FeSi75Ti0.03-B			0.020	0.20		0.010	0.2	0.1	0.20	0.020	0.03	—
	GC FeSi75Ti0.03-C			0.050	0.50		0.015	0.2	0.1	0.50	0.020	0.03	—
	GC FeSi75Ti0.05-A	75.0	0.050	0.015	0.10	0.025	0.010	0.2	0.1	0.10	0.020	0.03	—
	GC FeSi75Ti0.05-B			0.020	0.20		0.010	0.2	0.1	0.20	0.020	0.03	—
	GC FeSi75Ti0.05-C			0.050	0.50	0.030	0.015	0.2	0.1	0.50	0.020	0.05	—

表 2-6　铬铁的化学成分（GB/T 5683—2024）

1. 微碳铬铁

类别	牌号	化学成分（质量分数，%）									
		Cr			C	Si		P		S	N
		范围	I	II		I	II	I	II		
		≥			≤	≤		≤		≤	≤
	FeCr65C0.01	≥60.0	—	—	0.010	1.0	—	0.030	—	0.025	—
	FeCr55C0.01	—	60.0	52.0	0.010	1.5	2.0	0.030	0.040	0.030	—
	FeCr65C0.02	≥60.0	—	—	0.020	1.0	—	0.030	—	0.025	—
	FeCr55C0.02	—	60.0	52.0	0.020	1.5	2.0	0.030	0.040	0.030	—
	FeCr65C0.03	≥60.0	—	—	0.030	1.0	—	0.030	—	0.025	—
	FeCr55C0.03	—	60.0	52.0	0.030	1.5	2.0	0.030	0.040	0.030	—

类别	牌号	Cr			C	Si		P		S	N
微碳铬铁	FeCr65C0.06	≥60.0	—	—	0.060	1.0	—	0.030	—	0.025	—
	FeCr55C0.06		60.0	52.0	0.060	1.5	2.0	0.040	0.060	0.030	—
	FeCr65C0.10	≥60.0	—	—	0.10	1.0	—	0.030	—	0.025	—
	FeCr55C0.10		60.0	52.0	0.10	1.5	2.0	0.040	0.060	0.030	—
	FeCr65C0.15	≥60.0	—	—	0.15	1.0	—	0.030	—	0.025	—
	FeCr55C0.15		60.0	52.0	0.15	1.5	2.0	0.040	0.060	0.030	—
低氮微碳铬铁	FeCr65C0.03N0.015	>60.0~70.0	—	—	0.030	1.0	—	0.030	—	0.025	0.015
	FeCr65C0.03N0.030	>60.0~70.0	—	—	0.030	1.0	—	0.030	—	0.025	0.030
	FeCr55C0.03N0.015		60.0	52.0	0.030	1.5	2.0	0.030	0.040	0.030	0.015
	FeCr55C0.03N0.030		60.0	52.0	0.030	1.5	2.0	0.030	0.040	0.030	0.030
	FeCr65C0.06N0.015	>60.0~70.0	—	—	0.060	1.0	—	0.030	—	0.025	0.015
	FeCr65C0.06N0.030	>60.0~70.0	—	—	0.060	1.0	—	0.030	—	0.025	0.030
	FeCr55C0.06N0.015		60.0	52.0	0.060	1.5	2.0	0.040	0.060	0.030	0.015
	FeCr55C0.06N0.030		60.0	52.0	0.060	1.5	2.0	0.040	0.060	0.030	0.030
	FeCr65C0.10N0.015	>60.0~70.0	—	—	0.10	1.0	—	0.030	—	0.025	0.015
	FeCr65C0.10N0.030	>60.0~70.0	—	—	0.10	1.0	—	0.030	—	0.025	0.030
	FeCr55C0.10N0.015		60.0	52.0	0.10	1.5	2.0	0.040	0.060	0.030	0.015
	FeCr55C0.10N0.030		60.0	52.0	0.10	1.5	2.0	0.040	0.060	0.030	0.030
	FeCr65C0.15N0.015	>60.0~70.0	—	—	0.15	1.0	—	0.030	—	0.025	0.015
	FeCr65C0.15N0.030	>60.0~70.0	—	—	0.15	1.0	—	0.030	—	0.025	0.030
	FeCr55C0.15N0.015		60.0	52.0	0.15	1.5	2.0	0.040	0.060	0.030	0.015
	FeCr55C0.15N0.030		60.0	52.0	0.15	1.5	2.0	0.040	0.060	0.030	0.030

（续）

类别	牌号	Cr 范围	Cr I（≥）	Cr II（≥）	C	Si I	Si II	P I（≤）	P II（≤）	S I（≤）	S II（≤）	N
低碳铬铁	FeCr65C0.25	≥60.0	—	—	0.25	1.5	—	0.030	—	0.025	—	—
	FeCr55C0.25	—	60.0	52.0	0.25	2.0	3.0	0.040	0.060	0.030	0.050	—
	FeCr65C0.50	≥60.0	—	—	0.50	1.5	—	0.030	—	0.025	—	—
	FeCr55C0.50	—	60.0	52.0	0.50	2.0	3.0	0.040	0.060	0.030	0.050	—
低氮低碳铬铁	FeCr65C0.25N0.020	>60.0~70.0	—	—	0.25	1.5	—	0.030	—	0.025	—	0.020
	FeCr65C0.25N0.040	>60.0~70.0	—	—	0.25	1.5	—	0.030	—	0.025	—	0.040
	FeCr55C0.25N0.020	—	60.0	52.0	0.25	2.0	3.0	0.040	0.060	0.030	0.050	0.020
	FeCr55C0.25N0.040	—	60.0	52.0	0.25	2.0	3.0	0.040	0.060	0.030	0.050	0.040
	FeCr65C0.50N0.020	>60.0~70.0	—	—	0.50	1.5	—	0.030	—	0.025	—	0.020
	FeCr65C0.50N0.040	>60.0~70.0	—	—	0.50	1.5	—	0.030	—	0.025	—	0.040
	FeCr55C0.50N0.020	—	60.0	52.0	0.50	2.0	3.0	0.040	0.060	0.030	0.050	0.020
	FeCr55C0.50N0.040	—	60.0	52.0	0.50	2.0	3.0	0.040	0.060	0.030	0.050	0.040

2. 低碳铬铁

化学成分（质量分数,%）

3. 中碳铬铁

类别	牌号	Cr			C	Si		P		S		N
		范围	≥		≤	≤		≤		≤		≤
			I	II		I	II	I	II	I	II	
中碳铬铁	FeCr65C1.0	≥60.0	—	—	1.0	1.5	—	0.030	—	0.025	—	—
	FeCr55C1.0	—	60.0	52.0	1.0	2.5	3.0	0.040	0.060	0.030	0.050	—
	FeCr65C2.0	≥60.0	—	—	2.0	1.5	—	0.030	—	0.025	—	—
	FeCr55C2.0	—	60.0	52.0	2.0	2.5	3.0	0.040	0.060	0.030	0.050	—
	FeCr65C4.0	≥60.0	—	—	4.0	1.5	—	0.030	—	0.025	—	—
	FeCr55C4.0	—	60.0	52.0	4.0	2.5	3.0	0.040	0.060	0.030	0.050	—
低氮中碳铬铁	FeCr65C1.0N0.030	>60.0~70.0	—	—	1.0	1.5	—	0.030	—	0.025	—	0.030
	FeCr65C1.0N0.070	>60.0~70.0	—	—	1.0	1.5	—	0.030	—	0.025	—	0.070
	FeCr55C1.0N0.030	—	60.0	52.0	1.0	2.5	3.0	0.040	0.060	0.030	0.050	0.030
	FeCr55C1.0N0.070	—	60.0	52.0	1.0	2.5	3.0	0.040	0.060	0.030	0.050	0.070
	FeCr65C2.0N0.030	>60.0~70.0	—	—	2.0	1.5	—	0.030	—	0.025	—	0.030
	FeCr65C2.0N0.070	>60.0~70.0	—	—	2.0	1.5	—	0.030	—	0.025	—	0.070
	FeCr55C2.0N0.030	—	60.0	52.0	2.0	2.5	3.0	0.040	0.060	0.030	0.050	0.030
	FeCr55C2.0N0.070	—	60.0	52.0	2.0	2.5	3.0	0.040	0.060	0.030	0.050	0.070
	FeCr65C4.0N0.030	>60.0~70.0	—	—	4.0	1.5	—	0.030	—	0.025	—	0.030
	FeCr65C4.0N0.070	>60.0~70.0	—	—	4.0	1.5	—	0.030	—	0.025	—	0.070
	FeCr55C4.0N0.030	—	60.0	52.0	4.0	2.5	3.0	0.040	0.060	0.030	0.050	0.030
	FeCr55C4.0N0.070	—	60.0	52.0	4.0	2.5	3.0	0.040	0.060	0.030	0.050	0.070

（续）

4. 高碳铬铁

类别	牌号	Cr 范围	C	Si I	Si II	Si III	P I	P II	S I	S II	Ti
				化学成分（质量分数,%）≤							
高碳铬铁	FeCr67C7.5	≥60.0	7.5	1.5	3.0	6.0	0.040	0.060	0.040	0.060	—
	FeCr55C7.5	>52.0~60.0	7.5	1.5	3.0	6.0	0.040	0.060	0.040	0.060	—
	FeCr50C7.5	>45.0~52.0	7.5	1.5	3.0	6.0	0.040	0.060	0.040	0.060	—
	FeCr67C10.0	≥60.0	10.0	1.5	3.0	6.0	0.040	0.060	0.040	0.060	—
	FeCr55C10.0	>52.0~60.0	10.0	1.5	3.0	6.0	0.040	0.060	0.040	0.060	—
	FeCr50C10.0	>45.0~52.0	10.0	1.5	3.0	6.0	0.040	0.060	0.040	0.060	—
低钛高碳铬铁	FeCr55C10.0Ti0.010	≥52.0	10.0	0.50	1.0	—	0.040	—	0.040	0.10	0.010
	FeCr55C10.0Ti0.020	≥52.0	10.0	0.50	1.0	—	0.040	—	0.040	0.10	0.020
	FeCr55C10.0Ti0.030	≥52.0	10.0	0.50	1.0	—	0.040	—	0.040	0.10	0.030
	FeCr55C10.0Ti0.050	≥52.0	10.0	0.50	1.0	—	0.040	—	0.040	0.10	0.050

注：高碳铬铁中，FeCr50C7.5 和 FeCr50C10.0 也称为炉料级铬铁。

表 2-7　磷铁的化学成分（YB/T 5036—2012）

牌号	P	化学成分（质量分数，%）								
		Si	C		S		Mn	Ti	
			I	II	I	II		I	II
					≤				
FeP29	28.0~30.0	2.0	0.20	1.00	0.05	0.50	2.0	0.70	2.00
FeP26	25.0~<28.0	2.0	0.20	1.00	0.05	0.50	2.0	0.70	2.00
FeP24	23.0~<25.0	3.0	0.20	1.00	0.05	0.50	2.0	0.70	2.00
FeP21	20.0~<23.0	3.0	1.0		0.5		2.0	—	
FeP18	17.0~<20.0	3.0	1.0		0.5		2.5	—	
FeP16	15.0~<17.0	3.0	1.0		0.5		2.5	—	

表 2-8　锰铁的化学成分（GB/T 3795—2014）

类别	牌号	化学成分（质量分数，%）						
		Mn	C	Si		P		S
				I	II	I	II	
					≤			
微碳锰铁	FeMn90C0.05	87.0~93.5	0.05	0.5	1.0	0.03	0.04	0.02
	FeMn84C0.05	80.0~87.0	0.05	0.5	1.0	0.03	0.04	0.02
	FeMn90C0.10	87.0~93.5	0.10	1.0	2.0	0.05	0.10	0.02
	FeMn84C0.10	80.0~87.0	0.10	1.0	2.0	0.05	0.10	0.02
	FeMn90C0.15	87.0~93.5	0.15	1.0	2.0	0.08	0.10	0.02
	FeMn84C0.15	80.0~87.0	0.15	1.0	2.0	0.08	0.10	0.02

（续）

类别	牌号	化学成分（质量分数，%）							
		Mn	C	Si		P		S
				I	II	I	II	
			≤					
低碳锰铁	FeMn88C0.2	85.0~92.0	0.2	1.0	2.0	0.10	0.30	0.02
	FeMn84C0.4	80.0~87.0	0.4	1.0	2.0	0.15	0.30	0.02
	FeMn84C0.7	80.0~87.0	0.7	1.0	2.0	0.20	0.30	0.02
中碳锰铁	FeMn82C1.0	78.0~85.0	1.0	1.0	2.5	0.20	0.35	0.03
	FeMn82C1.5	78.0~85.0	1.5	1.5	2.5	0.20	0.35	0.03
	FeMn78C2.0	75.0~82.0	2.0	1.5	2.5	0.20	0.40	0.03
高碳锰铁	FeMn78C8.0	75.0~82.0	8.0	1.5	2.5	0.20	0.33	0.03
	FeMn74C7.5	70.0~77.0	7.5	2.0	3.0	0.25	0.38	0.03
	FeMn68C7.0	65.0~72.0	7.0	2.5	4.5	0.25	0.40	0.03

表 2-9　钼铁的化学成分（GB/T 3649—2008）

牌号	化学成分（质量分数，%）							
	Mo	Si	S	P	C	Cu	Sb	Sn
					≤			
FeMo70	65.0~75.0	2.0	0.08	0.05	0.10	0.5	—	—
FeMo60-A	60.0~65.0	1.0	0.08	0.04	0.10	0.5	0.04	0.04
FeMo60-B	60.0~65.0	1.5	0.10	0.05	0.10	0.5	0.05	0.06

牌号	Nb+Ta	Ta	Al	Si	C	S	P	W	Mn	Sn	Pb	As	Sb	Bi	Ti
FeMo60-C	60.0~65.0			2.0			0.15	0.05		0.15	1.0		0.08	0.08	0.08
FeMo55-A	55.0~60.0			1.0			0.15	0.08		0.15	0.5		0.05	0.05	0.06
FeMo55-B	55.0~60.0			1.5			0.20	0.10		0.20	0.5		0.08	0.08	0.08

表2-10　铌铁的化学成分（GB/T 7737—2007）

牌号	化学成分（质量分数，%）														
	Nb+Ta	Ta	Al	Si	C	S	P	W	Mn	Sn	Pb	As	Sb	Bi	Ti
		≤													
FeNb70	70~80	0.3	3.8	1.0	0.03	0.03	0.04	0.3	0.8	0.02	0.02	0.01	0.01	0.01	0.30
FeNb60-A	60~70	0.3	2.5	2.0	0.04	0.03	0.04	0.2	1.0	0.02	0.02	—	—	—	—
FeNb60-B	60~70	2.5	3.0	3.0	0.30	0.10	0.30	1.0	—	—	—	—	—	—	—
FeNb50-A	50~60	0.2	2.0	1.0	0.03	0.03	0.04	0.1	—	—	—	—	—	—	—
FeNb50-B	50~60	0.3	2.0	2.5	0.04	0.03	0.04	0.2	—	—	—	—	—	—	—

表2-11　硼铁的化学成分（GB/T 5682—2015）

类别	牌号	化学成分（质量分数，%）					
		B	C	Si	Al	P	S
					≤		
低碳	FeB22C0.05	21.0~25.0	0.05	1.0	1.5	0.050	0.010
	FeB20C0.05	19.0~<21.0	0.05	1.0	1.5	0.050	0.010
	FeB18C0.1	17.0~<19.0	0.10	1.0	1.5	0.050	0.010
	FeB16C0.1	14.0~<17.0	0.10	1.0	1.5	0.050	0.010

（续）

类别	牌号		B	化学成分（质量分数，%）				
				C	Si	Al ≤	S	P
中碳	FeB20C0.15		19.0~21.0	0.15	1.0	0.50	0.010	0.050
	FeB20C0.5	A	19.0~21.0	0.50	1.5	0.05	0.010	0.10
		B		0.50	1.5	0.50	0.010	0.10
	FeB18C0.5	A	17.0~<19.0	0.50	1.5	0.05	0.010	0.10
		B		0.50	1.5	0.50	0.010	0.10
	FeB16C1.0		15.0~17.0	1.0	2.5	0.50	0.010	0.10
	FeB14C1.0		13.0~<15.0	1.0	2.5	0.50	0.010	0.20
	FeB12C1.0		9.0~<13.0	1.0	2.5	0.50	0.010	0.20

表 2-12　钛铁的化学成分（GB/T 3282—2012）

牌号	化学成分（质量分数，%）							
	Ti	C	Si	P	S ≤	Al	Mn	Cu
FeTi30-A	25.0~35.0	0.10	4.5	0.05	0.03	8.0	2.5	0.10
FeTi30-B	25.0~35.0	0.20	5.0	0.07	0.04	8.5	2.5	0.20
FeTi40-A	>35.0~45.0	0.10	3.5	0.05	0.03	9.0	2.5	0.20
FeTi40-B	>35.0~45.0	0.20	4.0	0.08	0.04	9.5	3.0	0.40

牌号								
FeTi50-A	>45.0~55.0	0.10	3.5	0.05	0.03	8.0	2.5	0.20
FeTi50-B	>45.0~55.0	0.20	4.0	0.08	0.04	9.5	3.0	0.40
FeTi60-A	>55.0~65.0	0.10	3.0	0.04	0.03	7.0	1.0	0.20
FeTi60-B	>55.0~65.0	0.20	4.0	0.06	0.04	8.0	1.5	0.20
FeTi60-C	>55.0~65.0	0.30	5.0	0.08	0.04	8.5	2.0	0.20
FeTi70-A	>65.0~75.0	0.10	0.50	0.04	0.03	3.0	1.0	0.20
FeTi70-B	>65.0~75.0	0.20	3.5	0.06	0.04	6.0	1.0	0.20
FeTi70-C	>65.0~75.0	0.40	4.0	0.08	0.04	8.0	1.0	0.20
FeTi80-A	>75.0	0.10	0.50	0.04	0.03	3.0	1.0	0.20
FeTi80-B	>75.0	0.20	3.5	0.06	0.04	6.0	1.0	0.20
FeTi80-C	>75.0	0.40	4.0	0.08	0.04	7.0	1.0	0.20

表 2-13　钨铁的化学成分（GB/T 3648—2013）

牌号	W	化学成分（质量分数，%）									
		C	P	S	Si	Mn	Cu	As	Bi	Pb	Sb	Sn
							≤					
FeW80-A	75.0~85.0	0.10	0.03	0.06	0.50	0.25	0.10	0.06	0.05	0.05	0.05	0.06
FeW80-B	75.0~85.0	0.30	0.04	0.07	0.70	0.35	0.12	0.08	0.05	0.05	0.05	0.08
FeW80-C	75.0~85.0	0.40	0.05	0.08	0.70	0.50	0.15	0.10	0.05	0.05	0.05	0.08
FeW70	≥70.0	0.80	0.07	0.10	1.20	0.60	0.18	0.12	0.05	0.05	0.05	0.10

2.2　铸铁

2.2.1　灰铸铁

灰铸铁的力学性能见表 2-14，灰铸铁的硬度等级和铸件硬度见表 2-15。

表 2-14　灰铸铁的力学性能（GB/T 9439—2023）

牌号	铸件主要壁厚 t/mm		抗拉强度 R_m/MPa		
			单铸试棒或并排试棒		附铸试块
	>	≤	≥	≤	≥
HT100	5	40	100	200	—
HT150	2.5	5	150	250	—
	5	10			—
	10	20			—
	20	40			125
	40	80			110
	80	150			100
	150	300			90
HT200	2.5	5	200	300	—
	5	10			—
	10	20			—
	20	40			170
	40	80			155
	80	150			140
	150	300			130
HT225	5	10	225	325	—
	10	20			—
	20	40			190
	40	80			170
	80	150			155
	150	300			145
HT250	5	10	250	350	—
	10	20			—
	20	40			210
	40	80			190
	80	150			170
	150	300			160

（续）

牌号	铸件主要壁厚 t/mm		抗拉强度 R_m/MPa		
			单铸试棒或并排试棒		附铸试块
	>	≤	≥	≤	≥
HT275	10	20	275	375	—
	20	40			230
	40	80			210
	80	150			190
	150	300			180
HT300	10	20	300	400	—
	20	40			250
	40	80			225
	80	150			210
	150	300			190
HT350	10	20	350	450	—
	20	40			290
	40	80			260
	80	150			240
	150	300			220

注：1. 对于单铸试棒和并排试棒，最小抗拉强度值为强制性值。

2. 经供需双方同意，代表铸件主要壁厚处的附铸试块的抗拉强度值，也可作为强制性值。

3. 当铸件的主要壁厚超过 300mm 时，试棒的类型和尺寸以及最小抗拉强度值，应由供需双方商定。

4. 若规定了试棒的类型，应在牌号后加上"/"号，并在其后加上字母来表示试棒的类型：S 代表单铸试棒或并排试棒；A 代表附铸试块；C 代表本体试样。

5. 以抗拉强度作为验收指标时，应在订货协议中规定试样类型。如果订货协议中没有规定，则由供方自行决定。

6. HT100 是适用于要求高减振性和高热导率的材料。

表 2-15 灰铸铁的硬度等级和铸件硬度（GB/T 9439—2023）

硬度等级	铸件主要壁厚 t/mm		铸件硬度范围 HBW	
	>	≤	≥	≤
H155	5	10	—	185
	10	20		170
	20	40		160
	40	80		155

（续）

硬度等级	铸件主要壁厚 t/mm		铸件硬度范围 HBW	
	>	≤	≥	≤
H175	5	10	140	225
	10	20	125	205
	20	40	110	185
	40	80	100	175
H195	4	5	190	275
	5	10	170	260
	10	20	150	230
	20	40	125	210
	40	80	120	195
H215	5	10	200	275
	10	20	180	255
	20	40	160	235
	40	80	145	215
H235	10	20	200	275
	20	40	180	255
	40	80	165	235
H255	20	40	200	275
	40	80	185	255

注：在供需双方商定的铸件某位置上，铸件硬度差可以控制在 40HBW 硬
度值范围内。

2.2.2　蠕墨铸铁

蠕墨铸铁的力学性能见表 2-16。

表 2-16　蠕墨铸铁的力学性能　（GB/T 26655—2022）

牌号及铸件壁厚	抗拉强度 R_m/ MPa≥	规定塑性 延伸强度 $R_{p0.2}$/ MPa≥	断后伸 长率 A （%）≥	典型的硬度 范围 HBW
单铸试样牌号	单铸试样力学性能			
RuT300	300	210	2.0	140~210
RuT350	350	245	1.5	160~220
RuT400	400	280	1.0	180~240

（续）

牌号及铸件壁厚		抗拉强度 $R_m/$ MPa≥	规定塑性延伸强度 $R_{p0.2}/$ MPa≥	断后伸长率 A （%）≥	典型的硬度范围 HBW
单铸试样牌号		单铸试样力学性能			
RuT450		450	315	1.0	200~250
RuT500		500	350	0.5	220~260
附铸试样牌号	铸件壁厚 t/mm	附铸试样力学性能			
RuT300A	≤30	300	210	2.0	140~210
	>30~60	275	195	2.0	140~210
	>60~120	250	175	2.0	140~210
RuT350A	≤30	350	245	1.5	160~220
	>30~60	325	230	1.5	160~220
	>60~120	300	210	1.5	160~220
RuT400A	≤30	400	280	1.0	180~240
	>30~60	375	260	1.0	180~240
	>60~120	325	230	1.0	180~240
RuT450A	≤30	450	315	1.0	200~250
	>30~60	400	280	1.0	200~250
	>60~120	375	260	1.0	200~250
RuT500A	≤30	500	350	0.5	220~260
	>30~60	450	315	0.5	220~260
	>60~120	400	280	0.5	220~260

注：1. 采用附铸试块时，牌号后加字母"A"。

2. 从附铸试样得到的力学性能并不能准确地反映铸件本体的力学性能，但与单铸试棒上测得的值相比更接近于铸件的实际性能值。

3. 力学性能随铸件结构（形状）和冷却条件而变化，随铸件断面厚度增加而相应降低。

4. 布氏硬度值仅供参考。

2.2.3　球墨铸铁

球墨铸铁的力学性能见表 2-17。

表 2-17　球墨铸铁的力学性能 （GB/T 1348—2019）

牌号	铸件壁厚 t/mm	规定塑性延伸强度 $R_{p0.2}$/MPa ≥	抗拉强度 R_m/MPa ≥	断后伸长率 A （%）≥
QT350-22L	≤30	220	350	22
	>30~60	210	330	18
	>60~200	200	320	15
QT350-22R	≤30	220	350	22
	>30~60	220	330	18
	>60~200	210	320	15
QT350-22	≤30	220	350	22
	>30~60	220	330	18
	>60~200	210	320	15
QT400-18L	≤30	240	400	18
	>30~60	230	380	15
	>60~200	220	360	12
QT400-18R	≤30	250	400	18
	>30~60	250	390	15
	>60~200	240	370	12
QT400-18	≤30	250	400	18
	>30~60	250	390	15
	>60~200	240	370	12
QT400-15	≤30	250	400	15
	>30~60	250	390	14
	>60~200	240	370	11
QT450-10	≤30	310	450	10
	>30~60	供需双方商定		
	>60~200			
QT500-7	≤30	320	500	7
	>30~60	300	450	7
	>60~200	290	420	5
QT550-5	≤30	350	550	5
	>30~60	330	520	4
	>60~200	320	500	3

（续）

牌号	铸件壁厚 t/mm	规定塑性延伸强度 $R_{p0.2}/$ MPa≥	抗拉强度 $R_m/$ MPa≥	断后伸长率 A （%）≥
QT600-3	≤30	370	600	3
	>30~60	360	600	2
	>60~200	340	550	1
QT700-2	≤30	420	700	2
	>30~60	400	700	2
	>60~200	380	650	1
QT800-2	≤30	480	800	2
	>30~60	供需双方商定		
	>60~200			
QT900-2	≤30	600	900	2
	>30~60	供需双方商定		
	>60~200			

注：1. 从试样测得的力学性能并不能准确地反映铸件本体的力学性能。
   2. 本表数据适用于单铸试样、附铸试样和并排铸造试样。
   3. 字母"L"表示低温，字母"R"表示室温。

2.2.4 可锻铸铁

黑心可锻铸铁和珠光体可锻铸铁、白心可锻铸铁的力学性能见表 2-18、表 2-19。

表 2-18 黑心可锻铸铁和珠光体可锻铸铁的力学性能（GB/T 9440—2010）

牌号	试样直径 $d^{①}/\mathrm{mm}$	抗拉强度 R_m/MPa≥	规定塑性延伸强度 $R_{p0.2}/\mathrm{MPa}$≥	断后伸长率（$L_0=3d$）A（%）≥	硬度 HBW
KTH275-05[②]	12 或 15	275	—	5	≤150
KTH300-06[②]	12 或 15	300	—	6	
KTH330-08	12 或 15	330	—	8	
KTH350-10	12 或 15	350	200	10	
KTH370-12	12 或 15	370	—	12	
KTZ450-06	12 或 15	450	270	6	150~200
KTZ500-05	12 或 15	500	300	5	165~215

（续）

牌号	试样直径 $d^{①}$/mm	抗拉强度 R_m/MPa ≥	规定塑性延伸强度 $R_{p0.2}$/MPa ≥	断后伸长率（$L_0 = 3d$）$A(\%)$ ≥	硬度 HBW
KTZ550-04	12 或 15	550	340	4	180~230
KTZ600-03	12 或 15	600	390	3	195~245
KTZ650-02^{③}	12 或 15	650	430	2	210~260
KTZ700-02	12 或 15	700	530	2	240~290
KTZ800-01^{④}	12 或 15	800	600	1	270~320

① 如果需方没有明确要求，供方可以任意选取两种试棒直径中的一种。试样直径代表同样壁厚的铸件，如果铸件为薄壁件时，供需双方可以协商选取直径 6mm 或者 9mm 试样。

② KTH275-05 和 KTH300-06 专门用于保证压力密封性能，而不要求高强度或者高延展性的工作条件。

③ 油淬加回火或空冷加回火。

④ 空冷加回火。

表 2-19　白心可锻铸铁的力学性能　（GB/T 9440—2010）

牌号	试样直径 $d^{①}$/mm	抗拉强度 R_m/MPa ≥	规定塑性延伸强度 $R_{p0.2}$/MPa ≥	断后伸长率（$L_0 = 3d$）$A(\%)$ ≥	硬度 HBW ≤
KTB350-04	6	270	—	10	
	9	310	—	5	230
	12	350	—	4	
	15	360	—	3	
KTB360-12	6	280	—	16	
	9	320	170	15	200
	12	360	190	12	
	15	370	200	7	
KTB400-05	6	300	—	12	
	9	360	200	8	220
	12	400	220	5	
	15	420	230	4	
KTB450-07	6	450	—	12	
	9	400	230	10	220
	12	450	260	7	
	15	480	280	4	

（续）

牌号	试样直径 $d^{①}$ /mm	抗拉强度 R_m /MPa≥	规定塑性延伸强度 $R_{p0.2}$ /MPa≥	断后伸长率 （$L_0 = 3d$） A （%）≥	硬度 HBW ≤
KTB550-04	6	—	—	—	250
	9	490	310	5	
	12	550	340	4	
	15	570	350	3	

注：1. 所有级别的白心可锻铸铁均可以焊接。

2. 对于小尺寸的试样，很难判断其 $R_{p0.2}$，$R_{p0.2}$ 的检测方法和数值由供需双方在签订订单时商定。

3. 试样直径同表 2-18 中①。

2.2.5 耐热铸铁

耐热铸铁的化学成分见表 2-20，其室温力学性能、高温短时抗拉强度见表 2-21、表 2-22。

表 2-20　耐热铸铁化学成分（GB/T 9437—2009）

牌号	化学成分（质量分数，%）						
	C	Si	Mn	P	S	Cr	Al
			≤				
HTRCr	3.0~3.8	1.5~2.5	1.0	0.10	0.08	0.50~1.00	—
HTRCr2	3.0~3.8	2.0~3.0	1.0	0.10	0.08	1.00~2.00	—
HTRCr16	1.6~2.4	1.5~2.2	1.0	0.10	0.05	15.00~18.00	—
HTRSi5	2.4~3.2	4.5~5.5	0.8	0.10	0.08	0.5~1.00	—
QTRSi4	2.4~3.2	3.5~4.5	0.7	0.07	0.015	—	—
QTRSi4Mo	2.7~3.5	3.5~4.5	0.5	0.07	0.015	Mo0.5~0.9	—
QTRSi4Mo1	2.7~3.5	4.0~4.5	0.3	0.05	0.015	Mo1.0~1.5	Mg0.01~0.05
QTRSi5	2.4~3.2	4.5~5.5	0.7	0.07	0.015	—	—
QTRAl4Si4	2.5~3.0	3.5~4.5	0.5	0.07	0.015	—	4.0~5.0
QTRAl5Si5	2.3~2.8	4.5~5.2	0.5	0.07	0.015	—	5.0~5.8
QTRAl22	1.6~2.2	1.0~2.0	0.7	0.07	0.015	—	20.0~24.0

注：本表适用于工作温度在 1100℃ 以下的耐热铸铁件。

表 2-21　耐热铸铁的室温力学性能 （GB/T 9437—2009）

牌号	抗拉强度 R_m/MPa ≥	硬度 HBW	牌号	抗拉强度 R_m/MPa ≥	硬度 HBW
HTRCr	200	189~288	QTRSi4Mo1	550	200~240
HTRCr2	150	207~288	QTRSi5	370	228~302
HTRCr16	340	400~450	QTRAl4Si4	250	285~341
HTRSi5	140	160~270	QTRAl5Si5	200	302~363
QTRSi4	420	143~187	QTRAl22	300	241~364
QTRSi4Mo	520	188~241			

注：允许用热处理方法达到上述性能。

表 2-22　耐热铸铁的高温短时抗拉强度 （GB/T 9437—2009）

牌号	在下列温度时的抗拉强度 R_m/MPa ≥				
	500℃	600℃	700℃	800℃	900℃
HTRCr	225	144	—	—	—
HTRCr2	243	166	—	—	—
HTRCr16	—	—	—	144	88
HTRSi5	—	—	41	27	—
QTRSi4	—	—	75	35	—
QTRSi4Mo	—	—	101	46	—
QTRSi4Mo1	—	—	101	46	—
QTRSi5	—	—	67	30	—
QTRAl4Si4	—	—	—	82	32
QTRAl5Si5	—	—	—	167	75
QTRAl22	—	—	—	130	77

2.2.6　高硅耐蚀铸铁

高硅耐蚀铸铁的化学成分、力学性能见表 2-23、表 2-24。

表 2-23　高硅耐蚀铸铁的化学成分 （GB/T 8491—2009）

牌号	化学成分(质量分数,%)								
	C	Si	Mn≤	P≤	S≤	Cr	Mo	Cu	RE残留量≤
HTSSi11Cu2CrR	≤1.20	10.00~12.00	0.50	0.10	0.10	0.60~0.80	—	1.80~2.20	0.10

（续）

牌号	化学成分（质量分数,%）								
	C	Si	Mn≤	P≤	S≤	Cr	Mo	Cu	RE 残留量 ≤
HTSSi15R	0.65～1.10	14.20～14.75	1.50	0.10	0.10	≤0.50	≤0.50	≤0.50	0.10
HTSSi15Cr4MoR	0.75～1.15	14.20～14.75	1.50	0.10	0.10	3.25～5.00	0.40～0.60	≤0.50	0.10
HTSSi15Cr4R	0.70～1.10	14.20～14.75	1.50	0.10	0.10	3.25～5.00	≤0.20	≤0.50	0.10

表 2-24　高硅耐蚀铸铁的力学性能 （GB/T 8491—2009）

牌号	抗弯强度/MPa≥	挠度/mm≥
HTSSi11Cu2CrR	190	0.80
HTSSi15R	118	0.66
HTSSi15Cr4MoR	118	0.66
HTSSi15Cr4R	118	0.66

2.2.7 抗磨白口铸铁

抗磨白口铸铁的化学成分、硬度见表 2-25、表 2-26。

表 2-25　抗磨白口铸铁的化学成分 （GB/T 8263—2010）

牌号	化学成分（质量分数,%）								
	C	Si	Mn	Cr	Mo	Ni	Cu	S	P
BTMNi4Cr2-DT	2.4～3.0	≤0.8	≤2.0	1.5～3.0	≤1.0	3.3～5.0	—	≤0.10	≤0.10
BTMNi4Cr2-GT	3.0～3.6	≤0.8	≤2.0	1.5～3.0	≤1.0	3.3～5.0	—	≤0.10	≤0.10
BTMCr9Ni5	2.5～3.6	1.5～2.2	≤2.0	8.0～10.0	≤1.0	4.5～7.0	—	≤0.06	≤0.06
BTMCr2	2.1～3.6	≤1.5	≤2.0	1.0～3.0	—	—	—	≤0.10	≤0.10
BTMCr8	2.1～3.6	1.5～2.2	≤2.0	7.0～11.0	≤3.0	≤1.0	≤1.2	≤0.06	≤0.06

（续）

牌号	化学成分（质量分数,%）								
	C	Si	Mn	Cr	Mo	Ni	Cu	S	P
BTMCr12-DT	1.1~2.0	≤1.5	≤2.0	11.0~14.0	≤3.0	≤2.5	≤1.2	≤0.06	≤0.06
BTMCr12-GT	2.0~3.6	≤1.5	≤2.0	11.0~14.0	≤3.0	≤2.5	≤1.2	≤0.06	≤0.06
BTMCr15	2.0~3.6	≤1.2	≤2.0	14.0~18.0	≤3.0	≤2.5	≤1.2	≤0.06	≤0.06
BTMCr20	2.0~3.3	≤1.2	≤2.0	18.0~23.0	≤3.0	≤2.5	≤1.2	≤0.06	≤0.06
BTMCr26	2.0~3.3	≤1.2	≤2.0	23.0~30.0	≤3.0	≤2.5	≤1.2	≤0.06	≤0.06

注：1. 牌号中，"DT"和"GT"分别是"低碳"和"高碳"的汉语拼音大写字母，表示该牌号碳含量的高低。

2. 允许加入微量 V、Ti、Nb、B 和 RE 等元素。

表 2-26　抗磨白口铸铁的硬度（GB/T 8263—2010）

牌号	表面硬度					
	铸态或铸态去应力处理		硬化态或硬化态去应力处理		软化退火态	
	HRC	HBW	HRC	HBW	HRC	HBW
BTMNi4Cr2-DT	≥53	≥550	≥56	≥600	—	—
BTMNi4Cr2-GT	≥53	≥550	≥56	≥600	—	—
BTMCr9Ni5	≥50	≥500	≥56	≥600	—	—
BTMCr2	≥45	≥435	—	—	—	—
BTMCr8	≥46	≥450	≥56	≥600	≤41	≤400
BTMCr12-DT	—	—	≥50	≥500	≤41	≤400
BTMCr12-GT	≥46	≥450	≥58	≥650	≤41	≤400
BTMCr15	≥46	≥450	≥58	≥650	≤41	≤400
BTMCr20	≥46	≥450	≥58	≥650	≤41	≤400
BTMCr26	≥46	≥450	≥58	≥650	≤41	≤400

注：1. 洛氏硬度值（HRC）和布氏硬度值（HBW）之间没有精确的对应值，因此，这两种硬度值应独立使用。

2. 铸件断面深度 40% 处的硬度应不低于表面硬度值的 92%。

2.3　铸钢

2.3.1　一般用途铸造碳钢

一般工程用铸造碳钢的化学成分、力学性能见表 2-27、表 2-28。

表 2-27　一般工程用铸造碳钢的化学成分（GB/T 11352—2009）

牌号	化学成分（质量分数，%）　≤										
	C	Si	Mn	S	P	残余元素					残余元素总量
						Ni	Cr	Cu	Mo	V	
ZG200-400	0.20		0.80								
ZG230-450	0.30										
ZG270-500	0.40	0.60		0.035	0.035	0.40	0.35	0.40	0.20	0.05	1.00
ZG310-570	0.50		0.90								
ZG340-640	0.60										

注：1. 对质量分数上限减少 0.01% 的碳，允许增加质量分数可至 0.04% 的锰。对于 ZG200-400，锰的最高质量分数可至 1.00%，其余四个牌号锰的质量分数可至 1.20%。

　　2. 除另有规定外，残余元素不作为验收依据。

表 2-28　一般工程用铸造碳钢的力学性能（GB/T 11352—2009）

牌号	规定塑性延伸强度 $R_{p0.2}$/MPa	抗拉强度 R_m/MPa	断后伸长率 A（%）	根据合同选择		
				断面收缩率 Z（%）	冲击吸收能量	
					KV/J	KU/J
	≥					
ZG200-400	200	400	25	40	30	47
ZG230-450	230	450	22	32	25	35
ZG270-500	270	500	18	25	22	27
ZG310-570	310	570	15	21	15	24
ZG340-640	340	640	10	18	10	16

2.3.2　一般用途低合金铸钢

一般工程与结构用低合金钢铸件的磷、硫含量和力学性能见表 2-29、表 2-30。

表 2-29　一般工程与结构用低合金钢铸件的磷、

硫含量 （GB/T 14408—2024）

牌号	元素含量(质量分数,%)	
	S ≤	P ≤
ZG270-480		
ZG300-510	0. 035	0. 035
ZG340-550		
ZG410-620	0. 025	0. 030
ZG540-720		
ZG620-820		
ZG730-910	0. 025	0. 030
ZG840-1030		
ZG1030-1240	0. 020	0. 020
ZG1240-1450		

表 2-30　一般工程与结构用低合金钢铸件的

力学性能 （GB/T 14408—2024）

牌号	规定塑性延伸强度 $R_{p0.2}$/ MPa ≥	抗拉强度 R_m/MPa	断后伸长率 A （％） ≥	可根据订单选择	
				断面收缩率 Z （％） ≥	冲击吸收能量 KV_2/ J ≥
ZG270-480	270	≥480	18	38	25
ZG300-510	300	≥510	16	35	25
ZG340-550	345	≥550	14	35	20
ZG410-620	410	620～770	16	40	20
ZG540-720	540	720～870	14	35	20
ZG620-820	620	820～970	11	30	18
ZG730-910	730	≥910	8	22	15
ZG840-1030	840	1030～1180	7	22	15
ZG1030-1240	1030	≥1240	5	20	—
ZG1240-1450	1240	≥1450	4	15	—

注：1. 力学性能由测试试块获得，试块可以单铸，也可以附铸。

2. 试验的室温温度为 23℃±5℃ 。

2.3.3　一般用途耐热铸钢

一般用途耐热铸钢的化学成分、力学性能见表 2-31、表 2-32。

表 2-31　一般用途耐热铸钢的化学成分（GB/T 8492—2024）

牌号	化学成分（质量分数，%）								
	C	Si	Mn	P	S	Cr	Mo	Ni	其他元素
ZGR30Cr7Si2	0.20~0.35	1.0~2.5	0.5~1.0	0.035	0.030	6.0~8.0	0.15	0.5	—
ZGR40Cr13Si2	0.30~0.50	1.0~2.5	1.0	0.040	0.030	12.0~14.0	0.15	0.5	—
ZGR40Cr17Si2	0.30~0.50	1.0~2.5	1.0	0.040	0.030	16.0~19.0	0.50	1.0	—
ZGR40Cr24Si2	0.30~0.50	1.0~2.5	1.0	0.040	0.030	23.0~26.0	0.50	1.0	—
ZGR40Cr28Si2	0.30~0.50	1.0~2.5	1.0	0.040	0.030	27.0~30.0	0.50	1.0	—
ZGR130Cr29Si2	1.20~1.40	1.0~2.5	0.5~1.0	0.035	0.030	27.0~30.0	0.50	1.0	—
ZGR25Cr18Ni9Si2	0.15~0.35	0.5~2.5	2.0	0.040	0.030	17.0~19.0	0.50	8.0~10.0	—
ZGR25Cr20Ni14Si2	0.15~0.35	0.5~2.5	2.0	0.040	0.030	19.0~21.0	0.50	13.0~15.0	—
ZGR40Cr22Ni10Si2	0.30~0.50	1.0~2.5	2.0	0.040	0.030	21.0~23.0	0.50	9.0~11.0	—
ZGR40Cr24Ni24Si2Nb	0.30~0.50	1.0~2.5	2.0	0.040	0.030	23.0~25.0	0.50	23.0~25.0	Nb:0.80~1.80
ZGR40Cr25Ni12Si2	0.30~0.50	1.0~2.5	0.5~2.0	0.040	0.030	24.0~27.0	0.50	11.0~14.0	—
ZGR40Cr25Ni20Si2	0.30~0.50	1.0~2.5	2.0	0.040	0.030	24.0~27.0	0.50	19.0~22.0	—
ZGR40Cr27Ni4Si2	0.30~0.50	1.0~2.5	1.5	0.040	0.030	25.0~28.0	0.50	3.0~6.0	—
ZGR50Ni20Cr20Co20Mo3W3Nb	0.35~0.65	1.0	2.0	0.040	0.030	19.0~22.0	2.50~3.00	18.0~22.0	Co:18.5~22.0 Nb:0.75~1.25 W:2.0~3.0

（续）

牌号	化学成分（质量分数，%）								
	C	Si	Mn	P	S	Cr	Mo	Ni	其他元素
ZGR10Ni32Cr20SiNb	0.05~0.15	0.5~1.5	2.0	0.040	0.030	19.0~21.0	0.50	31.0~33.0	Nb:0.50~1.50
ZGR40Ni35Cr17Si2	0.30~0.50	1.0~2.5	2.0	0.040	0.030	16.0~18.0	0.50	34.0~36.0	—
ZGR40Ni35Cr26Si2	0.30~0.50	1.0~2.5	2.0	0.040	0.030	24.0~27.0	0.50	33.0~36.0	—
ZGR40Ni35Cr26Si2Nb	0.30~0.50	1.0~2.5	2.0	0.040	0.030	24.0~27.0	0.50	33.0~36.0	Nb:0.80~1.80
ZGR40Ni38Cr19Si2	0.30~0.50	1.0~2.5	2.0	0.040	0.030	18.0~21.0	0.50	36.0~39.0	—
ZGR40Ni38Cr19Si2Nb	0.30~0.50	1.0~2.5	2.0	0.040	0.030	18.0~21.0	0.50	36.0~39.0	Nb:1.20~1.80
ZNRNiCr28W5	0.35~0.55	1.0~2.0	1.5	0.040	0.030	27.0~30.0	0.50	47.0~50.0	W:4.0~6.0
ZNRNiCr50	0.10	1.0	1.0	0.020	0.020	48.0~52.0	0.50	余量:Ni	Fe:1.00 N:0.16 Nb:1.00~1.80
ZNRNiCr19	0.40~0.60	0.5~2.0	1.5	0.040	0.030	16.0~21.0	0.50	50.0~55.0	—
ZNRNiCr16	0.35~0.65	2.0	1.3	0.040	0.030	13.0~19.0	—	64.0~69.0	—
ZGR50Ni35Cr25Co15W5	0.45~0.55	1.0~2.0	1.0	0.040	0.030	24.0~26.0	—	33.0~37.0	W:4.0~6.0 Co:14.0~16.0
ZNRCoCr28	0.05~0.25	0.5~1.5	1.5	0.040	0.030	27.0~30.0	0.50	4.0	Co:48.0~52.0

注：1. ZGR 为耐热铸钢的代号，ZNR 为铸造耐热合金的代号。
2. 表中的单个值表示最大值。
3. 表中未标出的余量为元素 Fe。

表 2-32　一般用途耐热铸钢的力学性能（GB/T 8492—2024）

牌号	铸件状态	规定塑性延伸强度 $R_{p0.2}$ / MPa ≥	抗拉强度 R_m / MPa ≥	断后伸长率 A (%) ≥	硬度 HBW	最高使用温度[1] /℃
ZGR30Cr7Si2	铸态或退火	—	—	—	—	750
ZGR40Cr13Si2	退火	—	—	—	300[2]	850
ZGR40Cr17Si2	退火	—	—	—	300[2]	900
ZGR40Cr24Si2	退火	—	—	—	300[2]	1050
ZGR40Cr28Si2	退火	—	—	—	320[2]	1100
ZGR130Cr29Si2	退火	—	—	—	400[2]	1100
ZGR25Cr18Ni9Si2	铸态	230	450	15	—	900
ZGR25Cr20Ni14Si2	铸态	230	450	10	—	900
ZGR40Cr22Ni10Si2	铸态	230	450	8	—	950
ZGR40Cr24Ni24Si2Nb	铸态	220	400	4	—	1050
ZGR40Cr25Ni12Si2	铸态	220	450	6	—	1050
ZGR40Cr25Ni20Si2	铸态	220	450	6	—	1100
ZGR40Cr27Ni4Si2	铸态	250	400	3	400[3]	1100
ZGR50Ni20Cr20Co20Mo3W3Nb	铸态	320	400	6	—	1150
ZGR10Ni32Cr20SiNb	铸态	170	440	20	—	1000

（续）

牌号	铸件状态	规定塑性延伸强度 $R_{p0.2}$/ MPa ≥	抗拉强度 R_m/ MPa ≥	断后伸长率 A (%) ≥	硬度 HBW	最高使用温度[1] /℃
ZGR40Ni35Cr17Si2	铸态	220	420	6	—	980
ZGR40Ni35Cr26Si2	铸态	220	440	6	—	1050
ZGR40Ni35Cr26Si2Nb	铸态	220	440	4	—	1050
ZGR40Ni38Cr19Si2	铸态	220	420	6	—	1050
ZGR40Ni38Cr19Si2Nb	铸态	220	420	4	—	1000
ZGRNiCr28W5	铸态	220	400	3	—	1200
ZGRNiCr50Nb	铸态	230	540	8	—	1050
ZGRNiCr19	铸态	220	440	5	—	1100
ZGRNiCr16	铸态	200	400	3	—	1100
ZGR50Ni35Cr25Co15W5	铸态	270	480	5	—	1200
ZGRCoCr28	铸态	—	—	—	—	1200

① 最高使用温度取决于环境、载荷等实际使用条件，所列数据仅供需方参考，这些数据适用于氧化气氛，实际的合金成分对其也有影响。

② 退火态最大硬度值（不适用于铸态下供货的铸件）。

③ 最大硬度值。

2.3.4　一般用途耐蚀铸钢

一般用途耐蚀铸钢的化学成分、力学性能见表 2-33、表 2-34。

表2-33　一般用途耐蚀铸钢的化学成分（GB/T 2100—2017）

牌号	化学成分（质量分数,%）								
	C	Si	Mn	P	S	Cr	Mo	Ni	其他
ZG15Cr13	0.15	0.80	0.80	0.035	0.025	11.50~13.50	0.50	1.00	
ZG20Cr13	0.16~0.24	1.00	0.60	0.035	0.025	11.50~14.00	—	—	
ZG10Cr13Ni2Mo	0.10	1.00	1.00	0.035	0.025	12.00~13.50	0.20~0.50	1.00~2.00	
ZG06Cr13Ni4Mo	0.06	1.00	1.00	0.035	0.025	12.00~13.50	0.70	3.50~5.00	Cu:0.50, V:0.05 W:0.10
ZG06Cr13Ni4	0.06	1.00	1.00	0.035	0.025	12.00~13.00	0.70	3.50~5.00	
ZG06Cr16Ni5Mo	0.06	0.80	1.00	0.035	0.025	15.00~17.00	0.70~1.50	4.00~6.00	
ZG10Cr12Ni1	0.10	0.40	0.50~0.80	0.030	0.020	11.5~12.50	0.50	0.8~1.5	Cu:0.30 V:0.30
ZG03Cr19Ni11	0.03	1.50	2.00	0.035	0.025	18.00~20.00	—	9.00~12.00	N:0.20
ZG03Cr19Ni11N	0.03	1.50	2.00	0.040	0.030	18.00~20.00	—	9.00~12.00	N:0.12~0.20
ZG07Cr19Ni10	0.07	1.50	1.50	0.040	0.030	18.00~20.00	—	8.00~11.00	

（续）

牌号	化学成分（质量分数，%）								
	C	Si	Mn	P	S	Cr	Mo	Ni	其他
ZG07Cr19Ni11Nb	0.07	1.50	1.50	0.040	0.030	18.00~20.00	—	9.00~12.00	Nb:8C~1.00
ZG03Cr19Ni11Mo2	0.03	1.50	2.00	0.035	0.025	18.00~20.00	2.00~2.50	9.00~12.00	N:0.20
ZG03Cr19Ni11Mo2N	0.03	1.50	2.00	0.035	0.030	18.00~20.00	2.00~2.50	9.00~12.00	N:0.10~0.20
ZG05Cr26Ni6Mo2N	0.05	1.00	2.00	0.035	0.025	25.00~27.00	1.30~2.00	4.50~6.50	N:0.12~0.20
ZG07Cr19Ni11Mo2	0.07	1.50	1.50	0.040	0.030	18.00~20.00	2.00~2.50	9.00~12.00	
ZG07Cr19Ni11Mo2Nb	0.07	1.50	1.50	0.040	0.030	18.00~20.00	2.00~2.50	9.00~12.00	Nb:8C~1.00
ZG03Cr19Ni11Mo3	0.03	1.50	1.50	0.040	0.030	18.00~20.00	3.00~3.50	9.00~12.00	
ZG03Cr19Ni11Mo3N	0.03	1.50	1.50	0.040	0.030	18.00~20.00	3.00~3.50	9.00~12.00	N:0.10~0.20
ZG03Cr22Ni6Mo3N	0.03	1.00	2.00	0.035	0.025	21.00~23.00	2.50~3.50	4.50~6.50	N:0.12~0.20
ZG03Cr25Ni7Mo4WCuN	0.03	1.00	1.50	0.030	0.020	24.00~26.00	3.00~4.00	6.00~8.50	Cu:1.00 N:0.15~0.25 W:1.00

牌号									
ZG03Cr26Ni7Mo4CuN	0.03	1.00	1.00	0.025	0.035	25.00~27.00	3.00~5.00	6.00~8.00	N:0.12~0.22 Cu:1.30
ZG07Cr19Ni12Mo3	0.07	1.50	1.50	0.030	0.040	18.00~20.00	3.00~3.50	10.00~13.00	
ZG025Cr20Ni25Mo7Cu1N	0.025	1.00	2.00	0.020	0.035	19.00~21.00	6.00~7.00	24.00~26.00	N:0.15~0.25 Cu:0.50~1.50
ZG025Cr20Ni19Mo7CuN	0.025	1.00	1.20	0.010	0.030	19.50~20.50	6.00~7.00	17.50~19.50	N:0.18~0.24 Cu:0.50~1.00
ZG03Cr26Ni6Mo3Cu3N	0.03	1.00	1.50	0.025	0.035	24.50~26.50	2.50~3.50	5.00~7.00	N:0.12~0.22 Cu:2.75~3.50
ZG03Cr26Ni6Mo3Cu1N	0.03	1.00	2.00	0.020	0.030	24.50~26.50	2.50~3.50	5.50~7.00	N:0.12~0.25 Cu:0.80~1.30
ZG03Cr26Ni6Mo3N	0.03	1.00	2.00	0.025	0.035	24.50~26.50	2.50~3.50	5.50~7.00	N:0.12~0.25

注：表中的单个值为最大值。

表 2-34 一般用途耐蚀铸钢的力学性能（GB/T 2100—2017）

牌号	厚度 t/mm ≤	规定塑性延伸强度 $R_{p0.2}$/MPa ≥	抗拉强度 R_m/MPa ≥	断后伸长率 A(%) ≥	冲击吸收能量 KV_2/J ≥
ZG15Cr13	150	450	620	15	20
ZG20Cr13	150	390	590	15	20
ZG10Cr13Ni2Mo	300	440	590	15	27
ZG06Cr13Ni4Mo	300	550	760	15	50
ZG06Cr13Ni4	300	550	750	15	50

（续）

牌号	厚度 t/mm ≤	规定塑性延伸强度 $R_{p0.2}$/MPa ≥	抗拉强度 R_m/MPa ≥	断后伸长率 A(%) ≥	冲击吸收能量 KV_2/J ≥
ZG06Cr16Ni5Mo	300	540	760	15	60
ZG10Cr12Ni1	150	355	540	18	45
ZG03Cr19Ni11	150	185	440	30	80
ZG03Cr19Ni11N	150	230	510	30	80
ZG07Cr19Ni10	150	175	440	30	60
ZG07Cr19Ni11Nb	150	175	440	25	40
ZG03Cr19Ni11Mo2	150	195	440	30	80
ZG03Cr19Ni11Mo2N	150	230	510	30	80
ZG05Cr26Ni6Mo2N	150	420	600	20	30
ZG07Cr19Ni11Mo2	150	185	440	30	60
ZG07Cr19Ni11Mo2Nb	150	185	440	25	40
ZG03Cr19Ni11Mo3	150	180	440	30	80
ZG03Cr19Ni11Mo3N	150	230	510	30	80
ZG03Cr22Ni6Mo3N	150	420	600	20	30
ZG03Cr25Ni7Mo4WCuN	150	480	650	22	50
ZG03Cr26Ni7Mo4CuN	150	480	650	22	50
ZG07Cr19Ni12Mo3	150	205	440	30	60
ZG025Cr20Ni25Mo7Cu1N	50	210	480	30	60
ZG025Cr20Ni19Mo7CuN	50	260	500	35	50
ZG03Cr26Ni6Mo3Cu3N	150	480	650	22	50
ZG03Cr26Ni6Mo3Cu1N	200	480	650	22	60
ZG03Cr26Ni6Mo3N	150	480	650	22	50

2.4　结构钢

2.4.1　碳素结构钢

碳素结构钢的化学成分、力学性能见表 2-35、表 2-36。

表 2-35　碳素结构钢的化学成分（GB/T 700—2006）

牌号	统一数字代号	等级	厚度（或直径）/mm	脱氧方法	化学成分（质量分数，%）≤				
					C	Si	Mn	P	S
Q195	U11952	—	—	F、Z	0.12	0.30	0.50	0.035	0.040
Q215	U12152	A	—	F、Z	0.15	0.35	1.20	0.045	0.050
	U12155	B							0.045
Q235	U12352	A	—	F、Z	0.22	0.35	1.40	0.045	0.050
	U12355	B			0.20				0.045
	U12358	C		Z	0.17			0.040	0.040
	U12359	D		TZ				0.035	0.035
Q275	U12752	A	—	F、Z	0.24	0.35	1.50	0.045	0.050
	U12755	B	≤40	Z	0.21			0.045	0.045
			>40		0.22				
	U12758	C		Z	0.20			0.040	0.040
	U12759	D		TZ				0.035	0.035

表2-36 碳素结构钢的力学性能（GB/T 700—2006）

牌号	等级	上屈服强度 R_{eH} [①]/MPa ≥ 厚度（或直径）/mm						抗拉强度[②] R_m/MPa	断后伸长率 A（%） ≥ 厚度（或直径）/mm					冲击性能（V型缺口）	
		≤16	>16~40	>40~60	>60~100	>100~150	>150~200		≤40	>40~60	>60~100	>100~150	>150~200	温度/℃	冲击吸收能量（纵向）/J ≥
Q195	—	195	185	—	—	—	—	315~430	33	—	—	—	—	—	—
Q215	A	215	205	195	185	175	165	335~450	31	30	29	27	26	—	—
	B													20	27
Q235	A	235	225	215	215	195	185	370~500	26	25	24	22	21	—	—
	B													20	27
	C													0	
	D													-20	
Q275	A	275	265	255	245	225	215	410~540	22	21	20	18	17	—	—
	B													20	27
	C													0	
	D													-20	

① Q195 的上屈服强度值仅供参考，不作交货条件。

② 厚度大于 100mm 的钢材，抗拉强度下限允许降低 20MPa。宽带钢（包括剪切钢板）抗拉强度上限不作为交货条件。

2.4.2　优质碳素结构钢

优质碳素结构钢的化学成分、力学性能见表 2-37、表 2-38。

表 2-37　优质碳素结构钢的化学成分（GB/T 699—2015）

牌号	化学成分（质量分数，%）							
	C	Si	Mn	P	S	Cr	Ni	Cu[①]
						≤		
08[②]	0.05~0.11	0.17~0.37	0.35~0.65	0.035	0.035	0.10	0.30	0.25
10	0.07~0.13	0.17~0.37	0.35~0.65	0.035	0.035	0.15	0.30	0.25
15	0.12~0.18	0.17~0.37	0.35~0.65	0.035	0.035	0.25	0.30	0.25
20	0.17~0.23	0.17~0.37	0.35~0.65	0.035	0.035	0.25	0.30	0.25
25	0.22~0.29	0.17~0.37	0.50~0.80	0.035	0.035	0.25	0.30	0.25
30	0.27~0.34	0.17~0.37	0.50~0.80	0.035	0.035	0.25	0.30	0.25
35	0.32~0.39	0.17~0.37	0.50~0.80	0.035	0.035	0.25	0.30	0.25
40	0.37~0.44	0.17~0.37	0.50~0.80	0.035	0.035	0.25	0.30	0.25
45	0.42~0.50	0.17~0.37	0.50~0.80	0.035	0.035	0.25	0.30	0.25
50	0.47~0.55	0.17~0.37	0.50~0.80	0.035	0.035	0.25	0.30	0.25
55	0.52~0.60	0.17~0.37	0.50~0.80	0.035	0.035	0.25	0.30	0.25
60	0.57~0.65	0.17~0.37	0.50~0.80	0.035	0.035	0.25	0.30	0.25
65	0.62~0.70	0.17~0.37	0.50~0.80	0.035	0.035	0.25	0.30	0.25
70	0.67~0.75	0.17~0.37	0.50~0.80	0.035	0.035	0.25	0.30	0.25
75	0.72~0.80	0.17~0.37	0.50~0.80	0.035	0.035	0.25	0.30	0.25
80	0.77~0.85	0.17~0.37	0.50~0.80	0.035	0.035	0.25	0.30	0.25

（续）

牌号	化学成分（质量分数，%）							
	C	Si	Mn	P	S	Cr	Ni	Cu[1]
						≤		
85	0.82~0.90	0.17~0.37	0.50~0.80	0.035	0.035	0.25	0.30	0.25
15Mn	0.12~0.18	0.17~0.37	0.70~1.00	0.035	0.035	0.25	0.30	0.25
20Mn	0.17~0.23	0.17~0.37	0.70~1.00	0.035	0.035	0.25	0.30	0.25
25Mn	0.22~0.29	0.17~0.37	0.70~1.00	0.035	0.035	0.25	0.30	0.25
30Mn	0.27~0.34	0.17~0.37	0.70~1.00	0.035	0.035	0.25	0.30	0.25
35Mn	0.32~0.39	0.17~0.37	0.70~1.00	0.035	0.035	0.25	0.30	0.25
40Mn	0.37~0.44	0.17~0.37	0.70~1.00	0.035	0.035	0.25	0.30	0.25
45Mn	0.42~0.50	0.17~0.37	0.70~1.00	0.035	0.035	0.25	0.30	0.25
50Mn	0.48~0.56	0.17~0.37	0.70~1.00	0.035	0.035	0.25	0.30	0.25
60Mn	0.57~0.65	0.17~0.37	0.70~1.00	0.035	0.035	0.25	0.30	0.25
65Mn	0.62~0.70	0.17~0.37	0.90~1.20	0.035	0.035	0.25	0.30	0.25
70Mn	0.67~0.75	0.17~0.37	0.90~1.20	0.035	0.035	0.25	0.30	0.25

注：未经用户同意不得意加入本表中未规定的元素。应采取措施防止从废钢或其他原料中带入影响钢性能的元素。
① 热压力加工用钢中铜的质量分数应不大于0.20%。
② 用铝脱氧的镇静钢，碳、锰含量下限不限，锰的质量分数上限为0.45%，硅的质量分数不大于0.03%，全铝的质量分数为0.020%~0.070%，此时牌号为08Al。

表2-38 优质碳素结构钢的力学性能（GB/T 699—2015）

牌号	试样毛坯尺寸①/mm	推荐的热处理工艺③ 加热温度/℃			抗拉强度 R_m/MPa	下屈服强度 R_{eL}④/MPa	断后伸长率 A(%)	断面收缩率 Z(%)	冲击吸收能量 KU_2/J	交货硬度 HBW	
		正火	淬火	回火						未热处理钢	退火钢
					≥						≤
08	25	930	—	—	325	195	33	60	—	131	—
10	25	930	—	—	335	205	31	55	—	137	—
15	25	920	—	—	375	225	27	55	—	143	—
20	25	910	—	—	410	245	25	55	—	156	—
25	25	900	870	600	450	275	23	50	71	170	—
30	25	880	860	600	490	295	21	50	63	179	—
35	25	870	850	600	530	315	20	45	55	197	—
40	25	860	840	600	570	335	19	45	47	217	187
45	25	850	840	600	600	355	16	40	39	229	197
50	25	830	830	600	630	375	14	40	31	241	207
55	25	820	—	—	645	380	13	35	—	255	217
60	25	810	—	—	675	400	12	35	—	255	229
65	25	810	—	—	695	410	10	30	—	255	229
70	25	790	—	—	715	420	9	30	—	269	229
75	试样②	—	820	480	1080	880	7	30	—	285	241
80	试样②	—	820	480	1080	930	6	30	—	285	241
85	试样②	—	820	480	1130	980	6	30	—	302	255
15Mn	25	920	—	—	410	245	26	55	—	163	—

（续）

牌号	试样毛坯尺寸①/mm	推荐的热处理工艺③			抗拉强度 R_m/MPa	下屈服强度 R_{eL}④/MPa	断后伸长率 A (%)	断面收缩率 Z (%)	冲击吸收能量 KU_2/J	交货硬度 HBW	
		正火	淬火	回火						未热处理钢	退火钢
		加热温度/℃					≥			≤	
20Mn	25	910	—	—	450	275	24	50	—	197	—
25Mn	25	900	870	600	490	295	22	50	71	207	—
30Mn	25	880	860	600	540	315	20	45	63	217	187
35Mn	25	870	850	600	560	335	18	45	55	229	197
40Mn	25	860	840	600	590	355	17	45	47	229	207
45Mn	25	850	840	600	620	375	15	40	39	241	217
50Mn	25	830	830	600	645	390	13	40	31	255	217
60Mn	25	810	—	—	690	410	11	35	—	269	229
65Mn	25	830	—	—	735	430	9	30	—	285	229
70Mn	25	790	—	—	785	450	8	30	—	285	229

注:
1. 表中的力学性能适用于公称直径或厚度不大于 80mm 的钢棒。
2. 公称直径或厚度 >80~250mm 的钢棒,允许其断后伸长率、断面收缩率比本表的规定分别降低 2%(绝对值)和 5%(绝对值)。
3. 公称直径或厚度 >120~250mm 的钢棒(轧)或 70~80mm 的试料允许改锻,其结果应符合本表的规定。

① 钢棒尺寸小于试样毛坯尺寸时,用原尺寸的钢棒进行热处理。
② 留有加工余量的试样,其性能为淬火+回火状态下的性能。
③ 热处理温度允许调整范围:正火±30℃,回火±50℃;淬火±20℃,回火±30℃,空冷;淬火不少于 30min,75、80 和 85 钢油冷,其他钢棒水冷;600℃回火不少于 1h。
④ 当屈服现象不明显时,可用规定塑性延伸强度 $R_{p0.2}$ 代替。

2.4.3 合金结构钢

合金结构钢的化学成分、热处理纵向力学性能见表 2-39、表 2-40。

表 2-39 合金结构钢的化学成分（GB/T 3077—2015）

牌号	化学成分（质量分数，%）										
	C	Si	Mn	Cr	Mo	Ni	W	B	Al	Ti	V
20Mn2	0.17~ 0.24	0.17~ 0.37	1.40~ 1.80	—	—	—	—	—	—	—	—
30Mn2	0.27~ 0.34	0.17~ 0.37	1.40~ 1.80	—	—	—	—	—	—	—	—
35Mn2	0.32~ 0.39	0.17~ 0.37	1.40~ 1.80	—	—	—	—	—	—	—	—
40Mn2	0.37~ 0.44	0.17~ 0.37	1.40~ 1.80	—	—	—	—	—	—	—	—
45Mn2	0.42~ 0.49	0.17~ 0.37	1.40~ 1.80	—	—	—	—	—	—	—	—
50Mn2	0.47~ 0.55	0.17~ 0.37	1.40~ 1.80	—	—	—	—	—	—	—	—
20MnV	0.17~ 0.24	0.17~ 0.37	1.30~ 1.60	—	—	—	—	—	—	—	0.07~ 0.12
27SiMn	0.24~ 0.32	1.10~ 1.40	1.10~ 1.40	—	—	—	—	—	—	—	—
35SiMn	0.32~ 0.40	1.10~ 1.40	1.10~ 1.40	—	—	—	—	—	—	—	—

(续)

牌号	化学成分(质量分数,%)										
	C	Si	Mn	Cr	Mo	Ni	W	B	Al	Ti	V
42SiMn	0.39~0.45	1.10~1.40	1.10~1.40	—	—	—	—	—	—	—	—
20SiMn2MoV	0.17~0.23	0.90~1.20	2.20~2.60	—	0.30~0.40	—	—	—	—	—	0.05~0.12
25SiMn2MoV	0.22~0.28	0.90~1.20	2.20~2.60	—	0.30~0.40	—	—	—	—	—	0.05~0.12
37SiMn2MoV	0.33~0.39	0.60~0.90	1.60~1.90	—	0.40~0.50	—	—	—	—	—	0.05~0.12
40B	0.37~0.44	0.17~0.37	0.60~0.90	—	—	—	—	0.0008~0.0035	—	—	—
45B	0.42~0.49	0.17~0.37	0.60~0.90	—	—	—	—	0.0008~0.0035	—	—	—
50B	0.47~0.55	0.17~0.37	0.60~0.90	—	—	—	—	0.0008~0.0035	—	—	—
25MnB	0.23~0.28	0.17~0.37	1.00~1.40	—	—	—	—	0.0008~0.0035	—	—	—
35MnB	0.32~0.38	0.17~0.37	1.10~1.40	—	—	—	—	0.0008~0.0035	—	—	—
40MnB	0.37~0.44	0.17~0.37	1.10~1.40	—	—	—	—	0.0008~0.0035	—	—	—

45MnB	0.42~0.49	0.17~0.37	1.10~1.40	—	—	—	0.0008~0.0035	—	—	—
20MnMoB	0.16~0.22	0.17~0.37	0.90~1.20	—	0.20~0.30	—	0.0008~0.0035	—	—	—
15MnVB	0.12~0.18	0.17~0.37	1.20~1.60	—	—	—	0.0008~0.0035	—	—	0.07~0.12
20MnVB	0.17~0.23	0.17~0.37	1.20~1.60	—	—	—	0.0008~0.0035	—	—	0.07~0.12
40MnVB	0.37~0.44	0.17~0.37	1.10~1.40	—	—	—	0.0008~0.0035	—	—	0.05~0.10
20MnTiB	0.17~0.24	0.17~0.37	1.30~1.60	—	—	—	0.0008~0.0035	—	0.04~0.10	—
25MnTiBRE①	0.22~0.28	0.20~0.45	1.30~1.60	—	—	—	0.0008~0.0035	—	0.04~0.10	—
15Cr	0.12~0.17	0.17~0.37	0.40~0.70	0.70~1.00	—	—	—	—	—	—
20Cr	0.18~0.24	0.17~0.37	0.50~0.80	0.70~1.00	—	—	—	—	—	—
30Cr	0.27~0.34	0.17~0.37	0.50~0.80	0.80~1.10	—	—	—	—	—	—
35Cr	0.32~0.39	0.17~0.37	0.50~0.80	0.80~1.10	—	—	—	—	—	—
40Cr	0.37~0.44	0.17~0.37	0.50~0.80	0.80~1.10	—	—	—	—	—	—

（续）

牌号	化学成分（质量分数，%）										
	C	Si	Mn	Cr	Mo	Ni	W	B	Al	Ti	V
45Cr	0.42~0.49	0.17~0.37	0.50~0.80	0.80~1.10	—	—	—	—	—	—	—
50Cr	0.47~0.54	0.17~0.37	0.50~0.80	0.80~1.10	—	—	—	—	—	—	—
38CrSi	0.35~0.43	1.00~1.30	0.30~0.60	1.30~1.60	—	—	—	—	—	—	—
12CrMo	0.08~0.15	0.17~0.37	0.40~0.70	0.40~0.70	0.40~0.55	—	—	—	—	—	—
15CrMo	0.12~0.18	0.17~0.37	0.40~0.70	0.80~1.10	0.40~0.55	—	—	—	—	—	—
20CrMo	0.17~0.24	0.17~0.37	0.40~0.70	0.80~1.10	0.15~0.25	—	—	—	—	—	—
25CrMo	0.22~0.29	0.17~0.37	0.60~0.90	0.90~1.20	0.15~0.30	—	—	—	—	—	—
30CrMo	0.26~0.33	0.17~0.37	0.40~0.70	0.80~1.10	0.15~0.25	—	—	—	—	—	—
35CrMo	0.32~0.40	0.17~0.37	0.40~0.70	0.80~1.10	0.15~0.25	—	—	—	—	—	—
42CrMo	0.38~0.45	0.17~0.37	0.50~0.80	0.90~1.20	0.15~0.25	—	—	—	—	—	—

牌号										
50CrMo	0.46~0.54	0.17~0.37	0.50~0.80	0.90~1.20	0.15~0.30	—	—	—	—	—
12CrMoV	0.08~0.15	0.17~0.37	0.40~0.70	0.30~0.60	0.25~0.35	—	—	—	—	0.15~0.30
35CrMoV	0.30~0.38	0.17~0.37	0.40~0.70	1.00~1.30	0.20~0.30	—	—	—	—	0.10~0.20
12Cr1MoV	0.08~0.15	0.17~0.37	0.40~0.70	0.90~1.20	0.25~0.35	—	—	—	—	0.15~0.30
25Cr2MoV	0.22~0.29	0.17~0.37	0.40~0.70	1.50~1.80	0.25~0.35	—	—	—	—	0.15~0.30
25Cr2Mo1V	0.22~0.29	0.17~0.37	0.50~0.80	2.10~2.50	0.90~1.10	—	—	—	—	0.30~0.50
38CrMoAl	0.35~0.42	0.20~0.45	0.30~0.60	1.35~1.65	0.15~0.25	—	—	0.70~1.10	—	—
40CrV	0.37~0.44	0.17~0.37	0.50~0.80	0.80~1.10	—	—	—	—	—	0.10~0.20
50CrV	0.47~0.54	0.17~0.37	0.50~0.80	0.80~1.10	—	—	—	—	—	0.10~0.20
15CrMn	0.12~0.18	0.17~0.37	1.10~1.40	0.40~0.70	—	—	—	—	—	—
20CrMn	0.17~0.23	0.17~0.37	0.90~1.20	0.90~1.20	—	—	—	—	—	—
40CrMn	0.37~0.45	0.17~0.37	0.90~1.20	0.90~1.20	—	—	—	—	—	—
20CrMnSi	0.17~0.23	0.90~1.20	0.80~1.10	0.80~1.10	—	—	—	—	—	—

（续）

牌号	化学成分（质量分数，%）										
	C	Si	Mn	Cr	Mo	Ni	W	B	Al	Ti	V
25CrMnSi	0.22~0.28	0.90~1.20	0.80~1.10	0.80~1.10	—	—	—	—	—	—	—
30CrMnSi	0.28~0.34	0.90~1.20	0.80~1.10	0.80~1.10	—	—	—	—	—	—	—
35CrMnSi	0.32~0.39	1.10~1.40	0.80~1.10	1.10~1.40	—	—	—	—	—	—	—
20CrMnMo	0.17~0.23	0.17~0.37	0.90~1.20	1.10~1.40	0.20~0.30	—	—	—	—	—	—
40CrMnMo	0.37~0.45	0.17~0.37	0.90~1.20	0.90~1.20	0.20~0.30	—	—	—	—	—	—
20CrMnTi	0.17~0.23	0.17~0.37	0.80~1.10	1.00~1.30	—	—	—	—	—	0.04~0.10	—
30CrMnTi	0.24~0.32	0.17~0.37	0.80~1.10	1.00~1.30	—	—	—	—	—	0.04~0.10	—
20CrNi	0.17~0.23	0.17~0.37	0.40~0.70	0.45~0.75	—	1.00~1.40	—	—	—	—	—
40CrNi	0.37~0.44	0.17~0.37	0.50~0.80	0.45~0.75	—	1.00~1.40	—	—	—	—	—
45CrNi	0.42~0.49	0.17~0.37	0.50~0.80	0.45~0.75	—	1.00~1.40	—	—	—	—	—
50CrNi	0.47~0.54	0.17~0.37	0.50~0.80	0.45~0.75	—	1.00~1.40	—	—	—	—	—

					C	Si	Mn			Ni
12CrNi2	—	—	—	—	0.10~0.17	0.17~0.37	0.30~0.60	0.60~0.90	—	1.50~1.90
34CrNi2	—	—	—	—	0.30~0.37	0.17~0.37	0.60~0.90	0.80~1.10	—	1.20~1.60
12CrNi3	—	—	—	—	0.10~0.17	0.17~0.37	0.30~0.60	0.60~0.90	—	2.75~3.15
20CrNi3	—	—	—	—	0.17~0.24	0.17~0.37	0.30~0.60	0.60~0.90	—	2.75~3.15
30CrNi3	—	—	—	—	0.27~0.33	0.17~0.37	0.30~0.60	0.60~0.90	—	2.75~3.15
37CrNi3	—	—	—	—	0.34~0.41	0.17~0.37	0.30~0.60	1.20~1.60	—	3.00~3.50
12Cr2Ni4	—	—	—	—	0.10~0.16	0.17~0.37	0.30~0.60	1.25~1.65	—	3.25~3.65
20Cr2Ni4	—	—	—	—	0.17~0.23	0.17~0.37	0.30~0.60	1.25~1.65	—	3.25~3.65
15CrNiMo	—	—	—	—	0.13~0.18	0.17~0.37	0.70~0.90	0.45~0.65	0.45~0.60	0.70~1.00
20CrNiMo	—	—	—	—	0.17~0.23	0.17~0.37	0.60~0.95	0.40~0.70	0.20~0.30	0.35~0.75
30CrNiMo	—	—	—	—	0.28~0.33	0.17~0.37	0.70~0.90	0.70~1.00	0.25~0.45	0.60~0.80
30Cr2Ni2Mo	—	—	—	—	0.26~0.34	0.17~0.37	0.50~0.80	1.80~2.20	0.30~0.50	1.80~2.20
30Cr2Ni4Mo	—	—	—	—	0.26~0.33	0.17~0.37	0.50~0.80	1.20~1.50	0.30~0.60	3.30~4.30

（续）

牌号	化学成分（质量分数，%）										
	C	Si	Mn	Cr	Mo	Ni	W	B	Al	Ti	V
34Cr2Ni2Mo	0.30~ 0.38	0.17~ 0.37	0.50~ 0.80	1.30~ 1.70	0.15~ 0.30	1.30~ 1.70	—	—	—	—	—
35Cr2Ni4Mo	0.32~ 0.39	0.17~ 0.37	0.50~ 0.80	1.60~ 2.00	0.25~ 0.45	3.60~ 4.10	—	—	—	—	—
40CrNiMo	0.37~ 0.44	0.17~ 0.37	0.50~ 0.80	0.60~ 0.90	0.15~ 0.25	1.25~ 1.65	—	—	—	—	—
40CrNi2Mo	0.38~ 0.43	0.17~ 0.37	0.60~ 0.80	0.70~ 0.90	0.20~ 0.30	1.65~ 2.00	—	—	—	—	—
18CrMnNiMo	0.15~ 0.21	0.17~ 0.37	1.10~ 1.40	1.00~ 1.30	0.20~ 0.30	1.00~ 1.30	—	—	—	—	—
45CrNiMoV	0.42~ 0.49	0.17~ 0.37	0.50~ 0.80	0.80~ 1.10	0.20~ 0.30	1.30~ 1.80	—	—	—	—	0.10~ 0.20
18Cr2Ni4W	0.13~ 0.19	0.17~ 0.37	0.30~ 0.60	1.35~ 1.65		4.00~ 4.50	0.80~ 1.20	—	—	—	—
25Cr2Ni4W	0.21~ 0.28	0.17~ 0.37	0.30~ 0.60	1.35~ 1.65	—	4.00~ 4.50	0.80~ 1.20	—	—	—	—

注：1. 未经用户同意不得有意加入本表中未规定的元素。应采取措施防止从废钢或其他原料中带入影响钢性能的元素。
　　2. 表中各牌号可按高级优质钢或特级优质钢订货，但应在牌号后加字母 "A" 或 "E"。
① 稀土按 0.05%（质量分数）计算量加入，成品分析结果供参考。

表 2-40　合金结构钢的热处理纵向力学性能（GB/T 3077—2015）

牌号	试样毛坯尺寸①/mm	淬火 加热温度/℃ 第1次淬火	淬火 加热温度/℃ 第2次淬火	淬火 冷却介质	回火 加热温度/℃	回火 冷却介质	抗拉强度 R_m/MPa	下屈服强度 R_{eL}②/MPa	断后伸长率 A(%) ≥	断面收缩率 Z(%) ≥	冲击吸收能量 $KU_2$③/J ≥	供货状态为退火或高温回火的钢棒硬度 HBW ≤
20Mn2	15	850	—	水、油	200	水、空气	785	590	10	40	47	187
30Mn2	25	840	—	水	500	水	785	635	12	45	63	207
35Mn2	25	840	—	水	500	水	835	685	12	45	55	207
40Mn2	25	840	—	水、油	540	水	885	735	12	45	55	217
45Mn2	25	840	—	油	550	水、油	885	735	10	45	47	217
50Mn2	25	820	—	油	550	水、油	930	785	9	40	39	229
20MnV	15	880	—	水、油	200	水、空气	785	590	10	40	55	187
27SiMn	25	920	—	水	450	水、空气	980	835	12	40	39	217
35SiMn	25	900	—	水	570	水、油	885	735	15	45	47	229
42SiMn	25	880	—	水	590	水	885	735	15	40	47	229
20SiMn2MoV	试样	900	—	油	200	水、空气	1380	—	10	45	55	269
25SiMn2MoV	试样	900	—	油	200	水、空气	1470	—	10	40	47	269
37SiMn2MoV	25	870	—	水、油	650	水、空气	980	835	12	50	63	269

（续）

牌号	试样毛坯尺寸①/mm	淬火 加热温度/℃ 第1次淬火	淬火 加热温度/℃ 第2次淬火	淬火 冷却介质	回火 加热温度/℃	回火 冷却介质	抗拉强度 R_m/MPa	下屈服强度 R_{eL}②/MPa	断后伸长率 A(%) ≥	断面收缩率 Z(%)	冲击吸收能量 $KU_2$③/J	供货状态为退火或高温回火的钢棒硬度 HBW ≤
40B	25	840	—	水	550	水	785	635	12	45	55	207
45B	25	840	—	水	550	水	835	685	12	45	47	217
50B	20	840	—	油	600	空气	785	540	10	45	39	207
25MnB	25	850	—	油	500	水,油	835	635	10	45	47	207
35MnB	25	850	—	油	500	水,油	930	735	10	45	47	207
40MnB	25	850	—	油	500	水,油	980	785	10	45	47	207
45MnB	25	840	—	油	500	水,油	1030	835	9	40	39	217
20MnMoB	15	880	—	油	200	油,空气	1080	885	10	50	55	207
15MnVB	15	860	—	油	200	水,空气	885	635	10	45	55	207
20MnVB	15	860	—	油	200	水,空气	1080	885	10	45	55	207
40MnVB	25	850	—	油	520	水,油	980	785	10	45	47	207
20MnTiB	15	860	—	油	200	水,空气	1130	930	10	45	55	187
25MnTiBRE	试样	860	—	油	200	水,空气	1380	—	10	40	47	229

牌号	试样尺寸	淬火温度1/℃	淬火温度2/℃	淬火冷却剂	回火温度/℃	回火冷却剂	Rm	ReL	A	Z	KU	硬度
15Cr	15	880	770~820	水、油	180	油、空气	685	490	12	45	55	179
20Cr	15	880	780~820	水、油	200	水、空气	835	540	10	40	47	179
30Cr	25	860	—	油	500	水、油	885	685	11	45	47	187
35Cr	25	860	—	油	500	水、油	930	735	11	45	47	207
40Cr	25	850	—	油	520	水、油	980	785	9	45	47	207
45Cr	25	840	—	油	520	水、油	1030	835	9	40	39	217
50Cr	25	830	—	油	520	水、油	1080	930	9	40	39	229
38CrSi	25	900	—	油	600	水、油	980	835	12	50	55	255
12CrMo	30	900	—	空气	650	空气	410	265	24	60	110	179
15CrMo	30	900	—	空气	650	空气	440	295	22	60	94	179
20CrMo	15	880	—	水、油	500	水、油	885	685	12	50	78	197
25CrMo	25	870	—	水、油	600	水、油	900	600	14	55	68	229
30CrMo	15	880	—	油	540	水、油	930	735	12	50	71	229
35CrMo	25	850	—	油	550	水、油	980	835	12	45	63	229
42CrMo	25	850	—	油	560	水、油	1080	930	12	45	63	229
50CrMo	25	840	—	油	560	水、油	1130	930	11	45	48	248
12CrMoV	30	970	—	空气	750	空气	440	225	22	50	78	241
35CrMoV	25	900	—	油	630	水、油	1080	930	10	50	71	241
12Cr1MoV	30	970	—	空气	750	空气	490	245	22	50	71	179
25Cr2MoV	25	900	—	油	640	空气	930	785	14	55	63	241

（续）

牌号	试样毛坯尺寸①/mm	推荐的热处理工艺					抗拉强度 R_m/MPa	下屈服强度 R_{eL}②/MPa	断后伸长率 A(%)	断面收缩率 Z(%)	冲击吸收能量 $KU_2$③/J	供货状态为退火或高温回火的钢棒硬度 HBW
		淬火			回火				≥			≤
		加热温度/℃ 第1次淬火	第2次淬火	冷却介质	加热温度/℃	冷却介质						
25Cr2Mo1V	25	1040	—	空气	700	空气	735	590	16	50	47	241
38CrMoAl	30	940	—	水、油	640	水、油	980	835	14	50	71	229
40CrV	25	880	—	油	650	水、油	885	735	10	50	71	241
50CrV	25	850	—	油	500	水、油	1280	1130	10	40	—	255
15CrMn	15	880	—	油	200	水、空气	785	590	12	50	47	179
20CrMn	15	850	—	油	200	水、空气	930	735	10	45	47	187
40CrMn	25	840	—	油	550	水、油	980	835	9	45	47	229
20CrMnSi	25	880	—	油	480	水、油	785	635	12	45	55	207
25CrMnSi	25	880	—	油	480	水、油	1080	885	10	40	39	217
30CrMnSi	25	880	—	油	540	水、油	1080	835	10	45	39	229
35CrMnSi	试样	加热到880℃,于280~310℃等温淬火					1620	1280	9	40	31	241
35CrMnSi	试样	950	890	油	230	空气、油						
20CrMnMo	15	850	—	油	200	油	1180	885	10	45	55	217

牌号	试样											硬度
40CrMnMo	25	850	—	油	600	水、油	980	785	10	45	63	217
20CrMnTi	15	880	870	油	200	水、空气	1080	850	10	45	55	217
30CrMnTi	试样	880	850	油	200	水、空气	1470	—	9	40	47	229
20CrNi	25	850	—	水、油	460	水、油	785	590	10	50	63	197
40CrNi	25	820	—	油	500	水、油	980	785	10	45	55	241
45CrNi	25	820	—	油	530	水、油	980	785	10	45	55	255
50CrNi	25	820	—	油	500	水、油	1080	835	8	40	39	255
12CrNi2	15	860	780	水、油	200	水、空气	785	590	12	50	63	207
34CrNi2	25	840	—	油	530	水、油	930	735	11	45	71	241
12CrNi3	15	860	780	油	200	水、空气	930	685	11	50	71	217
20CrNi3	25	830	—	水、油	480	水、油	930	735	11	55	78	241
30CrNi3	25	820	—	油	500	水、油	980	785	9	45	63	241
37CrNi3	25	820	—	油	500	水、油	1130	980	10	50	47	269
12Cr2Ni4	15	860	780	油	200	水、油	1080	835	10	50	71	269
20Cr2Ni4	15	880	780	油	200	水、油	1180	1080	10	45	63	269
15CrNiMo	15	850	—	油	200	水、空气	930	750	10	40	46	197
20CrNiMo	15	850	—	油	200	空气	980	785	9	40	47	197
30CrNiMo	25	850	—	油	500	水、油	980	785	10	50	63	269
30Cr2Ni2Mo	25	850	—	油	600	水、油	980	835	12	55	78	269
30Cr2Ni4Mo	25	正火 890	850	油	560~580	空气	1050	980	12	45	48	269
	试样	正火 890	850	油	220 两次回火	空气	1790	1500	6	25	—	

（续）

牌号	试样毛坯尺寸①/mm	推荐的热处理工艺					抗拉强度 R_m/MPa	下屈服强度 R_{eL}②/MPa	断后伸长率 A(%)	断面收缩率 Z(%)	冲击吸收能量 $KU_2$③/J	供货状态为退火或高温回火的钢棒硬度 HBW
		淬火			回火							
		加热温度/℃		冷却介质	加热温度/℃	冷却介质			≥			≤
		第1次淬火	第2次淬火									
34Cr2Ni2Mo	25	850	—	油	520	水、油	980	835	10	50	71	269
35Cr2Ni4Mo	25	850	—	油	540	水、油	1080	930	10	50	71	269
40CrNiMo	25	850		油	560	水、油	1080	930	10	50	71	269
40CrNi2Mo	25	850	—	油	560	水、油	1130	980	10	50	71	269
18CrMnNiMo	15	830	—	油	200	空气	1180	885	10	45	71	269
45CrNiMoV	试样	860	—	油	460	油	1470	1330	7	35	31	269
18Cr2Ni4W	15	950	850	空气	200	水,空气	1180	835	10	45	78	269
25Cr2Ni4W	25	850	—	油	550	水、油	1080	930	11	45	71	269

注：1. 表中所列热处理温度允许调整范围：淬火±15℃，低温回火±20℃，高温回火±50℃。

　　2. 硼钢在淬火前可先经正火，正火温度应不高于其淬火温度，铬锰钛钢第一次淬火可用正火代替。

① 钢棒尺寸小于试样毛坯尺寸时，用原尺寸钢棒进行热处理。

② 当屈服现象不明显时，可用规定塑性延伸强度 $R_{p0.2}$ 代替。

③ 直径小于 16mm 的圆钢和厚度小于 12mm 的方钢、扁钢，不做冲击试验。

2.4.4 低合金高强度结构钢

1. 低合金高强度结构钢的化学成分

热轧钢、正火与正火轧制钢，热机械轧制钢的化学成分见表 2-41～表 2-43。

表 2-41　热轧钢的化学成分（GB/T 1591—2018）

牌号	质量等级	C① 以下公称厚度或直径/mm ≤40②	C① >40	Si	Mn	P③	S③	Nb④	V⑤	Ti⑤	Cr	Ni	Cu	Mo	N⑥	B
							≤（质量分数，%）									
Q355	B	0.24	0.24	0.55	1.60	0.035	0.035	—	—	—	0.30	0.30	0.40	—	0.012	—
	C	0.20	0.22			0.030	0.030									
	D	0.20	0.22			0.025	0.025									
Q390	B	0.20		0.55	1.70	0.035	0.035	0.05	0.13	0.05	0.30	0.50	0.40	0.10	0.015	—
	C	0.20				0.030	0.030									
	D	0.20				0.025	0.025									
Q420⑦	B	0.20		0.55	1.70	0.035	0.035	0.05	0.13	0.05	0.30	0.80	0.40	0.20	0.015	—
	C	0.20				0.030	0.030									
Q460⑦	C	0.20		0.55	1.80	0.030	0.030	0.05	0.13	0.05	0.30	0.80	0.40	0.20	0.015	0.004

① 公称厚度大于 100mm 的型钢，碳含量由供需双方协商确定。
② 公称厚度大于 30mm 的钢材，碳的质量分数不大于 0.22%。
③ 对于型钢和棒材，其磷和硫的质量分数上限值可提高 0.005%。
④ Q390、Q420 的质量分数最高可到 0.07%，Q460 的质量分数最高可到 0.11%。
⑤ 质量分数最高可到 0.20%。
⑥ 如果钢中酸溶铝 Als 的质量分数不小于 0.015% 或全铝 Alt 的质量分数不小于 0.020%，或添加了其他固氮合金元素，氮元素含量不做限制，固氮元素应在质量证明书中注明。
⑦ 仅适用于型钢和棒材。

表2-42　正火与正火轧制钢的化学成分（GB/T 1591—2018）

化学成分（质量分数,%）

牌号钢级	质量等级	C ≤	Si ≤	Mn	P[①] ≤	S[①] ≤	Nb	V	Ti[③]	Cr ≤	Ni ≤	Cu ≤	Mo ≤	N	Als[④] ≥
Q355N	B	0.20	0.50	0.90~1.65	0.035	0.035	0.005~0.05	0.01~0.12	0.006~0.05	0.30	0.50	0.40	0.10	0.015	0.015
	C	0.20			0.030	0.030									
	D	0.20			0.030	0.025									
	E	0.18			0.025	0.020									
	F	0.16			0.020	0.010									
Q390N	B	0.20	0.50	0.90~1.70	0.035	0.035	0.01~0.05	0.01~0.20	0.006~0.05	0.30	0.50	0.40	0.10	0.015	0.015
	C	0.20			0.030	0.030									
	D	0.20			0.030	0.025									
	E	0.20			0.025	0.020									
Q420N	B	0.20	0.60	1.00~1.70	0.035	0.035	0.01~0.05	0.01~0.20	0.006~0.05	0.30	0.80	0.40	0.10	0.015	0.015
	C	0.20			0.030	0.030									
	D	0.20			0.030	0.025									
	E	0.20			0.025	0.020								0.025	
Q460N[②]	C	0.20	0.60	1.00~1.70	0.030	0.030	0.01~0.05	0.01~0.20	0.006~0.05	0.30	0.80	0.40	0.10	0.015	0.015
	D	0.20			0.030	0.025									0.025	
	E				0.025	0.020									

注：钢中应至少含有铝、铌、钒、钛等细化晶粒元素中一种，单独或组合加入时，应保证其中至少一种合金元素含量不小于表中规定含量的下限值。

① 对于型钢和棒材，磷和硫的质量分数上限值可提高0.005%。

② $w(V)+w(Nb)+w(Ti)\leq0.22\%$，$w(Mo)+w(Cr)\leq0.30\%$。

③ 最高可到0.20%。

④ 可用全铝Alt替代，此时全铝最小的质量分数为0.020%，当钢中添加了铌、钒、钛等细化晶粒元素且含量不小于表中规定含量的下限值时，铝含量下限值不限。

表 2-43　热机械轧制钢的化学成分（GB/T 1591—2018）

牌号 钢级	质量等级	化学成分（质量分数，%）														
		C	Si	Mn	P①	S①	Nb	V	Ti②	Cr	Ni	Cu	Mo	N	B	Als③
		≤							≤							≥
Q355M	B	0.14④	0.50	1.60	0.035	0.035	0.01~0.05	0.01~0.10	0.006~0.05	0.30	0.50	0.40	0.10	0.015	—	0.015
	C				0.030	0.030										
	D				0.030	0.025										
	E				0.025	0.020										
	F				0.020	0.010										
Q390M	B	0.15④	0.50	1.70	0.035	0.035	0.01~0.05	0.01~0.12	0.006~0.05	0.30	0.50	0.40	0.10	0.015	—	0.015
	C				0.030	0.030										
	D				0.030	0.025										
	E				0.025	0.020										
Q420M	B	0.16④	0.50	1.70	0.035	0.035	0.01~0.05	0.01~0.12	0.006~0.05	0.30	0.80	0.40	0.20	0.015	—	0.015
	C				0.030	0.030								0.025		
	D				0.030	0.025										
	E				0.025	0.020										
Q460M	C	0.16④	0.60	1.70	0.030	0.030	0.01~0.05	0.01~0.12	0.006~0.05	0.30	0.80	0.40	0.20	0.015	—	0.015
	D				0.030	0.025								0.025		
	E				0.025	0.020										
Q500M	C	0.18	0.60	1.80	0.030	0.030	0.01~0.11	0.01~0.12	0.006~0.05	0.60	0.80	0.55	0.20	0.015	0.004	0.015
	D				0.030	0.025								0.025		
	E				0.025	0.020										

（续）

牌号 钢级	质量等级	化学成分（质量分数，%）														
		C	Si	Mn	P①	S①	Nb	V	Ti②	Cr	Ni	Cu	Mo	N	B	Als③
		≤	≤	≤	≤	≤			≤							≥
Q550M	C	0.18	0.60	2.00	0.030	0.030	0.01~0.11	0.01~0.12	0.006~0.05	0.80	0.80	0.80	0.30	0.015	0.004	0.015
	D				0.030	0.025								0.025		
	E				0.025	0.020										
Q620M	C	0.18	0.60	2.60	0.030	0.030	0.01~0.11	0.01~0.12	0.006~0.05	1.00	0.80	0.80	0.30	0.015	0.004	0.015
	D				0.030	0.025								0.025		
	E				0.025	0.020										
Q690M	C	0.18	0.60	2.00	0.030	0.030	0.01~0.11	0.01~0.12	0.006~0.05	1.00	0.80	0.80	0.30	0.015	0.004	0.015
	D				0.030	0.025								0.025		
	E				0.025	0.020										

注：铜中应至少含有铝、铌、钒、钛等细化晶粒元素中一种，单独或组合加入时，应保证其中至少一种合金元素含量含量不小于表中规定含量的下限值。

① 质量分数最高可到 0.20%。磷和硫的质量分数可以提高 0.005%。

② 可用全铝 Alt 替代，此时全铝最小的质量分数为 0.020%。当钢中添加了铌、钒、钛等细化晶粒元素且含量不小于表中规定的下限值时，铝含量不限。

③ 对于型钢和棒材，铝等细化晶粒元素含量的下限值不限。

④ 对于型钢和棒材，Q355M、Q390M、Q420M 和 Q460M 的最大碳的质量分数可提高 0.02%。

2. 低合金高强度结构钢的力学性能

热轧钢材、正火与正火轧制钢材、热机械轧制钢材的拉伸性能见表 2-44~表 2-47，夏比（V 型）冲击试验的冲击吸收能量见表 2-48。

表 2-44　热轧钢材的拉伸性能 1（GB/T 1591—2018）

牌号		上届服强度 R_eH①/MPa ≥									抗拉强度 R_m/MPa			
钢级	质量等级	公称厚度或直径/mm									公称厚度或直径/mm			
		≤16	>16~40	>40~63	>63~80	>80~100	>100~150	>150~200	>200~250	>250~400	≤100	>100~150	>150~250	>250~400
Q355	B、C	355	345	335	325	315	295	285	275	—	470~630	450~600	450~600	—
	D	355	345	335	325	315	295	285	275	265②	470~630	450~600	450~600	450~600②
Q390	B、C、D	390	380	360	340	340	320	—	—	—	490~650	470~620	—	—
Q420②	B、C	420	410	390	370	370	350	—	—	—	520~680	500~650	—	—
Q460③	C	460	450	430	410	410	390	—	—	—	550~720	530~700	—	—

① 当届服不明显时，可用规定塑性延伸强度 R_{p0.2} 代替上届服强度。
② 只适用于质量等级为 D 的钢板。
③ 只适用于型钢和棒材。

表 2-45　热轧钢材的拉伸性能 2（GB/T 1591—2018）

牌号			断后伸长率 A（%）≥					
			公称厚度或直径/mm					
钢级	质量等级	试样方向	≤40	>40~63	>63~100	>100~150	>150~250	>250~400
Q355	B、C、D	纵向	22	21	20	18	17	17[①]
		横向	20	19	18	18	17	17[①]
Q390	B、C、D	纵向	21	20	20	19	—	—
		横向	20	19	19	18	—	—
Q420[②]	B、C	纵向	20	19	19	19	—	—
Q460[②]	C	纵向	18	17	17	17	—	—

① 只适用于质量等级为 D 的钢板。
② 只适用于型钢和棒材。

表 2-46　正火与正火轧制钢材的拉伸性能（GB/T 1591—2018）

牌号		上屈服强度 R_{eH}[①]/MPa ≥							
		公称厚度或直径/mm							
钢级	质量等级	≤16	>16~40	>40~63	>63~80	>80~100	>100~150	>150~200	>200~250
Q355N	B、C、D、E、F	355	345	335	325	315	295	285	275
Q390N	B、C、D、E	390	380	360	340	340	320	310	300
Q420N	B、C、D、E	420	400	390	370	360	340	330	320
Q460N	C、D、E	460	440	430	410	400	380	370	370

（续）

牌号		抗拉强度 R_m/MPa			断后伸长率 A（%）≥					
钢级	质量等级				公称厚度或直径/mm					
		≤100	>100~200	>200~250	≤16	>16~40	>40~63	>63~80	>80~200	>200~250
Q355N	B、C、D、E、F	470~630	450~600	450~600	22	22	22	21	21	21
Q390N	B、C、D、E	490~650	470~620	470~620	20	20	20	19	19	19
Q420N	B、C、D、E	520~680	500~650	500~650	19	19	19	18	18	18
Q460N	C、D、E	540~720	530~710	510~690	17	17	17	17	17	16

注：正火状态包含正火加回火状态。

① 当屈服不明显时，可用规定塑性延伸强度 $R_{p0.2}$ 代替上屈服强度 R_{eH}。

表 2-47　热机械轧制钢材的拉伸性能（GB/T 1591—2018）

牌号		上屈服强度 R_{eH}①/MPa≥						抗拉强度 R_m/MPa					断后伸长率 A（%）≥
钢级	质量等级				公称厚度或直径/mm								
		≤16	>16~40	>40~63	>63~80	>80~100	>100~120①	≤40	>40~63	>63~80	>80~100	>100~120②	
Q355M	B、C、D、E、F	355	345	335	325	325	320	470~630	450~610	440~600	440~600	430~590	22
Q390M	B、C、D、E	390	380	360	340	340	335	490~650	480~640	470~630	460~620	450~610	20
Q420M	B、C、D、E	420	400	390	380	370	365	520~680	500~660	480~640	470~630	460~620	19

（续）

牌号		上屈服强度 R_{eH}[①]/MPa ≥						抗拉强度 R_m/MPa					断后伸长率 A(%) ≥
		公称厚度或直径/mm											
钢级	质量等级	≤16	>16~40	>40~63	>63~80	>80~100	>100~120①	≤40	>40~63	>63~80	>80~100	>100~120②	
Q460M	C、D、E	460	440	430	410	400	385	540~720	530~710	510~690	500~680	490~660	17
Q500M	C、D、E	500	490	480	460	450	—	610~770	600~760	590~750	540~730	—	17
Q550M	C、D、E	550	540	530	510	500	—	670~830	620~810	600~790	590~780	—	16
Q620M	C、D、E	620	610	600	580	—	—	710~800	690~880	670~860	—	—	15
Q690M	C、D、E	690	680	670	650	—	—	770~940	750~920	730~900	—	—	14

注：热机械轧制（TMCP）状态包含热机械轧制（TMCP）加回火状态。
① 当屈服不明显时，可用规定塑性延伸强度 $R_{p0.2}$ 代替上屈服强度 R_{eH}。
② 对于型钢和棒材，厚度或直径不大于150mm。

表 2-48　夏比（V 型）冲击试验的冲击吸收能量 （GB/T 1591—2008）

牌号		质量等级	以下试验温度的冲击吸收能量最小值 KV_2/J									
			20℃		0℃		-20℃		-40℃		-60℃	
	钢级		纵向	横向	纵向	横向	纵向	横向	纵向	横向	纵向	横向
	Q355、Q390、Q420、Q460	B	34	27	—	—	—	—	—	—	—	—
	Q355、Q390、Q420、Q460	C	—	—	34	27	—	—	—	—	—	—

钢级	质量等级	1	2	3	4	5	6	7	8	9	10
Q355、Q390	D	—	—	—	—	34[①]	27[①]	—	—	—	—
Q355N、Q390N、Q420N	B	34	27	—	—	—	—	—	—	—	—
Q355N、Q390N、Q420N、Q460N	C	—	—	34	27	—	—	—	—	—	—
Q355N、Q390N、Q420N、Q460N	D	55	31	47	27	40[②]	20	31[③]	20[③]	—	—
Q355N、Q390N、Q420N、Q460N	E	63	40	55	34	47	27	31	20	27	—
Q355N	F	63	40	55	34	47	27	31	—	27	16
Q355M、Q390M、Q420M	B	34	27	—	—	—	—	—	—	—	—
Q355M、Q390M、Q420M、Q460M	C	—	—	34	27	—	—	—	—	—	—
Q355M、Q390M、Q420M、Q460M	D	55	31	47	27	40[②]	20	31[③]	20[③]	—	—
Q355M、Q390M、Q420M、Q460M	E	63	40	55	34	47	27	31	20	27	—
Q355M	F	63	40	55	34	47	27	31	—	27	16
Q500M、	C	—	—	—	—	—	—	—	—	—	—
Q550M、Q620M	D	—	—	—	—	47[②]	27	31[③]	20[③]	—	—
Q690M	E	—	—	—	—	—	—	31[③]	20[③]	—	—

注：1. 当需方未指定试验温度时，正火、正火轧制和热机械轧制的 C、D、E、F 级钢材分别做 0℃、-20℃、-40℃、-60℃ 冲击试验。

2. 冲击试验取纵向试样。经供需双方协商，也可取横向试样。

① 仅适用于厚度大于 250mm 的 Q355D 钢板。

② 当需方指定时，D 级钢可做 -30℃ 冲击试验时，冲击吸收能量纵向不小于 27J。

③ 当需方指定时，E 级钢可做 -50℃ 冲击试验时，冲击吸收能量纵向不小于 27J，横向不小于 16J。

2.4.5　保证淬透性结构钢

保证淬透性结构钢的化学成分、退火或高温回火状态硬度见表 2-49、表 2-50。

表 2-49　保证淬透性结构钢的化学成分（质量分数，%）（GB/T 5216—2014）

牌号	C	Si[1]	Mn	Cr	Ni	Mo	B	Ti	V	S[2]	P
45H	0.42~0.50	0.17~0.37	0.50~0.85	—	—	—	—	—	—		
15CrH	0.12~0.18	0.17~0.37	0.55~0.90	0.85~1.25	—	—	—	—	—		
20CrH	0.17~0.23	0.17~0.37	0.50~0.85	0.70~1.10	—	—	—	—	—		
20Cr1H	0.17~0.23	0.17~0.37	0.55~0.90	0.85~1.25	—	—	—	—	—		
25CrH	0.23~0.28	≤0.37	0.60~0.90	0.90~1.20	—	—	—	—	—	≤0.035	≤0.030
28CrH	0.24~0.31	≤0.37	0.60~0.90	0.90~1.20	—	—	—	—	—		
40CrH	0.37~0.44	0.17~0.37	0.50~0.85	0.70~1.10	—	—	—	—	—		
45CrH	0.42~0.49	0.17~0.37	0.50~0.85	0.70~1.10	—	—	—	—	—		
16CrMnH	0.14~0.19	≤0.37	1.00~1.30	0.80~1.10	—	—	—	—	—		
20CrMnH	0.17~0.22	≤0.37	1.10~1.40	1.00~1.30	—	—	—	—	—		

15CrMnBH	0.13~0.18	≤0.37	1.00~1.30	0.80~1.10	—	—	0.0008~0.0035	—	—	≤0.035	≤0.030
17CrMnBH	0.15~0.20	≤0.37	1.00~1.40	1.00~1.30	—	—	0.0008~0.0035	—	—	≤0.035	≤0.030
40MnBH	0.37~0.44	0.17~0.37	1.00~1.40	—	—	—	0.0008~0.0035	—	—	≤0.035	≤0.030
45MnBH	0.42~0.49	0.17~0.37	1.00~1.40	—	—	—	0.0008~0.0035	—	—	≤0.035	≤0.030
20MnVBH	0.17~0.23	0.17~0.37	1.05~1.45	—	—	—	0.0008~0.0035	—	0.07~0.12	≤0.035	≤0.030
20MnTiBH	0.17~0.23	0.17~0.37	1.20~1.55	—	—	—	0.0008~0.0035	0.04~0.10	—	≤0.035	≤0.030
15CrMoH	0.12~0.18	0.17~0.37	0.55~0.90	0.85~1.25	—	0.15~0.25	—	—	—	≤0.035	≤0.030
20CrMoH	0.17~0.23	0.17~0.37	0.55~0.90	0.85~1.25	—	0.15~0.25	—	—	—	≤0.035	≤0.030
22CrMoH	0.19~0.25	0.17~0.37	0.55~0.90	0.85~1.25	—	0.35~0.45	—	—	—	≤0.035	≤0.030
35CrMoH	0.32~0.39	0.17~0.37	0.55~0.95	0.85~1.25	—	0.15~0.35	—	—	—	≤0.035	≤0.030
42CrMoH	0.37~0.44	0.17~0.37	0.55~0.90	0.85~1.25	—	0.15~0.25	—	—	—	≤0.035	≤0.030
20CrMnMoH	0.17~0.23	0.17~0.37	0.85~1.20	1.05~1.40	—	0.20~0.30	—	—	—	≤0.035	≤0.030

（续）

牌号	化学成分（质量分数，%）										
	C	Si①	Mn	Cr	Ni	Mo	B	Ti	V	S②	P
20CrMnTiH	0.17~0.23	0.17~0.37	0.80~1.20	1.00~1.45	—	—	—	0.04~0.10	—		
17Cr2Ni2H	0.14~0.20	0.17~0.37	0.50~0.90	1.40~1.70	1.40~1.70	—	—	—	—		
20CrNi3H	0.17~0.23	0.17~0.37	0.30~0.65	0.60~0.95	2.70~3.25		—	—	—		
12Cr2Ni4H	0.10~0.17	0.17~0.37	0.30~0.65	1.20~1.75	3.20~3.75		—	—	—		
20CrNiMoH	0.17~0.23	0.17~0.37	0.60~0.95	0.35~0.65	0.35~0.75	0.15~0.25	—	—	—	≤0.035	≤0.030
22CrNiMoH	0.19~0.25	0.17~0.37	0.60~0.95	0.35~0.65	0.35~0.75	0.15~0.25		—	—		
27CrNiMoH	0.24~0.30	0.17~0.37	0.60~0.95	0.35~0.65	0.35~0.75	0.15~0.25		—	—		
20CrNi2MoH	0.17~0.23	0.17~0.37	0.40~0.70	0.35~0.65	1.55~2.00	0.20~0.30		—	—		
40CrNi2MoH	0.37~0.44	0.17~0.37	0.55~0.90	0.65~0.95	1.55~2.00	0.20~0.30		—	—		
18Cr2Ni2MoH	0.15~0.21	0.17~0.37	0.50~0.90	1.50~1.80	1.40~1.70	0.25~0.35		—	—		

① 根据需方要求，16CrMnH，20CrMnH，25CrH 和 28CrH 钢中硅的质量分数允许不大于 0.12%，但此时应考虑其对力学性能的影响。
② 根据需方要求，钢中硫的质量分数也可以在 0.015%~0.035%范围。此时，硫的质量分数允许偏差为±0.005%。

表 2-50 保证淬透性结构钢的退火或高温回火状态硬度

（GB/T 5216—2014）

牌号	退火或高温回火后的硬度 HBW ≤	牌号	退火或高温回火后的硬度 HBW ≤
45H	197	16CrMnH	207
20CrH	179	20CrMnH	217
28CrH	217	20CrMnMoH	217
40CrH	207	20CrMnTiH	217
45CrH	217	17Cr2Ni2H	229
40MnBH	207	20CrNi3H	241
45MnBH	217	12Cr2Ni4H	269
20MnVBH	207	20CrNiMoH	197
20MnTiBH	187	18Cr2Ni2MoH	229

2.4.6 易切削结构钢

1. 易切削结构钢的化学成分

硫系、铅系、锡系、钙系易切削结构钢的化学成分见表 2-51～表 2-54。

表 2-51 硫系易切削结构钢的化学成分（GB/T 8731—2008）

牌号	化学成分（质量分数,%）				
	C	Si	Mn	P	S
Y08	≤0.09	≤0.15	0.75～1.05	0.04～0.09	0.26～0.35
Y12	0.08～0.16	0.15～0.35	0.70～1.00	0.08～0.15	0.10～0.20
Y15	0.10～0.18	≤0.15	0.80～1.20	0.06～0.10	0.23～0.33
Y20	0.17～0.25	0.15～0.35	0.70～1.00	≤0.06	0.08～0.15
Y30	0.27～0.35	0.15～0.35	0.70～1.00	≤0.06	0.08～0.15
Y35	0.32～0.40	0.15～0.35	0.70～1.00	≤0.06	0.08～0.15
Y45	0.42～0.50	≤0.40	0.70～1.10	≤0.06	0.15～0.25
Y08MnS	≤0.09	≤0.07	1.00～1.50	0.04～0.09	0.32～0.48
Y15Mn	0.14～0.20	≤0.15	1.00～1.50	0.04～0.09	0.08～0.13
Y35Mn	0.32～0.40	≤0.10	0.90～1.35	≤0.04	0.18～0.30
Y40Mn	0.37～0.45	0.15～0.35	1.20～1.55	≤0.05	0.20～0.30
Y45Mn	0.40～0.48	≤0.40	1.35～1.65	≤0.04	0.16～0.24
Y45MnS	0.40～0.48	≤0.40	1.35～1.65	≤0.04	0.24～0.33

表 2-52　铅系易切削结构钢的化学成分（GB/T 8731—2008）

牌号	化学成分（质量分数，%）					
	C	Si	Mn	P	S	Pb
Y08Pb	≤0.09	≤0.15	0.72～1.05	0.04～0.09	0.26～0.35	0.15～0.35
Y12Pb	≤0.15	≤0.15	0.85～1.15	0.04～0.09	0.26～0.35	0.15～0.35
Y15Pb	0.10～0.18	≤0.15	0.80～1.20	0.05～0.10	0.23～0.33	0.15～0.35
Y45MnSPb	0.40～0.48	≤0.40	1.35～1.65	≤0.04	0.24～0.33	0.15～0.35

表 2-53　锡系易切削结构钢的化学成分（GB/T 8731—2008）

牌号	化学成分（质量分数，%）					
	C	Si	Mn	P	S	Sn
Y08Sn	≤0.09	≤0.15	0.75～1.20	0.04～0.09	0.26～0.40	0.09～0.25
Y15Sn	0.13～0.18	≤0.15	0.40～0.70	0.03～0.07	≤0.05	0.09～0.25
Y45Sn	0.40～0.48	≤0.40	0.60～1.00	0.03～0.07	≤0.05	0.09～0.25
Y45MnSn	0.40～0.48	≤0.40	1.20～1.70	≤0.06	0.20～0.35	0.09～0.25

表 2-54　钙系易切削结构钢的化学成分（GB/T 8731—2008）

牌号	化学成分（质量分数，%）					
	C	Si	Mn	P	S	Ca
Y45Ca	0.42～0.50	0.20～0.40	0.60～0.90	≤0.04	0.04～0.08	0.002～0.006

2. 易切削结构钢的力学性能

1）热轧状态易切削钢条钢和盘条的硬度见表 2-55。

2）热轧状态硫系、铅系、锡系、钙系易切削钢条钢和盘条的力学性能见表 2-56～表 2-59。

表 2-55　热轧状态易切削钢条钢和盘条的硬度（GB/T 8731—2008）

分类	牌号	硬度 HBW ≤	分类	牌号	硬度 HBW ≤
硫系易切削钢	Y08	163	硫系易切削钢	Y45Mn	241
	Y12	170		Y45MnS	241
	Y15	170	铅系易切削钢	Y08Pb	165
	Y20	175		Y12Pb	170
	Y30	187		Y15Pb	170
	Y35	187		Y45MnSPb	241
	Y45	229	锡系易切削钢	Y08Sn	165
	Y08MnS	165		Y15Sn	165
	Y15Mn	170		Y45Sn	241
	Y35Mn	229		Y45MnSn	241
	Y40Mn	229	钙系易切削钢	Y45Ca	241

表 2-56　热轧状态硫系易切削钢条钢和盘条的力学性能

（GB/T 8731—2008）

牌号	抗拉强度 R_m/MPa	断后伸长率 A(%) ≥	断面收缩率 Z(%) ≥
Y08	360~570	25	40
Y12	390~540	22	36
Y15	390~540	22	36
Y20	450~600	20	30
Y30	510~655	15	25
Y35	510~655	14	22
Y45	560~800	12	20
Y08MnS	350~500	25	40
Y15Mn	390~540	22	36
Y35Mn	530~790	16	22
Y40Mn	590~850	14	20
Y45Mn	610~900	12	20
Y45MnS	610~900	12	20

表 2-57　热轧状态铅系易切削钢条钢和盘条的力学性能

（GB/T 8731—2008）

牌号	抗拉强度 R_m/MPa	断后伸长率 A(%) ≥	断面收缩率 Z(%) ≥
Y08Pb	360~570	25	40
Y12Pb	360~570	22	36
Y15Pb	390~540	22	36
Y45MnSPb	610~900	12	20

表 2-58　热轧状态锡系易切削钢条钢和盘条的力学性能

（GB/T 8731—2008）

牌号	抗拉强度 R_m/MPa	断后伸长率 A（%）　≥	断面收缩率 Z（%）　≥
Y08Sn	350~500	25	40
Y15Sn	390~540	22	36
Y45Sn	600~745	12	26
Y45MnSn	610~850	12	26

表 2-59　热轧状态钙系易切削钢条钢和盘条的力学性能

（GB/T 8731—2008）

牌号	抗拉强度 R_m/MPa	断后伸长率 A（%）　≥	断面收缩率 Z（%）　≥
Y45Ca	600~745	12	26

3）冷拉状态硫系、铅系、锡系、钙系易切削钢条钢和盘条的力学性能见表 2-60~表 2-63。

表 2-60　冷拉状态硫系易切削钢条钢和盘条的力学性能

（GB/T 8731—2008）

牌号	抗拉强度 R_m/MPa 钢材公称尺寸/mm			断后伸长率 A（%）　≥	硬度 HBW
	8~20	>20~30	>30		
Y08	480~810	460~710	360~710	7.0	140~217
Y12	530~755	510~735	490~685	7.0	152~217
Y15	530~755	510~735	490~685	7.0	152~217
Y20	570~785	530~745	510~705	7.0	167~217
Y30	600~825	560~765	540~735	6.0	174~223
Y35	625~845	590~785	570~765	6.0	176~229
Y45	695~980	655~880	580~880	6.0	196~255
Y08MnS	480~810	460~710	360~710	7.0	140~217
Y15Mn	530~755	510~735	490~685	7.0	152~217
Y45Mn	695~980	655~880	580~880	6.0	196~255
Y45MnS	695~980	655~880	580~880	6.0	196~255

表 2-61　冷拉状态铅系易切削钢条钢和盘条的力学性能

（GB/T 8731—2008）

牌号	抗拉强度 R_m/MPa			断后伸长率 A(%)≥	硬度 HBW
	钢材公称尺寸/mm				
	8~20	>20~30	>30		
Y08Pb	480~810	460~710	360~710	7.0	140~217
Y12Pb	480~810	460~710	360~710	7.0	140~217
Y15Pb	530~755	510~735	490~685	7.0	152~217
Y45MnSPb	695~980	655~880	580~880	6.0	196~255

表 2-62　冷拉状态锡系易切削钢条钢和盘条的力学性能

（GB/T 8731—2008）

牌号	抗拉强度 R_m/MPa			断后伸长率 A(%)≥	硬度 HBW
	钢材公称尺寸/mm				
	8~20	>20~30	>30		
Y08Sn	480~705	460~685	440~635	7.5	140~200
Y15Sn	530~755	510~735	490~685	7.0	152~217
Y45Sn	695~920	655~855	635~835	6.0	196~255
Y45MnSn	695~920	655~855	635~835	6.0	196~255

表 2-63　冷拉状态钙系易切削钢条钢和盘条的力学性能

（GB/T 8731—2008）

牌号	抗拉强度 R_m/MPa			断后伸长率 A(%)≥	硬度 HBW
	钢材公称尺寸/mm				
	8~20	>20~30	>30		
Y45Ca	695~920	655~855	635~835	6.0	196~255

4）Y40Mn 冷拉条钢高温回火状态的力学性能见表 2-64。

表 2-64　Y40Mn 冷拉条钢高温回火状态的力学性能

（GB/T 8731—2008）

抗拉强度 R_m/MPa	断后伸长率 A(%)	硬度 HBW
590~785	≥17	179~229

2.4.7　非调质机械结构钢

非调质机械结构钢的化学成分见表 2-65，直接切削加工用非调质机械结构钢的力学性能见表 2-66。

表 2-65　非调质机械结构钢的化学成分（GB/T 15712—2016）

牌号①	化学成分（质量分数，%）									
	C	Si	Mn	S	P	V②	Cr	Ni	Cu③	其他④
F35VS	0.32~0.39	0.15~0.35	0.60~1.00	0.035~0.075	≤0.035	0.06~0.13	≤0.30	≤0.30	≤0.30	Mo≤0.05
F40VS	0.37~0.44	0.15~0.35	0.60~1.00	0.035~0.075	≤0.035	0.06~0.13	≤0.30	≤0.30	≤0.30	Mo≤0.05
F45VS	0.42~0.49	0.15~0.35	0.60~1.00	0.035~0.075	≤0.035	0.06~0.13	≤0.30	≤0.30	≤0.30	Mo≤0.05
F70VS	0.67~0.73	0.15~0.35	0.40~0.70	0.035~0.075	≤0.045	0.03~0.08	≤0.30	≤0.30	≤0.30	Mo≤0.05
F30MnVS	0.26~0.33	0.30~0.80	1.20~1.60	0.035~0.075	≤0.035	0.08~0.15	≤0.30	≤0.30	≤0.30	Mo≤0.05
F35MnVS	0.32~0.39	0.30~0.60	1.00~1.50	0.035~0.075	≤0.035	0.06~0.13	≤0.30	≤0.30	≤0.30	Mo≤0.05
F38MnVS	0.35~0.42	0.30~0.80	1.20~1.60	0.035~0.075	≤0.035	0.08~0.15	≤0.30	≤0.30	≤0.30	Mo≤0.05
F40MnVS	0.37~0.44	0.30~0.60	1.00~1.50	0.035~0.075	≤0.035	0.06~0.13	≤0.30	≤0.30	≤0.30	Mo≤0.05
F45MnVS	0.42~0.49	0.30~0.60	1.00~1.50	0.035~0.075	≤0.035	0.06~0.13	≤0.30	≤0.30	≤0.30	Mo≤0.05

牌号	C	Si	Mn	S	P	V	Cr	Ni	其他
F49MnVS	0.44~0.52	0.15~0.60	0.70~1.00	0.035~0.075	≤0.035	0.08~0.15	≤0.30	≤0.30	Mo≤0.05
F48MnV	0.45~0.51	0.15~0.35	1.00~1.30	≤0.035	≤0.035	0.06~0.13	≤0.30	≤0.30	Mo≤0.05
F37MnSiVS	0.34~0.41	0.50~0.80	0.90~1.10	0.035~0.075	≤0.045	0.25~0.35	≤0.30	≤0.30	Mo≤0.05
F41MnSiV	0.30~0.45	0.50~0.80	1.20~1.60	≤0.035	≤0.035	0.08~0.15	≤0.30	≤0.30	Mo≤0.05
F38MnSiNS	0.35~0.42	0.50~0.80	1.20~1.60	0.035~0.075	≤0.035	≤0.06	≤0.30	≤0.30	Mo≤0.05 N:0.010~0.020
F12Mn2VBS	0.09~0.16	0.30~0.60	2.20~2.65	0.035~0.075	≤0.035	0.06~0.12	≤0.30	≤0.30	B:0.001~0.004
F25Mn2CrVS	0.22~0.28	0.20~0.40	1.80~2.10	0.035~0.065	≤0.030	0.10~0.15	0.40~0.60	≤0.30	—

① 当硫含量只有上限要求时，牌号尾部不加"S"。

② 经供需双方协商，可以用铌或钛部分代替或全部钒含量，在部分代替情况下，钒的下限含量应由双方协商。

③ 热压力加工用钢中铜的质量分数应不大于 0.20%。

④ 为了保证钢材的力学性能，允许添加氮，推荐氮的质量分数为 0.0080%～0.0200%。

表 2-66　直接切削加工用非调质机械结构钢的力学性能

（GB/T 15712—2016）

牌号	公称直径或边长 /mm	抗拉强度 R_m/MPa	下屈服强度 R_{eL}/MPa	断后伸长率 A（%）	断面收缩率 Z（%）	冲击吸收能量 $KU_2^{①}$/J
				≥		
F35VS	≤40	590	390	18	40	47
F40VS	≤40	640	420	16	35	37
F45VS	≤40	685	440	15	30	35
F30MnVS	≤60	700	450	14	30	实测值
F35MnVS	≤40	735	460	17	35	37
	>40~60	710	440	15	33	35
F38MnVS	≤60	800	520	12	25	实测值
F40MnVS	≤40	785	490	15	33	32
	>40~60	760	470	13	30	28
F45MnVS	≤40	835	510	13	28	28
	>40~60	810	490	12	28	25
F49MnVS	≤60	780	450	8	20	实测值

注：根据需方要求，并在合同中注明，可提供表中未列牌号钢材、公称直径或边长大于60mm钢材的力学性能，具体指标由供需双方协商确定。

① 公称直径不大于16mm圆钢或边长不大于12mm方钢不做冲击试验；F30MnVS、F38MnVS、F49MnVS钢提供实测值，不作判定依据。

2.4.8　耐候结构钢

耐候性结构钢的分类、牌号及用途见表2-67，耐候性结构钢的化学成分、拉伸性能和冲击性能见表2-68～表2-70。

表 2-67　耐候性结构钢的分类、牌号及用途 （GB/T 4171—2008）

类别	牌号	生产方式	用途
高耐候钢	Q295GNH、Q355GNH	热轧	车辆、集装箱、建筑、塔架或其他结构件等结构用，与焊接耐候钢相比，具有较好的耐大气腐蚀性能
	Q265GNH、Q310GNH	冷轧	
焊接耐候钢	Q235NH、Q295NH、Q355NH、Q415NH、Q460NH、Q500NH、Q550NH	热轧	车辆、桥梁、集装箱、建筑或其他结构件等结构用，与高耐候钢相比，具有较好的焊接性

表 2-68 耐候性结构钢的化学成分（GB/T 4171—2008）

牌号	化学成分（质量分数，%）							
	C	Si	Mn	P	S	Cu	Cr	Ni
Q265GNH	≤0.12	0.10~0.40	0.20~0.50	0.07~0.12	≤0.020	0.20~0.45	0.30~0.65	0.25~0.50
Q295GNH	≤0.12	0.10~0.40	0.20~0.50	0.07~0.12	≤0.020	0.25~0.45	0.30~0.65	0.25~0.50
Q310GNH	≤0.12	0.25~0.75	0.20~0.50	0.07~0.12	≤0.020	0.20~0.50	0.30~1.25	≤0.65
Q355GNH	≤0.12	0.20~0.75	≤1.00	0.07~0.15	≤0.020	0.25~0.55	0.30~1.25	≤0.65
Q235NH	≤0.13	0.10~0.40	0.20~0.60	≤0.030	≤0.030	0.25~0.55	0.40~0.80	≤0.65
Q295NH	≤0.15	0.10~0.50	0.30~1.00	≤0.030	≤0.030	0.25~0.55	0.40~0.80	≤0.65
Q355NH	≤0.16	≤0.50	0.50~1.50	≤0.030	≤0.030	0.25~0.55	0.40~0.80	≤0.65
Q415NH	≤0.12	≤0.65	≤1.10	≤0.025	≤0.030	0.20~0.55	0.30~1.25	0.12~0.65
Q460NH	≤0.12	≤0.65	≤1.50	≤0.025	≤0.030	0.20~0.55	0.30~1.25	0.12~0.65
Q500NH	≤0.12	≤0.65	≤2.0	≤0.025	≤0.030	0.20~0.55	0.30~1.25	0.12~0.65
Q550NH	≤0.16	≤0.65	≤2.0	≤0.025	≤0.030	0.20~0.55	0.30~1.25	0.12~0.65

表 2-69 耐候性结构钢的拉伸性能（GB/T 4171—2008）

牌号	下屈服强度 R_{eL}/MPa ≥				抗拉强度 R_m/MPa	断后伸长率 A(%) ≥			
	钢材公称尺寸/mm					钢材公称尺寸/mm			
	≤16	>16~40	>40~60	>60		≤16	>16~40	>40~60	>60
Q235NH	235	225	215	215	360~510	25	25	24	23
Q295NH	295	285	275	255	430~560	24	24	23	22
Q295GNH	295	285	—	—	430~560	24	24	—	—
Q355NH	355	345	335	325	490~630	22	22	21	20
Q355GNH	355	345	—	—	490~630	22	22	—	—

（续）

牌号	下屈服强度 R_{eL}/MPa　≥				抗拉强度 R_m/MPa	断后伸长率 A（%）　≥			
	钢材公称尺寸/mm					钢材公称尺寸/mm			
	≤16	>16~40	>40~60	>60		≤16	>16~40	>40~60	>60
Q415NH	415	405	395	—	520~680	22	22	20	—
Q460NH	460	450	440	—	570~730	20	20	19	—
Q500NH	500	490	480	—	600~760	18	16	15	—
Q550NH	550	540	530	—	620~780	16	16	15	—
Q265GNH	265	—	—	—	≥410	27	—	—	—
Q310GNH	310	—	—	—	≥450	26	—	—	—

表 2-70　耐候性结构钢的冲击性能（GB/T 4171—2008）

质量等级	试样方向	温度/℃	冲击吸收能量 KV_2/J
A		—	—
B		20	≥47
C	纵向	0	≥34
D		−20	≥34
E		−40	≥27

注：冲击试样尺寸为 10mm×10mm×55mm。

2.4.9　冷镦和冷挤压用钢

1. 冷镦和冷挤压用钢的化学成分

非热处理型、表面硬化型、调质型、含硼调质型、非调质型冷镦和冷挤压用钢的化学成分见表 2-71~表 2-75。

表 2-71　非热处理型冷镦和冷挤压用钢的化学成分（GB/T 6478—2015）

牌号	化学成分（质量分数，%）					
	C	Si	Mn	P	S	Alt[①]
ML04Al	≤0.06	≤0.10	0.20~0.40	≤0.035	≤0.035	≥0.020
ML06Al	≤0.08	≤0.10	0.30~0.60	≤0.035	≤0.035	≥0.020
ML08Al	0.05~0.10	≤0.10	0.30~0.60	≤0.035	≤0.035	≥0.020
ML10Al	0.08~0.13	≤0.10	0.30~0.60	≤0.035	≤0.035	≥0.020
ML10	0.08~0.13	0.10~0.30	0.30~0.60	≤0.035	≤0.035	—

（续）

牌号	化学成分（质量分数,%）					
	C	Si	Mn	P	S	Alt[1]
ML12Al	0.10~0.15	≤0.10	0.30~0.60	≤0.035	≤0.035	≥0.020
ML12	0.10~0.15	0.10~0.30	0.30~0.60	≤0.035	≤0.035	—
ML15Al	0.13~0.18	≤0.10	0.30~0.60	≤0.035	≤0.035	≥0.020
ML15	0.13~0.18	0.10~0.30	0.30~0.60	≤0.035	≤0.035	
ML20Al	0.18~0.23	≤0.10	0.30~0.60	≤0.035	≤0.035	≥0.020
ML20	0.18~0.23	0.10~0.30	0.30~0.60	≤0.035	≤0.035	

① 当测定酸溶铝 Als 时,$w(Als) \geqslant 0.015\%$。

表 2-72　表面硬化型冷镦和冷挤压用钢的化学成分（GB/T 6478—2015）

牌号	化学成分（质量分数,%）						
	C	Si	Mn	P	S	Cr	Alt[1]
ML18Mn	0.15~0.20	≤0.10	0.60~0.90	≤0.030	≤0.035	—	≥0.020
ML20Mn	0.18~0.23	≤0.10	0.70~1.00	≤0.030	≤0.035	—	≥0.020
ML15Cr	0.13~0.18	0.10~0.30	0.60~0.90	≤0.035	≤0.035	0.90~1.20	≥0.020
ML20Cr	0.18~0.23	0.10~0.30	0.60~0.90	≤0.035	≤0.035	0.90~1.20	≥0.020

注：表 2-71 中序号 4~11 八个牌号也适于表面硬化型钢。
① 当测定酸溶铝 Als 时，$w(Als) \geqslant 0.015\%$。

表 2-73　调质型冷镦和冷挤压用钢的化学成分　（GB/T 6478—2015）

牌号	化学成分（质量分数,%）						
	C	Si	Mn	P	S	Cr	Mo
ML25	0.23~0.28	0.10~0.30	0.30~0.60	≤0.025	≤0.025	—	—
ML30	0.28~0.33	0.10~0.30	0.60~0.90	≤0.025	≤0.025		
ML35	0.33~0.38	0.10~0.30	0.60~0.90	≤0.025	≤0.025		
ML40	0.38~0.43	0.10~0.30	0.60~0.90	≤0.025	≤0.025		

（续）

牌号	化学成分（质量分数，%）						
	C	Si	Mn	P	S	Cr	Mo
ML45	0.43～0.48	0.10～0.30	0.60～0.90	≤0.025	≤0.025	—	—
ML15Mn	0.14～0.20	0.10～0.30	1.20～1.60	≤0.025	≤0.025	—	—
ML25Mn	0.23～0.28	0.10～0.30	0.60～0.90	≤0.025	≤0.025	—	—
ML30Cr	0.28～0.33	0.10～0.30	0.60～0.90	≤0.025	≤0.025	0.90～1.20	—
ML35Cr	0.33～0.38	0.10～0.30	0.60～0.90	≤0.025	≤0.025	0.90～1.20	—
ML40Cr	0.38～0.43	0.10～0.30	0.60～0.90	≤0.025	≤0.025	0.90～1.20	—
ML45Cr	0.43～0.48	0.10～0.30	0.60～0.90	≤0.025	≤0.025	0.90～1.20	—
ML20CrMo	0.18～0.23	0.10～0.30	0.60～0.90	≤0.025	≤0.025	0.90～1.20	0.15～0.30
ML25CrMo	0.23～0.28	0.10～0.30	0.60～0.90	≤0.025	≤0.025	0.90～1.20	0.15～0.30
ML30CrMo	0.28～0.33	0.10～0.30	0.60～0.90	≤0.025	≤0.025	0.90～1.20	0.15～0.30
ML35CrMo	0.33～0.38	0.10～0.30	0.60～0.90	≤0.025	≤0.025	0.90～1.20	0.15～0.30
ML40CrMo	0.38～0.43	0.10～0.30	0.60～0.90	≤0.025	≤0.025	0.90～1.20	0.15～0.30
ML45CrMo	0.43～0.48	0.10～0.30	0.60～0.90	≤0.025	≤0.025	0.90～1.20	0.15～0.30

表 2-74 含硼调质型冷镦和冷挤压用钢的牌号及化学成分（GB/T 6478—2015）

牌号	化学成分（质量分数,%）							
	C	Si①	Mn	P	S	B②	Alt③	其他
ML20B	0.18~0.23	0.10~0.30	0.60~0.90	≤0.025	≤0.025	0.0008~0.0035	≥0.020	—
ML25B	0.23~0.28	0.10~0.30	0.60~0.90					—
ML30B	0.28~0.33	0.10~0.30	0.60~0.90					—
ML35B	0.33~0.38	0.10~0.30	0.60~0.90					—
ML15MnB	0.14~0.20	0.10~0.30	1.20~1.60					—
ML20MnB	0.18~0.23	0.10~0.30	0.80~1.10					—
ML25MnB	0.23~0.28	0.10~0.30	0.90~1.20					—
ML30MnB	0.28~0.33	0.10~0.30	0.90~1.20					—
ML35MnB	0.33~0.38	0.10~0.30	1.10~1.40					—
ML40MnB	0.38~0.43	0.10~0.30	1.10~1.40					—
ML37CrB	0.34~0.41	0.10~0.30	0.50~0.80					Cr:0.20~0.40
ML15MnVB	0.13~0.18	0.10~0.30	1.20~1.60					V:0.07~0.12
ML20MnVB	0.18~0.23	0.10~0.30	1.20~1.60					V:0.07~0.12
ML20MnTiB	0.18~0.23	0.10~0.30	1.30~1.60					Ti:0.04~0.10

① 经供需双方协商，硅含量下限可低于 0.10%。
② 如果淬透性和力学性能能满足要求，硼含量下限可放宽到 0.0005%。
③ 当测定酸溶铝 Als 时，w（Als）≥0.015%。

表 2-75 非调质型冷镦和冷挤压用钢的化学成分（GB/T 6478—2015）

牌号	化学成分（质量分数,%）						
	C	Si	Mn	P	S	Nb	V
MFT8	0.16~0.26	≤0.30	1.20~1.60	≤0.025	≤0.015	≤0.10	≤0.08
MFT9	0.18~0.26	≤0.30	1.20~1.60	≤0.025	≤0.015	≤0.10	≤0.08
MFT10	0.08~0.14	0.20~0.35	1.90~2.30	≤0.025	≤0.015	≤0.20	≤0.10

注：根据不同强度级别和不同规格的需求，可添加 Cr，B 等其他元素。

2. 冷镦和冷挤压用钢的力学性能

热轧状态非热处理型、退火状态交货的表面硬化型和调质型、热轧状态交货的非调质型钢材的力学性能见表 2-76~ 表 2-78。

表 2-76　热轧状态非热处理型钢材的力学性能（GB/T 6478—2015）

牌号	抗拉强度 R_m/MPa　≤	断面收缩率 Z(%)　≥
ML04Al	440	60
ML08Al	470	60
ML10Al	490	55
ML15Al	530	50
ML15	530	50
ML20Al	580	45
ML20	580	45

注：表中未列牌号钢材的力学性能按供需双方协议。未规定时，供方报实测值，并在质量证明书中注明。

表 2-77　退火状态交货的表面硬化型和调质型钢材的力学性能

（GB/T 6478—2015）

类型	牌号	抗拉强度 R_m/MPa　≤	断面收缩率 Z(%)　≥
表面硬化型	ML10Al	450	65
	ML15Al	470	64
	ML15	470	64
	ML20Al	490	63
	ML20	490	63
	ML20Cr	560	60
调质型	ML30	550	59
	ML35	560	58
	ML25Mn	540	60
	ML35Cr	600	60
	ML40Cr	620	58
含硼调质型	ML20B	500	64
	ML30B	530	62
	ML35B	570	62
	ML20MnB	520	62
	ML35MnB	600	60
	ML37CrB	600	60

注：1. 表中未列牌号钢材的力学性能按供需双方协议。未规定时，供方报实测值，并在质量证明书中注明。

　　2. 钢材直径大于 12mm 时，断面收缩率可降低 2%（绝对值）。

表 2-78　热轧状态交货的非调质型钢材的力学性能

（GB/T 6478—2015）

牌号	抗拉强度 R_m/MPa	断后伸长率 $A(\%)\geqslant$	断面收缩率 $Z(\%)\geqslant$
MFT8	630～700	20	52
MFT9	680～750	18	50
MFT10	≥800	16	48

2.4.10　高碳铬轴承钢

高碳铬轴承钢的化学成分、退火硬度见表 2-79、表 2-80。

表 2-79　高碳铬轴承钢的化学成分（GB/T 18254—2016）

牌号	化学成分(质量分数,%)				
	C	Si	Mn	Cr	Mo
G8Cr15	0.75～ 0.85	0.15～ 0.35	0.20～ 0.40	1.30～ 1.65	≤0.10
GCr15	0.95～ 1.05	0.15～ 0.35	0.25～ 0.45	1.40～ 1.65	≤0.10
GCr15SiMn	0.95～ 1.05	0.45～ 0.75	0.95～ 1.25	1.40～ 1.65	≤0.10
GCr15SiMo	0.95～ 1.05	0.65～ 0.85	0.20～ 0.40	1.40～ 1.70	0.30～ 0.40
GCr18Mo	0.95～ 1.05	0.20～ 0.40	0.25～ 0.40	1.65～ 1.95	0.15～ 0.25

表 2-80　高碳铬轴承钢的退火硬度（GB/T 18254—2016）

牌号	球化退火硬度 HBW	软化退火硬度 HBW　≤
G8Cr15	179～207	
GCr15	179～207	
GCr15SiMn	179～217	245
GCr15SiMo	179～217	
GCr18Mo	179～207	

2.4.11　渗碳轴承钢

渗碳轴承钢的化学成分、纵向力学性能见表 2-81、表 2-82。

表 2-81　渗碳轴承钢的化学成分　（GB/T 3203—2016）

牌号	化学成分（质量分数，%）						
	C	Si	Mn	Cr	Ni	Mo	Cu
G20CrMo	0.17~0.23	0.20~0.35	0.65~0.95	0.35~0.65	≤0.30	0.08~0.15	≤0.25
G20CrNiMo	0.17~0.23	0.15~0.40	0.60~0.90	0.35~0.65	0.40~0.70	0.15~0.30	≤0.25
G20CrNi2Mo	0.19~0.23	0.25~0.40	0.55~0.70	0.45~0.65	1.60~2.00	0.20~0.30	≤0.25
G20Cr2Ni4	0.17~0.23	0.15~0.40	0.30~0.60	1.25~1.75	3.25~3.75	≤0.08	≤0.25
G10CrNi3Mo	0.08~0.13	0.15~0.40	0.40~0.70	1.00~1.40	3.00~3.50	0.08~0.15	≤0.25
G20Cr2Mn2Mo	0.17~0.23	0.15~0.40	1.30~1.60	1.70~2.00	≤0.30	0.20~0.30	≤0.25
G23Cr2Ni2Si1Mo	0.20~0.25	1.20~1.50	0.40~0.60	1.35~1.75	2.20~2.60	0.25~0.35	≤0.25

表 2-82　渗碳轴承钢的纵向力学性能　（GB/T 3203—2016）

牌号	毛坯直径/mm	热处理工艺					抗拉强度 R_m/MPa	断后伸长率 A(%)	断面收缩率 Z(%)	冲击吸收能量 KU_2/J
		淬火			回火			≥	≥	≥
		温度/℃		冷却介质	温度/℃	冷却介质				
		一次	二次							
G20CrMo	15	860~900	770~810	油	150~200	空气	880	12	45	63
G20CrNiMo	15	860~900	770~810		150~200		1180	9	45	63
G20CrNi2Mo	25	860~900	780~820		150~200		980	13	45	63
G20Cr2Ni4	15	850~890	770~810		150~200		1180	10	45	63
G10CrNi3Mo	15	860~900	770~810		150~200		1080	9	45	63
G20Cr2Mn2Mo	15	860~900	790~830		180~200		1280	9	40	55
G23Cr2Ni2Si1Mo	15	860~900	790~830		150~200		1180	10	40	55

注：表中所列力学性能适用于公称直径小于 80mm 或等于 80mm 的钢材。公称直径 81~100mm 的钢材，允许其断后伸长率、断面收缩率及冲击吸收能量较表中的规定分别降低 1%（绝对值）、5%（绝对值）及 5%；公称直径 101~150mm 的钢材，允许其断后伸长率、断面收缩率及冲击吸收能量较表中规定分别降低 3%（绝对值）、15%（绝对值）及 15%；公称直径大于 150mm 的钢材，其力学性能指标由供需双方协商。

2.4.12 弹簧钢

弹簧钢的化学成分、力学性能和交货状态硬度见表 2-83 ~ 表 2-85。

表 2-83　弹簧钢的化学成分 (GB/T 1222—2016)

牌号	化学成分 (质量分数,%)											
	C	Si	Mn	Cr	V	W	Mo	B	Ni	Cu②	P	S
65	0.62~0.70	0.17~0.37	0.50~0.80	≤0.25	—	—	—	—	≤0.35	≤0.25	≤0.030	≤0.030
70	0.67~0.75	0.17~0.37	0.50~0.80	≤0.25	—	—	—	—	≤0.35	≤0.25	≤0.030	≤0.030
80	0.77~0.85	0.17~0.37	0.50~0.80	≤0.25	—	—	—	—	≤0.35	≤0.25	≤0.030	≤0.030
85	0.82~0.90	0.17~0.37	0.50~0.80	≤0.25	—	—	—	—	≤0.35	≤0.25	≤0.030	≤0.030
65Mn	0.62~0.70	0.17~0.37	0.90~1.20	≤0.25	—	—	—	—	≤0.35	≤0.25	≤0.030	≤0.030
70Mn	0.67~0.75	0.17~0.37	0.90~1.20	≤0.25	—	—	—	—	≤0.35	≤0.25	≤0.030	≤0.030
28SiMnB	0.24~0.32	0.60~1.00	1.20~1.60	≤0.25	—	—	—	0.0008~0.0035	≤0.35	≤0.25	≤0.025	≤0.020
40SiMnVBE①	0.39~0.42	0.90~1.35	1.20~1.55	—	0.09~0.12	—	—	0.0008~0.0025	≤0.35	≤0.25	≤0.020	≤0.012

（续）

牌号	化学成分（质量分数，%）												
	C	Si	Mn	Cr	V	W	Mo	B	Ni	Cu②	P	S
55SiMnVB	0.52~ 0.60	0.70~ 1.00	1.00~ 1.30	≤0.35	0.08~ 0.16	—	—	0.0008~ 0.0035	≤0.35	≤0.25	≤0.025	≤0.020
38Si2	0.35~ 0.42	1.50~ 1.80	0.50~ 0.80	≤0.25	—	—	—	—	≤0.35	≤0.25	≤0.025	≤0.020
60Si2Mn	0.56~ 0.64	1.50~ 2.00	0.70~ 1.00	≤0.35	—	—	—	—	≤0.35	≤0.25	≤0.025	≤0.020
55CrMn	0.52~ 0.60	0.17~ 0.37	0.65~ 0.95	0.65~ 0.95	—	—	—	—	≤0.35	≤0.25	≤0.025	≤0.020
60CrMn	0.56~ 0.64	0.17~ 0.37	0.70~ 1.00	0.70~ 1.00	—	—	—	—	≤0.35	≤0.25	≤0.025	≤0.020
60CrMnB	0.56~ 0.64	0.17~ 0.37	0.70~ 1.00	0.70~ 1.00	—	—	—	0.0008~ 0.0035	≤0.35	≤0.25	≤0.025	≤0.020
60CrMnMo	0.56~ 0.64	0.17~ 0.37	0.70~ 1.00	0.70~ 1.00	—	—	0.25~ 0.35	—	≤0.35	≤0.25	≤0.025	≤0.020
55SiCr	0.51~ 0.59	1.20~ 1.60	0.50~ 0.80	0.50~ 0.80	—	—	—	—	≤0.35	≤0.25	≤0.025	≤0.020
60Si2Cr	0.56~ 0.64	1.40~ 1.80	0.40~ 0.70	0.70~ 1.00	—	—	—	—	≤0.35	≤0.25	≤0.025	≤0.020

56Si2MnCr	0.52~0.60	1.60~2.00	0.70~1.00	0.20~0.45	—	—	—	≤0.35	≤0.25	≤0.025	≤0.020
52SiCrMnNi	0.49~0.56	1.20~1.50	0.70~1.00	0.70~1.00	—	—	—	0.50~0.70	≤0.25	≤0.025	≤0.020
55SiCrV	0.51~0.59	1.20~1.60	0.50~0.80	0.50~0.80	0.10~0.20	—	—	≤0.35	≤0.25	≤0.025	≤0.020
60Si2CrV	0.56~0.64	1.40~1.80	0.40~0.70	0.90~1.20	0.10~0.20	—	—	≤0.35	≤0.25	≤0.025	≤0.020
60Si2MnCrV	0.56~0.64	1.50~2.00	0.70~1.00	0.20~0.40	0.10~0.20	—	—	≤0.35	≤0.25	≤0.025	≤0.020
50CrV	0.46~0.54	0.17~0.37	0.50~0.80	0.80~1.10	0.10~0.20	—	—	≤0.35	≤0.25	≤0.025	≤0.020
51CrMnV	0.47~0.55	0.17~0.37	0.70~1.10	0.90~1.20	0.10~0.25	—	—	≤0.35	≤0.25	≤0.025	≤0.020
52CrMnMoV	0.48~0.56	0.17~0.37	0.70~1.10	0.90~1.20	0.10~0.20	—	0.15~0.30	≤0.35	≤0.25	≤0.025	≤0.020
30W4Cr2V	0.26~0.34	0.17~0.37	≤0.40	2.00~2.50	0.50~0.80	4.00~4.50	—	≤0.35	≤0.25	≤0.025	≤0.020

① 40SiMnVBE 为专利牌号。

② 根据需方要求，并在合同中注明，钢中残余铜的质量分数可不大于 0.20%。

表 2-84　弹簧钢的力学性能 （GB/T 1222—2016）

| 牌号 | 热处理工艺① | | | 抗拉强度 R_m/MPa≥ | 下屈服强度 R_{eL}②/MPa≥ | 断后伸长率≥ | | 断面收缩率≥ Z（%） |
	淬火温度/℃	淬火冷却介质	回火温度/℃			A（%）	$A_{11.3}$（%）	
65	840	油	500	980	785	—	9.0	35
70	830	油	480	1030	835	—	8.0	30
80	820	油	480	1080	930	—	6.0	30
85	820	油	480	1130	980	—	6.0	30
65Mn	830	油	540	980	785	—	8.0	30
70Mn	③	—	—	785	450	8.0	—	30
28SiMnB	900	水或油	320	1275	1180	—	5.0	25
40SiMnVBE	880	油	320	1800	1680	9.0	—	40
55SiMnVB	860	油	460	1375	1225	—	5.0	30
38Si2	880	水	450	1300	1150	8.0	—	35
60Si2Mn	870	油	440	1570	1375	—	5.0	20
55CrMn	840	油	485	1225	1080	9.0	—	20
60CrMn	840	油	490	1225	1080	9.0	—	20
60CrMnB	840	油	490	1225	1080	9.0	—	20
60CrMnMo	860	油	450	1450	1300	6.0	—	30
55SiCr	860	油	450	1450	1300	6.0	—	25

牌号								
60Si2Cr	870	油	420	1765	1570	6.0	—	20
56Si2MnCr	860	油	450	1500	1350	6.0	—	25
52SiCrMnNi	860	油	450	1450	1300	6.0	—	35
55SiCr	860	油	400	1650	1600	5.0	—	35
60Si2CrV	850	油	410	1860	1665	6.0	—	20
60Si2MnCrV	860	油	400	1700	1650	5.0	—	30
50CrV	850	油	500	1275	1130	10.0	—	40
51CrMnV	850	油	450	1350	1200	6.0	—	30
52CrMnMoV	860	油	450	1450	1300	6.0	—	35
30W4Cr2V④	1075	油	600	1470	1325	7.0	—	40

注：1. 力学性能试验采用直径10mm的比例试样，推荐取留有少许加工余量的试样的试样毛坯（一般尺寸为11~12mm）。

2. 对于直径或边长小于11mm的棒材，用原尺寸钢材进行热处理。

3. 表中热处理温度允许调整范围为：淬火，±20℃；回火，±50℃（28MnSiB 钢，±30℃）。对于厚度小于11mm的扁钢，允许采用矩形试样。当采用矩形试样时，断面收缩率不作为验收条件。根据需方要求，其他钢回火可按±30℃进行。

① 当检测钢材屈服现象不明显时，可用 $R_{p0.2}$ 代替 R_{eL}。

② 70Mn 的推荐热处理工艺为：正火 790℃，允许调整范围为±30℃。

③ 30W4Cr2V 除抗拉强度外，其他力学性能检验结果供参考，不作为交货依据。

表 2-85　弹簧钢的交货状态硬度 （GB/T 1222—2016）

牌号	交货状态	代码	硬度 HBW ≤
65、70、80	热轧	WHR	285
85、65Mn、70Mn、28SiMnB			302
60Si2Mn、50CrV、55SiMnVB、55CrMn、60CrMn			321
60Si2Cr、60Si2CrV、60CrMnB 55SiCr、30W4Cr2V、40SiMnVBE	热轧	WHR	供需双方协商
	热轧+去应力退火	WHR+A	321
38Si2	热轧	WHR	321
	去应力退火	A	280
	软化退火	SA	217
56Si2MnCr、51CrMnV、55SiCrV、60Si2MnCrV、52SiCrMnNi、52CrMnMoV、60CrMnMo	热轧	WHR	供需双方协商
	去应力退火	A	280
	软化退火	SA	248
所有牌号	冷拉+去应力退火	WCD+A	321
	冷拉	WCD	供需双方协商

2.5　工模具钢

2.5.1　刃具模具用非合金钢

刃具模具用非合金钢的化学成分、硬度见表 2-86、表 2-87。

表 2-86　刃具模具用非合金钢的化学成分 （GB/T 1299—2014）

牌号	化学成分（质量分数,%)		
	C	Si	Mn
T7	0.65~0.74	≤0.35	≤0.40
T8	0.75~0.84	≤0.35	≤0.40
T8Mn	0.80~0.90	≤0.35	0.40~0.60
T9	0.85~0.94	≤0.35	≤0.40
T10	0.95~1.04	≤0.35	≤0.40
T11	1.05~1.14	≤0.35	≤0.40
T12	1.15~1.24	≤0.35	≤0.40
T13	1.25~1.35	≤0.35	≤0.40

注：表中钢可供应高级优质钢，此时牌号后加 "A"。

表 2-87　刃具模具用非合金钢交货状态的硬度和 试样的淬火硬度 （GB/T 1299—2014）

牌号	退火交货状态的钢材硬度 HBW ≤	试样淬火硬度		
		淬火温度/℃	冷却介质	硬度 HRC ≥
T7	187	800~820	水	62
T8	187	780~800	水	62
T8Mn	187	780~800	水	62
T9	192	760~780	水	62
T10	197	760~780	水	62
T11	207	760~780	水	62
T12	207	760~780	水	62
T13	217	760~780	水	62

注：非合金工具钢钢材退火后冷拉交货的硬度应不大于241HBW。

2.5.2　量具刃具用钢

量具刃具用钢的化学成分、硬度见表 2-88、表 2-89。

表 2-88　量具刃具用钢的化学成分 （GB/T 1299—2014）

牌号	化学成分(质量分数,%)				
	C	Si	Mn	Cr	W
9SiCr	0.85~0.95	1.20~1.60	0.30~0.60	0.95~1.25	—
8MnSi	0.75~0.85	0.30~0.60	0.80~1.10	—	—
Cr06	1.30~1.45	≤0.40	≤0.40	0.50~0.70	—
Cr2	0.95~1.10	≤0.40	≤0.40	1.30~1.65	—
9Cr2	0.80~0.95	≤0.40	≤0.40	1.30~1.70	—
W	1.05~1.25	≤0.40	≤0.40	0.10~0.30	0.80~1.20

表 2-89　量具刃具用钢交货状态的硬度和试样的淬火硬度 （GB/T 1299—2014）

牌号	退火交货状态的钢材硬度 HBW	试样淬火硬度		
		淬火硬度/℃	冷却介质	硬度 HRC ≥
9SiCr	197~241[①]	820~860	油	62
8MnSi	≤229	800~820	油	60
Cr06	187~241	780~810	水	64

（续）

牌号	退火交货状态的钢材硬度 HBW	试样淬火硬度		
		淬火硬度/℃	冷却介质	硬度 HRC ≥
Cr2	179~229	830~860	油	62
9Cr2	179~217	820~850	油	62
W	187~229	800~830	水	62

① 根据需方要求，并在合同中注明，制造螺纹刃具用钢为 187~229HBW。

2.5.3 耐冲击工具用钢

耐冲击工具用钢的化学成分、硬度见表 2-90、表 2-91。

表 2-90　耐冲击工具用钢的化学成分（GB/T 1299—2014）

牌号	化学成分（质量分数，%）						
	C	Si	Mn	Cr	W	Mo	V
4CrW2Si	0.35~0.45	0.80~1.10	≤0.40	1.00~1.30	2.00~2.50	—	—
5CrW2Si	0.45~0.55	0.50~0.80	≤0.40	1.00~1.30	2.00~2.50	—	—
6CrW2Si	0.55~0.65	0.50~0.80	≤0.40	1.10~1.30	2.20~2.70	—	—
6CrMnSi2Mo1V	0.50~0.65	1.75~2.25	0.60~1.00	0.10~0.50	—	0.20~1.35	0.15~0.35
5Cr3MnSiMo1V	0.45~0.55	0.20~1.00	0.20~0.90	3.00~3.50	—	1.30~1.80	≤0.35
6CrW2SiV	0.55~0.65	0.70~1.00	0.15~0.45	0.90~1.20	1.70~2.20	—	0.10~0.20

表 2-91　耐冲击工具用钢交货状态的硬度和试样的淬火硬度

（GB/T 1299—2014）

牌号	退火交货状态的钢材硬度 HBW	试样淬火硬度		
		淬火温度/℃	冷却介质	硬度 HRC ≥
4CrW2Si	179~217	860~900	油	53
5CrW2Si	207~255	860~900	油	55
6CrW2Si	229~285	860~900	油	57

（续）

牌号	退火交货状态的钢材硬度 HBW	试样淬火硬度		
		淬火温度/℃	冷却介质	硬度 HRC ≥
6CrMnSi2Mo1V[①]	≤229	667℃±15℃预热,885℃（盐浴）或 900℃（炉控气氛）±6℃加热,保温 5～15min 油冷,58～204℃回火		58
5Cr3MnSiMo1V[①]	≤235	667℃±15℃预热,941℃（盐浴）或 955℃（炉控气氛）±6℃加热,保温 5～15min 油冷,55～204℃回火		56
6CrW2SiV	≤225	870～910	油	58

注：保温时间指试样达到加热温度后保持的时间。

① 试样在盐浴中保持时间为 5min，在炉控气氛中保持时间为 5～15min。

2.5.4　轧辊用钢

轧辊用钢的化学成分、硬度见表 2-92～表 2-94。

表 2-92　轧辊用钢的化学成分（GB/T 1299—2014）

牌号	化学成分(质量分数,%)									
	C	Si	Mn	P	S	Cr	W	Mo	Ni	V
9Cr2V	0.85 ~ 0.95	0.20 ~ 0.40	0.20 ~ 0.45	①	①	1.40 ~ 1.70	—	—	—	0.10 ~ 0.25
9Cr2Mo	0.85 ~ 0.95	0.25 ~ 0.45	0.20 ~ 0.35	①	①	1.70 ~ 2.10	—	0.20 ~ 0.40	—	—
9Cr2MoV	0.80 ~ 0.90	0.15 ~ 0.40	0.25 ~ 0.55	①	①	1.80 ~ 2.40	—	0.20 ~ 0.40	—	0.05 ~ 0.15
8Cr3NiMoV	0.82 ~ 0.90	0.30 ~ 0.50	0.20 ~ 0.45	≤0.020	≤0.015	2.80 ~ 3.20	—	0.20 ~ 0.40	0.60 ~ 0.80	0.05 ~ 0.15
9Cr5NiMoV	0.82 ~ 0.90	0.50 ~ 0.80	0.20 ~ 0.50	≤0.020	≤0.015	4.80 ~ 5.20	—	0.20 ~ 0.40	0.30 ~ 0.50	0.10 ~ 0.20

① 见表 2-93。

表 2-93　钢中残余元素含量（GB/T 1299—2014）

冶炼方法	化学成分（质量分数，%）　≤					Cu	Cr	Ni
	P		S					
电弧炉	高级优质非合金工具钢	0.030	高级优质非合金工具钢	0.020		0.25	0.25	0.25
	其他钢类	0.030	其他钢类	0.030				
电弧炉+真空脱气	冷作模具用钢高级优质非合金工具钢	0.030	冷作模具用钢高级优质非合金工具钢	0.020				
电弧炉+电渣重熔真空电弧重熔（VAR）	其他钢类	0.025	其他钢类	0.025				
	0.025		0.010					

注：供制造铅浴淬火非合金工具钢丝时，钢中残余铬的质量分数不大于0.10%，镍的质量分数不大于 0.12%，铜的质量分数不大于 0.20%，三者之和不大于 0.40%。

表 2-94　轧辊用钢交货状态的硬度和试样的淬火硬度
（GB/T 1299—2014）

牌号	退火交货状态的钢材硬度 HBW	试样淬火硬度		
		淬火温度/℃	冷却介质	硬度 HRC　≥
9Cr2V	≤229	830~900	空气	64
9Cr2Mo	≤229	830~900	空气	64
9Cr2MoV	≤229	880~900	空气	64
8Cr3NiMoV	≤269	900~920	空气	64
9Cr5NiMoV	≤269	930~950	空气	64

2.5.5　冷作模具用钢

冷作模具用钢的化学成分、硬度见表 2-95、表 2-96。

表 2-95　冷作模具用钢的化学成分（GB/T 1299—2014）

牌号	化学成分（质量分数,%）										
	C	Si	Mn	P	S	Cr	W	Mo	V	Nb	Co
9Mn2V	0.85~0.95	≤0.40	1.70~2.00	①	①	—	—	—	0.10~0.25	—	—
9CrWMn	0.85~0.95	≤0.40	0.90~1.20	①	①	0.50~0.80	0.50~0.80	—	—	—	—
CrWMn	0.90~1.05	≤0.40	0.80~1.10	①	①	0.90~1.20	1.20~1.60	—	—	—	—
MnCrWV	0.90~1.05	0.10~0.40	1.05~1.35	①	①	0.50~0.70	0.50~0.70	—	0.05~0.15	—	—
7CrMn2Mo	0.65~0.75	0.10~0.50	1.80~2.50	①	①	0.90~1.20	—	0.90~1.40	—	—	—
5Cr8MoVSi	0.48~0.53	0.75~1.05	0.35~0.50	≤0.030	≤0.015	8.00~9.00	—	1.25~1.70	0.30~0.55	—	—
7CrSiMnMoV	0.65~0.75	0.85~1.15	0.65~1.05	①	①	0.90~1.20	—	0.20~0.50	0.15~0.30	—	—
Cr8Mo2SiV	0.95~1.03	0.80~1.20	0.20~0.50	①	①	7.80~8.30	—	2.00~2.80	0.25~0.40	—	—
Cr4W2MoV	1.12~1.25	0.40~0.70	≤0.40	①	①	3.50~4.00	1.90~2.60	0.80~1.20	0.80~1.10	—	—

（续）

牌号	化学成分（质量分数,%）										
	C	Si	Mn	P	S	Cr	W	Mo	V	Nb	Co
6Cr4W3Mo2VNb	0.60~0.70	≤0.40	≤0.40	①	①	3.80~4.40	2.50~3.50	1.80~2.50	0.80~1.20	0.20~0.35	—
6W6Mo5Cr4V	0.55~0.65	≤0.40	≤0.60	①	①	3.70~4.30	6.00~7.00	4.50~5.50	0.70~1.10	—	—
W6Mo5Cr4V2	0.80~0.90	0.15~0.40	0.20~0.45	①	①	3.80~4.40	5.50~6.75	4.50~5.50	1.75~2.20	—	—
Cr8	1.60~1.90	0.20~0.60	0.20~0.60	①	①	7.50~8.50	—	—	—	—	—
Cr12	2.00~2.30	≤0.40	≤0.40	①	①	11.50~13.00	—	—	—	—	—
Cr12W	2.00~2.30	0.10~0.40	0.30~0.60	①	①	11.00~13.00	0.60~0.80	—	—	—	—
7Cr7Mo2V2Si	0.68~0.78	0.70~1.20	≤0.40	①	①	6.50~7.50	—	1.90~2.30	1.80~2.20	—	—
Cr5Mo1V	0.95~1.05	≤0.50	≤1.00	①	①	4.75~5.50	—	0.90~1.40	0.15~0.50	—	—
Cr12MoV	1.45~1.70	≤0.40	≤0.40	①	①	11.00~12.50	—	0.40~0.60	0.15~0.30	—	—
Cr12Mo1V1	1.40~1.60	≤0.60	≤0.60	①	①	11.00~13.00	—	0.70~1.20	0.50~1.10	—	≤1.00

① 见表2-93。

表 2-96　冷作模具用钢交货状态的硬度和试样的淬火硬度

（GB/T 1299—2014）

牌号	退火交货状态的钢材硬度 HBW	试样淬火硬度		
		淬火温度 /℃	冷却介质	硬度 HRC ≥
9Mn2V	≤229	780～810	油	62
9CrWMn	197～241	800～830	油	62
CrWMn	207～255	800～830	油	62
MnCrWV	≤255	790～820	油	62
7CrMn2Mo	≤235	820～870	空气	61
5Cr8MoVSi	≤229	1000～1050	油	59
7CrSiMnMoV	≤235	870～900℃ 油冷或空冷，150℃± 10℃ 回火空冷		60
Cr8Mo2SiV	≤255	1020～1040	油或空气	62
Cr4W2MoV	≤269	960～980 或 1020～1040	油	60
6Cr4W3Mo2VNb[①]	≤255	1100～1160	油	60
6W6Mo5Cr4V	≤269	1180～1200	油	60
W6Mo5Cr4V2[①]	≤255	730～840℃ 预热，1210～1230℃ （盐浴或控制气氛）加热，保温 5～ 15min 油冷，540～560℃ 回火两次 （盐浴或控制气氛），每次 2h		64（盐浴） 63（炉控 气氛）
Cr8	≤255	920～980	油	63
Cr12	217～269	950～1000	油	60
Cr12W	≤255	950～980	油	60
7Cr7Mo2V2Si	≤255	1100～1150	油或空气	60
Cr5Mo1V[①]	≤255	790℃±15℃ 预热，940℃（盐浴） 或 950℃（炉控气氛）±6℃ 加热，保 温 5～15min 油冷，200℃±6℃ 回火 一次，2h		60
Cr12MoV	207～255	950～1000	油	58
Cr12Mo1V1[②]	≤255	820℃±15℃ 预热，1000℃（盐 浴）±6℃ 或 1010℃（炉控气氛）± 6℃ 加热，保温 10～20min 空冷， 200℃±6℃ 回火一次，2h		59

注：保温时间指试样达到加热温度后保持的时间。

① 试样在盐浴中保持时间为 5min，在炉控气氛中保持时间为 5～15min。

② 试样在盐浴中保持时间为 10min，在炉控气氛中保持时间为 10～20min。

2.5.6 热作模具用钢

热作模具用钢的化学成分、硬度见表2-97、表2-98。

表2-97 热作模具用钢的化学成分 (GB/T 1299—2014)

牌号	化学成分(质量分数,%)											
	C	Si	Mn	P	S	Cr	W	Mo	Ni	V	Al	Co
5CrMnMo	0.50~0.60	0.25~0.60	1.20~1.60	①	①	0.60~0.90	—	0.15~0.30	—	—	—	—
5CrNiMo②	0.50~0.60	≤0.40	0.50~0.80	①	①	0.50~0.80	—	0.15~0.30	1.40~1.80	—	—	—
4CrNi4Mo	0.40~0.50	0.10~0.40	0.20~0.50	①	①	1.20~1.50	—	0.15~0.35	3.80~4.30	—	—	—
4Cr2NiMoV	0.35~0.45	≤0.40	≤0.40	①	①	1.80~2.20	—	0.45~0.60	1.10~1.50	0.10~0.30	—	—
5CrNi2MoV	0.50~0.60	0.10~0.40	0.60~0.90	①	①	0.80~1.20	—	0.35~0.55	1.50~1.80	0.05~0.15	—	—
5Cr2NiMoVSi	0.46~0.54	0.60~0.90	0.40~0.60	①	①	1.50~2.00	—	0.80~1.20	0.80~1.20	0.30~0.50	—	—
8Cr3	0.75~0.85	≤0.40	≤0.40	①	①	3.20~3.80	—	—	—	—	—	—
4Cr5W2VSi	0.32~0.42	0.80~1.20	≤0.40	①	①	4.50~5.50	1.60~2.40	—	—	0.60~1.00	—	—
3Cr2W8V	0.30~0.40	≤0.40	≤0.40	①	①	2.20~2.70	7.50~9.00	—	—	0.20~0.50	—	—
4Cr5MoSiV	0.33~0.43	0.80~1.20	0.20~0.50	①	①	4.75~5.50	—	1.10~1.60	—	0.30~0.60	—	—
4Cr5MoSiV1	0.32~0.45	0.80~1.20	0.20~0.50	①	①	4.75~5.50	—	1.10~1.75	—	0.80~1.20	—	—

牌号												
4Cr3Mo3SiV	0.35~0.45	0.80~1.20	0.25~0.70	①	①	3.00~3.75	—	2.00~3.00	—	0.25~0.75	—	—
5Cr4Mo3SiMnVA1	0.47~0.57	0.80~1.10	0.80~1.10	①	①	3.80~4.30	—	2.80~3.40	—	0.80~1.20	0.30~0.70	—
4CrMoSiMoV	0.35~0.45	0.80~1.10	0.80~1.10	①	①	1.30~1.50	—	0.40~0.60	—	0.20~0.40		—
5Cr5WMoSi	0.50~0.60	0.75~1.10	0.20~0.50	①	①	4.75~5.50	1.00~1.50	1.15~1.65	—	—	—	—
4Cr5MoWVSi	0.32~0.40	0.80~1.20	0.20~0.50	①	①	4.75~5.50	1.10~1.60	1.25~1.60	—	0.20~0.50	—	—
3Cr3Mo3W2V	0.32~0.42	0.60~0.90	≤0.65	①	①	2.80~3.30	1.20~1.80	2.50~3.00	—	0.80~1.20	—	—
5Cr4W5Mo2V	0.40~0.50	≤0.40	≤0.40	①	①	3.40~4.40	4.50~5.30	1.50~2.10	—	0.70~1.10	—	—
4Cr5Mo2V	0.35~0.42	0.25~0.50	0.40~0.60	≤0.020	≤0.008	5.00~5.50	—	2.30~2.60	—	0.60~0.80	—	—
3Cr3Mo3V	0.28~0.35	0.10~0.40	0.15~0.45	≤0.030	≤0.020	2.70~3.20	—	2.50~3.00	—	0.40~0.70	—	—
4Cr5Mo3V	0.35~0.40	0.30~0.50	0.30~0.50	≤0.030	≤0.020	4.80~5.20	—	2.70~3.20	—	0.40~0.60	—	—
3Cr3Mo3VCo3	0.28~0.35	0.10~0.40	0.15~0.45	≤0.030	≤0.020	2.70~3.20	—	2.60~3.00	—	0.40~0.70	—	2.50~3.00

① 见表 2-93。

② 经供需双方同意允许钒的质量分数小于 0.20%。

表 2-98　热作模具用钢交货状态的硬度和试样的淬火硬度

（GB/T 1299—2014）

牌号	退火交货状态的钢材硬度 HBW	试样淬火硬度		
		淬火温度/℃	冷却介质	硬度 HRC
5CrMnMo	197~241	820~850	油	②
5CrNiMo	197~241	830~860	油	②
4CrNi4Mo	≤285	840~870	油或空气	②
4Cr2NiMoV	≤220	910~960	油	②
5CrNi2MoV	≤255	850~880	油	②
5Cr2NiMoVSi	≤255	960~1010	油	②
8Cr3	207~255	850~880	油	②
4Cr5W2VSi	≤229	1030~1050	油或空气	②
3Cr2W8V	≤255	1075~1125	油	②
4Cr5MoSiV①	≤229	790℃±15℃预热，1010℃（盐浴）或1020℃（炉控气氛）1020℃±6℃加热，保温 5~15min 油冷，550℃±6℃回火两次回火，每次 2h		②
4Cr5MoSiV1①	≤229	790℃±15℃预热，1000℃（盐浴）或 1010℃（炉控气氛）±6℃加热，保温 5~15min 油冷，550℃±6℃回火两次回火，每次 2h		②
4Cr3Mo3SiV①	≤229	790℃±15℃预热，1010℃（盐浴）或1020℃（炉控气氛）1020℃±6℃加热，保温 5~15min 油冷，550℃±6℃回火两次回火，每次 2h		②
5Cr4Mo3SiMnVAl	≤255	1090~1120	②	②
4CrMnSiMoV	≤255	870~930	油	②
5Cr5WMoSi	≤248	990~1020	油	②
4Cr5MoWVSi	≤235	1000~1030	油或空气	②
3Cr3Mo3W2V	≤255	1060~1130	油	②
5Cr4W5Mo2V	≤269	1100~1150	油	②
4Cr5Mo2V	≤220	1000~1030	油	②
3Cr3Mo3V	≤229	1010~1050	油	②
4Cr5Mo3V	≤229	1000~1030	油或空气	②
3Cr3Mo3VCo3	≤229	1000~1050	油	②

注：保温时间指试样达到加热温度后保持的时间。

① 试样在盐浴中保持时间为 5min；在炉控气氛中保持时间为 5~15min。

② 根据需方要求，并在合同中注明，可提供实测值。

2.5.7　塑料模具用钢

塑料模具用钢的化学成分、硬度见表 2-99、表 2-100。

表 2-99　塑料模具用钢的化学成分（GB/T 1299—2014）

牌号	C	Si	Mn	P	S	Cr	W	Mo	Ni	V	Al	Co	其他
						化学成分（质量分数，%）							
SM45	0.42~0.48	0.17~0.37	0.50~0.80	①	①	—	—	—	—	—	—	—	—
SM50	0.47~0.53	0.17~0.37	0.50~0.80	①	①	—	—	—	—	—	—	—	—
SM55	0.52~0.58	0.17~0.37	0.50~0.80	①	①	—	—	—	—	—	—	—	—
3Cr2Mo	0.28~0.40	0.20~0.80	0.60~1.00	①	①	1.40~2.00	—	0.30~0.55	—	—	—	—	—
3Cr2MnNiMo	0.32~0.40	0.20~0.40	1.10~1.50	①	①	1.70~2.00	—	0.25~0.40	0.85~1.15	—	—	—	—
4Cr2Mn1MoS	0.35~0.45	0.30~0.50	1.40~1.60	≤0.030	0.05~0.10	1.80~2.00	—	0.15~0.25		—	—	—	—
8Cr2MnWMoVS	0.75~0.85	≤0.40	1.30~1.70	≤0.030	0.08~0.15	2.30~2.60	0.70~1.10	0.50~0.80		0.10~0.25	—	—	—
5CrNiMnMoVSCa	0.50~0.60	≤0.45	0.80~1.20	≤0.030	0.06~0.15	0.80~1.20	—	0.30~0.60	0.80~1.20	0.15~0.30	—	—	Ca:0.002~0.008
2CrNiMoMnV	0.24~0.30	≤0.30	1.40~1.60	≤0.025	≤0.015	1.25~1.45	—	0.45~0.60	0.80~1.20	0.10~0.20	—	—	—
2CrNi3MoAl	0.20~0.30	0.20~0.50	0.50~0.80	①	①	1.20~1.80	—	0.20~0.40	3.00~4.00	—	1.00~1.60	—	—

（续）

牌号	化学成分（质量分数，%）												
	C	Si	Mn	P	S	Cr	W	Mo	Ni	V	Al	Co	其他
1Ni3MnCuMoAl	0.10~0.20	≤0.45	1.40~2.00	≤0.030	≤0.015	—	—	0.20~0.50	2.90~3.40	—	0.70~1.20	—	Cu:0.80~1.20
06Ni6CrMoVTiAl	≤0.06	≤0.50	≤0.50	①	①	1.30~1.60	—	0.90~1.20	5.50~6.50	0.08~0.16	0.50~0.90	—	Ti:0.90~1.30
00Ni18Co8Mo5TiAl	≤0.03	≤0.10	≤0.15	≤0.010	≤0.010	≤0.60	—	4.50~5.00	17.5~18.5	—	0.05~0.15	8.50~10.0	Ti:0.80~1.10
2Cr13	0.16~0.25	≤1.00	≤1.00	①	①	12.00~14.00	—	—	≤0.60	—	—	—	—
4Cr13	0.35~0.45	≤0.60	≤0.80	①	①	12.00~14.00	—	—	≤0.60	—	—	—	—
4Cr13NiVSi	0.36~0.45	0.90~1.20	0.40~0.70	≤0.010	≤0.003	13.00~14.00	—	—	0.15~0.30	0.25~0.35	—	—	—
2Cr17Ni2	0.12~0.22	≤1.00	≤1.50	①	①	15.00~17.00	—	—	1.50~2.50	—	—	—	—
3Cr17Mo	0.33~0.45	≤1.00	≤1.50	①	①	15.50~17.50	—	0.80~1.30	≤1.00	—	—	—	—
3Cr17NiMoV	0.32~0.40	0.30~0.60	0.60~0.80	≤0.025	≤0.005	16.00~18.00	—	1.00~1.30	0.60~1.00	0.15~0.35	—	—	—
9Cr18	0.90~1.00	≤0.80	≤0.80	①	①	17.00~19.00	—	—	≤0.60	—	—	—	—
9Cr18MoV	0.85~0.95	≤0.80	≤0.80	①	①	17.00~19.00	—	1.00~1.30	≤0.60	0.07~0.12	—	—	—

① 见表2-93。

表 2-100　塑料模具用钢交货状态的硬度和试样的淬火硬度

（GB/T 1299—2014）

牌号	交货状态的钢材硬度		试样淬火硬度		
	退火硬度 HBW ≤	预硬化硬度 HRC	淬火温度/℃	冷却介质	硬度 HRC ≥
SM45	热轧交货状态硬度 155~215		—	—	—
SM50	热轧交货状态硬度 165~225		—	—	—
SM55	热轧交货状态硬度 170~230		—	—	—
3Cr2Mo	235	28~36	850~880	油	52
3Cr2MnNiMo	235	30~36	830~870	油或空气	48
4Cr2Mn1MoS	235	28~36	830~870	油	51
8Cr2MnWMoVS	235	40~48	860~900	空气	62
5CrNiMnMoVSCa	255	35~45	860~920	油	62
2CrNiMoMnV	235	30~38	850~930	油或空气	48
2CrNi3MoAl	—	38~43			
1Ni3MnCuMoAl		38~42			
06Ni6CrMoVTiAl	255	43~48	850~880℃固溶, 油或空冷 500~540℃时效,空冷		实测
00Ni18Co8Mo5TiAl	协议	协议	805~825℃固溶,空冷 460~530℃时效,空冷		协议
2Cr13	220	30~36	1000~1050	油	45
4Cr13	235	30~36	1050~1100	油	50
4Cr13NiVSi	235	30~36	1000~1030	油	50
2Cr17Ni2	285	28~32	1000~1050	油	49
3Cr17Mo	285	33~38	1000~1040	油	46
3Cr17NiMoV	285	33~38	1030~1070	油	50
9Cr18	255	协议	1000~1050	油	55
9Cr18MoV	269	协议	1050~1075	油	55

2.5.8　特殊用途模具用钢

特殊用途模具用钢的化学成分、硬度见表 2-101、表 2-102。

表 2-101　特殊用途模具用钢的化学成分（GB/T 1299—2014）

牌号	化学成分（质量分数，%）						
	C	Si	Mn	P	S	Cr	W
7Mn15Cr2Al3V2WMo	0.65~0.75	≤0.80	14.50~16.50	①	①	2.00~2.50	0.50~0.80
2Cr25Ni20Si2	≤0.25	1.50~2.50	≤1.50	①	①	24.00~27.00	—
0Cr17Ni4Cu4Nb	≤0.07	≤1.00	≤1.00	①	①	15.00~17.00	—
Ni25Cr15Ti2MoMn	≤0.08	≤1.00	≤2.00	≤0.030	≤0.020	13.50~17.00	—
Ni53Cr19Mo3TiNb	≤0.08	≤0.35	≤0.35	≤0.015	≤0.015	17.00~21.00	—

牌号	化学成分（质量分数，%）						
	Mo	Ni	V	Al	Nb	Co	其他
7Mn15Cr2Al3V2WMo	0.50~0.80	—	1.50~2.00	2.30~3.30	—	—	—
2Cr25Ni20Si2	—	18.00~21.00	—	—	—	—	—
0Cr17Ni4Cu4Nb	—	3.00~5.00	—	—	Nb:0.15~0.45	—	Cu:3.00~5.00
Ni25Cr15Ti2MoMn	1.00~1.50	22.00~26.00	0.10~0.50	≤0.40	—	—	Ti:1.80~2.50 B:0.001~0.010
Ni53Cr19Mo3TiNb	2.80~3.30	50.00~55.00	—	0.20~0.80	Nb+Ta②:4.75~5.50	≤1.00	Ti:0.65~1.15 B≤0.006

① 见表 2-93。
② 除非特殊要求，允许仅分析 Nb。

表 2-102 特殊用途模具钢交货状态的硬度和试样的淬火硬度（GB/T 1299—2014）

牌号	交货状态的钢材硬度 退火硬度 HBW	试样淬火硬度	
		热处理工艺	硬度 HRC ≥
7Mn15Cr2Al3V2WMo	—	1170~1190℃固溶,水冷 650~700℃时效,空冷	45
2Cr25Ni20Si2	—	1040~1150℃固溶,水或空冷	①
0Cr17Ni4Cu4Nb	协议	1020~1060℃固溶,空冷 470~630℃时效,空冷	①
Ni25Cr15Ti2MoMn	≤300	950~980℃固溶,水或空冷 720℃+620℃时效,空冷	①
Ni53Cr19Mo3TiNb	≤300	980~1000℃固溶,水,油或空冷 710~730℃时效,空冷	①

① 根据需方要求,并在合同中注明,可提供实测值。

2.5.9 高速工具钢

高速工具钢的化学成分、硬度见表 2-103、表 2-104。

表 2-103 高速工具钢的化学成分（GB/T 9943—2008）

牌号	化学成分（质量分数,%）								
	C	Mn	Si	S	P	Cr	V	W	Mo	Co
W3Mo3Cr4V2	0.95~ 1.03	≤0.40	≤0.45	≤0.030	≤0.030	3.80~ 4.50	2.20~ 2.50	2.70~ 3.00	2.50~ 2.90	—

（续）

牌号	化学成分(质量分数,%)									
	C	Mn	Si	S	P	Cr	V	W	Mo	Co
W4Mo3Cr4VSi	0.83~0.93	0.20~0.40	0.70~1.00	≤0.030	≤0.030	3.80~4.40	1.20~1.80	3.50~4.50	2.50~3.50	—
W18Cr4V	0.73~0.83	0.10~0.40	0.20~0.40	≤0.030	≤0.030	3.80~4.50	1.00~1.20	17.20~18.70	—	—
W2Mo8Cr4V	0.77~0.87	≤0.40	≤0.70	≤0.030	≤0.030	3.50~4.50	1.00~1.40	1.40~2.00	8.00~9.00	—
W2Mo9Cr4V2	0.95~1.05	0.15~0.40	≤0.70	≤0.030	≤0.030	3.50~4.50	1.75~2.20	1.50~2.10	8.20~9.20	—
W6Mo5Cr4V2	0.80~0.90	0.15~0.40	0.20~0.45	≤0.030	≤0.030	3.80~4.40	1.75~2.20	5.50~6.75	4.50~5.50	—
CW6Mo5Cr4V2	0.86~0.94	0.15~0.40	0.20~0.45	≤0.030	≤0.030	3.80~4.50	1.75~2.10	5.90~6.70	4.70~5.20	—
W6Mo6Cr4V2	1.00~1.10	≤0.40	≤0.45	≤0.030	≤0.030	3.80~4.50	2.30~2.60	5.90~6.70	5.50~6.50	—
W9Mo3Cr4V	0.77~0.87	0.20~0.40	0.20~0.40	≤0.030	≤0.030	3.80~4.40	1.30~1.70	8.50~9.50	2.70~3.30	—
W6Mo5Cr4V3	1.15~1.25	0.15~0.40	0.20~0.45	≤0.030	≤0.030	3.80~4.50	2.70~3.20	5.90~6.70	4.70~5.20	—

第 2 章 金属材料的化学成分及力学性能 ·179·

牌号										
CW6Mo5Cr4V3	1.25~1.32	0.15~0.40	≤0.70	≤0.030	≤0.030	3.75~4.50	2.70~3.20	5.90~6.70	4.70~5.20	—
W6Mo5Cr4V4	1.25~1.40	≤0.40	≤0.45	≤0.030	≤0.030	3.80~4.50	3.70~4.20	5.20~6.00	4.20~5.00	—
W6Mo5Cr4V2Al	1.05~1.15	0.15~0.40	0.20~0.60	≤0.030	≤0.030	3.80~4.40	1.75~2.20	5.50~6.75	4.50~5.50	Al:0.80~1.20
W12Cr5V5Co5	1.50~1.60	0.15~0.40	0.15~0.40	≤0.030	≤0.030	3.75~5.00	4.50~5.25	11.75~13.00	—	4.75~5.25
W6Mo5Cr4V2Co5	0.87~0.95	0.15~0.40	0.20~0.45	≤0.030	≤0.030	3.80~4.50	1.70~2.10	5.90~6.70	4.70~5.20	4.50~5.00
W6Mo5Cr4V3Co8	1.23~1.33	≤0.40	≤0.70	≤0.030	≤0.030	3.80~4.50	2.70~3.20	5.90~6.70	4.70~5.30	8.00~8.80
W7Mo4Cr4V2Co5	1.05~1.15	0.20~0.60	0.15~0.50	≤0.030	≤0.030	3.75~4.50	1.75~2.25	6.25~7.00	3.25~4.25	4.75~5.75
W2Mo9Cr4VCo8	1.05~1.15	0.15~0.40	0.15~0.65	≤0.030	≤0.030	3.50~4.25	0.95~1.35	1.15~1.85	9.00~10.00	7.75~8.75
W10Mo4Cr4V3Co10	1.20~1.35	≤0.40	≤0.45	≤0.030	≤0.030	3.80~4.50	3.00~3.50	9.00~10.00	3.20~3.90	9.50~10.50

表 2-104　高速工具钢的硬度 (GB/T 9943—2008)

牌号	交货硬度(退火态) HBW≤	试样热处理工艺及硬度					
		预热 温度/℃	淬火温度/℃		淬火冷却介质	回火 温度/℃	硬度 HRC≥
			盐浴炉	箱式炉			
W3Mo3Cr4V2	255	800~900	1180~1220	1180~1220	油或盐浴	540~560	63
W4Mo3Cr4VSi	255		1170~1190	1170~1190		540~560	63
W18Cr4V	255		1250~1270	1260~1280		550~570	63
W2Mo8Cr4V	255		1180~1220	1180~1220		550~570	63
W2Mo9Cr4V2	255		1190~1210	1200~1220		540~560	64
W6Mo5Cr4V2	255		1200~1220	1210~1230		540~560	64
CW6Mo5Cr4V2	255		1190~1210	1200~1220		540~560	64
W6Mo6Cr4V2	262		1190~1210	1190~1210		550~570	64
W9Mo3Cr4V	255		1200~1220	1220~1240		540~560	64
W6Mo5Cr4V3	262		1190~1210	1200~1220		540~560	64
CW6Mo5Cr4V3	262		1180~1200	1190~1210		540~560	64
W6Mo5Cr4V4	269		1200~1220	1200~1220		550~570	64
W6Mo5Cr4V2Al	269		1200~1220	1230~1240		550~570	65
W12Cr4V5Co5	277		1220~1240	1230~1250		540~560	65
W6Mo5Cr4V2Co5	269		1190~1210	1200~1220		540~560	64
W6Mo5Cr4V3Co8	285		1170~1190	1170~1190		550~570	65
W7Mo4Cr4V2Co5	269		1180~1200	1190~1210		540~560	66
W2Mo9Cr4VCo8	269		1170~1190	1180~1200		540~560	66
W10Mo4Cr4V3Co10	285		1220~1240	1220~1240		550~570	66

2.6 不锈钢和耐热钢

2.6.1 不锈钢的化学成分

奥氏体型、奥氏体-铁素体（双相）型、铁素体型、马氏体型、沉淀硬化型不锈钢和耐热钢的化学成分见表 2-105～表 2-109。

表 2-105　奥氏体型不锈钢和耐热钢的化学成分（GB/T 20878—2024）

牌号	化学成分（质量分数，%）										
	C	Si	Mn	P	S	Ni	Cr	Mo	Cu	N	其他元素
022Cr17Ni7	0.030	1.00	2.00	0.045	0.030	5.00~8.00	16.00~18.00	—	—	0.20	—
12Cr17Ni7	0.15	1.00	2.00	0.045	0.030	6.00~8.00	16.00~18.00	—	—	0.10	—
022Cr17Ni7N	0.030	1.00	2.00	0.045	0.030	5.00~8.00	16.00~18.00	—	—	0.07~0.20	—
12Cr18Ni9[1]	0.15	1.00	2.00	0.045	0.030	8.00~10.00	17.00~19.00	—	—	0.10	—
12Cr18Ni9Si3[1]	0.15	2.00~3.00	2.00	0.045	0.030	8.00~10.00	17.00~19.00	—	—	0.10	—
Y12Cr18Ni9	0.15	1.00	2.00	0.200	≥0.15	8.00~10.00	17.00~19.00	0.60	—	—	—
Y12Cr18Ni9Se	0.15	1.00	2.00	0.200	0.060	8.00~10.00	17.00~19.00	—	—	—	Se≥0.15

（续）

牌号	化学成分（质量分数,%）										
	C	Si	Mn	P	S	Ni	Cr	Mo	Cu	N	其他元素
Y12Cr18Ni9Cu3	0.15	1.00	3.00	0.200	≥0.15	8.00~10.00	17.00~19.00	—	1.50~3.50	—	—
022Cr19Ni10	0.030	1.00	2.00	0.045	0.030	8.00~12.00	18.00~20.00	—	—	—	—
06Cr19Ni10①	0.08	1.00	2.00	0.045	0.030	8.00~11.00	18.00~20.00	—	—	—	—
07Cr19Ni10①	0.04~0.10	1.00	2.00	0.045	0.030	8.00~11.00	18.00~20.00	—	—	—	—
05Cr19Ni10Si2CeN①	0.04~0.06	1.00~2.00	0.80	0.045	0.030	9.00~10.00	18.00~19.00	—	—	0.12~0.18	Ce:0.03~0.08
022Cr19Ni10N	0.030	1.00	2.00	0.045	0.030	8.00~11.00	18.00~20.00	—	—	0.10~0.16	—
06Cr19Ni10N	0.08	1.00	2.00	0.045	0.030	8.00~11.00	18.00~20.00	—	—	0.10~0.16	—
06Cr19Ni9NbN	0.08	1.00	2.00	0.045	0.030	7.50~10.50	18.00~20.00	—	—	0.15~0.30	Nb:0.15
06Cr18Ni9Cu2	0.08	1.00	2.00	0.045	0.030	8.00~10.50	17.00~19.00	—	1.00~3.00	—	—
022Cr18Ni9Cu3	0.030	1.00	2.00	0.045	0.030	8.00~10.00	17.00~19.00	—	3.00~4.00	—	—

牌号	C	Si	Mn	P	S	Ni	Cr	Mo	Cu	N	其他
06Cr18Ni9Cu3	0.08	1.00	2.00	0.045	0.030	8.50~10.50	17.00~19.00	—	3.00~4.00	—	—
10Cr18Ni9NbCu3BN①	0.07~0.13	0.30	0.50	0.045	0.030	7.50~10.50	17.00~19.00	—	2.50~3.50	0.05~0.12	Nb:0.30~0.60 B:0.0010~0.0100 Al:0.003~0.030
06Cr18Ni12	0.08	1.00	2.00	0.045	0.030	11.00~13.50	16.50~19.00	—	—	—	—
10Cr18Ni12	0.12	1.00	2.00	0.045	0.030	10.50~13.00	17.00~19.00	—	—	—	—
06Cr18Ni13Si4②	0.08	3.00~5.00	2.00	0.045	0.030	11.50~15.00	15.00~20.00	—	—	—	—
16Cr20Ni14Si2①	0.20	1.50~2.50	1.50	0.040	0.030	12.00~15.00	19.00~22.00	—	—	—	—
20Cr18Ni15Si4Al	0.16~0.24	3.20~4.00	2.00	0.030	0.030	13.50~16.00	17.00~19.50	—	—	—	Al:0.18~1.50
06Cr20Ni11①	0.08	1.00	2.00	0.045	0.030	10.00~12.00	19.00~21.00	—	—	—	—
20Cr21Ni12SiN①	0.15~0.25	0.75~1.25	1.00~1.60	0.035	0.030	10.50~12.50	20.50~22.50	—	0.30	0.15~0.30	—
08Cr21Ni11Si2NCe	0.05~0.10	1.40~2.00	0.80	0.035	0.020	20.00~22.00	10.00~12.00	—	—	0.14~0.20	Ce:0.03~0.08

（续）

牌号	化学成分（质量分数,%）										
	C	Si	Mn	P	S	Ni	Cr	Mo	Cu	N	其他元素
06Cr23Ni13[①]	0.08	1.00	2.00	0.045	0.030	12.00~15.00	22.00~24.00	—	—	—	—
16Cr23Ni13[①]	0.20	1.00	2.00	0.040	0.030	12.00~15.00	22.00~24.00	—	—	—	—
07Cr23Ni15Cu4NbNB[①]	0.04~0.10	0.75	2.00	0.030	0.010	13.00~17.00	22.00~24.00	—	3.00~4.00	0.15~0.35	Nb:0.30~0.70 B:0.0020~0.0060
012Cr25Ni20	0.015	0.15	2.00	0.020	0.015	19.00~22.00	24.00~26.00	0.10	—	0.10	—
06Cr25Ni20[①]	0.08	1.50	2.00	0.045	0.030	19.00~22.00	24.00~26.00	—	—	—	—
07Cr25Ni20[①]	0.04~0.10	0.75	2.00	0.030	0.015	19.00~22.00	24.00~26.00	—	—	—	—
20Cr25Ni20[①]	0.25	1.50	2.00	0.040	0.030	19.00~22.00	24.00~26.00	—	—	—	—
022Cr25Ni22Mo2N	0.030	0.40	2.00	0.030	0.015	21.00~23.00	24.00~26.00	2.00~3.00	—	0.10~0.16	—
07Cr25Ni21NbN[①]	0.04~0.10	0.75	2.00	0.030	0.015	19.00~22.00	24.00~26.00	—	—	0.15~0.35	Nb:0.20~0.60

牌号											
07Ni25Cr22W4-Cu3CoNbB①	0.04~0.10	0.40	0.60	0.025	0.015	23.50~26.50	21.50~23.50	—	2.50~3.50	0.20~0.30	Nb:0.40~0.60 W:3.00~4.00 Co:1.00~2.00 B:0.002~0.008
015Ni26Cr25Mo5Cu2N	0.020	0.70	2.00	0.030	0.010	24.00~27.00	24.00~26.00	4.70~5.70	1.00~2.00	0.17~0.25	—
015Cr20Ni18Mo6CuN	0.020	0.80	1.00	0.030	0.010	17.50~18.50	19.50~20.50	6.00~6.50	0.50~1.00	0.18~0.22	—
015Ni27Cr22Mo7CuN	0.020	0.50	3.00	0.030	0.010	26.00~28.00	20.50~23.00	6.50~8.00	0.50~1.50	0.30~0.40	—
022Cr24Ni22Mo6-Mn3W2Cu2N	0.030	1.00	2.00~4.00	0.035	0.020	21.00~24.00	23.00~25.00	5.20~6.20	1.00~2.50	0.35~0.60	W:1.50~2.50
16Cr25Ni20Si2①	0.20	1.50~2.50	1.50	0.040	0.030	19.00~22.00	24.00~26.00	—	—	0.10	—
022Cr17Ni12Mo2	0.030	1.00	2.00	0.045	0.030	10.00~14.00	16.00~18.00	2.00~3.00	—	—	—
06Cr17Ni12Mo2①	0.08	1.00	2.00	0.045	0.030	10.00~14.00	16.00~18.00	2.00~3.00	—	—	—
07Cr17Ni12Mo2①	0.04~0.10	1.00	2.00	0.045	0.030	10.00~14.00	16.00~18.00	2.00~3.00	—	—	—

（续）

牌号	化学成分（质量分数，%）										
	C	Si	Mn	P	S	Ni	Cr	Mo	Cu	N	其他元素
022Cr17Ni12Mo2N	0.030	1.00	2.00	0.045	0.030	10.00~13.00	16.00~18.00	2.00~3.00	—	0.10~0.16	—
022Cr20Ni9MoN①	0.030	1.00	2.00	0.045	0.015	8.00~9.50	19.50~21.50	0.50~1.50	1.00	0.14~0.25	—
06Cr17Ni12Mo2N	0.08	1.00	2.00	0.045	0.030	10.00~13.00	16.00~18.00	2.00~3.00	—	0.10~0.16	—
06Cr17Ni12Mo2Ti①	0.08	1.00	2.00	0.045	0.030	10.00~14.00	16.00~18.00	2.00~3.00	—	—	Ti≥5C
06Cr17Ni12Mo2Nb	0.08	1.00	2.00	0.045	0.030	10.00~14.00	16.00~18.00	2.00~3.00	—	0.10	Nb:10C~1.10
022Cr18Ni14Mo2Cu2	0.030	1.00	2.00	0.045	0.030	12.00~16.00	17.00~19.00	1.20~2.75	1.00~2.50	—	—
06Cr18Ni12Mo2Cu2	0.08	1.00	2.00	0.045	0.030	10.00~14.00	17.00~19.00	1.20~2.75	1.00~2.50	—	—
022Cr19Ni13Mo3	0.030	1.00	2.00	0.045	0.030	11.00~15.00	18.00~20.00	3.00~4.00	—	—	—
06Cr19Ni13Mo3①	0.08	1.00	2.00	0.045	0.030	11.00~15.00	18.00~20.0	3.00~4.00	—	—	—
022Cr19Ni16Mo5N	0.030	1.00	2.00	0.045	0.030	13.50~17.50	17.00~20.00	4.00~5.00	—	0.10~0.20	—
022Cr19Ni13Mo4N	0.030	1.00	2.00	0.045	0.030	11.00~15.00	18.00~20.00	3.00~4.00	—	0.10~0.22	—

牌号											
03Cr18Ni16Mo5	0.04	1.00	2.50	0.045	0.030	15.00~17.00	16.00~19.00	4.00~6.00	—	—	—
022Cr23Ni21Mo6N	0.030	1.00	1.50	0.035	0.020	20.00~23.00	22.00~24.00	6.00~6.80	0.40	0.21~0.32	—
022Ni25Cr23Mo6N	0.030	1.00	1.00	0.030	0.010	24.00~26.00	22.00~24.00	5.00~6.00		0.17~0.22	—
06Cr18Ni11Ti①	0.08	1.00	2.00	0.045	0.030	9.00~12.00	17.00~19.00				Ti:5C~0.70
07Cr19Ni11Ti①	0.04~0.10	1.00	2.00	0.045	0.030	9.00~13.00	17.00~20.00			0.10	Ti:4(C+N)~0.70
015Cr24Ni22Mo8Mn3CuN	0.020	0.50	2.00~4.00	0.030	0.005	21.00~23.00	24.00~25.00	7.00~8.00	0.30~0.60	0.45~0.55	—
022Cr24Ni17Mo5Mn6NbN	0.030	1.00	5.00~7.00	0.030	0.010	16.00~18.00	23.00~25.00	4.00~5.00		0.40~0.60	Nb:0.10
06Cr18Ni11Nb①	0.08	1.00	2.00	0.045	0.030	9.00~12.00	17.00~19.00				Nb:10C~1.10
07Cr18Ni11Nb①	0.04~0.10	1.00	2.00	0.045	0.030	9.00~12.00	17.00~19.00				Nb:8C~1.10
10Cr16Mn9Ni2Cu2N	0.12	0.75	7.50~10.50	0.060	0.030	1.00~3.00	14.50~16.50		1.00~2.50	0.10~0.25	—
12Cr15Mn10Ni2CuN	0.15	0.75	8.00~11.00	0.060	0.030	1.00~3.00	13.50~15.50		0.50~1.00	0.10~0.25	—

（续）

牌号	化学成分（质量分数，%）										
	C	Si	Mn	P	S	Ni	Cr	Mo	Cu	N	其他元素
12Cr15Mn10Ni2N	0.15	0.75	8.00~11.00	0.060	0.030	1.00~2.00	13.50~15.50	—	0.50	0.10~0.25	—
20Cr15Mn15Ni2N	0.15~0.25	1.00	14.00~16.00	0.050	0.030	1.50~3.00	14.00~16.00	—	—	0.15~0.30	—
12Cr15Mn8Ni5Cu2N	0.15	0.75	6.00~9.00	0.060	0.030	3.50~5.50	14.00~16.00	—	1.00~3.00	0.05~0.25	—
04Cr16Mn8Cu3Ni2N	0.05	0.80	7.50~9.00	0.045	0.025	1.80~3.00	15.50~17.50	0.60	2.30~3.50	0.10~0.25	—
022Cr16Mn8Ni2N	0.030	1.00	7.00~9.00	0.040	0.030	1.50~3.00	15.00~17.00	—	—	0.15~0.30	—
12Cr17Mn8Ni2N	0.15	1.00	7.00~10.00	0.060	0.030	1.00~2.00	16.00~18.00	—	2.00	0.15~0.30	—
12Cr17Mn7Ni2Cu2N	0.15	1.00	5.00~8.00	0.060	0.030	1.00~2.00	16.00~18.00	—	0.50~2.50	0.20~0.30	—
12Cr17Mn10Ni2N	0.15	1.00	8.50~11.50	0.060	0.030	1.00~2.00	15.50~17.50	—	1.50	0.20~0.35	—
08Cr17Mn7Ni2Cu2N	0.10	1.00	6.00~8.00	0.060	0.030	1.50~3.00	16.00~18.00	0.60	0.80~3.00	0.10~0.25	—
08Cr17Mn6Ni3Cu3N	0.10	0.75	5.00~7.00	0.045	0.030	2.00~4.00	16.00~18.00	—	1.50~3.50	0.05~0.25	—

12Cr16Mn8Ni3Cu3N	0.15	1.00	7.00~9.00	0.050	0.030	1.50~3.50	15.50~17.50	—	2.00~4.00	0.05~0.25	—
12Cr17Mn6Ni5N	0.15	1.00	5.50~7.50	0.050	0.030	3.50~5.50	16.00~18.00	—	—	0.05~0.25	—
022Cr17Mn6Ni5N	0.030	0.75	5.50~7.50	0.045	0.030	3.50~5.50	16.00~18.00	—	—	0.05~0.25	—
022Cr17Mn7Ni5N	0.030	0.80	6.40~7.50	0.045	0.030	4.00~5.00	16.00~17.50	—	1.00	0.10~0.25	—
08Cr17Mn7Ni5Cu3N	0.10	0.75	5.50~7.50	0.045	0.030	3.50~5.50	16.00~18.00	0.60	1.50~3.50	0.05~0.25	—
Y06Cr17Mn6Ni6Cu2S	0.08	1.00	5.00~6.50	0.045	0.18~0.35	5.00~6.50	16.00~18.00	—	1.75~2.20	—	—
06Cr18Mn7Ni4CuN	0.08	1.00	5.00~8.00	0.050	0.030	3.00~5.00	17.00~19.00	0.60	0.50~2.00	0.15~0.30	—
12Cr18Mn8Ni5N	0.15	1.00	7.50~10.00	0.050	0.030	4.00~6.00	17.00~19.00	—	—	0.05~0.25	—
12Cr18Mn12Ni2N	0.15	1.00	11.00~14.00	0.045	0.030	0.50~2.50	16.50~19.00	—	—	0.20~0.45	—
12Cr19Mn11Ni2CuN	0.15	1.00	9.50~11.50	0.050	0.030	1.00~3.00	18.00~20.00	—	0.50~1.00	0.20~0.30	—
03Cr19Mn12Ni3N	0.04	0.75	10.00~13.00	0.045	0.030	2.00~4.00	17.50~19.50	—	1.00	0.30~0.40	—

（续）

牌号	化学成分（质量分数，%）										
	C	Si	Mn	P	S	Ni	Cr	Mo	Cu	N	其他元素
12Cr19Mn12Ni2N	0.15	0.75	10.00~13.00	0.050	0.030	1.00~3.00	17.50~19.50	—	—	0.30~0.40	—
53Cr21Mn9Ni4N[1]	0.48~0.58	0.35	8.00~10.00	0.040	0.030	3.25~4.50	20.00~22.00	—	0.30	0.35~0.50	C+N≥0.90
05Cr19Mn6Ni5Cu2N	0.06	1.00	4.00~7.00	0.050	0.030	3.50~5.50	17.50~19.50	0.60	0.50~2.50	0.20~0.30	—
08Cr19Mn6Ni3Cu2N	0.10	1.00	4.00~7.00	0.050	0.030	2.50~4.00	17.50~19.50	0.60	0.50~2.50	0.20~0.30	—
55Cr21Mn8Ni2N[1]	0.50~0.60	0.25	7.00~10.00	0.040	0.030	1.50~2.75	19.50~21.50	—	0.30	0.20~0.40	—
50Cr21Mn9Ni4Nb2WN[1]	0.45~0.55	0.45	8.00~10.00	0.050	0.030	3.50~5.00	20.00~22.00	—	0.30	0.40~0.60	W:0.80~1.50 Nb:1.80~2.50 C+N≥0.90
05Cr20Ni7Mn4N	0.06	1.00	2.00~5.00	0.045	0.030	6.00~8.00	19.00~21.00	0.60	0.50	0.15~0.30	—
33Cr23Ni8Mn3N[1]	0.28~0.38	0.50~1.00	1.50~3.50	0.040	0.030	7.00~9.00	22.00~24.00	0.50	0.30	0.25~0.35	W:0.50

牌号	C	Si	Mn	P	S	Ni	Cr	Mo	Cu	N	其他
05Cr22Ni13Mn-5Mo2NbVN	0.06	1.00	4.00~6.00	0.040	0.030	11.50~13.50	20.50~23.50	1.50~3.00	—	0.20~0.40	Nb:0.10~0.30 V:0.10~0.30
05Cr19Ni6Mn4Cu2MoN	0.06	1.00	2.00~5.00	0.045	0.030	5.00~7.50	18.00~20.00	0.50~2.00	0.50~2.50	0.20~0.30	—
05Cr21Ni10Mn-3Cu2Mo2N	0.06	1.00	1.00~4.00	0.045	0.030	8.50~10.50	20.00~22.00	1.00~2.50	0.50~2.50	0.20~0.30	—
022Ni24Cr21Mo6N	0.030	1.00	2.00	0.040	0.030	23.50~25.50	20.00~22.00	6.00~7.00	0.75	0.18~0.25	—
12Ni35Cr16①	0.15	1.50	2.00	0.040	0.030	33.00~37.00	14.00~17.00	—	—	—	—
03Ni18Cr16	0.04	1.00	2.00	0.045	0.030	17.00~19.00	15.00~17.00	—	—	—	—
06Ni18Cr16	0.08	1.00	2.00	0.045	0.030	17.00~19.00	15.00~17.00	—	—	—	—
022Ni16Cr14Si6MoCu	0.030	5.50~6.50	2.00	0.045	0.020	15.00~17.00	13.00~15.00	0.75~1.50	0.75~1.50	—	Al:0.30
015Ni25Cr20Mo6CuN	0.020	0.50	2.00	0.030	0.010	24.00~26.00	19.00~21.00	6.00~7.00	0.50~1.50	0.15~0.25	—
015Cr21Ni26Mo5Cu2	0.020	1.00	2.00	0.040	0.030	23.00~28.00	19.00~23.00	4.00~5.00	1.00~2.00	0.10	—

注：表中所列成分除标明范围或最小值外，其余均为最大值。
① 可作耐热钢使用。

表2-106 奥氏体-铁素体（双相）型不锈钢的化学成分（GB/T 20878—2024）

牌号	化学成分(质量分数,%)										
	C	Si	Mn	P	S	Ni	Cr	Mo	Cu	N	其他元素
022Cr20Mn5Ni2N	0.030	1.00	4.00~6.00	0.040	0.030	1.00~3.00	19.50~21.50	0.60	1.00	0.05~0.17	—
022Cr21Ni4Mo2N	0.030	1.00	2.00	0.030	0.020	3.00~4.00	19.50~22.50	1.50~2.00	—	0.14~0.20	—
022Cr21Mn2Ni2MoN	0.030	1.00	2.00~3.00	0.040	0.020	1.00~2.00	20.50~23.50	0.10~1.00	0.50	0.15~0.27	—
03Cr22Mn5Ni2CuMoN	0.040	1.00	4.00~6.00	0.040	0.030	1.35~1.70	21.00~22.00	0.10~0.80	0.10~0.80	0.20~0.25	—
022Cr19Ni5Mo3Si2N	0.030	1.30~2.00	1.00~2.00	0.035	0.030	4.50~5.50	18.00~19.50	2.50~3.00	—	0.05~0.12	—
022Cr23Ni2N	0.030	1.00	2.00	0.040	0.010	1.00~2.80	21.50~24.00	0.45	—	0.18~0.26	—
022Cr23Ni5Mo3N	0.030	1.00	2.00	0.030	0.020	4.50~6.50	22.00~23.00	3.00~3.50	—	0.14~0.20	—
022Cr21Mn3Ni3Mo2N	0.030	1.00	2.00~4.00	0.040	0.030	2.00~4.00	19.00~22.00	1.00~2.00	—	0.14~0.20	—
12Cr21Ni5Ti	0.09~0.14	0.80	0.80	0.035	0.030	4.80~5.80	20.00~22.00	—	—	—	Ti:5(C—0.02)~0.80
022Cr22Ni5Mo3N	0.030	1.00	2.00	0.030	0.020	4.50~6.50	21.00~23.00	2.50~3.50	—	0.08~0.20	—

牌号											
022Cr24Ni4Mn3Mo2CuN	0.030	0.70	2.50~4.00	0.035	0.005	3.00~4.50	23.00~25.00	1.00~2.00	0.10~0.80	0.20~0.30	—
022Cr25Ni6Mo2N	0.030	1.00	2.00	0.030	0.030	5.50~6.50	24.00~26.00	1.20~2.50	—	0.10~0.20	—
022Cr25Ni7Mo3WCuN	0.030	0.75	1.00	0.030	0.030	5.50~7.50	24.00~26.00	2.50~3.50	0.20~0.80	0.10~0.30	W:0.10~0.50
019Cr25Ni7Mo4Cu2WN	0.025	0.80	1.00	0.025	0.002	6.50~8.00	24.00~26.00	3.00~4.00	1.20~2.00	0.23~0.33	W:0.80~1.20
022Cr25Ni7Mo3W2CuN	0.030	0.80	1.00	0.030	0.020	6.00~8.00	24.00~26.00	2.50~3.50	0.20~0.80	0.24~0.32	W:1.50~2.50
022Cr23Ni4MoCuN	0.030	1.00	2.50	0.035	0.030	3.00~5.50	21.50~24.50	0.05~0.60	0.05~0.60	0.05~0.20	—
022Cr25Ni7Mo4N	0.030	0.80	1.20	0.035	0.020	6.00~8.00	24.00~26.00	3.00~5.00	0.50	0.24~0.32	$Cr+3.3Mo+16N \geqslant 41$
022Cr25Ni7Mo4Cu2N	0.030	0.80	1.50	0.035	0.020	5.50~8.00	24.00~26.00	3.00~5.00	0.50~3.00	0.20~0.35	—
03Cr25Ni6Mo3Cu2N	0.040	1.00	1.50	0.035	0.030	4.50~6.50	24.00~27.00	2.90~3.90	1.50~2.50	0.10~0.25	—
022Cr28Ni8Mo4CoN	0.030	0.50	1.50	0.030	0.010	5.50~9.50	26.00~29.00	4.00~5.00	1.00	0.30~0.50	Co:0.50~2.00
022Cr25Ni7Mo4WCuN	0.030	1.00	1.00	0.030	0.010	6.00~8.00	24.00~26.00	3.00~4.00	0.50~1.00	0.20~0.30	W:0.50~1.00 $Cr+3.3\left(Mo+\dfrac{1}{2}W\right)+16N \geqslant 41$

（续）

牌号	化学成分（质量分数，%）										其他元素
	C	Si	Mn	P	S	Ni	Cr	Mo	Cu	N	
06Cr26Ni4Mo2	0.08	1.00	0.75	0.040	0.030	2.50~5.00	23.00~28.00	1.00~2.00	—	—	—
022Cr29Ni7Mo2MnN	0.030	0.80	0.80~1.50	0.030	0.030	5.80~7.50	28.00~30.00	1.50~2.60	0.80	0.30~0.40	—
022Cr28Ni4Mo2N	0.030	0.60	2.00	0.035	0.010	3.50~5.20	26.00~29.00	1.00~2.50	—	0.15~0.35	—

注：表中所列成分除标明范围或最小值外，其余均为最大值。

表 2-107　铁素体型不锈钢和耐热钢的化学成分（GB/T 20878—2024）

牌号	化学成分（质量分数，%）										其他元素
	C	Si	Mn	P	S	Ni	Cr	Mo	Cu	N	
022Cr11Ti①	0.030	1.00	1.00	0.040	0.020	0.60	10.50~11.70	—	—	0.030	Ti≥8(C+N); Ti:0.15~0.50; Nb:0.10
022Cr11NiNbTi	0.030	1.00	1.00	0.040	0.030	0.75~1.00	10.50~11.70	—	—	0.040	Ti≥0.50; Nb:10(C+N)~0.80
06Cr11Ti①	0.08	1.00	1.00	0.045	0.030	0.60	10.50~11.70	—	—	—	Ti:6C~0.75
022Cr11NbTi①	0.030	1.00	1.00	0.040	0.020	0.60	10.50~11.70	—	—	0.030	Ti+Nb:[8(C+N)+0.08]~0.75; Ti≥0.05

牌号											
04Cr11Nb	0.06	1.00	1.00	0.040	0.030	0.50	10.50~11.70	—	—	—	Nb:10C~0.75
022Cr12①	0.030	1.00	1.00	0.040	0.030	0.60	11.00~13.50	—	—	—	—
022Cr12Ni①	0.030	1.00	1.50	0.040	0.015	0.30~1.00	10.50~12.50	—	—	0.030	—
06Cr13	0.08	1.00	1.00	0.040	0.030	0.60	11.50~13.50	—	—	—	—
06Cr13Al①	0.08	1.00	1.00	0.040	0.030	0.60	11.50~14.50	—	—	—	Al:0.10~0.30
06Cr14Ni2MoTi	0.08	1.00	1.00	0.045	0.030	1.00~2.50	13.50~15.50	0.20~1.20	—	—	Ti:0.30~0.50
10Cr15	0.12	1.00	1.00	0.040	0.030	0.60	14.00~16.00	—	—	—	—
022Cr15NbTi	0.030	1.20	1.20	0.040	0.030	0.60	14.00~16.00	0.50	—	0.030	Ti+Nb:0.30~0.80
10Cr17①	0.12	1.00	1.00	0.040	0.030	0.60	16.00~18.00	—	—	—	—
Y10Cr17	0.12	1.00	1.25	0.060	≥0.15	0.60	16.00~18.00	0.60	—	—	—
022Cr17NbTi	0.030	0.75	1.00	0.040	0.030	0.60	16.00~19.00	—	—	—	Ti或Nb:0.10~1.00
10Cr17MoNb	0.12	1.00	1.00	0.040	0.030	—	16.00~18.00	0.75~1.25	—	—	Nb:5C~0.80

（续）

牌号	化学成分（质量分数,%）										
	C	Si	Mn	P	S	Ni	Cr	Mo	Cu	N	其他元素
04Cr17Nb	0.05	1.00	1.00	0.040	0.030	—	16.00~18.00	—	—	0.030	Nb:12C~1.00
10C17Mo	0.12	1.00	1.00	0.040	0.030	0.60	16.00~18.00	0.75~1.25	—	—	—
06Cr17Mo	0.08	1.00	1.00	0.040	0.030	1.00	16.00~18.00	0.90~1.30	—	—	—
019Cr18MoTi	0.025	1.00	1.00	0.040	0.030	0.60	16.00~19.00	0.75~1.50	—	0.025	Ti、Nb、Zr 或其组合：8(C+N)~0.80
022Cr18Ti	0.030	1.00	1.00	0.040	0.030	0.50	17.00~19.00	—	—	0.030	Ti:[0.20+4(C+N)]~1.10 Al:0.15
022Cr18NbTi-1	0.030	1.00	1.00	0.040	0.030	0.50	17.00~19.00	—	—	0.030	Ti+Nb:[0.20+4(C+N)]~0.75 Al:0.15
022Cr18NbTi	0.030	1.00	1.00	0.040	0.015	—	17.50~18.50	—	—	—	Ti:0.10~0.60 Nb≥0.30+3C
019Cr18CuNb	0.025	1.00	1.00	0.040	0.030	0.60	16.00~20.00	—	0.30~0.80	0.025	Nb:8(C+N)~0.80
019Cr18Mo2Nb	0.025	1.00	1.00	0.040	0.030	0.60	17.50~19.50	1.75~2.50	0.50	0.025	Nb:10(C+N)~0.80

牌号											其他
022Cr19NbTi	0.030	1.00	1.00	0.040	0.030	0.50	18.00~20.00	—	—	0.030	Ti:0.07~0.30 Nb:0.10~0.60 Ti+Nb:[0.20+4(C+N)]~0.80
019Cr19Mo2NbTi	0.025	1.00	1.00	0.040	0.030	1.00	17.50~19.50	1.75~2.50	—	0.035	Ti+Nb[0.20+4(C+N)]~0.80
019Cr21CuTi	0.025	1.00	1.00	0.030	0.030	—	20.50~23.00	—	0.30~0.80	0.025	Ti、Nb、Zr或其组合:8(C+N)~0.80
022Cr22	0.030	1.00	1.00	0.040	0.030	0.60	20.00~23.00	—	—	—	—
019Cr23Mo2Ti	0.025	1.00	1.00	0.040	0.030	—	21.00~24.00	1.50~2.50	0.60	0.025	Ti、Nb、Zr或其组合:8(C+N)~0.80
019Cr23MoTi	0.025	1.00	1.00	0.040	0.030	—	21.00~24.00	0.70~1.50	0.60	0.025	Ti、Nb、Zr或其组合:8(C+N)~0.80
019Cr24Mo2NbTi	0.025	0.60	0.40	0.030	0.020	0.60	23.00~25.00	2.00~3.00	0.60	0.025	Ti+Nb:0.20+4(C+N)
16Cr25N①	0.200	1.00	1.50	0.040	0.030	0.60	23.00~27.00	—	0.30	0.25	—
019Cr25Mo4Ni4NbTi	0.025	0.75	1.00	0.040	0.030	3.50~4.50	24.50~26.00	3.50~4.50	—	0.035	Ti+Nb:[0.20+4(C+N)]~0.80

（续）

牌号	化学成分（质量分数，%）										其他元素
	C	Si	Mn	P	S	Ni	Cr	Mo	Cu	N	
022Cr27Mo4Ni2NbTi	0.030	1.00	1.00	0.040	0.030	1.00~3.50	25.00~28.00	3.00~4.00	—	0.040	Ti+Nb:0.20~1.00 且 Ti+Nb≥6(C+N)
008Cr27Mo	0.010	0.40	0.40	0.030	0.020	0.50	25.00~27.50	0.75~1.50	0.20	0.015	Ni+Cu:0.50
012Cr28Ni4Mo2NbAl	0.015	0.55	0.50	0.020	0.005	3.00~4.00	28.00~29.00	1.80~2.50	—	0.020	Nb:0.15~0.50 且 Nb≥12(C+N) (C+N):0.030 Al:0.10~0.30
022Cr29Mo4NbTi	0.030	1.00	1.00	0.040	0.030	1.00	28.00~30.00	3.60~4.20	—	0.045	Ti+Nb:0.20~1.00 且 Ti+Nb≥6(C+N)
008Cr29Mo4	0.010	0.30	0.20	0.025	0.020	0.15	28.00~30.00	3.50~4.20	0.15	0.020	C+N:0.025
008Cr29Mo4Ni2	0.010	0.30	0.20	0.025	0.020	2.00~2.50	28.00~30.00	3.50~4.20	0.15	0.020	C+N:0.025
008Cr30Mo2	0.010	0.40	0.40	0.030	0.020	0.50	28.50~32.00	1.50~2.50	0.20	0.015	Ni+Cu:0.50

注：表中所列成分除标明范围或最小值外，其余均为最大值。
① 可作耐热钢使用。

表 2-108　马氏体型不锈钢和耐热钢的化学成分（GB/T 20878—2024）

牌号	化学成分（质量分数，%）										
	C	Si	Mn	P	S	Ni	Cr	Mo	Cu	N	其他元素
12Cr12①	0.15	0.50	1.00	0.040	0.030	0.60	11.50~13.00	—	—	—	—
12Cr13①	0.15	1.00	1.00	0.040	0.030	0.60	11.50~13.50	—	—	—	—
06Cr13Mn	0.03~0.08	0.80	1.00~2.50	0.035	0.030	0.60	11.50~14.00	—	—	0.040	C+N:0.04~0.10
13Cr13Mo①	0.08~0.18	0.60	1.00	0.040	0.030	0.60	11.50~14.00	0.30~0.60	0.30	—	—
12Cr12Ni2	0.15	1.00	1.00	0.040	0.030	1.25~2.50	11.50~13.50	—	—	—	—
Y25Cr13Ni2	0.20~0.30	0.50	0.80~1.20	0.08~0.12	0.15~0.25	1.50~2.00	12.00~14.00	0.60	—	—	—
04Cr13Ni5Mo	0.05	0.60	0.50~1.00	0.030	0.030	3.50~5.50	11.50~14.00	0.50~1.00	—	—	—
Y12Cr13	0.15	1.00	1.25	0.060	≥0.15	0.60	12.00~14.00	0.60	—	—	—
20Cr13①	0.16~0.25	1.00	1.00	0.040	0.030	0.60	12.00~14.00	—	—	—	—
30Cr13	0.26~0.35	1.00	1.00	0.040	0.030	0.60	12.00~14.00	—	—	—	—

（续）

牌号	化学成分（质量分数，%）										
	C	Si	Mn	P	S	Ni	Cr	Mo	Cu	N	其他元素
40Cr13	0.36~0.45	0.60	0.80	0.040	0.030	0.60	12.00~14.00	0.60	—	—	—
Y30Cr13	0.26~0.35	1.00	1.25	0.060	≥0.15	0.60	12.00~14.00	0.60	—	—	—
65Cr13	0.60~0.70	0.80	1.00	0.040	0.015	0.60	12.50~14.00	—	—	0.15	—
70Cr13Mo	0.65~0.75	0.80	1.00	0.040	0.015	—	12.50~14.00	0.05~0.50	—	0.15	—
60Cr13Mo	0.56~0.65	0.80	0.80	0.035	0.030	0.60	12.50~14.50	0.25~0.60	—	—	—
32Cr13Mo	0.28~0.35	0.80	1.00	0.040	0.030	0.60	12.00~14.00	0.50~1.00	—	—	—
22Cr14NiMo	0.15~0.30	1.00	1.00	0.040	0.030	0.35~0.85	13.50~15.00	0.40~0.85	—	—	—
50Cr15MoV	0.45~0.55	1.00	1.00	0.040	0.015	—	14.00~15.00	0.50~0.80	—	0.15	V:0.10~0.20
22Cr12NiWMoV①	0.20~0.25	0.50	0.50~1.00	0.040	0.030	0.50~1.00	11.00~13.00	0.75~1.25	—	—	W:0.75~1.25 V:0.20~0.40
13Cr11Ni2W2MoV①	0.10~0.16	0.60	0.60	0.035	0.030	1.40~1.80	10.50~12.00	0.35~0.50	—	—	W:1.50~2.00 V:0.18~0.30

18Cr12MnMoVNbN①	0.15~0.20	0.50	0.50~1.00	0.035	0.030	0.60	10.00~13.00	0.30~0.90	0.30	0.05~0.10	V:0.10~0.40 Nb:0.20~0.60
14Cr17Ni2①	0.11~0.17	0.80	0.80	0.040	0.030	1.50~2.50	16.00~18.00	—	—	—	—
17Cr16Ni2①	0.12~0.22	1.00	1.50	0.040	0.030	1.50~2.50	15.00~17.00	—	—	—	—
Y16Cr16Ni2S	0.12~0.20	1.00	1.50	0.040	0.15~0.30	2.00~3.00	15.00~18.00	0.60	—	—	—
80Cr20Si2Ni①	0.75~0.85	1.75~2.25	0.20~0.60	0.030	0.030	1.15~1.65	19.00~20.50	—	0.30	—	—
68Cr17	0.60~0.75	1.00	1.00	0.040	0.030	0.60	16.00~18.00	0.75	—	—	—
85Cr17	0.75~0.95	1.00	1.00	0.040	0.030	0.60	16.00~18.00	0.75	—	—	—
95Cr18①	0.90~1.00	0.80	0.80	0.040	0.030	0.60	17.00~19.00	—	—	—	—
108Cr17	0.95~1.20	1.00	1.00	0.040	0.030	0.60	16.00~18.00	0.75	—	—	—
Y108Cr17	0.95~1.20	1.00	1.25	0.060	≥0.15	0.60	16.00~18.00	0.75	—	—	—
102Cr17Mo	0.95~1.10	0.80	0.80	0.040	0.030	0.60	16.00~18.00	0.40~0.70	—	—	—
90Cr18MoV	0.85~0.95	0.80	0.80	0.040	0.030	0.60	17.00~19.00	1.00~1.30	—	—	V:0.07~0.12

注：表中所列成分除标明范围或最小值外，其余均为最大值。

① 可作耐热钢使用。

表2-109　沉淀硬化型不锈钢和耐热钢的化学成分（GB/T 20878—2024）

牌号	化学成分（质量分数，%）										
	C	Si	Mn	P	S	Ni	Cr	Mo	Cu	N	其他元素
022Cr12Ni9Cu2NbTi①	0.030	0.50	0.50	0.040	0.030	7.50~9.50	11.00~12.50	0.50	1.50~2.50	—	Ti:0.80~1.40 Nb:0.10~0.50
022Cr12Ni9Mo4Cu2AlTi	0.030	0.70	1.00	0.030	0.015	8.00~10.00	11.00~13.00	3.50~5.00	1.50~3.50	—	Al:0.15~0.50 Ti:0.50~1.20
04Cr13Ni8Mo2Al	0.05	0.10	0.20	0.010	0.008	7.50~8.50	12.30~13.20	2.00~3.00	—	0.010	Al:0.90~1.35
06Cr15Ni25Ti2MoAlVB①	0.08	1.00	2.00	0.040	0.030	24.00~27.00	13.50~16.00	1.00~1.50	—	—	Al:0.35 W:1.90~2.35 B:0.001~0.010 V:0.10~0.50
05Cr15Ni5Cu4Nb	0.07	1.00	1.00	0.040	0.030	3.50~5.50	14.00~15.50	—	2.50~4.50	—	Nb:0.15~0.45
07Cr15Ni7Mo2Al①	0.09	1.00	1.00	0.040	0.030	6.50~7.75	14.00~16.00	2.00~3.00	—	—	Al:0.75~1.50
05Cr17Ni4Cu4Nb①	0.07	1.00	1.00	0.040	0.030	3.00~5.00	15.00~17.50	—	3.00~5.00	—	Nb:0.15~0.45
09Cr17Ni5Mo3N	0.07~0.11	0.50	0.50~1.25	0.040	0.030	4.00~5.00	16.00~17.00	2.50~3.20	—	0.07~0.13	—
07Cr17Ni7Al①	0.09	1.00	1.00	0.040	0.030	6.50~7.75	16.00~18.00	—	—	—	Al:0.75~1.50
06Cr17Ni7AlTi①	0.08	1.00	1.00	0.040	0.030	6.00~7.50	16.00~17.50	—	—	—	Al:0.75~1.50 Ti:0.40~1.20

注：表中所列成分除标明范围或最小值外，其余均为最大值。
① 可作耐热钢使用。

2.6.2　不锈钢的力学性能

1.不锈钢板和带的力学性能（见表 2-110~表 2-115）

表 2-110　经固溶处理的奥氏体不锈钢板和带的力学性能

（GB/T 3280—2015、GB/T 4237—2015）

牌号	规定塑性延伸强度 $R_{p0.2}$/MPa	抗拉强度 R_m/MPa	断后伸长率 A[①]（%）	硬度		
				HBW	HRB	HV
	≥			≤		
022Cr17Ni7	220	550	45	241	100	242
12Cr12Ni7	205	515	40	217	95	220
022Cr17Ni7N	240	550	45	241	100	242
12Cr18Ni9	205	515	40	201	92	210
12Cr18Ni9Si3	205	515	40	217	95	220
022Cr19Ni10	180	485	40	201	92	210
06Cr19Ni10	205	515	40	201	92	210
07Cr19Ni10	205	515	40	201	92	210
05Cr19Ni10Si2CeN	290	600	40	217	95	220
022Cr19Ni10N	205	515	40	217	95	220
06Cr19Ni10N	240	550	30	217	95	220
06Cr19Ni9NbN	345	620	30	241	100	242
10Cr18Ni12	170	485	40	183	88	200
08Cr21Ni11Si2CeN	310	600	40	217	95	220
06Cr23Ni13	205	515	40	217	95	220
06Cr25Ni20	205	515	40	217	95	220
022Cr25Ni22Mo2N	270	580	25	217	95	220
015Cr20Ni18Mo6CuN	310	690	35	223	96	225
022Cr17Ni12Mo2	180	485	40	217	95	220
06Cr17Ni12Mo2	205	515	40	217	95	220
07Cr17Ni12Mo2	205	515	40	217	95	220
022Cr17Ni12Mo2N	205	515	40	217	95	220
06Cr17Ni12Mo2N	240	550	35	217	95	220
06Cr17Ni12Mo2Ti	205	515	40	217	95	220
06Cr17Ni12Mo2Nb	205	515	30	217	95	220
06Cr18Ni12Mo2Cu2	205	520	40	187	90	200
022Cr19Ni13Mo3	205	515	40	217	95	220

（续）

牌号	规定塑性延伸强度 $R_{p0.2}$/MPa	抗拉强度 R_m/MPa	断后伸长率 $A^{①}$(%)	硬度		
				HBW	HRB	HV
	≥			≤		
06Cr19Ni13Mo3	205	515	35	217	95	220
022Cr19Ni16Mo5N	240	550	40	223	96	225
022Cr19Ni13Mo4N	240	550	40	217	95	220
015Cr21Ni26Mo5Cu2	220	490	35	—	90	200
06Cr18Ni11Ti	205	515	40	217	95	220
07Cr19Ni11Ti	205	515	40	217	95	220
015Cr24Ni22Mo8Mn3CuN	430	750	40	250	—	252
022Cr24Ni17Mo5Mn6NbN	415	795	35	241	100	242
06Cr18Ni11Nb	205	515	40	201	92	210
07Cr18Ni11Nb	205	515	40	201	92	210
022Cr21Ni25Mo7N	310	690	30	—	100	258
015Cr20Ni25Mo7CuN	295	650	35	—	—	—

① 厚度不大于 3mm 时使用 A_{50mm} 试样。

表 2-111　经固溶处理的奥氏体-铁素体不锈钢板和带的力学性能
（GB/T 3280—2015、GB/T 4237—2015）

牌号	规定塑性延伸强度 $R_{p0.2}$/MPa	抗拉强度 R_m/MPa	断后伸长率 $A^{①}$(%)	硬度	
				HBW	HRC
	≥			≤	
14Cr18Ni11Si4AlTi	—	715	25	—	—
022Cr19Ni5Mo3Si2N	440	630	25	290	31
022Cr23Ni5Mo3N	450	655	25	293	31
022Cr21Mn5Ni2N	450	620	25	—	25
022Cr21Ni3Mo2N	450	655	25	293	31
12Cr21Ni5Ti	—	635	20	—	—
022Cr21Mn3Ni3Mo2N	450	620	25	293	31
022Cr22Mn3Ni2MoN	450	655	30	293	31
022Cr22Ni5Mo3N	450	620	25	293	31
03Cr22Mn5Ni2MoCuN	450	650	30	290	—
022Cr23Ni2N	450	650	30	290	—

（续）

牌号	规定塑性延伸强度 $R_{p0.2}$/MPa	抗拉强度 R_m/MPa	断后伸长率 $A^{①}$(%)	硬度	
				HBW	HRC
	≥			≤	
022Cr24Ni4Mn3Mo2CuN	540	740	25	290	—
022Cr25Ni6Mo2N	450	640	25	295	31
022Cr23Ni4MoCuN	400	600	25	290	31
022Cr25Ni7Mo4N	550	795	15	310	32
03Cr25Ni6Mo3Cu2N	550	760	15	302	32
022Cr25Ni7Mo4WCuN	550	750	25	270	—

① 厚度不大于 3mm 时使用 A_{50mm} 试样。

表 2-112　经退火处理的铁素体不锈钢板和带的力学性能

（GB/T 3280—2015、GB/T 4237—2015）

牌号	规定塑性延伸强度 $R_{p0.2}$/MPa	抗拉强度 R_m/MPa	断后伸长率 $A^{①}$(%)	180°弯曲试验弯曲压头直径 D	硬度		
					HBW	HRB	HV
	≥				≤		
022Cr11Ti	170	380	20	$D = 2a$	179	88	200
022Cr11NbTi	170	380	20	$D = 2a$	179	88	200
022Cr12	195	360	22	$D = 2a$	183	88	200
022Cr12Ni	280	450	18	—	180	88	200
06Cr13Al	170	415	20	$D = 2a$	179	88	200
10Cr15	205	450	22	$D = 2a$	183	89	200
022Cr15NbTi	205	450	22	$D = 2a$	183	89	200
10Cr17	205	420	22	$D = 2a$	183	89	200
022Cr17Ti	175	360	22	$D = 2a$	183	88	200
10Cr17Mo	240	450	22	$D = 2a$	183	89	200
019Cr18MoTi	245	410	20	$D = 2a$	217	96	230
022Cr18Ti	205	415	22	$D = 2a$	183	89	200
022Cr18Nb	250	430	18	—	180	88	200
019Cr18CuNb	205	390	22	$D = 2a$	192	90	200
019Cr19Mo2NbTi	275	415	20	$D = 2a$	217	96	230
022Cr18NbTi	205	415	22	$D = 2a$	183	89	200
019Cr21CuTi	205	390	22	$D = 2a$	192	90	200

（续）

牌号	规定塑性延伸强度 $R_{p0.2}$/MPa	抗拉强度 R_m/MPa	断后伸长率 $A^{①}$(%)	180°弯曲试验弯曲压头直径 D	硬度		
	≥				HBW	HRB	HV
					≤		
019Cr23Mo2Ti	245	410	20	$D=2a$	217	96	230
019Cr23MoTi	245	410	20	$D=2a$	217	96	230
022Cr27Ni2Mo4NbTi	450	585	18	$D=2a$	241	100	242
008Cr27Mo	275	450	22	$D=2a$	187	90	200
022Cr29Mo4NbTi	415	550	18	$D=2a$	255	$25^{②}$	257
008Cr30Mo2	295	450	22	$D=2a$	207	95	220

注：a 为弯曲试样厚度。

① 厚度不大于 3mm 时使用 A_{50mm} 试样。

② 为 HRC 硬度值。

表 2-113　经退火处理的马氏体不锈钢板和带的力学性能

（GB/T 3280—2015、GB/T 4237—2015）

牌号	规定塑性延伸强度 $R_{p0.2}$/MPa	抗拉强度 R_m/MPa	断后伸长率 $A^{①}$(%)	180°弯曲试验弯曲压头直径 D	硬度		
	≥				HBW	HRB	HV
					≤		
12Cr12	205	485	20	$D=2a$	217	96	210
06Cr13	205	415	22	$D=2a$	183	89	200
12Cr13	205	450	20	$D=2a$	217	96	210
04Cr13Ni5Mo	620	795	15	—	302	$32^{②}$	308
20Cr13	225	520	18	—	223	97	234
30Cr13	225	540	18	—	235	99	247
40Cr13	225	590	15	—	—	—	—
17Cr16Ni2^{③}	690	880~1080	12	—	262~326	—	—
	1050	1350	10	—	388	—	—
68Cr17	245	590	15	—	255	$25^{②}$	269
50Cr15MoV	—	≤850	12	—	280	100	280

注：a 为弯曲试样厚度。

① 厚度不大于 3mm 时使用 A_{50mm} 试样。

② 为 HRC 硬度值。

③ 表列为淬火、回火后的力学性能。

表 2-114　经固溶处理的沉淀硬化型不锈钢板和带的力学性能（GB/T 3280—2015, GB/T 4237—2015）

牌号	钢材厚度/mm	规定塑性延伸强度 $R_{p0.2}$/MPa ≤	抗拉强度 R_m/MPa ≤	断后伸长率 A[①](%) ≥	硬度 HRC ≤	硬度 HBW ≤
04Cr13Ni8Mo2Al	0.10~8.0	—	—	—	38	363
022Cr12Ni9Cu2NbTi	0.30~8.0	1105	1205	3	36	331
07Cr17Ni7Al	0.10~<0.30	450	1035	—	—[②]	—
07Cr17Ni7Al	0.30~8.0	380	1035	20	92[②]	—
07Cr15Ni7Mo2Al	0.10~<0.30	450	1035	25	100[②]	—
07Cr15Ni7Mo2Al	0.30~8.0	585	1380	8	30	—
09Cr17Ni5Mo3N	0.30~8.0	585	1380	12	30	—
06Cr17Ni7AlTi	0.10~<1.50	515	825	4	32	—
06Cr17Ni7AlTi	1.50~8.0	515	825	5	32	—

① 厚度不大于 3mm 时使用 A_{50mm} 试样。
② 为 HRB 硬度值。

表 2-115　经时效处理的沉淀硬化型不锈钢板和带的力学性能（GB/T 3280—2015, GB/T 4237—2015）

牌号	钢材厚度/mm	处理温度[①]/℃	规定塑性延伸强度 $R_{p0.2}$/MPa ≥	抗拉强度 R_m/MPa ≥	断后伸长率 A[②③](%) ≥	硬度 HRC ≥	硬度 HBW ≥
04Cr13Ni8Mo2Al	0.10~<0.50	510±6	1410	1515	6	45	—
04Cr13Ni8Mo2Al	0.50~<5.0	510±6	1410	1515	8	45	—
04Cr13Ni8Mo2Al	5.0~8.0	510±6	1410	1515	10	45	—

（续）

牌号	钢材厚度/mm	处理温度[1]/℃	规定塑性延伸强度 $R_{p0.2}$/MPa ≥	抗拉强度 R_m/MPa ≥	断后伸长率 A[2][3]（%）≥	硬度 HRC ≥	硬度 HBW ≥
04Cr13Ni8Mo2Al	0.10~<0.50	538±6	1310	1380	6	43	—
	0.50~<5.0		1310	1380	8	43	—
	5.0~8.0		1310	1380	10	43	—
022Cr12Ni9Cu2NbTi	0.10~<0.50	510±6 或 482±6	1410	1525	—	44	—
	0.50~<1.50		1410	1525	3	44	—
	1.50~8.0		1410	1525	4	44	—
07Cr17Ni7Al	0.10~<0.30	760±15	1035	1240	3	38	—
	0.30~<5.0	15±3	1035	1240	5	38	—
	5.0~8.0	566±6	965	1170	7	38	352
	0.10~<0.30	954±8	1310	1450	1	44	—
	0.30~<5.0	−73±6	1310	1450	3	44	—
	5.0~8.0	510±6	1240	1380	6	43	401
07Cr15Ni7Mo2Al	0.10~<0.30	760±15	1170	1310	3	40	—
	0.30~<5.0	15±3	1170	1310	5	40	—
	5.0~8.0	566±6	1170	1310	4	40	375
	0.10~<0.30	954±8	1380	1550	2	46	—
	0.30~<0.50	−73±6	1380	1550	4	46	—
	5.0~8.0	510±6	1380	1550	4	46	429

牌号	厚度/mm	热处理温度①/℃	规定塑性延伸强度 $R_{p0.2}$/MPa	抗拉强度 R_m/MPa	断后伸长率②③/%	硬度 HRC	
09Cr17Ni5Mo3N	0.10~1.2	冷轧	1205	1380	1	41	—
	0.10~1.2	冷轧+482	1580	1655	1	46	—
	0.10~<0.30	455±8	1035	1275	6	42	—
	0.30~5.0		1035	1275	8	42	—
	0.10~<0.30	540±8	1000	1140	6	36	—
	0.30~5.0		1000	1140	8	36	—
06Cr17Ni7AlTi	0.10~<0.80	510±8	1170	1310	3	39	—
	0.80~<1.50		1170	1310	4	39	—
	1.50~8.0		1170	1310	5	39	—
	0.10~<0.80	538±8	1105	1240	3	37	—
	0.80~<1.50		1105	1240	4	37	—
	1.50~8.0		1105	1240	5	37	—
	0.10~<0.80	566±8	1035	1170	3	35	—
	0.80~<1.50		1035	1170	4	35	—
	1.50~8.0		1035	1170	5	35	—

① 为推荐热处理温度，供应方需方提供推荐性热处理制度。
② 适用于沿宽度方向的试验，垂直于轧制方向且平行于钢板表面。
③ 厚度不大于 3mm 时使用 A_{50mm} 试样。

2. 不锈钢棒的力学性能（见表 2-116~表 2-119）

表 2-116 经固溶处理的奥氏体型不锈钢棒的力学性能

（GB/T 1220—2007）

牌号	规定塑性延伸强度 $R_{p0.2}$/MPa	抗拉强度 R_m/MPa	断后伸长率 A(%)	断面收缩率 Z(%)	硬度		
					HBW	HRB	HV
	≥				≤		
12Cr17Mn6Ni5N	275	520	40	45	241	100	253
12Cr18Mn9Ni5N	275	520	40	45	207	95	218
12Cr17Ni7	205	520	40	60	187	90	200
12Cr18Ni9	205	520	40	60	187	90	200
Y12Cr18Ni9	205	520	40	50	187	90	200
Y12Cr18Ni9Se	205	520	40	50	187	90	200
06Cr19Ni10	205	520	40	60	187	90	200
022Cr19Ni10	175	480	40	60	187	90	200
06Cr18Ni9Cu3	175	480	40	60	187	90	200
06Cr19Ni10N	275	550	35	50	217	95	220
06Cr19Ni9NbN	345	685	35	50	250	100	260
022Cr19Ni10N	245	550	40	50	217	95	220
10Cr18Ni12	175	480	40	60	187	90	200
06Cr23Ni13	205	520	40	60	187	90	200
06Cr25Ni20	205	520	40	50	187	90	200
06Cr17Ni12Mo2	205	520	40	60	187	90	200
022Cr17Ni12Mo2	175	480	40	60	187	90	200
06Cr17Ni12Mo2Ti	205	530	40	55	187	90	200
06Cr17Ni12Mo2N	275	550	35	50	217	95	220
022Cr17Ni12Mo2N	245	550	40	50	217	95	220
06Cr18Ni12Mo2Cu2	205	520	40	60	187	90	200
022Cr18Ni14Mo2Cu2	175	480	40	60	187	90	200
06Cr19Ni13Mo3	205	520	40	60	187	90	200
022Cr19Ni13Mo3	175	480	40	60	187	90	200
03Cr18Ni16Mo5	175	480	40	45	187	90	200
06Cr18Ni11Ti	205	520	40	50	187	90	200
06Cr18Ni11Nb	205	520	40	50	187	90	200
06Cr18Ni13Si4	205	520	40	60	207	95	218

表 2-117　经固溶处理的奥氏体-铁素体型钢棒的力学性能（GB/T 1220—2007）

牌号	规定塑性延伸强度 $R_{p0.2}$/MPa	抗拉强度 R_m/MPa	断后伸长率 A (%)	断面收缩率 Z (%)	冲击吸收能量 KU_2/J	硬度		
	≥					HBW	HRB	HV
							≤	
14Cr18Ni11Si4AlTi	440	715	25	40	63	—	—	—
022Cr19Ni5Mo3Si2N	390	590	20	40	—	290	30	300
022Cr22Ni5Mo3N	450	620	25	—	—	290	—	—
022Cr23Ni5Mo3N	450	655	25	—	—	290	—	—
022Cr25Ni6Mo2N	450	620	20	—	—	260	—	—
03Cr25Ni6Mo3Cu2N	550	750	25	—	—	290	—	—

表 2-118　经退火处理的铁素体型钢棒的力学性能（GB/T 1220—2007）

牌号	规定塑性延伸强度 $R_{p0.2}$/MPa	抗拉强度 R_m/MPa	断后伸长率 A (%)	断面收缩率 Z (%)	冲击吸收能量 KU_2/J	硬度 HBW
	≥					≤
06Cr13Al	175	410	20	60	78	183
022Cr12	195	360	22	60	—	183
10Cr17	205	450	22	50	—	183
Y10Cr17	205	450	22	50	—	183
10Cr17Mo	205	450	22	60	—	183
008Cr27Mo	245	410	20	45	—	219
008Cr30Mo2	295	450	20	45	—	228

表 2-119　经热处理的马氏体型钢棒的力学性能（GB/T 1220—2007）

牌号	经淬火回火后试样的力学性能							退火后钢棒的硬度 HBW
	规定塑性延伸强度 $R_{p0.2}$/MPa	抗拉强度 R_m/MPa	断后伸长率 A（%）	断面收缩率 Z（%）	冲击吸收能量 KU_2/J	硬度 HBW	硬度 HRC	
	≥							≤
12Cr12	390	590	25	55	118	170	—	200
06Cr13	345	490	24	60	—	—	—	183
12Cr13	345	540	22	55	78	159	—	200
Y12Cr13	345	540	17	45	55	159	—	200
20Cr13	440	640	20	50	63	192	—	223
30Cr13	540	735	12	—	24	217	—	235
Y30Cr13	540	735	8	35	24	217	—	235
40Cr13	—	—	—	—	—	—	50	235
14Cr17Ni2	—	1080	10	—	39	—	—	285
17Cr16Ni2	700	900~1050	12	45	25	—	—	295
17Cr16Ni2	600	800~950	14					
68Cr17	—	—	—	—	—	—	54	255
85Cr17	—	—	—	—	—	—	56	255
108Cr17	—	—	—	—	—	—	58	269
Y108Cr17	—	—	—	—	—	—	58	269
95Cr18	—	—	—	—	—	—	55	255
13Cr13Mo	490	690	20	60	78	192	—	200
32Cr13Mo	—	—	—	—	—	—	50	207
102Cr17Mo	—	—	—	—	—	—	55	269
90Cr18MoV	—	—	—	—	—	—	55	269

3. 不锈钢管的力学性能（见表 2-120~表 2-122）

表 2-120 结构用不锈钢无缝钢管的力学性能（GB/T 14975—2012）

牌号	推荐热处理工艺	抗拉强度 R_m/MPa	规定塑性延伸强度 $R_{p0.2}$/MPa	断后伸长率 A（%）	硬度 HBW/HV/HRB
		≥	≥	≥	≤
12Cr18Ni9	1010~1150℃,水冷或其他方式快冷	520	205	35	192/200/90
06Cr19Ni10	1010~1150℃,水冷或其他方式快冷	520	205	35	192/200/90
022Cr19Ni10	1010~1150℃,水冷或其他方式快冷	480	175	35	192/200/90
06Cr19Ni10N	1010~1150℃,水冷或其他方式快冷	550	275	35	192/200/90
06Cr19Ni9NbN	1010~1150℃,水冷或其他方式快冷	685	345	35	—
022Cr19Ni10N	1010~1150℃,水冷或其他方式快冷	550	245	40	192/200/90
06Cr23Ni13	1030~1150℃,水冷或其他方式快冷	520	205	40	192/200/90
06Cr25Ni20	1030~1180℃,水冷或其他方式快冷	520	205	40	192/200/90
015Cr20Ni18Mo6CuN	≥1150℃,水冷或其他方式快冷	655	310	35	220/230/96
06Cr17Ni12Mo2	1010~1150℃,水冷或其他方式快冷	520	205	35	192/200/90
022Cr17Ni12Mo2	1010~1150℃,水冷或其他方式快冷	480	175	35	192/200/90
07Cr17Ni12Mo2	≥1040℃,水冷或其他方式快冷	515	205	35	192/200/90
06CR17Ni12Mo2Ti	1000~1100℃,水冷或其他方式快冷	530	205	35	192/200/90
022Cr17Ni12Mo2N	1010~1150℃,水冷或其他方式快冷	550	245	40	192/200/90
06Cr17Ni12Mo2N	1010~1150℃,水冷或其他方式快冷	550	275	35	192/200/90
06Cr18Ni12Mo2Cu2	1010~1150℃,水冷或其他方式快冷	520	205	35	—

（续）

牌号	推荐热处理工艺	抗拉强度 R_m/MPa	规定塑性延伸强度 $R_{p0.2}$/MPa	断后伸长率 A（%）	硬度 HBW/HV/HRB
		≥	≥	≥	≤
022Cr18Ni14Mo2Cu2	1010~1150℃，水冷或其他方式快冷	480	180	35	—
015Cr21Ni26Mo5Cu2	≥1100℃，水冷或其他方式快冷	490	215	35	192/200/90
06Cr19Ni13Mo3	1010~1150℃，水冷或其他方式快冷	520	205	35	192/200/90
022Cr19Ni13Mo3	1010~1150℃，水冷或其他方式快冷	480	175	35	192/200/90
06Cr18Ni11Ti	920~1150℃，水冷或其他方式快冷	520	205	35	192/200/90
07Cr19Ni11Ti	冷拔（轧）≥1100℃，热轧、扩）≥1050℃，水冷或其他方式快冷	520	205	35	192/200/90
06Cr18Ni11Nb	980~1150℃，水冷或其他方式快冷	520	205	35	192/200/90
07Cr18Ni11Nb	冷拔（轧）≥1100℃，热轧（挤、扩）≥1050℃，水冷或其他方式快冷	520	205	35	192/200/90
16Cr25Ni20Si2	1030~1180℃，水冷或其他方式快冷	520	205	40	192/200/90
06Cr13Al	780~830℃，空冷或缓冷	415	205	20	207/—/95
10Cr15	780~850℃，空冷或缓冷	415	240	20	190/—/90
10Cr17	780~850℃，空冷或缓冷	410	245	20	190/—/90
022Cr18Ti	780~950℃，空冷或缓冷	415	205	20	190/—/90
019Cr19Mo2NbTi	800~1050℃，空冷	415	275	20	217/230/96
06Cr13	800~900℃，缓冷或750℃空冷	370	180	22	—
12Cr13	800~900℃，缓冷或750℃空冷	410	205	20	207/—/95
20Cr13	800~900℃，缓冷或750℃空冷	470	215	19	—

表 2-121　流体输送用不锈钢焊接钢管的力学性能（GB/T 12771—2019）

牌号	推荐热处理工艺	抗拉强度 R_m/MPa	规定塑性延伸强度 $R_{p0.2}$/MPa	断后伸长率 A（%）	
				热处理	非热处理
		≥			
12Cr18Ni9	≥1040℃，快冷	515	205	40	35
022Cr19Ni10	≥1040℃，快冷	485	180	40	35
06Cr19Ni10	≥1040℃，快冷	515	205	40	35
07Cr19Ni10	≥1040℃，快冷	515	205	40	35
022Cr19Ni10N	≥1040℃，快冷	515	205	40	35
06Cr19Ni10N	≥1040℃，快冷	550	240	30	25
06Cr23Ni13	≥1040℃，快冷	515	205	40	35
06Cr25Ni20	≥1040℃，快冷	515	205	40	35
015Cr20Ni18Mo6CuN	≥1150℃，快冷	655	310	35	30
022Cr17Ni12Mo2	≥1040℃，快冷	485	180	40	35
06Cr17Ni12Mo2	≥1040℃，快冷	515	205	40	35
07Cr17Ni12Mo2	≥1040℃，快冷	515	205	40	35
022Cr17Ni12Mo2N	≥1040℃，快冷	515	205	40	35
06Cr17Ni12Mo2N	≥1040℃，快冷	550	240	35	30
06Cr17Ni12Mo2Ti	≥1040℃，快冷	515	205	40	35
015Cr21Ni26Mo5Cu2	1030~1180℃，快冷	490	220	35	30
06Cr18Ni11Ti[①]	≥1040℃，快冷	515	205	40	35
07Cr19Ni11Ti[①]	≥1095℃，快冷	515	205	40	35
06Cr18Ni11Nb[①]	≥1040℃，快冷	515	205	40	35
07Cr18Ni11Nb[①]	≥1095℃，快冷	515	205	40	35
022Cr11Ti	800~900℃，快冷或缓冷	380	170	20	—
022Cr12Ni	700~820℃，快冷或缓冷	450	280	18	—
06Cr13Al	780~830℃，快冷或缓冷	415	170	20	—
022Cr18Ti	780~950℃，快冷或缓冷	415	205	22	—
019Cr19Mo2NbTi	800~1050℃，快冷	415	275	20	—

① 需方规定在固溶处理后进行稳定化热处理时，稳定化热处理温度为 850~930℃，进行稳定化热处理的钢管应标识代号 "ST"。

表 2-122　　锅炉和换热器用不锈钢无缝钢管的力学性能 （GB/T 13296—2023）

牌号	热处理工艺	抗拉强度 R_m/MPa	规定塑性延伸强度 $R_{p0.2}$/MPa	断后伸长率 A（%）
		≥		
12Cr18Ni9	1010~1150℃,急冷	520	205	35
06Cr19Ni10	1010~1150℃,急冷	520	205	35
022Cr19Ni10	1010~1150℃,急冷	480	175	35
07Cr19Ni10	1010~1150℃,急冷	520	205	35
06Cr19Ni10N	1010~1150℃,急冷	550	240	35
022Cr19Ni10N	1010~1150℃,急冷	515	205	35
16Cr23Ni13	1030~1150℃,急冷	520	205	35
06Cr23Ni13	1030~1150℃,急冷	520	205	35
20Cr25Ni20	1030~1180℃,急冷	520	205	35
06Cr25Ni20	1030~1180℃,急冷	520	205	35
06Cr17Ni12Mo2	1010~1150℃,急冷	520	205	35
022Cr17Ni12Mo2	1010~1150℃,急冷	480	175	40
07Cr17Ni12Mo2	1040~1150℃,急冷	520	205	35
06Cr17Ni12Mo2Ti	1000~1100℃,急冷	530	205	35
06Cr17Ni12Mo2N	1010~1150℃,急冷	550	240	35
022Cr17Ni12Mo2N	1010~1150℃,急冷	515	205	35
06Cr18Ni12Mo2Cu2	1010~1150℃,急冷	520	205	35
022Cr18Ni14Mo2Cu2	1010~1150℃,急冷	480	180	35
015Cr21Ni26Mo5Cu2	1065~1150℃,急冷	490	220	35
06Cr19Ni13Mo3	1010~1150℃,急冷	520	205	35
022Cr19Ni13Mo3	1010~1150℃,急冷	480	175	35
06Cr18Ni11Ti	920~1150℃,急冷	520	205	35
07Cr19Ni11Ti	热轧（挤压）≥1050℃,急冷　冷拔（轧）≥1100℃,急冷	520	205	35
06Cr18Ni11Nb	980~1150℃,急冷	520	205	35
07Cr18Ni11Nb	热轧（挤压）≥1050℃,急冷　冷拔（轧）≥1100℃,急冷	520	205	35
06Cr18Ni13Si4	1010~1150℃,急冷	520	205	35
015Cr20Ni18Mo6CuN	≥1150℃,急冷	675	310	35
022Cr21Ni25Mo7N	≥1110℃,急冷	690	310	30
10Cr17	780~850℃,空冷或缓冷	410	245	20

（续）

牌号	热处理工艺	抗拉强度 R_m/MPa	规定塑性延伸强度 $R_{p0.2}$/MPa	断后伸长率 A（%）
		≥		
008Cr27Mo	900~1050℃，急冷	410	245	20
06Cr13	750℃空冷或 800~900℃缓冷	410	210	20

注：热挤压钢管的抗拉强度可降低20MPa。

2.6.3 耐热钢的力学性能

1. 耐热钢板和带的力学性能（见表 2-123 ~ 表 2-127）

表 2-123 经固溶处理的奥氏体型耐热钢板和带的力学性能
（GB/T 4238—2015）

牌号	拉伸性能			硬度		
	规定塑性延伸强度 $R_{p0.2}$/MPa	抗拉强度 R_m/MPa	断后伸长率 $A^{①}$（%）	HBW	HRB	HV
	≥			≤		
12Cr18Ni9	205	515	40	201	92	210
12Cr18Ni9Si3	205	515	40	217	95	220
06Cr19Ni10	205	515	40	201	92	210
07Cr19Ni10	205	515	40	201	92	210
05Cr19Ni10Si2CeN	290	600	40	217	95	220
06Cr20Ni11	205	515	40	183	88	200
08Cr21Ni11Si2CeN	310	600	40	217	95	220
16Cr23Ni13	205	515	40	217	95	220
06Cr23Ni13	205	515	40	217	95	220
20Cr25Ni20	205	515	40	217	95	220
06Cr25Ni20	205	515	40	217	95	220
06Cr17Ni12Mo2	205	515	40	217	95	220
07Cr17Ni12Mo2	205	515	40	217	95	220
06Cr19Ni13Mo3	205	515	35	217	95	220
06Cr18Ni11Ti	205	515	40	217	95	220
07Cr19Ni11Ti	205	515	40	217	95	220
12Cr16Ni35	205	560	—	201	92	210
06Cr18Ni11Nb	205	515	40	201	92	210
07Cr18Ni11Nb	205	515	40	201	92	210
16Cr20Ni14Si2	220	540	40	217	95	220
16Cr25Ni20Si2	220	540	35	217	95	220

① 厚度不大于 3mm 时使用 A_{50mm} 试样。

表 2-124　经退火处理的铁素体型耐热钢板和带的力学性能（GB/T 4238—2015）

牌号	拉伸性能			硬度			弯曲性能	
	规定塑性延伸强度 $R_{p0.2}$/MPa	抗拉强度 R_m/MPa	断后伸长率 $A^{①}$（%）	HBW	HRB	HV	弯曲角度	弯曲压头直径 D
	≥	≥			≤			
06Cr12Al	170	415	20	179	88	200	180°	$D=2a$
022Cr11Ti	170	380	20	179	88	200	180°	$D=2a$
022Cr11NbTi	170	380	20	179	88	200	180°	$D=2a$
10Cr17	205	420	22	183	89	200	180°	$D=2a$
16Cr25N	275	510	20	201	95	210	135°	—

注：a 为钢板和钢带的厚度。
① 厚度不大于 3mm 时使用 A_{50mm} 试样。

表 2-125　经退火处理的马氏体型耐热钢板和带的力学性能（GB/T 4238—2015）

牌号	拉伸性能			硬度			弯曲性能	
	规定塑性延伸强度 $R_{p0.2}$/MPa	抗拉强度 R_m/MPa	断后伸长率 $A^{①}$（%）	HBW	HRB	HV	弯曲角度	弯曲压头直径 D
	≥	≥			≤			
12Cr12	205	485	25	217	88	210	180°	$D=2a$
12Cr13	205	450	20	217	96	210	180°	$D=2a$
22Cr12NiMoWV	275	510	20	200	95	210	—	$a \geqslant 3mm, D=a$

注：a 为钢板和钢带的厚度。
① 厚度不大于 3mm 时使用 A_{50mm} 试样。

表 2-126　经固溶处理的沉淀硬化型耐热钢板和带的力学性能（GB/T 4238—2015）

牌号	钢材厚度/mm	规定塑性延伸强度 $R_{p0.2}$/MPa	抗拉强度 R_m/MPa	断后伸长率 $A^{[1]}$/(%)	硬度 HRC	硬度 HBW
022Cr12Ni9Cu2NbTi	0.30~100	≤1105	≤1205	≥3	≤36	≤331
05Cr17Ni4Cu4Nb	0.40~100	≤1105	≤1255	≥3	≤38	≤363
07Cr17Ni7Al	0.10~0.30	≤450	≤1035	—	≤92[2]	—
07Cr17Ni7Al	0.30~100	≤380	≤1035	≥20	≤100[2]	—
07Cr15Ni7Mo2Al	0.10~100	≤450	≤1035	≥25	≤32	—
06Cr17Ni7AlTi	0.10~<0.80	≤515	≤825	≥3	≤32	—
06Cr17Ni7AlTi	0.80~<1.50	≤515	≤825	≥4	≤32	—
06Cr17Ni7AlTi	1.50~100	≤515	≤825	≥5	≤91[2]	≤192
06Cr15Ni25Ti2MoAlVB[3]	<2	—	≥725	≥25	≤101[2]	≤248
06Cr15Ni25Ti2MoAlVB[3]	≥2	≥590	≥900	≥15	≤101[2]	≤248

① 厚度不大于 3mm 时使用 A_{50mm} 试样。

② HRB 硬度值。

③ 时效处理后的力学性能。

表 2-127　经沉淀硬化处理的耐热钢板和带的力学性能（GB/T 4238—2015）

牌号	钢材厚度/mm	处理温度[1]/℃	规定塑性延伸强度 $R_{p0.2}$/MPa	抗拉强度 R_m/MPa ≥	断后伸长率 $A^{[2]}$/(%)	硬度 HRC	硬度 HBW
022Cr12Ni9Cu2NbTi	0.10~<0.75	510±10 或 480±6	1410	1525	—	≥44	—
022Cr12Ni9Cu2NbTi	0.75~<1.50	510±10 或 480±6	1410	1525	3	≥44	—
022Cr12Ni9Cu2NbTi	1.50~16	510±10 或 480±6	1410	1525	4	≥44	—

（续）

牌号	钢材厚度/mm	处理温度①/℃	规定塑性延伸强度 $R_{p0.2}$/MPa	抗拉强度 R_m/MPa ≥	断后伸长率 A②(%)	硬度 HRC	硬度 HBW
05Cr17Ni4Cu4Nb	0.1~<5.0	482±10	1170	1310	5	40~48	—
	5.0~<16		1170	1310	8	40~48	388~477
	16~100		1170	1310	10	40~48	388~477
	0.1~<5.0	496±10	1070	1170	5	38~46	—
	5.0~<16		1070	1170	8	38~47	375~477
	16~100		1070	1170	10	38~47	375~477
	0.1~<5.0	552±10	1000	1070	5	35~43	—
	5.0~<16		1000	1070	8	33~42	321~415
	16~100		1000	1070	12	33~42	321~415
	0.1~<5.0	579±10	860	1000	5	31~40	—
	5.0~<16		860	1000	9	29~38	293~375
	16~100		860	1000	13	29~38	293~375
	0.1~<5.0	593±10	790	965	5	31~40	—
	5.0~<16		790	965	10	29~38	293~375
	16~100		790	965	14	29~38	293~375
	0.1~<5.0	621±10	275	930	8	28~38	—
	5.0~<16		725	930	10	26~36	269~352
	16~100		725	930	16	26~36	269~352

牌号	厚度或直径/mm	热处理温度/℃	Rp0.2/MPa	Rm/MPa	A/%		
07Cr17Ni7Al	0.10~<0.75	760±10	515	790	9	26~36	255~331
	5.0~<16	621±10	515	790	11	24~34	248~321
	16~100		515	790	18	24~34	248~321
	0.05~<0.30	760±15	1035	1240	3	≥38	—
	0.30~<5.0	15±3	1035	1240	5	≥38	—
	5.0~16	566±6	965	1170	7	≥38	≥352
	0.05~<0.30	954±8	1310	1450	1	≥44	—
	0.30~<5.0	−73±6	1310	1450	3	≥44	—
	5.0~16	510±6	1240	1380	6	≥43	≥401
07Cr15Ni7Mo2Al	0.05~<0.30	760±15	1170	1310	3	≥40	—
	0.30~<5.0	15±3	1170	1310	5	≥40	—
	5.0~16	566±10	1170	1310	4	≥40	≥375
	0.05~<0.30	954±8	1380	1550	2	≥46	—
	0.30~<5.0	−73±6	1380	1550	4	≥46	—
	5.0~16	510±6	1380	1550	4	≥45	≥429
06Cr17Ni7AlTi	0.10~<0.80	510±8	1170	1310	3	≥39	—
	0.80~1.50		1170	1310	4	≥39	—
	1.50~16		1170	1310	5	≥39	—
	0.10~<0.75	538±8	1105	1240	3	≥37	—
	0.75~1.50		1105	1240	4	≥37	—
	1.50~16		1105	1240	5	≥37	—
	0.10~<0.75	566±8	1035	1170	3	≥35	—
	0.75~1.50		1035	1170	4	≥35	—
	1.50~16		1035	1170	5	≥35	—
06Cr15Ni25Ti2MoAlVB	2.0~<8.0	700~760	590	900	15	≥101	≥248

① 表中所列为推荐性热处理温度。供方应向需方提供推荐性热处理制度。

② 适用于沿宽度方向的试验，垂直于轧制方向且平行于钢板表面。厚度不大于 3mm 时使用 A_{50mm} 试样。

2. 耐热钢棒的力学性能（见表 2-128～表 2-131）

表 2-128　奥氏体型耐热钢棒的力学性能（GB/T 1221—2007）

牌号	热处理状态	规定塑性延伸强度 $R_{p0.2}$[1] /MPa ≥	抗拉强度 R_m /MPa ≥	断后伸长率 A (%) ≥	断面收缩率 Z[2] (%) ≥	硬度 HBW[1] ≤
53Cr21Mn9Ni4N	固溶+时效	560	885	8	—	≥302
26Cr18Mn12Si2N	固溶处理	390	685	35	45	248
22Cr20Mn10Ni2Si2N	固溶处理	390	635	35	45	248
06Cr19Ni10		205	520	40	60	187
22Cr21Ni12N	固溶+时效	430	820	26	20	269
16Cr23Ni13		205	560	45	50	201
06Cr23Ni13		205	520	40	60	187
20Cr25Ni20		205	590	40	50	201
06Cr25Ni20	固溶处理	205	520	40	50	187
06Cr17Ni12Mo2		205	520	40	60	187
06Cr19Ni13Mo3		205	520	40	60	187
06Cr18Ni11Ti		205	520	40	50	187
45Cr14Ni14W2Mo	退火	315	705	20	35	248
12Cr16Ni35		205	560	40	50	201
06Cr18Ni11Nb	固溶处理	205	520	40	50	187
06Cr18Ni13Si4		205	520	40	60	207
16Cr20Ni14Si2		295	590	35	50	187
16Cr25Ni20Si2		295	590	35	50	187

注：53Cr21Mn9Ni4N 和 22Cr21Ni12N 仅适用于直径、边长及对边距离或厚度小于或等于 25mm 的钢棒。其余牌号仅适用于直径、
　　边长及对边距离 25mm 的样坯或厚度小于或等于 180mm 的钢棒。大于 180mm 的钢棒，可改锻成 180mm 的样坯检验或由供需双
　　方协商确定，允许降低其力学性能数值。
① 规定塑性延伸强度和硬度，仅当需方要求时（合同中注明）才进行测定。
② 扁钢不适用，但需方要求时，可由供需双方协商确定。

表 2-129 经退火的铁素体型耐热钢棒的力学性能 (GB/T 1221—2007)

牌号	热处理状态	规定塑性延伸强度 $R_{p0.2}$/MPa	抗拉强度 R_m/MPa	断后伸长率 $A(\%)$	断面收缩率 $Z^{②}(\%)$	硬度 HBW[①]
		≥	≥	≥	≥	≤
06Cr13Al	退火	175	410	20	60	183
022Cr12		195	360	22	60	183
10Cr17		205	450	22	50	183
16Cr25N		275	510	20	40	201

注: 表中数值仅适用于直径、边长及对边距离或厚度小于或等于 75mm 的钢棒; 大于 75mm 的钢棒, 可改锻成 75mm 的样坯检验或由供需双方协商确定允许降低其力学性能的数值。
① 规定塑性延伸强度和硬度, 仅当需方要求时(合同中注明)才进行测定。
② 扁钢不适用, 但供需双方要求时, 由供需双方协商确定。

表 2-130 经淬火+回火的马氏体型耐热钢棒的力学性能 (GB/T 1221—2007)

牌号	热处理状态	规定塑性延伸强度 $R_{p0.2}$/MPa	抗拉强度 R_m/MPa	断后伸长率 A(%)	断面收缩率 $Z^{①}(\%)$	冲击吸收能量 $KU^{②}$/J	经淬火回火后的硬度 HBW	退火后的硬度 HBW[③]
		≥		≥				≤
12Cr13	淬火+回火	345	540	22	55	78	159	200
20Cr13		440	640	20	50	63	192	223
14Cr17Ni2		—	1080	10	—	39	—	—
17Cr16Ni2[④]		700	900~1050	12	45	25	—	295
		600	800~950	14				

（续）

牌号	热处理状态	规定塑性延伸强度 $R_{p0.2}$/MPa	抗拉强度 R_m/MPa	断后伸长率 A (%)	断面收缩率 Z[①] (%)	冲击吸收能量 KU[②]/J	经淬火回火后的硬度 HBW	退火后的硬度 HBW[③] ≤
				≥				
12Cr5Mo		390	590	18	—	—	—	200
12Cr12Mo		550	685	18	60	78	217~248	255
13Cr13Mo		490	690	20	60	78	192	200
14Cr11MoV		490	685	16	55	47	—	200
18Cr12MoVNbN		685	835	15	30	—	≤321	269
15Cr12WMoV	淬火+回火	585	735	15	25	47	—	—
22Cr12NiWMoV		735	885	10	25	—	≤341	269
13Cr11Ni2W2MoV[④]		735	885	15	55	71	269~321	269
		885	1080	12	50	55	311~388	269
18Cr11NiMoNbVN		760	930	12	32	20	227~331	255
42Cr9Si2		590	885	19	50	—	—	269
45Cr9Si3		685	930	15	35	—	≥269	269
40Cr10Si2Mo		685	885	10	35	—	—	—
80Cr20Si2Ni		685	885	10	15	8	≥262	321

注：表中数值仅适用于直径、边长及对边距离或厚度小于或等于75mm的钢棒；大于75mm的钢棒，可改锻成75mm的样坯检验或由供需双方协商确定其力学性能的数值。

① 扁钢不适用，但需方要求时，由供需双方协商确定。

② 直径或对边距离小于16mm的圆钢、六角钢、八角钢和边长或厚度小于等于12mm的方钢、扁钢不作冲击试验。

③ 采用750℃退火时，其硬度由供需双方协商。

④ 17Cr16Ni2和13Cr11Ni2W2MoV钢的性能组别应在合同中注明，未注明时，由供方自行选择。

表 2-131　沉淀硬化型耐热钢棒的力学性能（GB/T 1221—2017）

牌号	热处理状态		规定塑料延伸强度 $R_{p0.2}$/MPa	抗拉强度 R_m/MPa	断后伸长率 A(%)	断面收缩率 Z①(%)	硬度②	
	类型	组别					HBW	HRC
			≥					
05Cr17Ni4Cu4Nb	固熔处理	0	—	—	—	—	≤363	≤38
	沉淀硬化 480℃时效	1	1180	1310	10	40	≥375	≥40
	550℃时效	2	1000	1070	12	45	≥331	≥35
	580℃时效	3	865	1000	13	45	≥302	≥31
	620℃时效	4	725	930	16	50	≥277	≥28
07Cr17Ni7Al	固熔处理	0	≤380	≤1030	20	—	≤229	—
	沉淀硬化 510℃时效	1	1030	1230	4	10	≥388	—
	565℃时效	2	960	1140	5	25	≥363	—
06Cr15Ni25Ti2MoAlVB	固熔+时效		590	900	15	18	≥248	—

注：表中数值仅适用于直径、边长、厚度或对边距离小于或等于 75mm 的钢棒；大于 75mm 的钢棒，可改锻成 75mm 的样坯检验，或由供需双方协商，规定允许降低其力学性能的数据。
① 扁钢不适用，但需方要求时，由供需双方协商。
② 供方可根据钢棒的尺寸或状态任选一种方法测定硬度。

2.7 铝及铝合金

2.7.1 铸造铝合金

铸造铝合金的化学成分、力学性能见表 2-132、表 2-133。

表 2-132 铸造铝合金的化学成分 （GB/T 1173—2013）

牌号	代号	主要元素（质量分数,%）							
		Si	Cu	Mg	Zn	Mn	Ti	其他	Al
ZAlSi7Mg	ZL101	6.5~7.5		0.25~0.45					余量
ZAlSi7MgA	ZL101A	6.5~7.5		0.25~0.45			0.08~0.20		余量
ZAlSi12	ZL102	10.0~13.0							余量
ZAlSi9Mg	ZL104	8.0~10.5		0.17~0.35		0.2~0.5			余量
ZAlSi5Cu1Mg	ZL105	4.5~5.5	1.0~1.5	0.4~0.6					余量
ZAlSi5Cu1MgA	ZL105A	4.5~5.5	1.0~1.5	0.4~0.55					余量
ZAlSi8Cu1Mg	ZL106	7.5~8.5	1.0~1.5	0.3~0.5		0.3~0.5	0.10~0.25		余量
ZAlSi7Cu4	ZL107	6.5~7.5	3.5~4.5						余量
ZAlSi12Cu2Mg1	ZL108	11.0~13.0	1.0~2.0	0.4~1.0		0.3~0.9			余量
ZAlSi12Cu1Mg1Ni1	ZL109	11.0~13.0	0.5~1.5	0.8~1.3				Ni:0.8~1.5	余量
ZAlSi5Cu6Mg	ZL110	4.0~6.0	5.0~8.0	0.2~0.5					余量
ZAlSi9Cu2Mg	ZL111	8.0~10.0	1.3~1.8	0.4~0.6		0.10~0.35	0.10~0.35		余量
ZAlSi7Mg1A	ZL114A	6.5~7.5		0.45~0.75			0.10~0.20	Be:0~0.07	余量
ZAlSi5Zn1Mg	ZL115	4.8~6.2		0.4~0.65	1.2~1.8			Sb:0.1~0.25	余量
ZAlSi8MgBe	ZL116	6.5~8.5		0.35~0.55			0.10~0.30	Be:0.15~0.40	余量
ZAlSi7Cu2Mg	ZL118	6.0~8.0	1.3~1.8	0.2~0.5		0.1~0.3	0.10~0.25		余量

合金牌号	合金代号	Si	Cu	Mg	Zn	Mn	Ti	其他	Al
ZAlCu5Mn	ZL201		4.5~5.3			0.6~1.0	0.15~0.35		余量
ZAlCu5MnA	ZL201A		4.8~5.3			0.6~1.0	0.15~0.35		余量
ZAlCu10	ZL202		9.0~11.0						余量
ZAlCu4	ZL203		4.0~5.0						余量
ZAlCu5MnCdA	ZL204A		4.6~5.3			0.6~0.9	0.15~0.35	Cd:0.15~0.25	余量
ZAlCu5MnCdVA	ZL205A		4.6~5.3			0.3~0.5	0.15~0.35	Cd:0.15~0.25 V:0.05~0.3 Zr:0.15~0.25 B:0.005~0.06	余量
ZAlR5Cu3Si2	ZL207	1.6~2.0	3.0~3.4	0.15~0.25		0.9~1.2		Zr:0.15~0.2 Ni:0.2~0.3 RE:4.4~5.0	余量
ZAlMg10	ZL301			9.5~11.0					余量
ZAlMg5Si	ZL303	0.8~1.3		4.5~5.5		0.1~0.4			余量
ZAlMg8Zn1	ZL305			7.5~9.0	1.0~1.5		0.10~0.20	Be:0.03~0.10	余量
ZAlZn11Si7	ZL401	6.0~8.0		0.1~0.3	9.0~13.0				余量
ZAlZn6Mg	ZL402			0.5~0.65	5.0~6.5	0.2~0.5	0.15~0.25	Cr:0.4~0.6	余量

注:"RE"为"含铈混合稀土",其中混合稀土,总的质量分数应不少于98%,铈的质量分数不少于45%。

表 2-133　铸造铝合金的力学性能（GB/T 1173—2013）

牌号	代号	铸造方法	合金状态	抗拉强度 R_m/MPa	伸长率 A（%）	硬度 HBW
				力学性能 ≥		
ZAlSi7Mg	ZL101	S、J、R、K	F	155	2	50
		S、J、R、K	T2	135	2	45
		JB	T4	185	4	50
		S、R、K	T4	175	4	50
		J、JB	T5	205	2	60
		S、R、K	T5	195	2	60
		SB、RB、KB	T5	195	2	60
		SB、RB、KB	T6	225	1	70
		SB、RB、KB	T7	195	2	60
		SB、RB、KB	T8	155	3	55
ZAlSi7MgA	ZL101A	S、R、K	T4	195	5	60
		J、JB	T4	225	5	60
		S、R、K	T5	235	4	70
		SB、RB、KB	T5	235	4	70
		J、JB	T5	265	4	70
		SB、RB、KB	T6	275	2	80
		J、JB	T6	295	3	80
ZAlSi12	ZL102	SB、JB、RB、KB	F	145	4	50
		J	F	155	4	50
		SB、JB、RB、KB	T2	135	4	50
		J	T2	145	3	50
ZAlSi9Mg	ZL104	S、R、J、K	F	150	2	50
		J	T1	200	1.5	65
		SB、RB、KB	T6	230	2	70
		J、JB	T6	240	2	70
ZAlSi5Cu1Mg	ZL105	S、J、R、K	T1	155	0.5	65
		S、R、K	T5	215	1	70
		J	T5	235	0.5	70
		S、R、K	T6	225	0.5	70
		S、J、R、K	T7	175	1	65

（续）

牌号	代号	铸造方法	合金状态	力学性能 ≥		
				抗拉强度 R_m/MPa	伸长率 A（%）	硬度 HBW
ZAlSi5Cu1MgA	ZL105A	SB、R、K	T5	265	1	80
		J、JB	T5	295	2	80
ZAlSi8Cu1Mg	ZL106	SB	F	175	1	70
		JB	T1	195	1.5	70
		SB	T5	235	2	60
ZAlSi8Cu1Mg	ZL106	JB	T5	255	2	70
		SB	T6	245	1	80
		JB	T6	265	2	70
		SB	T7	225	2	60
		JB	T7	245	2	60
ZAlSi7Cu4	ZL107	SB	F	165	2	65
		SB	T6	245	2	90
		J	F	195	2	70
		J	T6	275	2.5	100
ZAlSi12Cu2Mg1	ZL108	J	T1	195	—	85
		J	T6	255	—	90
ZAlSi12Cu1Mg1Ni1	ZL109	J	T1	195	0.5	90
		J	T6	245	—	100
ZAlSi5Cu6Mg	ZL110	S	F	125	—	80
		J	F	155	—	80
		S	T1	145	—	80
		J	T1	165	—	90
ZAlSi9Cu2Mg	ZL111	J	F	205	1.5	80
		SB	T6	255	1.5	90
		J、JB	T6	315	2	100
ZAlSi7Mg1A	ZL114A	SB	T5	290	2	85
		J、JB	T5	310	3	95
ZAlSi5Zn1Mg	ZL115	S	T4	225	4	70
		J	T4	275	6	80
		S	T5	275	3.5	90
		J	T5	315	5	100

（续）

牌号	代号	铸造方法	合金状态	力学性能≥		
				抗拉强度 R_m/MPa	伸长率 A（%）	硬度 HBW
ZAlSi8MgBe	ZL116	S	T4	255	4	70
		J	T4	275	6	80
		S	T5	295	2	85
		J	T5	335	4	90
ZAlSi7Cu2Mg	ZL118	SB、RB	T6	290	1	90
		JB	T6	305	2.5	105
ZAlCu5Mg	ZL201	S、J、R、K	T4	295	8	70
		S、J、R、K	T5	335	4	90
		S	T7	315	2	0
ZAlCu5MgA	ZL201A	S、J、R、K	T5	390	8	100
ZAlCu10	ZL202	S、J	F	104	—	50
		S、J	T6	163	—	100
ZAlCu4	ZL203	S、R、K	T4	195	6	60
		J	T4	205	6	60
		S、R、K	T5	215	3	70
		J	T5	225	3	70
ZAlCu5MnCdA	ZL204A	S	T5	440	4	100
ZAlCu5MnCdVA	ZL205A	S	T5	440	7	100
		S	T6	470	3	120
		S	T7	460	2	110
ZAlR5Cu3Si2	ZL207	S	T1	165	—	75
		J	T1	175	—	75
ZAlMg10	ZL301	S、J、R	T4	280	9	60
ZAlMg5Si	ZL303	S、J、R、K	F	143	1	55
ZAlMg8Zn1	ZL305	S	T4	290	8	90
ZAlZn11Si7	ZL401	S、R、K	T1	195	2	80
		J	T1	245	1.5	90
ZAlZn6Mg	ZL402	J	T1	235	4	70
		S	T1	220	4	65

2.7.2　压铸铝合金

　　压铸铝合金、铝合金压铸件的化学成分见表 2-134、表 2-135，压铸铝合金的力学性能见表 2-136。

表 2-134　压铸铝合金的化学成分（GB/T 15115—2024）

| 牌号 | 代号 | 化学成分（质量分数，%） | | | | | | | | | | 其他 | | Al |
		Si	Cu	Mn	Mg	Fe	Ni	Ti	Zn	Pb	Sn	单个	总量	
YZAlSi10Mg	YL101	9.00~10.00	0.60	0.35	0.45~0.65	1.00	0.50	—	0.40	0.10	0.15	0.05	0.15	余量
YZAlSi12	YL102	10.00~13.00	1.00	0.35	0.10	1.00	0.50	—	0.40	0.10	0.15	0.05	0.25	余量
YZAlSi10	YL104	8.00~10.50	0.30	0.20~0.50	0.30~0.50	0.50~0.80	0.10	—	0.30	0.05	0.01	—	0.20	余量
YZAlSi9Cu4	YL112	7.50~9.50	3.00~4.00	0.50	0.10	1.00	0.50	—	2.90	0.10	0.15	0.05	0.25	余量
YZAlSi11Cu3	YL113	9.50~11.50	2.00~3.00	0.50	0.10	1.00	0.30	—	2.90	0.10	0.35	0.05	0.25	余量
YZAlSi17Cu5Mg	YL117	16.00~18.00	4.00~5.00	0.50	0.50~0.70	1.00	0.10	0.20	1.40	0.10	—	0.10	0.20	余量
YZAlMg5Si1	YL302	0.80~1.30	0.20	0.10~0.40	4.55~5.50	1.00	—	0.20	0.20	—	—	—	0.25	余量
YZAlSi12Fe	YL118	10.50~13.50	0.07	0.55	—	0.80	—	0.15	0.15	—	—	0.05	0.25	余量
YZAlSi10MnMg	YL119	9.50~11.50	0.03	0.40~0.80	0.15~0.60	0.20	—	0.20	0.07	—	—	0.05	0.15	余量

（续）

牌号	代号	化学成分（质量分数，%）										其他		Al
		Si	Cu	Mn	Mg	Fe	Ni	Ti	Zn	Pb	Sn	单个	总量	
YZAlSi7MnMg	YL120	6.00~7.50	0.03	0.35~0.75	0.15~0.45	0.20	—	0.20	0.03	—	—	0.05	0.15	余量

注：1. 所列牌号为常用压铸铝合金牌号。
2. 未特殊说明的数值均为最大值。
3. 除有范围的元素和铁为必检元素外，其余元素在有要求时抽检。

表2-135　铝合金压铸件的化学成分（GB/T 15114—2023）

牌号	代号	化学成分（质量分数，%）											其他		Al
		Si	Cu	Mn	Mg	Fe	Ni	Ti	Zn	Pb	Sn	Sr	单个	总量	
YZAlSi10Mg	YL101	9.00~10.00	0.60	0.35	0.40~0.60	1.30	0.50	—	0.50	0.10	0.15	—	0.05	0.15	余量
YZAlSi12	YL102	10.00~13.00	1.00	0.35	0.10	1.30	0.50	—	0.50	0.10	0.15	—	0.05	0.25	余量
YZAlSi10	YL104	8.00~10.50	0.30	0.20~0.50	0.17~0.30	1.00	0.50	—	0.40	0.05	0.01	—	—	0.20	余量
YZAlSi9Cu4	YL112	7.50~9.50	3.00~4.00	0.50	0.10	1.30	0.50	—	3.00	0.10	0.15	—	0.05	0.25	余量
YZAlSi11Cu3	YL113	9.50~11.50	2.00~3.00	0.50	0.10	1.30	0.30	—	3.00	0.10	0.35	—	0.05	0.25	余量
YZAlSi17Cu5Mg	YL117	16.00~18.00	4.00~5.00	0.50	0.45~0.65	1.30	0.10	0.10	1.50	0.10	—	—	0.10	0.20	余量
YZAlMg5Si1	YL302	0.80~1.30	0.25	0.10~0.40	4.50~5.50	1.20	—	0.20	0.20	—	—	—	—	0.25	余量

牌号	代号										
YZAlSi12Fe	YL118	10.50~13.50	0.55	—	1.00	0.15	—	—	—	0.05	0.25	余量
YZAlSi10MnMg	YL119	9.50~11.50	0.40~0.80	0.10~0.60	0.25	0.20	0.07	—	0.010~0.025	0.05	0.15	余量
YZAlSi7MnMg	YL120	6.00~7.50	0.35~0.75	0.10~0.45	0.25	0.20	0.03	—	—	0.05	0.15	余量

注：1. 除有范围的元素和铁为必检元素外，其余元素在有要求时抽检。
2. 表中未特殊说明的数值均为最大值。

表 2-136　压铸铝合金的力学性能（GB/T 15115—2009）

牌号	代号	抗拉强度 R_m/MPa ≥	断后伸长率 A_{50mm}（%）≥	硬度 HBW ≥
YZAlSi10Mg	YL101	200	2.0	70
YZAlSi12	YL102	220	2.0	60
YZAlSi10	YL104	220	2.0	70
YZAlSi9Cu4	YL112	320	3.5	85
YZAlSi11Cu3	YL113	230	1.0	80
YZAlSi17Cu5Mg	YL117	220	<1.0	—
YZAlMg5Si1	YL302	220	2.0	70

2.7.3　变形铝及铝合金

变形铝及铝合金国际四位数字牌号、字符牌号的化学成分见表 2-137、表 2-138，铝及铝合金挤压棒的室温纵向力学性能见表 2-139。

表2-137　变形铝及铝合金国际四位数字牌号的化学成分 （GB/T 3190—2020）

化学成分(质量分数,%)

牌号	Si	Fe	Cu	Mn	Mg	Cr	Ni	Zn	Ti	Ag	B
1035	0.35	0.6	0.10	0.05	0.05	—	—	0.10	0.03	—	—
1050	0.25	0.40	0.05	0.05	0.05	—	—	0.05	0.03	—	—
1050A	0.25	0.40	0.05	0.05	0.05	—	—	0.07	0.05	—	—
1060	0.25	0.35	0.05	0.03	0.03	—	—	0.05	0.03	—	—
1065	0.25	0.30	0.05	0.03	0.03	—	—	0.05	0.03	—	—
1070	0.20	0.25	0.04	0.03	0.03	—	—	0.04	0.03	—	—
1070A	0.20	0.25	0.03	0.03	0.03	—	—	0.07	0.03	—	—
1080	0.15	0.15	0.03	0.02	0.02	—	—	0.03	0.03	—	—
1080A	0.15	0.15	0.03	0.02	0.02	—	—	0.06	0.02	—	—
1085	0.10	0.12	0.03	0.02	0.02	—	—	0.03	0.02	—	—
1090	0.07	0.07	0.02	0.01	0.01	—	—	0.03	0.01	—	—
1100	②	②	0.05~0.20	0.05	—	—	—	0.10	—	—	—
1200	②	②	0.05	0.05	—	—	—	0.10	0.05	—	—
1200A	②	②	0.10	0.30	0.30	0.10	—	0.10	—	—	—
1110	0.30	0.8	0.04	0.01	0.25	0.01	—	—	②	—	0.02
1120	0.10	0.40	0.05~0.35	0.01	0.20	0.01	—	0.05	②	—	0.05
1230③	②	②	0.10	0.05	0.05	—	—	0.10	0.03	—	—
1235	②	②	0.05	0.05	0.05	—	—	0.10	0.06	—	—

1435	0.15	0.30~0.50	0.02	0.05	0.05	—	—	0.10	0.03	—	—
1145	②	②	0.05	0.05	0.05	—	—	0.05	0.03	—	—
1345	0.30	0.40	0.10	0.05	0.05	—	—	0.05	0.03	—	—
1350	0.10	0.40	0.05	0.01	—	0.01	—	0.05	②	—	0.05
1450	0.25	0.40	0.05	0.05	0.05	—	—	0.07	0.10~0.20	—	—
1370	0.10	0.25	0.02	0.01	0.02	0.01	—	0.04	②	—	0.02
1275	0.08	0.12	0.05~0.10	0.02	0.02	—	—	0.03	0.02	—	—
1185	②	②	0.01	0.02	0.02	—	—	0.03	0.02	—	—
1285	0.08	0.08	0.02	0.01	0.01	—	—	0.03	0.02	—	—
1385	0.05	0.12	0.02	0.01	0.02	0.01	—	0.03	②	—	0.02
1188	0.06	0.06	0.005	0.01	0.01	—	—	0.03	0.01	—	—
2004	0.20	0.20	5.5~6.5	0.10	0.50	—	—	0.10	0.05	—	—
2007	0.8	0.8	3.3~4.6	0.50~1.0	0.40~1.8	0.10	0.20	0.8	0.20	—	—
2008	0.50~0.8	0.40	0.7~1.1	0.30	0.25~0.50	0.10	—	0.25	0.10	—	—
2010	0.50	0.50	0.7~1.3	0.10~0.40	0.40~1.0	0.15	—	0.30	—	—	—
2011	0.40	0.7	5.0~6.0	—	—	—	—	0.30	—	—	—

（续）

牌号	化学成分（质量分数，%）										
	Si	Fe	Cu	Mn	Mg	Cr	Ni	Zn	Ti	Ag	B
2014	0.50~1.2	0.7	3.9~5.0	0.40~1.2	0.20~0.8	0.10	—	0.25	0.15	—	—
2014A	0.50~0.9	0.50	3.9~5.0	0.40~1.2	0.20~0.8	0.10	0.10	0.25	0.15	—	—
2214	0.50~1.2	0.30	3.9~5.0	0.40~1.2	0.20~0.8	0.10	—	0.25	0.15	—	—
2017	0.20~0.8	0.7	3.5~4.5	0.40~1.0	0.40~0.8	0.10	—	0.25	0.15	—	—
2017A	0.20~0.8	0.7	3.5~4.5	0.40~1.0	0.40~1.0	0.10	—	0.25	②	—	—
2117	0.8	0.7	2.2~3.0	0.20	0.20~0.50	0.10	—	0.25	—	—	—
2018	0.9	1.0	3.5~4.5	0.20	0.45~0.9	0.10	1.7~2.3	0.25	—	—	—
2218	0.9	1.0	3.5~4.5	0.20	1.2~1.8	0.10	1.7~2.3	0.25	—	—	—
2618	0.10~0.25	0.9~1.3	1.9~2.7	—	1.3~1.8	—	0.9~1.2	0.10	0.04~0.10	—	—
2618A	0.15~0.25	0.9~1.4	1.8~2.7	0.25	1.2~1.8	—	0.8~1.4	0.15	0.20	—	—

2219	0.20	0.30	5.8~6.8	0.20~0.40	0.02	—	—	0.10	0.02~0.10	—	—
2519	0.25	030	5.3~6.4	0.10~0.50	0.05~0.40	—	—	0.10	0.02~0.10	—	—
2024	0.50	0.50	3.8~4.9	0.30~0.9	1.2~1.8	0.10	—	0.25	0.15	—	—
2024A	0.15	0.20	3.7~4.5	0.15~0.8	1.2~1.5	0.10	—	0.25	0.15	—	—
2124	0.20	0.30	3.8~4.9	0.30~0.9	1.2~1.8	0.10	—	0.25	0.15	—	—
2324	0.10	0.12	3.8~4.4	0.30~0.9	1.2~1.8	0.10	—	0.25	0.15	—	—
2524	0.06	0.12	4.0~4.5	0.45~0.7	1.2~1.6	0.05	—	0.15	0.10	—	—
2624	0.08	0.08	3.8~4.3	0.45~0.7	1.2~1.6	0.05	—	0.15	0.10	—	—
2025	0.50~1.2	1.0	3.9~5.0	0.40~1.2	0.05	0.10	—	0.25	0.15	—	—
2026	0.05	0.07	3.6~4.3	0.30~0.8	1.0~1.6	—	—	0.10	0.06	—	—
2036	0.50	0.50	2.2~3.0	0.10~0.40	0.30~0.6	0.10	—	0.25	0.15	—	—
2040	0.08	0.10	4.8~5.4	0.45~0.8	0.7~1.1	—	—	0.25	0.06	0.40~0.7	—

（续）

牌号	化学成分（质量分数，%）										
	Si	Fe	Cu	Mn	Mg	Cr	Ni	Zn	Ti	Ag	B
2050	0.08	0.10	3.2~3.9	0.20~0.50	0.20~0.6	0.05	0.05	0.25	0.10	0.20~0.7	—
2055	0.07	0.10	3.2~4.2	0.10~0.50	0.20~0.6	—	—	0.30~0.7	0.10	0.20~0.7	—
2060	0.07	0.07	3.4~4.5	0.10~0.50	0.6~1.1	—	—	0.30~0.50	0.10	0.05~0.50	—
2195	0.12	0.15	3.7~4.3	0.25	0.25~0.8	—	—	0.25	0.10	0.25~0.6	—
2196	0.12	0.15	2.5~3.3	0.35	0.25~0.8	—	—	0.35	0.10	0.25~0.6	—
2297	0.10	0.10	2.5~3.1	0.10~0.50	0.25	—	—	0.05	0.12	—	—
2099	0.05	0.07	2.4~3.0	0.10~0.50	0.10~0.50	—	—	0.40~1.0	0.10	—	—
3002	0.08	0.10	0.15	0.05~0.25	0.05~0.20	—	—	0.05	0.03	—	—
3102	0.40	0.7	0.10	0.05~0.40	—	—	—	0.30	0.10	—	—
3003	0.6	0.7	0.05~0.20	1.0~1.5	—	—	—	0.10	—	—	—

牌号											
3103	0.50	0.7	0.10	0.9~1.5	0.30	0.10	—	0.20	②	—	—
3103A	0.50	0.7	0.10	0.7~1.4	0.30	0.10	—	0.20	②	—	—
3203	0.6	0.7	0.05	1.0~1.5	—	—	—	0.10	—	—	—
3004	0.30	0.7	0.25	1.0~1.5	0.8~1.3	—	—	0.25	—	—	—
3004A	0.40	0.7	0.25	0.8~1.5	0.8~1.5	0.10	—	0.25	0.05	—	—
3104	0.6	0.8	0.05~0.25	0.8~1.4	0.8~1.3	—	—	0.25	0.10	—	—
3204	0.30	0.7	0.10~0.25	0.8~1.5	0.8~1.5	—	—	0.25	—	—	—
3005	0.6	0.7	0.30	1.0~1.5	0.20~0.6	0.10	—	0.25	0.10	—	—
3105	0.6	0.7	0.30	0.30~0.8	0.20~0.8	0.20	—	0.40	0.10	—	—
3105A	0.6	0.7	0.30	0.30~0.8	0.20~0.8	0.20	—	0.25	0.10	—	—
3007	0.50	0.7	0.05~0.30	0.30~0.8	0.6	0.20	—	0.40	0.10	—	—
3107	0.6	0.7	0.05~0.15	0.40~0.9	—	—	—	0.20	0.10	—	—

（续）

牌号	化学成分（质量分数，%）										
	Si	Fe	Cu	Mn	Mg	Cr	Ni	Zn	Ti	Ag	B
3207	0.30	0.45	0.10	0.40~0.8	0.10	—	—	0.10	—	—	—
3207A	0.35	0.6	0.25	0.30~0.8	0.40	0.20	—	0.25	—	—	—
3307	0.6	0.8	0.30	0.50~0.9	0.30	0.20	—	0.40	0.10	—	—
3026	0.25	0.10~0.40	0.05	0.40~0.9	0.10	0.05	—	0.05~0.30	0.05~0.30	—	—
4004③	9.0~10.5	0.8	0.25	0.10	1.0~2.0	—	—	0.20	—	—	—
4104	9.0~10.5	0.8	0.25	0.10	1.0~2.0	—	—	0.20	—	—	—
4006	0.8~1.2	0.50~0.8	0.10	0.05	0.01	0.20	—	0.05	—	—	—
4007	1.0~1.7	0.40~1.0	0.20	0.8~1.5	0.20	0.05~0.25	0.15~0.7	0.10	0.10	—	—
4015	1.4~2.2	0.7	0.20	0.6~1.2	0.10~0.50	—	—	0.20	—	—	—
4032	11.0~13.5	1.0	0.50~1.3	—	0.8~1.3	0.10	0.50~1.3	0.25	—	—	—

牌号											
4043	—	—	0.20	0.10	—	—	0.05	0.05	0.30	0.8	4.5~6.0
4043A	—	—	0.15	0.10	—	—	0.20	0.15	0.30	0.6	4.5~6.0
4343	—	—	—	0.20	—	—	—	0.10	0.25	0.8	6.8~8.2
4045	—	—	0.20	0.10	—	—	0.05	0.05	0.30	0.8	9.0~11.0
4145	—	—	—	0.20	—	0.15	0.15	0.15	3.3~4.7	0.8	9.3~10.7
4047	—	—	—	0.20	—	—	0.10	0.15	0.30	0.8	11.0~13.0
4047A	—	—	0.15	0.20	—	—	0.10	0.15	0.30	0.6	11.0~13.0
5005	—	—	—	0.25	—	0.10	0.50~1.1	0.20	0.20	0.7	0.30
5005A	—	—	—	0.20	—	0.10	0.7~1.1	0.15	0.05	0.45	0.30
5205	—	—	—	0.05	—	0.10	0.6~1.0	0.10	0.03~0.10	0.7	0.15
5006	—	—	0.10	0.25	—	0.10	0.8~1.3	0.40~0.8	0.10	0.8	0.40
5010	—	—	0.10	0.30	—	0.15	0.20~0.6	0.10~0.30	0.25	0.7	0.40

（续）

<table>
<tr><th rowspan="2">牌号</th><th colspan="11">化学成分（质量分数，%）</th></tr>
<tr><th>Si</th><th>Fe</th><th>Cu</th><th>Mn</th><th>Mg</th><th>Cr</th><th>Ni</th><th>Zn</th><th>Ti</th><th>Ag</th><th>B</th></tr>
<tr><td>5019</td><td>0.40</td><td>0.50</td><td>0.10</td><td>0.10~0.6</td><td>4.5~5.6</td><td>0.20</td><td>—</td><td>0.20</td><td>0.20</td><td>—</td><td>—</td></tr>
<tr><td>5040</td><td>0.30</td><td>0.7</td><td>0.25</td><td>0.9~1.4</td><td>1.0~1.5</td><td>0.10~0.30</td><td>—</td><td>0.25</td><td>—</td><td>—</td><td>—</td></tr>
<tr><td>5042</td><td>0.20</td><td>0.35</td><td>0.15</td><td>0.20~0.50</td><td>3.0~4.0</td><td>0.10</td><td>—</td><td>0.25</td><td>0.10</td><td>—</td><td>—</td></tr>
<tr><td>5049</td><td>0.40</td><td>0.50</td><td>0.10</td><td>0.50~1.1</td><td>1.6~2.5</td><td>0.30</td><td>—</td><td>0.20</td><td>0.10</td><td>—</td><td>—</td></tr>
<tr><td>5449</td><td>0.40</td><td>0.7</td><td>0.30</td><td>0.6~1.1</td><td>1.6~2.6</td><td>0.30</td><td>—</td><td>0.30</td><td>0.10</td><td>—</td><td>—</td></tr>
<tr><td>5050</td><td>0.40</td><td>0.7</td><td>0.20</td><td>0.10</td><td>1.1~1.8</td><td>0.10</td><td>—</td><td>0.25</td><td>—</td><td>—</td><td>—</td></tr>
<tr><td>5050A</td><td>0.40</td><td>0.7</td><td>0.20</td><td>0.30</td><td>1.1~1.8</td><td>0.10</td><td>—</td><td>0.25</td><td>—</td><td>—</td><td>—</td></tr>
<tr><td>5150</td><td>0.08</td><td>0.10</td><td>0.10</td><td>0.03</td><td>1.3~1.7</td><td>—</td><td>—</td><td>0.10</td><td>0.06</td><td>—</td><td>—</td></tr>
<tr><td>5051</td><td>0.40</td><td>0.7</td><td>0.25</td><td>0.20</td><td>1.7~2.2</td><td>0.10</td><td>—</td><td>0.25</td><td>0.10</td><td>—</td><td>—</td></tr>
<tr><td>5051A</td><td>0.30</td><td>0.45</td><td>0.05</td><td>0.25</td><td>1.4~2.1</td><td>0.30</td><td>—</td><td>0.20</td><td>0.10</td><td>—</td><td>—</td></tr>
</table>

5251	—	—	0.15	0.15	—	0.15	1.7~2.4	0.10~0.50	0.15	0.50	0.40
5052	—	—	—	0.10	—	0.15~0.35	2.2~2.8	0.10	0.10	0.40	0.25
5252	—	—	—	0.05	—	—	2.2~2.8	0.10	0.10	0.10	0.08
5154	—	—	0.20	0.20	—	0.15~0.35	3.1~3.9	0.10	0.10	0.40	0.25
5154A	—	—	0.20	0.20	—	0.25	3.1~3.9	0.50	0.10	0.50	0.50
5154C	—	—	0.01	0.01	—	0.01	3.2~3.7	0.05~0.25	0.10	0.30	0.20
5454	—	—	0.20	0.25	—	0.05~0.20	2.4~3.0	0.50~1.0	0.10	0.40	0.25
5554	—	—	0.05~0.20	0.25	—	0.05~0.20	2.4~3.0	0.50~1.0	0.10	0.40	0.25
5754	—	—	0.15	0.20	—	0.30	2.6~3.6	0.50	0.10	0.40	0.40
5056	—	—	—	0.10	—	0.05~0.20	4.5~5.6	0.05~0.20	0.10	0.40	0.30
5356	—	—	0.06~0.20	0.01	—	0.05~0.20	4.5~5.5	0.05~0.20	0.10	0.40	0.25
5356A	—	—	0.06~0.20	0.10	—	0.05~0.20	4.5~5.5	0.05~0.20	0.10	0.40	0.25

（续）

牌号	化学成分（质量分数，%）										
	Si	Fe	Cu	Mn	Mg	Cr	Ni	Zn	Ti	Ag	B
5456	0.25	0.40	0.10	0.50~1.0	4.7~5.5	0.05~0.20	—	0.25	0.20	—	—
5556	0.25	0.40	0.10	0.50~1.0	4.7~5.5	0.05~0.20	—	0.25	0.05~0.20	—	—
5457	0.08	0.10	0.20	0.15~0.45	0.8~1.2	—	—	0.05	—	—	—
5657	0.08	0.10	0.10	0.03	0.6~1.0	—	—	0.05	—	—	—
5059	0.45	0.50	0.25	0.6~1.2	5.0~6.0	0.25	—	0.40~0.9	0.20	—	—
5082	0.20	0.35	0.15	0.15	4.0~5.0	0.15	—	0.25	0.10	—	—
5182	0.20	0.35	0.15	0.20~0.50	4.0~5.0	0.10	—	0.25	0.10	—	—
5083	0.40	0.40	0.10	0.40~1.0	4.0~4.9	0.05~0.25	—	0.25	0.15	—	—
5183	0.40	0.40	0.10	0.50~1.0	4.3~5.2	0.05~0.25	—	0.25	0.15	—	—
5183A	0.40	0.40	0.10	0.50~1.0	4.3~5.2	0.05~0.25	—	0.25	0.15	—	—

5383	0.25	0.25	0.20	0.7~1.0	4.0~5.2	0.25	—	0.40	0.15	—	—
5086	0.40	0.50	0.10	0.20~0.7	3.5~4.5	0.05~0.25	—	0.25	0.15	—	—
5186	0.40	0.45	0.25	0.20~0.50	3.8~4.8	0.15	—	0.40	0.15	—	—
5087	0.25	0.40	0.05	0.7~1.1	4.5~5.2	0.05~0.25	—	0.25	0.15	—	—
5088	0.20	0.10~0.35	0.25	0.20~0.50	4.7~5.5	0.15	—	0.20~0.40	—	—	0.06
6101	0.30~0.7	0.50	0.10	0.03	0.35~0.8	0.03	—	0.10	—	—	—
6101A	0.30~0.7	0.40	0.05	—	0.40~0.9	—	—	—	—	—	—
6101B	0.30~0.6	0.10~0.30	0.05	0.05	0.35~0.6	—	—	0.10	—	—	—
6201	0.50~0.9	0.50	0.10	0.03	0.6~0.9	0.03	—	0.10	—	—	0.06
6005	0.6~0.9	0.35	0.10	0.10	0.40~0.6	0.10	—	0.10	0.10	—	—
6005A	0.50~0.9	0.35	0.30	0.50	0.40~0.7	0.30	—	0.20	0.10	—	—
6105	0.6~1.0	0.35	0.10	0.15	0.45~0.8	0.10	—	0.10	0.10	—	—

（续）

牌号	化学成分（质量分数，%）										
	Si	Fe	Cu	Mn	Mg	Cr	Ni	Zn	Ti	Ag	B
6106	0.30~0.6	0.35	0.25	0.05~0.20	0.40~0.8	0.20	—	0.10	—	—	—
6008	0.50~0.9	0.35	0.30	0.30	0.40~0.7	0.30	—	0.20	0.10	—	—
6009	0.6~1.0	0.50	0.15~0.6	0.20~0.8	0.40~0.8	0.10	—	0.25	0.10	—	—
6010	0.8~1.2	0.50	0.15~0.6	0.20~0.8	0.6~1.0	0.10	—	0.25	0.10	—	—
6110A	0.7~1.1	0.50	0.30~0.8	0.30~0.9	0.7~1.1	0.05~0.25	—	0.20	②	—	—
6011	0.6~1.2	1.0	0.40~0.9	0.8	0.6~1.2	0.30	0.20	1.5	0.20	—	—
6111	0.6~1.1	0.40	0.50~0.9	0.10~0.45	0.50~1.0	0.10	—	0.15	0.10	—	—
6013	0.6~1.0	0.50	0.6~1.1	0.20~0.8	0.8~1.2	0.10	—	0.25	0.10	—	—
6014	0.30~0.6	0.35	0.25	0.05~0.20	0.40~0.8	0.20	—	0.10	0.10	—	—
6016	1.0~1.5	0.50	0.20	0.20	0.25~0.6	0.10	—	0.20	0.15	—	—

牌号											
6022	0.8~1.5	0.05~0.20	0.01~0.11	0.02~0.10	0.45~0.7	0.10	—	0.25	0.15	—	—
6023	0.6~1.4	0.50	0.20~0.50	0.20~0.6	0.40~0.9	—	—	—	—	—	—
6026	0.6~1.4	0.7	0.20~0.50	0.20~1.0	0.6~1.2	0.30	—	0.30	0.20	—	—
6027	0.55~0.8	0.30	0.15	0.10~0.30	0.8~1.1	0.10	—	0.10~0.30	0.15	—	—
6041	0.50~0.9	0.15~0.7	0.15~0.6	0.05~0.20	0.8~1.2	0.05~0.15	—	0.25	0.15	—	—
6042	0.50~1.2	0.7	0.20~0.6	0.40	0.7~1.2	0.04~0.35	—	0.25	0.15	—	—
6043	0.40~0.9	0.50	0.30~0.9	0.35	0.6~1.2	0.15	—	0.20	0.15	—	—
6151	0.6~1.2	1.0	0.35	0.20	0.45~0.8	0.15~0.35	—	0.25	0.15	—	—
6351	0.7~1.3	0.50	0.10	0.40~0.8	0.40~0.8		—	0.20	0.20	—	—
6951	0.20~0.50	0.8	0.15~0.40	0.10	0.40~0.8		—	0.20	—	—	—
6053	⑥	0.35	0.10	—	1.1~1.4	0.15~0.35	—	0.10	—	—	—
6060	0.30~0.6	0.10~0.30	0.10	0.10	0.35~0.6	0.05	—	0.15	0.10	—	—

（续）

牌号	化学成分（质量分数，%）										
	Si	Fe	Cu	Mn	Mg	Cr	Ni	Zn	Ti	Ag	B
6160	0.30~0.6	0.15	0.20	0.05	0.35~0.6	0.05	—	0.05	—	—	—
6360	0.35~0.8	0.10~0.30	0.15	0.02~0.15	0.25~0.45	0.05	—	0.10	0.10	—	—
6061	0.40~0.8	0.7	0.15~0.40	0.15	0.8~1.2	0.04~0.35	—	0.25	0.15	—	—
6061A	0.40~0.8	0.7	0.15~0.40	0.15	0.8~1.2	0.04~0.35	—	0.25	0.15	—	—
6261	0.40~0.7	0.40	0.15~0.40	0.20~0.35	0.7~1.0	0.10	—	0.20	0.10	—	—
6162	0.40~0.8	0.50	0.20	0.10	0.7~1.1	0.10	—	0.25	0.10	—	—
6262	0.40~0.8	0.7	0.15~0.40	0.15	0.8~1.2	0.04~0.14	—	0.25	0.15	—	—
6262A	0.40~0.8	0.7	0.15~0.40	0.15	0.8~1.2	0.04~0.14	—	0.25	0.10	—	—
6063	0.20~0.6	0.35	0.10	0.10	0.45~0.9	0.10	—	0.10	0.10	—	—
6063A	0.30~0.6	0.15~0.35	0.10	0.15	0.6~0.9	0.05	—	0.15	0.10	—	—

6463	—	—	—	0.05	—	—	0.45~0.9	0.05	0.20	0.15	0.20~0.6
6463A	—	—	—	0.05	—	—	0.30~0.9	0.05	0.25	0.15	0.20~0.6
6064	—	—	0.15	0.25	—	0.05~0.14	0.8~1.2	0.15	0.15~0.40	0.7	0.40~0.8
6065	—	—	0.10	0.25	—	0.15	0.8~1.2	0.15	0.15~0.40	0.7	0.40~0.8
6066	—	—	0.20	0.25	—	0.40	0.8~1.4	0.6~1.1	0.7~1.2	0.50	0.9~1.8
6070	—	—	0.15	0.25	—	0.10	0.50~1.2	0.40~1.0	0.15~0.40	0.50	1.0~1.7
6081	—	—	0.15	0.20	—	0.10	0.6~1.0	0.10~0.45	0.10	0.50	0.7~1.1
6181	—	—	0.10	0.20	—	0.10	0.6~1.0	0.15	0.10	0.45	0.8~1.2
6181A	—	—	0.25	0.30	—	0.15	0.6~1.0	0.40	0.25	0.15~0.50	0.7~1.1
6082	—	—	0.10	0.20	—	0.25	0.6~1.2	0.40~1.0	0.10	0.50	0.7~1.3
6082A	—	—	0.10	0.20	—	0.25	0.6~1.2	0.40~1.0	0.10	0.50	0.7~1.3
6182	—	—	0.10	0.20	—	0.25	0.7~1.2	0.50~1.0	0.10	0.50	0.9~1.3

（续）

牌号	化学成分（质量分数，%）										
	Si	Fe	Cu	Mn	Mg	Cr	Ni	Zn	Ti	Ag	B
7001	0.35	0.40	1.6~2.6	0.20	2.6~3.4	0.18~0.35	—	6.8~8.0	0.20	—	—
7003	0.30	0.35	0.20	0.30	0.50~1.0	0.20	—	5.0~6.5	0.20	—	—
7004	0.25	0.35	0.05	0.20~0.7	1.0~2.0	0.05	—	3.8~4.6	0.05	—	—
7005	0.35	0.40	0.10	0.20~0.7	1.0~1.8	0.06~0.20	—	4.0~5.0	0.01~0.06	—	—
7108	0.10	0.10	0.05	0.05	0.7~1.4	—	—	4.5~5.5	0.05	—	—
7108A	0.20	0.30	0.05	0.05	0.7~1.5	0.04	—	4.8~5.8	0.03	—	—
7020	0.35	0.40	0.20	0.05~0.50	1.0~1.4	0.10~0.35	—	4.0~5.0	②	—	—
7021	0.25	0.40	0.25	0.10	1.2~1.8	0.05	—	5.0~6.0	0.10	—	—
7022	0.50	0.50	0.50~1.0	0.10~0.40	2.6~3.7	0.10~0.30	—	4.3~5.2	②	—	—
7129	0.15	0.30	0.50~0.9	0.10	1.3~2.0	0.10	—	4.2~5.2	0.05	—	—

7034	0.10	0.12	0.8~1.2	0.25	2.0~3.0	0.20	—	11.0~12.0	—	—	—	—
7039	0.30	0.40	0.10	0.10~0.40	2.3~3.3	0.15~0.25	—	3.5~4.5	0.10	—	—	—
7049	0.25	0.35	1.2~1.9	0.20	2.0~2.9	0.10~0.22	—	7.2~8.2	0.10	—	—	—
7049A	0.40	0.50	1.2~1.9	0.50	2.1~3.1	0.05~0.25	—	7.2~8.4	②	—	—	—
7050	0.12	0.15	2.0~2.6	0.10	1.9~2.6	0.04	—	5.7~6.7	0.06	—	—	—
7150	0.12	0.15	1.9~2.5	0.10	2.0~2.7	0.04	—	5.9~6.9	0.06	—	—	—
7055	0.10	0.15	2.0~2.6	0.05	1.8~2.3	0.04	—	7.6~8.4	0.06	—	—	—
7255	0.06	0.09	2.0~2.6	0.05	1.8~2.3	0.04	—	7.6~8.4	0.06	—	—	—
7065	0.06	0.08	1.9~2.3	0.04	1.5~1.8	0.04	—	7.1~8.3	0.06	—	—	—
7072③	②	②	0.10	0.10	0.10	—	—	0.8~1.3	—	—	—	—
7075	0.40	0.50	1.2~2.0	0.30	2.1~2.9	0.18~0.28	—	5.1~6.1	0.20	—	—	—
7175	0.15	0.20	1.2~2.0	0.10	2.1~2.9	0.18~0.28	—	5.1~6.1	0.10	—	—	—

（续）

牌号	化学成分（质量分数，%）										
	Si	Fe	Cu	Mn	Mg	Cr	Ni	Zn	Ti	Ag	B
7475	0.10	0.12	1.2~1.9	0.06	1.9~2.6	0.18~0.25	—	5.2~6.2	0.06	—	—
7076	0.40	0.6	0.30~1.0	0.30~0.8	1.2~2.0	—	—	7.0~8.0	0.20	—	—
7178	0.40	0.50	1.6~2.4	0.30	2.4~3.1	0.18~0.28	—	6.3~7.3	0.20	—	—
7085	0.06	0.08	1.3~2.0	0.04	1.2~1.8	0.04	—	7.0~8.0	0.06	—	—
8006	0.40	1.2~2.0	0.30	0.30~1.0	0.10	—	—	0.10	—	—	—
8011	0.50~0.9	0.6~1.0	0.10	0.20	0.05	0.05	—	0.10	0.08	—	—
8011A	0.40~0.8	0.50~1.0	0.10	0.10	0.10	0.10	—	0.10	0.05	—	—
8111	0.30~1.1	0.40~1.0	0.10	0.10	0.05	0.05	—	0.10	0.08	—	—
8014	0.30	1.2~1.6	0.20	0.20~0.6	0.10	—	—	0.10	0.10	—	—
8017	0.10	0.55~0.8	0.10~0.20	—	0.01~0.05	—	—	0.05	—	—	0.04

8021	0.15	1.2~1.7	0.05	—	—	—	—	—	—	—	—
8021B	0.40	1.1~1.7	0.05	0.03	0.01	0.03	—	0.05	0.05	—	—
8025	0.05~0.15	0.06~0.25	0.20	0.03~0.10	0.05	0.18	—	0.50	0.005~0.02	—	—
8030	0.10	0.30~0.8	0.15~0.30	—	0.05	—	—	0.05	—	—	0.001~0.04
8130	0.15	0.40~1.0	0.05~0.15	—	—	—	—	0.10	—	—	—
8050	0.15~0.30	1.1~1.2	0.05	0.45~0.55	0.05	0.05	—	0.10	—	—	—
8150	0.30	0.9~1.3	—	0.20~0.7	—	—	—	—	0.05	—	—
8076	0.10	0.6~0.9	0.04	—	0.08~0.22	—	—	0.05	—	—	0.04
8176	0.03~0.15	0.40~1.0	—	—	—	—	—	0.10	—	—	—
8177	0.10	0.25~0.45	0.04	—	0.04~0.12	—	—	0.05	—	—	0.04
8079	0.05~0.30	0.7~1.3	0.05	—	—	—	—	0.10	—	—	—
8090	0.20	0.30	1.0~1.6	0.10	0.6~1.3	0.10	—	0.25	0.10	—	—

（续）

牌号	化学成分（质量分数，%）								其他		Al
	Bi	Ga	Li	Pb	Sn	V	Zr		单个	合计	
1035	—	—	—	—	—	0.05	—	—	0.03	—	99.35
1050	—	—	—	—	—	0.05	—	—	0.03	—	99.50
1050A	—	—	—	—	—	—	—	—	0.03	—	99.50
1060	—	—	—	—	—	0.05	—	—	0.03	—	99.60
1065	—	—	—	—	—	0.05	—	—	0.03	—	99.65
1070	—	—	—	—	—	0.05	—	①	0.03	—	99.70
1070A	—	0.03	—	—	—	—	—	—	0.03	—	99.70
1080	—	0.03	—	—	—	0.05	—	—	0.02	—	99.80
1080A	—	0.03	—	—	—	—	—	①	0.02	—	99.80
1085	—	0.03	—	—	—	0.05	—	—	0.01	—	99.85
1090	—	—	—	—	—	0.05	—	—	0.01	—	99.90
1100	—	—	—	—	—	—	—	Si+Fe:0.95①	0.05	0.15	99.00
1200	—	—	—	—	—	—	—	Si+Fe:1.00①	0.05	0.15	99.00
1200A	—	—	—	—	—	—	—	Si+Fe:1.00	0.05	0.15	99.00
1110	—	—	—	—	—	②	—	V+Ti:0.03	0.03	—	99.10
1120	—	0.03	—	—	—	②	—	V+Ti:0.02	0.03	0.10	99.20
1230③	—	—	—	—	—	0.05	—	Si+Fe:0.70	0.03	—	99.30
1235	—	—	—	—	—	0.05	—	Si+Fe:0.65	0.03	—	99.35
1435	—	—	—	—	—	0.05	—	—	0.03	—	99.35
1145	—	—	—	—	—	0.05	—	Si+Fe:0.55	0.03	—	99.45
1345	—	—	—	—	—	0.05	—	—	0.03	—	99.45
1350	—	0.03	—	—	—	②	—	V+Ti:0.02	0.03	0.10	99.50

牌号											
1450	—	—	—	—	—	—	—	①	0.03	—	99.50
1370	—	0.03	—	—	—	②	—	V+Ti:0.02	0.02	0.10	99.70
1275	—	0.03	—	—	—	0.03	—	—	0.01	—	99.75
1185	—	0.03	—	—	—	0.05	—	Si+Fe:0.15	0.01	—	99.85
1285	—	0.03	—	—	—	0.05	—	Si+Fe:0.14	0.01	—	99.85
1385	—	0.03	—	—	—	②	—	V+Ti:0.03	0.01	—	99.85
1188	—	0.03	—	—	—	0.05	—	①	0.01	—	99.88
2004	—	—	—	—	0.20	—	0.30~0.50	—	0.05	0.15	余量
2007	0.20	—	—	0.8~1.5	—	—	—	—	0.10	0.30	余量
2008	—	—	—	—	—	0.05	—	—	0.05	0.15	余量
2010	—	—	—	—	—	—	—	—	0.05	0.15	余量
2011	0.20~0.6	—	—	0.20~0.6	—	—	—	—	0.05	0.15	余量
2014	—	—	—	—	—	—	—	④	0.05	0.15	余量
2014A	—	—	—	—	—	—	②	Zr+Ti:0.20	0.05	0.15	余量
2214	—	—	—	—	—	—	—	④	0.05	0.15	余量
2017	—	—	—	—	—	—	—	④	0.05	0.15	余量
2017A	—	—	—	—	—	—	②	Zr+Ti:0.25	0.05	0.15	余量
2117	—	—	—	—	—	—	—	—	0.05	0.15	余量
2018	—	—	—	—	—	—	—	—	0.05	0.15	余量
2218	—	—	—	—	—	—	—	—	0.05	0.15	余量
2618	—	—	—	—	—	—	—	—	0.05	0.15	余量
2618A	—	—	—	—	—	—	②	Zr+Ti:0.25	0.05	0.15	余量

（续）

牌号	Bi	Ga	Li	Pb	Sn	V	Zr		其他		Al
									单个	合计	
2219	—	—	—	—	—	0.05~0.15	0.10~0.25	—	0.05	0.15	余量
2519	—	—	—	—	—	0.05~0.15	0.10~0.25	Si+Fe:0.40	0.05	0.15	余量
2024	—	—	—	—	—	—	—	④	0.05	0.15	余量
2024A	—	—	—	—	—	—	—	—	0.05	0.15	余量
2124	—	—	—	—	—	—	—	④	0.05	0.15	余量
2324	—	—	—	—	—	—	—	—	0.05	0.15	余量
2524	—	—	—	—	—	—	—	—	0.05	0.15	余量
2624	—	—	—	—	—	—	—	—	0.05	0.15	余量
2025	—	—	—	—	—	—	—	—	0.05	0.15	余量
2026	—	—	—	—	—	—	0.05~0.25	—	0.05	0.15	余量
2036	—	—	—	—	—	—	—	—	0.05	0.15	余量
2040	—	—	—	—	—	—	0.08~0.15	Be:0.0001	0.05	0.15	余量
2050	—	0.05	0.7~1.3	—	—	0.05	0.06~0.14	—	0.05	0.15	余量
2055	—	—	1.0~1.3	—	—	—	0.05~0.15	—	0.05	0.15	余量

化学成分（质量分数，%）

牌号												
2060	余量	0.15	0.05	—	0.05~0.15	—	—	—	0.6~0.9	—	—	—
2195	余量	0.15	0.05	—	0.08~0.16	—	—	—	0.8~1.2	—	—	—
2196	余量	0.15	0.05	—	0.04~0.18	—	—	—	1.4~2.1	—	—	—
2297	余量	0.15	0.05	—	0.08~0.15	—	—	—	1.1~1.7	—	—	—
2099	余量	0.15	0.05	Be:0.0001	0.05~0.12	—	—	—	1.6~2.0	—	—	—
3002	余量	0.10	0.03	—	—	0.05	—	—	—	—	—	—
3102	余量	0.15	0.05	—	—	—	—	—	—	—	—	—
3003	余量	0.15	0.05	—	—	—	—	—	—	—	—	—
3103	余量	0.15	0.05	Zr+Ti:0.10①	②	—	—	—	—	—	—	—
3103A	余量	0.15	0.05	Zr+Ti:0.10	②	—	—	—	—	—	—	—
3203	余量	0.15	0.05	①	—	—	—	—	—	—	—	—
3004	余量	0.15	0.05	—	—	—	—	0.03	—	—	—	—
3004A	余量	0.15	0.05	—	—	—	—	—	—	0.05	—	—
3104	余量	0.15	0.05	—	—	—	—	—	—	0.05	—	—
3204	余量	0.15	0.05	—	—	—	—	—	—	—	—	—
3005	余量	0.15	0.05	—	—	—	—	—	—	—	—	—
3105	余量	0.15	0.05	—	—	—	—	—	—	—	—	—
3105A	余量	0.15	0.05	—	—	—	—	—	—	—	—	—

（续）

牌号	化学成分（质量分数，%）								其他		Al
	Bi	Ga	Li	Pb	Sn	V	Zr		单个	合计	
3007	—	—	—	—	—	—	—	—	0.05	0.15	余量
3107	—	—	—	—	—	—	—	—	0.05	0.15	余量
3207	—	—	—	—	—	—	—	—	0.05	0.10	余量
3207A	—	—	—	—	—	—	—	—	0.05	0.15	余量
3307	—	—	—	—	—	—	—	—	0.05	0.15	余量
3026	—	—	—	—	—	—	—	—	0.05	0.15	余量
4004③	0.02~0.20	—	—	—	—	—	—	—	0.05	0.15	余量
4104	—	—	—	—	—	—	—	—	0.05	0.15	余量
4006	—	—	—	—	—	—	—	—	0.05	0.15	余量
4007	—	—	—	—	—	—	—	Co:0.05	0.05	0.15	余量
4015	—	—	—	—	—	—	—	—	0.05	0.15	余量
4032	—	—	—	—	—	—	—	—	0.05	0.15	余量
4043	—	—	—	—	—	—	—	①	0.05	0.15	余量
4043A	—	—	—	—	—	—	—	①	0.05	0.15	余量
4343	—	—	—	—	—	—	—	—	0.05	0.15	余量
4045	—	—	—	—	—	—	—	—	0.05	0.15	余量
4145	—	—	—	—	—	—	—	①	0.05	0.15	余量
4047	—	—	—	—	—	—	—	①	0.05	0.15	余量

牌号										
4047A	—	—	—	—	—	—	①	0.05	0.15	余量
5005	—	—	—	—	—	—	—	0.05	0.15	余量
5005A	—	—	—	—	—	—	—	0.05	0.15	余量
5205	—	—	—	—	—	—	—	0.05	0.15	余量
5006	—	—	—	—	—	—	—	0.05	0.15	余量
5010	—	—	—	—	—	—	—	0.05	0.15	余量
5019	—	—	—	—	—	—	Mn+Cr: 0.10~0.6	0.05	0.15	余量
5040	—	—	—	—	—	—	—	0.05	0.15	余量
5042	—	—	—	—	—	—	—	0.05	0.15	余量
5049	—	—	—	—	—	—	—	0.05	0.15	余量
5449	—	—	—	—	—	—	—	0.05	0.15	余量
5050	—	—	—	—	—	—	—	0.05	0.15	余量
5050A	—	—	—	—	—	—	—	0.50	0.15	余量
5150	—	—	—	—	—	—	—	0.03	0.10	余量
5051	—	—	—	—	—	—	—	0.05	0.15	余量
5051A	—	—	—	—	—	—	—	0.05	0.15	余量
5251	—	—	—	—	—	—	—	0.05	0.15	余量
5052	—	—	—	—	—	—	—	0.05	0.15	余量
5252	—	—	—	—	0.05	—	—	0.03	0.10	余量
5154	—	—	—	—	—	—	①	0.05	0.15	余量
5154A	—	—	—	—	—	—	Mn+Cr: 0.10~ 0.50①	0.05	0.15	余量

（续）

牌号	化学成分（质量分数，%）								其他		Al
	Bi	Ga	Li	Pb	Sn	V	Zr		单个	合计	
5154C	—	—	—	—	—	—	—	—	0.05	0.15	余量
5454	—	—	—	—	—	—	—	—	0.05	0.15	余量
5554	—	—	—	—	—	—	—	①	0.05	0.15	余量
5754	—	—	—	—	—	—	—	Mn+Cr: 0.10~0.6①	0.05	0.15	余量
5056	—	—	—	—	—	—	—	—	0.05	0.15	余量
5356	—	—	—	—	—	—	—	①	0.05	0.15	余量
5356A	—	—	—	—	—	—	—	⑤	0.05	0.15	余量
5456	—	—	—	—	—	—	—	—	0.05	0.15	余量
5556	—	—	—	—	—	—	—	①	0.05	0.15	余量
5457	—	0.03	—	—	—	0.05	—	—	0.03	0.10	余量
5657	—	—	—	—	—	0.05	—	—	0.02	0.05	余量
5059	—	—	—	—	—	—	0.05~0.25	—	0.05	0.15	余量
5082	—	—	—	—	—	—	—	—	0.05	0.15	余量
5182	—	—	—	—	—	—	—	—	0.05	0.15	余量
5083	—	—	—	—	—	—	—	—	0.05	0.15	余量
5183	—	—	—	—	—	—	—	①	0.05	0.15	余量
5183A	—	—	—	—	—	—	—	⑤	0.05	0.15	余量

牌号											
5383	余量	0.15	0.05	—	0.20	—	—	—	—	—	—
5086	余量	0.15	0.05	—	—	—	—	—	—	—	—
5186	余量	0.15	0.05	—	0.05	—	—	—	—	—	—
5087	余量	0.15	0.05	①	0.10~0.20	—	—	—	—	—	—
5088	余量	0.15	0.05	—	0.15	—	—	—	—	—	—
6101	余量	0.10	0.03	—	—	—	—	—	—	—	—
6101A	余量	0.10	0.03	—	—	—	—	—	—	—	—
6101B	余量	0.10	0.03	—	—	—	—	—	—	—	—
6201	余量	0.10	0.03	—	—	—	—	—	—	—	—
6005	余量	0.15	0.05	—	—	—	—	—	—	—	—
6005A	余量	0.15	0.05	Mn+Cr:0.12~0.50	—	—	—	—	—	—	—
6105	余量	0.15	0.05	—	—	—	—	—	—	—	—
6106	余量	0.10	0.05	—	—	0.05~0.20	—	—	—	—	—
6008	余量	0.15	0.05	—	—	—	—	—	—	—	—
6009	余量	0.15	0.05	—	—	—	—	—	—	—	—
6010	余量	0.15	0.05	—	—	—	—	—	—	—	—
6110A	余量	0.15	0.05	Zr+Ti:0.20	②	—	—	—	—	—	—
6011	余量	0.15	0.05	—	—	—	—	—	—	—	—
6111	余量	0.15	0.05	—	—	—	—	—	—	—	—
6013	余量	0.15	0.05	—	—	—	—	—	—	—	—

（续）

牌号	化学成分（质量分数，%）								其他		Al
	Bi	Ga	Li	Pb	Sn	V	Zr		单个	合计	
6014	—	—	—	—	—	0.05~0.20	—	—	0.05	0.15	余量
6016	—	—	—	—	—	—	—	—	0.05	0.15	余量
6022	—	—	—	—	—	—	—	—	0.05	0.15	余量
6023	0.30~0.8	—	—	—	0.6~1.2	—	—	—	0.05	0.15	余量
6026	0.50~1.5	—	—	0.40	0.05	—	—	—	0.05	0.15	余量
6027	—	—	—	—	—	—	—	—	0.15	0.15	余量
6041	0.30~0.9	—	—	—	0.35~1.2	—	—	—	0.05	0.15	余量
6042	0.20~0.8	—	—	0.15~0.40	—	—	—	—	0.05	0.15	余量
6043	0.40~0.7	—	—	—	0.20~0.40	—	—	—	0.05	0.15	余量
6151	—	—	—	—	—	—	—	—	0.05	0.15	余量
6351	—	—	—	—	—	—	—	—	0.05	0.15	余量
6951	—	—	—	—	—	—	—	—	0.05	0.15	余量
6053	—	—	—	—	—	—	—	—	0.05	0.15	余量

合金											余量
6060	—	—	—	—	—	—	—	—	0.05	0.15	余量
6160	—	—	—	—	—	—	—	—	0.05	0.15	余量
6360	—	—	—	—	—	—	—	—	0.05	0.15	余量
6061	—	—	—	—	—	—	—	—	0.05	0.15	余量
6061A	—	—	—	0.003	—	—	—	—	0.05	0.15	余量
6261	—	—	—	—	—	—	—	—	0.05	0.15	余量
6162	—	—	—	—	—	—	—	—	0.05	0.15	余量
6262	0.40~0.7	—	—	0.40~0.7	0.40~1.0	—	—	—	0.05	0.15	余量
6262A	0.40~0.9	—	—	—	—	—	—	—	0.05	0.15	余量
6063	—	—	—	—	—	—	—	—	0.05	0.15	余量
6063A	—	—	—	—	—	—	—	—	0.05	0.15	余量
6463	—	—	—	—	—	—	—	—	0.05	0.15	余量
6463A	—	—	—	—	—	—	—	—	0.05	0.15	余量
6064	0.50~0.7	—	—	0.20~0.40	—	—	—	—	0.05	0.15	余量
6065	0.50~1.5	—	—	0.05	0.05	—	0.15	—	0.05	0.15	余量
6066	—	—	—	—	—	—	—	—	0.05	0.15	余量
6070	—	—	—	—	—	—	—	—	0.05	0.15	余量
6081	—	—	—	—	—	—	—	—	0.05	0.15	余量
6181	—	—	—	—	—	—	—	—	0.05	0.15	余量

（续）

牌号	化学成分（质量分数，%）								其他		Al
	Bi	Ga	Li	Pb	Sn	V	Zr		单个	合计	
6181A	—	—	—	—	—	0.10	—	—	0.05	0.15	余量
6082	—	—	—	—	—	—	—	—	0.05	0.15	余量
6082A	—	—	—	0.003	—	—	—	—	0.05	0.15	余量
6182	—	—	—	—	—	—	0.05~0.20	—	0.05	0.15	余量
7001	—	—	—	—	—	—	—	—	0.05	0.15	余量
7003	—	—	—	—	—	—	0.05~0.25	—	0.05	0.15	余量
7004	—	—	—	—	—	—	0.10~0.20	—	0.05	0.15	余量
7005	—	—	—	—	—	—	0.08~0.20	—	0.05	0.15	余量
7108	—	—	—	—	—	—	0.12~0.25	—	0.05	0.15	余量
7108A	—	0.03	—	—	—	—	0.15~0.25	—	0.05	0.15	余量
7020	—	—	—	—	—	—	0.08~0.20	Zr+Ti: 0.08~0.25	0.05	0.15	余量
7021	—	—	—	—	—	—	0.08~0.18	—	0.05	0.15	余量

牌号											
7022	余量	0.15	0.05	Zn+Ti:0.20	②	—	—	—	—	—	—
7129	余量	0.15	0.05	—	—	0.05	—	—	—	0.03	—
7034	余量	0.15	0.05	—	0.08~0.30	—	—	—	—	—	—
7039	余量	0.15	0.05	—	—	—	—	—	—	—	—
7049	余量	0.15	0.05	—	—	—	—	—	—	—	—
7049A	余量	0.15	0.05	Zr+Ti:0.25	②	—	—	—	—	—	—
7050	余量	0.15	0.05	—	0.08~0.15	—	—	—	—	—	—
7150	余量	0.15	0.05	—	0.08~0.15	—	—	—	—	—	—
7055	余量	0.15	0.05	—	0.08~0.25	—	—	—	—	—	—
7255	余量	0.15	0.05	—	0.08~0.15	—	—	—	—	—	—
7065	余量	0.15	0.05	—	0.05~0.15	—	—	—	—	—	—
7072③	余量	0.15	0.05	Si+Fe:0.7	—	—	—	—	—	—	—
7075	余量	0.15	0.05	⑦	—	—	—	—	—	—	—
7175	余量	0.15	0.05	—	—	—	—	—	—	—	—
7475	余量	0.15	0.05	—	—	—	—	—	—	—	—

（续）

牌号	化学成分（质量分数，%）								其他		Al
	Bi	Ga	Li	Pb	Sn	V	Zr		单个	合计	
7076	—	—	—	—	—	—	—	—	0.05	0.15	余量
7178	—	—	—	—	—	—	—	—	0.05	0.15	余量
7085	—	—	—	—	—	—	0.08~0.15	—	0.05	0.15	余量
8006	—	—	—	—	—	—	—	—	0.05	0.15	余量
8011	—	—	—	—	—	—	—	—	0.05	0.15	余量
8011A	—	—	—	—	—	—	—	—	0.05	0.15	余量
8111	—	—	—	—	—	—	—	—	0.05	0.15	余量
8014	—	—	—	—	—	—	—	—	0.05	0.15	余量
8017	—	—	0.003	—	—	—	—	—	0.03	0.10	余量
8021	—	—	—	—	—	—	—	—	0.05	0.15	余量
8021B	—	—	—	—	—	—	—	—	0.03	0.10	余量
8025	—	—	—	—	—	—	0.02~0.20	—	0.05	0.15	余量
8030	—	—	—	—	—	—	—	—	0.03	0.10	余量
8130	—	—	—	—	—	—	—	Si+Fe:1.0	0.03	0.10	余量

牌号									余量
8050	—	—	—	—	—	—	0.05	0.15	余量
8150	—	—	—	—	—	—	0.05	0.15	余量
8076	—	—	0.03	—	—	—	0.03	0.10	余量
8176	—	—	—	—	—	—	0.05	0.15	余量
8177	—	—	—	—	—	—	0.03	0.10	余量
8079	—	—	—	—	—	—	0.05	0.15	余量
8090	—	2.2~2.7	—	—	0.04~0.16	—	0.05	0.15	余量

注:1. 表中元素含量为单个数值时,"Al"元素含量为该数值,其他元素含量为最高限。
2. 元素栏中"—"表示该位置不规定极限数值,对应元素为非常规分析元素,"其他"栏中"—"表示无极限数值要求。
3. "其他"表示表中未规定极限数的元素和未列出的金属元素。
4. "合计"表示质量分数不小于 0.010% 的"其他"金属元素之和。当怀疑非常规分析元素的质量分数超出空白栏中要求的限定值时,生产者应对这些元素进行分析。
① 焊接电极及填料焊丝的 $w(Be) \leqslant 0.0003\%$。
② 见相应空白栏中要求。
③ 主要用作包覆材料。
④ 经供需双方协商并同意,挤压产品与锻件的 $w(Zr)+w(Ti)$ 最大可达 0.20%。
⑤ 焊接电极及填料焊丝的 $w(Be) \leqslant 0.0005\%$。
⑥ 硅质量分数为镁质量分数的 45%~65%。
⑦ 经供需双方协商并同意,挤压产品与锻件的 $w(Zr)+w(Ti)$ 最大可达 0.25%。

表 2-138　变形铝及铝合金国际四位字符牌号的化学成分

牌号	化学成分（质量分数，%）										
	Si	Fe	Cu	Mn	Mg	Cr	Ni	Zn	Ti	Ag	B
1A99	0.003	0.003	0.005	—	—	—	—	0.001	0.002	—	—
1B99	0.0013	0.0015	0.0030	—	—	—	—	0.001	0.001	—	—
1C99	0.0010	0.0010	0.0015	—	—	—	—	0.001	0.001	—	—
1A97	0.015	0.015	0.005	—	—	—	—	0.001	0.002	—	—
1B97	0.015	0.030	0.005	—	—	—	—	0.001	0.005	—	—
1A95	0.030	0.030	0.010	—	—	—	—	0.003	0.008	—	—
1B95	0.030	0.040	0.010	—	—	—	—	0.003	0.008	—	—
1A93	0.040	0.040	0.010	—	—	—	—	0.005	0.010	—	—
1B93	0.040	0.050	0.010	—	—	—	—	0.005	0.010	—	—
1A90	0.060	0.060	0.010	—	—	—	—	0.008	0.015	—	—
1B90	0.060	0.060	0.010	—	—	—	—	0.008	0.010	—	—
1A85	0.08	0.10	0.01	—	—	—	—	0.01	0.01	—	—
1B85	0.07	0.20	0.01	—	—	—	—	0.01	0.02	—	—
1A80	0.15	0.15	0.03	0.02	0.02	—	—	0.03	0.03	—	—
1A80A	0.15	0.15	0.03	0.02	0.02	—	—	0.06	0.02	—	—
1A60	0.11	0.25	0.01	①	—	①	—	—	①	—	①
1R60	0.12	0.30	0.01	—	0.01	—	—	0.01	—	—	0.01
1A50	0.30	0.30	0.01	0.05	0.05	—	—	0.03	—	—	—
1R50	0.11	0.25	0.01	①	—	①	—	—	①	—	—
1R35	0.25	0.35	0.05	0.03	0.03	—	—	0.05	0.03	—	—

1A30	0.10~0.20	0.15~0.30	0.05	0.01	0.01	—	0.01	0.02	0.02	—	—
1B30	0.05~0.15	0.20~0.30	0.03	0.12~0.18	0.03	—	—	0.03	0.02~0.05	—	—
2A01	0.50	0.50	2.2~3.0	0.20	0.20~0.50	—	—	0.10	0.15	—	—
2A02	0.30	0.30	2.6~3.2	0.45~0.7	2.0~2.4	—	—	0.10	0.15	—	—
2A04	0.30	0.30	3.2~3.7	0.50~0.8	2.1~2.6	—	—	0.10	0.05~0.40	—	—
2A06	0.50	0.50	3.8~4.3	0.50~1.0	1.7~2.3	—	—	0.10	0.03~0.15	—	—
2B06	0.20	0.30	3.8~4.3	0.40~0.9	1.7~2.3	—	—	0.10	0.10	—	—
2A10	0.25	0.20	3.9~4.5	0.30~0.50	0.15~0.30	—	—	0.10	0.15	—	—
2A11	0.7	0.7	3.8~4.8	0.40~0.8	0.40~0.8	—	0.10	0.30	0.15	—	—
2B11	0.50	0.50	3.8~4.5	0.40~0.8	0.40~0.8	—	—	0.10	0.15	—	—
2A12	0.50	0.50	3.8~4.9	0.30~0.9	1.2~1.8	—	0.10	0.30	0.15	—	—
2B12	0.50	0.50	3.8~4.5	0.30~0.7	1.2~1.6	—	—	0.10	0.15	—	—

（续）

牌号	化学成分(质量分数,%)										
	Si	Fe	Cu	Mn	Mg	Cr	Ni	Zn	Ti	Ag	B
2D12	0.20	0.30	3.8~4.9	0.30~0.9	1.2~1.8	—	0.05	0.10	0.10	—	—
2E12	0.06	0.12	4.0~4.6	0.40~0.7	1.2~1.8	—	—	0.15	0.10	—	—
2A13	0.7	0.6	4.0~5.0	—	0.30~0.50	—	—	0.6	0.15	—	—
2A14	0.6~1.2	0.7	3.9~4.8	0.40~1.0	0.40~0.8	—	0.10	0.30	0.15	—	—
2A16	0.30	0.30	6.0~7.0	0.40~0.8	0.05	—	—	0.10	0.10~0.20	—	—
2B16	0.25	0.30	5.8~6.8	0.20~0.40	0.05	—	—	—	0.08~0.20	—	—
2A17	0.30	0.30	6.0~7.0	0.40~0.8	0.25~0.45	—	—	0.10	0.10~0.20	—	—
2A20	0.20	0.30	5.8~6.8	—	0.02	—	—	0.10	0.07~0.16	—	0.001~0.01
2A21	0.20	0.20~0.6	3.0~4.0	0.05	0.8~1.2	—	1.8~2.3	0.20	0.05	—	—
2A23	0.05	0.06	1.8~2.8	0.20~0.6	0.6~1.2	—	—	0.15	0.15	—	—

2A24	0.20	0.30	3.8~4.8	0.6~0.9	1.2~1.8	0.10	—	0.25	①	—	—
2A25	0.06	0.06	3.6~4.2	0.50~0.7	1.0~1.5	—	0.06	—	—	—	—
2B25	0.05	0.15	3.1~4.0	0.20~0.8	1.2~1.8	—	0.15	0.10	0.03~0.07	—	—
2A39	0.05	0.06	3.4~5.0	0.30~0.8	0.30~0.8	—	—	0.30	0.15	0.30~0.6	—
2A40	0.25	0.35	4.5~5.2	0.40~0.6	0.50~1.0	0.10~0.20	—	—	0.04~0.12	—	—
2A42	0.25	0.25	4.5~6.5	0.05~1.0	—	0.001~0.02	—	—	0.01~0.25	—	0.001~0.03④
2A49	0.25	0.8~1.2	3.2~3.8	0.30~0.6	1.8~2.2	—	0.8~1.2	—	0.08~0.12	—	—
2A50	0.7~1.2	0.7	1.8~2.6	0.40~0.8	0.40~0.8	0.01~0.20	0.10	0.30	0.15	—	—
2B50	0.7~1.2	0.7	1.8~2.6	0.40~0.8	0.40~0.8	—	0.10	0.30	0.02~0.10	—	—
2A70	0.35	0.9~1.5	1.9~2.5	0.20	1.4~1.8	—	0.9~1.5	0.30	0.02~0.10	—	—
2B70	0.25	0.9~1.4	1.8~2.7	0.20	1.2~1.8	—	0.8~1.4	0.15	0.10	—	—
2D70	0.10~0.25	0.9~1.4	2.0~2.6	0.10	1.2~1.8	0.10	0.9~1.4	0.10	0.05~0.10	—	—

（续）

牌号	化学成分（质量分数，%）										
	Si	Fe	Cu	Mn	Mg	Cr	Ni	Zn	Ti	Ag	B
2A80	0.50~1.2	1.0~1.6	1.9~2.5	0.20	1.4~1.8	—	0.9~1.5	0.30	0.15	—	—
2A87	0.10	0.15	3.5~4.1	0.20~0.6	0.20~0.6	—	—	0.20~0.8	0.10	—	—
2A90	0.50~1.0	0.50~1.0	3.5~4.5	0.20	0.40~0.8	—	1.8~2.3	0.30	0.15	—	—
3A11	0.6	0.7	0.05~0.20	1.0~1.5	—	—	—	0.50~1.5	—	—	—
3A21	0.6	0.7	0.20	1.0~1.6	0.05	—	—	0.10③	0.15	—	—
4A01	4.5~6.0	0.6	0.20	—	—	—	—	①	0.15	—	—
4A11	11.5~13.5	1.0	0.50~1.3	0.20	0.8~1.3	0.10	0.50~1.3	0.25	0.15	—	—
4A13	6.8~8.2	0.50	①	0.50	0.05	—	—	①	0.15	—	—
4A17	11.0~12.5	0.50	①	0.50	0.05	—	—	①	0.15	—	—
4A47	10.7~12.3	0.05	—	—	—	—	—	—	—	—	—

牌号											
4A54	7.0~9.0	—	—	—	—	—	—	1.5~2.1	0.10~0.20	0.35~0.55	—
4A60	0.8~1.0	0.20~0.35	0.05	0.03	0.03	—	—	0.05	0.03	—	—
4A91	1.0~4.0	0.7	0.7	1.2	1.0	0.20	0.20	1.2	0.20	—	—
5A01	①	①	0.10	0.30~0.7	6.0~7.0	0.10~0.20	—	0.25	0.15	—	—
5A02	0.40	0.40	0.10	0.15~0.40	2.0~2.8	—	—	—	0.15	—	—
5B02	0.40	0.40	0.10	0.20~0.6	1.8~2.6	0.05	—	0.20	0.10	—	—
5A03	0.50~0.8	0.50	0.10	0.30~0.6	3.2~3.8	—	—	0.20	0.15	—	—
5A05	0.50	0.50	0.10	0.30~0.6	4.8~5.5	—	—	0.20	—	—	—
5B05	0.40	0.40	0.20	0.20~0.6	4.7~5.7	—	—	—	0.15	—	—
5A06	0.40	0.40	0.10	0.50~0.8	5.8~6.8	—	—	0.20	0.02~0.10	—	—
5B06	0.40	0.40	0.10	0.50~0.8	5.8~6.8	—	—	0.20	0.10~0.30	—	—
5E06	0.30	0.40	0.10	0.30~0.8	5.8~6.8	—	—	0.25	0.10	—	—

（续）

化学成分（质量分数，%）

牌号	Si	Fe	Cu	Mn	Mg	Cr	Ni	Zn	Ti	Ag	B
5A12	0.30	0.30	0.05	0.40~0.8	8.3~9.6	—	0.10	0.20	0.05~0.15	—	—
5A13	0.30	0.30	0.05	0.40~0.8	9.2~10.5	—	0.10	0.20	0.05~0.15	—	—
5A25	0.20	0.30	—	0.05~0.50	5.0~6.3	—	—	—	0.10	—	—
5A30	①	①	0.10	0.50~1.0	4.7~5.5	0.05~0.20	—	0.25	0.03~0.15	—	—
5A33	0.35	0.35	0.10	0.10	6.0~7.5	—	—	0.50~1.5	0.05~0.15	—	—
5A41	0.40	0.40	0.10	0.30~0.6	6.0~7.0	—	—	0.20	0.02~0.10	—	—
5A43	0.40	0.40	0.10	0.15~0.40	0.6~1.4	—	—	—	0.15	—	—
5A56	0.15	0.20	0.10	0.30~0.40	5.5~6.5	0.10~0.20	—	0.50~1.0	0.10~0.18	—	—
5E61	0.25	0.25	0.10	0.7~1.1	5.5~6.5	—	—	0.20	—	—	—
5A66	0.005	0.01	0.005	—	1.5~2.0	—	—	—	—	—	—

5A70	0.15	0.25	0.05	0.30~0.7	5.5~6.3	—	—	0.05	0.02~0.05	—	—	—
5B70	0.10	0.20	0.05	0.15~0.40	5.5~6.5	—	—	0.05	0.02~0.05	—	—	—
5A71	0.20	0.30	0.05	0.30~0.7	5.8~6.8	0.10~0.20	—	0.05	0.05~0.15	—	—	—
5B71	0.20	0.30	0.10	0.30	5.8~6.8	0.30	—	0.30	0.02~0.05	—	0.003	—
5A83	0.25	0.25	0.10	0.30~1.1	4.0~5.0	0.05~0.30	—	0.10	0.02~0.05	—	0.01~0.02③	—
5E83	0.25	0.25	0.10	0.4~1.0	4.0~4.9	—	—	—	—	—	—	—
5A90	0.15	0.20	0.05	—	4.5~6.0	—	—	—	0.10	—	—	—
6A01	0.40~0.9	0.35	0.35	0.50	0.40~0.8	0.30	—	0.25	—	—	—	—
6A02	0.50~1.2	0.50	0.20~0.6	0.15~0.35	0.45~0.9	—	—	0.20	0.15	—	—	—
6B02	0.7~1.1	0.40	0.10~0.40	0.10~0.30	0.40~0.8	—	—	0.15	0.01~0.04	—	—	—
6R05	0.40~0.9	0.30~0.50	0.15~0.25	0.10	0.20~0.6	0.10	—	—	0.10	—	—	—
6A10	0.7~1.1	0.50	0.30~0.8	0.30~0.9	0.7~1.1	0.05~0.25	—	0.20	0.02~0.10	—	—	—

（续）

牌号	化学成分（质量分数，%）										
	Si	Fe	Cu	Mn	Mg	Cr	Ni	Zn	Ti	Ag	B
6A16	0.6~1.2	0.40	0.02~0.20	0.01~0.25	0.7~1.3	0.10	—	0.25~0.8	0.15	—	—
6A51	0.50~0.7	0.50	0.15~0.35	—	0.45~0.6	—	—	0.25	0.01~0.04	—	—
6A60	0.7~1.1	0.30	0.6~0.8	0.50~0.7	0.7~1.0	—	—	0.20~0.40	0.04~0.12	0.30~0.50	—
6A61	0.55~0.7	0.50	0.25~0.45	0.10	0.8~1.4	0.30	—	0.10	0.07	—	—
6R63	0.30~0.7	0.20	0.10	0.25	0.50~0.7	0.25	—	0.03	0.10	—	—
7A01	0.30	0.30	0.01	—	—	—	—	0.9~1.3	—	—	—
7A02	0.6	0.35	0.10~0.25	—	0.55~0.8	—	—	0.7~2.0	0.05~0.10	—	—
7A03	0.20	0.20	1.8~2.4	0.10	1.2~1.6	0.05	—	6.0~6.7	0.02~0.08	—	—
7A04	0.50	0.50	1.4~2.0	0.20~0.6	1.8~2.8	0.10~0.25	—	5.0~7.0	0.10	—	—
7B04	0.10	0.05~0.25	1.4~2.0	0.20~0.6	1.8~2.8	0.10~0.25	0.10	5.0~6.5	0.05	—	—

7C04	0.30	0.30	1.4~2.0	0.30~0.50	2.0~2.6	0.10~0.25	—	5.5~6.5	—	—	—
7D04	0.10	0.15	1.4~2.2	0.10	2.0~2.6	0.05	—	5.5~6.7	0.10	—	—
7A05	0.25	0.25	0.20	0.15~0.40	1.1~1.7	0.05~0.15	—	4.4~5.0	0.02~0.06	—	—
7B05	0.30	0.35	0.20	0.20~0.7	1.0~2.0	0.30	—	4.0~5.0	0.20	—	—
7A09	0.50	0.50	1.2~2.0	0.15	2.0~3.0	0.16~0.30	—	5.1~6.1	0.10	—	—
7A10	0.30	0.30	0.50~1.0	0.20~0.35	3.0~4.0	0.10~0.20	—	3.2~4.2	0.10	—	—
7A11	0.6	0.7	0.05~0.20	1.0~1.5	—	—	—	1.0~2.0	—	—	—
7A12	0.10	0.06~0.15	0.8~1.2	0.10	1.6~2.2	0.05	—	6.3~7.2	0.03~0.06	—	—
7A15	0.50	0.50	0.50~1.0	0.10~0.40	2.4~3.0	0.10~0.30	—	4.4~5.4	0.05~0.15	—	—
7A19	0.30	0.40	0.08~0.30	0.30~0.50	1.3~1.9	0.10~0.20	—	4.5~5.3	—	—	—
7A31	0.30	0.6	0.10~0.40	0.20~0.40	2.5~3.3	0.10~0.20	—	3.6~4.5	0.02~0.10	—	—
7A33	0.25	0.30	0.25~0.55	0.05	2.2~2.7	0.10~0.20	—	4.6~5.4	0.05	—	—

（续）

牌号	化学成分（质量分数，%）												
---	Si	Fe	Cu	Mn	Mg	Cr	Ni	Zn	Ti	Ag	B
7A36	0.12	0.15	1.7~2.5	0.05	1.6~2.6	0.05	—	8.5~9.7	0.10	—	—
7A46	0.12	0.30	0.10~0.40	0.10	0.9~1.7	0.06	—	6.0~7.0	0.08	—	—
7A48	0.10	0.20	0.25~0.45	0.20~0.40	1.2~2.2	—	—	5.2~7.2	0.02~0.06	—	—
7E49	0.20	0.20	0.40~0.8	0.20~0.50	2.0~3.0	—	—	7.2~8.2	—	—	—
7B50	0.12	0.15	1.8~2.6	0.10	2.0~2.8	0.04	—	6.0~7.0	0.10	—	—
7A52	0.25	0.30	0.05~0.20	0.20~0.50	2.0~2.8	0.15~0.25	—	4.0~4.8	0.05~0.18	—	—
7A55	0.10	0.10	1.8~2.5	0.05	1.8~2.8	0.04	—	7.5~8.5	0.01~0.05	—	—
7A56	0.12	0.15	1.3~2.1	0.05	1.6~2.4	0.05	—	8.6~9.8	0.10	—	—
7A62	0.12	0.15	0.05~0.50	0.20~0.6	2.5~3.2	0.10~0.20	—	6.7~7.4	0.03~0.10	—	—
7A68	0.15	0.35	2.0~2.6	0.15~0.40	1.6~2.5	0.10~0.20	—	6.5~7.2	0.05~0.20	—	—

7B68	0.05	0.05	2.0~2.6	0.05	1.8~2.8	0.04	—	7.8~9.0	0.01~0.05	—	—
7D68	0.12	0.25	2.0~2.6	0.10	2.3~3.0	0.05	—	8.0~9.0	0.03	—	—
7E75	0.10	0.15	1.0~1.6	0.08~0.40	1.8~2.6	—	—	5.6~6.6	—	—	—
7A85	0.05	0.08	1.2~2.0	0.10	1.2~2.0	0.05	—	7.0~8.2	0.05	—	—
7B85	0.06	0.08	1.1~1.7	0.03	1.4~2.2	—	—	7.4~8.4	0.05	—	—
7A88	0.50	0.75	1.0~2.0	0.20~0.6	1.5~2.8	0.05~0.20	0.20	4.5~6.0	0.10	—	—
7A93	0.12	0.15	1.6~2.2	—	2.0~2.6	—	0.08	9.8~11.0	—	—	—
7A99	0.10	0.20	1.4~2.0	—	1.7~2.5	—	—	7.6~8.6	0.05	—	—
8A01	0.05~0.30	0.18~0.40	0.15~0.35	0.08~0.35		—	—		0.01~0.03	—	—
8C05	0.05	0.04	0.05	0.03~0.05	0.03~0.10	—	0.005	0.10	—	—	—
8A06	0.55	0.50	0.10	0.10	0.10	—	—	0.10	—	—	—
8C12	0.05	0.04	0.05	0.03~0.05	0.03~0.10	—	0.005	0.10	—	—	—

（续）

化学成分（质量分数，%）

牌号	Bi	Ga	Li	Pb	Sn	V	Zr		其他 单个	其他 合计	Al	备注
1A99	—	—	—	—	—	—	—	—	0.002	—	99.99	LG5
1B99	—	—	—	—	—	—	—	—	0.001	—	99.993	—
1C99	—	—	—	—	—	—	—	—	0.001	—	99.995	—
1A97	—	—	—	—	—	—	—	—	0.005	—	99.97	LG4
1B97	—	—	—	—	—	—	—	—	0.005	—	99.97	—
1A95	—	—	—	—	—	—	—	—	0.005	—	99.95	—
1B95	—	—	—	—	—	—	—	—	0.005	—	99.95	—
1A93	—	—	—	—	—	—	—	—	0.007	—	99.93	LG3
1B93	—	—	—	—	—	—	—	—	0.007	—	99.93	—
1A90	—	—	—	—	—	—	—	—	0.01	—	99.90	LG2
1B90	—	—	—	—	—	—	—	—	0.01	—	99.90	—
1A85	—	—	—	—	—	—	—	—	0.01	—	99.85	LG1
1B85	—	—	—	—	—	—	—	—	0.01	—	99.85	—
1A80	—	0.03	—	—	—	0.05	—	—	0.02	—	99.80	—
1A80A	—	0.03	—	—	—	①	—	—	0.02	—	99.80	—
1A60	—	—	—	—	—	①	—	V+Ti+Mn+Cr: 0.02	0.03	—	99.60	—
1R60	—	—	—	—	—	—	0.01~0.20	RE: 0.03~0.30	0.03	—	99.60	—

牌号								其他			Al	旧牌号
1A50	—	—	—	—	—	—	—	Fe+Si:0.45	0.03	—	99.50	LB2
1R50	—	—	—	—	—	①	—	RE:0.03~0.30, V+Ti+Mn+Cr:0.02	0.03	—	99.50	—
1R35	—	—	—	—	—	0.05	—	RE:0.10~0.25	0.03	—	99.35	—
1A30	—	—	—	—	—	—	—	—	0.03	—	99.30	L4-1
1B30	—	—	—	—	—	—	—	—	0.03	—	99.30	—
2A01	—	—	—	—	—	—	—	—	0.05	0.10	余量	LY1
2A02	—	—	—	—	—	—	—	—	0.05	0.10	余量	LY2
2A04	—	—	—	—	—	—	—	Be②:0.001~0.01	0.05	0.10	余量	LY4
2A06	—	—	—	—	—	—	—	Be②:0.001~0.005	0.05	0.10	余量	LY6
2B06	—	—	—	—	—	—	—	Be:0.0002~0.005	0.05	0.10	余量	—
2A10	—	—	—	—	—	—	—	—	0.05	0.10	余量	LY10
2A11	—	—	—	—	—	—	—	Fe+Ni:0.7	0.05	0.10	余量	LY11
2B11	—	—	—	—	—	—	—	—	0.05	0.10	余量	LY8
2A12	—	—	—	—	—	—	—	Fe+Ni:0.50	0.05	0.10	余量	LY12
2B12	—	—	—	—	—	—	—	—	0.05	0.10	余量	LY9
2D12	—	—	—	—	—	—	—	—	0.05	0.10	余量	—

（续）

| 牌号 | 化学成分（质量分数，%） | | | | | | | | 其他 | | Al | 备注 |
	Bi	Ga	Li	Pb	Sn	V	Zr		单个	合计		
2E12	—	—	—	—	—	—	—	Be:0.0002~0.005	0.10	0.15	余量	—
2A13	—	—	—	—	—	—	—	—	0.05	0.10	余量	LY13
2A14	—	—	—	—	—	—	—	—	0.05	0.10	余量	LD10
2A16	—	—	—	—	—	—	0.20	—	0.05	0.10	余量	LY16
2B16	—	—	—	—	—	0.05~0.15	0.10~0.25	—	0.05	0.10	余量	LY16-1
2A17	—	—	—	—	—	—	—	—	0.05	0.10	余量	LY17
2A20	—	—	—	—	—	0.05~0.15	0.10~0.25	—	0.05	0.15	余量	LY20
2A21	—	—	0.30~0.9	—	—	—	—	—	0.05	0.15	余量	—
2A23	—	—	—	—	—	—	0.06~0.16	—	0.10	0.15	余量	—
2A24	—	—	—	—	—	—	0.08~0.12	Zr+Ti:0.20	0.05	0.15	余量	—
2A25	—	—	—	—	—	—	—	—	0.05	0.10	余量	—
2B25	—	—	—	—	—	—	0.08~0.25	Be:0.0003~0.0008	0.05	0.10	余量	—
2A39	—	—	—	—	—	—	0.10~0.25	—	0.10	0.15	余量	—

牌号							其他			Al	旧牌号
2A40	—	—	—	—	—	0.10~0.20	—	0.05	0.15	余量	—
2A42	—	—	—	—	—	0.1~0.25	RE:0.05~0.25, Cd:0.10~0.25, Be:0.001~0.01	0.03	0.10	余量	—
2A49	—	—	—	—	—	—	—	0.05	0.15	余量	—
2A50	—	—	—	—	—	—	Fe+Ni:0.7	0.05	0.10	余量	LD5
2B50	—	—	—	—	—	—	Fe+Ni:0.7	0.05	0.10	余量	LD6
2A70	—	—	—	—	0.05	—	—	0.05	0.10	余量	LD7
2B70	—	—	—	0.05	0.05	①	Zr+Ti:0.20	0.05	0.15	余量	—
2D70	—	—	—	—	—	—	—	0.05	0.10	余量	—
2A80	—	—	—	—	—	—	—	0.05	0.10	余量	LD8
2A87	—	—	1.3~1.8	—	—	0.08~0.16	—	0.05	0.15	余量	—
2A90	—	—	—	—	—	—	—	0.05	0.10	余量	LD9
3A11	—	—	—	—	—	—	—	0.05	0.15	余量	—
3A21	—	—	—	—	—	—	—	0.05	0.10	余量	LF21
4A01	—	—	—	①	—	—	Zn+Sn:0.10	0.05	0.15	余量	LT1
4A11	—	—	—	—	—	—	—	0.05	0.15	余量	LD11
4A13	—	—	—	—	—	—	Cu+Zn:0.15, Ca:0.10	0.05	0.15	余量	LT13

（续）

牌号	化学成分（质量分数，%）								其他		Al	备注
	Bi	Ga	Li	Pb	Sn	V	Zr		单个	合计		
4A17	—	—	—	—	—	—	—	Cu+Zn:0.15, Ca:0.10	0.05	0.15	余量	LT17
4A47	—	—	—	—	—	—	—	Sr: 0.01~0.10, La: 0.01~0.10	—	0.20	余量	—
4A54	—	—	—	—	—	—	—	—	—	0.20	余量	—
4A60	—	—	—	—	—	—	—	—	0.05	0.15	余量	—
4A91	—	—	—	—	—	—	—	—	0.05	0.15	余量	—
5A01	—	—	—	—	—	—	0.10~0.20	Si+Fe:0.40	0.05	0.15	余量	LF15
5A02	—	—	—	—	—	—	—	Si+Fe:0.6	0.05	0.15	余量	LF2
5B02	—	—	—	—	—	—	—	—	0.05	0.10	余量	—
5A03	—	—	—	—	—	—	—	—	0.05	0.10	余量	LF3
5A05	—	—	—	—	—	—	—	—	0.05	0.10	余量	LF5
5B05	—	—	—	—	—	—	—	Si+Fe:0.6	0.05	0.10	余量	LF10
5A06	—	—	—	—	—	—	—	Be[②]: 0.0001~0.005	0.05	0.10	余量	LF6
5B06	—	—	—	—	—	—	—	Be[②]: 0.0001~0.005	0.05	0.10	余量	LF14

牌号							其他			Al	旧牌号
5E06	—	—	—	—	—	0.10~0.15	Er:0.20~0.40, Be:0.0005~0.005	0.05	0.10	余量	—
5A12	—	—	—	—	—	—	Be:0.005, Sb:0.004~0.05	0.05	0.10	余量	LF12
5A13	—	—	—	—	—	—	Be:0.005, Sb:0.004~0.05	0.05	0.10	余量	LF13
5A25	—	—	—	—	—	0.06~0.20	Be: 0.0002~0.002, Sc: 0.10~0.40	0.10	0.15	余量	—
5A30	—	—	—	—	—	—	Si+Fe:0.40	0.05	0.10	余量	LF16
5A33	—	—	—	—	—	0.10~0.30	Be[2]: 0.0005~0.005	0.05	0.10	余量	LF33
5A41	—	—	—	—	—	—	—	0.05	0.10	余量	LT41
5A43	—	—	—	—	—	—	—	0.05	0.15	余量	LF43
5A56	—	—	—	—	—	—	—	0.05	0.15	余量	—
5E61	—	—	—	—	—	0.02~0.12	Er:0.10~0.30	0.05	0.15	余量	—
5A66	—	—	—	—	—	—	—	0.005	0.01	余量	LT66
5A70	—	—	—	—	—	0.05~0.15	Sc: 0.15~0.30, Be: 0.0005~0.005	0.05	0.15	余量	—

（续）

牌号	Bi	Ga	Li	Pb	Sn	V	Zr		其他		Al	备注
									单个	合计		
5B70	—	—	—	—	—	—	0.10~0.20	Sc:0.20~0.40, Be:0.0005~0.005	0.05	0.15	余量	—
5A71	—	—	—	—	—	—	0.05~0.15	Sc:0.20~0.35, Be:0.0005~0.005	0.05	0.15	余量	—
5B71	—	—	—	—	—	—	0.08~0.15	Sc:0.30~0.50, Be:0.0005~0.005	0.05	0.15	余量	—
5A83	—	—	—	—	—	—	0.05	RE:0.01~0.10, Na:0.0001, Ca:0.0002	0.03	0.15	余量	—
5E83	—	—	—	—	—	—	0.10~0.30	Er:0.10~0.30	0.05	0.15	余量	—
5A90	—	—	1.9~2.3	—	—	—	0.08~0.15	Na:0.005	0.05	0.15	余量	—

化学成分（质量分数,%）

牌号								其他				对应牌号
6A01	—	—	—	—	—	—	—	Mn+Cr:0.50	0.05	0.10	余量	6N01
6A02	—	—	—	—	—	—	—	—	0.05	0.10	余量	LD2
6B02	—	—	—	—	—	—	—	—	0.05	0.10	余量	LD2-1
6R05	—	—	—	—	—	—	—	RE:0.10~0.20	0.05	0.15	余量	—
6A10	—	—	—	—	—	—	0.04~0.20	—	0.05	0.15	余量	—
6A16	—	—	—	—	—	—	0.01~0.20	—	0.05	0.15	余量	—
6A51	—	—	—	—	0.15~0.35	—	—	—	0.05	0.15	余量	—
6A60	—	—	—	—	—	—	0.10~0.20	—	0.05	0.15	余量	—
6A61	—	—	—	—	—	—	—	—	0.05	0.15	余量	—
6R63	—	—	—	—	—	—	—	RE:0.10~0.25	0.05	0.15	余量	LB1
7A01	—	—	—	—	—	—	—	Si+Fe:0.45	0.03	—	余量	—
7A02	—	—	—	—	—	0.10~0.40	0.04~0.10	—	0.03	0.10	余量	—
7A03	—	—	—	—	—	—	—	—	0.05	0.10	余量	LC3
7A04	—	—	—	—	—	—	—	—	0.05	0.10	余量	LC4
7B04	—	—	—	—	—	—	—	—	0.05	0.10	余量	—
7C04	—	—	—	—	—	—	—	—	0.05	0.10	余量	—

（续）

牌号	Bi	Ga	Li	Pb	Sn	V	Zr		其他 单个	其他 合计	Al	备注
7D04	—	—	—	—	—	—	0.08~0.16	Be:0.02~0.07	0.05	0.10	余量	—
7A05	—	—	—	—	—	—	0.10~0.25	—	0.05	0.15	余量	—
7B05	—	—	—	—	—	0.10	0.25	—	0.05	0.10	余量	7N01
7A09	—	—	—	—	—	—		—	0.05	0.10	余量	LC9
7A10	—	—	—	—	—	—		—	0.05	0.10	余量	LC10
7A11	—	—	—	—	—	—		—	0.05	0.15	余量	—
7A12	—	—	—	—	—	—	0.10~0.18	Be:0.0001~0.02	0.05	0.10	余量	—
7A15	—	—	—	—	—	—		Be:0.005~0.01	0.05	0.15	余量	LC15
7A19	—	—	—	—	—	—	0.08~0.20	Be②:0.0001~0.004	0.05	0.15	余量	LC19
7A31	—	—	—	—	—	—	0.08~0.25	Be②:0.0001~0.001	0.05	0.15	余量	—
7A33	—	—	—	—	—	—			0.05	0.10	余量	—

化学成分（质量分数,%）

							其他				
7A36	—	—	—	—	—	0.08~0.20	—	0.05	0.15	余量	—
7A46	—	—	—	—	—	—	—	0.05	0.15	余量	—
7A48	—	—	—	—	—	0.07~0.15	Sc:0.10~0.35	0.05	0.15	余量	—
7E49	—	—	—	—	—	0.10~0.15	Er:0.10~0.15	0.05	0.15	余量	—
7B50	—	—	—	—	—	0.08~0.16	Be:0.0002~0.002	0.10	0.15	余量	—
7A52	—	—	—	—	—	0.05~0.15	—	0.05	0.15	余量	LC52
7A55	—	—	—	—	—	0.08~0.20	—	0.05	0.15	余量	—
7A56	—	—	—	—	—	0.06~0.18	—	0.05	0.15	余量	—
7A62	—	—	—	—	—	0.05~0.15	Be:0.0001~0.003	0.05	0.15	余量	—
7A68	—	—	—	—	—	0.05~0.20	Be:0.005	0.05	0.15	余量	—
7B68	—	—	—	—	—	0.08~0.25	—	0.10	0.15	余量	—

（续）

牌号	化学成分（质量分数，%）									其他		Al	备注
	Bi	Ga	Li	Pb	Sn	V	Zr			单个	合计		
7D68	—	—	—	—	—	—	0.10~0.20	Be:0.0002~0.002		0.05	0.10	余量	7A60
7E75	—	—	—	—	—	—	0.06~0.12	Er:0.08~0.12		0.05	0.15	余量	—
7A85	—	—	—	—	—	—	0.08~0.16			0.05	0.15	余量	—
7B85	—	—	—	—	—	—	0.12~0.25			0.05	0.15	余量	—
7A88	—	—	—	—	—	—	—			0.10	0.20	余量	—
7A93	—	—	—	—	—	—	0.15~0.30			0.05	0.15	余量	—
7A99	—	—	—	—	—	—	0.10~0.20			0.05	0.15	余量	—
8A01	—	—	—	—	—	—	—			0.05	0.15	余量	—
8C05	—	—	—	—	—	—	—	C:0.10~0.50, O:0.05		0.03	0.10	余量	—
8A06	—	—	—	—	—	—	—	Si+Fe:1.0		0.05	0.15	余量	L6

| 8C12 | — | — | — | — | — | C:0.6~1.2, 0:0.05 | 0.03 | 0.10 | 余量 | — |

注：1. 表中元素含量为单个值时，"Al"元素含量为最低限，其他元素含量为最高限。

2. 元素栏中"—"表示该位置不规定极限值数值，对应元素为非常规分析元素，"其他"栏中"—"表示无极限数值要求。

3. "其他"表示表中未规定数值的元素和未列出的金属元素。

4. "合计"表示质量分数不小于 0.010% 的"其他"金属元素之和。

① 见相应空白栏中要求，当怀疑该非常规分析元素超出空白栏中要求的限定值时，生产者应对这些元素进行分析。

② "Be"元素均按加入，其含量可不做分析。

③ 铆钉线材的 $w(Zn) \leq 0.03\%$。

④ 以"C"替代"B"时，"C"元素的质量分数应为 0.0001%~0.05%。

⑤ 以"C"替代"B"时，"C"元素的质量分数应为 0.0001%~0.002%。

表 2-139　铝及铝合金挤压棒的室温纵向力学性能（GB/T 3191—2019）

牌号	供应状态	试样状态	圆棒直径 /mm	方棒或六角棒厚度 /mm	室温拉伸性能				硬度参考值 HBW
					抗拉强度 R_m MPa	规定塑性延伸强度 $R_{p0.2}$ MPa	断后伸长率 %　A	A_{50mm} %	
1035	O	O	≤150.00	≤150.00	60~120	—	≥25	—	—
	H112	H112	≤150.00	≤150.00	≥60	—	≥25	—	—

（续）

牌号	供应状态	试样状态	圆棒直径 /mm	方棒或六角棒厚度 /mm	室温拉伸性能 抗拉强度 R_m MPa	室温拉伸性能 规定塑性延伸强度 $R_{p0.2}$ MPa	室温拉伸性能 断后伸长率 A %	室温拉伸性能 断后伸长率 A_{50mm} %	硬度参考值 HBW
1060	O	O	≤150.00	≤150.00	60~95	≥15	≥22	—	—
	H112	H112	≤150.00	≤150.00	≥60	≥15	≥22	—	—
1050A	O	O	≤150.00	≤150.00	60~95	≥20	≥25	≥23	20
	H112	H112	≤150.00	≤150.00	≥60	≥20	≥25	≥23	20
1070A	H112	H112	≤150.00	≤150.00	≥60	≥23	≥25	≥23	18
1200	H112	H112	≤150.00	≤150.00	≥75	≥25	≥20	≥18	23
1350	H112	H112	≤150.00	≤150.00	≥60	—	≥25	≥23	20
2A02	T1、T6	T62、T6	≤150.00	≤150.00	≥430	≥275	≥10	—	—
2A06	T1、T6	T62、T6	≤22.00	≤22.00	≥430	≥285	≥10	—	—
			>22.00~100.00	>22.00~100.00	≥440	≥295	≥9	—	—
			>100.00~150.00	>100.00~150.00	≥430	≥285	≥10	—	—
2A11	T1、T4	T42、T4	≤150.00	≤150.00	≥370	≥215	≥12	—	—
2A12	T1、T4	T42、T4	≤22.00	≤22.00	≥390	≥255	≥12	—	—
			>22.00~150.00	>22.00~150.00	≥420	≥275	≥10	—	—
	T1	T42	>150.00~250.00	>150.00~200.00	≥380	≥260	≥6	—	—
2A13	T1、T4	T42、T4	≤22.00	≤22.00	≥315	—	≥4	—	—
			>22.00~150.00	>22.00~150.00	≥345	—	≥4	—	—

牌号	供应状态	供应状态	尺寸/mm	尺寸/mm	抗拉强度/MPa	规定非比例延伸强度/MPa	断后伸长率/%	断后伸长率/%	硬度HBW
2A14	T1、T6、T6511	T62、T6、T6511	≤22.00	≤22.00	≥440	—	≥10	—	—
			>22.00~150.00	>22.00~150.00	≥450	—	≥10	—	—
2A16	T1、T6、T6511	T62、T6、T6511	≤150.00	≤150.00	≥355	≥235	≥8	—	—
2A50	T1、T6	T62、T6	≤150.00	≤150.00	≥355	—	≥12	—	—
2A70、2A80、2A90	T1、T6	T62、T6	≤150.00	≤150.00	≥355	—	≥8	—	—
2014、2014A	O	O	≤200.00	≤200.00	≤205	≤135	≥12	≥10	45
	T4、T4510、T4511	T4、T4510、T4511	≤25.00	≤25.00	≥370	≥230	≥13	≥11	110
			>25.00~75.00	>25.00~75.00	≥410	≥270	≥12	—	110
			>75.00~150.00	>75.00~150.00	≥390	≥250	≥10	—	110
			>150.00~200.00	>150.00~200.00	≥350	≥230	≥8	—	110
	T6、T6510、6511	T6、T6510、6511	≤25.00	≤25.00	≥415	≥370	≥6	≥5	140
			>25.00~75.00	>25.00~75.00	≥460	≥415	≥7	—	140
			>75.00~150.00	>75.00~150.00	≥465	≥420	≥7	—	140
			>150.00~200.00	>150.00~200.00	≥430	≥350	≥6	—	140
			—	>200.00~250.00	≥420	≥320	≥5	—	140
2017	T4	T4	≤120.00	≤120.00	≥345	≥215	≥12	—	—
2017A	T4、T4510、T4511	T4、T4510、T4511	≤25.00	≤25.00	≥380	≥260	≥12	≥10	105
			>25.00~75.00	>25.00~75.00	≥400	≥270	≥10	—	105
			>75.00~150.00	>75.00~150.00	≥390	≥260	≥9	—	105
			—	>150.00~200.00	≥370	≥240	≥8	—	105
			—	>200.00~250.00	≥360	≥220	≥7	—	105

（续）

牌号	供应状态	试样状态	圆棒直径/mm	方棒或六角棒厚度/mm	室温拉伸性能				硬度参考值 HBW
					抗拉强度 R_m/MPa	规定塑性延伸强度 $R_{p0.2}$/MPa	断后伸长率 % A	A_{50mm}	
2024	O	O	≤200.00	≤150.00	≤250	≤150	≥12	≥10	47
	T3、T3510、T3511	T3、T3510	≤50.00	≤50.00	≥450	≥310	≥8	≥6	120
			>50.00~100.00	>50.00~100.00	≥440	≥300	≥8	—	120
		T3511	>100.00~200.00	>100.00~200.00	≥420	≥280	≥8	—	120
			>200.00~250.00	—	≥400	≥270	≥8	—	120
	T8、T8510、T8511	T8、T8510、T8511	≤150.00	≤150.00	≥455	≥380	≥5	≥4	130
		T8511	>150.00~250.00	>150.00~200.00	≥425	≥360	≥5	—	130
2219	O	O	≤150.00	≤150.00	≤220	≤125	≥12	≥12	—
	T3、T3510	T3、T3510	≤12.50	≤12.50	≥290	≥180	≥12	≥12	—
			>12.50~80.00	>12.50~80.00	≥310	≥185	≥12	≥12	—
	T1、T6	T62、T6	≤150.00	≤150.00	≥370	≥250	≥6	≥6	—
2618	T1、T6、T6511	T62、T6、T6511	≤150.00	≤150.00	≥375	≥315	≥6	—	—
	T1	T62	>150.00~250.00	>150.00~250.00	≥365	≥305	≥5	—	—
	T8、T8511	T8、T8511	≤150.00	≤150.00	≥385	≥325	≥5	—	—

牌号	状态	状态							
3A21	O	O	≤150.00	≤150.00	≤165	—	≥20	≥20	—
3A21	H112	O	≤150.00	≤150.00	≥90	—	≥20	—	—
3003	O	O	≤200.00	≤250.00	95~135	≥35	≥25	≥20	30
3003	H112	H112	≤200.00	≤250.00	≥95	≥35	≥25	≥20	30
3102	H112	H112	≤200.00	≤250.00	≥80	≥30	≥25	≥23	23
3103	O	O	≤200.00	≤250.00	95~135	≥35	≥25	≥20	28
3103	H112	H112	≤200.00	≤250.00	≥95	≥35	≥25	≥20	28
4A11、4032	T1	T62	≤100.00	≤100.00	≥350	≥290	≥6.0	—	—
4A11、4032			>100.00~200.00	>100.00~200.00	≥340	≥280	≥2.5	—	—
5A02	O	O	≤150.00	≤150.00	≤225	—	≥10	—	—
5A02	H112	H112	≤150.00	≤150.00	≥170	≥70	—	—	—
5A03	H112、O		≤150.00	≤150.00	≥175	≥80	≥13	≥13	—
5A05	H112、O		≤150.00	≤150.00	≥265	≥120	≥15	≥15	—
5A06			≤150.00	≤150.00	≥315	≥155	≥15	≥15	—
5A12			≤150.00	≤150.00	≥370	≥185	≥15	≥15	—
5052	O	O	≤200.00	≤250.00	170~230	70	≥17	≥15	45
5052	H112	H112	≤200.00	≤250.00	≥170	≥70	≥15	≥13	47
5005、5005A	O	O	≤60.00	≤60.00	100~150	≥40	≥18	≥16	30
5005、5005A	H112	H112	≤100.00	≤200.00	≥100	≥40	≥18	≥16	30
5019	O	O	≤200.00	≤200.00	250~320	≥110	≥15	≥13	65
5019	H112	H112	≤200.00	≤200.00	≥250	≥110	≥14	≥12	65
5049	H112	H112	≤250.00	≤250.00	≥180	≥80	≥15	≥13	50

（续）

牌号	供应状态	试样状态	圆棒直径 /mm	方棒或六角棒厚度 /mm	抗拉强度 R_m MPa	规定塑性延伸强度 $R_{p0.2}$ MPa	断后伸长率 A %	断后伸长率 A_{50mm} %	硬度参考值 HBW
5251	O	O	≤250.00	≤200.00	160~220	≥60	≥17	≥15	45
5251	H112	H112	≤250.00	≤200.00	≥160	≥60	≥16	≥14	45
5154A	O	O	≤200.00	≤200.00	200~275	≥85	≥18	≥16	55
5154A	H112	H112	≤200.00	≤200.00	≥200	≥85	≥16	≥14	55
5454	O	O	≤200.00	≤200.00	200~275	≥85	≥18	≥16	60
5454	H112	H112	≤200.00	≤200.00	≥200	≥85	≥16	≥14	60
5754	O	O	≤150.00	≤150.00	180~250	≥80	≥17	≥15	45
5754	H112	H112	>150.00~250.00	>150.00~200.00	≥180	≥80	≥14	—	47
5754	H112	H112	≤150.00	≤150.00	≥180	≥70	≥13	—	47
5083	O	O	≤200.00	≤200.00	270~350	≥110	≥12	≥10	70
5083	H112	H112	≤200.00	≤200.00	≥270	≥125	≥12	≥10	70
5086	O	O	≤200.00	≤200.00	240~320	≥95	≥18	≥15	65
5086	H112	H112	≤200.00	≤200.00	≥240	≥95	≥12	≥10	65
6A02	T1、T6	T62、T6	≤150.00	≤150.00	≥295	—	≥8	—	—
6005、6005A	T5	T5	≤25.00	≤25.00	≥260	≥215	≥10	≥12	—
6005、6005A	T6	T6	≤25.00	≤25.00	≥270	≥225	≥8	≥8	90
6005、6005A	T6	T6	>25.00~50.00	>25.00~50.00	≥270	≥225	≥8	—	90
6005、6005A	T6	T6	>50.00~100.00	>50.00~100.00	≥260	≥215	≥8	—	85

6101A	T6	T6	≤150.00	≤150.00	≥200	≥170	≥10	≥8	70
6101B	T6	T6	—	≤15.00	≥215	≥160	≥8	≥6	70
6110A	T5	T5	≤120.00	≤120.00	≥380	≥360	≥10	≥8	115
6110A	T6	T6	≤120.00	≤120.00	≥410	≥380	≥10	≥8	120
6351	T4	T4	≤150.00	≤150.00	≥205	≥110	≥14	≥12	67
6351	T6	T6	≤20.00	≤20.00	≥295	≥250	≥8	≥6	95
6351	T6	T6	>20.00~75.00	>20.00~75.00	≥300	≥255	≥8	—	95
6351	T6	T6	>75.00~150.00	>75.00~150.00	≥310	≥260	≥6	—	95
6351	T6	T6	>150.00~200.00	>150.00~200.00	≥280	≥240	≥6	—	95
6351	T6	T6	>200.00~250.00	—	≥270	≥200	≥16	≥14	95
6060	T4	T4	≤150.00	≤150.00	≥120	≥60	≥8	≥6	50
6060	T5	T5	≤150.00	≤150.00	≥160	≥120	≥8	≥6	60
6060	T6	T6	≤150.00	≤150.00	≥190	≥150	≥8	≥6	70
6061	T6、T6510、T6511	T6、T6510、T6511	≤150.00	≤150.00	≥260	≥240	≥8	≥6	95
6061	T4、T4510、T4511	T4、T4510、T4511	≤150.00	≤150.00	≥180	≥110	≥15	≥13	65
6063	O	O	≤150.00	≤150.00	≤130	—	≥18	≥16	25
6063	T4	T4	≤150.00	≤150.00	≥130	≥65	≥14	≥12	50
6063	T4	T4	>150.00~200.00	>150.00~200.00	≥120	≥65	≥12	—	50
6063	T5	T5	≤200.00	≤200.00	≥175	≥130	≥8	≥6	65
6063	T6	T6	≤150.00	≤150.00	≥215	≥170	≥10	≥8	75
6063	T6	T6	>150.00~200.00	>150.00~200.00	≥195	≥160	≥10	—	75

（续）

牌号	供应状态	试样状态	圆棒直径 /mm	方棒或六角棒厚度 /mm	室温拉伸性能				硬度参考值 HBW
					抗拉强度 R_m	规定塑性延伸强度 $R_{p0.2}$	断后伸长率		
					MPa	MPa	A	A_{50mm}	
							%	%	
6063A	T4	T4	≤150.00	≤150.00	≥150	≥90	≥12	≥10	50
	T4	T4	>150.00~200.00	>150.00~200.00	≥140	≥90	≥10	—	50
	T5	T5	≤200.00	≤200.00	≥200	≥160	≥7	≥5	75
	T6	T6	≤150.00	≤150.00	≥230	≥190	≥7	≥5	80
	T6	T6	>150.00~200.00	>150.00~200.00	≥220	≥160	≥7	—	80
6463	T4	T4	≤150.00	≤150.00	≥125	≥75	≥14	≥12	46
	T5	T5	≤150.00	≤150.00	≥150	≥110	≥8	≥6	60
	T6	T6	≤150.00	≤150.00	≥195	≥160	≥10	≥8	74
6082	T6	T6	≤20.00	≤20.00	≥295	≥250	≥8	≥6	95
	T6	T6	>20.00~150.00	>20.00~150.00	≥310	≥260	≥8	—	95
	T6	T6	>150.00~200.00	>150.00~200.00	≥280	≥240	≥6	—	95
	T6	T6	>200.00~250.00	—	≥270	≥200	≥6	—	95
7A15	T1,T6	T62,T6	≤150.00	≤150.00	≥490	≥420	≥6	—	—
7A04、7A09	T1,T6	T62,T6	≤22.00	≤22.00	≥490	≥370	≥7	—	—
	T1,T6	T62,T6	>22.00~150.00	>22.00~150.00	≥530	≥400	≥6	—	—
7003	T5	T5	≤250.00	≤200.00	≥310	≥260	≥10	≥8	—
	T6	T6	≤50.00	≤50.00	≥350	≥290	≥10	≥8	110
	T6	T6	>50.00~150.00	>50.00~150.00	≥340	≥280	≥10	≥8	110
7005	T6	T6	≤50.00	≤50.00	≥350	≥290	≥10	≥8	110
	T6	T6	>50.00~150.00	>50.00~150.00	≥340	≥270	≥10	—	110

牌号									
7020	T6	T6	≤50.00	≤50.00	≥350	≥290	≥10	≥8	110
7020	T6	T6	>50.00~150.00	>50.00~150.00	≥340	≥275	≥10	—	110
7021	T6	T6	≤40.00	≤40.00	≥410	≥350	≥10	≥8	120
7022	T6	T6	≤80.00	≤80.00	≥490	≥420	≥7	≥5	133
7022	T6	T6	>80.00~200.00	>80.00~200.00	≥470	≥400	≥7	—	133
7049A	T6、T6510、T6511	T6、T6510、T6511	≤100.00	≤100.00	≥610	≥530	≥5	≥4	170
7049A			>100.00~125.00	>100.00~125.00	≥560	≥500	≥5	—	170
7049A			>125.00~150.00	>125.00~150.00	≥520	≥430	≥5	—	170
7049A			>150.00~180.00	>150.00~180.00	≥450	≥400	≥3	—	170
7049A	O	O	≤200.00	≤200.00	≤275	≤165	≥10	≥8	60
7075	T1、T6、T6510、T6511	T62、T6、T6510、T6511	≤25.00	≤25.00	≥540	≥480	≥7	≥5	150
7075			>25.00~100.00	>25.00~100.00	≥560	≥500	≥7	—	150
7075			>100.00~150.00	>100.00~150.00	≥550	≥440	≥5	—	150
7075			>150.00~200.00	>150.00~200.00	≥440	≥400	≥5	—	150
7075	T73、T73510、T73511	T73、T73510、T73511	≤25.00	≤25.00	≥485	≥420	≥7	≥5	135
7075			>25.00~75.00	>25.00~75.00	≥475	≥405	≥7	—	135
7075			>75.00~100.00	>75.00~100.00	≥470	≥390	≥6	—	135
7075			>100.00~150.00	>100.00~150.00	≥440	≥360	≥6	—	135
8A06	O	O	≤150.00	≤150.00	60~120	—	≥25	—	—
8A06	H112	H112	≤150.00	≤150.00	≥60	—	≥25	—	—

注:
1. 2A11、2A12、2A13 合金，取 T1 状态供货的棒材，取 T4 状态的试样检测力学性能，合格者交货。取 T6 状态供货的棒材，取 T6 状态的试样检测力学性能，合格者交货。其他合金 T1 状态供货的棒材，取 T6 状态的试样检测力学性能，合格者交货。
2. 5A02、5A03、5A05、5A06、5A12 合金 O 状态供货的棒材，取 O 状态的试样检测力学性能，合格者交货。当取 H112 状态供货合格时，可按 H112 状态的性能合格。
3. 表中硬度值仅供参考（不适用于 T1 状态），实测值可能与表中数据差别较大。

2.8 铜及铜合金

2.8.1 铸造铜合金

铸造铜合金的主要化学成分、力学性能见表2-140、表2-141。

表2-140 铸造铜合金的主要化学成分（GB/T 1176—2013）

牌号	名称	主要元素含量（质量分数，%）										
		Sn	Zn	Pb	P	Ni	Al	Fe	Mn	Si	其他	Cu
ZCu99	99铸造纯铜											≥99.0
ZCuSn3Zn8Pb6Ni1	3-8-6-1锡青铜	2.0~4.0	6.0~9.0	4.0~7.0		0.5~1.5						余量
ZCuSn3Zn11Pb4	3-11-4锡青铜	2.0~4.0	9.0~13.0	3.0~6.0								余量
ZCuSn5Pb5Zn5	5-5-5锡青铜	4.0~6.0	4.0~6.0	4.0~6.0								余量
ZCuSn10P1	10-1锡青铜	9.0~11.5			0.8~1.1							余量
ZCuSn10Pb5	10-5锡青铜	9.0~11.0		4.0~6.0								余量
ZCuSn10Zn2	10-2锡青铜	9.0~11.0	1.0~3.0									余量

ZCuPb9Sn5	9-5 铅青铜	4.0~6.0		8.0~10.0						余量
ZCuPb10Sn10	10-10 铅青铜	9.0~11.0		8.0~11.0						余量
ZCuPb15Sn8	15-8 铅青铜	7.0~9.0		13.0~17.0						余量
ZCuPb17Sn4Zn4	17-4-4 铅青铜	3.5~5.0	2.0~6.0	14.0~20.0						余量
ZCuPb20Sn5	20-5 铅青铜	4.0~6.0		18.0~23.0						余量
ZCuPb30	30 铅青铜			27.0~33.0						余量
ZCuAl8Mn13Fe3	8-13-3 铝青铜					7.0~9.0	2.0~4.0	12.0~14.5		余量
ZCuAl8Mn13Fe3Ni2	8-13-3-2 铝青铜				1.8~2.5	7.0~8.5	2.5~4.0	11.5~14.0		余量
ZCuAl8Mn14Fe3Ni2	8-14-3-2 铝青铜		<0.5		1.9~2.3	7.4~8.1	2.6~3.5	12.4~13.2		余量
ZCuAl9Mn2	9-2 铝青铜					8.0~10.0		1.5~2.5		余量
ZCuAl8Be1Co1	8-1-1 铝青铜					7.0~8.5	<0.4		Be: 0.7~1.0 Co: 0.7~1.0	余量

（续）

牌号	名称	主要元素含量（质量分数，%）										
		Sn	Zn	Pb	P	Ni	Al	Fe	Mn	Si	其他	Cu
ZCuAl9Fe4Ni4Mn2	9-4-4-2 铝青铜					4.0~5.0	8.5~10.0	4.0~5.0①	0.8~2.5			余量
ZCuAl10Fe4Ni4	10-4-4 铝青铜					3.5~5.5	9.5~11.0	3.5~5.5				余量
ZCuAl10Fe3	10-3 铝青铜						8.5~11.0	2.0~4.0				余量
ZCuAl10Fe3Mn2	10-3-2 铝青铜						9.0~11.0	2.0~4.0	1.0~2.0			余量
ZCuZn38	38 黄铜		余量									60.0~63.0
ZCuZn21Al5Fe2Mn2	21-5-2-2 铝黄铜	<0.5	余量				4.5~6.0	2.0~3.0	2.0~3.0			67.0~70.0
ZCuZn25Al6Fe3Mn3	25-6-3-3 铝黄铜		余量				4.5~7.0	2.0~4.0	2.0~4.0			60.0~66.0
ZCuZn26Al4Fe3Mn3	26-4-3-3 铝黄铜		余量				2.5~5.0	2.0~4.0	2.0~4.0			60.0~66.0
ZCuZn31Al2	31-2 铝黄铜		余量				2.0~3.0					66.0~68.0

ZCuZn35Al2Mn2Fe1	35-2-2-1 铝黄铜	余量				0.5~2.5	0.5~2.0	0.1~3.0			57.0~65.0
ZCuZn38Mn2Pb2	38-2-2 锰黄铜	余量	1.5~2.5					1.5~2.5			57.0~60.0
ZCuZn40Mn2	40-2 锰黄铜	余量						1.0~2.0			57.0~60.0
ZCuZn40Mn3Fe1	40-3-1 锰黄铜	余量					0.5~1.5	3.0~4.0			53.0~58.0
ZCuZn33Pb2	33-2 铅黄铜		1.0~3.0								63.0~67.0
ZCuZn40Pb2	40-2 铅黄铜	余量	0.5~2.5			0.2~0.8					58.0~63.0
ZCuZn16Si4	16-4 硅黄铜	余量							2.5~4.5		79.0~81.0
ZCuNi10Fe1Mn1	10-1-1 镍白铜				9.0~11.0		1.0~1.8	0.8~1.5			84.5~87.0
ZCuNi30Fe1Mn1	30-1-1 镍白铜				29.5~31.5		0.25~1.5	0.8~1.5			65.0~67.0

① 表示铁的含量不能超过镍的含量。

表 2-141　铸造铜合金的力学性能（GB/T 1176—2013）

牌号	铸造方法	室温力学性能 ≥			
		抗拉强度 R_{m}/MPa	规定塑性延伸强度 $R_{\mathrm{p0.2}}$/MPa	断后伸长率 A（%）	硬度 HBW
ZCu99	S	150	40	40	40
ZCuSn3Zn8Pb6Ni1	S	175		8	60
	J	215		10	70
ZCuSn3Zn11Pb4	S、R	175		8	60
	J	215		10	60
ZCuSn5Pb5Zn5	S、J、R	200	90	13	60*
	Li、La	250	100	13	65*
ZCuSn10P1	S、R	220	130	3	80*
	J	310	170	2	90*
	Li	330	170	4	90*
	La	360	170	6	90*
ZCuSn10Pb5	S	195		10	70
	J	245		10	70
ZCuSn10Zn2	S	240	120	12	70*
	J	245	140	6	80*
	Li、La	270	140	7	80*
ZCuPb9Sn5	La	230	110	11	60
ZCuPb10Sn10	S	180	80	7	65*
	J	220	140	5	70*
	Li、La	220	110	6	70*
ZCuPb15Sn8	S	170	80	5	60*
	J	200	100	6	65*
	Li、La	220	100	8	65*
ZCuPb17Sn4Zn4	S	150		5	55
	J	175		7	60
ZCuPb20Sn5	S	150	60	5	45*
	J	150	70	6	55*
	La	180	80	7	55*
ZCuPb30	J				25
ZCuAl8Mn13Fe3	S	600	270	15	160
	J	650	280	10	170
ZCuAl8Mn13Fe3Ni2	S	645	280	20	160
	J	670	310	18	170
ZCuAl8Mn14Fe3Ni2	S	735	280	15	170
ZCuAl9Mn2	S、R	390	150	20	85
	J	440	160	20	95

（续）

牌号	铸造方法	室温力学性能　≥			
		抗拉强度 R_m/MPa	规定塑性延伸强度 $R_{p0.2}$/MPa	断后伸长率 A(%)	硬度 HBW
ZCuAl8Be1Co1	S	647	280	15	160
ZCuAl9Fe4Ni4Mn2	S	630	250	16	160
ZCuAl10Fe4Ni4	S	539	200	5	155
	J	588	235	5	166
ZCuAl10Fe3	S	490	180	13	100*
	J	540	200	15	110*
	Li、La	540	200	15	110*
ZCuAl10Fe3Mn2	S、R	490		15	110
	J	540		20	120
ZCuZn38	S	295	95	30	60
	J	295	95	30	70
ZCuZn21Al5Fe2Mn2	S	608	275	15	160
ZCuZn25Al6Fe3Mn3	S	725	380	10	160*
	J	740	400	7	170*
	Li、La	740	400	7	170*
ZCuZn26Al4Fe3Mn3	S	600	300	18	120*
	J	600	300	18	130*
	Li、La	600	300	18	130*
ZCuZn31Al2	S、R	295		12	80
	J	390		15	90
2CuZn35Al2Mn2Fe2	S	450	170	20	100*
	J	475	200	18	110*
	Li、La	475	200	18	110*
ZCuZn38Mn2Pb2	S	245		10	70
	J	345		18	80
ZCuZn40Mn2	S、R	345		20	80
	J	390		25	90
ZCuZn40Mn3Fe1	S、R	440		18	100
	J	490		15	110
ZCuZn33Pb2	S	180	70	12	50*
ZCuZn40Pb2	S、R	220	95	15	80*
	J	280	120	20	90*
ZCuZn16Si4	S、R	345	180	15	90
	J	390		20	100
ZCuNi10Fe1Mn1	S、J、Li、La	310	170	20	100
ZCuNi30Fe1Mn1	S、J、Li、La	415	220	20	140

注：有 "*" 符号的数据为参考值。

2.8.2　压铸铜合金

压铸铜合金的化学成分、力学性能见表 2-142、表 2-143。

表 2-142　压铸铜合金的化学成分（质量分数，%）（GB/T 15116—2023）

牌号	主要元素							杂质元素 ≤								
	Cu	Pb	Al	Si	Mn	Fe	Zn	Fe	Si	Ni	Sn	Mn	Al	Pb	Sb	总和
YZCuZn40Pb	58.0~63.0	0.5~1.5	0.2~0.5	—	—	—	余量	0.4	0.05	—	—	0.5	—	—	0.2	1.0
YZCuZn16Si4	79.0~81.0	—	—	2.5~4.5	—	—	余量	0.3	—	—	0.3	0.5	0.1	—	0.1	1.0
YZCuZn30Al3	66.0~68.0	—	2.0~3.0	—	—	—	余量	0.4	—	—	1.0	0.5	—	1.0	—	1.0
YZCuZn35Al2Mn2Fe	57.0~65.0	—	0.5~2.5	—	0.1~3.0	0.5~2.0	余量	—	0.1	1.5	0.3	—	—	0.5	Sb+Pb+As: 0.3	1.0①

① 总和中不含 Ni。

表 2-143　压铸铜合金的力学性能（GB/T 15116—2023）

牌号	力学性能 ≥		
	抗拉强度 R_m/MPa	断后伸长率 A(%)	硬度 HBW 5/250/30
YZCuZn40Pb	320	6	85
YZCuZn16Si4	355	25	85
YZCuZn30Al3	410	15	110
YZCuZn35Al2Mn2Fe	485	3	130

2.8.3 加工铜及铜合金

加工铜及铜合金的化学成分见表2-144~表2-148，铜及铜合金拉制棒的力学性能见表2-149。

表2-144 加工铜的化学成分（GB/T 5231—2022）

分类	代号	牌号	Cu+Ag（最小值）	化学成分（质量分数，%）													
				P	Ag	Bi	Sb	As	Fe	Ni	Pb	Sn	S	Zn	O	Cd
无氧铜	C10100	TU00	99.99①	0.0003	0.0025	0.0001	0.0004	0.0005	0.0010	0.0010	0.0005	0.0002	0.0015	0.0001	0.0005	0.0001
				Te≤0.0002，Se≤0.0003，Mn≤0.00005												
	C10130	TU0	99.97	0.002	—	0.001	0.002	0.002	0.004	0.002	0.003	0.002	0.004	0.003	0.001	—
	C10150	TU1	99.97	0.002	—	0.001	0.002	0.002	0.004	0.002	0.003	0.002	0.004	0.003	0.002	—
	C10180	TU2	99.95	0.002	—	0.001	0.002	0.002	0.004	0.002	0.004	0.002	0.004	0.003	0.003	—
	C10200	TU3	99.95	—	—	—	—	—	—	—	—	—	—	—	0.0010	—
磷无氧铜	T10410	TUP0.002	99.99	0.0015~0.0025	—	—	—	—	—	—	—	—	—	—	0.0010	—
	C10300	TUP0.003	99.95②	0.001~0.005	—	—	—	—	—	—	—	—	—	—	—	—
	C10800	TUP0.008	99.95②	0.005~0.012	—	—	—	—	—	—	—	—	—	—	—	—

（续）

分类	代号	牌号	Cu+Ag（最小值）	化学成分（质量分数,%）												
				P	Ag	Bi	Sb	As	Fe	Ni	Pb	Sn	S	Zn	O	Cd
银无氧铜	T10350	TU00Ag0.06	99.99	0.002	0.05~0.08	0.0003	0.0005	0.0004	0.0025	0.0006	0.0006	0.0007	—	0.0005	0.0005	—
	C10500	TUAg0.03	99.95	—	≥0.034	—	—	—	—	—	—	—	—	—	0.001	—
	T10510	TUAg0.05	99.96	0.002	0.02~0.06	0.001	0.002	0.002	0.004	0.002	0.004	0.002	0.004	0.003	0.003	—
	T10530	TUAg0.1	99.96	0.002	0.06~0.12	0.001	0.002	0.002	0.004	0.002	0.004	0.002	0.004	0.003	0.003	—
	T10540	TUAg0.2	99.96	0.002	0.15~0.25	0.001	0.002	0.002	0.004	0.002	0.004	0.002	0.004	0.003	0.003	—
	T10550	TUAg0.3	99.96	0.002	0.25~0.35	0.001	0.002	0.002	0.004	0.002	0.004	0.002	0.004	0.003	0.003	—
	C10700	TUAg0.08	99.95	—	≥0.085	—	—	—	—	—	—	—	—	—	0.001	—
锆无氧铜	T10600	TUZr0.15	99.97③	0.002	Zr:0.11~0.21	0.001	0.002	0.002	0.004	0.002	0.003	0.002	0.004	0.003	0.002	—

类别	代号	牌号	Cu	P	Ag											
纯铜	T10900	T1	99.95	0.001	—	0.001	0.002	0.002	0.005	0.002	0.003	0.002	0.005	0.005	0.02	—
	T10950	T1.5	99.95	0.001	—	—	—	—	0.001	—	—	0.005	—	—	0.008~0.03	—
	T11050	T2④	99.90	—	—	0.001	0.002	0.002	0.005	—	0.005	—	0.005	—	—	—
	T11090	T3	99.70	—	—	0.002	—	—	—	—	0.01	—	—	—	—	—
银铜	T11110	TAg0.05	99.90	—	0.02~0.06	—	—	—	—	—	—	—	—	—	—	—
	T11120	TAg0.08	99.90	—	0.06~0.12	—	—	—	—	—	—	—	—	—	—	—
	T11200	TAg0.1-0.01②	99.9②	0.004~0.012	0.08~0.12	0.002	—	—	—	0.05	—	—	—	—	0.05	—
	T11210	TAg0.1⑤	99.5⑤	—	0.06~0.12	0.002	0.005	0.01	0.05	0.2	0.01	0.05	0.01	—	0.1	—
	T11220	TAg0.15	99.5	—	0.10~0.20	—	0.005	0.01	0.05	0.02	0.01	0.05	0.01	—	0.1	—
	T11230	TAg0.2	99.90	—	0.15~0.25	—	—	—	—	—	—	—	—	—	—	—
磷脱氧铜	C12000	TP1	99.90	0.004~0.012	—	—	—	—	—	—	—	—	—	—	—	—
	C12200	TP2	99.9	0.015~0.040	—	—	—	—	—	—	—	—	—	—	—	—

（续）

分类	代号	牌号	Cu+Ag（最小值）	化学成分（质量分数,%）												
				P	Ag	Bi	Sb	As	Fe	Ni	Pb	Sn	S	Zn	O	Cd
磷脱氧铜	T12210	TP3	99.9	0.01~0.025	—	—	—	—	—	—	—	—	—	—	0.01	—
	T12400	TP4	99.90	0.040~0.065	—	—	—	—	—	—	—	—	—	—	0.002	—
锡铜	C14410	TSn0.15-0.01	99.90⑥	0.005~0.020	—	—	—	—	0.05	—	0.05	0.10~0.20	—	—	—	—
	C14415	TSn0.12	99.96⑥	—	—	—	—	—	—	—	—	0.10~0.15	—	—	—	—
	T14416	TSn0.15	99.90⑥	—	—	—	—	—	—	—	—	0.01~0.20	—	—	0.0030	—
	T14417	TSn0.3	99.90⑥	—	—	—	—	—	—	—	—	0.15~0.40	—	—	0.0030	—
	T14418	TSn0.5	99.90⑥	—	—	—	—	—	—	—	—	0.35~0.70	—	—	0.0030	—
	T14440	TTe0.3	99.9⑦	0.001	Te: 0.20~0.35	0.001	0.0015	0.002	0.008	0.002	0.01	0.001	0.0025	0.005	—	0.01

类别	代号	牌号	Cu	P												
碲铜	T14450	TTe0.5-0.008	99.8[7]	0.004~0.012	Te: 0.4~0.6	0.001	0.003	0.002	0.008	0.005	0.01	0.01	0.003	0.008	—	0.01
	C14500	TTe0.5	99.90[7]	0.004~0.012	Te: 0.40~0.7	—	—	—	—	—	—	—	—	—	—	—
	C14510	TTe0.5-0.02	99.85[7]	0.010~0.030	Te: 0.30~0.7	—	—	—	—	—	0.05	—	—	—	—	—
硫铜	C14700	TS0.4	99.90[7]	0.002~0.005	—	—	—	—	—	—	—	—	0.20~0.50	—	—	—
锆铜	C15000	TZr0.15[8]	99.80	—	Zr: 0.10~0.20	—	—	—	—	—	—	—	—	—	—	—
	C15100	TZr0.1[8]	99.80	—	Zr: 0.05~0.15	—	—	—	—	—	—	—	—	—	—	—
	C15200	TZr0.2	99.5[7]	—	Zr: 0.15~0.30	0.002	0.005	—	0.05	0.2	0.01	0.05	0.01	—	—	—
	T15400	TZr0.4	99.5[7]	—	Zr: 0.30~0.50	0.002	0.005	—	0.05	0.2	0.01	0.05	0.01	—	—	—

（续）

分类	代号	牌号	Cu+Ag (最小值)	化学成分（质量分数，%）												
				P	Ag	Bi	Sb	As	Fe	Ni	Pb	Sn	S	Zn	O	Cd
镁铜	T15610	TMg0.15	99.9[7]	0.0100	Mg: 0.05~0.20	—	—	—	—	—	—	—	—	—	—	—
	T15615	TMg0.2	99.9[7]	0.1	Mg: 0.1~0.3	—	—	—	—	—	—	—	—	—	—	—
	T15620	TMg0.25	99.9[7]	0.0100	Mg: 0.10~0.40	—	—	—	—	—	—	—	—	—	—	—
弥散铜	T15700	TUAl0.12	余量[9]	0.002	Al₂O₃: 0.16~0.26	0.001	0.002	0.002	0.004	0.002	0.003	0.002	0.004	0.003	—	—
	C15715	TUAl0.15	99.62	—	Al: 0.13~0.17[10]	—	—	—	0.01	—	0.01	—	—	—	0.12~0.19[10]	—
	C15725	TUAl0.25	99.43	—	Al: 0.23~0.27[10]	—	—	—	0.01	—	0.01	—	—	—	0.20~0.28[10]	—

代号	牌号	Cu	Be	Ni	Cr	Si	Fe	Al	Pb	Ti	Zn	Sn	S	P	Mg	Zr	Co	Cu+所列元素总和
C15735	TUAl0.35	99.24	—	—	—	—	—	Al: 0.33~0.37⑩	—	—	0.01	—	0.01	—	—	—	0.29~0.37⑩	—
C15760	TUAl0.60	98.77	—	—	—	—	—	Al: 0.58~0.62⑩	—	—	0.01	—	0.01	—	—	—	0.52~0.59⑩	—

① 此值为铜的含量，铜的质量分数不小于 99.99% 时，其值应由差减法求得。
② 此值为 Cu+Ag+P。
③ 此值为 Cu+Ag+Zr。
④ 导电用 T2 铜中磷的质量分数不大于 0.001%。
⑤ 此值为铜含量。
⑥ 此值为 Cu+Ag+Sn。
⑦ 此值为 Cu+Ag+合金元素总和。
⑧ 此牌号中 $w(Cu)+w(Ag)+w(Zr) \geqslant 99.9\%$。
⑨ 铜为余量元素时，铜的质量分数可取所有已分析元素与 100% 之间的差值所得。
⑩ 所有的铝以 Al_2O_3 的形式存在，质量分数大于 0.04% 的氧以 Cu_2O 的形式式存在于铜的固溶体中的含量可以忽略不计。

表 2-145　加工高铜合金①的化学成分（GB/T 5231—2022）

分类	代号	牌号	化学成分（质量分数，%）																
			Cu	Be	Ni	Cr	Si	Fe	Al	Pb	Ti	Zn	Sn	S	P	Mg	Zr	Co	Cu+所列元素总和
镉铜	C16200	TCd1	余量②	—	—	—	—	0.02	—	—	—	—	—	—	—	—	—	Cd: 0.7~1.2	99.5

（续）

分类	代号	牌号	Cu	Be	Ni	Cr	Si	Fe	Al	Pb	Ti	Zn	Sn	S	P	Mg	Zr	Co	Cu+所列元素总和
铍铜	C17200	TBe1.9-0.2②	余量②	1.80~2.00	—	—	0.20	—	0.20	—	—	—	—	—	—	—	—	0.20②③	99.5
	C17300	TBe1.9-0.4②	余量②	1.80~2.00	—	—	0.20	—	0.20	0.20~0.6	—	—	—	—	—	—	—	0.20②③	99.5
	C17410	TBe0.3-0.5②	余量②	0.15~0.50	—	—	0.20	0.20	0.20	—	—	—	—	—	—	—	—	0.35~0.6	99.5
	C17450	TBe0.3-0.7②	余量②	0.15~0.50	0.50~1.0	—	0.20	0.20	0.20	—	—	—	0.25	—	—	—	0.50	—	99.5
	C17460	TBe0.3-1.2②	余量②	0.15~0.50	1.0~1.4	—	0.20	0.20	0.20	—	—	—	0.25	—	—	—	0.50	—	99.5
	T17490	TBe0.3-1.5	余量	0.25~0.50	—	—	0.20	0.10	0.20	—	—	—	—	—	Ag: 0.90~1.10		—	—	99.5④
	C17500	TBe0.6-2.5②	余量②	0.4~0.7	—	—	0.20	0.10	0.20	—	—	—	—	—	—	—	—	2.4~2.7	99.5

化学成分（质量分数，%）

类别	代号	合金牌号	Cu	Be	Ni+Co	Cr	Fe	Si	Al	Pb	其他	Mn/P	其他元素	杂质总和	w(Cu)/%
	C17510	TBe0.4-1.8②	余量②	0.2~0.6	1.4~2.2	—	0.20	0.10	0.20	—	—	—	—	0.3	99.5
	T17700	TBe1.7	余量	1.6~1.85	0.2~0.4	—	0.15	0.15	0.15	0.005	0.10~0.25	—	—	—	99.5④
	T17710	TBe1.9	余量	1.85~2.1	0.2~0.4	—	0.15	0.15	0.15	0.005	0.10~0.25	—	—	—	99.5④
	T17715	TBe1.9~0.1	余量	1.85~2.1	0.2~0.4	—	0.15	0.15	0.15	0.005	0.10~0.25	0.07~0.13	—	—	99.5④
	T17720	TBe2	余量	1.80~2.1	0.2~0.5	—	0.15	0.15	0.15	0.005	—	—	—	—	99.5③
	T17730	TBe2.4	余量②	2.30~2.50	0.002	—	0.025	0.025	0.01	0.002	—	—	—	—	99.5④
	T17740	TBe2.8	余量②	2.60~3.00	0.002	—	0.025	0.025	0.01	0.002	—	—	—	—	99.7④
镍铬铜	C18000	TNi2.4-0.6-0.5	余量②	—	1.8~3.0⑤	0.10~0.8	0.40~0.8	0.15	—	—	—	—	Sb+Sn+Zn≤0.03；As+P≤0.01	0.01	99.7④
镍铜	T18010	TNi0.6-0.2	余量	—	0.5~0.7	—	0.03	0.05	—	0.005	0.12~0.27	0.005　0.002	Sb+Sn+Zn≤0.03；As+P≤0.01	0.01	99.9
铜	C19000	TNi1.1-0.25	余量②	—	0.9~1.3	—	—	0.10	—	0.05	—	0.15~0.35	0.8	—	99.5

（续）

分类	代号	牌号	\u5316学成分（质量分数，%） Cu	Be	Ni	Cr	Si	Fe	Al	Pb	Ti	Zn	Sn	S	P	Mg	Zr	Co	Cu+所列元素总和
镍铜	C19010	TNi1.3-0.25	余量②	—	0.8~1.8	—	0.15~0.35	—	—	—	—	—	—	—	0.01~0.05	—	—	—	99.5
	C19160	TNi1-1-0.25	余量②	—	0.8~1.2	—	—	0.05	—	0.8~1.2	—	0.50	0.05	—	0.15~0.35	—	—	—	99.5
	C18070	TCr0.3-0.2-0.05	99.0②	—	—	0.15~0.40	0.02~0.07	—	—	—	0.01~0.40	—	—	—	—	—	—	—	99.8
	C18080	TCr0.5-0.15-0.1	余量	Ag:0.01~0.30	—	0.20~0.7	0.01~0.10	0.02~0.20	—	—	0.01~0.15	—	—	—	—	—	—	—	99.8
	C18135	TCr0.3-0.3	余量②	—	—	0.20~0.6	—	—	—	—	—	—	—	—	—	—	—	Cd:0.20~0.6	99.5
	C18140	TCr0.3-0.15-0.03	余量②	—	—	0.15~0.45	0.005~0.05	—	—	—	—	—	—	—	—	—	0.05~0.25	—	99.5
	C18141	TCr0.3-0.1-0.02-0.03	余量②	—	—	0.20~0.40	0.01~0.03	—	0.10	—	—	—	0.20	—	—	0.002~0.05	0.07~0.13	—	99.5

铬铜

代号	牌号		余量											总量
C18143	TCr0.3-0.1-0.02	—	余量②	0.20~0.40	0.01~0.03	0.10	—	Mn ≤0.05	0.20	—	—	0.07~0.13	—	99.5
T18140	TCr0.5	0.05	余量	0.4~1.1	—	0.1	—	—	—	—	—	—	—	99.6
T18142	TCr0.5-0.2-0.1	—	余量	0.4~1.0	—	0.1~0.25	0.1~0.25	—	—	—	0.1~0.25	—	—	99.5
T18144	TCr0.5-0.1	0.05	余量	0.40~0.70	0.05	0.05	0.005	0.05~0.25	0.01　0.005	0.005	—	Ag: 0.08~0.13	—	99.8④
T18145	TCr0.6	0.03	余量②	0.50~0.70	0.05	0.05	0.005	0.015	—	0.005	0.01	0.002	—	99.6
T18146	TCr0.7	0.05	余量	0.55~0.85	0.05	0.1	—	—	—	—	—	—	—	99.6
T18148	TCr0.8	0.05	余量②	0.6~0.9	0.03	0.03	0.005	—	—	0.005	—	—	—	99.8④
C18150	TCr1-0.15	Bi ≤0.01	余量②	0.50~1.5	0.10	—	0.05	Sb ≤0.01	B ≤0.02	—	—	—	—	99.7
T18160	TCr1-0.18	—	余量	0.5~1.5	0.10	—	0.05	—	—	—	0.10	0.05	0.05~0.30	99.8
T18170	TCr0.6-0.4-0.05	—	余量	0.4~0.8	0.05	0.05	—	—	—	—	0.01	0.04~0.08	0.3~0.6	99.6

（续）

化学成分（质量分数，%）

分类	代号	牌号	Cu	Be	Ni	Cr	Si	Fe	Al	Pb	Ti	Zn	Sn	S	P	Mg	Zr	Co	Cu+所列元素总和
铬铜	C18200	TCr1	余量②	—	—	0.6~1.2	0.10	0.10	—	0.05	—	—	—	—	—	—	—	—	99.5
	C18400	TCr0.9	余量②	—	—	0.40~1.2	0.10	0.15	—	—	—	0.7	As≤0.005	—	0.05	Li≤0.05	Ca≤0.005	—	99.5
镁铜	T18660	TMg0.35	余量	—	—	—	—	—	—	—	—	—	—	—	0.0100	0.15~0.60	—	—	99.9
	C18661	TMg0.4	余量②	—	—	—	—	0.10	—	—	—	—	0.20	—	0.001~0.02	0.10~0.7	—	—	99.5
	T18663	TMg0.45	余量	—	—	—	—	—	—	—	—	—	—	—	0.0100	0.30~0.70	—	—	99.9
	T18664	TMg0.5	余量	—	—	—	—	—	—	—	—	—	—	—	0.01	0.4~0.7	—	—	99.9
	T18665	TMg0.6-0.2	余量②	Bi≤0.001	0.002	Te:0.15~0.20	—	0.002	—	0.005	Sb≤0.001	0.0016	—	—	0.0005	0.5~0.7	—	—	99.9④

	T18667	TMg0.8	余量	Bi ≤ 0.002	0.006	—	—	0.005	—	0.005	Sb ≤ 0.005	0.005	0.002	0.005	—	0.70~0.85	—	—	99.7④
	T18695	TMg0.3-0.2	余量②	Bi ≤ 0.001	0.002	Te：0.15~0.20		0.002	—	0.005	Sb ≤ 0.001	0.0016	—	—	0.0005	0.2~0.4	—	—	99.9④
铅铜	C18700	TPb1	余量②	—	—	—	—	—	—	0.8~1.5	—	—	—	—	—	—	—	—	99.5
锡铜	C19020	TSn2-0.6-0.15	余量②	—	0.50~3.0	—	—	—	—	—	—	—	0.30~0.9	—	0.01~0.20	—	—	—	99.8
	C19040	TSn1.5-0.8-0.06	96.1②	—	0.7~0.9③	—	0.010	0.06	—	0.02	—	0.8	1.0~2.0	—	0.02~0.09	—	Mn ≤ 0.02	—	99.8
	T19060	TSn2-0.2-0.06	余量②	—	0.1~0.3	—	—	0.1	—	0.01	—	1.0	1.8~2.5	—	0.03~0.10	—	—	—	99.5
铁铜	C19200	TFe1.0	98.5	—	—	—	—	0.8~1.2	—	—	—	0.20	—	—	0.01~0.04	—	—	—	99.8
	C19210	TFe0.1	余量	—	—	—	—	0.05~0.15	—	—	—	—	—	—	0.025~0.04	—	—	—	99.8
	C19400	TFe2.5	97.0	—	—	—	—	2.1~2.6	—	0.03	—	0.05~0.20	—	—	0.015~0.15	—	—	—	—

（续）

分类	代号	牌号	化学成分（质量分数，%）																
			Cu	Be	Ni	Cr	Si	Fe	Al	Pb	Ti	Zn	Sn	S	P	Mg	Zr	Co	Cu+所列元素总和
铁铜	T19460	TFe5	余量②	—	—	0.01	0.01	4.5~5.5	—	—	—	—	—	—	0.002	0.007	Mn ≤0.03	—	99.8④
铁铜	C19700	TFe0.75	余量	—	0.05	—	—	0.30~1.2	—	0.50	—	0.20	0.20	—	0.10~0.40	0.01~0.20	Mn ≤0.05	0.05	99.8
锌铜	C19800	TZn0.9-0.5	余量	—	—	—	—	0.02~0.50	—	—	—	0.30~1.5	0.10~1.0	—	0.01~0.10	0.10~1.0	—	—	99.8
钛铜	C19900	TTi3.0	余量	—	—	Ti: 2.9~3.5	—	—	—	—	—	—	—	—	—	—	—	—	99.5
钛铜	C19910	TTi3.0-0.2	余量	—	—	Ti: 2.9~3.4	—	0.17~0.23	—	—	—	—	—	—	—	—	—	—	99.5

① 高铜合金，指铜的质量分数在96.0%~99.3%之间的合金。

② 此值含Ag。

③ 此值为 $w(Ni)+w(Co) \geqslant 0.20\%$，$w(Ni)+w(Co)+w(Fe) \leqslant 0.6\%$。

④ 此值为Cu+合金元素总和。

⑤ 此值为Ni+Co。

表2-146 加工黄铜的化学成分 (GB/T 5231—2022)

分类	代号	牌号	化学成分(质量分数,%)											
			Cu	Fe[①]	Pb	Al	Mn	Sn	Si	Ni[①]	B	As	Zn	Cu+所列元素总和
普通黄铜	T20800	H96	95.0~97.0	0.10	0.03	—	—	—	—	—	—	—	余量	99.8
	C21000	H95	94.0~96.0	0.05	0.05	—	—	—	—	—	—	—	余量	99.8
	C22000	H90	89.0~91.0	0.05	0.05	—	—	—	—	—	—	—	余量	99.8
	C23000	H85	84.0~86.0	0.05	0.05	—	—	—	—	—	—	—	余量	99.8
	C24000	H80	78.5~81.5	0.05	0.05	—	—	—	—	—	—	—	余量	99.8
	C26100	H70	68.5~71.5	0.10	0.03	—	—	—	—	—	—	—	余量	99.7
	C26300	H68	67.0~70.0	0.10	0.03	—	—	—	—	—	—	—	余量	99.7
	C26800	H66	64.0~68.5	0.05	0.09	—	—	—	—	—	—	—	余量	99.7
	C27000	H65	63.0~68.5	0.07	0.09	—	—	—	—	—	—	—	余量	99.7
	T27300	H63	62.0~65.0	0.15	0.08	—	—	—	—	—	—	—	余量	99.7

（续）

分类	代号	牌号	化学成分（质量分数，%）											
			Cu	Fe①	Pb	Al	Mn	Sn	Si	Ni②	B	As	Zn	Cu+所列元素总和
普通黄铜	C27450	H62.5	60.0~65.0	0.35	0.25	—	—	—	—	—	—	—	余量	99.5
	T27600	H62	60.5~63.5	0.15	0.08	—	—	—	—	—	—	—	余量	99.7
	T27800	H60	59.0~61.5	0.15	0.08	—	—	—	—	—	—	—	余量	99.8
	T28200	H59	57.0~60.0	0.3	0.5	—	—	—	—	—	—	—	余量	99.8
	T28400	H58	57.0~59.0	0.3	0.2	0.05	—	0.3	—	0.3	—	—	余量	99.8
	T22100	HC90-0.3	90.0~91.0	0.05	0.02	—	—	—	—	—	—	Cr: 0.2~0.4	余量	99.5
	T22130	HB90-0.1	89.0~91.0	0.02	0.02	—	—	—	0.5	—	0.05~0.3	—	余量	99.5③
	T23030	HAs85-0.05	84.0~86.0	0.10	0.03	—	—	—	—	—	—	0.02~0.08	余量	99.8
	C26130	HAs70-0.05	68.5~71.5	0.05	0.05	—	—	—	—	—	—	0.02~0.08	余量	99.7

组别	代号	牌号												余量	
硼砷铬黄铜	T26330	HAs68-0.04	67.0~70.0	0.10	0.03	—	—	—	—	—	—	—	0.03~0.06	余量	99.8
	T27010	HAs65-0.04	63.0~68.5	0.07	0.09	—	—	—	—	—	—	—	0.02~0.06	余量	99.7
	T27350	HAs63-0.04	62.0~65.0	0.15	0.08	—	—	—	—	—	—	—	0.02~0.06	余量	99.7
	T27370	HAs63-0.1	61.5~63.5	0.1	0.2	0.05	0.1	0.1	—	0.3	—	—	0.02~0.15	余量	99.8
	T27610	HAs62-0.04	60.5~63.5	0.15	0.08	—	—	—	—	—	—	—	0.02~0.06	余量	99.7
铅黄铜	C31400	HPb89-2	87.5~90.5	0.10	1.3~2.5	—	—	—	—	0.7	—	—	—	余量	99.6
	C33000	HPb66-0.5	65.0~68.0	0.07	0.25~0.7	—	—	—	—	—	—	—	—	余量	99.6
	T33510	HPb65-1.5	64.0~66.0	0.3	1.2~1.7	0.8~1.0	0.1	0.3	—	0.2	—	—	0.02~0.15	余量	99.8
	T34700	HPb63-3	62.0~65.0	0.10	2.4~3.0	—	—	—	—	0.5	—	—	—	余量	99.3③
	T34900	HPb63-0.1	61.5~63.5	0.15	0.05~0.3	—	—	—	—	0.5	—	—	—	余量	99.5③
	T34750	HPb63-1.5	62.0~64.0	0.3	1.2~1.6	0.5~0.7	0.1	0.3	—	0.2	—	—	0.02~0.15	余量	99.8

（续）

分类	代号	牌号	化学成分（质量分数，%）											
			Cu	Fe①	Pb	Al	Mn	Sn	Si	Ni②	B	As	Zn	Cu+所列元素总和
	T34760	HPb63-1.5-0.6	62.0~63.6	0.3	1.4~1.6	0.5~0.7	0.1	0.3	—	0.2	—	0.09~0.13	余量	99.8
	T34770	HPb63-1-0.6	62.0~63.6	0.3	0.8~1.6	0.5~0.7	0.1	0.3	0.02	0.2	Sb:0.008~0.02 P≤0.01	0.09~0.13	余量	99.8
	T35100	HPb62-0.8	60.0~63.0	0.2	0.5~1.2	—	—	0.3	—	0.5	—	—	余量	99.3③
	T35200	HPb62-1-0.6	61.0~62.5	0.3	0.8~1.2	0.6~0.7	0.1	0.3	0.02	0.2	Sb:0.03~0.06 P≤0.01	0.04	余量	99.8
	C35300	HPb62-2	60.0~63.0	0.15	1.5~2.5	—	—	—	—	—	—	—	余量	99.5
	C36000	HPb62-3	60.0~63.0	0.35	2.5~3.0	—	—	—	—	—	—	—	余量	99.5
	C36010	HPb62-3.4	60.0~63.0	0.35	3.1~3.7	—	—	—	—	—	—	—	余量	99.5
	T36210	HPb62-2-0.1	61.0~63.0	0.1	1.7~2.8	0.05	0.1	0.1	—	0.3	—	0.02~0.15	余量	99.8

代号	牌号												
T36220	HPb61-2-1	59.0~62.0	—	1.0~2.5	—	0.30~1.5	—	—	—	0.02~0.25	余量	99.6
T36230	HPb61-2-0.1	59.2~62.3	0.2	1.7~2.8	—	0.2	—	—	—	0.08~0.15	余量	99.8
C37100	HPb61-1	58.0~62.0	0.15	0.6~1.2	—	—	—	—	—	—	余量	99.6
T37200	HPb61-1.5	60.0~62.0	0.25	1.2~2.0	—	0.25	—	0.2	—	—	余量	99.8
T37300	HPb61-3	59.0~63.0	0.5	1.8~3.7	—	Fe+Sn ≤1.0	—	0.5	—	—	余量	99.7
C37700	HPb60-2	58.0~61.0	0.30	1.5~2.5	—	—	—	—	—	—	余量	99.5
T37900	HPb60-3	58.0~61.0	0.3	2.5~3.5	—	0.3	—	—	—	—	余量	99.6
T38100	HPb59-1	57.0~60.0	0.5	0.8~1.9	—	—	—	0.5	—	—	余量	99.0③
T38200	HPb59-2	57.0~60.0	0.5	1.5~2.5	—	0.5	—	—	—	—	余量	99.5
T38202	HPb59-1.8	57.0~61.0	—	1.0~2.5	—	Fe+Sn ≤1.0	—	0.5	—	—	余量	99.7
T38208	HPb59-2.8	57.0~61.0	0.50	1.8~3.7	—	Fe+Sn ≤1.0	—	0.5	—	—	余量	99.7

铅黄铜

（续）

化学成分（质量分数，%）

分类	代号	牌号	Cu	Fe①	Pb	Al	Mn	Sn	Si	Ni②	B	As	Zn	Cu+所列元素总和
铅黄铜	T38210	HPb58-2	57.0~59.0	0.5	1.5~2.5	—	—	0.5	—	0.5	—	—	余量	99.5
	T38300	HPb59-3	57.5~59.5	0.50	2.0~3.0	—	—	—	—	0.5	—	—	余量	98.8③
	T38310	HPb58-3	57.0~59.0	0.5	2.5~3.5	—	—	0.5	—	0.5	—	—	余量	99.5
	T38400	HPb57-4	56.0~58.0	0.5	3.5~4.5	—	—	0.5	—	0.5	—	—	余量	99.3
	T38410	HPb57-3	56.0~58.0	0.50	2.5~3.5	—	—	—	—	0.5	—	—	余量	99.3

化学成分（质量分数，%）

分类	代号	牌号	Cu	Te	B	Si	As	Bi	Cd	Sn	P	Ni②	Mn	Fe①	Pb	Zn	Cu+所列元素总和
	T41900	HSn90-1	88.0~91.0	—	—	—	—	—	—	0.25~0.75	—	—	—	0.10	0.03	余量	99.8③
	C41125	HSn88-0.7	86.5~90.5	—	—	—	—	—	—	0.50~0.9	0.06	0.8	—	0.03	0.05	余量	99.5
	C42200	HSn88-1	86.0~89.0	—	—	—	—	—	—	0.8~1.4	0.35	—	—	0.05	0.05	余量	99.7

类别	代号	牌号	Cu						Sn						余量	总和
锡黄铜	C42500	HSn88-2	87.0~90.0	—	—	—	—	—	1.5~3.0	0.35	—	—	0.05	0.05	余量	99.7
	C44250	HSn75-1	73.0~76.0	—	—	—	—	—	0.50~1.5	0.10	0.20	—	0.20	0.07	余量	99.6
	C44300	HSn72-1	70.0~73.0	—	—	—	0.02~0.06	—	0.8~1.2[4]	—	—	—	0.06	0.07	余量	99.6
	C44400	HSn71-1-0.06	70.0~73.0	—	—	—	—	—	0.8~1.2[4]	Sb: 0.02~0.10	—	—	0.06	0.07	余量	99.6
	C44500	HSn71-1	70.0~73.0	—	—	—	—	—	0.8~1.2[4]	0.02~0.10	—	—	0.06	0.07	余量	99.6
	T45000	HSn70-1	69.0~71.0	—	0.0015~0.02	—	0.03~0.06	—	0.8~1.3	—	—	—	0.10	0.05	余量	99.8
	T45010	HSn70-1-0.01	69.0~71.0	—	0.0015~0.02	—	0.03~0.06	—	0.8~1.3	—	—	—	0.10	0.05	余量	99.8
	T45020	HSn70-1-0.01-0.04	69.0~71.0	—	—	—	0.03~0.06	—	0.8~1.3	0.05~1.00	—	0.02~2.00	0.10	0.05	余量	99.8
	T46100	HSn65-0.03	63.5~68.0	—	—	—	—	—	0.01~0.2	0.01~0.07	—	—	0.05	0.03	余量	99.8
	T46300	HSn62-1	61.0~63.0	—	—	—	—	—	0.7~1.1	—	—	—	0.10	0.10	余量	99.7[3]
	C46400	HSn60-0.8	59.0~62.0	—	—	—	—	—	0.50~1.0	—	—	—	0.10	0.20	余量	99.6

（续）

分类	代号	牌号	化学成分(质量分数,%)															
			Cu	Te	B	Si	As	Bi	Cd	Sn	P	Ni①	Mn	Fe①	Pb	Zn	Cu+所列元素总和
锡黄铜	T46410	HSn60-1	59.0~61.0	—	—	—	—	—	—	1.0~1.5	—	0.5	—	0.10	0.30	余量	99.4
	T46420	HSn60-0.4-0.2	58.0~61.0	—	Mg: 0.03~0.2	0.01~0.1	0.01~0.05	—	Al ≤0.1	0.2~0.6	0.05~0.25	0.2	—	—	0.1~0.2	余量	99.8
	C46500	HSn60-1-0.04	59.0~62.0	—	—	—	0.02~0.06	—	—	0.50~1.0	—	—	—	0.10	0.20	余量	99.6
	C48500	HSn61-0.8-1.8	59.0~62.0	—	—	—	—	—	—	0.50~1.0	—	—	—	0.10	1.3~2.2	余量	99.6
	T49210	HBi58-1.5	57.0~59.0	—	—	—	—	0.5~2.5	0.0075	0.5	0.15	—	—	0.5	0.01	余量	99.7③
	T49230	HBi60-2	59.0~62.0	—	—	—	—	2.0~3.5	0.01	0.3	—	—	—	0.2	0.1	余量	99.5③
	T49240	HBi60-1.3	58.0~62.0	—	—	—	—	0.3~2.3	0.01	0.05~1.2⑤	—	—	—	0.1	0.2	余量	99.7③
	C49260	HBi60-1.0-0.05	58.0~63.0	—	—	0.10	—	0.50~1.8	0.001	0.50	0.05~0.15	—	—	0.50	0.09	余量	99.5
	T49310	HBi60-0.5-0.01	58.5~61.5	0.010~0.015	—	—	0.01	0.45~0.65	0.01	—	—	—	—	—	0.1	余量	99.7

组别	代号	牌号															
铋黄铜	T49320	HBi60-0.8-0.01	58.5~61.5	0.010~0.015	—	—	0.01	0.70~0.95	0.01	—	—	—	—	—	0.1	余量	99.7
	T49330	HBi60-1.1-0.01	58.5~61.5	0.010~0.015	—	—	0.01	1.00~1.25	0.01	—	—	—	—	—	0.1	余量	99.7
	C49340	HBi62-1.4-1	60.0~63.0②	—	—	0.10	—	0.50~2.2	0.001	0.50~1.5	0.05~0.15	—	—	0.12	0.09	余量	99.5
	C49350	HBi62-1	61.0~63.0	Sb: 0.02~0.10	—	0.30	—	0.50~2.5	—	1.5~3.0	0.04~0.15	—	—	0.12	0.09	余量	99.5
	T49360	HBi59-1	58.0~60.0	—	—	—	—	0.8~2.0	0.01	0.2	—	—	—	0.2	0.1	余量	99.5③
锰黄铜	T67100	HMn64-8-5-1.5	63.0~66.0	—	Al: 4.5~6.0	1.0~2.0	—	—	—	0.5	—	0.5	7.0~8.0	0.5~1.5	0.3~0.8	余量	99.0③
	T67200	HMn62-3-3-0.7	60.0~63.0	—	Al: 2.4~3.4	0.5~1.5	—	—	—	0.1	—	—	2.7~3.7	0.1	0.05	余量	99.1
	T67210	HMn61-2-1-0.5	60.0~62.0	—	Al: 0.5~1.5	0.3~1.0	—	—	—	—	—	0.2	1.0~2.5	0.35	0.1	余量	99.8
	T67211	HMn61-2-1-1	60.0~63.0	—	Al: 0.1	0.5~1.5	—	—	—	0.2	—	0.1~1.0	1.5~3.0	0.3	0.2~1.0	余量	99.4③
	T67212	HMn61-3-1	60.0~63.0	—	Al: 0.25	0.6~1.5	—	—	—	0.25	—	0.25	2.25~3.0	0.1	0.2	余量	99.5③
	C67300	HMn60-3-1.7-1	58.0~63.0②	—	Al: 0.25	0.50~1.5	—	—	—	0.30	—	0.25②⑥	2.0~3.5	0.50	0.40~3.0	余量	99.5

（续）

化学成分(质量分数,%)

分类	代号	牌号	Cu	Te	Al	Si	As	Bi	Cd	Sn	P	Ni[⑧]	Mn	Fe[①]	Pb	Zn	Cu+所列元素总和
锰黄铜	T67300	HMn62-3-3-1	59.0~65.0	Cr: 0.07~0.27	1.7~3.7	0.5~1.3	—	—	—	—	—	0.2~0.6	2.2~3.8	0.6	0.18	余量	99.2[②][③]
	T67310	HMn62-13	59.0~65.0	B ≤0.01	Ti+Al: 0.5~2.5	0.05	Sb ≤ 0.005	0.005	—	—	0.005	0.05~0.5[④]	10~15	0.05	0.03	余量	99.8[③]
	T67320	HMn55-3-1	53.0~58.0	—	—	—	—	—	—	—	—	—	3.0~4.0	0.5~1.5	0.5	余量	99.0
	T67330	HMn59-2-1.5-0.5	58.0~59.0	—	1.4~1.7	0.6~0.9	—	—	—	—	—	—	1.8~2.2	0.35~0.65	0.3~0.6	余量	99.7
	T67400	HMn58-2[⑦]	57.0~60.0	—	—	—	—	—	—	—	—	—	1.0~2.0	1.0	0.1	余量	98.8[③]
	C67400	HMn58-3-1	57.0~60.0[②]	—	0.50~2.0	0.50~1.5	—	—	—	0.30	—	0.25[⑤]	2.0~3.5	0.35	0.50	余量	99.5
	T67401	HMn58-2-1-0.5	56.0~60.5	—	0.20~2.0	—	—	—	—	—	—	—	0.50~2.5	0.10~1.0	0.5	余量	99.7
	T67402	HMn58-2-2-0.5	57.0~59.0	—	1.3~2.3	0.3~1.3	—	—	—	0.4	—	1.0	1.5~3.0	1.0	0.2~0.8	余量	99.7

分类	代号	牌号	化学成分(质量分数,%)												
			Cu	Fe[1]	Pb	Al	Mn	P	Sb	Ni[10]	Si	Cd	Sn	Zn	Cu+所列元素总和
	T67403	HMn58-3-2-0.8	57.0~60.0	—	1.5~2.0	0.6~0.9	2.0~4.0	—	—	—	—	0.25	0.3~0.6	余量	99.8
	T67410	HMn57-3-1[7]	55.0~58.5	—	0.5~1.5	—	2.5~3.5	—	—	—	—	1.0	0.2	余量	98.7[3]
	T67420	HMn57-2-1.7-0.5	56.5~58.5	—	1.3~2.1	0.4~0.8	1.5~2.3	—	0.5	0.5	—	0.3~0.8	0.3~0.9	余量	99.0[3]
	T67422	HMn57-2-1	56.0~58.0	—	0.5	0.5~1.5	1.0~2.5	—	0.25	1.5~3.0	—	0.5	0.2~0.8	余量	99.0[3]
铁黄铜	T67600	HFe59-1-1	57.0~60.0	0.6~1.2	0.20	0.1~0.5	—	—	—	—	—	—	0.3~0.7	余量	99.7[3]
铁黄铜	T67610	HFe58-1-1	56.0~58.0	0.7~1.3	0.7~1.3	—	—	—	—	—	—	—	—	余量	99.5
锑黄铜	T68200	HSb61-0.8-0.5	59.0~63.0	0.2	0.2	—	—	—	0.4~1.2	0.05~1.2[8]	0.3~1.0	0.01	—	余量	99.5[3]
锑黄铜	T68210	HSb60-0.9	58.0~62.0	—	0.2	—	—	—	0.3~1.5	0.05~0.9[9]	—	0.01	—	余量	99.7[3]
硅黄铜	T68310	HSi80-3	79.0~81.0	0.6	0.1	0.05	0.05	0.02~0.1	—	—	2.5~4.0	—	—	余量	99.2
硅黄铜	T68315	HSi76-3-0.06	75.0~77.0	0.3	0.1	0.05	0.05	—	—	0.2	2.7~3.5	—	0.3	余量	99.8

（续）

化学成分（质量分数,%）

分类	代号	牌号	Cu	Fe①	Pb	Al	Mn	P	Sb	Ni⑩	Si	Cd	Sn	Zn	Cu+所列元素总和
	T68320	HSi75-3	73.0~77.0	0.1	0.1	—	0.1	0.04~0.15	—	0.1	2.7~3.4	0.01	0.2	余量	99.4③
	T68341	HSi68-1.5	66.0~70.0	0.15	0.1	—	—	0.05~0.40	As:≤0.1	0.3	1.0~2.0	Bi≤0.01	0.6	余量	99.7③
	T68342	HSi68-1	66.0~68.0	0.06~0.1	0.06~0.09	0.05	Mg≤0.03	As:0.03~0.8	—	0.02~0.04	0.8~2.0	—	0.05~0.1	余量	99.8
硅黄铜	C68350	HSi62-0.6	59.0~64.0②	0.15	0.09	0.30	—	0.05~0.40	—	0.20⑥	0.30~1.0	—	0.6	余量	99.5
	T68360	HSi61-0.6	59.0~63.0	0.15	0.2	0.30	—	0.03~0.12	—	0.05~1.0⑤	0.4~1.0	0.01	—	余量	99.7③
	T68370	HSi58-1.2	56.0~60.0	B:0.003~0.01	0.0015	0.5~0.9	—	Ti:0.03~0.06	As:0.0015	RE:0.03~0.06	1.0~1.5	0.0015	—	余量	99.8
	C68700	HAl77-2	76.0~79.0②	0.06	0.07	1.8~2.5	—	As:0.02~0.06	—	—	—	—	—	余量	99.5
	T68900	HAl67-2.5	66.0~68.0	0.6	0.5	2.0~3.0	—	—	—	—	—	—	—	余量	99.6

类别	代号	牌号	Cu											余量	合计
铝黄铜	T69200	HAl66-6-3-2	64.0~68.0	2.0~4.0	0.5	6.0~7.0	1.5~2.5	—	—	—	—	—	—	余量	99.0
	T69210	HAl64-5-4-2	63.0~66.0	1.8~3.0	0.2~1.0	4.0~6.0	3.0~5.0	—	—	—	0.5	—	0.3	余量	99.5
	T69215	HAl63-0.6-0.2	62.2~64.2	0.3	0.2~0.3	0.5~0.7	0.1	As: 0.09~0.13	0.008~0.02	0.2	0.02	P≤0.01	0.3	余量	99.8
	T69220	HAl61-4-3-1.5	59.0~62.0	0.5~1.3	—	3.5~4.5	—	Co: 1.0~2.0	—	2.5~4.0	0.5~1.5	—	0.2~1.0	余量	98.7
	T69225	HAl61-1-1	余量	0.10~0.25	0.75~1.25	1.0~1.4	0.02~0.10	—	—	0.2	—	—	0.05~0.25	35.0~38.0	99.7
	T69230	HAl61-4-3-1	59.0~62.0	0.3~1.3	—	3.5~4.5	—	Co: 0.5~1.0	—	2.5~4.0	0.5~1.5	—	—	余量	99.3
	T69240	HAl60-1-1	58.0~61.0	0.70~1.50	0.40	0.70~1.50	0.1~0.6	—	—	—	—	—	—	余量	99.7
	T69243	HAl60-4-3-1	57.0~62.0	0.5~1.3	0.80	3.5~4.5	0.5~0.8	Co: 1.0~2.0	—	2.5~4.0	0.5~1.5	—	—	余量	99.7
	T69244	HAl60-5-2-2	57.0~62.0	—	—	4.3~5.2	—	Ti: 1.2~2.0	—	2.0~3.0	—	—	—	余量	99.8

（续）

分类	代号	牌号	化学成分（质量分数，%）												
			Cu	Fe[①]	Pb	Al	Mn	P	Sb	Ni[②]	Si	Cd	Sn	Zn	Cu+所列元素总和
铝黄铜	T69250	HAl59-3-2	57.0~60.0	0.50	0.10	2.5~3.5	—	—	—	2.0~3.0	—	—	—	余量	99.7
铝黄铜	T69255	HAl58-1.2	56.0~60.0	B: 0.003~0.01	0.0015	1.0~1.5	—	Ti: 0.03~0.06	As: 0.0015	RE: 0.03~0.06	0.5~0.8	0.0015	—	余量	99.8
铝黄铜	T69260	HAl58-4-1	55.0~61.0	0.5~1.1	—	3.5~4.5	1.2~2.0	—	—	3.6~4.5	0.7~1.3	—	—	余量	99.8

分类	代号	牌号	化学成分（质量分数，%）												
			Cu	Fe[①]	Pb	Al	As	Bi	Mg	Cd	Mn	Ni[②]	Si	Co	Sn	Zn	Cu+所列元素总和
镁黄铜	T69800	HMg60-1	59.0~61.0	0.2	0.1	—	—	0.3~0.8	0.5~2.0	0.01	—	—	—	—	0.3	余量	99.5[③]
镍黄铜	T69900	HNi65-5	64.0~67.0	0.15	0.03	—	—	—	—	—	—	5.0~6.5	—	—	—	余量	99.7[③]
镍黄铜	T69910	HNi56-3	54.0~58.0	0.15~0.5	0.2	0.3~0.5	—	—	—	—	—	2.0~3.0	—	—	—	余量	99.6

| T69920 | HNi55-7-4-2 | 54.0~56.0 | 0.5~1.0 | — | 3.0~4.5 | — | — | — | — | 6.0~7.5 | 2.0~2.5 | — | — | 余量 | 99.8 |

① 抗磁用黄铜中铁的质量分数不大于 0.030%。
② 此值为 Cu+Ag。
③ 此值为 Cu+合金元素总和。
④ 此牌号为管材产品时，锡的质量分数最小值可以为 0.9%。
⑤ 此值为 Sb+B+Ni+Sn。
⑥ 此值为 Ni+Co。
⑦ 供异型铸造和热锻用的 HMn57-3-1，HMn58-2 中磷的质量分数不大于 0.03%。
⑧ 此值为 Ni+Sn+B。
⑨ 此值为 Ni+Fe+B。
⑩ 以 "T" 打头的代号及牌号，其镍的质量分数计入铜中（镍为主成分者除外）。

表 2-147　加工青铜的牌号和化学成分（GB/T 5231—2022）

分类	代号	牌号	化学成分（质量分数，%）												
			Cu	Sn	P	Fe	Pb	Al	B	Ti	Mn	Si	Ni	Zn	Cu+所列元素总和
锡青铜①	T50110	QSn0.4	余量	0.15~0.55	0.001	—	—	—	—	—	—	—	—	—	99.9②
	T50120	QSn0.6	余量	0.4~0.8	0.01	0.020	—	—	—	—	—	—	—	—	99.9②
	T50130	QSn0.9	余量	0.85~1.05	0.03	0.05	—	—	—	—	—	—	—	—	99.9②

（续）

分类	代号	牌号	Cu	Sn	P	Fe	Pb	Al	B	Ti	Mn	Si	Ni	Zn	Cu+所列元素总和
锡青铜[①]	T50300	QSn0.5-0.025	余量	0.25~0.6	0.015~0.035	0.010	—	—	—	—	—	—	—	—	99.9[②]
	T50400	QSn1-0.5-0.5	余量	0.9~1.2	0.09	—	0.01	0.01	S≤0.005	—	0.3~0.6	0.3~0.6	—	—	99.9[②]
	C50500	QSn1.5-0.2	余量	1.0~1.7	0.03~0.35	0.10	0.05	—	—	—	—	—	—	0.30	99.5
	T50501	QSn1.4	余量	1.0~1.7	0.15	0.10	0.02	—	—	—	—	—	—	0.20	99.5[①]
	C50700	QSn1.8	余量	1.5~2.0	0.30	0.10	0.05	—	—	—	—	—	—	—	99.5
	T50701	QSn2-0.2	余量	1.7~2.3	0.15	0.10	0.02	—	—	—	—	—	—	0.20	99.5[④]
	C50715	QSn2-0.1-0.03	余量	1.7~2.3	0.025~0.04	0.05~0.15	0.02	—	—	—	—	—	0.10~0.40	—	99.5[②]
	T50800	QSn4-3	余量	3.5~4.5	0.03	0.05	0.02	0.002	—	—	—	—	—	2.7~3.3	99.8[②]
	C51000	QSn5-0.2	余量	4.2~5.8	0.03~0.35	0.10	0.05	—	—	—	—	—	—	0.30	99.5

化学成分（质量分数，%）

代号	牌号	Cu	Sn										
T51010	QSn5-0.3	余量	4.5~5.5	0.01~0.40	0.1	0.02	—	—	—	—	0.2	0.2	99.8
C51100	QSn4-0.3	余量	3.5~4.9	0.03~0.35	0.10	0.05	—	—	—	—	—	0.30	99.5
C51180	QSn4-0.15-0.10-0.03	余量	3.5~4.9	0.01~0.35	0.05~0.20	0.05	—	—	—	—	0.05~0.20	0.30	99.5
T51500	QSn6-0.05	余量	6.0~7.0	0.05	0.10	0.05	Ag: 0.05~0.12	—	—	—	—	0.05	99.8②
T51510	QSn6.5-0.1	余量	6.0~7.0	0.10~0.25	0.05	0.02	0.002	—	—	—	—	0.3	99.6②
T51520	QSn6.5-0.4	余量	6.0~7.0	0.26~0.40	0.02	0.02	0.002	—	—	—	—	0.3	99.6②
T51530	QSn7-0.2	余量	6.0~8.0	0.10~0.25	0.05	0.02	0.01	—	—	—	—	0.3	99.6②
C51900	QSn6-0.2	余量	5.0~7.0	0.03~0.35	0.10	0.05	—	—	—	—	—	0.30	99.5
C52100	QSn8-0.3	余量	7.0~9.0	0.03~0.35	0.10	0.05	—	—	—	—	—	0.20	99.5
C52400	QSn10-0.2	余量	9.0~11.0	0.03~0.35	0.10	0.05	—	—	—	—	—	0.20	99.5

（续）

分类	代号	牌号	化学成分（质量分数，%）												Cu+所列元素总和
			Cu	Sn	P	Fe	Pb	Al	B	Ti	Mn	Si	Ni	Zn	
锡青铜①	T52500	QSn15-1-1	余量	12~18	0.5	0.1~1.0	—	—	0.002~1.2	0.002	0.6	—	—	0.5~2.0	99.0②
	T53300	QSn4-4-2.5	余量	3.0~5.0	0.03	0.05	1.5~3.5	0.002	—	—	—	—	—	3.0~5.0	99.8②
	C53400	QSn4.6-1-0.2	余量	3.5~5.8	0.03~0.35	0.10	0.8~1.2	—	—	—	—	—	—	0.30	99.5
	T53500	QSn4-4-4	余量	3.0~5.0	0.03	0.05	3.0~4.0	0.002	—	—	—	—	—	3.0~5.0	99.8②

分类	代号	牌号	化学成分（质量分数，%）														Cu+所列元素总和
			Cu	Al	Fe	Ni	Mn	P	Zn	Sn	Si	Pb	As	Mg	Sb	Bi	S	
铬青铜	T55600	QCr4.5-2.5-0.6	余量	Cr: 3.5~5.5	0.05	0.2~1.0	0.5~2.0	0.005	0.05	—	—	—	Ti: 1.5~3.5	—	0.005	0.002	0.01	99.9②
锰青铜	T56100	QMn1.5	余量	0.07	0.1	0.1	1.20~1.80	—	—	0.05	0.1	0.01	Cr ≤0.1	—	0.05	0.002	0.01	99.7②
	T56200	QMn2	余量	0.07	0.1	—	1.5~2.5	—	—	0.05	0.1	0.01	0.01	—	0.05	0.002	—	99.5②

铝青铜

代号	牌号																
T56300	QMn5	余量	—	0.35	—	4.5~5.5	0.01	0.4	0.1	0.1	0.03	—	—	0.002	—	—	99.1②
T56800	QMn11-3.5-1.5	余量	2.50~4.50	1.00~1.60	—	10.8~12.5	0.005	0.10	—	0.10	0.005	C≤0.10	0.05	0.002	—	0.02	99.2②
T60700	QAl5	余量	4.0~6.0	0.5	—	0.5	0.01	0.5	0.1	0.1	0.03	—	—	—	—	—	98.4②
C60800	QAl6	余量⑤	5.0~6.5	0.10	—	—	—	—	—	—	0.10	0.02~0.35	—	—	—	—	99.5
C61000	QAl7	余量	6.0~8.5	0.50	—	—	—	0.20	—	0.10	0.02	—	—	—	—	—	99.5
T61700	QAl9-2	余量	8.0~10.0	0.5	—	1.5~2.5	0.01	1.0	0.1	0.1	0.03	—	—	—	—	—	98.3②
T61720	QAl9-4	余量	8.0~10.0	2.0~4.0	—	0.5	0.01	1.0	0.1	0.1	0.01	—	—	—	—	—	98.3②
T61740	QAl9-5-1-1	余量	8.0~10.0	0.5~1.5	4.0~6.0	0.5~1.5	0.01	0.3	0.1	0.1	0.01	0.01	—	—	—	—	99.4②
T61760	QAl10-3-1.5⑥	余量⑤	8.5~10.0	2.0~4.0	—	1.0~2.0	0.01	0.5	0.1	0.1	0.03	—	—	—	—	—	99.3②
T61780	QAl10-4-4⑦	余量	9.5~11.0	3.5~5.5	3.5~5.5	0.3	0.01	0.5	0.1	0.1	0.02	—	—	—	—	—	99.0②
T61790	QAl10-4-4-1	余量	8.5~11.0	3.0~5.0	3.0~5.0	0.5~2.0	—	—	—	—	—	—	—	—	—	—	99.2②

（续）

分类	代号	牌号	化学成分（质量分数，%）															
			Cu	Al	Fe	Ni	Mn	P	Zn	Sn	Si	Pb	As	Mg	Sb	Bi	S	Cu+所列元素总和
铝青铜	T62100	QAl10-5-5	余量	8.0~11.0	4.0~6.0	4.0~6.0	0.5~2.5	—	0.5	0.2	0.25	0.05	—	0.10	—	—	—	98.8②
	T62200	QAl11-6-6	余量	10.0~11.5	5.0~6.5	5.0~6.5	0.5	0.1	0.6	0.2	0.2	0.05	—	—	—	—	—	98.5②
	C61300	QAl7-3-0.4⑤	余量⑤	6.0~7.5	2.0~3.0	0.15⑩	0.20	0.015	0.10⑧	0.20~0.50	0.10	0.01	—	—	—	—	—	99.8
	C62300	QAl9-3	余量⑤	8.5~10.0	2.0~4.0	1.0⑨	0.50	—	—	0.6	0.25	—	—	—	—	—	—	99.5
	C62400	QAl11-3	余量⑤	10.0~11.5	2.0~4.5	—	0.30	—	—	0.20	0.25	—	—	—	—	—	—	99.5
	C62500	QAl13-4	余量⑤	12.5~13.5	3.5~5.5	—	2.0	—	—	—	—	—	—	—	—	—	—	99.5
	T62600	QAl14-3	余量	13.0~16.0	2.0~4.0	Co: 0.1~0.5	0.5~1.5	—	—	—	0.04	—	—	—	—	—	—	99.5
	C63000	QAl10-5-3	余量⑤	9.0~11.0	2.0~4.0	4.0~5.5⑨	1.5	—	0.30	0.20	0.25	—	—	—	—	—	—	99.5
	C63020	QAl10-6-5	74.5⑤	10.0~11.0	4.0~5.5	4.2~6.0⑨	1.5	—	0.30	0.25	—	0.03	Cr≤0.05	—	Co≤0.20	—	—	99.5

（续）

代号	牌号	Cu												Cu+
C63200	QAl9-4-4	余量⑤	8.7~9.5	3.5~4.3⑩	4.0~4.8⑨	1.2~2.0	—	—	—	0.10	0.02	—	—	99.5
T63210	QAl9-4-1-1	81.0~88.0	8.5~11.0	3.0~5.0	0.50~2.0	0.50~2.0	—	—	—	—	—	—	—	99.5
C64200	QAl7-2	余量⑤	6.3~7.6	0.30	0.25⑨	0.10	—	0.50	0.20	1.5~2.2	0.05	0.09	—	99.5
C64210	QAl6.5-2	余量⑤	6.3~7.0	0.30	0.25⑨	0.10	—	0.50	0.20	1.5~2.0	0.05	0.09	—	99.5
C64700	QSi0.6-2	余量		0.10	1.6~2.2⑨	—	—	0.50	0.40~0.8	—	0.09	—	—	99.5
T64705	QSi0.6-2.1	余量		0.2	1.6~2.5	0.1	—	—	0.4~0.8	—	0.02	—	—	99.7
T64720	QSi1-3	余量	0.02	0.1	2.4~3.4	0.1~0.4	—	0.2	0.1	0.6~1.1	0.15	—	—	99.5②
T64730	QSi3-1①	余量		0.3	0.2	1.0~1.5	—	0.5	0.25	2.7~3.5	0.03	—	—	98.9②
T64740	QSi3.5-3-1.5	余量	1.2~1.8	0.2	0.5~0.9	0.5~0.9	0.03	2.5~3.5	0.25	3.0~4.0	0.03	0.002	—	98.9②

硅青铜

① 抗磁用锡青铜铁的质量分数不大于 0.020%，QSi3-1 铁的质量分数不大于 0.030%。
② 此值为 Cu+合金元素总和。
③ 此值为 Cu+Sn+P。
④ 此值为 Cu+Sn+P+Ni。
⑤ 此值为 Cu+Ag。
⑥ 非耐磨材料用的 QAl10-3-1.5，其锌的质量分数可达 1%，但表中所列杂质总和应不大于 1.25%。柴油发动机用的 QAl10-3-1.5，其锌的质量分数上限可达 11.0%。
⑦ 用于后续焊接时的 QAl10-4-4，其铝的质量分数不大于 0.2%。
⑧ 用于后续焊接时，QAl7-3-0.4 中的 $w(Cr)+w(Cd)+w(Zr)+w(Zn) \leqslant 0.05\%$。
⑨ 此值为 Ni+Co。
⑩ Fe 含量不得超过 Ni 含量。

表 2-148　加工白铜的牌号和化学成分　(GB/T 5231—2022)

化学成分(质量分数,%)

分类	代号	牌号	Cu	Ni+Co	Al	Fe	Mn	Pb	P	S	C	Mg	Si	Zn	Sn	Cu+所列元素总和
普通白铜	T70110	B0.6	余量	0.57~0.63	—	0.005	—	0.005	0.002	0.005	0.002	—	0.002	—	—	99.9[①]
	T70380	B5	余量	4.4~5.0	—	0.20	—	0.01	0.01	0.01	0.03	—	—	—	—	99.5[①]
	T71050	B19[②]	余量	18.0~20.0	—	0.5	0.5	0.005	0.01	0.01	0.05	0.05	0.15	0.3	—	98.2[①]
	C71100	B23	余量[③]	22.0~24.0	—	0.10	0.15	0.05	—	—	—	—	—	0.20	—	99.5
	T71200	B25	余量	24.0~26.0	—	0.5	0.5	0.005	0.01	0.01	0.05	0.05	0.15	0.3	0.03	98.2[①]
	T71400	B30	余量	29.0~33.0	—	0.9	1.2	0.05	0.006	0.01	0.05	—	0.15	—	—	97.7[①]
	C70400	BFe5-1.5-0.5	余量[③]	4.8~6.2	—	1.3~1.7	0.30~0.8	0.05	—	—	—	—	—	1.0	—	99.5
	T70510	BFe7-0.4-0.4	余量	6.0~7.0	—	0.1~0.7	0.1~0.7	0.01	0.01	0.01	0.03	—	0.02	0.05	—	99.3[①]
	T70590	BFe10-1-1	余量	9.0~11.0	—	1.0~1.5	0.5~1.0	0.02	0.006	0.01	0.05	—	0.15	0.3	0.03	99.3[①]

类别	代号	牌号	Cu	Ni	Fe	Mn	Al	杂质	杂质	杂质	杂质	杂质	杂质	总量(%)
铁白铜	C70600	BFe10-1.4-1	余量③	9.0~11.0	1.0~1.8	1.0	—	0.05	—	—	—	1.0	—	99.5
	C70610	BFe10-1.5-1	余量③	10.0~11.0	1.0~2.0	0.50~1.0	—	0.01	0.05	—	—	—	—	99.5
	T70620	BFe10-1.6-1	余量	9.0~11.0	1.5~1.8	0.5~1.0	—	0.03	0.01	0.05	—	0.20	—	99.6①
	T70900	BFr16-1-1-0.5	余量	15.0~18.0	0.50~1.00	0.2~1.0	—	0.05	0.02	0.05	Ti ≤0.03	1.0	—	98.9②
	C71500	BFe30-0.7	余量③	29.0~33.0	0.40~1.0	1.0	—	0.05	Cr: 0.30~0.70	—	—	1.0	—	99.5
	T71510	BFe30-1-1	余量	29.0~32.0	0.5~1.0	0.5~1.2	—	0.02	0.006	—	0.15	0.3	0.03	99.3①
	T71520	BFe30-2-2	余量	29.0~32.0	1.7~2.3	1.5~2.5	—	0.01	0.03	0.06	—	—	—	99.5
锰白铜	T71620	BMn3-12	余量	2.0~3.5	0.20~0.50	11.5~13.5	0.2	0.020	0.005	0.05	0.1~0.3	—	—	99.5①
	T71660	BMn40-1.5	余量	39.0~41.0	0.50	1.0~2.0	—	0.005	0.02	0.10	0.10	—	—	99.1①
	T71670	BMn43-0.5	余量	42.0~44.0	0.15	0.10~1.0	—	0.002	0.01	0.10	0.10	—	—	99.4②
铝白铜	T72400	BAl6-1.5	余量	5.5~6.5	0.50	0.20	1.2~1.8	0.003	—	—	—	—	—	99.6
	T72600	BAl13-3	余量	12.0~15.0	1.0	0.50	2.3~3.0	0.003	0.01	—	—	—	—	99.6

（续）

分类	代号	牌号	化学成分（质量分数，%）															
			Cu	Ni+Co	Fe	Mn	Pb	Al	Si	P	S	C	Sn	Bi	Ti	Sb	Zn	Cu+所列元素总和
锡白铜	C72700	BSn9-6	余量③	8.5~9.5	0.50	0.05~0.30	0.02④	—	—	—	—	—	5.5~6.5	—	Mg≤0.15	Nb≤0.10	0.50	99.7
	C72900	BSn15-8	余量③	14.5~15.5	0.50	0.30	0.02④	—	—	—	—	—	7.5~8.5	—	Mg≤0.15	Nb≤0.10	0.50	99.7
	C73500	BZn18-10	70.5~73.5③	16.5~19.5	0.25	0.50	0.09	—	—	—	—	—	—	—	—	—	余量	99.5
	C74300	BZn8-26	63.0~66.0③	7.0~9.0	0.25	0.50	0.09	—	—	—	—	—	—	—	—	—	余量	99.5
	C74500	BZn10-25	63.5~66.5③	9.0~11.0	0.25	0.50	0.09⑤	—	—	—	—	—	—	—	—	—	余量	99.5
	T74600	BZn15-20	62.0~65.0	13.5~16.5	0.5	0.3	0.02	Mg≤0.05	0.15	0.005	0.01	0.03	—	0.002	As≤0.010	0.002	余量	99.1①
	C75200	BZn18-18	63.0~66.5③	16.5~19.5	0.25	0.50	0.05	—	—	—	—	—	—	—	—	—	余量	99.5
	T75210	BZn18-17	62.0~66.0	16.5~19.5	0.25	0.50	0.03	—	—	—	—	—	—	—	—	—	余量	99.1①

牌号	代号														
T76100	BZn9-29①	60.0~63.0	7.2~10.4	0.3	0.5	0.03	0.005	0.15	0.005	0.03	0.08	0.005	0.002	余量	99.8
T76200	BZn12-24①	63.0~66.0	11.0~13.0	0.3	0.5	0.03	—	—	—	—	0.03	—	—	余量	99.5
T76210	BZn12-26①	60.0~63.0	10.5~13.0	0.3	0.5	0.03	0.005	0.15	0.005	0.03	0.08	0.005	0.002	余量	99.8
T76220	BZn12-29①	57.0~60.0	11.0~13.5	0.3	0.5	0.03	—	—	—	—	0.03	—	—	余量	99.5
T76260	BZn14-24	60.0~64.0	12.5~15.5	0.25	0.50	0.03	—	—	—	—	—	Mg≤0.1	—	余量	99.5
T76300	BZn18-20①	60.0~63.0	16.5~19.5	0.3	0.5	0.03	0.005	0.15	0.005	0.03	0.08	0.005	0.002	余量	99.8
T76400	BZn22-16①	60.0~63.0	20.5~23.5	0.3	0.5	0.03	0.005	0.15	0.005	0.03	0.08	0.005	0.002	余量	99.8
T76500	BZn25-18①	56.0~59.0	23.5~26.5	0.3	0.5	0.03	0.005	0.15	0.005	0.03	0.08	0.005	0.002	余量	99.8
C77000	BZn18-26	53.5~56.5③	16.5~19.5	0.25	0.50	0.05	—	—	—	—	—	—	—	余量	99.5
T77500	BZn40-20①	38.0~42.0	38.0~42.5	0.3	0.5	0.03	0.005	0.15	0.005	0.10	0.08	0.005	0.002	余量	99.8
T78300	BZn15-21-1.8	60.0~63.0	14.0~16.0	0.3	0.5	1.5~2.0	—	0.15	—	—	—	—	—	余量	99.1①

锌白铜

（续）

化学成分（质量分数，%）

分类	代号	牌号	Cu	Ni+Co	Fe	Mn	Pb	Al	Si	P	S	C	Sn	Bi	Ti	Sb	Zn	Cu+所列元素总和
锌白铜	C79200	BZn12-24-1.1	59.0~66.5③	11.0~13.0	0.25	0.50	0.8~1.4	—	—	—	—	—	—	—	—	—	余量	99.5
锌白铜	T79500	BZn15-24-1.5	58.0~60.0	12.5~15.5	0.25	0.05~0.5	1.4~1.7	—	—	0.02	0.005	—	—	—	—	—	余量	99.5
锌白铜	C79800	BZn10-41-2	45.5~48.5③	9.0~11.0	0.25	1.5~2.5	1.5~2.5	—	—	—	—	—	—	—	—	—	余量	99.5
锌白铜	C79860	BZn12-37-1.5	42.3~43.7③	11.8~12.7	0.20	5.6~6.4	1.3~1.8	—	0.06	—	—	—	0.10	—	—	—	余量	99.8
锌白铜	T79870	BZn12-38-2	42.5~44.0	11.0~12.3	0.20	5.0~6.0	1.2~2.2	—	0.06	0.02	—	—	0.10	—	—	—	余量	99.8
硅白铜	C70250	BSi3.2-0.7	余量⑧	2.2~4.2	0.20	0.10	0.05	—	0.25~1.2	—	—	—	—	—	Mg: 0.05~0.30	—	1.0	99.5
硅白铜	C70260	BSi2-0.45	余量③	1.0~3.0	—	—	—	—	0.20~0.7	0.01	—	—	—	—	—	—	—	99.5
硅白铜	C70350	BSi2-0.8	余量	1.0~2.5⑦	0.20	0.20	0.05	—	0.50~1.2	Co:1.0~2.0	—	—	—	—	Mg≤0.15	—	1.0	99.5

| 镍白铜 | T70360 | BSi7-2-1 | 余量 | 0.15 | — | 1.5~3.0 | — | 6.5~8.0 | Cr:0.6~1.5 | — | — | — | — | — | 99.5 |
| | T71060 | BCo19-0.4 | 余量 | 0.05 | — | 0.05 | — | 18.0~20.0[⑦] | Co:0.2~0.6 | — | — | — | — | — | 99.9 |

① 此值为 Cu+主元素总和。
② 精密机械用 B19 白铜带，硅的质量分数可不大于 0.05%。
③ 此值为 Cu+Ag。
④ 该牌号用热轧工艺生产时，$w(Pb) \leq 0.005\%$。
⑤ 用于棒材、线材和管材时，$w(Pb) \leq 0.05\%$。
⑥ 此牌号表中所列有极限规定的杂质元素的质量分数实测值总和大于 0.8%。
⑦ 此值为 Ni。

表 2-149　铜及铜合金拉制棒的力学性能（GB/T 4423—2020）

牌号	状态	直径（或对边距）/mm	抗拉强度 R_m/MPa ≥	规定塑性延伸强度 $R_{p0.2}^{①}$/MPa ≥	断后伸长率 A(%) ≥	硬度 HBW	硬度 HRB
TU1、TU2	H04	10~45	270	—	8	80~110	—
	O60	10~45	200	—	40	≥35	—
T2	H04	3~10	300	200	5	—	20~55
		>10~60	260	168	6	—	
		>60~80	230	—	16	—	
T3	H02	3~10	300	—	9	—	30~50
		>10~45	228	217	10	80~95	
	O60	3~80	200	100	40	—	30~50

（续）

牌号	状态	直径（或对边距）/mm	抗拉强度 R_m/MPa	规定塑性延伸强度 $R_{p0.2}^{①}$/MPa ≥	断后伸长率 A(%)	硬度 HBW	硬度 HRB
TP2	O60	3~80	193~255	—	25	—	—
	H04	3~10	310~380	—	12	—	—
	H04	>10~25	275~345	—	12	—	—
	H04	>25~50	240~310	—	15	—	—
	H04	>50~75	225~295	—	15	—	—
TZr0.2 TZr0.4	H04	3~40	294	—	6	130	—
TCd1	H04	4~60	370	—	5	≥100	—
	O60	4~60	215	—	36	≤75	—
TCr0.5	H04	4~40	390	—	6	—	—
	O60	4~40	230	—	40	—	—
H96	H04	3~40	275	—	8	—	—
H95	H04	>40~60	245	—	10	—	—
	H04	>60~80	205	—	14	—	—
	O60	3~80	200	—	40	—	—
H90	H04	3~40	330	—	—	—	—
H80	H04	3~40	390	—	—	—	—
	O60	3~40	275	—	50	—	—
H70	H02	10~25	350	200	23	105~140	—

H68	H02	3~40	300	118	17	88~168(HV)	35~80
H68	H02	>40~80	295	—	34	—	—
H68	O60	≥13~35	295	—	50	—	—
H65	H04	≤10	360	210	10	—	30~80
H65	H04	>10~45	360	125	15	—	30~80
H65	H02	3~60	285	125	44	—	28~75
H65	O60	3~40	295	—	15	—	—
H63	H02	3~50	320	160	12	—	30~75
H62	H02	3~40	370	270	24	—	30~90
H62	H02	>40~80	335	105	12	—	30~90
H59	H02	3~10	390	—	16	—	50~85
H59	H02	>10~45	350	180	15	—	50~85
HPb63-0.1	H02	3~40	340	160	9	—	40~70
HPb61-1	H02	3~10	405	160	10	—	50~100
HPb61-1	H02	>10~50	365	115	8	—	50~100
HPb59-1	H04	2~15	500	300	9	150~180(HV)	40~90
HPb59-1	H02	2~20	420	225	14	100~150(HV)	40~90
HPb59-1	H02	>20~40	390	165	18	100~130(HV)	40~90
HPb59-1	H02	>40~80	370	105	—	—	40~90
HPb63-3	H04	3~15	490	—	4	—	—
HPb63-3	H04	>15~20	450	—	9	—	—
HPb63-3	H04	>20~30	410	—	12	—	—

（续）

牌号	状态	直径（或对边距）/mm	抗拉强度 R_m/MPa	规定塑性延伸强度 $R_{p0.2}^{①}$/MPa ≥	断后伸长率 A(%)	硬度 HBW	硬度 HRB
HPb63-3	H02	3~20	390	285	10	—	30~90
	H02	>20~30	340	240	15	—	30~90
	H02	>30~70	310	195	20	—	—
	H01	3~15	320	150	20	65~150	—
	H01	>15~80	290	115	25	65~150	—
	O60	3~10	390	205	10	95	35~90
	O60	>10~20	370	160	15	—	35~90
	O60	>20~80	350	120	19	—	—
HSn62-1	H04	4~70	400	—	22	—	—
HSn70-1	H02	10~30	450	200	22	—	50~80
	H02	>30~75	350	155	25	—	50~80
HMn58-2	H04	≥4~12	440	—	24	—	—
	H04	>12~40	410	—	24	—	—
	H04	>40~60	390	—	29	—	—
HFe59-1-1	H04	4~12	490	—	17	—	—
	H04	>12~40	440	—	19	—	—
	H04	>40~60	410	—	22	—	—
HFe58-1-1	H04	4~40	440	—	11	—	—
	H04	>40~60	390	—	13	—	—

HA161-4-3-1	H04	4~40	550	250	15	≥150	—
QSn4-3	H04	4~12	430	—	14	—	—
		>12~25	370	—	21	—	—
		>25~35	335	—	23	—	—
		>35~40	315	—	23	—	—
QSn4-0.3	H04	4~12	410	—	10	—	—
		>12~25	390	—	13	—	—
		>25~40	355	—	15	—	—
QSn6.5-0.1	H04	10~35	440	—	13	—	—
QSn6.5-0.4	H04	3~12	470	—	13	—	—
		>12~25	440	—	15	—	—
		>25~40	410	—	18	—	—
QSn7-0.2	H04	4~40	440	—	19	130~200	—
	H06	4~10	—	—	—	≥180	—
QAl9-2	H04	4~40	515	—	14	—	—
QAl9-4	H04	4~40	550	—	11	—	—
QAl10-3-1.5	H04	4~40	630	—	15	—	—
QSi3-1	H04	4~12	490	—	13	—	—
		>12~40	470	—	19	—	—
BFe30-1-1	H04	16~50	490	—	—	—	—
	O60	16~50	345	—	25	—	—
BMn40-1.5	H04	7~20	540	—	6	—	—
		>20~30	490	—	8	—	—

（续）

牌号	状态	直径（或对边距）/mm	抗拉强度 R_m/MPa	规定塑性延伸强度 $R_{p0.2}^①$/MPa ≥	断后伸长率 A(%)	硬度 HBW	硬度 HRB
BMn40-1.5	H04	>30~40	440	—	11	—	—
BZn15-20	H04	4~12	440	—	6	—	—
	H04	>12~25	390	—	8	—	—
	H04	>25~40	345	—	13	—	—
	O60	3~40	295	—	33	—	—
BZn15-24-1.5	H06	3~18	590	—	3	—	—
	H04	3~18	440	—	5	—	—
	O60	3~18	295	—	30	—	—

注：表中"—"提供实测值。

① 此值仅供参考。

2.9 镁及镁合金

2.9.1 铸造镁合金

铸造镁合金的化学成分、力学性能见表 2-150、表 2-151。

表 2-150 铸造镁合金的化学成分①（质量分数，%）（GB/T 1177—2018）

牌号	代号	化学成分①（质量分数，%） Mg	Al	Zn	Mn	RE	Ag	Nd	Zr	Si	Fe	Cu	Ni	其他元素④ 单个	其他元素④ 总量
ZMgZn5Zr	ZM1	余量	0.02	3.5~5.5	—	—	—	—	0.5~1.0	—	—	0.10	0.01	0.05	0.30

牌号	代号	Mg	Al	Zn	Mn	RE	Zr	Ag	Nd	杂质（质量分数）/%，不大于				其他单个	其他总和
ZMgZn4RE1Zr	ZM2	余量	—	3.5~5.0	0.15	0.75~1.75②	0.4~1.0	—	—	—	—	0.10	0.01	0.05	0.30
ZMgRE3ZnZr	ZM3	余量	—	0.2~0.7	—	2.5~4.0②	0.4~1.0	—	—	—	—	0.10	0.01	0.05	0.30
ZMgRE3Zn3Zr	ZM4	余量	—	2.0~3.1	—	2.5~4.0②	0.5~1.0	—	—	—	—	0.10	0.01	0.05	0.30
ZMgAl8Zn	ZM5	余量	7.5~9.0	0.2~0.8	0.15~0.5	—	—	—	—	0.05	0.30	0.10	0.01	0.10	0.50
ZMgAl8ZnA	ZM5A	余量	7.5~9.0	0.2~0.8	0.15~0.5	—	—	—	—	0.005	0.10	0.015	0.001	0.01	0.20
ZMgNd2ZnZr	ZM6	余量	—	0.1~0.7	—	—	0.4~1.0	—	2.0~2.8③	—	—	0.10	0.01	0.05	0.30
ZMgZn8AgZr	ZM7	余量	—	7.5~9.0	—	—	0.5~1.0	0.6~1.2	—	—	—	0.10	0.01	0.05	0.30
ZMgAl10Zn	ZM10	余量	9.0~10.7	0.6~1.2	0.1~0.5	—	—	—	—	0.05	0.30	0.10	0.01	0.05	0.50
ZMgNd2Zr	ZM11	余量	0.02	—	—	—	0.4~1.0	—	2.0~3.0③	0.01	0.01	0.03	0.005	0.05	0.20

注：合金有上下限者为合金主元素，含量为单个数值者为最高限，"—"为未规定具体数值。

① 合金可加入铍，其质量分数不大于 0.002%。

② 稀土为富铈混合稀土或富铈稀土中间合金。当稀土为富铈混合稀土时，稀土金属总的质量分数不小于 98%，铈的质量分数不小于 45%。

③ 稀土为富钕混合稀土，钕的质量分数不小于 85%，其中 Nd，Pr 的质量分数之和不小于 95%。

④ 其他元素是指在本表头末规定出了元素符号，但在本表中却未规定极限数值含量的元素。

表 2-151 铸造镁合金的力学性能(GB/T 11177—2018)

牌号	代号	热处理状态	力学性能 ≥		
			抗拉强度 R_m/MPa	规定塑性延伸强度 $R_{p0.2}$/MPa	断后伸长率 A(%)
ZMgZn5Zr	ZM1	T1	235	140	5.0
ZMgZn4RE1Zr	ZM2	T1	200	135	2.5
ZMgRE3ZnZr	ZM3	F	120	85	1.5
	ZM3	T2	120	85	1.5
ZMgRE3Zn3Zr	ZM4	T1	140	95	2.0
ZMgAl8Zn	ZM5	F	145	75	2.0
	ZM5	T1	155	80	2.0
ZMgAl8ZnA	ZM5A	T4	230	75	6.0
	ZM5A	T6	230	100	2.0
ZMgNd2ZnZr	ZM6	T6	230	135	3.0
ZMgZn8AgZr	ZM7	T4	265	110	6.0
	ZM7	T6	275	150	4.0
ZMgAl10Zn	ZM10	F	145	85	1.0
	ZM10	T4	230	85	4.0
	ZM10	T6	230	130	1.0
ZMgNd2Zr	ZM11	T6	225	135	3.0

2.9.2 压铸合金

压铸镁合金、镁合金压铸件的化学成分见表 2-152、表 2-153,压铸镁合金的力学性能见表 2-154。

表 2-152　压铸镁合金的化学成分（GB/T 25748—2010）

牌号	代号	化学成分（质量分数，%）									
		Al	Zn	Mn	Si	Cu	Ni	Fe	RE	其他杂质	Mg
YZMgAl2Si	YM102	1.9~2.5	≤0.20	0.20~0.60	0.70~1.20	≤0.008	≤0.001	≤0.004	—	≤0.01	余量
YZMgAl2Si(B)	YM103	1.9~2.5	≤0.25	0.05~0.15	0.70~1.20	≤0.008	≤0.001	≤0.004	0.06~0.25	≤0.01	余量
YZMgAl4Si(A)	YM104	3.7~4.8	≤0.10	0.22~0.48	0.60~1.40	≤0.040	≤0.010	—	—	—	余量
YZMgAl4Si(B)	YM105	3.7~4.8	≤0.10	0.35~0.60	0.60~1.40	≤0.015	≤0.001	≤0.004	—	≤0.01	余量
YZMgAl4Si(S)	YM106	3.5~5.0	≤0.20	0.18~0.70	0.5~1.5	≤0.01	≤0.002	≤0.004	—	≤0.02	余量
YZMgAl2Mn	YM202	1.6~2.5	≤0.20	0.33~0.70	≤0.08	≤0.008	≤0.001	≤0.004	—	≤0.01	余量
YZMgAl5Mn	YM203	4.5~5.3	≤0.20	0.28~0.50	≤0.08	≤0.008	≤0.001	≤0.004	—	≤0.01	余量
YZMgAl6Mn(A)	YM204	5.6~6.4	≤0.20	0.15~0.50	≤0.20	≤0.250	≤0.010	—	—	—	余量
YZMgAl6Mn	YM205	5.6~6.4	≤0.20	0.26~0.50	≤0.08	≤0.008	≤0.001	≤0.004	—	≤0.01	余量
YZMgAl8Zn1	YM302	7.0~8.1	0.40~1.00	0.13~0.35	≤0.30	≤0.10	≤0.010	—	—	≤0.30	余量

（续）

牌号	代号	化学成分（质量分数，%）									
		Al	Zn	Mn	Si	Cu	Ni	Fe	RE	其他杂质	Mg
YZMgAl9Zn1（A）	YM303	8.5~9.5	0.45~0.90	0.15~0.40	≤0.20	≤0.080	≤0.010	—	—	—	余量
YZMgAl9Zn1（B）	YM304	8.5~9.5	0.45~0.90	0.15~0.40	≤0.20	≤0.250	≤0.010	—	—	—	余量
YZMgAl9Zn1（D）	YM305	8.5~9.5	0.45~0.90	0.17~0.40	≤0.08	≤0.025	≤0.001	≤0.004	—	≤0.01	余量

注：除有范围的元素和铁为必检元素外，其余元素有要求时抽检。

表2-153 镁合金压铸件的化学成分 （GB/T 25747—2022）

牌号	代号	化学成分（质量分数，%）									
		Al	Zn	Mn	Si	Cu	Ni	Fe	RE	Sr	其他元素	Mg
YZMgAl2Si	YM102	1.8~2.5	≤0.20	0.18~0.70	0.70~1.20	≤0.01	≤0.001	≤0.005	—	—	≤0.01	余量
YZMgAl2Si（B）	YM103	1.8~2.5	≤0.25	0.05~0.15	0.70~1.20	≤0.008	≤0.001	≤0.0035	0.06~0.25	—	≤0.01	余量
YZMgAl4Si（A）	YM104	3.5~5.0	≤0.12	0.20~0.50	0.50~1.50	≤0.06	≤0.030	—	—	—	—	余量
YZMgAl4Si（B）	YM105	3.5~5.0	≤0.12	0.35~0.70	0.50~1.50	≤0.02	≤0.002	≤0.0035	—	—	≤0.02	余量

牌号	代号											
YZMgAl4Si(S)	YM106	3.5~5.0	≤0.20	0.18~0.70	0.50~1.50	≤0.01	≤0.002	≤0.004	—	—	≤0.02	余量
YZMgAl2Mn	YM202	1.6~2.5	≤0.20	0.33~0.70	≤0.08	≤0.008	≤0.001	≤0.004	—	—	≤0.01	余量
YZMgAl5Mn	YM203	4.4~5.4	≤0.22	0.26~0.60	≤0.10	≤0.01	≤0.002	≤0.004	—	—	≤0.02	余量
YZMgAl6Mn(A)	YM204	5.5~6.5	≤0.22	0.13~0.60	≤0.50	≤0.35	≤0.030	—	—	—	—	余量
YZMgAl6Mn	YM205	5.5~6.5	≤0.22	0.24~0.60	≤0.10	≤0.01	≤0.002	≤0.005	—	—	≤0.02	余量
YZMgAl8Zn1	YM302	7.0~8.1	0.40~1.00	0.13~0.35	≤0.30	≤0.10	≤0.010	—	—	—	≤0.30	余量
YZMgAl9Zn1(A)	YM303	8.3~9.7	0.35~1.00	0.13~0.50	≤0.50	≤0.10	≤0.030	—	—	—	—	余量
YZMgAl9Zn1(B)	YM304	8.3~9.7	0.35~1.00	0.13~0.50	≤0.50	≤0.35	≤0.030	—	—	—	—	余量
YZMgAl9Zn1(D)	YM305	8.3~9.7	0.35~1.00	0.15~0.50	≤0.10	≤0.03	≤0.002	≤0.005	—	—	≤0.02	余量
YZMgAl4RE4	YM402	3.5~4.5	≤0.20	0.15~0.50	≤0.08	≤0.008	≤0.001	≤0.004	3.6~4.5	—	≤0.01	余量
YZMgAl5Sr2	YM502	4.5~5.5	≤0.20	0.20~0.60	≤0.08	≤0.008	≤0.001	≤0.004	—	1.8~2.3	≤0.01	余量
YZMgAl6Sr2	YM503	5.5~6.6	≤0.20	0.20~0.60	≤0.08	≤0.008	≤0.001	≤0.004	—	2.1~2.8	≤0.01	余量

表 2-154　压铸镁合金的力学性能（GB/T 25747—2022）

牌号	代号	拉伸性能			硬度 HBW
		抗拉强度 R_m/MPa	规定塑性延伸强度 $R_{p0.2}$/MPa	断后伸长率 A_{50mm}（%）	
YZMgAl2Si	YM102	230	120	12	55
YZMgAl2Si（B）	YM103	231	122	13	55
YZMgAl4Si（A）	YM104	210	140	6	55
YZMgAl4Si（B）	YM105	210	140	6	55
YZMgAl4Si（S）	YM106	210	140	6	55
YZMgAl2Mn	YM202	200	110	10	58
YZMgAl5Mn	YM203	200	110	10	58
YZMgAl6Mn（A）	YM204	220	130	8	62
YZMgAl6Mn	YM205	220	130	8	62
YZMgAl8Zn1	YM302	230	160	3	63
YZMgAl9Zn1（A）	YM303	230	160	3	63
YZMgAl9Zn1（B）	YM304	230	160	3	63
YZMgAl9Zn1（D）	YM305	230	160	3	63
YZMgAl4RE4	YM402	220	130	6	60
YZMgAl5Sr2	YM502	190	110	3	50
YZMgAl6Si2	YM503	200	120	3	55

注：表中数值均为最小值。

2.9.3 变形镁及镁合金

变形镁及镁合金的化学成分见表2-155，镁及镁合金热挤压棒的力学性能见表2-156。

表2-155 变形镁及镁合金的化学成分 （GB/T 5153—2016）

| 合金组别 | 牌号 | 化学成分（质量分数，%） | | | | | | | | | | | | | | 其他元素[1] | |
		Mg	Al	Zn	Mn	RE	Gd	Y	Zr	Li		Si	Fe	Cu	Ni	单个	总计
MgAl	AZ30M	余量	2.2~3.2	0.20~0.50	0.20~0.40	Ce: 0.05~0.08	—	—	—	—	—	0.01	0.005	0.0015	0.0005	0.01	0.15
	AZ31B	余量	2.5~3.5	0.6~1.4	0.20~1.0	—	—	—	—	—	Ca:0.04	0.08	0.003	0.01	0.001	0.05	0.30
	AZ31C	余量	2.4~3.6	0.50~1.5	0.15~1.0[2]	—	—	—	—	—	—	0.10	—	0.10	0.03	—	0.30
	AZ31N	余量	2.5~3.5	0.50~1.5	0.20~0.40	—	—	—	—	—	—	0.05	0.0008	—	—	0.02	0.15
	AZ31S	余量	2.4~3.6	0.50~1.5	0.15~0.40	—	—	—	—	—	—	0.10	0.005	0.05	0.005	0.05	0.30
	AZ31T	余量	2.4~3.6	0.50~1.5	0.05~0.40	—	—	—	—	—	—	0.10	0.05	0.05	0.005	0.05	0.30
	AZ33M	余量	2.6~4.2	2.2~3.8	—	—	—	—	—	—	—	0.10	0.008	0.005	—	0.01	0.30

（续）

合金组别	牌号	化学成分（质量分数，%）															其他元素①	
		Mg	Al	Zn	Mn	RE	Gd	Y	Zr	Li		Si	Fe	Cu	Ni	单个	总计
	AZ40M	余量	3.0~4.0	0.20~0.8	0.15~0.50	—	—	—	—	—	Be:0.01	0.10	0.05	0.05	0.005	0.01	0.30
	AZ41M	余量	3.7~4.7	0.8~1.4	0.30~0.6	—	—	—	—	—	Be:0.01	0.10	0.05	0.05	0.005	0.01	0.30
	AZ61A	余量	5.8~7.2	0.40~1.5	0.15~0.50	—	—	—	—	—	—	0.10	0.005	0.05	0.005	—	0.30
	AZ61M	余量	5.5~7.0	0.50~1.5	0.15~0.50	—	—	—	—	—	Be:0.01	0.10	0.05	0.05	0.005	0.01	0.30
	AZ61S	余量	5.5~6.5	0.50~1.5	0.15~0.40	—	—	—	—	—	—	0.10	0.005	0.05	0.005	0.05	0.30
	AZ62M	余量	5.0~7.0	2.0~3.0	0.20~0.50	—	—	—	—	—	Be:0.01	0.10	0.05	0.05	0.005	0.01	0.30
	AZ63B	余量	5.3~6.7	2.5~3.5	0.15~0.6	—	—	—	—	—		0.08	0.003	0.01	0.001	—	0.30
	AZ80A	余量	7.8~9.2	0.20~0.8	0.12~0.50	—	—	—	—	—	—	0.10	0.005	0.05	0.005	—	0.30
	AZ80M	余量	7.8~9.2	0.20~0.8	0.15~0.50	—	—	—	—	—	Be:0.01	0.10	0.05	0.05	0.005	0.01	0.30
	AZ80S	余量	7.8~9.2	0.20~0.8	0.12~0.40	—	—	—	—	—	—	0.10	0.005	0.05	0.005	0.05	0.30

MgAl	AZ91D	余量	8.5~9.5	0.45~0.9	0.17~0.40	—	—	—	—	Be:0.0005~0.003	0.08	0.004	0.02	0.001	0.01	—
	AM41M	余量	3.0~5.0	—	0.50~1.5	—	—	—	—	—	0.01	0.005	0.10	0.004	—	0.30
	AM81M	余量	7.5~9.0	0.20~0.50	0.50~2.0	—	—	—	—	—	0.01	0.005	0.10	0.004	—	0.30
	AE90M	余量	8.0~9.5	0.30~0.9	—	0.20~1.2③	—	—	—	—	0.01	0.005	0.10	0.004	—	0.20
	AW90M	余量	8.0~9.5	0.30~0.9	—	—	0.20~1.2	—	—	—	0.01	—	0.10	0.004	—	0.20
	AQ80M	余量	7.5~8.5	0.35~0.55	0.15~0.35	0.01~0.10	—	—	—	Ag:0.02~0.8　Ca:0.001~0.02	0.05	0.02	0.02	0.001	0.01	0.30
	AL33M	余量	2.5~3.5	0.50~0.8	0.20~0.40	—	—	—	1.0~3.0	—	0.01	0.005	0.0015	0.0005	0.02	0.15
	AJ31M	余量	2.5~3.5	0.20	0.6~0.8	—	—	—	—	Sr:0.9~1.5	0.10	0.02	0.05	0.005	0.05	0.15
	AT11M	余量	0.50~1.2	—	0.10~0.30	—	—	—	—	Sn:0.6~1.2	0.01	0.004	—	—	0.01	0.15
	AT51M	余量	4.5~5.5	—	0.20~0.50	—	—	—	—	Sn:0.8~1.3	0.02	0.005	—	—	0.05	0.15
	AT61M	余量	6.0~6.8	—	0.20~0.40	—	—	—	—	Sn:0.7~1.3	0.02	0.005	—	—	0.05	0.15

（续）

合金组别	牌号	化学成分（质量分数，%）														其他元素①	
		Mg	Al	Zn	Mn	RE	Gd	Y	Zr	Li		Si	Fe	Cu	Ni	单个	总计
MgZn	ZA73M	余量	2.5~3.5	6.5~7.5	0.01	Er:0.30~0.9	—	—	—	—	—	0.0005	0.01	0.001	0.0001	—	0.30
	ZM21M	余量	—	1.0~2.5	0.50~1.5	—	—	—	—	—	—	0.01	0.005	0.10	0.004	—	0.30
	ZM21N	余量	0.02	1.3~2.4	0.30~0.9	Ce:0.10~0.6	—	—	—	—	—	0.01	0.008	0.006	0.004	0.01	0.20
	ZM51M	余量	—	4.5~6.0	0.50~2.0	—	—	—	—	—	—	0.01	0.005	0.10	0.004	—	0.30
	ZE10A	余量	—	1.0~1.5	—	0.12~0.22	—	—	—	—	—	—	—	—	—	—	0.30
	ZE20M	余量	0.02	1.8~2.4	0.50~0.9	Ce:0.10~0.6	—	—	—	—	—	0.01	0.008	0.006	0.004	—	0.20
	ZE90M	余量	0.0001	8.5~9.0	0.01	Er:0.45~0.50	—	—	0.30~0.50	—	—	0.0005	0.0001	0.001	0.0001	0.01	0.15

牌号																
ZW62M	余量	0.01	5.0~6.5	0.20~0.8	Ce:0.12~0.25	—	1.0~2.5	0.50~0.9	—	Ag:0.20~1.6 Cd:0.10~0.6	0.05	0.005	0.05	0.005	0.05	0.30
ZW62N	余量	0.20	5.5~6.5	0.6~0.8	—	—	1.6~2.4	—	—	—	0.10	0.02	0.05	0.005	0.05	0.15
ZK40A	余量	—	3.5~4.5	—	—	—	—	≥0.45	—	—	—	—	—	—	—	0.30
ZK60A	余量	—	4.8~6.2	—	—	—	—	≥0.45	—	—	—	—	—	—	—	0.30
ZK61M	余量	0.05	5.0~6.0	0.10	—	—	—	0.30~0.9	—	Be:0.01	0.05	0.05	0.05	0.005	0.01	0.30
ZK61S	余量	—	4.8~6.2	—	—	—	—	0.45~0.8	—	—	—	—	—	—	0.05	0.30
ZC20M	余量	—	1.5~2.5	—	Ce:0.20~0.6	—	—	—	—	—	0.02	0.02	0.30~0.6	—	0.01	0.05
M1A (MgMn)	余量	—	—	1.2~2.0	—	—	—	—	—	Ca:0.30	0.10	—	0.05	0.01	—	0.30
M1C (MgMn)	余量	0.01	—	0.50~1.3	—	—	—	—	—	—	0.05	0.01	0.01	0.001	0.05	0.30
M2M (MgMn)	余量	0.20	0.30	1.3~2.5	—	—	—	—	—	Be:0.01	0.10	0.05	0.05	0.007	0.01	0.20

（续）

合金组别	牌号	化学成分（质量分数，%）														其他元素①	
		Mg	Al	Zn	Mn	RE	Gd	Y	Zr	Li		Si	Fe	Cu	Ni	单个	总计
MgMn	M2S	余量	—	—	1.2~2.0	—	—	—	—	—	—	0.10	—	0.05	0.01	0.05	0.30
	ME20M	余量	0.20	0.30	1.3~2.2	Ce:0.15~0.35	—	—	—	—	0.01Be	0.10	0.05	0.05	0.007	0.01	0.30
MgRE	EZ22M	余量	0.001	1.2~2.0	0.01	Er:2.0~3.0	—	—	0.10~0.50	—	—	0.0005	0.001	0.001	0.0001	0.01	0.15
	VE82M	余量	—	—	—	0.50~2.5③	7.5~9.5	—	0.40~1.0	—	—	0.01	0.05	—	0.004	—	0.30
	VW64M	余量	—	0.30~1.0	—	—	5.5~6.5	3.0~4.5	0.30~0.7	—	Ag:0.20~1.0 Ca:0.002~0.02	0.05	0.02	0.02	0.001	0.01	0.30
MgGd	VW75M	余量	0.01	—	0.10	Nd:0.9~1.5	6.5~7.5	4.6~5.7	0.40~1.0	—	—	0.01	—	0.10	0.004	—	0.30
	VW83M	余量	0.02	0.10	0.05	—	8.0~9.0	2.8~3.5	0.40~0.6	—	—	0.05	0.01	0.02	0.005	0.01	0.15

类别	牌号																
	VW84M	余量	—	1.0~2.0	0.6~1.0	—	7.5~9.0	3.5~5.0	—	—	—	0.05	0.01	0.02	0.005	0.01	0.15
	VK41M	余量	—	—	—	—	3.8~4.2	—	0.8~1.2	—	—	0.02	0.01	—	—	0.03	0.30
	WZ52M	余量	—	1.5~2.5	0.35~0.55	—	—	4.0~6.0	0.50~1.5	—	Cd:0.15~0.50	0.05	0.01	0.04	0.005	—	0.30
	WE43B	余量	—	Zn+Ag:0.20	0.03	Nd:2.0~2.5,其他≤1.9[④]	—	3.7~4.3	0.40~1.0	0.20	—	—	0.01	0.02	0.005	0.01	—
MgY	WE43C	余量	—	0.06	0.03	Nd:2.0~2.5,其他0.30~1.0[⑤]	—	3.7~4.3	0.20~1.0	0.05	—	—	0.005	0.02	0.002	0.01	—
	WE54A	余量	—	0.20	0.03	Nd:1.5~2.0,其他≤2.0[④]	—	4.8~5.5	0.40~1.0	0.20	—	0.01	—	0.03	0.005	0.20	—
	WE71M	余量	—	—	—	Nd:0.7~2.5[③]	—	6.7~8.5	0.40~1.0	—	—	0.01	0.05	—	0.004	—	0.30
	WE83M	余量	0.01	—	0.10	Nd:2.4~3.4	—	7.4~8.5	0.40~1.0	—	—	0.01	—	0.10	0.004	—	0.30

（续）

合金组别	牌号	化学成分（质量分数，%）														其他元素①	
		Mg	Al	Zn	Mn	RE	Gd	Y	Zr	Li		Si	Fe	Cu	Ni	单个	总计
MgY	WE91M	余量	0.10	—	—	0.7~1.9③	—	8.2~9.5	0.40~1.0	—	—	0.01	—	—	0.004	—	0.30
	WE93M	余量	0.10	—	—	2.5~3.7③	—	8.2~9.5	0.40~1.0	—	—	0.01	—	—	0.004	—	0.30
MgLi	LA43M	余量	2.5~3.5	2.5~3.5	—	—	—	—	—	3.5~4.5	—	0.50	0.05	0.05	—	0.05	0.30
	LA86M	余量	5.5~6.5	0.50~1.5	—	—	—	0.50~1.2	—	7.0~9.0	Cd:2.0~4.0 Ag:0.50~1.5 K:0.005 Na:0.005	0.10~0.40	0.01	0.04	0.005	—	0.30
	LA103M	余量	2.5~3.5	0.8~1.8	—	—	—	—	—	9.5~10.5	—	0.50	0.05	0.05	—	0.05	0.30
	LA102Z	余量	2.5~3.5	2.5~3.5	—	—	—	—	—	9.5~10.5	—	0.50	0.05	0.05	—	0.05	0.30

① 其他元素指在本表表头中列出了元素符号，但在本表中却未规定极限数值的元素。

② 铁的质量分数不大于0.005%时，不必限制锰的最小极限值。

③ 稀土为富铈混合稀土，其化学成分（质量分数）为Ce 50%，La 30%，Nd 15%，Pr 5%。

④ 其他稀土为中重稀土，例如：钇、镝、铒、镥、钇和镥的质量分数为0.3%~1.0%，典型的是化学成分（质量分数）为80%钇，20%的重稀土。

⑤ 其他稀土为中重稀土，例如：钇、镝、铒、镥和镥的质量分数不大于0.04%，镥的质量分数不大于0.02%。

表 2-156　镁及镁合金热挤压棒的力学性能（GB/T 5155—2022）

牌号	状态	棒材直径[①] /mm	抗拉强度 R_m/MPa	规定塑性延伸强度 $R_{p0.2}$/MPa	断后伸长率 A(%)
			$\geqslant$		
Mg9999	H112	$\leqslant 16$	130	60	10.0
AZ31B	H112	$\leqslant 130$	220	140	7.0
AZ40M	H112	$\leqslant 100$	245	—	6.0
		$>100 \sim 130$	245	—	5.0
AZ41M	H112	$\leqslant 130$	250	—	5.0
AZ61A	H112	$\leqslant 130$	260	160	6.0
AZ61M	H112	$\leqslant 130$	265	—	8.0
AZ80A	H112	$\leqslant 60$	295	195	6.0
		$>60 \sim 130$	290	180	4.0
	T5	$\leqslant 60$	325	205	4.0
		$>60 \sim 130$	310	205	2.0
AZ91D	H112	$\leqslant 100$	330	240	9.0
ME20M	H112	$\leqslant 50$	215	—	4.0
		$>50 \sim 100$	205	—	3.0
		$>100 \sim 130$	195	—	2.0
ZK61M	T5	$\leqslant 100$	315	245	6.0
		$>100 \sim 130$	305	235	6.0
ZK61S	T5	$\leqslant 130$	310	230	5.0
AQ80M	H112	$\leqslant 130$	345	225	7.0
	T6	$\leqslant 80$	370	260	4.0
		$>80 \sim 160$	365	240	3.0
AM91M	H112	$\leqslant 50$	310	200	16.0
ZM51M	T5	$\leqslant 50$	320	280	5.0
VW75M	T5	$\leqslant 80$	430	350	5.0
		$>80 \sim 160$	350	250	3.0
VW83M	T5	$\leqslant 100$	420	320	8.0

（续）

牌号	状态	棒材直径[①]/mm	抗拉强度 R_m/MPa	规定塑性延伸强度 $R_{p0.2}$/MPa	断后伸长率 A(%)
			≥		
VW84M	H112	≤65	380	270	9.0
		>65~160	360	230	9.0
	T5	≤65	460	360	3.0
		>65~160	440	350	3.0
VW84N	H112	≤80	370	260	6.0
		>80~160	350	240	6.0
	T5	≤80	450	340	3.0
		>80~160	440	320	3.0
VW93M	T5	≤160	350	280	5.0
VW94M	H112	≤80	360	280	10.0
		>80~160	350	260	8.0
	T5	≤80	400	310	8.0
		>80~160	380	300	5.0
VW92M	H112	≤50	350	280	10.0
	T5	≤50	360	260	8.0
	T6	≤50	380	270	6.0
WN54M	H112	≤80	370	280	10.0
		>80~160	350	260	6.0
LZ91N	H112	≤20	145	100	30.0
		>20~50	135	95	25.0
		>50~200	130	95	25.0
LA93M	H112	≤20	185	155	20.0
		>20~50	175	145	15.0
		>50~200	165	135	15.0
LA93Z	H112	≤20	205	175	20.0
		>20~50	185	155	15.0
		>50~200	175	145	10.0

① 方棒、六角棒为内切圆直径。

2.10　锌及锌合金

2.10.1　铸造锌合金

铸造锌合金的化学成分、力学性能见表 2-157、表 2-158。

表 2-157　铸造锌合金的化学成分（GB/T 1175—2018）

牌号	代号	合金元素（质量分数，%）				杂质元素（质量分数，%）≤					
		Al	Cu	Mg	Zn	Fe	Pb	Cd	Sn	其他
ZZnAl4Cu1Mg	ZA4-1	3.9~4.3	0.7~1.1	0.03~0.06	余量	0.02	0.003	0.003	0.0015	Ni:0.001
ZZnAl4Cu3Mg	ZA4-3	3.0~4.3	2.7~3.3	0.03~0.06	余量	0.02	0.003	0.003	0.0015	Ni:0.001
ZZnAl6Cu1	ZA6-1	5.6~6.0	1.2~1.6	—	余量	0.02	0.003	0.003	0.001	Mg:0.005 Si:0.02 Ni:0.001
ZZnAl8Cu1Mg	ZA8-1	8.2~8.8	0.9~1.3	0.02~0.03	余量	0.035	0.005	0.005	0.002	Si:0.02 Ni:0.001
ZZnAl9Cu2Mg	ZA9-2	8.0~10.0	1.0~2.0	0.03~0.06	余量	0.05	0.005	0.005	0.002	Si:0.05
ZZnAl11Cu1Mg	ZA11-1	10.8~11.5	0.5~1.2	0.02~0.03	余量	0.05	0.005	0.005	0.002	
ZZnAl11Cu5Mg	ZA11-5	10.0~12.0	4.0~5.5	0.03~0.06	余量	0.05	0.005	0.005	0.002	Si:0.05

（续）

牌号	代号	合金元素（质量分数,%）				杂质元素（质量分数,%）≤				
		Al	Cu	Mg	Zn	Fe	Pb	Cd	Sn	其他
ZZnAl27Cu2Mg	ZA27-2	25.5~28.0	2.0~2.5	0.012~0.02	余量	0.07	0.005	0.005	0.002	

表 2-158　铸造锌合金的力学性能（GB/T 1175—2018）

牌号	代号	铸造方法及状态	抗拉强度 R_m/MPa ≥	断后伸长率 $A(\%)$ ≥	硬度 HBW ≥
ZZnAl4Cu1Mg	ZA4-1	JF	175	0.5	80
		SF	220	0.5	90
ZZnAl4Cu3Mg	ZA4-3	JF	240	1	100
		SF	180	1	80
ZZnAl6Cu1	ZA6-1	JF	220	1.5	80
		SF	250	1	80
ZZnAl8Cu1Mg	ZA8-1	JF	225	1	85
		SF	275	1	90
ZZnAl9Cu2Mg	ZA9-2	JF	315	0.7	105
		SF	280	1.5	90
ZZnAl11Cu1Mg	ZA11-1	JF	310	1	90

ZZnAl11Cu5Mg	ZA11-5	SF	275	0.5	80
		JF	295	1	100
ZZnAl27Cu2Mg	ZA27-2	SF	400	3	110
		ST3①	310	8	90
		JF	420	1	110

① ST3 工艺为加热到320℃后保温3h，然后随炉冷却。

2.10.2 压铸锌合金

压铸锌合金、锌合金压铸件的化学成分见表2-159、表2-160，压铸锌合金的力学性能见表2-161。

表2-159 压铸锌合金的化学成分（GB/T 13818—2009）

牌号	代号	化学成分（质量分数，%）									
		Al	Cu	Mg	Zn	Fe	Pb	Sn	Cd	Ni	Si
YZZnAl4A	YX040A	3.9~4.3	0.03	0.030~0.060	余量	0.020	0.003	0.0015	0.003	0.001	—
YZZnAl4B	YX040B	3.9~4.3	0.03	0.010~0.020	余量	0.075	0.003	0.0010	0.002	0.005~0.020	—
YZZnAl4C	YX040C	3.9~4.3	0.25~0.45	0.030~0.060	余量	0.020	0.003	0.0015	0.003	0.001	—
YZZnAl4Cu1	YX041	3.9~4.3	0.7~1.1	0.030~0.060	余量	0.020	0.003	0.0015	0.003	0.001	—
YZZnAl4Cu3	YX043	3.9~4.3	2.7~3.3	0.025~0.050	余量	0.020	0.003	0.0015	0.003	0.001	—

（续）

牌号	代号	化学成分（质量分数，%）									
		Al	Cu	Mg	Zn	Fe	Pb	Sn	Cd	Ni	Si
YZZnAl3Cu5	YX035	2.8~3.3	5.2~6.0	0.035~0.050	余量	0.050	0.004	0.0020	0.003	—	—
YZZnAl8Cu1	YX081	8.2~8.8	0.9~1.3	0.020~0.030	余量	0.035	0.005	0.0020	0.005	0.001	0.02
YZZnAl11Cu1	YX111	10.8~11.5	0.5~1.2	0.020~0.030	余量	0.050	0.005	0.0020	0.005	—	—
YZZnAl27Cu2	YX272	25.5~28.0	2.0~2.5	0.012~0.020	余量	0.070	0.005	0.0020	0.005	—	—

注：1. 有范围值的元素为添加元素，其他为杂质元素，数值为最高限量。
2. 有数值的元素为必检元素。

表 2-160　锌合金压铸件的化学成分（GB/T 13821—2023）

牌号	代号	化学成分（质量分数，%）							
		Al	Cu	Mg	Fe	Pb	Sn	Cd	Ni
YZZnAl4A	YX040A	3.7~4.3	≤0.10	0.02~0.06	≤0.05	≤0.005	≤0.002	≤0.004	—
YZZnAl4B	YX040B	3.7~4.3	≤0.10	0.005~0.020	≤0.05	≤0.003	≤0.001	≤0.002	0.005~0.020
YZZnAl4Cu1	YX041	3.7~4.3	0.7~1.2	0.02~0.06	≤0.05	≤0.005	≤0.002	≤0.004	—
YZZnAl4Cu3	YX043	3.7~4.3	2.6~3.3	0.02~0.05	≤0.05	≤0.005	≤0.002	≤0.004	—
YZZnAl8Cu1	YX081	8.0~8.8	0.8~1.3	0.01~0.03	≤0.075	≤0.006	≤0.003	≤0.006	—

YZZnAl111Cu1	YX111	10.5~11.5	0.5~1.2	0.01~0.03	≤0.075	≤0.006	≤0.003	≤0.006	—
YZZnAl27Cu2	YX272	25.0~28.0	2.0~2.5	0.01~0.02	≤0.075	≤0.006	≤0.003	≤0.006	—
YZZnAl3Cu5	YX035	2.5~3.3	5.0~6.0	0.025~0.050	≤0.075	≤0.005	≤0.003	≤0.004	—

表2-161 压铸锌合金的力学性能（GB/T 13821—2023）

牌号	代号	拉伸性能			硬度 HBW
		抗拉强度 R_m/MPa	规定塑性延伸强度 $R_{p0.2}$/MPa	断后伸长率 A(%)	
YZZnAl4A	YX040A	283	221	10	82
YZZnAl4B	YX040B	283	221	13	80
YZZnAl4Cu1	YX041	328	228	7	91
YZZnAl4Cu3	YX043	359	283	7	100
YZZnAl8Cu1	YX081	374	290	6	103
YZZnAl11Cu1	YX111	404	320	4	100
YZZnAl27Cu2	YX272	425	376	1	119
YZZnAl3Cu5	YX035	310	240	4	105

注: 表中数值均为最小值。

2.10.3 加工及锌合金

电池锌饼、电池锌板和锌阴极板的化学成分见表2-162~表2-164。

表 2-162　电池锌饼的化学成分（GB/T 3610—2010）

化学成分（质量分数,%）

牌号	合金元素				杂质元素					杂质总和
	Zn	Al	Ti	Mg	Pb	Cd	Fe	Cu	Sn	
DX	余量	0.002~0.02	0.001~0.05	0.0005~0.0015	<0.004	<0.002	≤0.003	≤0.001	≤0.001	<0.011

注：杂质总和为表中所列杂质元素总和。

表 2-163　电池锌板的化学成分（YS/T 565—2010）

化学成分（质量分数,%）

牌号	合金元素				杂质元素					杂质总和
	Zn	Ti	Mg	Al	Pb	Cd	Fe	Cu	Sn	
DX	余量	0.001~0.05	0.0005~0.0015	0.002~0.02	<0.004	<0.002	≤0.003	≤0.001	≤0.001	0.040

注：
1. 元素含量为上下限者为合金元素，元素含量为单个数值者为杂质元素，单个数值者表示最高限量。
2. 杂质总和为表中所列杂质元素实测值总和。
3. 表中用"余量"表示的杂质元素含量为 100% 减去表中所列元素实测值所得。

表 2-164　锌阳极板的化学成分（GB/T 2056—2005）

化学成分（质量分数,%）

牌号	Zn ≥	杂质　≤						
		Pb	Cd	Fe	Cu	Sn	Al	总和
Zn1 (Zn99.99)	99.99	0.005	0.003	0.003	0.002	0.001	0.002	0.01
Zn2 (Zn99.95)	99.95	0.030	0.01	0.02	0.002	0.001	0.01	0.05

2.11 钛及钛合金

2.11.1 铸造钛及钛合金

铸造钛及钛合金的化学成分见表 2-165，钛及钛合金铸件的力学性能见表 2-166。

表 2-165　铸造钛及钛合金的化学成分（质量分数，%）（GB/T 15073—2014）

牌号	代号	主要成分									杂质 ≤							
		Ti	Al	Sn	Mo	V	Zr	Nb	Ni	Pd	Fe	Si	C	N	H	O	其他元素 单个	总和
ZTi1	ZTA1	余量	—	—	—	—	—	—	—	—	0.25	0.10	0.10	0.03	0.015	0.25	0.10	0.40
ZTi2	ZTA2	余量	—	—	—	—	—	—	—	—	0.30	0.15	0.10	0.05	0.015	0.35	0.10	0.40
ZTi3	ZTA3	余量	—	—	—	—	—	—	—	—	0.40	0.15	0.10	0.05	0.015	0.40	0.10	0.40
ZTiAl4	ZTA5	余量	3.3~4.7	—	—	—	—	—	—	—	0.30	0.15	0.10	0.04	0.015	0.20	0.10	0.40
ZTiAl5Sn2.5	ZTA7	余量	4.0~6.0	2.0~3.0	—	—	—	—	—	—	0.50	0.15	0.10	0.05	0.015	0.20	0.10	0.40
ZTiPd0.2	ZTA9	余量	—	—	—	—	—	—	—	0.12~0.25	0.25	0.10	0.10	0.05	0.015	0.40	0.10	0.40
ZTiMo0.3Ni0.8	ZTA10	余量	—	—	0.2~0.4	—	—	—	0.6~0.9	—	0.30	0.10	0.10	0.05	0.015	0.25	0.10	0.40
ZTiAl6Zr2Mo1V1	ZTA15	余量	5.5~7.0	—	0.5~2.0	0.8~2.5	1.5~2.5	—	—	—	0.30	0.15	0.10	0.05	0.015	0.20	0.10	0.40

（续）

牌号	代号	化学成分（质量分数，%）																
		主要成分									杂质 ≤						其他元素	
		Ti	Al	Sn	Mo	V	Zr	Nb	Ni	Pd	Fe	Si	C	N	H	O	单个	总和
ZTiAl4V2	ZTA17	余量	3.5~4.5	—	—	1.5~3.0	—	—	—	—	0.25	0.15	0.10	0.05	0.015	0.20	0.10	0.40
ZTiMo32	ZTB32	余量	—	—	30.0~34.0	—	—	—	—	—	0.30	0.15	0.10	0.05	0.015	0.15	0.10	0.40
ZTiAl6V4	ZTC4	余量	5.50~6.75	—	—	3.5~4.5	—	—	—	—	0.40	0.15	0.10	0.05	0.015	0.25	0.10	0.40
ZTiAl6Sn4.5Nb2Mo1.5	ZTC21	余量	5.5~6.5	4.0~5.0	1.0~2.0	—	—	1.5~2.0	—	—	0.30	0.15	0.10	0.05	0.015	0.20	0.10	0.40

注：1. 其他元素是指钛及钛合金铸件生产过程中固有存在的微量元素，一般包括 Al、V、Sn、Mo、Cr、Mn、Zr、Ni、Cu、Si、Nb、Y 等（该牌号中含有的合金元素应除去）。

2. 其他元素单个含量和总量只有在需方有要求时才考虑分析。

表 2-166　钛及钛合金铸件的力学性能（GB/T 6614—2014）

代号	牌号	抗拉强度 R_m/MPa ≥	规定塑性延伸强度 $R_{p0.2}$/MPa ≥	断后伸长率 A（%） ≥	硬度 HBW ≤
ZTA1	ZTi1	345	275	20	210
ZTA2	ZTi2	440	370	13	235
ZTA3	ZTi3	540	470	12	245

ZTA5	ZTiAl4	590	490	10	270
ZTA7	ZTiAl5Sn2.5	795	725	8	335
ZTA9	ZTiPd0.2	450	380	12	235
ZTA10	ZTiMo0.3Ni0.8	483	345	8	235
ZTA15	ZTiAl6Zr2Mo1V1	885	785	5	—
ZTA17	ZTiAl4V2	740	660	5	—
ZTB32	ZTiMo32	795	—		260
ZTC4	ZTiAl6V4	835(895)	765(825)	5(6)	365
ZTC21	ZTiAl6Sn4.5Nb2Mo1.5	980	850	5	350

注：括号内的性能指标为氧含量控制较高时测得。

2.11.2　加工钛及钛合金

加工钛及钛合金的化学成分见表 2-167，钛及钛合金棒的室温、高温力学性能见表 2-168、表 2-169。

表 2-167　加工钛及钛合金的化学成分（GB/T 3620.1—2016）

1. 工业纯钛、α 型和近 α 型钛及钛合金

牌号	名义化学成分	化学成分（质量分数，%）							
		主要成分	杂质 ≤						
			Fe	C	N	H	O	其他元素	
								单一	总和
TA0	工业纯钛	Ti:余量	0.15	0.10	0.03	0.015	0.15	0.1	0.4
TA1	工业纯钛	Ti:余量	0.25	0.10	0.03	0.015	0.20	0.1	0.4
TA2	工业纯钛	Ti:余量	0.30	0.10	0.05	0.015	0.25	0.1	0.4
TA3	工业纯钛	Ti:余量	0.40	0.10	0.05	0.015	0.30	0.1	0.4

（续）

1. 工业纯钛、α型和近α型钛及合金

化学成分（质量分数,%）

牌号	名义化学成分	主要成分	杂质 ≤					其他元素	
			Fe	C	N	H	O	单一	总和
TA1GELI	工业纯钛	Ti:余量	0.10	0.03	0.012	0.008	0.10	0.05	0.20
TA1G	工业纯钛	Ti:余量	0.20	0.08	0.03	0.015	0.18	0.10	0.40
TA1G-1	工业纯钛	Ti:余量 Al:≤0.20 Si:≤0.08	0.15	0.05	0.03	0.003	0.12	—	0.10
TA2GELI	工业纯钛	Ti:余量	0.20	0.05	0.03	0.008	0.10	0.05	0.20
TA2G	工业纯钛	Ti:余量	0.30	0.08	0.03	0.015	0.25	0.10	0.40
TA3GELI	工业纯钛	Ti:余量	0.25	0.05	0.04	0.008	0.18	0.05	0.20
TA3G	工业纯钛	Ti:余量	0.30	0.08	0.05	0.015	0.35	0.10	0.40
TA4GELI	工业纯钛	Ti:余量	0.30	0.05	0.05	0.008	0.25	0.05	0.20
TA4G	工业纯钛	Ti:余量	0.50	0.08	0.05	0.015	0.40	0.10	0.40
TA5	Ti-4Al-0.005B	Ti:余量 Al:3.3~4.7 B:0.005	0.30	0.08	0.04	0.015	0.15	0.10	0.40
TA6	Ti-5Al	Ti:余量 Al:4.0~5.5	0.30	0.08	0.05	0.015	0.15	0.10	0.40
TA7	Ti-5Al-2.5Sn	Ti:余量 Al:4.0~6.0 Sn:2.0~3.0	0.50	0.08	0.05	0.015	0.20	0.10	0.40
TA7ELI[①]	Ti-5Al-2.5SnELI	Ti:余量 Al:4.50~5.75 Sn:2.0~3.0	0.25	0.05	0.035	0.0125	0.12	0.05	0.30
TA8	Ti-0.05Pd	Ti:余量 Pd:0.04~0.08	0.30	0.08	0.03	0.015	0.25	0.10	0.40
TA8-1	Ti-0.05Pd	Ti:余量 Pd:0.04~0.08	0.20	0.08	0.03	0.015	0.18	0.10	0.40

TA9	Ti-0.2Pd	Ti:余量　Pd:0.12~0.25	0.30	0.08	0.03	0.015	0.25	0.10	0.40
TA9-1	Ti-0.2Pd	Ti:余量　Pd:0.12~0.25	0.20	0.08	0.03	0.015	0.18	0.10	0.40
TA10	Ti-0.3Mo-0.8Ni	Ti:余量　Ni:0.6~0.9　Mo:0.2~0.4	0.30	0.08	0.03	0.015	0.25	0.10	0.40
TA11	Ti-8Al-1Mo-1V	Ti:余量　Al:7.35~8.35　V:0.75~1.25　Mo:0.75~1.25	0.30	0.08	0.05	0.015	0.12	0.10	0.30
TA12	Ti-5.5Al-4Sn-2Zr-1Mo-1Nd-0.25Si	Ti:余量　Al:4.8~6.0　Si:0.2~0.35　Zr:1.5~2.5　Mo:0.75~1.25　Sn:3.7~4.7　Nd:0.6~1.2	0.25	0.08	0.05	0.0125	0.15	0.10	0.40
TA12-1	Ti-5Al-4Sn-2Zr-1Mo-1Nd-0.25Si	Ti:余量　Al:4.5~5.5　Si:0.2~0.35　Zr:1.5~2.5　Mo1.0~2.0　Sn:3.7~4.7　Nd:0.6~1.2	0.25	0.08	0.04	0.0125	0.15	0.10	0.30
TA13	Ti-2.5Cu	Ti:余量　Cu:2.0~3.0	0.20	0.08	0.05	0.010	0.20	0.10	0.30
TA14	Ti-23Al-11Sn-5Zr-1Mo-0.2Si	Ti:余量　Al:2.0~2.5　Si:0.10~0.50　Zr:4.0~6.0　Mo:0.8~1.2　Sn:10.52~11.50	0.20	0.08	0.05	0.0125	0.20	0.10	0.30
TA15	Ti-6.5Al-1Mo-1V-2Zr	Ti:余量　Al:5.5~7.1　Si:≤0.15　V:0.8~2.5　Zr:1.5~2.5　Mo:0.5~2.0	0.25	0.08	0.05	0.015	0.15	0.10	0.30
TA15-1	Ti-2.5Al-1Mo-1V-1.5Zr	Ti:余量　Al:2.0~3.0　Si:≤0.10　V:0.5~1.5　Zr:1.0~2.0　Mo:0.5~1.5	0.15	0.05	0.04	0.003	0.12	0.10	0.30

（续）

1. 工业纯钛、α 型和近 α 型及钛合金

化学成分（质量分数,%）

牌号	名义化学成分	主要成分	杂质 ≤					其他元素	
			Fe	C	N	H	O	单一	总和
TA15-2	Ti-4Al-1Mo-1V-1.5Zr	Ti:余量　Al:3.5~4.5 Si:≤0.10　V:0.5~1.5 Zr:1.0~2.0　Mo:0.5~1.5	0.15	0.05	0.04	0.003	0.12	0.10	0.30
TA16	Ti-2Al-2.5Zr	Ti:余量　Al:1.8~2.5 Si:≤0.12　Zr:2.0~3.0	0.25	0.08	0.04	0.006	0.15	0.10	0.30
TA17	Ti-4Al-2V	Ti:余量　Al:3.5~4.5 Si:≤0.15　V:1.5~3.0	0.25	0.08	0.05	0.015	0.15	0.10	0.30
TA18	Ti-3Al-2.5V	Ti:余量　Al:2.0~3.5 V:1.5~3.0	0.25	0.08	0.05	0.015	0.12	0.10	0.30
TA19	Ti-6Al-2Sn-4Zr-2Mo-0.08Si	Ti:余量　Al:5.5~6.5 Si:0.06~0.10　Zr:3.6~4.4 Mo:1.8~2.2　Sn:1.8~2.2	0.25	0.05	0.05	0.0125	0.15	0.10	0.30
TA20	Ti-4Al-3V-1.5Zr	Ti:余量　Al:3.5~4.5 Si:≤0.10　V:2.5~3.5 Zr:1.0~2.0	0.15	0.05	0.04	0.003	0.12	0.10	0.30
TA21	Ti-1Al-1Mn	Ti:余量　Al:0.4~1.5 Si:≤0.12　Mn:0.5~1.3 Zr:≤0.30	0.30	0.10	0.05	0.012	0.15	0.10	0.30

牌号	化学成分							
TA22	Ti:余量　Al:2.5~3.5　Ni:0.3~1.0 Si:≤0.15　Zr:0.8~2.0　Mo:0.5~1.5	0.20		0.05	0.015	0.15	0.10	0.30
TA22-1	Ti:余量　Al:2.0~3.0　Ni:0.3~0.8 Si:≤0.04　Zr:0.5~1.0　Mo:0.2~0.8	0.20	0.10	0.04	0.008	0.10	0.10	0.30
TA23	Ti:余量　Al:2.2~3.0　Fe:0.8~1.2 Si:≤0.15　Zr:1.7~2.3	—		0.04	0.010	0.15	0.10	0.30
TA23-1	Ti:余量　Al:2.2~3.0　Fe:0.8~1.1 Si:≤0.10　Zr:1.7~2.3	—	0.10	0.04	0.008	0.10	0.10	0.30
TA24	Ti:余量　Al:2.0~3.8　Zr:1.0~3.0 Si:≤0.15　Mo:1.0~2.5	0.30	0.10	0.05	0.015	0.15	0.10	0.30
TA24-1	Ti:余量　Al:1.5~2.5　Zr:1.0~3.0 Si:≤0.04　Mo:1.0~2.0	0.15	0.10	0.04	0.010	0.10	0.10	0.30
TA25	Ti:余量　Al:2.5~3.5　Pd:0.04~0.08 V:2.0~3.0	0.25	0.08	0.03	0.015	0.15	0.10	0.40
TA26	Ti:余量　Al:2.5~3.5　Ru:0.08~0.14 V:2.0~3.0	0.25	0.08	0.03	0.015	0.15	0.10	0.40
TA27	Ti:余量　Ru:0.08~0.14	0.30	0.08	0.03	0.015	0.25	0.10	0.40

（续）

1. 工业纯钛、α型和近α型钛及钛合金

牌号	名义化学成分	主要成分	化学成分（质量分数，%）						其他元素	
			杂质 ≤						单一	总和
			Fe	C	N	H	O			
TA27-1	Ti-0.10Ru	Ti:余量　Ru:0.08~0.14	0.20	0.08	0.03	0.015	0.18		0.10	0.40
TA28	Ti-3Al	Ti:余量　Al:2.0~3.0	0.30	0.08	0.05	0.015	0.15		0.10	0.40
TA29	Ti-5.8Al-4Sn-4Zr-0.7Nb-1.5Ta-0.4Si-0.06C	Ti:余量　Al:5.4~6.1 Si:0.34~0.45　Zr:3.7~4.3 Nb:0.5~0.9　Sn:3.7~4.3 Ta:1.3~1.7	0.05	0.04~0.08	0.02	0.010	0.10		0.10	0.20
TA30	Ti-5.5Al-3.5Sn-3Zr-1Nb-1Mo-0.3Si	Ti:余量　Al:4.7~6.0 Si:0.20~0.35　Zr:2.4~3.5 Nb:0.7~1.3　Mo:0.7~1.3 Sn:3.0~3.8	0.15	0.10	0.04	0.012	0.15		0.10	0.30
TA31	Ti-6Al-3Nb-2Zr-1Mo	Ti:余量　Al:5.5~6.5 Si:≤0.15　Zr:1.5~2.5 Nb:2.5~3.5　Mo:0.6~1.5	0.25	0.10	0.05	0.015	0.15		0.10	0.30
TA32	Ti-5.5Al-3.5Sn-3Zr-1Mo-0.5Nb-0.7Ta-0.3Si	Ti:余量　Al:5.0~6.0 Si:0.1~0.5　Zr:2.5~3.5 Nb:0.2~0.7　Mo:0.3~1.5 Sn:3.0~4.0　Ta:0.2~0.7	0.25	0.10	0.05	0.012	0.015		0.10	0.30

牌号	名义化学成分	主要成分	杂质 ≤						
			Fe	C	N	H	O	其他元素 单一	其他元素 总和
TA33	Ti-5.8Al-4Sn-3.5Zr-0.7Mo-0.5Nb-1.1Ta-0.4Si-0.06C	Ti:余量　Al:5.2~6.5 Si:0.2~0.6　Zr:2.5~4.0 Nb:0.2~0.7　Mo:0.2~1.0 Sn:3.0~4.5　Ta:0.7~1.5	0.25	0.04~0.08	0.05	0.012	0.15	0.10	0.30
TA34	Ti-2Al-3.8Zr-1Mo	Ti:余量　Al:1.0~3.0 Zr:3.0~4.5　Mo:0.5~1.5	0.25	0.05	0.035	0.008	0.10	0.10	0.25
TA35	Ti-6Al-2Sn-4Zr-2Nb-1Mo-0.2Si	Ti:余量　Al:5.8~7.0 Si:0.05~0.50　Zr:3.5~4.5 Mo:0.3~1.3 Nb:1.5~2.5　Mo:0.3~1.3 Sn:1.5~2.5	0.20	0.10	0.05	0.015	0.15	0.10	0.30
TA36	Ti-1Al-1Fe	Ti:余量　Al:0.7~1.3 Fe:1.0~1.4	—	0.10	0.05	0.015	0.15	0.10	0.30

2. β 型和近 β 型钛合金

化学成分（质量分数，%）

牌号	名义化学成分	主要成分	杂质 ≤						
			Fe	C	N	H	O	其他元素 单一	其他元素 总和
TB2	Ti-5Mo-5V-8Cr-3Al	Ti:余量　Al:2.5~3.5 V:4.7~5.7　Cr:7.5~8.5 Mo:4.7~5.7	0.30	0.05	0.04	0.015	0.15	0.10	0.40
TB3	Ti-3.5Al-10Mo-8V-1Fe	Ti:余量　Al:2.7~3.7 V:7.5~8.5　Fe:0.8~1.2 Mo:9.5~11.0	—	0.05	0.04	0.015	0.15	0.10	0.40

（续）

2. β 型和近 β 型钛合金

牌号	名义化学成分	主要成分	化学成分（质量分数,%）						其他元素	
			杂质 ≤							
			Fe	C	N	H	O	单一	总和	
TB4	Ti-4Al-7Mo-10V-2Fe-1Zr	Ti:余量　Al:3.0~4.5　V:9.0~10.5　Fe:1.5~2.5　Zr:0.5~1.5　Mo:6.0~7.8	—	0.05	0.04	0.015	0.20	0.10	0.40
TB5	Ti-15V-3Al-3Cr-3Sn	Ti:余量　Al:2.5~3.5　V:14.0~16.0　Cr:2.5~3.5　Sn:2.5~3.5	0.25	0.05	0.05	0.015	0.15	0.10	0.30
TB6	Ti-10V-2Fe-3Al	Ti:余量　Al:2.6~3.4　V:9.0~11.0　Fe:1.6~2.2	—	0.05	0.05	0.0125	0.13	0.10	0.30
TB7	Ti-32Mo	Ti:余量　Mo:30.0~34.0	0.30	0.08	0.05	0.015	0.20	0.10	0.40
TB8	Ti-15Mo-3Al-2.7Nb-0.25Si	Ti:余量　Al:2.5~3.5　Si:0.15~0.25　Nb:2.4~3.2　Mo:14.0~16.0	0.40	0.05	0.05	0.015	0.17	0.10	0.40
TB9	Ti-3Al-8V-6Cr-4Mo-4Zr	Ti:余量　Al:3.0~4.0　V:7.5~8.5　Cr:5.5~6.5　Zr:3.5~4.5　Mo:3.5~4.5　Pd:≤0.10	0.30	0.05	0.03	0.030	0.14	0.10	0.40

牌号	合金代号	化学成分							
TB10	Ti-5Mo-5V-2Cr-3Al	Ti:余量 Al:2.5~3.5 V:4.5~5.5 Cr:1.5~2.5 Mo:4.5~5.5	0.30	0.05	0.04	0.015	0.15	0.10	0.40
TB11	Ti-15Mo	Ti:余量 Mo:14.0~16.0	0.10	0.10	0.05	0.015	0.20	0.10	0.40
TB12	Ti-25V-15Cr-0.3Si	Ti:余量 Si:0.2~0.5 V:24.0~28.0 Cr:13.0~17.0	0.25	0.10	0.03	0.015	0.15	0.10	0.30
TB13	Ti-4Al-22V	Ti:余量 Al:3.0~4.5 V:20.0~23.0	0.15	0.05	0.03	0.010	0.18	0.10	0.40
TB14②	Ti-45Nb	Ti:余量 Si:≤0.03 Cr:≤0.02 Nb:42.0~47.0	0.03	0.04	0.03	0.0035	0.16	0.10	0.30
TB15	Ti-4Al-5V-6Cr-5Mo	Ti:余量 Al:3.5~4.5 V:4.5~5.5 Cr:5.0~6.5 Mo:4.5~5.5	0.30	0.10	0.05	0.015	0.15	0.10	0.30
TB16	Ti-3Al-5V-6Cr-5Mo	Ti:余量 Al:2.5~3.5 V:4.5~5.7 Cr:5.5~6.5 Mo:4.5~5.7	0.30	0.05	0.04	0.015	0.15	0.10	0.40
TB17	Ti-6.5Mo-2.5Cr-2V-2Nb-1Sn-1Zr-4Al	Ti:余量 Al:3.5~5.5 Si:≤0.15 V:1.0~3.0 Cr:2.0~3.5 Zr:0.5~2.5 Nb:1.5~3.0 Mo:5.0~7.5 Sn:0.5~2.5	0.15	0.08	0.05	0.015	0.13	0.10	0.40

（续）

3. α-β型钛合金

牌号	名义化学成分	主要成分	杂质 ≤					其他元素	
		化学成分（质量分数,%）	Fe	C	N	H	O	单一	总和
TC1	Ti-2Al-1.5Mn	Ti:余量　Al:1.0~2.5　Mn:0.7~2.0	0.30	0.08	0.05	0.012	0.15	0.10	0.40
TC2	Ti-4Al-1.5Mn	Ti:余量　Al:3.5~5.0　Mn:0.8~2.0	0.30	0.08	0.05	0.012	0.15	0.10	0.40
TC3	Ti-5Al-4V	Ti:余量　Al:4.5~6.0　V:3.5~4.5	0.30	0.08	0.05	0.015	0.15	0.10	0.40
TC4	Ti-6Al-4V	Ti:余量　Al:5.50~6.75　V:3.5~4.5	0.30	0.08	0.05	0.015	0.20	0.10	0.40
TC4ELI	Ti6Al-4VELI	Ti:余量　Al:5.5~6.5　V:3.5~4.5	0.25	0.08	0.03	0.012	0.13	0.10	0.30
TC6	Ti-6Al-1.5Cr-2.5Mo-0.5Fe-0.3Si	Ti:余量　Al:5.5~7.0　Cr:0.8~2.3　Si:0.15~0.40　Fe:0.2~0.7　Mo:2.0~3.0	—	0.08	0.15	0.015	0.18	0.10	0.40
TC8	Ti-6.5Al-3.5Mo-0.25Si	Ti:余量　Al:5.8~6.8　Mo:2.8~3.8　Si:0.20~0.35	0.40	0.08	0.05	0.015	0.15	0.10	0.40
TC9	Ti-6.5Al-3.5Mo-2.5Sn-0.3Si	Ti:余量　Al:5.8~6.8　Mo:2.8~3.8　Si:0.2~0.4　Sn:1.8~2.8	0.40	0.08	0.05	0.015	0.15	0.10	0.40

		主要成分							
TC10	Ti-6Al-6V-2Sn-0.5Cu-0.5Fe	Ti:余量　Al:5.5~6.5　V:5.5~6.5　Fe:0.35~1.00　Cu:0.35~1.00　Sn:1.5~2.5	—	0.08	0.04	0.015	0.20	0.10	0.40
TC11	Ti-6.5Al-3.5Mo-1.5Zr-0.3Si	Ti:余量　Al:5.8~7.0　Si:0.20~0.35　Zr:0.8~2.0　Mo:2.8~3.8	0.25	0.08	0.05	0.012	0.15	0.10	0.40
TC12	Ti-5Al-4Mo-4Cr-2Zr-2Sn-1Nb	Ti:余量　Al:4.5~5.5　Cr:3.5~4.5　Zr:1.5~3.0　Nb:0.5~1.5　Mo:3.5~4.5　Sn:1.5~2.5	0.30	0.08	0.05	0.015	0.20	0.10	0.40
TC15	Ti-5Al-2.5Fe	Ti:余量　Al:4.5~5.5　Fe:2.0~3.0	—	0.08	0.05	0.013	0.20	0.10	0.40
TC16	Ti-3Al-5Mo-4.5V	Ti:余量　Al:2.2~3.8　Si:≤0.15　V:4.0~5.0　Mo:4.5~5.5	0.25	0.08	0.05	0.012	0.15	0.10	0.30
TC17	Ti-5Al-2Sn-2Zr-4Mo-4Cr	Ti:余量　Al:4.5~5.5　Cr:3.5~4.5　Zr:1.5~2.5　Sn:1.5~2.5　Mo:3.5~4.5	0.25	0.05	0.05	0.0125	0.08~0.13	0.10	0.30
TC18	Ti-5Al-4.75Mo-4.75V-1Cr-1Fe	Ti:余量　Al:4.4~5.7　Si:≤0.15　V:4.0~5.5　Cr:0.5~1.5　Fe:0.5~1.5　Zr:≤0.30　Mo:4.0~5.5	—	0.08	0.05	0.015	0.18	0.10	0.30

（续）

3. α-β型钛合金

牌号	名义化学成分	主要成分	化学成分（质量分数，%） 杂质 ≤					其他元素	
			Fe	C	N	H	O	单一	总和
TC19	Ti-6Al-2Sn-4Zr-6Mo	Ti:余量　Al:5.5~6.5 Zr:3.5~4.5　Mo:5.5~6.5 Sn:1.75~2.25	0.15	0.04	0.04	0.0125	0.15	0.10	0.40
TC20	Ti-6Al-7Nb	Ti:余量　Al:5.5~6.5 Nb:6.5~7.5　Ta:≤0.5	0.25	0.08	0.05	0.009	0.20	0.10	0.40
TC21	Ti-6Al-2Mo-2Nb-2Zr-2Sn-1.5Cr	Ti:余量　Al:5.2~6.8 Cr:0.9~2.0　Zr:1.6~2.5 Nb:1.7~2.3　Mo:2.2~3.3 Sn:1.6~2.5	0.15	0.08	0.05	0.015	0.15	0.10	0.40
TC22	Ti-6Al-4V-0.05Pd	Ti:余量　Al:5.50~6.75 V:3.5~4.5　Pd:0.04~0.08	0.40	0.08	0.05	0.015	0.20	0.10	0.40
TC23	Ti-6Al-4V-0.1Ru	Ti:余量　Al:5.50~6.75 V:3.5~4.5　Ru:0.08~0.14	0.25	0.08	0.05	0.015	0.13	0.10	0.40
TC24	Ti-4.5Al-3V-2Mo-2Fe	Ti:余量　Al:4.0~5.0 V:2.5~3.5　Fe:1.7~2.3 Mo:1.8~2.2	—	0.05	0.05	0.010	0.15	0.10	0.40
TC25	Ti-6.5Al-2Mo-1Zr-1Sn-1W-0.2Si	Ti:余量　Al:6.2~7.2 Si:0.10~0.25　Zr:0.8~2.5 Mo:1.5~2.5　Sn:0.8~2.5 W:0.5~1.5	0.15	0.10	0.04	0.012	0.15	0.10	0.30

牌号	主要化学成分（质量分数，%）							
TC26	Ti:余量　Zr:12.5~14.0　Nb:12.5~14.0	0.25	0.08	0.05	0.012	0.15	0.10	0.40
TC27	Ti:余量　Al:5.0~6.2　V:5.5~6.5　Fe:0.5~1.5　Nb:1.5~2.5　Mo:3.5~4.5	—	0.05	0.05	0.015	0.13	0.10	0.30
TC28	Ti:余量　Al:5.0~8.0　Fe:0.5~2.0　Mo:0.2~2.0	—	0.10	—	0.015	0.15	0.10	0.40
TC29	Ti:余量　Al:3.5~5.5　Si:≤0.5　Fe:0.8~3.0　Mo:6.0~8.0	—	0.10	—	0.015	0.15	0.10	0.40
TC30 Ti-5Al-3Mo-1V	Ti:余量　Al:3.5~6.3　Si:≤0.15　V:0.9~1.9　Zr:≤0.30　Mo:2.5~3.8	0.30	0.10	0.05	0.015	0.15	0.10	0.30
TC31 Ti-6.5Al-3Sn-3Zr-3Nb-3Mo-1W-0.2Si	Ti:余量　Al:6.0~7.2　Si:0.1~0.5　Zr:2.5~3.2　Mo:1.0~3.2　Nb:1.0~3.2　Sn:2.5~3.2　W:0.3~1.2	0.25	0.10	0.05	0.015	0.15	0.10	0.30
TC32 Ti-5Al-3Mo-3Cr-1Zr-0.15Si	Ti:余量　Al:4.5~5.5　Si:0.1~0.2　Cr:2.5~3.5　Zr:0.5~1.5　Mo:2.5~3.5	0.30	0.08	0.05	0.0125	0.20	0.10	0.40

① TA7ELI牌号的杂质 "Fe+O" 的质量分数总和应不大于0.32%。

② TB14钛合金的Mg的质量分数≤0.01%，Mn的质量分数≤0.01%。

表 2-168　钛及钛合金棒的室温力学性能（GB/T 2965—2023）

牌号	抗拉强度 R_m/MPa　≥	规定塑性 延伸强度 $R_{p0.2}$/MPa　≥	断后伸长率 A（%）　≥	断面收缩率 Z（%）　≥	备注
TA1	370	250	20	30	
TA2	440	320	18	30	
TA3	540	410	15	25	
TA1G	240	140	24	30	
TA2G	400	275	20	30	
TA3G	500	380	18	30	
TA4G	580	485	15	25	
TA5	685	585	13	25	
TA6	685	585	10	27	
TA7	785	680	10	25	
TA9	370	250	20	25	
TA10	485	345	18	25	
TA13	540	400	16	35	
TA15	885	825	8	20	
TA18	620	518	12	25	
TA19	895	825	10	25	
TB2	≤980	820	18	40	固溶
	1370	1100	7	10	固溶时效
TB6	1105	1035	8	15	
TC1	585	460	15	30	
TC2	685	560	12	30	
TC3	800	700	10	25	
TC4	895	825	10	25	
TC4ELI	830	760	10	15	
TC6[①]	980	840	10	25	
TC9	1060	910	9	25	
TC10	1030	900	12	25	
TC11	1030	900	10	30	
TC12	1150	1000	10	25	
TC17	1120	1030	7	16	
TC18	1080~1280	1010	9	25	

（续）

牌号	抗拉强度 R_m/MPa ≥	规定塑性 延伸强度 $R_{p0.2}$/MPa ≥	断后伸长率 A(%) ≥	断面收缩率 Z(%) ≥	备注
TC21	1100	1000	8	15	
TC25	980	—	10	20	

① TC6 棒材测定普通退火态的性能。当需方要求并在订货单中注明时，可测定等温退火状态的性能。

表 2-169　钛及钛合金棒的高温力学性能（GB/T 2965—2023）

牌号	试验温度 /℃	抗拉强度 R_m/MPa ≥	持久性能	
			试验应力 σ/MPa	试验时间 t/h ≥
TA6	350	420	390	100
TA7	350	490	440	100
TA15	500	570	470	50
TA18	350	340	320	100
	400	310	280	100
TA19	480	620	480	35
TC1	350	345	325	100
TC2	350	420	390	100
TC4	400	600	560	100
TC6	400	685	685	50
TC9	500	785	590	100
TC10	400	835	785	100
TC11①	500	685	640	35
TC12	500	700	590	100
TC17	400	885	685	100
TC25	500	735	637	50

① TC11 钛合金棒材持久性能不合格时，允许在 500℃，加载 590MPa 的试验应力，$t \geq 100$h 的条件下进行检验，检验合格则该批棒材的持久性能合格。

2.12　镍及镍合金

2.12.1　铸造镍及镍合金

铸造镍及镍合金的化学成分、力学性能见表 2-170、表 2-171。

表 2-170　铸造镍及镍合金的化学成分（GB/T 36518—2018）

代号	牌号	化学成分(质量分数,%) ≤												
		C	Co	Cr	Cu	Fe	Mn	Mo	Ni	P	S	Si	W	其他
ZN2200	ZNi995	0.10	—	—	0.10	0.10	0.05	—	—	0.002	0.005	0.10	—	Ni+Co ≥99.5
ZN2100	ZNi99	1.00	—	—	1.25	3.0	1.50	—	≥95.0	0.030	0.020	2.00	—	—
ZN4020	ZNiCu30Si	0.35	—	—	26.0~33.0	3.5	1.50	—	余量	0.030	0.020	2.00	—	Nb:0.5
ZN4135	ZNiCu30	0.35	—	—	26.0~33.0	3.5	1.50	—	余量	0.030	0.020	1.25	—	Nb:0.5
ZN4025	ZNiCu30Si4	0.25	—	—	27.0~33.0	3.0	1.50	—	余量	0.030	0.020	2.00	—	—
ZN4030	ZNiCu30Si3	0.30	—	—	27.0~33.0	3.5	1.50	—	余量	0.030	0.020	2.70~3.70	—	—
ZN4130	ZNiCu30Nb2Si2	0.30	—	—	26.0~33.0	3.5	1.50	—	余量	0.030	0.020	1.00~2.00	—	Nb:1.0~3.0
ZN6055	ZNiCr12Mo3Bi4Sn4	0.05	—	11.0~14.0	—	2.0	1.50	2.0~3.5	余量	0.030	0.020	0.50	—	Bi:3.0~5.0 Sn:3.0~5.0
ZN0012	ZNiMo31	0.03	—	1.0	—	3.0	1.00	30.0~33.0	余量	0.020	0.020	1.00	—	—
ZN0007	ZNiMo30Fe5	0.05	—	1.0	—	4.0~6.0	1.00	26.0~33.0	余量	0.030	0.020	1.00	—	V:0.20~0.60

ZN6985	ZNiCr22Fe20Mo7Cu2	0.02	5.0	21.5~23.5	1.5~2.5	18.0~21.0	1.00	6.0~8.0	余量	0.025	0.020	1.00	1.50	Nb+Ta:0.5
ZN6059	ZNiCr23Mo16	0.02	—	22.0~24.0	—	1.50	1.00	15.0~16.5	余量	0.020	0.020	0.50	—	—
ZN6625	ZNiCr22Mo9Nb4	0.06	—	20.0~23.0	—	5.0	1.00	8.0~10.0	余量	0.030	0.015	1.00	—	Nb:3.2~4.5
Zn6455	ZNiCr16Mo16	0.02	—	15.0~17.5	—	2.0	1.00	15.0~17.5	余量	0.030	0.020	0.80	1.00	—
ZN0002	NiMo17Cr16Fe6W4	0.06	—	15.5~17.5	—	4.5~7.5	1.00	16.0~18.0	余量	0.030	0.020	1.00	3.75~5.3	V:0.20~0.40
ZN6022	ZNiCr21Mo14Fe4W3	0.02	—	20.0~22.5	—	2.0~6.0	1.00	12.5~14.5	余量	0.025	0.020	0.80	2.5~3.5	V:0.35
ZN0107	ZNiCr18Mo18	0.03	—	17.0~20.0	—	3.0	1.00	17.0~20.0	余量	0.030	0.020	1.00	—	—
ZN6040	ZNiCr15Fe	0.40	—	14.0~17.0	—	11.0	1.50	—	余量	0.030	0.020	3.00	—	—
ZN8826	ZNiFe30Cr20Mo3CuNb	0.05	—	19.5~23.5	1.5~3.0	28.0~32.0	1.00	2.5~3.5	余量	0.030	0.200	0.75~1.20	—	Nb:0.70~1.00
ZN2000	ZNiSi9Cu3	0.12	—	1.0	2.0~4.0	—	1.50	—	余量	0.030	0.020	8.50~10.00	—	—

注：对于合金标识，可采用代号或牌号。

表 2-171　铸造镍及镍合金的力学性能（GB/T 36518—2018）

代号	牌号	抗拉强度 R_m/MPa	规定塑性延伸强度 $R_{p0.2}$/MPa ⩾	断后伸长率 A_{50mm}（%） ⩾
ZN2200	ZNi995	—	—	—
ZN2100	ZNi99	345～545	125	10
ZN4020	ZNiCu30Si	450～650	205	25
ZN4135	ZNiCu30	⩾450	170	25
ZN4025	ZNiCu30Si4[①]	—	—	—
ZN4030	ZNiCu30Si3	690～890	415	10
ZN4130	ZNiCu30Nb2Si2	⩾450	225	25
ZN6055	ZNiCr12Mo3Bi4Sn4	—	—	—
ZN0012	ZNiMo31	525～725	275	6
ZN0007	ZNiMo30Fe5	525～725	275	20
ZN6985	ZNiCr22Fe20Mo7Cu2	550～750	220	30
ZN6059	ZNiCr23Mo16	⩾495	270	40
ZN6625	ZNiCr22Mo9Nb4	485～685	275	25
ZN6455	ZNiCr16Mo16	495～695	275	20
ZN0002	ZNiMo17Cr16Fe6W4	495～695	275	4
ZN6022	ZNiCr21Mo14Fe4W3	⩾550	280	30
ZN0107	ZNiCr18Mo18	495～695	275	25
ZN6040	ZNiCr15Fe	485～685	195	30
ZN8826	ZNiFe3OCr20Mo3CuNb	450～650	170	25
ZN2000	ZNiSi9Cu3[②]	—	—	—

注：对于合金标识，可采用代号或牌号。

① 时效硬化状态下最低为 300HBW。

② 最小 300HBW。

2.12.2　加工镍及镍合金

加工镍及镍合金的化学成分见表 2-172，镍及镍合金棒的力学性能见表 2-173。

表 2-172　加工镍及镍合金的化学成分（GB/T 5235—2021）

类别	牌号	化学成分（质量分数，%）																
		Ni+Co	Cu	Si	Mn	C	Mg	S	P	Fe	Pb	Bi	As	Sb	Zn	Cd	Sn	杂质总和
纯镍	N2	99.98①	0.001	0.003	0.002	0.005	0.003	0.001	0.001	0.007	0.0003	0.0003	0.001	0.0003	0.002	0.0003	0.001	0.02
	N4	99.9①	0.015	0.03	0.002	0.01	0.01	0.001	0.001	0.04	0.001	0.001	0.001	0.001	0.005	0.001	0.001	0.1
	N5	99.0①	0.25	0.35	0.35	0.02	—	0.01	—	0.40	—	—	—	—	—	—	—	—
	N6	99.5①	0.10	0.10	0.05	0.10	0.10	0.005	0.002	0.10	0.002	0.002	0.002	0.002	0.007	0.002	0.002	0.5
	N7	99.0①	0.25	0.35	0.35	0.15	—	0.01	—	0.40	—	—	—	—	—	—	—	—
	N8	99.0①	0.15	0.15	0.20	0.20	0.10	0.015	—	0.30	—	—	—	—	—	—	—	1.0
	N9	98.63①	0.25	0.35	0.35	0.02	0.10	0.005	0.002	0.4	0.002	0.002	0.002	0.002	0.007	0.002	0.002	0.5
	DN	99.35①	0.06	0.02~0.10	0.05	0.02~0.10	0.02~0.10	0.005	0.002	0.10	0.002	0.002	0.002	0.002	0.007	0.002	0.002	—
阳极镍	NY1	99.7①	0.1	0.10	—	0.02	0.10	0.005	—	0.10	—	—	—	—	—	—	—	0.3
	NY2	99.4①	0.01~0.10	0.10	—	0:0.03~0.30	0.02~0.30	0.002~0.010	—	0.10	—	—	—	—	—	—	—	—
	NY3	99.0①	0.15	0.2	—	0.1	0.10	0.005	—	0.25	—	—	—	—	—	—	—	—
镍锰系	NMn3	余量	0.5	0.30	2.30~3.30	0.30	0.10	0.03	0.010	0.65	0.002	0.002	0.030	0.002	—	—	—	1.5
	NMn4-1	余量	—	0.75~1.05	3.75~4.25	—	—	—	—	—	—	—	—	—	—	—	—	—

（续）

类别	牌号	Ni+Co	Cu	Si	Mn	C	Mg	S	P	Fe	Pb	Bi	As	Sb	Zn	Cd	Sn	Cr	Co	杂质总和
镍锰系	NMn5	余量	0.50	0.30	4.60~5.40	0.30	0.10	0.03	0.020	0.65	0.002	0.002	0.030	0.002	—	—	—	—	—	—
	NMn1.5-1.5-0.5	余量	—	0.35~0.75	1.3~1.7	—	—	—	—	—	—	—	—	—	Cr:1.3~1.7	—	—	—	—	—

类别	牌号	Ni+Co	Cu	Si	Mn	C	Mg	S	P	Fe	Pb	Bi	As	Sb	Zn	Cd	Sn	Cr	Co	杂质总和
镍铜系	NCu40-2-1	余量	38.0~42.0	0.15	1.25~2.25	0.30	—	0.02	0.005	0.2~1.0	0.006	—	—	—	—	—	—	—	—	—
	NCu28-1-1	余量	28~32	—	1.0~1.4	—	—	—	—	1.0~1.4	—	—	—	—	—	—	—	—	—	—
	NCu28-2.5-1.5	余量	27.0~29.0	0.1	1.2~1.8	0.20	0.10	0.02	0.005	2.0~3.0	0.003	0.002	0.010	0.002	—	—	—	—	—	—
	NCu30	63.0[2]	28.0~34.0	0.5	2.0	0.3	—	0.024	—	2.5	—	—	—	—	—	—	—	—	—	—
	NCu30-LC	63.0[2]	28.0~34.0	0.5	2.0	0.04	—	0.024	—	2.5	—	—	—	—	—	—	—	—	—	—
	NCu30-HS	63.0[2]	28.0~34.0	0.5	2.0	0.3	—	0.025~0.060	—	2.5	—	—	—	—	—	—	—	—	—	—

化学成分（质量分数,%）

（上接表，续）

类别	牌号	Ni/Ni+Co	Cu	Si	Mn	C	Mg	S	Fe	Pb/Bi/As/Sb	Al	Ti	Mo	V	其他
	NCu30-3-0.5	63.0②	27.0~33.0	0.50	1.5	0.18	—	0.010	2.0	—	2.30~3.15	0.35~0.86	—	—	—
	NCu35-1.5-1.5	余量	34~38	0.1~0.4	1.0~1.5	—	—	—	1.0~1.5	—	—	—	—	—	—
镍镁系	NMg0.1	99.6①	0.05	0.02	0.05	0.05	0.07~0.15	0.005	0.07	0.002	0.002	0.002	—	—	—
镍硅系	NSi0.19	99.4①	0.05	0.15~0.25	0.05	0.10	—	0.005	0.07	0.002	0.002	0.002	—	—	—
	NSi13	97①	—	3	—	—	—	—	—	—	—	—	—	—	—
镍钼系	NMo28	Ni:余量③	—	—	0.10	0.02	—	0.03	2.0	—	—	—	Mo:26.0~30.0	—	1.0 / 1.00
	NMo30-5	Ni:余量	—	1.0	1.0	0.05	—	0.030	4.0~6.0	—	—	—	Mo:26.0~30.0	V:0.2~0.4	1.0~2.5

化学成分（质量分数,%）

类别	牌号	Ni+Co	Cu	Si	Mn	C	Mg	S	P	Fe	Pb	Bi	As	Sb	Zn	Cd	Sn	W	Ca	Cr	Co	Al	Ti	B
镍钨系	NW4-0.15	余量	0.02	0.01	0.005	0.01	0.01	0.003	0.002	0.03	0.002	0.002	0.002	0.002	0.003	0.002	0.002	3.0~4.0	0.07~0.17	—	—	0.01	—	—
	NW4-0.2-0.2	余量	0.02	0.01	0.02	0.05	0.03	—	—	0.03	—	—	—	—	0.003	P+Pb+Sn+Bi+Sb+Cd+S ≤0.002		3.0~4.0	0.10~0.19	—	—	0.1~0.2	—	—

（续）

类别	牌号	化学成分（质量分数，%）																					
		Ni+Co	Cu	Si	Mn	C	Mg	S	P	Fe	Pb	Bi	As	Sb	Zn	Cd	Sn	W	Ca	Cr	Co	Al	Ti	B
镍钨系	NW4-0.1	余量	0.005	0.005	0.005	0.01	0.005	0.001	0.001	0.03	0.001	0.001	—	0.001	0.003	0.001	0.001	3.0~4.0	—	Zr:0.08~0.14	—	0.005	0.005	—
	NW4-0.07	余量	0.02	0.01	0.005	0.01	0.05~0.10	0.001	0.001	0.03	0.002	0.002	0.002	0.002	0.005	0.002	0.002	3.5~4.5	—	—	—	0.001	—	—
镍铬系	NCr10	89.0①	—	—	—	—	—	—	—	—	—	—	—	—	—	—	—	—	—	9.0~11.0	—	—	—	—
	NCr20	余量	—	—	—	—	—	—	—	—	—	—	—	—	—	—	—	—	—	18~20	—	—	—	—
	NiCr20-2-1.5	余量	—	1.00	1.00	0.10	—	0.015	—	3.00	—	—	—	—	—	—	—	—	—	18.00~21.00	—	0.50~1.80	1.80~2.70	—
	NCr20-0.5	Ni:余量	0.5	1.0	1.0	0.08~0.15	—	0.020	—	3.0	0.0050	—	—	—	—	—	—	—	—	18.0~21.0	5.0	0.20	0.20~0.60	—

类别	牌号	化学成分（质量分数，%）																			
		Ni+Co	Cu	Mn	Si	C	Mg	S	P	Fe	Pb	Bi	W	Zr	Cr	Co	Al	Ti	Mo	B	Nb+Ta
	NCr16-16	Ni:余量	—	1.0	0.08	0.015	—	0.03	0.04	3.0	—	—	—	—	14.0~18.0	2.0	—	0.7	14.0~17.0	—	—

系	牌号	Ni																	
镍铬钼系	NMo16-15-6-4	Ni:余量	—	0.08	1.0	0.010	—	0.03	0.04	4.0~7.0	—	—	3.0~4.5	14.5~16.5	2.5	—	V≤0.35	15.0~17.0	—	—
	NC30-10-2	51①	0.50	1.0	1.0	0.15	—	0.015	0.50	1.0	—	—	1.0~4.0	28.0~33.0	1.0④	1.0	1.0	9.0~12.0	Nb≤1.0	—
	NC22-9-3.5	58①	0.5	0.5	0.5	0.10	—	0.015	0.015	5.0	—	—	—	20.0~23.0	1.0④	0.4	0.4	8.0~10.0	—	3.15~4.15
镍铬钴系	NCo20-15-5-4	Ni:余量	0.2	1.0	1.0	0.12~0.17	Ag≤0.0005	0.015	—	0.1	0.0015	0.0001	—	14.0~15.7	18.0~22.0	4.5~4.9	0.9~1.5	4.5~5.5	0.003~0.010	—
	NCr20-20-5-2	Ni:余量	0.2	0.6	0.4	0.04~0.08	Ag≤0.0005	0.007	—	0.7	0.0020	0.0001	—	19.0~21.0	19.0~21.0	Al:0.3~0.6; Ti:1.9~2.4; Al+Ti:2.4~2.8	0.4		5.6~6.1	0.005	—
	NCr20-13-4-3	Ni:余量	0.50 0.75	1.00	1.00	0.03~0.10	Ag≤0.0005	0.030	0.030	2.00	0.0010	0.0001	0.02~0.12	18.00~21.00	12.00~15.00	1.20~1.60	2.75~3.25	3.50~5.00	0.003~0.01	—
	NCr20-18-2.5	Ni:余量	0.2	1.0	1.0	0.13	—	0.015	—	1.5	—	—	0.15	18.0~21.0	15.0~21.0	1.0~2.0	2.0~3.0	—	0.020	—

（续）

类别	牌号	Ni+Co	Cu	Si	Mn	C	Mg	S	P	Fe	Pb	Bi	W	Zr	Cr	Co	Al	Ti	Mo	B	Nb+Ta
															化学成分（质量分数，%）						
镍铬钴系	NCr22-12-9	Ni ≥44.5	0.5	1.0	1.0	0.05~0.15	—	0.015	—	3.0	—	—	—	—	20.0~24.0	10.0~15.0	0.8~1.5	0.6	8.0~10.0	0.006	—

类别	牌号	Ni+Co	Cu	Si	Mn	C	S	P	Fe	W	Cr	Co	Al	Ti	Mo	B	Nb+Ta
											化学成分（质量分数，%）						
	NCr15-8	Ni ≥72.0	0.5	0.5	1.0	0.15	0.015	—	6.0~10.0	—	14.0~17.0	—	—	—	—	—	—
	NCr15-8-LC	Ni ≥72.0	0.5	0.5	1.00	0.02	0.015	—	6.0~10.0	—	14.0~17.0	—	—	—	—	—	—
	NCr15-7-2.5	Ni ≥70.00	0.50	0.50	1.00	0.08	0.01	—	5.00~9.00	—	14.00~17.00	1.00[④]	0.40~1.00	2.25~2.75	—	—	0.70~1.20
	NCr21-18-9	Ni：余量[③]	—	1.00	1.00	0.05~0.15	0.03	0.04	17.0~20.0	0.2~1.0	20.5~23.0	0.5~2.5	—	—	8.0~10.0	—	—
	NCr23-15-1.5	Ni：58.0~63.0	1.0	0.5	1.0	0.10	0.015	—	余量	—	21.0~25.0	—	1.0~1.7	—	—	—	—

类别	牌号	Ni															
镍铬铁系	NFe36-12-6-3	Ni: 40.0~45.0	0.2	0.4	0.5	0.02~0.06	0.020	0.020	余量	—	11.0~14.0	—	0.35	2.8~3.1	5.0~6.5	0.010~0.020	—
	NCr19-19-5	Ni: 50.0~55.0	0.30	0.35	0.35	0.08	0.015	0.015	余量	—	17.0~21.0	1.0④	0.20~0.80	0.65~1.15	2.80~3.30	0.006	4.75~5.50
	NFe30-21-3	Ni: 38.0~46.0	1.5~3.0	0.5	1.0	0.05	0.03	—	≥22.0④	—	19.5~23.5	—	0.2	0.6~1.2	2.5~3.5	—	—
	NCr29-9	Ni ≥58.0	0.5	0.5	0.5	0.05	0.015	—	7.0~11.0	—	27.0~31.0	—	—	—	—	—	—

① 此值由差减法求得。要求单独测量 Co 含量时，此值为 Ni 含量；不要求单独测量 Co 含量时，此值为 Ni+Co 含量。

② 此值由差减法求得。

③ 此值为实测值。

④ 要求时应满足。

表 2-173　　镍及镍合金棒的力学性能 （GB/T 4435—2010）

牌号	状态	直径 /mm	抗拉强度 R_m/MPa	断后伸长率 A（%）
			≥	
N4、N5、N6、N7、N8	Y	3~20	590	5
		>20~30	540	6
		>30~65	510	9
	M	3~30	380	34
		>30~65	345	34
	R	32~60	345	25
		>60~254	345	20
NCu28-2.5-1.5	Y	3~15	665	4
		>15~30	635	6
		>30~65	590	8
	Y_2	3~20	590	10
		>20~30	540	12
	M	3~30	440	20
		>30~65	440	20
	R	6~254	390	25
NCu30-3-0.5	Y	3~20	1000	15
		>20~40	965	17
		>40~65	930	20
	R	6~254	实测	实测
	M	3~65	895	20
NCu40-2-1	Y	3~20	635	6
		>20~40	590	5
	M	3~40	390	25
	R	6~254	实测	实测
NMn5	M	3~65	345	40
	R	32~254	345	40
NCu30	R	76~152	550	30
		>152~254	515	30
	M	3~65	480	35
	Y	3~15	700	8
	Y_2	3~15	580	10
		>15~30	600	20
		>30~65	580	20
NCu35-1.5-1.5	R	6~254	实测	实测

2.13　钼及钼合金

钼及钼合金的化学成分见表 2-174，消除应力退火状态 Mo1 板的力学性能见表 2-175，冷轧态和消除应力退火状态 MoTi0.5 板的力学性能见表 2-176。

表 2-174　钼及钼合金的化学成分（YS/T 660—2022）

| 牌号 | 主成分 | | 化学成分(质量分数,%) | | | | | | | | | | | |
| | | | 杂质 ≤ | | | | | | | | | | | |
	Mo	合金元素	Al	Ca	Fe	Mg	Ni	Si	C	N	O	P	W	Cr
Mo-1	余量	—	0.002	0.002	0.005	0.002	0.003	0.003	0.005	0.003	0.006	0.001	—	—
RMo-1	余量	—	—	0.002	0.005	0.002	0.003	0.003	0.005	0.002	0.005	—	—	—
Mo-2	余量	—	0.005	0.004	0.015	0.005	0.005	0.005	0.020	0.003	0.008	0.001	—	—
MoW20	余量	W:19.0~21.0	0.002	0.002	0.005	0.002	0.005	0.005	0.005	0.003	0.008	—	—	—
MoW30	余量	W:29.0~31.0	0.002	0.002	0.005	0.002	0.005	0.005	0.005	0.003	0.008	—	—	—
MoW50	余量	W:49.0~51.0	0.002	0.002	0.005	0.002	0.005	0.005	0.005	0.003	0.008	—	—	—
MoTi0.5	余量	Ti:0.40~0.60 C:0.01~0.04	0.002	—	0.005	0.002	0.005	0.005	—	0.001	0.003	—	—	—
RMoTi0.5	余量	Ti:0.40~0.60 C:0.01~0.04	0.002	—	0.010	0.002	0.005	0.010	—	0.001	0.003	—	—	—
MoTi12	余量	Ti:9.0~15.0	0.002	0.002	0.008	0.001	0.001	0.005	0.01	0.003	0.15	0.005	—	—
MoTi0.5 Zr0.1 (TZM)	余量	Ti:0.40~0.55 Zr:0.06~0.12 C:0.01~0.04	—	—	0.005	—	0.002	0.005	—	0.003	0.080	—	—	—
RMoTi0.5 Zr0.1[1] (TZM)	余量	Ti:0.40~0.55 Zr:0.06~0.12 C:0.01~0.04	—	—	0.005	—	0.002	0.005	—	0.003	0.005	—	—	—

（续）

牌号	主成分		化学成分（质量分数,%）杂质 ≤											
	Mo	合金元素	Al	Ca	Fe	Mg	Ni	Si	C	N	O	P	W	Cr
MoTi1.5Zr0.5C0.2（TZC）	余量	Ti:1.0~2.0 Zr:0.40~0.60 C:0.10~0.30	—	—	0.005	—	0.002	0.002	—	0.003	0.100	—	—	—
MoLa	余量	La:0.10~2.00	0.002	0.002	0.005	0.002	0.005	0.005	0.005	0.003	—	—	—	—
MoY	余量	Y_2O_3: 0.01~1.00	0.002	0.002	0.005	0.002	0.003	0.005	0.005	0.003	—	—	0.02	—
MoK	余量	K:0.005~0.05	0.002	0.002	0.005	0.002	0.003	0.005	0.005	0.003	—	—	0.02	—
MoYCe	余量	Y:0.3~0.55 Ce:0.04~0.16	0.002	0.002	0.005	0.002	0.005	0.005	0.005	—	—	0.002	—	—
MoTa	余量	Ta:9.0~15.0	0.002	0.002	0.008	0.001	0.001	0.005	0.01	0.003	0.15	0.005	—	—
MoNa	余量	Na:1.0~3.0	0.002	0.002	0.008	0.001	0.001	0.005	0.01	0.003	1.8	0.005	—	—
MoNb	余量	Nb:9.0~21.0	0.002	0.002	0.008	0.001	0.001	0.005	0.01	0.003	0.15	0.005	—	—
MoHfC	余量	Hf:0.17~2.00 C:0.03~0.15	—	—	0.008	0.001	0.001	0.005	—	0.003	0.12	0.005	—	—
Mo5Re	余量	Re:4.0~6.0	0.003	0.003	0.005	0.001	0.002	0.002	0.005	0.001	0.005	0.002	—	0.005
Mo41Re	余量	Re:40.0~42.0	0.003	0.003	0.005	0.001	0.002	0.002	0.005	0.001	0.005	0.002	—	0.005

牌号	成分										
Mo44.5Re	Re:43.5~45.5	余量	0.003	0.005	0.002	0.001	0.005	0.002	—	0.005	
Mo47.5Re	Re:46.5~48.5	余量	0.003	0.005	0.002	0.001	0.005	0.002	—	0.005	
MoZr	Zr:0.6~2.0	余量	0.002	0.004	0.003	0.003	—	0.002	—	0.002	

注：余量为100%减去表中所列元素实测值所得。

① 允许加入0.02%硼（B）。

表2-175 消除应力退火状态Mo1板的力学性能（GB/T 3876—2017）

牌号	状态	厚度/mm	抗拉强度 R_m/MPa		断后伸长率			
					A_{50mm}(%)		A(%)	
			纵向	横向	纵向	横向	纵向	横向
Mo1	m	0.13~<0.5	≥685	≥685	≥5	≥5	—	—
		0.5~2.0	≥685	≥685	—	—	≥5	≥5

注：Mo1的拉伸性能适用于制造拉深和卷边零件，以交叉轧制方式生产的板材。

表2-176 冷轧态和消除应力退火状态MoTi0.5板的力学性能（GB 3876—2017）

牌号	状态	厚度/mm	抗拉强度 R_m/MPa		断后伸长率			
					A_{50mm}(%)		A(%)	
			纵向	横向	纵向	横向	纵向	横向
MoTi0.5	Y	0.13~<0.5	≥880	≥930	≥4	≥3	—	—
		0.5~1.0	≥880	≥930	—	—	≥4	≥3
	m	0.13~<0.5	≥735	≥785	≥10	≥6	—	—
		0.5~1.0	≥735	≥785	—	—	≥10	≥6

第3章 金属材料的品种及规格

3.1 生铁和铁合金

3.1.1 生铁

生铁的供货状态及规格见表 3-1。

表 3-1 生铁的供货状态及规格

生铁种类	供应状态	要求
炼钢用生铁	小块	每块重量为 2～7kg
	大块	每块重量 ≤40kg,且每块上有两个凹口,凹口处厚度 ≤45mm
铸造用生铁和球墨铸铁用生铁	小块	每块重量为 2～7kg,大于 7kg 与小于 2kg 之和小于总重量的 10%
	大块	每块重量 ≤40kg,且每块上有 1～2 道深度不小于铁块厚度 2/3 的凹槽
铸造用磷铜钛低合金耐磨生铁	小块	每块重量为 2～7kg,大于 7kg 与小于 2kg 之和不超过总重量的 10%
脱碳低磷粒铁	颗粒	粒度为 3～15mm,大于 15mm 与小于 3mm 之和不超过总重量的 5%

3.1.2 铁合金

钒铁、硅铁、锰铁、钼铁、钛铁的粒度见表 3-2 ～ 表 3-6。磷铁、铬铁、氧化铬铁、硼铁和钨铁的粒度见表 3-7。

表 3-2 钒铁的粒度 （GB/T 4139—2012）

粒度组别	粒度/mm	小于下限粒度（%）	大于上限粒度（%）
		≤	
1	10～50	3	7
2	10～100	3	7
3	10～150	3	7

表 3-3　硅铁的粒度（GB/T 2272—2020）

级别	规格尺寸 /mm	筛下物（质量分数）（%）	筛上物（质量分数）（%）
		粒度下限值	2 边或 3 边长度超过粒度上限的 1.15 倍的量
自然块	—	小于 20mm×20mm 的质量 ≤8	—
加工块	10~50	≤6	≤5
硅粒	3~10	≤6	≤5
硅粉	0~3	—	≤5
	0~1	—	≤10

表 3-4　锰铁的粒度（GB/T 3795—2014）

粒度级别	粒度/mm	粒度偏差（%）		
		筛上物	筛下物	
		≤		
1	20~250	—	中低碳类	10
			高碳类	8
2	50~150	5	5	
3	10~50	5	5	
4	0.097~0.45	5	30	

表 3-5　钼铁的粒度（GB/T 3649—2008）

粒度级别	粒度/mm	粒度偏差（%）	
		筛上物	筛下物
1	10~150	≤5	≤5
2	10~100		
3	10~50	≤5	≤5
4	3~10		

表 3-6　钛铁的粒度（GB/T 3282—2012）

粒度级别	粒度/mm	小于下限粒度（%）	大于上限粒度（%）
		≤	
1	5~100	3	7
2	5~70	3	7
3	5~40	3	7
4	<20	—	2
5	<2	—	2

表 3-7　磷铁、铬铁、氧化铬铁、硼铁和钨铁的粒度

种类	供货状态	要求
磷铁	块状	最大块重不超过 30kg,小于 20mm×20mm 的块重不超过批重量的 10%
铬铁	块状	最大块重不超过 15kg,小于 20mm×20mm 的块重不超过批重量的 5%
氧化铬铁	块状	最大块重不超过 15kg,小于 10mm×10mm 的块重不超过批重量的 10%
硼铁	块状	粒度为 5~10mm,大于 100mm 与小于 10mm 之和不超过批重量的 10%
钨铁	块状	粒度为 10~130mm,小于 10mm×10mm 的块重不超过批重量的 5%

3.2　钢产品

3.2.1　盘条和钢筋

1. 盘条

热轧圆盘条的规格见表 3-8。

表 3-8　热轧圆盘条的规格 (GB/T 14981—2009)

公称直径	允许偏差/mm			圆度误差/mm			截面面积 A /mm²	理论重量 m /(kg/m)
	A 级	B 级	C 级	A 级	B 级	C 级		
5~10	±0.30	±0.25	±0.15	≤0.48	≤0.40	≤0.24	按公式 $A = \pi d^2/4$, 其中 d 的单位为 mm	按公式 $m = 0.00617 \times$ 直径² 计算, 其中直径的单位为 mm
10.5~15	±0.40	±0.30	±0.20	≤0.64	≤0.48	≤0.32		
15.5~25	±0.50	±0.35	±0.25	≤0.80	≤0.56	≤0.40		
26~40	±0.60	±0.40	±0.30	≤0.96	≤0.64	≤0.48		
41~50	±0.80	±0.50	—	≤1.28	≤0.80			
51~60	±1.00	±0.60	—	≤1.60	≤0.96			

注：1. 公称直径在 5~16mm 间时按 0.5 的整数倍进级, 在 16~60mm 间时按 1 的整数倍进级。

　　2. 钢的密度按 7.85g/cm³ 计算。

2. 钢筋

1) 钢筋混凝土用热轧光圆钢筋、热轧带肋钢筋的规格见表 3-9、表 3-10。

表 3-9　钢筋混凝土用热轧光圆钢筋的规格（GB/T 1499.1—2024）

公称直径/mm	公称横截面面积/mm²	理论重量/(kg/m)
6	28.27	0.222
8	50.27	0.395
10	78.54	0.617
12	113.1	0.888
14	153.9	1.21
16	201.1	1.58
18	254.5	2.00
20	314.2	2.47
22	380.1	2.98
25	490.9	3.85

注：表中理论重量按密度为 7.85g/cm³ 计算。

表 3-10　钢筋混凝土用热轧带肋钢筋的规格（GB/T 1499.2—2024）

公称直径/mm	公称横截面面积/mm²	理论重量/(kg/m)
6	28.27	0.222
8	50.27	0.395
10	78.54	0.617
12	113.1	0.888
14	153.9	1.21
16	201.1	1.58
18	254.5	2.00
20	314.2	2.47
22	380.1	2.98
25	490.9	3.85
28	615.8	4.83
32	804.2	6.31
36	1018	7.99
40	1257	9.87
50	1964	15.42

注：表中理论重量按密度为 7.85g/cm³ 计算。

2）预应力混凝土用螺纹钢筋的规格见表 3-11。

表 3-11　预应力混凝土用螺纹钢筋的规格（GB/T 20065—2016）

公称直径 /mm	公称截面面积 /mm²	有效截面系数	理论截面面积 /mm²	理论重量 /（kg/m）
15	177	0.97	183.2	1.40
18	255	0.95	268.4	2.11
25	491	0.94	522.3	4.10
32	804	0.95	846.3	6.65
36	1018	0.95	1071.6	8.41
40	1257	0.95	1323.2	10.34
50	1963	0.95	2066.3	16.28
60	2827	0.95	2976	23.36
63.5	3167	0.94	3369.1	26.50
65	3318	0.95	3493	27.40
70	3848	0.95	4051	31.80
75	4418	0.94	4700	36.90

3）冷轧带肋钢筋的规格见表 3-12。

表 3-12　冷轧带肋钢筋的规格（GB/T 13788—2024）

公称直径 d/mm	公称横截面积 /mm²	重量	
		理论单位重量 m /（g/mm）	实际重量与理论重量的偏差 η（%）
4	12.6	0.099	
5	19.6	0.154	
6	28.3	0.222	
7	38.5	0.302	
8	50.3	0.395	
9	63.6	0.499	
10	78.5	0.617	±4
11	95.0	0.746	
12	113.1	0.888	
13	132.7	1.04	
14	153.9	1.21	
15	176.7	1.39	
16	201.1	1.58	

注：表中理论重量按密度为 7.85g/cm³ 计算。

3.2.2　钢板和钢带

1. 普通钢板和钢带的规格

1）冷轧钢板和钢带的规格见表 3-13。

表 3-13　冷轧钢板和钢带的规格（GB/T 708—2019）

（单位：mm）

公称厚度	公称宽度	公称长度
≤4.0	≤2150	1000~6000

2）热轧钢板和钢带的规格见表 3-14。

表 3-14　热轧钢板和钢带的规格（GB/T 709—2019）

（单位：mm）

产品名称	公称厚度	公称宽度	公称长度
单轧钢板	3.00~450	600~5300	2000~25000
宽钢带	≤25.40	600~2200	—
连轧钢板	≤25.40	600~2200	2000~25000
纵切钢带	≤25.40	120~900	—

3）钢板和钢带的理论重量见表 3-15。

表 3-15　钢板和钢带的理论重量

厚度/ mm	理论重量/ （kg/m²）	厚度/ mm	理论重量/ （kg/m²）	厚度/ mm	理论重量/ （kg/m²）	厚度/ mm	理论重量/ （kg/m²）
0.2	1.570	0.9	7.065	2.8	21.98	9.0	70.65
0.25	1.963	1.0	7.850	3.0	23.55	10	78.50
0.3	2.355	1.1	8.635	3.2	25.12	11	86.35
0.35	2.748	1.2	9.420	3.5	27.48	12	94.20
0.4	3.140	1.25	9.813	3.8	29.83	13	102.1
0.45	3.533	1.4	10.99	4.0	31.40	14	109.9
0.5	3.925	1.5	11.78	4.5	35.33	15	117.8
0.55	4.318	1.6	12.56	5.0	39.25	16	125.6
0.6	4.710	1.8	14.13	5.5	43.18	17	133.5
0.7	5.495	2.0	15.70	6.0	47.10	18	141.3
0.75	5.888	2.2	17.60	7.0	54.95	19	149.2
0.8	6.280	2.5	19.63	8.0	62.80	20	157.0

（续）

厚度/mm	理论重量/(kg/m²)	厚度/mm	理论重量/(kg/m²)	厚度/mm	理论重量/(kg/m²)	厚度/mm	理论重量/(kg/m²)
21	164.9	28	219.8	40	314.0	54	423.9
22	172.7	29	227.7	42	329.7	56	439.6
23	180.6	30	235.5	44	345.4	58	455.3
24	188.4	32	251.2	46	361.1	60	471.0
25	196.3	34	266.9	48	376.8	—	—
26	204.1	36	382.6	50	392.5	—	—
27	212.0	38	298.3	52	408.2	—	—

2. 热轧花纹钢板和钢带规格

热轧花纹钢板和钢带如图 3-1 所示，其规格见表 3-16。

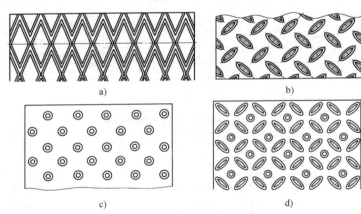

图 3-1　热轧花纹钢板和钢带

a）菱形　b）扁豆形　c）圆豆形　d）组合形

表 3-16　热轧花纹钢板和钢带的规格（YB/T 4159—2007）

基本厚度/mm	钢板理论重量/(kg/m²)			
	菱形	圆豆形	扁豆形	组合形
2.0	17.7	16.1	16.8	16.5
2.5	21.6	20.4	20.7	20.4
3.0	25.9	24.0	24.8	24.5

（续）

基本厚度/mm	钢板理论重量/(kg/m²)			
	菱形	圆豆形	扁豆形	组合形
3.5	29.9	27.9	28.8	28.4
4.0	34.4	31.9	32.8	32.4
4.5	38.3	35.9	36.7	36.4
5.0	42.2	39.8	40.1	40.3
5.5	46.6	43.8	44.9	44.4
6.0	50.5	47.7	48.8	48.4
7.0	58.4	55.6	56.7	56.2
8.0	67.1	63.6	64.9	64.4
10.0	83.2	79.3	80.8	80.27

3. 冷弯波形钢板的规格

冷弯波形钢板如图 3-2 所示，其规格见表 3-17。

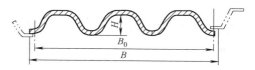

图 3-2　冷弯波形钢板

表 3-17　冷弯波形钢板的规格（YB/T 5327—2006）

代号	高度 H	宽度		截面面积/cm²	理论重量/(kg/m)
		B	B_0		
AKA15	12	370	—	6.00	4.71
AKB12	14	488		6.30	4.95
AKC12	15	378		5.02	3.94
AKD12	15	488		6.58	5.17
AKD15	15	488		8.20	6.44
AKE05	25	830		5.87	4.61
AKE08	25	830		9.32	7.32
AKE10	25	830		11.57	9.08
AKE12	25	830		13.79	10.83
AKF05	25	650	—	4.58	3.60

（续）

代号	高度 H	宽度		截面面积/ cm^2	理论重量/ （kg/m）
		B	B_0		
AKF08	25	650	—	7. 29	5. 72
AKF10	25	650	—	9. 05	7. 10
AKF12	25	650	—	10. 78	8. 46
AKG10	30	690	—	9. 60	7. 54
AKG16	30	690	—	15. 04	11. 81
AKG20	30	690	—	18. 60	14. 60
ALA08	50	—	800	9. 28	7. 28
ALA10	50	—	800	11. 56	9. 07
ALA12	50	—	800	13. 82	10. 85
ALA16	50	—	800	18. 30	14. 37
ALB12	50	—	614	10. 46	8. 21
ALB16	50	—	614	13. 86	10. 88
ALC08	50	—	614	7. 04	5. 53
ALC10	50	—	614	8. 76	6. 88
ALC12	50	—	614	10. 47	8. 22
ALC16	50	—	614	13. 87	10. 89
ALD08	50	—	614	7. 04	5. 53
ALD10	50	—	614	8. 76	6. 88
ALD12	50	—	614	10. 47	8. 22
ALD16	50	—	614	13. 87	10. 89
ALE08	50	—	614	7. 04	5. 53
ALE10	50	—	614	8. 76	6. 88
ALE12	50	—	614	10. 47	8. 22
ALE16	50	—	614	13. 87	10. 89
ALF12	50	—	614	10. 46	8. 21
ALF16	50	—	614	13. 86	10. 88
ALG08	60	—	600	7. 49	5. 88
ALG10	60	—	600	9. 33	7. 32
ALG12	60	—	600	11. 17	8. 77
ALG16	60	—	600	14. 79	11. 61
ALH08	75	—	600	8. 42	6. 61
ALH10	75	—	600	10. 49	8. 23

（续）

代号	高度 H	宽度		截面面积/ cm²	理论重量/ （kg/m）
		B	B₀		
ALH12	75	—	600	12.55	9.85
ALH16	75	—	600	16.62	13.05
ALI08	75	—	600	8.38	6.58
ALI10	75	—	600	10.45	8.20
ALI12	75	—	600	12.52	9.83
ALI16	75	—	600	16.60	13.03
ALJ08	50	—	600	8.13	6.38
ALJ10	50	—	600	10.12	7.94
ALJ12	50	—	600	12.11	9.51
ALJ16	50	—	600	16.05	12.60
ALJ23	60	—	600	22.81	17.91
ALK08	60	—	600	8.06	6.33
ALK10	60	—	600	10.02	7.87
ALK12	60	—	600	11.95	9.38
ALK16	75	—	600	15.84	12.43
ALK23	75	—	600	22.53	17.69
ALL08	75	—	690	9.18	7.21
ALL10	75	—	690	10.44	8.20
ALL12	75	—	690	13.69	10.75
ALL16	75	—	690	18.14	14.24
ALM08	75	—	690	8.93	7.01
ALM10	75	—	690	11.12	8.73
ALM12	75	—	690	13.31	10.45
ALM16	75	—	690	17.65	13.86
ALM23	75	—	690	25.09	19.70
ALN08	75	—	690	8.74	6.86
ALN10	75	—	690	10.89	8.55
ALN12	75	—	690	13.03	10.23
ALN16	75	—	690	17.28	13.56
ALN23	75	—	690	24.60	19.31
ALO10	80	—	600	10.18	7.99
ALO12	80	—	600	12.19	9.57

（续）

代号	高度 H	宽度		截面面积/ cm²	理论重量/ （kg/m）
		B	B₀		
ALO16	80	—	600	16. 15	12. 68
ANA05	25	—	360	2. 64	2. 07
ANA08	25	—	360	4. 21	3. 30
ANA10	25	—	360	5. 23	4. 11
ANA12	25	—	360	6. 26	4. 91
ANA16	25	—	360	8. 29	6. 51
ANB08	40	—	600	7. 22	5. 67
ANB10	40	—	600	8. 99	7. 06
ANB12	40	—	600	10. 70	8. 40
ANB16	40	—	600	14. 17	11. 12
ANB23	40	—	600	20. 03	15. 72
ARA08	50	—	614	7. 04	5. 53
ARA10	50	—	614	8. 76	6. 88
ARA12	50	—	614	10. 47	8. 22
ARA16	50	—	614	13. 87	10. 89
BLA05	50	—	614	4. 69	3. 68
BLA08	50	—	614	7. 46	5. 86
BLA10	50	—	614	9. 29	7. 29
BLA12	50	—	614	11. 10	8. 71
BLA15	50	—	614	13. 78	10. 82
BLB05	75	—	690	5. 73	4. 50
BLB08	75	—	690	9. 13	7. 17
BLB10	75	—	690	11. 37	8. 93
BLB12	75	—	690	13. 61	10. 68
BLB16	75	—	690	18. 04	14. 16
BLC05	75	—	600	5. 05	3. 96
BLC08	75	—	600	8. 04	6. 31
BLC10	75	—	600	10. 02	7. 87
BLC12	75	—	600	11. 99	9. 41
BLC16	75	—	600	15. 89	12. 47
BLC23	75	—	600	22. 60	17. 74
BLD05	75	—	690	5. 50	4. 32

（续）

代号	高度 H	宽度		截面面积/ cm²	理论重量/ （kg/m）
		B	B₀		
BLD08	75	—	690	8.76	6.88
BLD10	75	—	690	10.92	8.57
BLD12	75	—	690	13.07	10.26
BLD16	75	—	690	17.32	13.60
BLD23	75	—	690	24.67	19.37

4. 金属软管用碳素钢冷轧钢带的规格（见表 3-18）

表 3-18　金属软管用碳素钢冷轧钢带的规格（YB/T 023—1992）

（单位：mm）

钢带厚度	钢带宽度
0.20	7.1
0.25	4、8.6
0.30	6、7.1、8.6、9.5、12.7
0.35	8.6、9.5
0.40	9.5、12.7
0.45	15
0.50	12.7、15、16、17、25
0.60	21.2

5. 铠装电缆用钢带的规格（见表 3-19）

表 3-19　铠装电缆用钢带的规格（YB/T 024—2021）

（单位：mm）

公称厚度	公称宽度
0.20	15、20、25、30
0.30	20、25、30、35
0.50	25、30、35、45
0.80	60

6. 不锈钢钢板和钢带的规格

1）不锈钢热轧钢板和钢带的规格见表 3-20。

表 3-20　不锈钢热轧钢板和钢带的规格 （GB/T 4237—2015）

（单位：mm）

产品名称	公称厚度	公称宽度
厚钢板	3.0~200	600~4800
宽钢带、卷切钢板、纵剪宽钢带	2.0~25.4	600~2500
窄钢带、卷切钢带	2.0~13.0	<600

2）不锈钢冷轧钢板和钢带的规格见表 3-21。

表 3-21　不锈钢冷轧钢板和钢带的规格 （GB/T 3280—2015）

（单位：mm）

形态	公称厚度	公称宽度
宽钢带、卷切钢板	0.10~8.00	600~2100
纵剪宽钢带①、卷切钢带 I①	0.10~8.00	<600
窄钢带、卷切钢带 II	0.01~3.00	<600

① 由宽度大于 600mm 的宽钢带纵剪 （包括纵剪加横切） 成宽度小于 600mm 的钢带或钢板。

3.2.3　钢管

1. 无缝钢管

1）普通无缝钢管的规格见表 3-22。

表 3-22　普通无缝钢管的规格 （GB/T 17395—2008）

（单位：mm）

外径	系列 1	10(10.2)、13.5、17(17.2)、21(21.3)、27(26.9)、34(33.7)、42(42.4)、48(48.3)、60(60.3)、76(76.1)、89(88.9)、114(114.3)、140(139.7)、168(168.3)、219(219.1)、273、325(323.9)、356(355.6)、406(406.4)、457、508、610、711、813、914、1016
	系列 2	6、7、8、9、10、11、12、13(12.7)、16、19、20、25、28、32(31.8)、38、40、51、57、63(63.5)、65、68、70、77、80、85、95、102(101.6)、121、127、133、146、203、299(298.5)、340(339.7)、351、377、402、426、450、473、480、500、530、630、720、762
	系列 3	14、18、22、25.4、30、35、45(44.5)、54、73、83(82.5)、108、142(141.3)、152(152.4)、159、180(177.8)、194(193.7)、232、245(244.5)、267(267.4)、302、318.5、368、419、560(599)、660、699、788.5、864、965
壁厚		0.25、0.30、0.40、0.50、0.60、0.80、1.0、1.2、1.4、1.5、1.6、1.8、2.0、2.2(2.3)、2.5(2.6)、2.8(2.9)、3.0、3.2、3.5(3.6)、4.0、4.5、5.0、(5.4)、5.5、6.0、(6.3)、6.5、7.0(7.1)、7.5、8.0、8.5、(8.8)9.0、9.5、10、11、12(12.5)、13、14(14.2)、15、16、17(17.5)、18、19、20、22(22.2)、24、25、26、28、30、32、34、36、38、40、45、48、50、55、60、65、70、75、80、85、90、95、100、110、120

注：括号内的尺寸为相应的 ISO 4200 的规格。

2）精密无缝钢管的规格见表 3-23。

表 3-23 精密无缝钢管的规格（GB/T 17395—2008）

（单位：mm）

外径	系列 2	4、5、6、8、10、12、12.7、16、20、25、32、38、40、42、48、50、60、63、70、76、80、100、120、130、150、160、170、190、200
	系列 3	14、18、22、28、30、35、45、55、90、110、140、180、220、240、260
壁厚		0.5、(0.8)、1、(1.2)、1.5、(1.8)、2、(2.2)、2.5、(2.8)、3、(3.5)、4、(4.5)、5、(5.5)、6、(7)、8、9、10、(11)、12.5、(14)、16、(18)、20、(22)、25、26

注：括号内的尺寸为相应的 ISO 4200 的规格。

2. 冷拔异形钢管

1）冷拔正方形无缝钢管如图 3-3 所示，其规格见表 3-24。

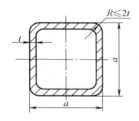

图 3-3 冷拔正方形无缝钢管

表 3-24 冷拔正方形无缝钢管的规格（GB/T 3094—2012）

基本尺寸/mm		截面面积/	理论重量/	基本尺寸/mm		截面面积/	理论重量/
边长 a	壁厚 t	cm²	（kg/m）	边长 a	壁厚 t	cm²	（kg/m）
12	0.8	0.348	0.273	18	2.0	1.21	0.952
12	1.0	0.423	0.332	20	1.0	0.743	0.583
14	1.0	0.503	0.394	20	1.5	1.07	0.841
14	1.5	0.712	0.559	20	2.0	1.37	1.08
16	1.0	0.583	0.458	20	2.5	1.64	1.29
16	1.5	0.832	0.653	22	1.0	0.823	0.646
18	1.0	0.663	0.521	22	1.5	1.19	0.936
18	1.5	0.952	0.747	22	2.0	1.53	1.20

（续）

基本尺寸/mm		截面面积/	理论重量/	基本尺寸/mm		截面面积/	理论重量/
边长 a	壁厚 t	cm^2	（kg/m）	边长 a	壁厚 t	cm^2	（kg/m）
22	2.5	1.84	1.45	40	6.0	7.55	5.93
25	2.5	2.14	1.68	42	2.5	3.84	3.02
25	3.0	2.49	1.95	42	3.0	4.53	3.55
30	2.5	2.64	2.08	42	3.5	5.18	4.07
30	3.0	3.01	2.42	42	4.0	5.81	4.56
30	3.5	3.50	2.75	42	5.0	6.98	5.48
30	4.0	3.89	3.05	42	6.0	8.03	6.30
32	2.5	2.84	2.23	45	3.5	5.60	4.40
32	3.0	3.33	2.61	45	4.0	6.23	4.94
32	3.5	3.78	2.97	45	5.0	7.58	5.95
32	4.0	4.21	3.30	45	6.0	8.75	6.87
35	2.5	3.14	2.47	45	7.0	9.81	7.80
35	3.0	3.69	2.89	45	8.0	10.8	8.44
35	3.5	4.20	3.30	50	4.0	7.09	5.56
35	4.0	4.69	3.68	50	5.0	8.58	6.73
35	5.0	5.58	4.38	50	6.0	9.95	7.81
36	2.5	3.24	2.55	50	7.0	11.21	8.80
36	3.0	3.81	2.99	50	8.0	12.35	9.70
36	3.5	4.34	3.41	55	4.0	7.89	6.19
36	4.0	4.85	3.81	55	5.0	9.58	7.52
36	5.0	5.75	4.53	55	6.0	11.15	8.75
40	2.5	3.64	2.86	55	7.0	12.62	9.90
40	3.0	4.29	3.37	55	8.0	13.95	10.95
40	3.5	4.90	3.85	60	4.0	8.69	6.82
40	4.0	5.49	4.31	60	5.0	10.58	8.30
40	5.0	6.58	5.16	60	6.0	12.35	9.69

2）冷拔长方形无缝钢管如图 3-4 所示，其规格见表 3-25。

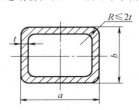

图 3-4　冷拔长方形无缝钢管

表 3-25　冷拔长方形无缝钢管的规格（GB/T 3094—2012）

基本尺寸/mm			截面面积/	理论重量/
边长 a	边长 b	壁厚 t	cm²	（kg/m）
10	5	0.8	0.203	0.160
10	5	1.0	0.243	0.191
12	5	0.8	0.235	0.185
12	5	1.0	0.283	0.222
12	6	0.8	0.251	0.197
12	6	1.0	0.303	0.238
14	6	0.8	0.283	0.223
14	6	1.0	0.343	0.269
14	6	1.5	0.471	0.370
14	7	0.8	0.299	0.235
14	7	1.0	0.363	0.285
14	7	1.5	0.501	0.394
14	10	0.8	0.347	0.273
14	10	1.0	0.423	0.332
14	10	1.5	0.591	0.464
14	10	2.0	0.731	0.574
15	6	0.8	0.299	0.235
15	6	1.0	0.363	0.285
15	6	1.5	0.501	0.394
15	6	2.0	0.611	0.480
16	8	0.8	0.347	0.273
16	8	1.0	0.423	0.332
16	8	1.5	0.591	0.464
16	8	2.0	0.731	0.574
16	12	0.8	0.411	0.323
16	12	1.0	0.503	0.395
16	12	1.5	0.711	0.559
16	12	2.0	0.891	0.700
18	9	0.8	0.395	0.310
18	9	1.0	0.483	0.379
18	9	1.5	0.681	0.535

（续）

基本尺寸/mm			截面面积/	理论重量/
边长 a	边长 b	壁厚 t	cm^2	（kg/m）
18	9	2.0	0.851	0.668
18	10	0.8	0.411	0.323
18	10	1.0	0.503	0.395
18	10	1.5	0.711	0.559
18	10	2.0	0.891	0.700
18	14	0.8	0.475	0.373
18	14	1.0	0.583	0.458
18	14	1.5	0.831	0.653
18	14	2.0	1.051	0.825
20	8	0.8	0.411	0.323
20	8	1.0	0.503	0.395
20	8	1.5	0.711	0.559
20	8	2.0	0.891	0.700
20	10	0.8	0.443	0.348
20	10	1.0	0.543	0.426
20	10	1.5	0.771	0.606
20	10	2.0	0.971	0.763
20	12	0.8	0.475	0.373
20	12	1.0	0.583	0.458
20	12	1.5	0.831	0.653
20	12	2.0	1.05	0.825
20	12	2.5	1.24	0.976
22	9	0.8	0.459	0.361
22	9	1.0	0.563	0.442
22	9	1.5	0.801	0.629
22	9	2.0	1.011	0.794
22	9	2.5	1.19	0.936
22	14	0.8	0.539	0.423
22	14	1.0	0.663	0.520
22	14	1.5	0.951	0.746
22	14	2.0	1.21	0.951

（续）

基本尺寸/mm			截面面积/	理论重量/
边长 a	边长 b	壁厚 t	cm²	(kg/m)
22	14	2.5	1.44	1.13
24	12	0.8	0.539	0.423
24	12	1.0	0.663	0.520
24	12	1.5	0.951	0.747
24	12	2.0	1.21	0.951
24	12	2.5	1.44	1.13
25	10	0.8	0.523	0.411
25	10	1.0	0.643	0.505
25	10	1.5	0.921	0.723
25	10	2.0	1.17	0.920
25	10	2.5	1.39	1.09
25	15	1.0	0.743	0.583
25	15	1.5	1.07	0.841
25	15	2.0	1.37	1.08
25	15	2.5	1.64	1.29
28	11	1.0	0.723	0.567
28	11	1.5	1.04	0.818
28	11	2.0	1.33	1.05
28	11	2.5	1.59	1.25
28	14	1.0	0.783	0.615
28	14	1.5	1.13	0.888
28	14	2.0	1.45	1.14
28	14	2.5	1.74	1.37
28	16	1.0	0.823	0.646
28	16	1.5	1.19	0.935
28	16	2.0	1.53	1.20
28	16	2.5	1.84	1.45
28	22	1.0	0.943	0.740
28	22	1.5	1.37	1.08
28	22	2.0	1.77	1.39
28	22	2.5	2.14	1.68

（续）

基本尺寸/mm			截面面积/	理论重量/
边长 a	边长 b	壁厚 t	cm²	（kg/m）
28	22	3.0	2.49	1.95
28	22	3.5	2.80	2.20
30	12	1.5	1.13	0.888
30	12	2.0	1.45	1.14
30	12	2.5	1.74	1.37
30	12	3.0	2.01	1.57
32	13	1.5	1.22	0.959
32	13	2.0	1.57	1.23
32	13	2.5	1.90	1.49
32	13	3.0	2.19	1.72
32	16	1.5	1.31	1.03
32	16	2.0	1.69	1.33
32	16	2.5	2.04	1.60
32	16	3.0	2.37	1.86
32	25	1.5	1.58	1.24
32	25	2.0	2.05	1.61
32	25	2.5	2.49	1.96
32	25	3.0	2.91	2.28
35	14	1.5	1.34	1.05
35	14	2.0	1.73	1.36
35	14	2.5	2.09	1.64
35	14	3.0	2.43	1.90
35	14	3.5	2.73	2.14
36	18	1.5	1.49	1.17
36	18	2.0	1.93	1.52
36	18	2.5	2.34	1.84
36	18	3.0	2.73	2.14
36	18	3.5	3.08	2.42
36	28	2.0	2.33	1.83
37	15	2.0	1.85	1.45
37	15	2.5	2.24	1.76

（续）

基本尺寸/mm			截面面积/	理论重量/
边长 a	边长 b	壁厚 t	cm²	（kg/m）
37	15	3.0	2.61	2.05
37	15	3.5	2.94	2.31
37	15	4.0	3.25	2.55
40	16	2.0	2.01	1.58
40	16	2.5	2.44	1.92
40	16	3.0	2.85	2.23
40	16	3.5	3.22	2.53
40	16	4.0	3.57	2.80
40	20	2.0	2.17	1.70
40	20	2.5	2.64	2.07
40	20	3.0	3.09	2.42
40	20	3.5	3.50	2.75
40	20	4.0	3.86	3.05
40	25	2.0	2.37	1.86
40	25	2.5	2.89	2.27
40	25	3.0	3.39	2.66
40	25	3.5	3.85	3.02
40	25	4.0	4.29	3.36
42	30	2.0	2.65	2.08
45	30	2.0	2.77	2.18
45	30	2.5	3.39	2.66
45	30	3.0	3.99	3.13
45	30	3.5	4.55	3.57
45	30	4.0	5.09	3.99
48	30	2.0	2.89	2.27
48	30	2.5	3.54	2.78
50	32	2.0	3.05	2.40
50	32	2.5	3.74	2.94
50	32	3.0	4.41	3.46
55	38	2.0	3.49	2.74
55	38	2.5	4.29	3.37

（续）

基本尺寸/mm			截面面积/	理论重量/
边长 a	边长 b	壁厚 t	cm²	（kg/m）
55	38	3.0	5.07	3.98
55	38	3.5	5.81	4.56
55	38	4.0	6.53	5.12
60	40	3.5	6.30	4.95
60	40	4.0	7.09	5.56
60	40	5.0	8.57	6.73
70	50	4.0	8.69	6.82
70	50	5.0	10.57	8.30
70	50	6.0	12.34	9.69
70	50	7.0	14.00	10.99
80	60	4.0	10.29	8.07
80	60	5.0	12.57	9.87
80	60	6.0	14.74	11.57
80	60	7.0	16.80	13.19
90	60	4.0	11.09	8.70
90	60	5.0	13.57	10.65
90	60	6.0	15.94	12.52
90	60	7.0	18.20	14.29
100	70	5.0	15.57	12.22
100	70	6.0	18.34	14.40
100	70	7.0	21.00	16.48
100	70	8.0	23.54	18.48
110	75	5.0	17.07	13.40
110	75	6.0	20.14	15.81
110	75	7.0	23.10	18.13
110	75	8.0	25.94	20.36
120	80	6.0	21.94	17.22
120	80	7.0	25.20	19.78
120	80	8.0	28.34	22.25
120	80	9.0	31.37	24.63
130	85	6.0	23.74	18.64

（续）

基本尺寸/mm			截面面积/	理论重量/
边长 a	边长 b	壁厚 t	cm²	（kg/m）
130	85	7.0	27.30	21.43
130	85	8.0	30.74	24.13
130	85	9.0	34.07	26.75
140	80	7.0	28.00	21.98
140	80	8.0	31.54	24.76
140	80	9.0	34.97	27.45
140	80	10.0	38.29	30.05
150	75	7.0	28.70	22.53
150	75	8.0	32.34	25.39
150	75	9.0	35.87	28.16
110	50	4.0	12.54	9.84
110	50	5.0	15.67	12.30
110	50	6.0	18.81	14.77
110	50	8.0	25.07	19.68
110	70	5.0	17.67	13.87
110	70	6.0	21.21	16.65
110	70	8.0	28.27	22.19
120	40	4.0	12.54	9.84
120	40	5.0	15.67	12.30
120	40	6.0	18.81	14.77
120	40	8.0	25.07	19.68
120	60	4.5	15.90	12.48
120	60	6.0	21.21	16.65
120	60	8.0	28.27	22.19
120	60	10.0	35.34	27.74
120	80	4.5	17.70	13.89
120	80	10.0	39.34	30.88
140	40	4.5	15.90	12.48
140	40	6.0	21.21	16.65
140	40	8.0	28.27	22.19
140	60	4.5	17.70	13.89

（续）

基本尺寸/mm			截面面积/	理论重量/
边长 a	边长 b	壁厚 t	cm^2	（kg/m）
140	60	6.0	23.61	18.53
140	60	8.0	31.47	24.70
140	60	10.0	39.34	30.88
140	60	12.0	47.21	37.06
140	90	6.0	27.21	21.36
140	90	8.0	36.27	28.47
140	90	10.0	45.34	35.59
140	90	12.0	54.41	42.71
140	90	14.0	63.48	49.83
140	120	7.0	35.94	28.21
140	120	8.0	41.07	32.24
140	120	10.0	51.34	40.30
140	120	12.0	61.61	48.36
140	120	14.0	71.88	56.43
160	60	4.5	19.50	15.31
150	75	10.0	39.29	30.84
160	65	8.0	32.34	25.39
160	65	9.0	35.87	28.16
160	65	10.0	39.29	30.84
160	65	11.0	42.59	33.43
160	60	5.0	21.67	17.01
160	60	6.0	26.01	20.42
160	60	8.0	34.67	27.22
160	80	4.5	21.30	16.72
160	80	6.0	28.41	22.30
160	80	8.0	37.87	29.73
160	80	10.0	47.34	37.16
160	80	12.0	56.81	44.60
160	100	6.5	33.37	26.20
160	100	8.0	41.07	32.24
160	100	10.0	51.34	40.30

（续）

基本尺寸/mm			截面面积/	理论重量/
边长 a	边长 b	壁厚 t	cm²	（kg/m）
160	100	12.0	61.61	48.36
160	100	14.0	71.88	56.43
160	120	6.0	33.21	26.07
160	120	8.0	44.27	34.75
160	120	10.0	55.34	43.44
160	120	12.0	66.41	52.13
160	120	14.0	77.48	60.82
160	120	16.0	88.55	69.51
160	150	6.0	36.81	28.90
160	150	8.0	49.07	38.52
160	150	10.0	61.34	48.15
160	150	12.0	73.61	57.78
160	150	14.0	85.88	67.42
160	150	16.0	98.15	77.05
180	80	6.0	33.37	26.20
180	80	8.0	41.07	32.24
180	80	10.0	51.34	40.30
180	80	12.0	61.61	48.36
180	80	14.0	71.88	56.43
180	80	16.0	82.15	64.49
180	100	6.0	33.21	26.07
180	100	8.0	44.27	34.75
180	100	10.0	55.34	43.44
180	100	12.0	66.41	52.13
180	100	14.0	77.48	60.83
180	100	16.0	88.55	69.51
180	100	18.0	99.62	78.20
200	50	6.5	32.07	25.17
200	50	7.0	34.54	27.11
200	50	8.0	39.47	30.98
200	80	6.0	33.21	26.07

（续）

基本尺寸/mm			截面面积/	理论重量/
边长 a	边长 b	壁厚 t	cm^2	（kg/m）
200	80	7.0	38.74	30.41
200	80	8.0	44.27	34.75
200	80	9.0	49.81	39.10
200	100	6.0	35.61	27.95
200	100	7.0	47.47	37.26
200	100	8.0	59.34	46.58
200	100	12.0	71.21	55.90
200	100	14.0	83.08	65.22
200	100	16.0	94.95	74.54
200	100	18.0	106.82	83.85
200	120	6.0	38.01	29.84
200	120	8.0	50.67	39.78
200	120	10.0	63.34	49.72
200	120	12.0	76.01	59.67
200	120	14.0	88.68	69.61
200	120	16.0	101.35	79.56
200	120	18.0	114.02	89.51
220	200	6.0	50.01	39.26
220	200	8.0	66.67	52.34
220	200	10.0	83.34	65.42
220	200	12.0	100.01	78.51
220	200	14.0	116.68	91.59
220	200	16.0	133.35	104.68
220	200	18.0	150.02	117.77
250	150	6.5	51.57	40.48
250	150	8.0	63.47	49.82
250	150	10.0	79.34	62.28
250	150	12.0	95.21	74.74
250	150	14.0	111.08	87.20
250	150	16.0	126.95	99.66
250	200	8.0	71.47	56.10

（续）

基本尺寸/mm			截面面积/ cm²	理论重量/ (kg/m)
边长 a	边长 b	壁厚 t		
250	200	10.0	89.34	70.13
250	200	12.0	107.21	84.16
250	200	14.0	125.08	98.19
250	200	16.0	142.95	112.22
300	200	8.0	79.47	62.38
300	200	10.0	99.34	77.98
300	200	12.0	119.21	93.58
300	200	14.0	139.08	109.18
300	200	16.0	158.96	124.78
400	200	8.0	95.47	74.94
400	200	10.0	119.34	93.68
400	200	12.0	143.21	112.42
400	200	14.0	167.08	131.16

3）冷拔椭圆形无缝钢管如图 3-5 所示，其规格见表 3-26。

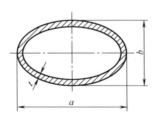

图 3-5　冷拔椭圆形无缝钢管

表 3-26　冷拔椭圆形无缝钢管的规格（GB/T 3094—2012）

基本尺寸/mm			截面面积/cm²	理论重量/(kg/m)
a	b	t		
6	3	0.5	0.0628	0.0493
8	4	0.5	0.0864	0.0678
8	4	0.8	0.131	0.103
8	4	1	0.157	0.123
8	4	1.2	0.181	0.142

（续）

基本尺寸/mm			截面面积/cm²	理论重量/（kg/m）
a	b	t		
10	5	0.5	0.110	0.0864
		0.8	0.168	0.132
		1	0.204	0.160
		1.2	0.238	0.186
	7	0.5	0.126	0.0987
		0.8	0.194	0.152
		1	0.236	0.185
		1.2	0.275	0.216
12	4	0.5	0.118	0.0925
		0.8	0.181	0.142
		1	0.220	0.173
		1.2	0.256	0.201
	6	0.5	0.134	0.105
		0.8	0.206	0.162
		1	0.251	0.197
		1.2	0.294	0.231
14	7	0.5	0.157	0.123
		0.8	0.244	0.191
		1	0.298	0.234
		1.2	0.351	0.275
15	5	0.5	0.149	0.117
		0.8	0.231	0.182
		1	0.283	0.222
		1.2	0.332	0.261
16	8	0.5	0.181	0.142
		0.8	0.282	0.221
		1	0.346	0.271
		1.2	0.407	0.320
18	8	0.5	0.196	0.154
		0.8	0.306	0.240
		1	0.377	0.296
		1.2	0.445	0.349

（续）

基本尺寸/mm			截面面积/cm²	理论重量/（kg/m）
a	b	t		
18	9	0.5	0.204	0.160
		0.8	0.319	0.250
		1	0.393	0.308
		1.2	0.463	0.364
20	10	0.5	0.228	0.179
		0.8	0.357	0.280
		1	0.440	0.345
		1.2	0.520	0.408
	12	0.8	0.382	0.300
		1	0.471	0.370
		1.2	0.558	0.438
		1.5	0.683	0.536
24	8	0.8	0.382	0.300
		1	0.471	0.370
		1.2	0.558	0.438
		1.5	0.683	0.536
	12	0.8	0.432	0.339
		1	0.534	0.419
		1.2	0.633	0.497
		1.5	0.778	0.610
26	13	0.8	0.470	0.369
		1	0.581	0.456
		1.2	0.690	0.541
		1.5	0.848	0.666
30	10	0.8	0.482	0.379
		1	0.597	0.469
		1.2	0.708	0.556
		1.5	0.871	0.684
	15	0.8	0.545	0.428
		1	0.675	0.530
		1.2	0.803	0.630
		1.5	0.990	0.777

（续）

基本尺寸/mm			截面面积/cm²	理论重量/（kg/m）
a	b	t		
30	18	0.8	0.583	0.458
		1	0.723	0.567
		1.2	0.859	0.675
		1.5	1.06	0.832
34	17	0.8	0.621	0.487
		1	0.769	0.604
		1.2	0.916	0.719
		1.5	1.13	0.888
		2	1.48	1.16
36	12	0.8	0.583	0.458
		1	0.723	0.567
		1.2	0.859	0.675
		1.5	1.06	0.832
	18	0.8	0.659	0.518
		1	0.817	0.641
		1.2	0.972	0.763
		1.5	1.20	0.944
		2	1.57	1.23
38	26	1	0.974	0.765
		1.2	1.16	0.911
		1.5	1.44	1.13
		2	1.89	1.48
40	20	1	0.911	0.715
		1.2	1.09	0.852
		1.5	1.34	1.05
		2	1.76	1.38
43	32	1	1.15	0.900
		1.2	1.37	1.08
		1.5	1.70	1.33
		2	2.23	1.75
44	22	1	1.01	0.789
		1.2	1.20	0.941
		1.5	1.48	1.17
		2	1.95	1.53

（续）

基本尺寸/mm			截面面积/cm²	理论重量/（kg/m）
a	b	t		
45	15	1	0.911	0.715
		1.2	1.09	0.852
		1.5	1.34	1.05
		2	1.76	1.38
	23	1	1.04	0.814
		1.2	1.24	0.970
		1.5	1.53	1.20
		2	2.01	1.58
	28	1	1.12	0.875
		1.2	1.33	1.05
		1.5	1.65	1.29
		2	2.17	1.70
50	25	1	1.15	0.900
		1.2	1.37	1.08
		1.5	1.70	1.33
		2	2.23	1.75
	39	1	1.37	1.07
		1.2	1.63	1.28
		1.5	2.03	1.59
		2	2.67	2.10
51	17	1	1.04	0.814
		1.2	1.24	0.970
		1.5	1.53	1.20
		2	2.01	1.58
54	28	1	1.26	0.987
		1.2	1.50	1.18
		1.5	1.86	1.46
		2	2.45	1.92
55	23	1	1.19	0.937
		1.2	1.42	1.12
		1.5	1.77	1.39
		2	2.32	1.82

（续）

基本尺寸/mm			截面面积/cm²	理论重量/(kg/m)
a	b	t		
55	35	1	1.38	1.09
		1.2	1.65	1.30
		1.5	2.05	1.61
		2	2.70	2.12
		2.5	3.34	2.62
56	28	1	1.29	1.01
		1.2	1.54	1.21
		1.5	1.91	1.50
		2	2.51	1.97
		2.5	3.10	2.44
60	20	1	1.23	0.962
		1.2	1.46	1.15
		1.5	1.81	1.42
		2	2.39	1.88
		2.5	2.95	2.31
	30	1	1.38	1.09
		1.2	1.65	1.30
		1.5	2.05	1.61
		2	2.70	2.12
		2.5	3.34	2.62
64	32	1	1.48	1.16
		1.2	1.77	1.39
		1.5	2.19	1.72
		2	2.89	2.27
		2.5	3.57	2.81
65	35	1	1.54	1.21
		1.2	1.84	1.44
		1.5	2.29	1.80
		2	3.02	2.37
		2.5	3.73	2.93
66	22	1	1.35	1.06
		1.2	1.61	1.27

（续）

基本尺寸/mm			截面面积/cm²	理论重量/(kg/m)
a	b	t		
66	22	1.5	2.00	1.57
		2	2.64	2.07
		2.5	3.26	2.56
70	35	1.5	2.40	1.89
		2	3.17	2.49
		2.5	3.93	3.08
72	24	1.5	2.19	1.72
		2	2.89	2.27
		2.5	3.57	2.81
76	38	1.5	2.62	2.05
		2	3.46	2.71
		2.5	4.28	3.36
80	40	1.5	2.76	2.16
		2	3.64	2.86
		2.5	4.52	3.55
81	27	1.5	2.47	1.94
		2	3.27	2.57
		2.5	4.05	3.18
84	42	1.5	2.90	2.28
		2	3.83	3.01
		2.5	4.75	3.73
	56	1.5	3.23	2.53
		2	4.27	3.35
		2.5	5.30	4.16
90	30	1.5	2.16	2.76
		2	3.64	2.86
		2.5	4.52	3.55

4）冷拔平椭圆形无缝钢管如图 3-6 所示，其规格见表 3-27。

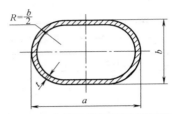

图 3-6　冷拔平椭圆形无缝钢管

表 3-27　冷拔平椭圆形无缝钢管的规格 （GB/T 3094—2012）

基本尺寸/mm			截面面积/cm²	理论重量/（kg/m）
a	b	t		
6	3	0.8	0.103	0.0811
8	4	0.8	0.144	0.113
		1	0.174	0.137
9	3	0.8	0.151	0.119
10	5	0.8	0.186	0.146
		1	0.226	0.177
12	4	0.8	0.208	0.164
		1	0.254	0.200
	6	0.8	0.227	0.178
		1	0.277	0.218
14	7	0.8	0.268	0.210
		1	0.329	0.258
		1.5	0.469	0.368
15	5	0.8	0.266	0.209
		1	0.326	0.256
		1.5	0.465	0.365
16	8	0.8	0.309	0.243
		1	0.380	0.298
		1.5	0.546	0.429
17	8.5	0.8	0.330	0.259
		1	0.406	0.318
		1.5	0.585	0.459
		1.8	0.685	0.538
		2	0.748	0.588

（续）

基本尺寸/mm			截面面积/cm²	理论重量/(kg/m)
a	b	t		
18	6	0.8	0.323	0.253
		1	0.397	0.312
		1.5	0.572	0.449
		1.8	0.670	0.526
		2	0.731	0.574
	9	1	0.431	0.339
		1.5	0.623	0.489
		1.8	0.731	0.574
		2	0.800	0.628
20	10	1	0.483	0.379
		1.5	0.701	0.550
		1.8	0.824	0.647
		2	0.903	0.709
21	7	1	0.469	0.368
		1.5	0.679	0.533
		1.8	0.798	0.627
		2	0.874	0.686
24	8	1	0.540	0.424
		1.5	0.786	0.617
		1.8	0.927	0.727
		2	1.02	0.798
	12	1	0.586	0.460
		1.5	0.855	0.671
		1.8	1.01	0.792
		2	1.11	0.870
25	18.5	1	0.680	0.535
		1.5	0.996	0.782
		1.8	1.18	0.926
		2	1.30	1.02
26	13	1	0.637	0.500
		1.5	0.932	0.732
		1.8	1.10	0.864
		2	1.21	0.951

（续）

基本尺寸/mm			截面面积/cm²	理论重量/（kg/m）
a	b	t		
27	8.5	1	0.606	0.475
		1.5	0.885	0.695
		1.8	1.05	0.820
		2	1.15	0.901
	13.5	1	0.663	0.520
		1.5	0.971	0.762
		1.8	1.15	0.901
		2	1.26	0.992
30	10	1	0.683	0.536
		1.5	1.00	0.786
		2	1.30	1.02
	15	1	0.740	0.581
		1.5	1.09	0.853
		2	1.42	1.11
34	17	1	0.843	0.662
		1.5	1.24	0.973
		2	1.62	1.27
36	12	1	0.826	0.648
		1.5	1.22	0.954
		2	1.50	1.25
39	13	1	0.897	0.704
		1.5	1.32	1.04
		2	1.73	1.36
40	20	1	0.997	0.783
		1.5	1.47	1.16
		2	1.93	1.52
45	15	1	1.04	0.816
		1.5	1.54	1.21
		2	2.02	1.58
50	25	1	1.25	0.924
		1.5	1.86	1.46
		2	2.45	1.92

（续）

基本尺寸/mm			截面面积/cm²	理论重量/（kg/m）
a	b	t		
51	17	1	1.18	0.929
		1.5	1.75	1.37
		2	2.30	1.81
60	20	1	1.40	1.10
		1.5	2.07	1.63
		2	2.73	2.14
	30	1	1.51	1.19
		1.5	2.24	1.76
		2	2.96	2.32
64	32	1	1.61	1.27
		1.5	2.40	1.88
		2	3.17	2.49
66	22	1	1.54	1.21
		1.5	2.29	1.80
		2	3.02	2.37
69	17	1	1.54	1.21
		1.5	2.29	1.80
		2	3.02	2.37
70	35	1	1.77	1.39
		1.5	2.63	2.06
		2	3.47	2.73
72	24	1.5	2.50	1.96
		2	3.30	2.59
		2.5	4.09	3.21
80	40	1.5	3.01	2.37
		2	3.99	3.13
		2.5	4.95	3.88
81	27	1.5	2.82	2.22
		2	3.73	2.93
		2.5	4.62	3.63
90	30	1.5	3.14	2.47
		2	4.16	3.27
		2.5	5.16	4.05

5）冷拔内外六角形无缝钢管如图 3-7 所示，其规格见表 3-28。

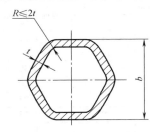

图 3-7　冷拔内外六角形无缝钢管

表 3-28　冷拔内外六角形无缝钢管的规格（GB/T 3094—2012）

基本尺寸/mm		截面面积/	理论重量/
b	t	cm^2	（kg/m）
8	1.5	0.320	0.251
	2	0.383	0.301
10	1.5	0.424	0.333
	2	0.522	0.410
12	1.5	0.527	0.414
	2	0.661	0.519
14	1.5	0.631	0.496
	2	0.799	0.627
17	1.5	0.787	0.618
	2	1.01	0.791
	2.5	1.201	0.946
	3	1.38	1.09
19	1.5	0.891	0.700
	2	1.15	0.899
	2.5	1.38	1.08
	3	1.59	1.25
22	1.5	1.05	0.822
	2	1.35	1.06
	2.5	1.64	1.29
	3	1.90	1.49

（续）

基本尺寸/mm		截面面积/	理论重量/
b	t	cm²	（kg/m）
24	2	1.49	1.17
	2.5	1.81	1.42
	3	2.11	1.66
	4	2.64	2.07
27	2	1.70	1.33
	2.5	2.07	1.63
	3	2.42	1.90
	3.5	2.75	2.16
	4	3.06	2.40
30	2	1.91	1.50
	2.5	2.33	1.83
	3	2.73	2.15
	3.5	3.11	2.44
	4	3.47	2.73
32	2	2.05	1.61
	2.5	2.50	1.97
	3	2.94	2.31
	3.5	3.36	2.63
	4	3.75	2.94
36	2	2.32	1.82
	2.5	2.85	2.24
	3	3.36	2.64
	3.5	3.84	3.02
	4	4.31	3.38
41	3	3.88	3.04
	3.5	4.45	3.49
	4	5.00	3.92
	4.5	5.53	4.34
	5	6.03	4.74
46	3	4.40	3.45
	3.5	5.05	3.97
	4	5.69	4.47
	4.5	6.31	4.95
	5	6.90	5.42

（续）

基本尺寸/mm		截面面积/	理论重量/
b	t	cm²	（kg/m）
55	3	5.33	4.19
	3.5	6.15	4.82
	4	6.94	5.45
	4.5	7.71	6.05
	5	8.46	6.64
65	3	6.37	5.00
	3.5	7.36	5.78
	4	8.32	6.53
	4.5	9.27	7.28
	5	10.19	8.00
75	4	9.71	7.62
	4.5	10.83	8.50
	5	11.92	9.36
	5.5	13.00	10.20
	6	14.05	11.03
85	4	11.09	8.71
	4.5	12.39	9.72
	5	13.65	10.72
	5.5	14.90	11.70
	6	16.13	12.66
95	4	12.48	9.80
	4.5	13.94	10.95
	5	15.39	12.08
	5.5	16.81	13.19
	6	18.21	14.29
105	4	13.87	10.88
	4.5	15.50	12.17
	5	17.12	13.44
	5.5	18.71	44.69
	6	20.29	15.92

3. 不锈钢管

1) 不锈钢无缝钢管的规格见表 3-29。

表 3-29　不锈钢无缝钢管的规格（GB/T 17395—2008）

（单位：mm）

外径	系列 1	10（10.2）、13（13.5）、17（17.2）、21（21.3）、27（26.9）、34（33.7）、42（42.4）、48（48.3）、60（60.3）、76（76.1）、89（88.9）、114（114.3）、140（139.7）、168（168.3）、219（219.1）、273、325（323.9）、356（355.6）、406（406.4）
	系列 2	6、7、8、9、12、12.7、16、19、20、24、25、28、32（31.8）、38、40、51、57、63（63.5）、68、70、73、95、102（101.6）、108、127、133、146、152、159、180、194、245、351、377、426、450、473、480、500、530、630、720、762
	系列 3	14、18、22、25.4、30、35、45（44.5）、54、83（82.5）、108、142（141.3）、152（152.4）、159、180（177.8）、194（193.7）、232、245（244.5）、267（267.4）、302、318.5、368、419、560（599）、660、699、788.5、864、965
壁厚		0.5、0.6、0.7、0.9、1.0、1.2、1.4、1.5、1.6、2.0、2.2（2.3）、2.5（2.6）、2.8（2.9）、3.0、3.2、3.5（3.6）、4.0、4.5、5.5（5.6）、6.0、（6.3）6.5、7.0（7.1）、7.5、8.0、8.5、（8.8）9.0、9.5、10、11、12（12.5）、13、14（14.2）、15、16、17（17.5）、18、19、20、22（22.2）、24、25、26、28

注：括号内的尺寸为相应的 ISO 4200 的规格。

2) 不锈钢极薄壁无缝钢管的规格见表 3-30。

表 3-30　不锈钢极薄壁无缝钢管的规格（GB/T 3089—2020）

（单位：mm）

外径×壁厚				
7×0.15	35×0.5	60×0.25	75.5×0.25	95.6×0.3
10.3×0.15	40.4×0.2	60×0.35	75.6×0.3	101×0.5
10.4×0.2	40.6×0.3	60×0.5	82.4×0.4	101.2×0.6
12.4×0.2	41×0.5	61×0.35	83.8×0.5	110.9×0.45
15.4×0.2	41.2×0.6	61×0.5	89.6×0.3	125.7×0.35
18.4×0.2	48×0.25	61.2×0.6	89.8×0.4	150.8×0.4
20.4×0.2	50.5×0.25	67.6×0.3	90.2×0.4	250.8×0.4
24.4×0.2	53.2×0.6	67.8×0.4	90.5×0.25	
26.4×0.2	55×0.5	70.2×0.6	90.6×0.3	
32.4×0.2	59.6×0.3	74×0.5	90.8×0.4	

3）不锈钢小直径无缝钢管的规格见表3-31。

表 3-31　不锈钢小直径无缝钢管的规格（GB/T 3090—2020）

（单位：mm）

外径	壁厚
0.30、0.35	0.10
0.40、0.45、0.50、0.55	0.10、0.15
0.60	0.10、0.15、0.20
0.70、0.80	0.10、0.15、0.20、0.25
0.90	0.10、0.15、0.20、0.25、0.30
1.00	0.10、0.15、0.20、0.25、0.30、0.35
1.20	0.10、0.15、0.20、0.25、0.30、0.35、0.40、0.45
1.60	0.10、0.15、0.20、0.25、0.30、0.35、0.40、0.45、0.50、0.55
2.00	0.10、0.15、0.20、0.25、0.30、0.35、0.40、0.45、0.50、0.55、0.60、0.70
2.20	0.10、0.15、0.20、0.25、0.30、0.35、0.40、0.45、0.50、0.55、0.60、0.70、0.80
2.50、2.80、3.00、3.20、3.40、3.60、3.80、4.00、4.20、4.50、4.80	0.10、0.15、0.20、0.25、0.30、0.35、0.40、0.45、0.50、0.55、0.60、0.70、0.80、0.90、1.00
5.00、5.50、6.00	0.15、0.20、0.25、0.30、0.35、0.40、0.45、0.50、0.55、0.60、0.70、0.80、0.90、1.00

4）装饰用焊接不锈钢圆管的外径及壁厚允许偏差见表3-32。装饰用焊接不锈钢方管和长方形管的规格见表3-33。

表 3-32　装饰用焊接不锈钢圆管的外径及壁厚

允许偏差（YB/T 5363—2016）　（单位：mm）

类别	外径 D	允许偏差	
		高级 PC	普通级 PA
未抛光、喷砂状态 SNB、SS	≤25	±0.10	±0.20
	>25～<50	±0.20	±0.30
	≥50	±0.5%D	±0.7%D

（续）

类别	外径 D	允许偏差	
		高级 PC	普通级 PA
磨（抛）光状态 SB、SP	≤25	±0.10	±0.20
	>25~<40	±0.15	±0.22
	40~<50	±0.15	±0.25
	50~<60	±0.18	±0.28
	60~<90	±0.25	±0.30
	90~<100	±0.30	±0.35
	100~<200	按协议	±0.5%D
	≥200	按协议	±0.7%D

壁厚 t	壁厚允许偏差
<0.5	±0.05
0.5~1.0	±0.07
>1.0~2.0	±0.12
>2.0~<4.0	±0.20
≥4.0	±0.35

表 3-33　装饰用焊接不锈钢方管和长方形管的
规格（YB/T 5363—2016）　（单位：mm）

	边长×边长	壁厚
方管	15×15	0.4、0.5、0.6、0.7、0.8、0.9、1.0、1.2
	20×20	0.5、0.6、0.7、0.8、0.9、1.0、1.2、1.4、1.5、1.6、1.8、2.0
	25×25	0.6、0.7、0.8、0.9、1.0、1.2、1.4、1.5、1.6、1.8、2.0、2.2、2.5
	30×30	0.8、0.9、1.0、1.2、1.4、1.5、1.6、1.8、2.0、2.2、2.5
	40×40	
	50×50	0.9、1.0、1.2、1.4、1.5、1.6、1.8、2.0、2.2、2.5
	60×60	1.2、1.4、1.5、1.6、1.8、2.0、2.2、2.5
	70×70	1.4、1.5、1.6、1.8、2.0、2.2、2.5
	80×80、85×85	1.5、1.6、1.8、2.0、2.2、2.5、2.8
	90×90、100×100	1.6、1.8、2.0、2.2、2.5、2.8、3.0
	110×110、125×125	1.8、2.0、2.2、2.5、2.8、3.0
	130×130、140×140	2.0、2.2、2.5、2.8、3.0
	170×170	2.2、2.5、2.8、3.0

（续）

边长×边长		壁厚
长方形管	20×10	0.5、0.6、0.7、0.8、0.9、1.0、1.2、1.4、1.5
	25×15	0.6、0.7、0.8、0.9、1.0、1.2、1.4、1.5、1.6
	40×20	0.8、0.9、1.0、1.2、1.4、1.5、1.6、1.8
	50×30	0.9、1.0、1.2、1.4、1.5、1.6、1.8
	70×30、80×40	1.0、1.2、1.4、1.5、1.6、1.8、2.0
	90×30	1.0、1.2、1.4、1.5、1.6、1.8、2.0、2.2
	100×40	1.2、1.4、1.5、1.6、1.8、2.0、2.2
	110×50、120×40	1.4、1.5、1.6、1.8、2.0、2.2
	120×60、130×50	1.5、1.6、1.8、2.0、2.2、2.5
	130×70、140×60	1.6、1.8、2.0、2.2、2.5
	140×80	1.8、2.0、2.2、2.5
	150×50、150×70、160×40	1.8、2.0、2.2、2.5、2.8
	160×60、160×90、170×50、170×80、180×70	2.0、2.2、2.5、2.8
	180×80、180×100、190×60	2.0、2.2、2.5、2.8、3.0
	190×70、190×90、200×60、200×80	2.2、2.5、2.8、3.0
	200×140	2.5、2.8、3.0

5）建筑装饰用不锈钢焊接圆管、方管的规格见表 3-34、表 3-35。

表 3-34　建筑装饰用不锈钢焊接圆管的规格（JG/T 539—2017）

（单位：mm）

外径	常用壁厚
6	0.4、0.5、0.6
7、8、9	0.4、0.5、0.6、0.7、0.8
（9.53）、10	0.4、0.5、0.6、0.7、0.9、1.0
11、12、（12.7）、13、14	0.4、0.5、0.6、0.7、0.8、0.9、1.0、1.2
15	0.4、0.5、0.6、0.7、0.8、0.9、1.0、1.2、1.4、1.5
（15.9）、16、17	0.5、0.6、0.7、0.8、0.9、1.0、1.2、1.4、1.5
18、19、20	0.5、0.6、0.7、0.8、0.9、1.0、1.2、1.4、1.5、1.8
21、22、24	0.6、0.7、0.8、0.9、1.0、1.2、1.4、1.5、1.8、2.0

（续）

外径	常用壁厚
25、(25.4)	0.6、0.7、0.8、0.9、1.0、1.2、1.4、1.5、1.8、2.0、2.2
26、28	0.7、0.8、0.9、1.0、1.2、1.4、1.5、1.8、2.0、2.2
30	0.8、0.9、1.0、1.2、1.4、1.5、1.8、2.0、2.2
(31.8)、32	0.8、0.9、1.0、1.2、1.4、1.5、1.8、2.0、2.2、2.5
36、(38.1)、40	0.8、0.9、1.0、1.2、1.4、1.5、1.8、2.0、2.2、2.8、3.0
45、50、(50.8)、56、(57.1)、(60.3)	0.9、1.0、1.2、1.4、1.5、1.8、2.0、2.2、2.5、2.8、3.0
63、(63.5)	1.0、1.2、1.4、1.5、1.8、2.0、2.2、2.5、2.8、3.0
71、(76.2)、80	1.2、1.4、1.5、1.8、2.0、2.2、2.5、2.8、3.0
90、100、(101.6)	1.4、1.5、1.8、2.0、2.2、2.5、2.8、3.0
(108)、110、(114.3)	1.5、1.8、2.0、2.2、2.5、2.8、3.0
125、(140)、160	1.8、2.0、2.2、2.5、2.8、3.0
(168.3)	1.6、2.0、2.6、3.2、4.0、5.0
(219.1)	2.0、2.6、3.2、4.0、5.0
273	2.6、3.2、4.0、5.0

注：括号内尺寸不推荐使用，铁素体不锈钢装饰焊管壁厚不超过 3mm。

表 3-35　建筑装饰用不锈钢焊接方管的规格（JG/T 539—2017）

（单位：mm）

	边长	常用壁厚
方管	10	0.4、0.5、0.6、0.7、0.8、0.9、1.0、1.2
	(12.7)	0.5、0.6、0.7、0.8、0.9、1.0、1.2、1.4、1.5
	(15.9)、16	0.5、0.6、0.7、0.8、0.9、1.0、1.2、1.4、1.5、1.8、2.0
	20	0.6、0.7、0.8、0.9、1.0、1.2、1.4、1.5、1.8、2.0、2.2
	25	0.8、0.9、1.0、1.2、1.4、1.5、1.8、2.0、2.2、2.5
	(25.4)	0.8、0.9、1.0、1.2、1.4、1.5、1.8、2.0、2.2、2.5、2.8
	30、(31.8)	0.8、0.9、1.0、1.2、1.4、1.5、1.8、2.0、2.2、2.5、2.8、3.0
	(38.1)、40	0.9、1.0、1.2、1.4、1.5、1.8、2.0、2.2、2.5、2.8、3.0
	50	1.0、1.2、1.4、1.5、1.8、2.0、2.2、2.5、2.8、3.0
	60	1.2、1.4、1.5、1.8、2.0、2.2、2.5、2.8、3.0
	70	1.2、1.4、1.5、1.8、2.0、2.2、2.5、2.8、3.0
	80	1.4、1.5、1.8、2.0、2.2、2.5、2.8、3.0
	90	1.5、1.8、2.0、2.2、2.5、2.8、3.0
	100	1.8、2.0、2.2、2.5、2.8、3.0

（续）

边长		常用壁厚
方管	125	3.0、4.0
	150	3.0、4.0、5.0
	175、200	4.0、5.0、6.0
	250	5.0、6.0、8.0
	300	5.0、6.0、8.0、10.0
	350、400	6.0、8.0、10.0、12.0
矩形管	20×10	0.5、0.6、0.7、0.8、0.9、1.0、1.2、1.4、1.5、1.8
	25×13	0.6、0.7、0.8、0.9、1.0、1.2、1.4、1.5、1.8、2.0、2.2
	(31.8×15.0)	0.8、0.9、1.0、1.2、1.4、1.5、1.8、2.0、2.2、2.5
	(38.1×25.4)	0.8、0.9、1.0、1.2、1.4、1.5、1.8、2.0、2.2、2.5、2.8、3.0
	40×20、50×25	0.9、1.0、1.2、1.4、1.5、1.8、2.0、2.2、2.5、2.8、3.0
	60×30、70×30	1.0、1.2、1.4、1.5、1.8、2.0、2.2、2.5、2.8、3.0
	75×45、80×45、90×25、90×45、100×25	1.2、1.4、1.5、1.8、2.0、2.2、2.5、2.8、3.0
	100×45	1.4、1.5、1.8、2.0、2.2、2.5、2.8、3.0
	100×50	2.0、3.0
	150×75、150×100	3.0、4.0、5.0
	200×100、200×125	4.0、5.0、6.0
	250×125、250×150	6.0、8.0
	300×150、300×200	6.0、8.0、10.0
	350×175、350×200、400×200、400×250	6.0、8.0、10.0.12.0

注：括号内尺寸不推荐使用。

3.2.4　钢棒

1. 热轧钢棒的规格

1）热轧圆钢、方钢和扁钢的规格见表3-36。

表 3-36　热轧圆钢、方钢和扁钢的规格（GB/T 702—2017）

钢棒形状		规格尺寸	理论重量 m /(kg/m)
圆钢	直径/mm	5.5、6、6.5、7、8、9、10、11、12、13、14、15、16、17、18、19、20、21、22、23、24、25、26、27、28、29、30、31、32、33、34、35、36、38、40、42、45、48、50、53、55、56、58、60、63、65、68、70	$m = 0.00617×$ 直径^2
方钢	边长/mm		$m = 0.00785×$ 边长^2
扁钢	厚度/mm	3、4、5、6、7、8、9、10、11、12、14、16、18、20、22、25、28、30、32、36、40、45、50、56、60	$m = 0.00785×$ 宽度×厚度
	宽度/mm	10、12、14、16、18、20、22、25、28、30、32、35、40、45、50、55、60、65、70、75、80、85、90、95、100、105、110、120、125、130、140、150、160、180、200	

2）热轧六角钢及八角钢的规格见表 3-37。

表 3-37　热轧六角钢及八角钢的规格（GB/T 702—2017）

钢棒形状		规格尺寸	理论重量 m /(kg/m)
六角钢	对边距离 /mm	8、9、10、11、12、13、14、15、16、17、18、19、20、21、22、23、24、25、26、27、28、30、32、34、36、38、40、42、45、48、50、53、56、58、60、63、65、68、70	$m = 0.0068×$ 对边距离^2
八角钢			$m = 0.0065×$ 对边距离^2

2. 冷拉圆钢、方钢和六角钢的规格（见表 3-38）

表 3-38　冷拉圆钢、方钢和六角钢的规格（GB/T 905—1994）

钢棒形状		规格尺寸	理论重量 m /(kg/m)
圆钢	直径/mm	3.0、3.2、3.5、4.0、4.5、5.0、5.5、6.0、6.3、7.0、7.5、8.0、8.5、9.0、9.5、10.0、1.05、11.0、12.0、13.0、14.0、15.0、16.0、17.0、18.0、19.0、20.0、21.0、22.0、24.0、25.0、26.0、28.0、30.0、32.0、34.0、35.0、36.0、38.0、40.0、42.0、45.0、48.0、50.0、52.0、55.0、56.0、60.0、63.0、65.0、67.0、70.0、75.0、80.0	$m = 0.00617×$ 直径^2
方钢	边长/mm		$m = 0.00785×$ 边长^2
六角钢	对边距离 /mm		$m = 0.0068×$ 对边距离^2

3. 不锈钢冷加工钢棒的规格（见表 3-39）

表 3-39　不锈钢冷加工钢棒的规格（GB/T 4226—2009）

（单位：mm）

形状		规格尺寸
圆形	直径	5、6、7、8、9、10、11、12、13、14、15、16、17、18、19、20、22、23、24、25、26、28、30、32、35、36、38、40、42、45、48、50、55、60、65、70、75、80、85、90、95、100
方形	边长	5、6、7、8、9、10、12、13、14、15、16、17、19、20、22、25、28、30、32、35、36、38、40、42、45、50、55、60
六角钢	对边距离	5.5、6、7、8、9、10、11、12、13、14、17、19、21、22、23、24、26、27、29、30、32、35、36、38、41、46、50、55、60、65、70、75、80
扁形	厚度	3、4、5、6、9、10、12、16、19、22、25、
	宽度	9、10、12、16、19、20、25、30、32、38、40、50

4. 预应力混凝土用钢棒的规格（见表 3-40）

表 3-40　预应力混凝土用钢棒的规格（GB/T 5223.3—2017）

公称直径 /mm	直径允许偏差 /mm	公称横截面积 /mm²	每米理论重量 /(g/m)
6		28.3	222
7	±0.10	38.5	302
8		50.3	395
9		63.6	499
10		78.5	616
11		95.0	746
12		113	887
13	±0.12	133	1044
14		154	1209
15		177	1389
16		201	1578

注：每米理论重量=公称横截面积×钢的密度计算，钢棒每米理论重量时钢的密度为 7.85g/cm³。

3.2.5 钢丝

1. 冷拉钢丝的规格 (见表 3-41)

表 3-41 冷拉钢丝的规格 (GB/T 342—2017)

形状	规格尺寸		理论重量 m/ (kg/1000m)
圆钢	直径/mm	0.05、0.053、0.063、0.070、0.080、 0.090、0.10、0.11、0.12、0.14、0.16、	$m = 0.00617 \times$ 直径^2
方钢	边长/mm	0.18、0.20、0.22、0.25、0.28、0.32、 0.35、0.40、0.45、0.50、0.55、0.63、	$m = 0.00785 \times$ 边长^2
六角钢	对边距离 /mm	0.70、0.80、0.90、1.00、1.12、1.25、 1.40、1.60、1.80、2.00、2.24、2.50、 2.80、3.15、3.20、3.55、4.00、4.50、 5.00、5.60、6.30、7.10、8.00、9.00、 10.0、11.0、12.0、14.0、16.0、 18.0、20.0	$m = 0.0068 \times$ 对边距离^2

2. 通信线用镀锌低碳钢丝的规格 (见表 3-42)

表 3-42 通信线用镀锌低碳钢丝的规格 (GB/T 346—1984)

钢丝直径/mm	50kg 标准捆			非标准捆	
	每捆钢丝根数≤		配捆单根钢丝重量/kg≥	单根钢丝重量/kg≥	
	正常的	配捆的		正常的	最低重量
1.2	1	4	2	10	3
1.5	1	3	3	10	5
2.0	1	3	5	20	8
2.5	1	2	5	20	10
3.0	1	2	10	25	12
4.0	1	2	10	40	15
5.0	1	2	15	50	20
6.0	1	2	15	50	20

3. 网围栏用镀锌钢丝的规格

网围栏用镀锌钢丝的公称尺寸见表 3-43,其镀锌层重量见表 3-44。

表 3-43　网围栏用镀锌钢丝的公称尺寸（YB/T 4026—2014）

钢丝公称直径/mm	一般用途围栏 G	刺钢丝围栏 B	绞织网围栏 C	草原编结围栏 F
1.40	—	√	—	—
1.50	√	√	—	—
1.60	√	√	—	—
1.80	√	√	—	—
2.00	√	√	√	√
2.50	√	√	√	√
2.80	√	—	—	√
3.20	√	—	√	—
3.50	√	—	√	—
4.00	√	—	√	—
5.00	√	—	√	—

注："√"表示推荐尺寸。

表 3-44　网围栏用镀锌钢丝的镀锌层重量（YB/T 4026—2014）

钢丝公称直径/mm	镀锌层重量/(g/m²) ≥			
	镀锌层级别			
	A	B	C	D
>1.40~1.60	200	90	70	35
>1.60~1.80	220	100	70	40
>1.80~2.00	230	105	80	45
>2.00~2.20	230	110	80	50
>2.20~2.50	240	110	80	55
>2.50~2.80	250	120	90	65
>2.80~3.00	250	125	90	70
>3.00~3.20	260	125	90	80
>3.20~3.60	270	135	100	80
>3.60~4.00	270	135	100	85
>4.00~4.40	290	135	110	95
>4.40~5.00	290	150	110	95

3.2.6　热轧型钢

1. 热轧工字钢的规格

热轧工字钢如图 3-8 所示，其规格见表 3-45。

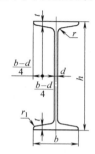

图 3-8　热轧工字钢

表 3-45　热轧工字钢的规格（GB/T 706—2016）

型号	截面尺寸/mm						截面面积/ cm²	理论重量/ （kg/m）
	h	b	d	t	r	r_1		
10	100	68	4.5	7.6	6.5	3.3	14.33	11.3
12	120	74	5.0	8.4	7.0	3.5	17.80	14.0
12.6	126	74	5.0	8.4	7.0	3.5	18.10	14.2
14	140	80	5.5	9.1	7.5	3.8	21.50	16.9
16	160	88	6.0	9.9	8.0	4.0	26.11	20.5
18	180	94	6.5	10.7	8.5	4.3	30.74	24.1
20a	200	100	7.0	11.4	9.0	4.5	35.55	27.9
20b		102	9.0				39.55	31.1
22a	220	110	7.5	12.3	9.5	4.8	42.10	33.1
22b		112	9.5				46.50	36.5
24a	240	116	8.0				47.71	37.5
24b		118	10.0	13.0	10.0	5.0	52.51	41.2
25a	250	116	8.0				48.51	38.1
25b		118	10.0				53.51	42.0

（续）

型号	截面尺寸/mm						截面面积/	理论重量/
	h	b	d	t	r	r_1	cm^2	（kg/m）
27a	270	122	8.5	13.7	10.5	5.3	54.52	42.8
27b		124	10.5				59.92	47.0
28a	280	122	8.5				55.37	43.5
28b		124	10.5				60.97	47.9
30a		126	9.0				61.22	48.1
30b	300	128	11.0	14.4	11.0	5.5	67.22	52.8
30c		130	13.0				73.22	57.5
32a		130	9.5				67.12	52.7
32b	320	132	11.5	15.0	11.5	5.8	73.52	57.7
32c		134	13.5				79.92	62.7
36a		136	10.0				76.44	60.0
36b	360	138	12.0	15.8	12.0	6.0	83.64	65.7
36c		140	14.0				90.84	71.3
40a		142	10.5				86.07	67.6
40b	400	144	12.5	16.5	12.5	6.3	94.07	73.8
40c		146	14.5				102.1	80.1
45a		150	11.5				102.4	80.4
45b	450	152	13.5	18.0	13.5	6.8	111.4	87.4
45c		154	15.5				120.4	94.5
50a		158	12.0				119.2	93.6
50b	500	160	14.0	20.0	14.0	7.0	129.2	101
50c		162	16.0				139.2	109
55a		166	12.5				134.1	105
55b	550	168	14.5				145.1	114
55c		170	16.5	21.0	14.5	7.3	156.1	123
56a		166	12.5				135.4	106
56b	560	168	14.5				146.6	115
56c		170	16.5				157.8	124
63a		176	13.0				154.6	121
63b	630	178	15.0	22.0	15.0	7.5	167.2	131
63c		180	17.0				179.8	141

注：表中 r、r_1 的数据用于孔型设计，不作为交货条件。

2. 热轧槽钢的规格

热轧槽钢如图 3-9 所示，其规格见表 3-46。

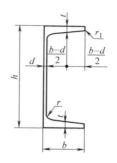

图 3-9　热轧槽钢

表 3-46　热轧槽钢的规格（GB/T 706—2016）

型号	截面尺寸/mm						截面面积/cm^2	理论重量/（kg/m）
	h	b	d	t	r	r_1		
5	50	37	4.5	7.0	7.0	3.5	6.925	5.44
6.3	63	40	4.8	7.5	7.5	3.8	8.446	6.63
6.5	65	40	4.3	7.5	7.5	3.8	8.292	6.51
8	80	43	5.0	8.0	8.0	4.0	10.24	8.04
10	100	48	5.3	8.5	8.5	4.2	12.74	10.0
12	120	53	5.5	9.0	9.0	4.5	15.36	12.1
12.6	126	53	5.5	9.0	9.0	4.5	15.69	12.3
14a	140	58	6.0	9.5	9.5	4.8	18.51	14.5
14b		60	8.0				21.31	16.7
16a	160	63	6.5	10.0	10.0	5.0	21.95	17.2
16b		65	8.5				25.15	19.8
18a	180	68	7.0	10.5	10.5	5.2	25.69	20.2
18b		70	9.0				29.29	23.0

（续）

型号	截面尺寸/mm						截面面积/ cm²	理论重量/ （kg/m）
	h	b	d	t	r	r_1		
20a	200	73	7.0	11.0	11.0	5.5	28.83	22.6
20b		75	9.0				32.83	25.8
22a	220	77	7.0	11.5	11.5	5.8	31.83	25.0
22b		79	9.0				36.23	28.5
24a	240	78	7.0	12.0	12.0	6.0	34.21	26.9
24b		80	9.0				39.01	30.6
24c		82	11.0				43.81	34.4
25a	250	78	7.0				34.91	27.4
25b		80	9.0				39.91	31.3
25c		82	11.0				44.91	35.3
27a	270	82	7.5	12.5	12.5	6.2	39.27	30.8
27b		84	9.5				44.67	35.1
27c		86	11.5				50.07	39.3
28a	280	82	7.5				40.02	31.4
28b		84	9.5				45.62	35.8
28c		86	11.5				51.22	40.2
30a	300	85	7.5	13.5	13.5	6.8	43.89	34.5
30b		87	9.5				49.89	39.2
30c		89	11.5				55.89	43.9
32a	320	88	8.0	14.0	14.0	7.0	48.50	38.1
32b		90	10.0				54.90	43.1
32c		92	12.0				61.30	48.1
36a	360	96	9.0	16.0	16.0	8.0	60.89	47.8
36b		98	11.0				68.09	53.5
36c		100	13.0				75.29	59.1
40a	400	100	10.5	18.0	18.0	9.0	75.04	58.9
40b		102	12.5				83.04	65.2
40c		104	14.5				91.04	71.5

注：表中 r、r_1 的数据用于孔型设计，不作为交货条件。

3. 热轧等边角钢的规格

热轧等边角钢如图 3-10 所示，其规格见表 3-47。

图 3-10　热轧等边角钢

表 3-47　热轧等边角钢的规格（GB/T 706—2016）

型号	截面尺寸/mm			截面面积/	理论重量/
	b	d	r	cm²	（kg/m）
2	20	3	3.5	1.132	0.89
		4		1.459	1.15
2.5	25	3		1.432	1.12
		4		1.859	1.46
3.0	30	3	4.5	1.749	1.37
		4		2.276	1.79
3.6	36	3		2.109	1.66
		4		2.756	2.16
		5		3.382	2.65
4	40	3	5	2.359	1.85
		4		3.086	2.42
		5		3.792	2.98
4.5	45	3		2.659	2.09
		4		3.486	2.74
		5		4.292	3.37
		6		5.077	3.99

（续）

| 型号 | 截面尺寸/mm | | | 截面面积/ | 理论重量/ |
	b	d	r	cm²	(kg/m)
5	50	3	5.5	2.971	2.33
		4		3.897	3.06
		5		4.803	3.77
		6		5.688	4.46
5.6	56	3	6	3.343	2.62
		4		4.39	3.45
		5		5.415	4.25
		6		6.42	5.04
		7		7.404	5.81
		8		8.367	6.57
6	60	5	6.5	5.829	4.58
		6		6.914	5.43
		7		7.977	6.26
		8		9.02	7.08
6.3	63	4	7	4.978	3.91
		5		6.143	4.82
		6		7.288	5.72
		7		8.412	6.60
		8		9.515	7.47
		10		11.66	9.15
7	70	4	8	5.570	4.37
		5		6.876	5.40
		6		8.160	6.41
		7		9.424	7.40
		8		10.67	8.37

（续）

型号	截面尺寸/mm			截面面积/	理论重量/
	b	d	r	cm^2	（kg/m）
7.5	75	5	9	7.412	5.82
		6		8.797	6.91
		7		10.16	7.98
		8		11.50	9.03
		9		12.83	10.1
		10		14.13	11.1
8	80	5		7.912	6.21
		6		9.397	7.38
		7		10.86	8.53
		8		12.30	9.66
		9		13.73	10.8
		10		15.13	11.9
9	90	6	10	10.64	8.35
		7		12.30	9.66
		8		13.94	10.9
		9		15.57	12.2
		10		17.17	13.5
		12		20.31	15.9
10	100	6	12	11.93	9.37
		7		13.80	10.8
		8		15.64	12.3
		9		17.46	13.7
		10		19.26	15.1
		12		22.80	17.9
		14		26.26	20.6
		16		29.63	23.3

（续）

型号	截面尺寸/mm			截面面积/	理论重量/
	b	d	r	cm^2	（kg/m）
11	110	7	12	15.20	11.9
		8		17.24	13.5
		10		21.26	16.7
		12		25.20	19.8
		14		29.06	22.8
12.5	125	8		19.75	15.5
		10		24.37	19.1
		12		28.91	22.7
		14		33.37	26.2
		16		37.74	29.6
14	140	10	14	27.37	21.5
		12		32.51	25.5
		14		37.57	29.5
		16		42.54	33.4
15	150	8		23.75	18.6
		10		29.37	23.1
		12		34.91	27.4
		14		40.37	31.7
		15		43.06	33.8
		16		45.74	35.9
16	160	10	16	31.50	24.7
		12		37.44	29.4
		14		43.30	34.0
		16		49.07	38.5
18	180	12		42.24	33.2
		14		48.90	38.4
		16		55.47	43.5
		18		61.96	48.6

（续）

型号	截面尺寸/mm			截面面积/	理论重量/
	b	d	r	cm^2	（kg/m）
20	200	14	18	54.64	42.9
		16		62.01	48.7
		18		69.30	54.4
		20		76.51	60.1
		24		90.66	71.2
22	220	16	21	68.67	53.9
		18		76.75	60.3
		20		84.76	66.5
		22		92.68	72.8
		24		100.5	78.9
		26		108.3	85.0
25	250	18	24	87.84	69.0
		20		97.05	76.2
		22		106.2	83.3
		24		115.2	90.4
		26		124.2	97.5
		28		133.0	104
		30		141.8	111
		32		150.5	118
		35		163.4	128

4. 热轧不等边角钢的规格

热轧不等边角钢如图 3-11 所示，其规格见表 3-48。

图 3-11　热轧不等边角钢

表 3-48　热轧不等边角钢的规格（GB/T 706—2016）

型号	截面尺寸/mm				截面面积/	理论重量/
	B	b	d	r	cm^2	（kg/m）
2.5/1.6	25	16	3	3.5	1.162	0.91
			4		1.499	1.18
3.2/2	32	20	3		1.492	1.17
			4		1.939	1.52
4/2.5	40	25	3	4	1.890	1.48
			4		2.467	1.94
4.5/2.8	45	28	3	5	2.149	1.69
			4		2.806	2.20
5/3.2	50	32	3	5.5	2.431	1.91
			4		3.177	2.49
5.6/3.6	56	36	3	6	2.743	2.15
			4		3.590	2.82
			5		4.415	3.47
6.3/4	63	40	4	7	4.058	3.19
			5		4.993	3.92
			6		5.908	4.64
			7		6.802	5.34
7/4.5	70	45	4	7.5	4.553	3.57
			5		5.609	4.40
			6		6.644	5.22
			7		7.658	6.01
7.5/5	75	50	5	8	6.126	4.81
			6		7.260	5.70
			8		9.467	7.43
			10		11.59	9.10
8/5	80	50	5		6.376	5.00
			6		7.560	5.93
			7		8.724	6.85
			8		9.867	7.75

（续）

型号	截面尺寸/mm				截面面积/	理论重量/
	B	b	d	r	cm^2	(kg/m)
9/5.6	90	56	5	9	7.212	5.66
			6		8.557	6.72
			7		9.881	7.76
			8		11.18	8.78
10/6.3	100	63	6	10	9.618	7.55
			7		11.11	8.72
			8		12.58	9.88
			10		15.47	12.1
10/8	100	80	6	10	10.64	8.35
			7		12.30	9.66
			8		13.94	10.9
			10		17.17	13.5
11/7	110	70	6	10	10.64	8.35
			7		12.30	9.66
			8		13.94	10.9
			10		17.17	13.5
12.5/8	125	80	7	11	14.10	11.1
			8		15.99	12.6
			10		19.71	15.5
			12		23.35	18.3
14/9	140	90	8	12	18.04	14.2
			10		22.26	17.5
			12		26.40	20.7
			14		30.46	23.9
15/9	150	90	8	12	18.84	14.8
			10		23.26	18.3
			12		27.60	21.7
			14		31.86	25.0
			15		33.95	26.7
			16		36.03	28.3

（续）

型号	截面尺寸/mm				截面面积/	理论重量/
	B	b	d	r	cm²	（kg/m）
16/10	160	100	10	13	25.32	19.9
			12		30.05	23.6
			14		34.71	27.2
			16		39.28	30.8
18/11	180	110	10	14	28.37	22.3
			12		33.71	26.5
			14		38.97	30.6
			16		44.14	34.6
20/12.5	200	125	12		37.91	29.8
			14		43.87	34.4
			16		49.74	39.0
			18		55.53	43.6

5. 热轧 H 型钢的规格

热轧 H 型钢如图 3-12 所示，其规格见表 3-49。

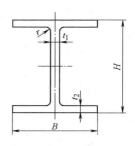

图 3-12　热轧 H 型钢

表 3-49　热轧 H 型钢的规格（GB/T 11263—2017）

类别	型号 (H×B)	截面尺寸/mm					截面面积/cm²	理论重量/(kg/m)
		H	B	t_1	t_2	r		
HW	100×100	100	100	6	8	8	21.58	16.9
	125×125	125	125	6.5	9	8	30.00	23.6
	150×150	150	150	7	10	8	39.64	31.1
	175×175	175	175	7.5	11	13	51.42	40.4
	200×200	200	200	8	12	13	63.53	49.9
		* 200	204	12	12	13	71.53	56.2
	250×250	* 244	252	11	11	13	81.31	63.8
		250	250	9	14	13	91.43	71.8
		* 250	255	14	14	13	103.9	81.6
	300×300	* 294	302	12	12	13	106.3	83.5
		300	300	10	15	13	118.5	93.0
		* 300	305	15	15	13	133.5	105
	350×350	* 338	351	13	13	13	133.3	105
		* 344	348	10	16	13	144.0	113
		* 344	354	16	16	13	164.7	129
		350	350	12	19	13	171.9	135
		* 350	357	19	19	13	196.4	154
	400×400	* 388	402	15	15	22	178.5	140
		* 394	398	11	18	22	186.8	147
		* 394	405	18	18	22	214.4	168
		400	400	13	21	22	218.7	172
		* 400	408	21	21	22	250.7	197
		* 414	405	18	28	22	295.4	232
		* 428	407	20	35	22	360.7	283
		* 458	417	30	50	22	528.6	415
		* 498	432	45	70	22	770.1	604
	500×500	* 492	465	15	20	22	258.0	202
		* 502	465	15	25	22	304.5	239
		* 502	470	20	25	22	329.6	259

（续）

类别	型号 (H×B)	截面尺寸/mm					截面面积/cm²	理论重量/ (kg/m)
		H	B	t_1	t_2	r		
HM	150×100	148	100	6	9	8	26.34	20.7
	200×150	194	150	6	9	8	38.10	29.9
	250×175	244	175	7	11	13	55.49	43.6
	300×200	294	200	8	12	13	71.05	55.8
		*298	201	9	14	13	82.03	64.4
	350×250	340	250	9	14	13	99.53	78.1
	400×300	390	300	10	16	13	133.3	105
	450×300	440	300	11	18	13	153.9	121
	500×300	*482	300	11	15	13	141.2	111
		488	300	11	18	13	159.2	125
	550×300	*544	300	11	15	13	148.0	116
		*550	300	11	18	13	166.0	130
	600×300	*582	300	12	17	13	169.2	133
		588	300	12	20	13	187.2	147
		*594	302	14	23	13	217.1	170
HN	*100×50	100	50	5	7	8	11.84	9.30
	*125×60	125	60	6	8	8	16.68	13.1
	150×75	150	75	5	7	8	17.84	14.0
	175×90	175	90	5	8	8	22.89	18.0
	200×100	*198	99	4.5	7	8	22.68	17.8
		200	100	5.5	8	8	26.66	20.9
	250×125	*248	124	5	8	8	31.98	25.1
		250	125	6	9	8	36.96	29.0
	300×150	*298	149	5.5	8	13	40.80	32.0
		300	150	6.5	9	13	46.78	36.7
	350×175	*346	174	6	9	13	52.45	41.2
		350	175	7	11	13	62.91	49.4
	400×150	400	150	8	13	13	70.37	55.2
	400×200	*396	199	7	11	13	71.41	56.1
		400	200	8	13	13	83.37	65.4

（续）

类别	型号（$H \times B$）	截面尺寸/mm					截面面积/cm²	理论重量/（kg/m）
		H	B	t_1	t_2	r		
HN	450×150	* 446	150	7	12	13	66. 99	52. 6
		450	151	8	14	13	77. 49	60. 8
	450×200	* 446	199	8	12	13	82. 97	65. 1
		450	200	9	14	13	95. 43	74. 9
	475×150	* 470	150	7	13	13	71. 53	56. 2
		* 475	151. 5	8. 5	15. 5	13	86. 15	67. 6
		482	153. 5	10. 5	19	13	106. 4	83. 5
	500×150	* 492	150	7	12	13	70. 21	55. 1
		* 500	152	9	16	13	92. 21	72. 4
		504	153	10	18	13	103. 3	81. 1
	500×200	* 496	199	9	14	13	99. 29	77. 9
		500	200	10	16	13	112. 3	88. 1
		* 506	201	11	19	13	129. 3	102
	550×200	* 546	199	9	14	13	103. 8	81. 5
		550	200	10	16	13	117. 3	92. 0
	600×200	* 596	199	10	15	13	117. 8	92. 4
		600	200	11	17	13	131. 7	103
		* 606	201	12	20	13	149. 8	118
	625×200	* 625	198. 5	13. 5	17. 5	13	150. 6	118
		630	200	15	20	13	170. 0	133
		* 638	202	17	24	13	198. 7	156
	650×300	* 646	299	12	18	18	183. 6	144
		* 650	300	13	20	18	202. 1	159
		* 654	301	14	22	18	220. 6	173
	700×300	* 692	300	13	20	18	207. 5	163
		700	300	13	24	18	231. 5	182
	750×300	* 734	299	12	16	18	182. 7	143
		* 742	300	13	20	18	214. 0	168
		* 750	300	13	24	18	238. 0	187
		* 758	303	16	28	18	284. 8	224

（续）

类别	型号 （$H \times B$）	截面尺寸/mm					截面面 积/cm²	理论重量/ （kg/m）
		H	B	t_1	t_2	r		
HN	800×300	* 792	300	14	22	18	239.5	188
		800	300	14	26	18	263.5	207
	850×300	* 834	298	14	19	18	227.5	179
		* 842	299	15	23	18	259.7	204
		* 850	300	16	27	18	292.1	229
		* 858	301	17	31	18	324.7	255
	900×300	* 890	299	15	23	18	266.9	210
		900	300	16	28	18	305.8	240
		* 912	302	18	34	18	360.1	283
	1000×300	* 970	297	16	21	18	276.0	217
		* 980	208	17	26	18	315.5	248
		* 990	298	17	31	18	345.3	271
		* 1000	300	19	36	18	395.1	310
		* 1008	302	21	40	18	439.3	345
HT	100×50	95	48	3.2	4.5	8	7.620	5.98
		97	49	4	5.5	8	9.370	7.36
	100×100	96	99	4.5	6	8	16.20	12.7
	125×60	118	58	3.2	4.5	8	9.250	7.26
		120	59	4	5.5	8	11.39	8.94
	125×125	119	123	4.5	6	8	20.12	15.8
	150×75	145	73	3.2	4.5	8	11.47	9.00
		147	74	4	5.5	8	14.12	11.1
	150×100	139	97	3.2	4.5	8	13.43	10.6
		142	99	4.5	6	8	18.27	14.3
	150×150	144	148	5	7	8	27.76	21.8
		147	149	6	8.5	8	33.67	26.4
	175×90	168	88	3.2	4.5	8	13.55	10.6
		171	89	4	6	8	17.58	13.8
	175×175	167	173	5	7	13	33.32	26.2
		172	175	6.5	9.5	13	44.64	35.0

（续）

类别	型号 （$H \times B$）	截面尺寸/mm					截面面 积/cm²	理论重量/ （kg/m）
		H	B	t_1	t_2	r		
HT	200×100	193	98	3.2	4.5	8	15.25	12.0
		196	99	4	6	8	19.78	15.5
	200×150	188	149	4.5	6	8	26.34	20.7
	200×200	192	198	6	8	13	43.69	34.3
	250×125	244	124	4.5	6	8	25.86	20.3
	250×175	238	173	4.5	8	13	39.12	30.7
	300×150	294	148	4.5	6	13	31.90	25.0
	300×200	286	198	6	8	13	49.33	38.7
	350×175	340	173	4.5	6	13	36.97	29.0
	400×150	390	148	6	8	13	47.57	37.3
	400×200	390	198	6	8	13	55.57	43.6

注：1. 表中同一型号的产品，其内侧尺寸高度一致。

　　2. 表中截面面积计算公式为：$t_1(H - 2t_2) + 2Bt_2 + 0.858r^2$。

　　3. 表中 "＊" 表示的规格为非常用规格。

6. 热轧剖分 T 型钢的规格

热轧剖分 T 型钢如图 3-13 所示，其规格见表 3-50。

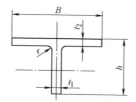

图 3-13　热轧剖分 T 型钢

表 3-50　热轧剖分 T 型钢的规格（GB/T 11263—2017）

类别	型号 （$h \times B$）	截面尺寸/mm					截面面 积/cm²	理论重量/ （kg/m）
		h	B	t_1	t_2	r		
TW	50×100	50	100	6	8	8	10.79	8.47
	62.5×125	62.5	125	6.5	9	8	15.00	11.8
	75×150	75	150	7	10	8	19.82	15.6
	87.5×175	87.5	175	7.5	11	13	25.71	20.2

（续）

类别	型号 (h×B)	截面尺寸/mm					截面面积/cm²	理论重量/(kg/m)
		h	B	t₁	t₂	r		
TW	100×200	100	200	8	12	13	31.76	24.9
		100	204	12	12	13	35.76	28.1
	125×250	125	250	9	14	13	45.71	35.9
		125	255	14	14	13	51.96	40.8
	150×300	147	302	12	12	13	53.16	41.7
		150	300	10	15	13	59.22	46.5
		150	305	15	15	13	66.72	52.4
	175×350	172	348	10	16	13	72.00	56.5
		175	350	12	19	13	85.94	67.5
	200×400	194	402	15	15	22	89.22	70.0
		197	398	11	18	22	93.40	73.3
		200	400	13	21	22	109.3	85.8
		200	408	21	21	22	125.3	98.4
		207	405	18	28	22	147.7	116
		214	407	20	35	22	180.3	142
TM	75×100	74	100	6	9	8	13.17	10.3
	100×150	97	150	6	9	8	19.05	15.0
	125×175	122	175	7	11	13	27.74	21.8
	150×200	147	200	8	12	13	35.52	27.9
		149	201	9	14	13	41.01	32.2
	175×250	170	250	9	14	13	49.76	39.1
	200×300	195	300	10	16	13	66.62	52.3
	225×300	220	300	11	18	13	76.94	60.4
	250×300	241	300	11	15	13	70.58	55.4
		244	300	11	18	13	79.58	62.5
	275×300	272	300	11	15	13	73.99	58.1
		275	300	11	18	13	82.99	65.2
	300×300	291	300	12	17	13	84.60	66.4
		294	300	12	20	13	93.60	73.5
		297	302	14	23	13	108.5	85.2
TN	50×50	50	50	5	7	8	5.920	4.65
	62.5×60	62.5	60	6	8	8	8.340	6.55
	75×75	75	75	5	7	8	8.920	7.00
	87.5×90	85.5	89	4	6	8	8.790	6.90
		87.5	90	5	8	8	11.44	8.98

（续）

类别	型号 （h×B）	截面尺寸/mm					截面面 积/cm²	理论重量/ （kg/m）
		h	B	t_1	t_2	r		
TN	100×100	99	99	4.5	7	8	11.34	8.90
		100	100	5.5	8	8	13.33	10.5
	125×125	124	124	5	8	8	15.99	12.6
		125	125	6	9	8	18.48	14.5
	150×150	149	149	5.5	8	13	20.40	16.0
		150	150	6.5	9	13	23.39	18.4
	175×175	173	174	6	9	13	26.22	20.6
		175	175	7	11	13	31.45	24.7
	200×200	198	199	7	11	13	35.70	28.0
		200	200	8	13	13	41.68	32.7
	225×150	223	150	7	12	13	33.49	26.3
		225	151		14	13	38.74	30.4
	225×200	223	199	8	12	13	41.48	32.6
		225	200	9	14	13	47.71	37.5
	237.5× 150	235	150	7	13	13	35.76	28.1
		237.5	151.5	8.5	15.5	13	43.07	33.8
		241	153.5	10.5	19	13	53.20	41.8
	250×150	246	150	7	12	13	35.10	27.6
		250	152	9	16	13	46.10	36.2
		252	153	10	18	13	51.66	40.6
	250×200	248	199	9	14	13	49.64	39.0
		250	200	10	16	13	56.12	44.1
		253	201	11	19	13	64.65	50.8
	275×200	273	199	9	14	13	51.89	40.7
		275	200	10	16	13	58.62	46.0
	300×200	298	199	10	15	13	58.87	46.2
		300	200	11	17	13	65.85	51.7
		303	201	12	20	13	74.88	58.8
	312.5× 200	312.5	198.5	13.5	17.5	13	75.28	59.1
		315	200	15	20	13	84.97	66.7
		319	202	17	24	13	99.35	78.0

（续）

类别	型号 ($h \times B$)	截面尺寸/mm					截面面积/cm^2	理论重量/(kg/m)
		h	B	t_1	t_2	r		
TN	325×300	323	299	12	18	18	91.81	72.1
		325	300	13	20	18	101.0	79.3
		327	301	14	22	18	110.3	86.59
	350×300	346	300	13	20	18	103.8	81.5
		350	300	13	24	18	115.8	90.9
	400×300	396	300	14	22	18	119.8	94.0
		400	300	14	26	18	131.8	103
	450×300	445	299	15	23	18	133.5	105
		450	300	16	28	18	152.9	120
		456	302	18	34	18	180.0	141

3.2.7 冷弯型钢

1. 冷弯等边角钢的规格（见表 3-51）

表 3-51 冷弯等边角钢的规格

规格 ($b \times b \times d$)	截面尺寸/mm		理论重量/(kg/m)	截面面积/cm^2
	b	d		
20×20×1.2	20	1.2	0.354	0.451
20×20×2.0		2.0	0.566	0.721
30×30×1.6	30	1.6	0.714	0.909
30×30×2.0		2.0	0.880	1.121
30×30×3.0		3.0	1.274	1.623
40×40×1.6	40	1.6	0.965	1.229
40×40×2.0		2.0	1.194	1.521
40×40×3.0		3.0	1.745	2.223
50×50×2.0	50	2.0	1.508	1.921
50×50×3.0		3.0	2.216	2.823
50×50×4.0		4.0	2.894	3.686
60×60×2.0	60	2.0	1.822	2.321
60×60×3.0		3.0	2.687	3.423
60×60×4.0		4.0	3.522	4.486

（续）

规格 （$b×b×d$）	截面尺寸/mm		理论重量/ （kg/m）	截面面积/ cm^2
	b	d		
70×70×3.0	70	3.0	3.158	4.023
70×70×4.0		4.0	4.150	5.286
80×80×4.0	80	4.0	4.778	6.086
80×80×5.0		5.0	5.895	7.510
100×100×4.0	100	4.0	6.034	7.686
100×100×5.0		5.0	7.465	9.510
150×150×6.0	150	6.0	13.458	17.254
150×150×8.0		8.0	17.685	22.673
150×150×10		10	21.783	27.927
200×200×6.0	200	6.0	18.138	23.254
200×200×8.0		8.0	23.925	30.673
200×200×10		10	29.583	37.927
250×250×8.0	250	8.0	30.164	38.672
250×250×10		10	37.383	47.927
250×250×12		12	44.472	57.015
300×300×10	300	10	45.183	57.927
300×300×12		12	53.832	69.015
300×300×14		14	62.022	79.516
300×300×16		16	70.312	90.144

注：尺寸 b、d 见图 3-10。

2. 冷弯不等边角钢的规格（见表 3-52）

表 3-52　冷弯不等边角钢的规格

规格 （$B×b×d$）	截面尺寸/mm			理论重量/ （kg/m）	截面面积/ cm^2
	B	b	d		
30×20×2.0	30	20	2.0	0.723	0.921
30×20×3.0			3.0	1.039	1.323
50×30×2.5	50	30	2.5	1.473	1.877
50×30×4.0			4.0	2.266	2.886

（续）

规格 （$B \times b \times d$）	截面尺寸/mm			理论重量/ （kg/m）	截面面积/ cm²
	B	b	d		
60×40×2.5	60	40	2.5	1.866	2.377
60×40×4.0			4.0	2.894	3.686
70×40×3.0	70	40	3.0	2.452	3.123
70×40×4.0			4.0	3.208	4.086
80×50×3.0	80	50	3.0	2.923	3.723
80×50×4.0			4.0	3.836	4.886
100×60×3.0	100	60	3.0	3.629	4.623
100×60×4.0			4.0	4.778	6.086
100×60×5.0			5.0	5.895	7.510
150×120×6.0	150	120	6.0	12.054	15.454
150×120×8.0			8.0	15.813	20.273
150×120×10			10	19.443	24.927
200×160×8.0	200	160	8.0	21.429	27.473
200×160×10			10	24.463	33.927
200×160×12			12	31.368	40.215
250×220×10	250	220	10	35.043	44.927
250×220×12			12	41.664	53.415
250×220×14			14	47.826	61.316
300×260×12	300	260	12	50.088	64.215
300×260×14			14	57.654	73.916
300×260×16			16	65.320	83.744

注：尺寸 B、b、d 见图 3-11。

3. 冷弯等边槽钢的规格（见表 3-53）

表 3-53　冷弯等边槽钢的规格

规格 （$h \times b \times d$）	截面尺寸/mm			理论重量/ （kg/m）	截面面积/ cm²
	h	b	d		
20×10×1.5	20	10	1.5	0.401	0.511
20×10×2.0			2.0	0.505	0.643

（续）

规格	截面尺寸/mm			理论重量/	截面面积/
（h×b×d）	h	b	d	（kg/m）	cm²
50×30×2.0	50	30	2.0	1.604	2.043
50×30×3.0			3.0	2.314	2.947
50×50×3.0			3.0	3.256	4.147
100×50×3.0	100	50	3.0	4.433	5.647
100×50×4.0			4.0	5.788	7.373
140×60×3.0	140	60	3.0	5.846	7.447
140×60×4.0			4.0	7.672	9.773
140×60×5.0			5.0	9.436	12.021
200×80×4.0	200	80	4.0	10.812	13.773
200×80×5.0			5.0	13.361	17.021
200×80×6.0			6.0	15.849	20.190
250×130×6.0	250	130	6.0	22.703	29.107
250×130×8.0			8.0	29.755	38.147
300×150×6.0	300	150	6.0	26.915	34.507
300×150×8.0			8.0	35.371	45.347
300×150×10			10	43.566	55.854
350×180×8.0	350	180	8.0	42.235	54.147
350×180×10			10	52.146	66.854
350×180×12			12	61.799	79.230
400×200×10	400	200	10	59.166	75.854
400×200×12			12	70.223	90.030
400×200×14			14	80.366	103.033
450×220×10	450	220	10	66.186	84.854
450×220×12			12	78.647	100.830
450×220×14			14	90.194	115.633
500×250×12	500	250	12	88.943	114.030
500×250×14			14	102.206	131.033
550×280×12	550	280	12	99.239	127.230
550×280×14			14	114.218	146.433
600×300×14	600	300	14	124.046	159.033
600×300×16			16	140.624	180.287

注：尺寸 h、b、d 见图 3-9。

4. 冷弯不等边槽钢的规格（见表 3-54）

表 3-54　冷弯不等边槽钢的规格

规　格 （h×B×b×t）	截面尺寸/mm				理论重量/ （kg/m）	截面面积/ cm²
	h	B	b	t		
50×32×20×2.5	50	32	20	2.5	1.840	2.344
50×32×20×3.0				3.0	2.169	2.764
80×40×20×2.5	80	40	20	2.5	2.586	3.294
80×40×20×3.0				3.0	3.064	3.904
100×60×30×3.0	100	60	30	3.0	4.242	5.404
150×60×50×3.0	150		50		5.890	7.504
200×70×60×4.0	200	70	60	4.0	9.832	12.605
200×70×60×5.0				5.0	12.061	15.463
250×80×70×5.0	250	80	70	5.0	14.791	18.963
250×80×70×6.0				6.0	17.555	22.507
300×90×80×6.0	300	90	80	6.0	20.831	26.707
300×90×80×8.0				8.0	27.259	34.947
350×100×90×6.0	350	100	90	6.0	24.107	30.907
350×100×90×8.0				8.0	31.627	40.547
400×150×100×8.0	400	150	100	8.0	38.491	49.347
400×150×100×10				10	47.466	60.854
450×200×150×10	450	200	150	10	59.166	75.854
450×200×150×12				12	70.223	90.030
500×250×200×12	500	250	200	12	84.263	108.030
500×250×200×14				14	96.746	124.033
550×300×250×14	550	300	250	14	113.126	145.033
550×300×250×16				16	128.144	164.287

注：尺寸 h 为槽钢宽度，B 为长腿的长度，b 为短腿的长度，t 为槽钢面部处的厚度。

5. 结构用冷弯空心型钢

（1）圆形结构用冷弯空心型钢的规格　圆形结构用冷弯空心型钢如图 3-14 所示，其规格见表 3-55。

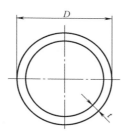

图 3-14　圆形结构用冷弯空心型钢

表 3-55　圆形结构用冷弯空心型钢的规格（GB/T 6728—2017）

外径 D/mm	允许偏差 /mm	壁厚 t/mm	理论重量 $m/(\text{kg/m})$	截面面积 A/cm^2
21. 3 (21. 3)	±0. 5	1. 2	0. 59	0. 76
		1. 5	0. 73	0. 93
		1. 75	0. 84	1. 07
		2. 0	0. 95	1. 21
		2. 5	1. 16	1. 48
		3. 0	1. 35	1. 72
26. 8 (26. 9)	±0. 5	1. 2	0. 76	0. 97
		1. 5	0. 94	1. 19
		1. 75	1. 08	1. 38
		2. 0	1. 22	1. 56
		2. 5	1. 50	1. 91
		3. 0	1. 76	2. 24
33. 5 (33. 7)	±0. 5	1. 5	1. 18	1. 51
		2. 0	1. 55	1. 98
		2. 5	1. 91	2. 43
		3. 0	2. 26	2. 87
		3. 5	2. 59	3. 29
		4. 0	2. 91	3. 71
42. 3 (42. 4)	±0. 5	1. 5	1. 51	1. 92
		2. 0	1. 99	2. 53
		2. 5	2. 45	3. 13
		3. 0	2. 91	3. 70
		4. 0	3. 78	4. 81

（续）

外径 D/mm	允许偏差 /mm	壁厚 t/mm	理论重量 m/(kg/m)	截面面积 A/cm²
48 (48.3)	±0.5	1.5	1.72	2.19
		2.0	2.27	2.89
		2.5	2.81	3.57
		3.0	3.33	4.24
		4.0	4.34	5.53
		5.0	5.30	6.75
60 (60.3)	±0.6	2.0	2.86	3.64
		2.5	3.55	4.52
		3.0	4.22	5.37
		4.0	5.52	7.04
		5.0	6.78	8.64
75.5 (76.1)	±0.76	2.5	4.50	5.73
		3.0	5.36	6.83
		4.0	7.05	8.98
		5.0	8.69	11.07
88.5 (88.9)	±0.90	3.0	6.33	8.06
		4.0	8.34	10.62
		5.0	10.30	13.12
		6.0	12.21	15.55
114 (114.3)	±1.15	4.0	10.85	13.82
		5.0	13.44	17.12
		6.0	15.98	20.36
140 (139.7)	±1.40	4.0	13.42	17.09
		5.0	16.65	21.21
		6.0	19.83	25.26
165 (168.3)	±1.65	4	15.88	20.23
		5	19.73	25.13
		6	23.53	29.97
		8	30.97	39.46
219.1 (219.1)	±2.20	5	26.4	33.60
		6	31.53	40.17
		8	41.6	53.10
		10	51.6	65.70

（续）

外径 D/mm	允许偏差 /mm	壁厚 t/mm	理论重量 m/(kg/m)	截面面积 A/cm²
273 （273）	±2.75	5	33.0	42.1
		6	39.5	50.3
		8	52.3	66.6
		10	64.9	82.6
325 （323.9）	±3.25	5	39.5	50.3
		6	47.2	60.1
		8	62.5	79.7
		10	77.7	99.0
		12	92.6	118.0
355.6 （355.6）	±3.55	6	51.7	65.9
		8	68.6	87.4
		10	85.2	109.0
		12	101.7	130.0
406.4 （406.4）	±4.10	8	78.6	100
		10	97.8	125
		12	116.7	149
457 （457）	±4.6	8	88.6	113
		10	110.0	140
		12	131.7	168
508 （508）	±5.10	8	98.6	126
		10	123.0	156
		12	146.8	187
610	±6.10	8	118.8	151
		10	148.0	189
		12.5	184.2	235
		16	234.4	299

注：括号内为 ISO 4019 所列规格。

（2）正方形结构用冷弯空心型钢的规格　正方形结构用冷弯空心型钢如图 3-15 所示，其规格见表 3-56。

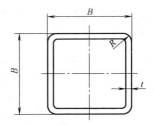

图 3-15　正方形结构用冷弯空心型钢

表 3-56　正方形结构用冷弯空心型钢的规格（GB/T 6728—2017）

边长 B/ mm	允许偏差/ mm	壁厚 t/mm	理论重量 m/（kg/m）	截面面积 A/cm²
20	±0.50	1.2	0.679	0.865
		1.5	0.826	1.052
		1.75	0.941	1.199
		2.0	1.050	1.340
25	±0.50	1.2	0.867	1.105
		1.5	1.061	1.352
		1.75	1.215	1.548
		2.0	1.363	1.736
30	±0.50	1.5	1.296	1.652
		1.75	1.490	1.898
		2.0	1.677	2.136
		2.5	2.032	2.589
		3.0	2.361	3.008
40	±0.50	1.5	1.767	2.525
		1.75	2.039	2.598
		2.0	2.305	2.936
		2.5	2.817	3.589
		3.0	3.303	4.208
		4.0	4.198	5.347
50	±0.50	1.5	2.238	2.852
		1.75	2.589	3.298
		2.0	2.933	3.736

（续）

边长 B/ mm	允许偏差/ mm	壁厚 t/mm	理论重量 m/(kg/m)	截面面积 A/cm²
50	±0.50	2.5	3.602	4.589
		3.0	4.245	5.408
		4.0	5.454	6.947
60	±0.60	2.0	3.560	4.540
		2.5	4.387	5.589
		3.0	5.187	6.608
		4.0	6.710	8.547
		5.0	8.129	10.356
70	±0.65	2.5	5.170	6.590
		3.0	6.129	7.808
		4.0	7.966	10.147
		5.0	9.699	12.356
80	±0.70	2.5	5.957	7.589
		3.0	7.071	9.008
		4.0	9.222	11.747
		5.0	11.269	14.356
90	±0.75	3.0	8.013	10.208
		4.0	10.478	13.347
		5.0	12.839	16.356
		6.0	15.097	19.232
100	±0.80	4.0	11.734	11.947
		5.0	14.409	18.356
		6.0	16.981	21.632
110	±0.90	4.0	12.99	16.548
		5.0	15.98	20.356
		6.0	18.866	24.033
120	±0.90	4.0	14.246	18.147
		5.0	17.549	22.356
		6.0	20.749	26.432
		8.0	26.840	34.191
130	±1.00	4.0	15.502	19.748
		5.0	19.120	24.356

（续）

边长 B/ mm	允许偏差/ mm	壁厚 t/mm	理论重量 m/（kg/m）	截面面积 A/cm²
130	±1.00	6.0	22.634	28.833
		8.0	28.921	36.842
140	±1.10	4.0	16.758	21.347
		5.0	20.689	26.356
		6.0	24.517	31.232
		8.0	31.864	40.591
150	±1.20	4.0	18.014	22.948
		5.0	22.26	28.356
		6.0	26.402	33.633
		8.0	33.945	43.242
160	±1.20	4.0	19.270	24.547
		5.0	23.829	30.356
		6.0	28.285	36.032
		8.0	36.888	46.991
170	±1.30	4.0	20.526	26.148
		5.0	25.400	32.356
		6.0	30.170	38.433
		8.0	38.969	49.642
180	±1.40	4.0	21.800	27.70
		5.0	27.000	34.40
		6.0	32.100	40.80
		8.0	41.500	52.80
190	±1.50	4.0	23.00	29.30
		5.0	28.50	36.40
		6.0	33.90	43.20
		8.0	44.00	56.00
200	±1.60	4.0	24.30	30.90
		5.0	30.10	38.40
		6.0	35.80	45.60
		8.0	46.50	59.20
		10	57.00	72.60
220	±1.80	5.0	33.2	42.4
		6.0	39.6	50.4
		8.0	51.5	65.6

（续）

边长 B/ mm	允许偏差/ mm	壁厚 t/mm	理论重量 m/(kg/m)	截面面积 A/cm²
220	±1.80	10	63.2	80.6
		12	73.5	93.7
250	±2.00	5.0	38.0	48.4
		6.0	45.2	57.6
		8.0	59.1	75.2
		10	72.7	92.6
		12	84.8	108
280	±2.20	5.0	42.7	54.4
		6.0	50.9	64.8
		8.0	66.6	84.8
		10	82.1	104.6
		12	96.1	122.5
300	±2.40	6.0	54.7	69.6
		8.0	71.6	91.2
		10	88.4	113
		12	104	132
350	±2.80	6.0	64.1	81.6
		8.0	84.2	107
		10	104	133
		12	123	156
400	±3.20	8.0	96.7	123
		10	120	153
		12	141	180
		14	163	208
450	±3.60	8.0	109	139
		10	135	173
		12	160	204
		14	185	236
500	±4.00	8.0	122	155
		10	151	193
		12	179	228
		14	207	264
		16	235	299

注：表中理论重量按密度 7.85g/cm³ 计算。

（3）长方形结构用冷弯空心型钢的规格　长方形结构用冷弯空心型钢如图 3-16 所示，其规格见表 3-57。

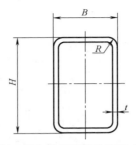

图 3-16　长方形结构用冷弯空心型钢

表 3-57　长方形结构用冷弯空心型钢的规格　（GB/T 6728—2017）

边长/mm		允许偏差/	壁厚	理论重量	截面面积
H	B	mm	t/mm	m/（kg/m）	A/cm²
30	20	±0.50	1.5	1.06	1.35
			1.75	1.22	1.55
			2.0	1.36	1.74
			2.5	1.64	2.09
40	20	±0.50	1.5	1.30	1.65
			1.75	1.49	1.90
			2.0	1.68	2.14
			2.5	2.03	2.59
			3.0	2.36	3.01
40	25	±0.50	1.5	1.41	1.80
			1.75	1.63	2.07
			2.0	1.83	2.34
			2.5	2.23	2.84
			3.0	2.60	3.31
40	30	±0.50	1.5	1.53	1.95
			1.75	1.77	2.25
			2.0	1.99	2.54
			2.5	2.42	3.09
			3.0	2.83	3.61

（续）

边长/mm		允许偏差/	壁厚	理论重量	截面面积
H	B	mm	t/mm	m/(kg/m)	A/cm²
50	25	±0.50	1.5	1.65	2.10
			1.75	1.90	2.42
			2.0	2.15	2.74
			2.5	2.62	2.34
			3.0	3.07	3.91
50	30	±0.50	1.5	1.767	2.252
			1.75	2.039	2.598
			2.0	2.305	2.936
			2.5	2.817	3.589
			3.0	3.303	4.206
			4.0	4.198	5.347
50	40	±0.50	1.5	2.003	2.552
			1.75	2.314	2.948
			2.0	2.619	3.336
			2.5	3.210	4.089
			3.0	3.775	4.808
			4.0	4.826	6.148
55	25	±0.50	1.5	1.767	2.252
			1.75	2.039	2.598
			2.0	2.305	2.936
55	40	±0.50	1.5	2.121	2.702
			1.75	2.452	3.123
			2.0	2.776	3.536
55	50	±0.60	1.75	2.726	3.473
			2.0	3.090	3.936
60	30	±0.60	2.0	2.620	3.337
			2.5	3.209	4.089
			3.0	3.774	4.808
			4.0	4.826	6.147
60	40	±0.60	2.0	2.934	3.737
			2.5	3.602	4.589
			3.0	4.245	5.408
			4.0	5.451	6.947

（续）

边长/mm		允许偏差/	壁厚	理论重量	截面面积
H	B	mm	t/mm	m/(kg/m)	A/cm²
70	50	±0.60	2.0	3.562	4.537
			3.0	5.187	6.608
			4.0	6.710	8.547
			5.0	8.129	10.356
80	40	±0.70	2.0	3.561	4.536
			2.5	4.387	5.589
			3.0	5.187	6.608
			4.0	6.710	8.547
			5.0	8.129	10.356
80	60	±0.70	3.0	6.129	7.808
			4.0	7.966	10.147
			5.0	9.699	12.356
90	40	±0.75	3.0	5.658	7.208
			4.0	7.338	9.347
			5.0	8.914	11.356
90	50	±0.75	2.0	4.190	5.337
			2.5	5.172	6.589
			3.0	6.129	7.808
			4.0	7.966	10.147
			5.0	9.699	12.356
90	55	±0.75	2.0	4.346	5.536
			2.5	5.368	6.839
90	60	±0.75	3.0	6.600	8.408
			4.0	8.594	10.947
			5.0	10.484	13.356
95	50	±0.75	2.0	4.347	5.537
			2.5	5.369	6.839
100	50	±0.80	3.0	6.690	8.408
			4.0	8.594	10.947
			5.0	10.484	13.356
120	50	±0.90	2.5	6.350	8.089
			3.0	7.543	9.608

（续）

边长/mm		允许偏差/	壁厚	理论重量	截面面积
H	B	mm	t/mm	m/(kg/m)	A/cm²
120	60	±0.90	3.0	8.013	10.208
			4.0	10.478	13.347
			5.0	12.839	16.356
			6.0	15.097	19.232
120	80	±0.90	3.0	8.955	11.408
			4.0	11.734	11.947
			5.0	14.409	18.356
			6.0	16.981	21.632
140	80	±1.00	4.0	12.990	16.547
			5.0	15.979	20.356
			6.0	18.865	24.032
150	100	±1.20	4.0	14.874	18.947
			5.0	18.334	23.356
			6.0	21.691	27.632
			8.0	28.096	35.791
160	60	±1.20	3	9.898	12.608
			4.5	14.498	18.469
160	80	±1.20	4.0	14.216	18.117
			5.0	17.519	22.356
			6.0	20.749	26.433
			8.0	26.810	33.644
180	65	±1.20	3.0	11.075	14.108
			4.5	16.264	20.719
180	100	±1.30	4.0	16.758	21.317
			5.0	20.689	26.356
			6.0	24.517	31.232
			8.0	31.861	40.391
200	100	±1.30	4.0	18.014	22.941
			5.0	22.259	28.356
			6.0	26.101	33.632
			8.0	34.376	43.791
200	120	±1.40	4.0	19.3	24.5
			5.0	23.8	30.4

（续）

边长/mm		允许偏差/	壁厚	理论重量	截面面积
H	B	mm	t/mm	m/（kg/m）	A/cm^2
200	120	±1.40	6.0	28.3	36.0
			8.0	36.5	46.4
200	150	±1.50	4.0	21.2	26.9
			5.0	26.2	33.4
			6.0	31.1	39.6
			8.0	40.2	51.2
220	140	±1.50	4.0	21.8	27.7
			5.0	27.0	34.4
			6.0	32.1	40.8
			8.0	41.5	52.8
250	150	±1.60	4.0	24.3	30.9
			5.0	30.1	38.4
			6.0	35.8	45.6
			8.0	46.5	59.2
260	180	±1.80	5.0	33.2	42.4
			6.0	39.6	50.4
			8.0	51.5	65.6
			10	63.2	80.6
300	200	±2.00	5.0	38.0	48.4
			6.0	45.2	57.6
			8.0	59.1	75.2
			10	72.7	92.6
350	250	±2.20	5.0	45.8	58.4
			6.0	54.7	69.6
			8.0	71.6	91.2
			10	88.4	113

（续）

边长/mm		允许偏差/	壁厚	理论重量	截面面积
H	B	mm	t/mm	m/(kg/m)	A/cm²
400	200	±2.40	5.0	45.8	58.4
			6.0	54.7	69.6
			8.0	71.6	91.2
			10	88.4	113
			12	104	132
400	250	±2.60	5.0	49.7	63.4
			6.0	59.4	75.6
			8.0	77.9	99.2
			10	96.2	122
			12	113	144
450	250	±2.80	6.0	64.1	81.6
			8.0	84.2	107
			10	104	133
			12	123	156
500	300	±3.20	6.0	73.5	93.6
			8.0	96.7	123
			10	120	153
			12	141	180
550	350	±3.60	8.0	109	139
			10	135	173
			12	160	204
			14	185	236
600	400	±4.00	8.0	122	155
			10	151	193
			12	179	228
			14	207	264
			16	235	299

注：表中理论重量按密度 7.85g/cm³ 计算。

6. 护栏波形梁用冷弯型钢的规格

护栏波形梁用冷弯型钢如图 3-17 所示，其规格见表 3-58。

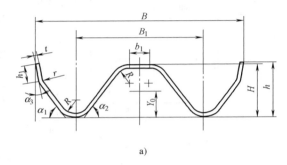

a)

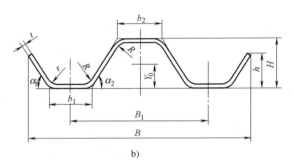

b)

图 3-17 护栏波形梁用冷弯型钢

a）A 型 b）B 型

表 3-58 护栏波形梁用冷弯型钢的规格 （YB/T 4081—2007）

截面型号	公称尺寸/mm										弯曲角度 α/(°)			截面面积/cm²	理论重量/(kg/m)
	H	h	h_1	B	B_1	b_1	b_2	R	r	t	α_1	α_2	α_3		
A 型	83	85	27	310	192	—	28	24	10	3	55	55	10	14.5	11.4
B 型	75	55	—	350	214	63	69	25	25	4	55	60	—	18.6	14.6
	75	53	—	350	218	68	75	25	20	4	57	62	—	18.7	14.7
	79	42	—	350	227	45	60	14	14	4	45	50	—	17.8	14.0
	53	34	—	350	223	63	63	14	14	3.2	45	45	—	13.2	10.4
	52	33	—	350	224	63	63	14	14	2.3	45	45	—	9.4	7.4

3.3　铝及铝合金产品

3.3.1　铝及铝合金板与带

1. 一般工业用铝及铝合金板与带

1）一般工业用铝及铝合金板与带的规格见表 3-59。

表 3-59　一般工业用铝及铝合金板与带的规格（GB/T 3880.1—2023）

牌号	状态	厚度/mm	
		板材	带材
1035	O	>0.20~6.00	>0.20~6.00
	H112	>6.00~30.00	>0.20~6.00
	H18	>0.20~6.00	>0.20~6.00
1050	O	>0.20~6.00	>0.20~6.00
	H111	>4.50~30.00	—
	H112	>4.50~40.00	—
	H12、H22、H24	0.50~6.00	0.50~6.00
	H14	>0.20~8.00	>0.20~6.00
	H16	>0.20~4.00	>0.20~4.00
	H26	>0.20~4.00	>0.20~4.00
	H18	>0.20~6.00	>0.20~3.00
	F	>4.50~10.00	>2.50~6.00
1050A	O	>0.50~80.00	>0.20~6.00
	H111	>0.50~80.00	—
	H112	>6.00~50.00	—
	H12、H22、H14、H24	>0.20~4.00	>0.20~4.00
	H16、H26	>0.20~4.00	>0.20~3.00
	H18、H28	>0.20~3.00	>0.20~3.00
1060	O	>0.20~65.00	>0.20~6.00
	H112	6.00~200.00	—
	H12、H22	>0.20~7.00	>0.20~4.00
	H32	>0.20~6.00	>0.20~6.00
	H14、H24	>0.20~30.00	>0.20~6.00
	H16	>0.20~4.00	>0.20~4.00
	H26	>0.20~4.00	>0.20~4.00
	H18	>0.20~6.00	>0.20~6.00

（续）

牌号	状态	厚度/mm	
		板材	带材
1060	H19	—	>0.20~2.00
	F	>4.50~10.00	>2.50~8.00
1070	O	>0.20~3.00	>0.20~3.00
	H112	>4.50~100.00	—
	H12、H22、H14、H24	>0.20~7.00	>0.20~6.00
	H16、H26	>0.20~7.00	>0.20~7.00
	H18	>0.20~8.00	>0.20~3.00
	F	>2.50~6.00	>2.50~6.00
1070A	O	>0.20~6.00	>0.20~3.00
	H12、H22、H14、H24	—	>0.20~3.00
	H16、H26	>0.20~4.00	>0.20~4.00
	H18	>0.20~7.00	—
1080A	H111	>0.20~35.00	—
1235	H14	>0.20~4.00	>0.20~4.00
	H16	>0.20~4.00	>0.20~4.00
	H18	>0.20~3.00	>0.20~3.00
	H19	>0.20~3.00	>0.20~3.00
1145	H12、H22、H14、H24	>0.20~4.50	>0.20~4.50
1350	O	>0.2~6.00	>0.2~6.0
	H112	>6.00~30.00	—
1100	O	>0.20~80.00	>0.20~6.00
	H112	>6.00~80.00	—
	H12、H22	>0.20~6.00	>0.20~6.00
	H14	>0.20~16.00	>0.20~6.00
	H24	>0.20~6.00	>0.20~6.00
	H16	>0.20~4.00	>0.20~4.00
	H26	>0.20~6.00	>0.20~6.00
	H18	>0.20~4.00	>0.20~4.00
	H19	—	>0.20~4.00
	F	>4.50~30.00	>2.50~8.00
1200	H112	>6.00~12.00	—
	H14	>0.20~6.00	>0.20~4.00

（续）

牌号	状态	厚度/mm	
		板材	带材
1200	H22、H24	>0.20~6.00	>0.20~4.00
	H16、H26	>0.20~4.00	>0.20~4.00
	H18	>0.20~3.00	>0.20~3.00
1110	H16	—	>0.20~3.00
	H18、H19	—	>0.20~3.00
1A30	O	>0.2~1.00	>0.2~1.00
1A90、1A93	O	>0.20~12.50	—
	H112	>4.50~140.00	—
1A99	H112	>6.00~20.00	—
2014	O	>0.40~25.00	—
	T3	>0.40~6.00	—
	T4	>0.40~12.00	—
	T6	>0.40~60.00	—
	T651	>6.00~160.00	—
	F	>4.50~150.00	—
包铝2014	O	>0.40~10.00	—
	T3	>0.40~6.00	—
	T4	>0.40~6.00	—
	T6	>0.40~10.00	—
	F	>4.50~10.00	—
2014A	O、T4、T6	>0.40~6.00	—
包铝2014A	O、T4、T6	>0.40~6.00	—
2017	O	>0.40~25.00	>0.50~6.00
	T3	>0.40~3.00	—
	T4	>0.40~30.00	—
	T451	>25.00~130.00	—
	T7451	>100.00~130.00	—
	F	>4.50~150.00	—
包铝2017	O、T3、T4、F	>0.40~10.00	—
2017A	O	>0.40~25.00	—
	T4	>0.40~30.00	—
	T451	>6.00~160.00	—
	T7451	>30.00~80.00	—

（续）

牌号	状态	厚度/mm	
		板材	带材
包铝 2017A	O、T4	>0.40~10.00	—
2219	O	>0.50~140.00	—
	T1	>12.00~200.00	—
	T8	>6.00~25.00	—
	T4	>6.00~50.00	—
	T6	>1.50~200.00	—
	T351	>6.00~10.00	—
	T651	>6.00~150.00	—
	T851	>12.00~160.00	—
	T87	>4.50~20.00	—
	C10SYU	>5.00~35.00	—
包铝 2219	O、T87	>0.50~10.00	—
2024	O	>0.20~40.00	>0.50~6.00
	T1	>4.5~200.00	>0.50~6.00
	T3	>0.20~15.00	—
	T351	>1.20~150.00	—
	T4	>0.40~150.00	—
	T451	>15.00~170.00	—
	T7451	>6.00~60.00	—
	T8	>0.40~40.00	—
	T851	>6.00~120.00	—
	F	>4.50~400.00	—
包铝 2024	O、T3	>0.20~10.00	—
	T4	>0.40~10.00	—
	F	>4.50~10.00	—
2B06、包铝 2B06	O、T4	>0.50~8.00	—
2A11	T1	>2.00~80.00	—
	T4	>0.20~10.00	—
	H14	>0.20~4.00	>0.20~4.00
	H16	>0.20~4.00	>0.20~4.00
	H18	>0.20~6.00	>0.20~6.00
包铝 2A11	O、T1、T3、T4	>0.20~10.00	—

（续）

牌号	状态	厚度/mm	
		板材	带材
2A12	O	>0.50~30.00	—
	H18	>0.20~3.00	>0.20~3.00
	T1	>4.50~300.00	—
	T3	>0.20~10.00	—
	T4	>0.20~400.00	—
	T351、T451	>6.00~100.00	—
	F	>1.50~165.00	—
包铝 2A12	O、T1、T3、T4	>0.20~10.00	—
2D12	O	>0.50~6.00	—
	T4	>0.50~10.00	—
	T351	>6.00~15.00	—
包铝 2D12	O、T4	>0.20~10.00	—
2E12、包铝 2E12	T3、T4	>0.80~6.00	—
2A14	O	0.50~30.00	—
	T1	>6.00~300.00	—
	T4	0.50~70.00	—
	T6	0.50~200.00	—
	T651	>6.00~140.00	—
	F	>6.00~300.00	—
2A16	T1	>6.00~50.00	—
	T6	>0.40~6.00	—
2B25	T351	>30.00~85.00	—
2A70	T1	>6.00~70.00	—
	T651	>6.00~40.00	—
2D70	T4	>12.00~80.00	—
	T351、T651	>12.00~80.00	—
3102	H18	—	>0.20~3.00
	H19	—	>0.20~0.50
3003	O	>0.20~25	>0.20~6.00
	H111	>3.00~12.5	—
	H112	>6.00~30.00	—
	H12	>0.20~1.50	>0.20~1.50

（续）

牌号	状态	厚度/mm	
		板材	带材
3003	H22、H32、H34	>0.20~12.50	>0.20~6.00
	H14	>0.20~6.35	>0.20~6.35
	H24	>0.20~12.50	>0.20~6.00
	H16	>0.20~4.00	>0.20~4.00
	H26	>0.20~4.00	>0.20~4.00
	H18	>0.20~3.00	>0.20~3.00
	H19	>0.20~3.00	>0.20~3.00
	H29	—	>0.20~4.00
	H34	>0.20~3.00	>0.20~3.00
	H44、H46	—	>0.20~1.50
	F	>4.50~10.00	>2.50~8.00
3004	O	>0.20~50.00	>0.20~6.00
	H111	>0.20~50.00	—
	H12、H22、H32、H14	>0.20~6.00	>0.20~6.00
	H34、H26、H36、H18	>0.20~3.00	>0.20~1.50
	H24	>0.20~3.00	>0.20~1.50
	H44、H46	—	>0.20~1.50
	H16	>0.20~4.00	>0.20~1.50
	H26	>0.20~4.00	>0.20~1.50
	H28、H38、H19	>0.20~1.50	>0.20~1.50
3104	O	>0.20~3.00	>0.20~3.00
	H111	>0.20~3.00	—
	H32	>0.20~3.00	>0.20~3.00
	H14、H24、H34、H16、H26、H36	>0.20~3.00	>0.20~3.00
	H18、H38、H19	>0.20~0.50	>0.20~0.50
3005	O	>0.20~6.00	>0.20~6.00
	H111	>0.20~6.00	—
	H12	>0.20~6.00	>0.20~6.00
	H22	—	>0.20~3.00
	H14	>0.20~6.00	>0.20~1.50
	H24	>0.20~3.00	>0.20~1.50

（续）

牌号	状态	厚度/mm	
		板材	带材
3005	H16	>0.20~4.00	>0.20~0.50
	H26	>0.20~3.00	>0.20~1.50
	H28	>0.20~3.00	>0.20~3.00
3105	O、H12、H22	>0.20~3.00	>0.20~3.00
	H14、H16、H18、H24、H26	>0.20~4.00	>0.20~4.00
	H44、H46	—	>0.20~1.50
	H25	—	>0.20~0.50
	H17	—	>0.20~0.50
	H28	>0.20~1.50	>0.20~1.50
	H29	>0.20~1.50	>0.20~1.50
3105A	H24	—	>0.20~1.00
	H25	—	>0.20~0.50
	H28	—	>0.20~0.50
3A21	O	>0.20~25.00	—
	H112	>4.00~125.00	—
	H12、H22	>1.00~12.00	—
	H14、H24	>0.80~6.00	—
	H18、H28	>0.20~6.00	—
	F	>4.00~20.00	—
4007	O	>0.20~12.50	—
	H12	—	>0.20~0.40
4343	F	>0.20~60.00	>0.20~3.00
4A11	O	>0.20~6.00	—
5005、5005A	O	>0.20~3.00	>0.20~3.00
	H111	>0.20~50.00	—
	H22	>0.20~3.00	>0.20~3.00
	H32、H14、H24、H34	>0.20~6.00	>0.20~6.00
	H16、H26、H36	>0.20~4.00	>0.20~1.50
	H18、H28、H38、H19	>0.20~3.00	>0.20~3.00
	F	>4.50~6.00	>2.50~6.00

（续）

牌号	状态	厚度/mm	
		板材	带材
5042	H34	>0.20~6.00	>0.20~0.50
	H26	—	>0.20~3.00
	H19	—	>0.20~3.00
5049	O、H111	>0.20~3.00	>0.20~1.50
5050	H22、H32、H14、H24	>0.20~6.00	—
	H34	—	>0.20~1.50
	H26	>0.20~4.00	>0.20~1.50
5251	O、H111	>0.20~50.00	>0.20~3.00
	H112	>0.20~10.00	—
	H22、H32	>0.20~6.00	>0.20~3.00
	H26	>0.20~4.00	—
5052	O	>0.20~50.00	>0.20~6.00
	H111	>1.50~20.00	—
	H112	>6.00~400.00	—
	H12、H22、H14、H24、H34、H16	>0.20~6.00	>0.20~6.00
	H26、H36	>0.20~6.00	>0.20~8.00
	H32	>0.20~6.00	>0.20~8.00
	H34	>0.50~6.00	>0.20~2.50
	H42	—	>0.20~1.50
	H44	—	>0.20~1.00
	H18、H28、H38	>0.20~6.00	>0.20~3.00
	H19、H39	—	>0.20~0.50
	H321	>0.20~12.70	—
	F	>6.00~410.00	>0.50~6.00
5252	O	>0.20~3.00	—
	H32	>0.20~6.00	—
5154	O	>0.20~100.00	>0.20~3.00
	H22、H24、H32	—	>0.20~0.50
5454	O、H111	>0.20~80.00	—
	H32	>0.20~16.00	—
	H24、H34	>0.20~6.50	—
	H112	6.00~120.00	—

（续）

牌号	状态	厚度/mm	
		板材	带材
5754	O	>0.20~110.00	>0.20~1.50
	H111	>0.20~110.00	>0.20~3.00
	H112	3.00~55.00	—
	H12、H32	>0.20~6.00	—
	H22	>0.20~20.00	>0.20~3.00
	H14、H34	>0.20~6.00	>0.20~3.00
	H24	>0.20~6.00	>0.20~1.00
	H16、H26、H36	>0.20~6.00	—
	H34	—	>0.20~0.50
	H18、H28、H38	>0.20~3.00	—
	H42、H44、H46、H48	>0.20~6.00	>0.20~1.00
	F	3.00~6.00	3.00~6.00
5056	O	>0.50~3.00	—
	F	>0.50~3.00	—
5456	O	>0.20~16.00	—
	H34	>4.50~6.00	—
	H116	>4.50~50.00	—
	H321	>4.50~50.00	—
5059	O、H111、H112	>3.00~50.00	—
	H32	—	0.20~1.00
	H34	—	0.20~1.00
	H36	—	0.20~1.00
	H38	—	0.20~1.00
	H16、H321	>3.00~50.00	—
5182	O	>0.20~6.00	>0.20~3.00
	H111	>0.20~20.00	—
	H32、H34	>0.20~6.00	—
	H26、H36	>0.20~6.00	—
	H18	>0.20~3.00	—
	H19	>0.20~1.50	>0.20~1.50
	H48	—	>0.20~0.50

（续）

牌号	状态	厚度/mm	
		板材	带材
5083	O、H111	>0.20~200.00	>0.20~4.00
	H112	>3.00~160.00	—
	H12、H22、H32	>0.20~12.00	>0.20~3.00
	H14、H24、H34	>0.20~10.00	>0.20~4.00
	H16、H26、H36	>0.20~6.00	—
	H116	>1.50~80.00	—
	H321	>1.50~130.00	—
	F	>0.20~10.00	—
5383	O、H111	>0.20~150.00	—
	H32、H24	>0.20~6.00	—
	H321	>1.50~80.00	—
	H116	>1.50~80.00	—
5086	O、H111	>0.20~150.00	—
	H12、H32、H34	>0.20~6.00	—
	H36	>0.20~4.00	—
	H116	>1.50~50.00	—
	F	>4.50~150.00	—
5A01	H112	>4.50~10.00	—
5A02	O	>0.50~10.00	—
	H112	>2.00~80.00	—
	H14、H24、H34、H18	>0.50~4.50	—
	H32	>0.50~3.00	—
	F	>4.50~150.00	—
5A03	O、H14、H24、H34	>0.50~4.50	>0.50~4.50
	H112	>4.50~50.00	—
	F	>4.50~50.00	—
5A05	O	>0.50~25.00	>0.50~4.50
	H112	>4.50~50.00	—
	F	>4.50~130.00	—
5A06	O	0.50~100.00	>0.50~4.50
	H112	>3.00~265.00	—
	H34	>1.20~20.00	>0.20~6.00
	F	>4.50~120.00	—

（续）

牌号	状态	厚度/mm	
		板材	带材
5A12	O	>0.50~3.00	—
5A30	H112	>30.00~200.00	—
5E61	O	>1.2~6.00	>0.20~6.00
5A66	H24	>0.50~3.00	
5B05	O	—	0.20~3.00
	H38		0.20~3.00
5L52	H32	—	0.20~3.00
6101	T6	>4.50~80.00	—
	T61、T64、T6A	>1.00~10.00	0.20~6.00
6005A	T6	>0.50~10.00	—
6111	T4、T4P	—	0.40~3.00
	T61	0.40~3.00	—
6013	T6	>0.50~10.00	—
6014	T4、T4P	—	0.40~3.00
6016	H18	>0.50~3.00	—
	T4、T4P、T6、T61	0.40~6.00	—
6060	T6、T651	>4.50~70.00	—
6061	O、T1	0.40~150.00	0.40~7.00
	T4	0.40~10.00	—
	T6	0.40~280.00	—
	T351、T451、T651	5.00~290.00	—
	F	>4.50~435.00	>2.50~8.00
6063	O、T1	0.50~150.00	
	T4、T6	0.50~170.00	
	T651	6.00~60.00	
	F	0.50~150.00	
6082	O	0.40~25.00	—
	T4	0.40~80.00	
	T6	0.40~200.00	
	T61	>0.50~10.00	
	T651	1.50~200.00	
	F	>4.50~25.00	

（续）

牌号	状态	厚度/mm	
		板材	带材
6A02	O、T4、T6	>0.50~10.00	—
	H18	—	>0.20~1.00
	T1	>4.50~90.00	—
6A16	T4P	—	0.40~3.00
7005	T6	>1.50~20.00	—
7020	O、T4	0.40~12.50	—
	T6、T651	>0.40~60.00	—
7021	T6、T6B、T651	>1.50~6.00	—
7150	T1	>12.00~81.00	—
7075	O	>0.40~30.00	—
	H18	>0.20~3.00	>0.20~3.00
	T1	>4.50~200.00	—
	T6	>0.40~200.00	—
	T351、T651、T7351、T7451	>1.50~203.00	—
	T73	>1.50~100.00	—
	T76	>1.50~12.50	—
	F	>6.00~200.00	—
包铝 7075	O、T6、T76、F	>0.40~10.00	—
7475	O	>0.40~75.00	—
	T6	>0.35~6.00	—
	T7351	>5.00~200.00	—
	T76、T761	>1.00~6.50	—
包铝 7475	O、T761	>0.40~10.00	—
7085	T7451、T7651	>60.00~200.00	—
7A04、7A09	O、T6	>0.50~155.00	—
	T1	>4.50~100.00	—
	T651	>6.00~100.00	—
	T9	>0.50~6.00	—
	F	>4.50~150.00	—

（续）

牌号	状态	厚度/mm	
		板材	带材
包铝 7A04、	O、T6	>0.50~10.00	—
包铝 7A09	T9	>0.50~6.00	—
7B04	O	>0.50~100.00	—
	T1	>6.00~50.00	—
	T4、T6	>1.00~100.00	—
	T73、T74	>0.50~100.00	—
包铝 7B04	O、T73、T74	>0.50~10.00	—
	T6	>1.00~10.00	—
7D04	T7451	>40.00~100.00	—
7A05	T6、T651	>1.50~100.00	—
7A19	T1	>4.50~200.00	—
7A52	T6	>1.50~100.00	—
	T651	>1.50~60.00	—
8006	H16	—	>0.20~0.50
8011	O	—	>0.20~0.50
	H12	—	>0.20~5.00
	H14、H16	>0.20~0.50	>0.20~3.00
	H24	>0.20~0.50	>0.20~3.00
	H18	>0.20~0.50	>0.20~3.50
	H19	—	>0.20~0.50
	H22	—	>0.20~3.50
8011A	H14、H24	>0.20~6.00	>0.20~6.00
	H16、H26	>0.20~4.00	>0.20~4.00
	H18	>0.20~3.00	>0.20~3.00
	F	>0.20~6.00	>0.20~3.00
8111	H14	—	>0.20~0.50
8014	O	—	>0.20~0.60
8021	H14	—	>0.20~0.50
	H18	—	>0.20~0.50
8021B	H14、H18	—	>0.20~0.50
8079	H14	>0.20~0.50	>0.20~0.50

2）板材的宽度、长度和带材的宽度、卷内径见表3-60。

表 3-60　板材的宽度、长度和带材的宽度、

卷内径（GB/T 3880.1—2023）　（单位：mm）

产品厚度	板材			带材	
	宽度	长度	宽度	卷内径	
>0.20~0.50	500~1500	500~4000	≤3000	75、76.2、150、152.4、	
>0.50~0.80	500~2000	500~10000	≤3000	200、300、304.8、400、	
>0.80~1.20	500~2400	800~10000	≤3000	405、505、508、	
>1.20~3.00	500~2400	800~10000	≤3000	605、650、750	
>3.00~8.00	500~2400	800~15000	≤3000		
>8.00~15.00	500~2500	1000~15000	—		
>15.00~435.00	500~4000	1000~20000	—		

3）一般工业用铝及铝合金板与带的理论重量见表3-61。

表 3-61　一般工业用铝及铝合金板与带的理论重量

厚度/ mm	理论重量/ （kg/m²）	厚度/ mm	理论重量/ （kg/m²）	厚度/ mm	理论重量/ （kg/m²）
0.2	0.570	3.0	8.550	25	71.25
0.3	0.855	3.5	9.975	35	99.75
0.4	1.140	4.0	11.40	40	114.0
0.5	1.425	5.0	14.25	50	142.5
0.6	1.710	6.0	17.10	60	171.0
0.7	1.995	7.0	19.95	70	199.5
0.8	2.280	8.0	22.80	80	228.0
0.9	2.565	9.0	25.65	90	256.5
1.0	2.850	10	28.50	100	285.0
1.2	3.420	12	34.20	110	313.5
1.5	4.275	14	39.90	120	342.0
1.8	5.130	15	42.75	130	370.5
2.0	5.700	16	45.60	140	399.0
2.3	6.555	18	51.30	150	427.5
2.5	7.125	20	57.00	160	456.0
2.8	7.980	22	62.70		

2. 铝及铝合金花纹板的花纹代号与规格 （见表 3-62）

表 3-62　铝及铝合金花纹板的花纹代号与规格 （GB/T 3618—2006）

花纹代号	花纹图案	牌号	状态	底板厚度/mm	筋高/mm	宽度/mm	长度/mm
1 号	方格型（见图 3-18）	2A12	T4	1.0~3.0	1.0		
2 号	扁豆型（见图 3-19）	2A11、5A02、5052	H234	2.0~4.0	1.0		
		3105、3003	H194				
3 号	五条型（见图 3-20）	1×××、3003	H194	1.5~4.5	1.0		
		5A02、5052、3105、5A43、3003	O、H114				
4 号	正三条型（见图 3-21）	1×××、3003	H194	1.5~4.5	1.0		
		2A11、5A02、5052	H234				
5 号	指针型（见图 3-22）	1×××	H194	1.5~4.5	1.0	1000~1600	2000~10000
		5A02、5052、5A43	O、H114				
6 号	菱型（见图 3-23）	2A11	H234	3.0~8.0	0.9		
7 号	四条型（见图 3-24）	6061	O	2.0~4.0	1.0		
		5A02、5052	O、H234				
8 号	斜三条型（见图 3-25）	1×××	H114、H234、H194	1.0~4.5	0.3		
		3003	H114、H194				
		5A02、5052	O、H114、H194				
9 号	星月型（见图 3-26）	1×××	H114、H234、H194	1.0~4.0	0.7		
		2A11	H194				
		2A12	T4	1.0~3.0			
		3003	H114、H234、H194	1.0~4.0			
		5A02、5052	H114、H234、H194				

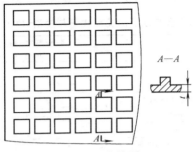

图 3-18　方格型

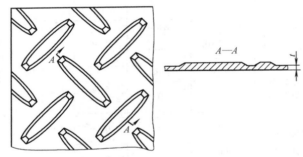

图 3-19　扁豆型

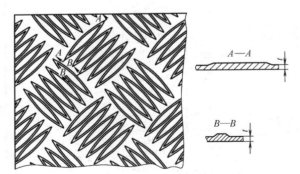

图 3-20　五条型

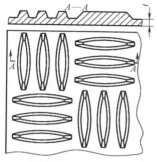

图 3-21　正三条型

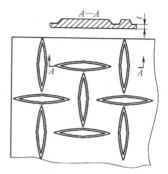

图 3-22　指针型

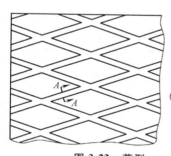

图 3-23　菱型

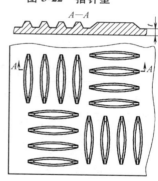

图 3-24　四条型

图 3-25　斜三条型

图 3-26　星月型

3. 铝及铝合金波纹板的波形与规格

铝及铝合金波纹板的波形如图 3-27 所示，其规格见表 3-63。

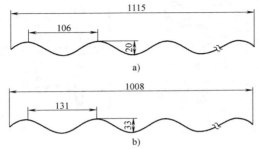

图 3-27　铝及铝合金波纹板

a) 波 20-106 波形　b) 波 33-131 波形

表 3-63　铝及铝合金波纹板的规格 （GB/T 4438—2006）

牌　　号	状态	波形代号	坯料厚度	长度/ mm	宽度/ mm	波高/ mm	波距/ mm
1050A、1050、 1060、1070A、 1100、1200、3003	H18	波 20-106	0.60 ~ 1.00	2000 ~ 10000	1115	20	106
		波 33-131			1008	33	131

4. 铝及铝合金压型板的牌号、状态与规格 （见表 3-64）

表 3-64　铝及铝合金压型板的牌号、状态与规格 （GB/T 6891—2018）

类别	牌　号	状态	膜层代号[2]	厚度[1]/mm	宽度/mm	长度/mm
无涂层 产品	1050、1050A、 1060、1070A、 1100、1200、 3003、3004、 3005、3105、 5005、5052	H14、H16、 H18、H24、 H26	—	0.5 ~ 3.0	250 ~ 1300	≥1200
涂层 产品		H44、H46、 H48	LRA15、LRF2-25、 LRF3-34、LF2-25、 LF3-34、LF4-55			

① 涂层板的厚度不包括表面涂层的厚度。
② 膜层代号中"LRA"代表聚酯漆辊涂膜层，"LRA"后的数字标示最小局部膜厚限定值；"LRF2"和"LRF3"分别代表 PVDF 氟碳漆辊涂的二涂膜层和三涂膜层，"-"后的数字标示最小局部膜厚限定值；LF2、LF3 和 LF4 分别代表 PVDF 氟碳漆喷涂的二涂膜层、三涂膜层和四涂膜层，"-"后的数字标示最小局部膜厚限定值。

5. 普通装饰用铝塑复合板的规格

普通装饰用铝塑复合板的分类及代号见表 3-65,其规格见表 3-66。

表 3-65 普通装饰用铝塑复合板的分类及代号(GB/T 22412—2016)

按燃烧性能分类	代号	按装饰面层材质分类	代号
普通型	G	氟碳树脂涂层型	FC
阻燃型	FR	聚酯树脂涂层型	PE
高阻燃型	HFR	丙烯酸树脂涂层型	AC
		覆膜型	F

表 3-66 普通装饰用铝塑复合板的规格 (GB/T 22412—2016)

项目	规格	项目	规格
长度/mm	2000、2440、3200	厚度/mm	3、4
宽度/mm	1220、1250		

3.3.2 铝及铝合金管

1. 铝及铝合金挤压圆管的规格 (见表 3-67)

表 3-67 铝及铝合金挤压圆管的规格 (GB/T 4436—2012)

(单位：mm)

外径	壁厚
25.00	5.00
28.00	5.00、6.00
30.00、32.00	5.00、6.00、7.00、7.50、8.00
34.00、36.00、38.00	5.00、6.00、7.00、7.50、8.00、9.00、10.00
40.00、42.00	5.00、6.00、7.00、7.50、8.00、9.00、10.00、12.50
45.00、48.00、50.00、52.00、55.00、58.00	5.00、6.00、7.00、7.50、8.00、9.00、10.00、12.50、15.00
60.00、62.00	5.00、6.00、7.00、7.50、8.00、9.00、10.00、12.50、15.00、17.50
65.00、70.00	5.00、6.00、7.00、7.05、8.00、9.00、10.00、12.50、15.00、17.50、20.00
75.00、80.00	5.00、6.00、7.00、7.50、8.00、9.00、10.00、12.50、15.00、17.50、20.00、22.50
85.00、90.00	5.00、6.00、7.00、7.50、8.00、9.00、10.00、12.50、15.00、17.50、20.00、22.50、25.00

（续）

外径	壁厚
95.00	5.00、6.00、7.00、7.50、8.00、9.00、10.00、12.50、15.00、17.50、20.00、22.50、25.00、27.50
100.00	5.00、6.00、7.00、7.50、8.00、9.00、10.00、12.50、15.00、17.50、20.00、22.50、25.00、27.50、30.00
105.00、110.00、115.00	5.00、6.00、7.00、7.50、8.00、9.00、10.00、12.50、15.00、17.50、20.00、22.50、25.00、27.50、30.00、32.50
120.00、125.00、130.00	7.50、8.00、9.00、10.00、12.50、15.00、17.50、20.00、22.50、25.00、27.50、30.00、32.50
135.00、140.00、145.00	10.00、12.50、15.00、17.50、20.00、22.50、25.00、27.50、30.00、32.50
150.00、155.00	10.00、12.50、15.00、17.50、20.00、22.50、25.00、27.50、30.00、32.50、35.00
160.00、165.00、170.00、175.00、180.00、185.00、190.00、195.00、200.00	10.00、12.50、15.00、17.50、20.00、22.50、25.00、27.50、30.00、32.50、35.00、37.50、40.00
205.00、210.00、215.00、220.00、225.00、230.00、235.00、240.00、245.00、250.00、260.00	15.00、17.50、20.00、22.50、25.00、27.50、30.00、32.50、35.00、37.50、40.00、42.50、45.00、47.50、50.00
280.00、290.00、300.00、310.00、320.00、330.00、340.00、350.00、360.00、370.00、380.00、390.00、400.00、450.00	5.00、6.00、7.00、7.50、8.00、9.00、10.00、12.50、15.00、17.50、20.00、22.50、25.00、27.50、30.00、32.50、35.00、37.50、40.00、42.50、45.00、47.50、50.00

2. 铝及铝合金冷拉正方形管的规格（见表 3-68）

表 3-68　铝及铝合金冷拉正方形管的规格（GB/T 4436—2012）

（单位：mm）

边长	壁厚
10.00、12.00	1.00、1.50
14.00、16.00	1.00、1.50、2.00
18.00、20.00	1.00、1.50、2.00、2.50
22.00、25.00	1.50、2.00、2.50、3.00

（续）

边长	壁厚
28.00、32.00、36.00、40.00	1.50、2.00、2.50、3.00、4.50
42.00、45.00、50.00	1.50、2.00、2.50、3.00、4.50、5.00
55.00、60.00、65.00、70.00	2.00、2.50、3.00、4.50、5.00

3. 铝及铝合金冷拉长方形管的规格 （见表 3-69）

表 3-69　铝及铝合金冷拉长方形管的规格 （GB/T 4436—2012）

（单位：mm）

边长（宽度×高度）	壁厚
14.00×10.00、16.00×12.00、18.00×10.00	1.00、1.50、2.00
18.00×14.00、20.00×12.00、22.00×14.00	1.00、1.50、2.00、2.50
25.00×15.00、28.00×16.00	1.00、1.50、2.00、2.50、3.00
28.00×22.00、32.00×18.00	1.00、1.50、2.00、2.50、3.00、4.00
32.00×25.00、36.00×20.00、36.00×28.00	1.00、1.50、2.00、2.50、3.00、4.00、5.00
40.00×25.00、40.00×30.00、45.00×30.00、50.00×30.00、55.00×40.00	1.50、2.00、2.50、3.00、4.00、5.00
60.00×40.00、70.00×50.00	2.00、2.50、3.00、4.00、5.00

4. 铝及铝合金冷拉椭圆形管的规格 （见表 3-70）

表 3-70　铝及铝合金冷拉椭圆形管的规格 （GB/T 4436—2012）

（单位：mm）

长轴	短轴	壁厚
27.00	11.50	1.00
33.50	14.50	1.00
40.50	17.00	1.00
40.50	17.00	1.50
47.00	20.00	1.00
47.00	20.00	1.50
54.00	23.00	1.50

（续）

长轴	短轴	壁厚
54.00	23.00	2.00
60.50	25.50	1.50
60.50	25.50	2.00
67.50	28.50	1.50
67.50	28.50	2.00
74.00	31.50	1.50
74.00	31.50	2.00
81.00	34.00	2.00
81.00	34.00	2.50
87.50	37.00	2.00
87.50	40.00	2.50
94.50	40.00	2.50
101.00	43.00	2.50
108.00	45.50	2.50
114.50	48.50	2.50

3.3.3　铝及铝合金棒

1. 铝及铝合金挤压棒的规格（见表3-71）

表3-71　铝及铝合金挤压棒的规格（GB/T 3191—2019）

牌号		供应状态[3]	圆棒的直径/mm	方棒或六角棒的厚度/mm	长度/mm
Ⅰ类[1]	Ⅱ类[2]				
1035、1060、1050A	—	O、H112	5~350	5~200	1000~6000
1070A、1200、1350	—	H112			
—	2A02、2A06、2A50、2A70、2A80、2A90	T1、T6			
—	2A11、2A12、2A13	T1、T4			
—	2A14、2A16	T1、T6、T6511			
—	2017A	T4、T4510、T4511			
—	2017	T4			
—	2014、2014A	O、T4、T4510、T4511、T6、T6510、T6511			

（续）

牌号		供应状态③	圆棒的直径/mm	方棒或六角棒的厚度/mm	长度/mm
Ⅰ类①	Ⅱ类②				
—	2024	O、T3、T3510、T3511、T8、T8510、T8511	5~350	5~200	1000~6000
—	2219	O、T3、T3510、T1、T6			
—	2618	T1、T6、T6511、T8、T8511			
3A21、3003、3103	—	O、H112			
3102	—	H112			
4A11、4032	—	T1			
5A02、5052、5005、5005A、5251、5154A、5454、5754	5019、5083、5086	O、H112			
5A03、5049	5A05、5A06、5A12	H112			
6A02	—	T1、T6			
6101A、6101B、6082	—	T6			
6005、6005A、6110A	—	T5、T6			
6351	—	T4、T6			
6060、6463、6063A	—	T4、T5、T6			
6061	—	T4、T4510、T4511、T6、T6510、T6511			
6063	—	O、T4、T5、T6			
—	7A04、7A09、7A15	T1、T6			
—	7003	T5、T6			
—	7005、7020、7021、7022	T6			
—	7049A	T6、T6510、T6511			
—	7075	O、T1、T6、T6510、T6511、T73、T73510、T73511			
8A06	—	O、H12			

① Ⅰ类为 1×××系、3×××系、4×××系、6×××、8×××系合金及镁含量平均值小于 4% 的 5×××系合金棒。

② Ⅱ类为 2×××系、7×××系合金及镁含量平均值大于或等于 4% 的 5×××系合金棒材。

③ 可热处理强化合金的挤压状态，按 GB/T 16475 的规定由原 H112 状态修改为 T1 状态。

2. 铝及铝合金拉制棒的规格（见表 3-72）

表 3-72　铝及铝合金拉制棒的规格（YS/T 624—2019）

牌号	状态	圆棒 直径/mm	方棒 边长/mm	扁棒 厚度/mm	扁棒 宽度/mm
1060、1100	F、O、H18				
2A12	T4				
2A40	T6				
2014	F、O、T4、T6、T351、T651				
2024	F、O、T351、T4、T6				
3003、5052	F、O、H14、H18	5.00～ 100.00	5.00～ 50.00	5.00～ 40.00	5.00～ 60.00
5083	O				
6060、6082	T6				
6061	F、T4、T6				
6063	T4、T6				
7A09	T6				
7075	F、O、T6、T651				

3.3.4　铝及铝合金型材

1. 一般工业用铝及铝合金型材的类别及可供合金（见表 3-73）

表 3-73　一般工业用铝及铝合金型材的类别及

可供合金（GB/T 6892—2015）

类型	类型说明	典型牌号
Ⅰ类	1×××系、3×××系、6×××系及镁限量平均值小于 4% 的 5×××系合金型材	1060、1350、3003、3103、3A21、5052、5A02、6101B、6005、6005A、6105、6106、6013、6351、6060、6061、6063、6063A、6463、6082、6A02、6A66
Ⅱ类	2×××系、7×××系及镁限量平均值不小于 4% 的 5×××系合金型材	2014、2024、2A11、2A12、5083、5383、5A05、5A06、7003、7005、7020、7022、7075、7A04、7A21、7A41

2. 铝及铝合金直角型材的规格

铝及铝合金直角型材如图 3-28 所示，其规格见表 3-74。

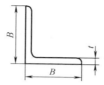

图 3-28　铝及铝合金直角型材

表 3-74　铝及铝合金直角型材的规格

基本尺寸/mm		截面面积/cm²	理论重量/(kg/m)
B	t		
12	1.0	0.234	0.065
12	2.0	0.440	0.122
12.5	1.6	0.377	0.105
15	1.0	0.294	0.082
15	1.2	0.353	0.098
15	1.5	0.434	0.121
15	2.0	0.564	0.157
15	3.0	0.820	0.228
16	1.6	0.429	0.119
16	2.4	0.726	0.202
18	1.5	0.524	0.146
18	2.0	0.684	0.190
19	1.6	0.585	0.163
19	2.4	0.861	0.239
19	3.2	1.125	0.313
20	1.0	0.397	0.110
20	1.2	0.473	0.131
20	1.5	0.584	0.162
20	2.0	0.764	0.212
20	3.0	1.140	0.317
20	4.0	1.475	0.410
20.5	1.6	0.633	0.176
23	2.0	0.880	0.245
25	1.2	0.597	0.166
25	1.3	0.734	0.204

（续）

基本尺寸/mm		截面面积/cm²	理论重量/(kg/m)
B	t		
25	1.6	0.777	0.216
25	2.0	0.964	0.268
25	2.5	1.189	0.331
25	3.0	1.410	0.392
25	3.2	1.509	0.420
25	3.5	1.641	0.456
25	4.0	1.857	0.516
25	5.0	2.242	0.623
27	2.0	1.041	0.289
27	2.0	1.090	0.303
30	1.5	0.884	0.246
30	2.0	1.164	0.324
30	2.5	1.438	0.400
30	3.0	1.720	0.478
30	4.0	2.240	0.623
32	2.4	1.494	0.415
32	3.2	1.957	0.544
32	3.5	2.131	0.592
32	6.5	3.728	1.036
35	3.0	2.005	0.557
35	4.0	2.657	0.739
38	2.4	1.773	0.493
38.3	3.5	2.562	0.712
38.3	5.0	3.590	0.998
38.3	6.3	4.444	1.235
40	2.0	1.564	0.435
40	2.5	1.944	0.540
40	3.0	2.320	0.645
40	3.5	2.671	0.743
40	3.5	2.694	0.749
40	4.0	3.057	0.850
40	5.0	3.750	1.043

（续）

基本尺寸/mm		截面面积/cm²	理论重量/（kg/m）
B	t		
45	4.0	3.457	0.961
45	5.0	4.277	1.189
50	3.0	2.920	0.812
50	4.0	3.857	1.072
50	5.0	4.777	1.328
50	6.0	5.655	1.572
50	6.5	6.110	1.699
50	12.0	10.600	2.947
60	5.0	5.777	1.606
60	6.0	6.855	1.906
75	7.0	10.010	2.783
75	8.0	11.360	3.158
75	10.0	14.000	3.892
90	5.0	8.750	2.433
90	8.0	13.760	3.825

3. 铝及铝合金丁字型材的规格

铝及铝合金丁字型材如图 3-29 所示，其规格见表 3-75。

图 3-29　铝及铝合金丁字型材

表 3-75　铝及铝合金丁字型材的规格

基本尺寸/mm			截面面积/cm²	理论重量/（kg/m）
h	b	t		
15	25	1	0.405	0.113
19	50	2	1.378	0.383
20	20	2	0.760	0.211
20	30	1.5	0.740	0.206

（续）

基本尺寸/mm			截面面积/cm²	理论重量/（kg/m）
h	b	t		
20	35	2	1.060	0.295
20	37	2	1.117	0.311
20	42	2	1.200	0.334
20	42	2	1.240	0.345
20	45	3	1.860	0.517
20	90	2	2.160	0.600
21	53	1.8	1.300	0.361
22	48	1.4	0.960	0.267
25	29	1.6	0.847	0.235
25	35	1.5	0.890	0.247
25	38	2.5	1.510	0.420
25	40	2	1.280	0.356
25	45	2.5	1.720	0.480
25	45	3	2.019	0.561
25	45	4	2.708	0.753
25	48	1.4	1.012	0.288
25	48	1.5	1.082	0.301
25	50	2	1.499	0.417
25	50	2.5	1.851	0.515
26	38	2.5	1.554	0.432
27	70	2	1.920	0.534
29	38	1.6	1.055	0.293
29	58	2.5	2.180	0.606
29	58	3.5	2.991	0.831
30	40	1.5	1.040	0.289
30	40	2	1.370	0.381
30	45	3	2.150	0.597
30	56	4	3.280	0.912
30	68	6.5	6.100	1.696
32	45	3	2.259	0.628
32	48	2.4	1.874	0.521
32	50	3	2.423	0.674

（续）

基本尺寸/mm			截面面积/cm²	理论重量/(kg/m)
h	b	t		
35	32	1.5	1.000	0.278
35	35	4	2.713	0.754
35	40	2	1.468	0.408
37	42	2	1.500	0.417
38	44	5	3.910	1.087
38	50	3.5	3.026	0.841
38	50	4.8	3.990	1.109
39	75	5	5.510	1.532
40	36	5	3.350	0.933
40	45	3	2.479	0.689
40	45	4	3.274	0.910
40	68	3	3.300	0.917
40	130	6	9.840	2.736
42	64	4	4.100	1.140
45	40	2.2	1.860	0.517
50	70	4	4.640	1.300
51	51	2.4	2.443	0.679
54	50	3	3.040	0.845
54	68	3	3.608	1.003
64	50	5	5.781	1.607
68	50	2	2.320	0.645
70	37	2	2.100	0.584
70	55	2	2.460	0.684
74	66	6	8.080	2.246
75	40	3	3.400	0.945
80	50	2	2.560	0.712
80	60	3	4.110	1.143
83	50	3	3.953	1.099
90	77	10	15.700	4.365

4. 铝及铝合金槽形型材的规格

铝及铝合金槽形型材如图 3-30 所示，其规格见表 3-76。

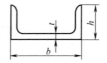

图 3-30　铝及铝合金槽形型材

表 3-76　铝及铝合金槽形型材的规格

序号	基本尺寸/mm			截面面积/	理论重量/
	b	h	t	cm^2	(kg/m)
1	13	13	1.6	0.561	0.156
2	13	34	3.5	2.579	0.717
3	20	15	1.3	0.620	0.172
4	21	28	4	2.868	0.797
5	25	13	2.4	1.134	0.315
6	25	15	1.5	0.795	0.221
7	25	18	1.5	0.870	0.242
8	25	18	2	1.140	0.317
9	25	20	2.5	1.520	0.423
10	25	20	4	2.280	0.634
11	25	25	5	3.250	0.904
12	30	15	1.5	0.870	0.242
13	30	18	1.5	0.960	0.267
14	30	20	2	1.335	0.371
15	30	22	6	3.870	1.076
16	32	25	1.8	1.437	0.399
17	32	25	2.5	1.925	0.535
18	35	20	2.5	1.770	0.492
19	35	30	2	1.833	0.510
20	38	50	5	6.560	1.824
21	40	18	2	1.453	0.404
22	40	18	2.5	1.795	0.499
23	40	18	3	2.129	0.592
24	40	21	4	2.960	0.823
25	40	25	2	1.730	0.481
26	40	25	3	2.549	0.709

（续）

序号	基本尺寸/mm			截面面积/	理论重量/
	b	h	t	cm²	(kg/m)
27	40	30	3.5	3.250	0.904
28	40	32	3	2.978	0.828
29	40	50	4	5.280	1.468
30	45	20	3	2.370	0.659
31	45	40	3	3.638	1.011
32	46	25	5	4.300	1.195
33	50	20	4	5.331	1.482
34	50	30	2	2.120	0.589
35	50	30	4	4.131	1.148
36	55	25	5	4.819	1.340
37	55	30	3	3.299	0.917
38	60	25	4	4.131	1.148
39	60	35	5	6.000	1.668
40	60	40	4	4.480	1.245
41	63	38.3	4.8	6.275	1.744
42	64	38	4	5.300	1.473
43	70	25	3	3.449	0.959
44	70	25	5	5.500	1.529
45	70	26	3.2	3.700	1.028
46	70	30	4	4.931	1.371
47	70	40	5	7.080	1.968
48	75	45	5	7.831	2.177
49	80	30	4.5	6.010	1.671
50	80	35	4.5	6.414	1.783
51	80	35	6	8.280	2.302
52	80	40	4	6.131	1.704
53	80	40	6	8.900	2.474
54	80	60	4	7.480	2.079
55	90	50	6	10.680	2.969
56	100	40	6	10.080	2.802
57	100	48	6.3	11.550	3.211
58	100	50	5	9.580	2.663
59	128	40	9	17.100	4.754

3.4 铜及铜合金产品

3.4.1 铜及铜合金板与带

1. 铜及铜合金板的规格（见表3-77）

表3-77 铜及铜合金板的规格（GB/T 2040—2017）

分类	牌号	状态	厚度/mm	宽度/mm	长度/mm
无氧铜、纯铜、磷脱氧铜	TU1,TU2,T2,T3,TP1,TP2	热轧（M20）	4~80		
		软化退火（O60）、1/4硬（H01）、1/2硬（H02）、硬（H04）、特硬（H06）	0.2~12	≤3000	≤6000
铁铜	TFe0.1	软化退火（O60）、1/4硬（H01）、1/2硬（H02）、硬（H04）	0.2~5	≤610	≤2000
	TFe2.5	软化退火（O60）、1/2硬（H02）、硬（H04）、特硬（H06）			
镉铜	TCd1	硬（H04）	0.5~10	200~300	800~1500
铬铜	TCr0.5	硬（H04）	0.5~15	≤1000	≤2000
	TCr0.5-0.2-0.1	硬（H04）	0.5~15	100~600	≥300
铜	H95	软化退火（O60）、硬（H04）	0.2~10		
	H80	软化退火（O60）、硬（H04）			
	H90,H85	软化退火（O60）、1/2硬（H02）、硬（H04）			
	H70,H68	热轧（M20）	4~60		
		软化退火（O60）、1/4硬（H01）、1/2硬（H02）、硬（H04）、特硬（H06）、弹性（H08）	0.2~10		

种类	牌号	状态	厚度/mm	宽度/mm	长度/mm
普通黄铜	H66、H65	软化退火（O60），1/4硬（H01），1/2硬（H02），硬（H04），特硬（H06），弹性（H08）	0.2~10	≤3000	≤6000
	H63、H62	热轧（M20）	4~60		
		软化退火（O60），1/2硬（H02），硬（H04），特硬（H06）	0.2~10		
	H59	热轧（M20）	4~60		
		软化退火（O60），硬（H04）	0.2~10		
铅黄铜	HPb59-1	热轧（M20）	4~60		
		软化退火（O60），1/2硬（H02），硬（H04）	0.2~10		
	HPb60-2	软化退火（O60），1/2硬（H02），硬（H04），特硬（H06）	0.5~10		
锰黄铜	HMn58-2	软化退火（O60），1/2硬（H02），硬（H04）	0.2~10		
锡黄铜	HSn62-1	热轧（M20）	4~60		
		软化退火（O60），1/2硬（H02），硬（H04）	0.2~10		
	HSn88-1	1/2硬（H02）	0.4~2	≤610	≤2000
锰黄铜	HMn55-3-1、HMn57-3-1	热轧（M20）	4~40	≤1000	≤2000
铝黄铜	HAl60-1-1、HAl67-2.5、HAl66-6-3-2				
镍黄铜	HNi65-5				

（续）

分类	牌号	状态	厚度/mm	宽度/mm	长度/mm
锡青铜	QSn6.5-0.1	热轧（M20）	9～50	≤610	≤2000
		软化退火（O60）、1/4 硬（H01）、1/2 硬（H02）、硬（H04）、特硬（H06）、弹性（H08）	0.2～12		
	QSn6.5-0.4、Sn4-3、Sn4-0.3、QSn7-0.2	软化退火（O60）、硬（H04）、特硬（H06）	0.2～12	≤600	≤2000
	QSn8-0.3	软化退火（O60）、1/4 硬（H01）、1/2 硬（H02）、硬（H04）、特硬（H06）	0.2～5	≤600	≤2000
	QSn4-4-2.5、QSn4-4-4	软化退火（O60）、1/2 硬（H02）、1/4 硬（H01）、硬（H04）	0.8～5	200～600	800～2000
锰青铜	QMn1.5	软化退火（O60）	0.5～5	100～600	≤1500
	QMn5	软化退火（O60）、硬（H04）			
铝青铜	QAl5	软化退火（O60）、硬（H04）	0.4～12	≤1000	≤2000
	QAl7	1/2 硬（H02）、硬（H04）			
	QAl9-2	软化退火（O60）、硬（H04）			
	QAl9-4	硬（H04）			
硅青铜	QSi3-1	软化退火（O60）、硬（H04）、特硬（H06）	0.5～10	100～1000	≥500
普通白铜、铁白铜	B5、B19、BFe10-1-1、BFe30-1-1	热轧（M20）	7～60	≤2000	≤4000
		软化退火（O60）、硬（H04）	0.5～10	≤600	≤1500
锰白铜	BMn3-12	软化退火（Q60）	0.5～10	100～600	800～1500
	BMn40-1.5	软化退火（O60）、硬（H04）			

	牌号	状态	厚度/mm	宽度/mm	
铝白铜	BAl6-1.5	硬(H04)	0.5~12	≤600	≤1500
	BAl13-3	固溶处理+冷加工(硬)+沉淀热处理(TH04)	0.5~12	≤600	≤1500
锌白铜	BZn15-20	软化退火(O60)、1/2硬(H02)、硬(H04)、特硬(H06)	0.5~10	≤600	≤1500
	BZn18-17	软化退火(O60)、1/2硬(H02)、硬(H04)	0.5~5	≤600	≤1500
	BZn18-26	1/2硬(H02)、硬(H04)	0.25~2.5	≤610	≤1500

2. 铜及铜合金带的规格（见表 3-78）

表 3-78　铜及铜合金带的规格（GB/T 2059—2017）

分类	牌号	状态	厚度/mm	宽度/mm
无氧铜、纯铜、磷脱氧铜	TU1、TU2、T2、T3、TP1、TP2	软化退火态(O60)、1/4硬(H01)、1/2硬(H02)、硬(H04)、特硬(H06)	>0.15~<0.50	≤610
			0.50~5.0	≤1200
镉铜	TCd1	硬(H04)	>0.15~1.2	≤300
	H95、H80、H59	软化退火态(O60)、硬(H04)	>0.15~<0.50	≤610
			0.5~3.0	≤1200
普通黄铜	H85、H90	软化退火态(O60)、1/2硬(H02)、硬(H04)	>0.15~<0.50	≤610
			0.5~3.0	≤1200
	H70、H68、H66、H65	软化退火态(O60)、1/4硬(H01)、1/2硬(H02)、硬(H04)、特硬(H06)、弹硬(H08)	>0.15~<0.50	≤610
			0.50~3.5	≤1200
	H63、H62	软化退火态(O60)、1/2硬(H02)、硬(H04)、特硬(H06)	>0.15~<0.50	≤610
			0.50~3.0	≤1200

（续）

分类	牌号	状态	厚度/mm	宽度/mm
锰黄铜	HMn58-2	软化退火态（O60）、1/2 硬（H02）、硬（H04）	>0.15~0.20	≤300
铅黄铜	HPb59-1		>0.20~2.0	≤550
铅黄铜	HPb59-1	特硬（H06）	0.32~1.5	≤200
锡黄铜	HSn62-1	硬（H04）	>0.15~0.20	≤300
锡黄铜	HSn62-1		>0.20~2.0	≤550
铝青铜	QAl5	软化退火态（O60）、硬（H04）	>0.15~1.2	≤300
铝青铜	QAl7	1/2 硬（H02）、硬（H04）		
铝青铜	QAl9-2	软化退火态（O60）、硬（H04）、特硬（H06）		
铝青铜	QAl9-4	硬（H04）		
锡青铜	QSn6.5-0.1	软化退火态（O60）、1/4 硬（H01）、1/2 硬（H02）、硬（H04）、特硬（H06）、弹硬（H08）	>0.15~2.0	≤610
锡青铜	QSn7-0.2、Sn6.5-0.4、QSn4-3、QSn4-0.3	软化退火态（O60）、硬（H04）、特硬（H06）	>0.15~2.0	≤610
锡青铜	QSn8-0.3	软化退火态（O60）、1/4 硬（H01）、1/2 硬（H02）、硬（H04）、特硬（H06）、弹硬（H08）	>0.15~2.5	≤610
锡青铜	QSn4-4-2.5、QSn4-4-4	软化退火（O60）、1/4 硬（H01）、1/2 硬（H02）、硬（H04）	0.80~1.2	≤200
锰青铜	QMn1.5	软化退火（O60）	>0.15~1.2	≤300
锰青铜	QMn5	软化退火（O60）、硬（H04）		
硅青铜	QSi3-1	软化退火态（O60）、硬（H04）、特硬（H06）	>0.15~1.2	≤300

分类	牌号	状态	厚度/mm	宽度/mm
普通白铜、铁白铜、锰白铜	B5、B19、BFe10-1-1、BFe30-1-1、BMn40-1.5	软化退火态(O60)、硬(H04)	>0.15~1.2	≤400
锰白铜	BMn3-12	软化退火态(O60)	>0.15~1.3	≤400
铝白铜	BAl6-1.5	硬(H04)	>0.15~1.2	≤300
	BAl13-3	固溶处理+冷加工(硬)+沉淀热处理(TH04)		
锌白铜	BZn15-20	软化退火态(O60)、1/2硬(H02)、硬(H04)、特硬(H06)	>0.15~1.2	≤610
	BZn18-18	软化退火态(O60)、1/4硬(H01)、1/2硬(H02)、硬(H04)	>0.15~1.0	≤400
	BZn18-17	软化退火态(O60)、1/2硬(H02)、硬(H04)	>0.15~1.2	≤610
	BZn18-26	1/4硬(H01)、1/2硬(H02)、硬(H04)	>0.15~2.0	≤610

3.4.2 铜及铜合金管

1. 铜及铜合金拉制管的规格（见表3-79）

表3-79 铜及铜合金拉制管的规格 （GB/T 1527—2017）

分类	牌号	状态	圆形		矩(方)形	
			外径/mm	壁厚/mm	对边距/mm	壁厚/mm
纯铜	T2、T3、TU1、TU2、TP1、TP2	软化退火(O60)、轻退火(O50)、硬(H04)、特硬(H06)	3~360	0.3~20		
		1/2硬(H02)	3~100		3~100	1~10

（续）

分类	牌号	状态	圆形 外径/mm	圆形 壁厚/mm	矩（方）形 对边距/mm	矩（方）形 壁厚/mm
高铜	TCr1	固溶处理+冷加工（硬）+沉淀热处理（TH04）	40~105	4~12	—	—
黄铜	H95,H90	软化退火（060）、轻退火（050）、退火到1/2硬（082）、硬+应力消除（HR04）	3~200	0.2~10	3~100	0.2~7
	H85,H80,HAs85-0.05					
	H70,H68,H59,HPb59-1,HSn62-1,HSn70-1,HAs70-0.05,HAs68-0.04		3~100			
	H65,H63,H62,HPb66-0.5,HPb65-0.04		3~200			
	HPb63-0.1	退火到1/2硬（082）	18~31	6.5~13	—	—
白铜	BZn15-20	软化退火（060）、退火到1/2硬（082）、硬+应力消除（HR04）	4~40	0.5~8	—	—
	BFe10-1-1	软化退火（060）、退火到1/2硬（082）硬（H80）	8~160		—	
	BFe30-1-1	软化退火（060）、退火到1/2硬（082）	8~80			

2. 常用铜及铜合金无缝管的规格

1）挤制铜及铜合金圆形管的规格见表 3-80。

表 3-80　挤制铜及铜合金圆形管的规格（GB/T 16866—2006）

（单位：mm）

公称外径	公称壁厚
20、21、22	1.5、2.0、2.5、3.0、4.0
23、24、25、26	1.5、2.0、2.5、3.0、3.5、4.0
27、28、29	2.5、3.0、3.5、4.0、4.5、5.0、6.0
30、32	2.5、3.0、3.5、4.0、4.5、5.0、6.0
34、35、36	2.5、3.0、3.5、4.0、4.5、5.0、6.0
38、40、42、44	2.5、3.0、3.5、4.0、4.5、5.0、6.0、7.5、9.0、10.0
45、46、48	2.5、3.0、3.5、4.0、4.5、5.0、6.0、7.5、9.0、10.0
50、52、54、55	2.5、3.0、3.5、4.0、4.5、5.0、6.0、7.5、9.0、10.0、12.5、15.0、17.5
56、58、60	4.0、4.5、5.0、6.0、7.5、9.0、10.0、12.5、15.0、17.5
62、64、65、68、70	4.0、4.5、5.0、6.0、7.5、9.0、10.0、12.5、15.0、17.5、20.0
72、74、75、78、80	4.0、4.5、5.0、6.0、7.5、9.0、10.0、12.5、15.0、17.5、20.0、22.5、25.0
85、90	7.5、10.0、12.5、15.0、17.5、20.0、22.5、25.0、27.5、30.0
95、100	7.5、10.0、12.5、15.0、17.5、20.0、22.5、25.0、27.5、30.0
105、110	10.0、12.5、15.0、17.5、20.0、22.5、25.0、27.5、30.0
115、120	10.0、12.5、15.0、17.5、20.0、22.5、25.0、27.5、30.0、32.5、35.0、37.5
125、130	10.0、12.5、15.0、17.5、20.0、22.5、25.0、27.5、30.0、32.5、35.0
135、140	10.0、12.5、15.0、17.5、20.0、22.5、25.0、27.5、30.0、32.5、35.0、37.5
145、150	10.0、12.5、15.0、17.5、20.0、22.5、25.0、27.5、30.0、32.5、35.0
155、160	10.0、12.5、15.0、17.5、20.0、22.5、25.0、27.5、30.0、32.5、35.0、37.5、40.0、42.5
165、170	10.0、12.5、15.0、17.5、20.0、22.5、25.0、27.5、30.0、32.5、35.0、37.5、40.0、42.5
175、180	10.0、12.5、15.0、17.5、20.0、22.5、25.0、27.5、30.0、32.5、35.0、37.5、40.0、42.5

（续）

公称外径	公称壁厚
185、190、195、200	10.0、12.5、15.0、17.5、20.0、22.5、25.0、27.5、30.0、32.5、35.0、37.5、40.0、42.5、45.0
210、220	10.0、12.5、15.0、17.5、20.0、22.5、25.0、27.5、30.0、32.5、35.0、37.5、40.0、42.5、45.0
234、240、250	10.0、12.5、15.0、20.0、25.0、27.5、30.0、32.5、35.0、37.5、40.0、42.5、45.0、50.0
260、280	10.0、12.5、15.0、20.0、25.0、30.0
290、300	20.0、25.0、30.0

注：表中所列为推荐规格，需要其他规格的产品应由供需双方商定。

2）拉制铜及铜合金圆形管的规格见表3-81。

表3-81　拉制铜及铜合金圆形管的规格（GB/T 16866—2006）

（单位：mm）

公称外径	公称壁厚
3、4	0.2、0.3、0.4、0.5、0.6、0.75、1.0、1.25
5、6、7	0.2、0.3、0.4、0.5、0.6、0.75、1.0、1.25、1.5
8、9、10、11、12、13、14、15	0.2、0.3、0.4、0.5、0.6、0.75、1.0、1.25、1.5、2.0、2.5、3.0
16、17、18、19、20	0.3、0.4、0.5、0.6、0.75、1.0、1.25、1.5、2.0、2.5、3.0、3.5、4.0、4.5
21、22、23、24、25、26、27、28、29、30	0.4、0.5、0.6、0.75、1.0、1.25、1.5、2.0、2.5、3.0、3.5、4.0、4.5、5.0
31、32、33、34、35、36、37、38、39、40	0.4、0.5、0.6、0.75、1.0、1.25、1.5、2.0、2.5、3.0、3.5、4.0、4.5、5.0
42、44、45、46、48、49、50	0.75、1.0、1.25、1.5、2.0、2.5、3.0、3.5、4.0、4.5、5.0、6.0
52、54、55、56、58、60	0.75、1.0、1.25、1.5、2.0、2.5、3.0、3.5、4.0、4.5、5.0、6.0、7.0、8.0
62、64、65、66、68、70	1.0、1.25、1.5、2.0、2.5、3.0、3.5、4.0、4.5、5.0、6.0、7.0、8.0、9.0、10.0、11.0
72、74、75、76、78、80	2.0、2.5、3.0、3.5、4.0、4.5、5.0、6.0、7.0、8.0、9.0、10.0、11.0、12.0、13.0
82、84、85、86、88、90、92、94、96、100	2.0、2.5、3.0、3.5、4.0、4.5、5.0、6.0、7.0、8.0、9.0、10.0、11.0、12.0、13.0、14.0、15.0
105、110、115、120、125、130、135、140、145、150	2.0、2.5、3.0、3.5、4.0、4.5、5.0、6.0、7.0、8.0、9.0、10.0、11.0、12.0、13.0、14.0、15.0

（续）

公称外径	公称壁厚
155、160、165、170、175、 180、185、190、195、200	3.0、3.5、4.0、4.5、5.0、6.0、7.0、8.0、9.0、10.0、11.0、 12.0、13.0、14.0、15.0
210、220、230、240、250	3.0、3.5、4.0、4.5、5.0、6.0、7.0、8.0、9.0、10.0、11.0、 12.0、13.0、14.0、15.0
260、270、280、290、 300、310、320、330、 340、350、360	4.0、4.5、5.0

注：表中所列为推荐规格，需要其他规格的产品应由供需双方商定。

3. 铜及铜合金毛细管的规格（见表 3-82）

表 3-82　铜及铜合金毛细管的规格（GB/T 1531—2020）

牌号	代号	状态	种类	外径/ mm	内径/ mm	长度/mm
T2 TP1 TP2 H85 H80 H70 H68 H65 H63 H62	T11050 C12000 C12200 C23000 C24000 T26100 T26300 C27000 T27300 T27600	拉拔硬（H80） 轻拉（H55） 软化退火 （O60）	直管 盘管	ϕ0.5~ ϕ6.10	ϕ0.3~ ϕ4.45	直管： 30~6000 盘管： ≥15000
H95 H90 BFe10-1-1	C21000 C22000 T70590	拉拔硬（H80） 软化退火（O60）	直管 盘管			
QSn4-0.3 QSn6.5-0.1	C51100 T51510	拉拔硬（H80） 软化退火（O60）	直管			30~ 6000

注：需方需要其他牌号、状态时，由供需双方协商确定后在订货单（或合同）中注明。

4. 特殊用途用铜及铜合金管的规格

1）铜及铜合金散热扁管的规格见表 3-83。

表 3-83　　铜及铜合金散热扁管的规格 （GB/T 8891—2013）

牌号	代号	状态	圆管尺寸（直径×壁厚）/mm	扁管尺寸（宽度×高度×壁厚）/mm	矩形管尺寸（长边×短边×壁厚）/mm	长度/mm
TU0	T10130	拉拔硬（H80）、轻拉（H55）	（4～25）×（0.20～2.00）	—	—	250～4000
T2 H95	T11050 T21000	拉拔硬（H80）	（10～50）×（0.20～0.80）	（15～25）×（1.9～6.0）×（0.20～0.80）	（15～25）×（5～12）×（0.20～0.80）	
H90 H85 H80	T22000 T23000 T24000	轻拉（H55）				
H68 HAs68-0.04 H65 H63	T26300 T26330 T27000 T27300	轻软退火（O50）				
HSn70-1	T45000	软化退火（O60）				

2）铜及铜合金波导管的规格见表 3-84。

表 3-84　　铜及铜合金波导管的规格 （GB/T 8894—2014）

牌号	代号	供应状态	圆形直径/mm	矩形（a/b≈2）	中等扁矩形（a/b≈4）	扁矩形（a/b≈8）	方形（a/b≈1）	长度/mm
TU00 TU0 TU1 T2 H96	C10100 T10130 T10150 T11050 —	拉拔（H50）	3.581～149	2.540×1.270 ～ 165.10×82.55	22.85×5.00 ～ 195.58×48.90	22.86×5.00 ～ 109.22×13.10	15.00×15.00 ～ 50.00×50.00	500～4000
H62	T27600	拉拔+应力消除（HR50）						
BMn40-1.5	T71660	拉拔（H50）	—	22.86×10.16～40.40×20.20	—	—	—	

3）导电用无缝圆形铜管的规格见表 3-85。

表 3-85　导电用无缝圆形铜管的规格（GB/T 19850—2013）

牌号	代号	状态	圆形		矩（方）形		长度/mm
			外径/mm	壁厚/mm	对边距/mm	壁厚/mm	
TU0	T10130	软化退火（O60）轻拉（H55）硬态拉拔（H80）	直管				
TU1	T10150						
TU2	T10180						
TU3	C10200		5 ~ 178	0.5 ~ 10.0	10 ~ 150	0.5 ~ 10.0	900 ~ 8500
TUAg0.1	T10530						
TAg0.1	T11210		盘管				
T1	T10900						
T2	T11050		5 ~ 22	0.5 ~ 6.0	10 ~ 35	0.5 ~ 5.0	>8500
TP1	C12000						

4）电缆用无缝铜管的规格见表 3-86。

表 3-86　电缆用无缝铜管的规格（GB/T 19849—2014）

牌号	代号	状态	种类	用途	外径/mm	壁厚/mm	长度/mm
TU1	T10150	软化退火（O60）	盘管	通讯电缆	4 ~ 22	0.25 ~ 1.50	≥10000
TU2	T10180						
T2	T11050						
TP2	C12200	硬（H80）	直管	防火电缆	30 ~ 75	2.5 ~ 4.0	6000 ~ 14000
TP3	T12210						

5）空调及制冷制备用无缝铜管的规格见表 3-87。

表 3-87　空调及制冷制备用无缝铜管的规格（GB/T 17791—2017）

牌号	代号	状态	种类	外径/mm	壁厚/mm	长度/mm
TU0	T10130	拉拔硬（H80）轻拉（H55）表面硬化（O60-H）[①]	直管	3.0 ~ 54	0.25 ~ 2.5	400 ~ 10000
TU1	T10150					
TU2	T10180					
TP1	C12000					
TP2	C12200	轻退火（O50）软化退火（O60）	盘管	3.0 ~ 32	0.25 ~ 2.0	—
T2	T11050					
QSn0.5-0.025	T50300					

① 表面硬化（O60-H）是指软化退火状态（O60）经过加工率为 1% ~ 5% 的冷加工使其表面硬化的状态。

6) 压力表用锡青铜管的规格见表 3-88。

表 3-88　压力表用锡青铜管的规格（GB/T 8892—2014）

牌号	代号	状态	规格尺寸/mm
QSn4-0.3 QSn6.5-0.1	T51010 T51510	软化退火（O60） 半硬+应力消除（HR02） 硬+应力消除（HR04）	圆管（$D \times t \times l$）见图 3-31a) （$\phi 1.5 \sim \phi 25$）×（$0.10 \sim 1.80$）× ≤6000
H68	T26300	半硬+应力消除（HR02） 硬+应力消除（HR04）	扁管（$A \times B \times t \times l$）见图 3-31b) （$7.5 \sim 20$）×（$5 \sim 7$）× （$0.15 \sim 1.0$）≤6000
BFe10-1-1	T70590	半硬+应力消除（HR02） 硬+应力消除（HR04）	椭圆管（$A \times B \times t \times l$）见图 3-31c) （$5 \sim 15$）×（$2.5 \sim 6$）× （$0.15 \sim 1.0$）×≤6000

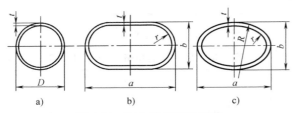

a)　　　　　　b)　　　　　　c)

图 3-31　压力表用锡青铜管

a) 圆管　b) 扁管　c) 椭圆管

3.4.3　铜及铜合金棒

1. 铜棒

铜棒的截面形状如图 3-32 所示，其规格见表 3-89。

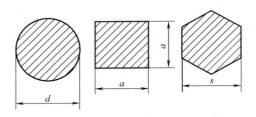

图 3-32　铜及铜合金棒的截面形状

表 3-89　铜棒的规格

d 或 a、s/mm	理论重量/（kg/m）		
	圆形棒	方形棒	六角形棒
5	0.175	0.223	0.193
5.5	0.211	0.269	0.233
6	0.252	0.320	0.277
6.5	0.295	0.376	0.326
7	0.343	0.436	0.378
7.5	0.393	0.501	0.434
8	0.447	0.570	0.493
8.5	0.505	0.643	0.557
9	0.566	0.720	0.624
9.5	0.631	0.803	0.696
10	0.699	0.890	0.771
11	0.846	1.077	0.933
12	1.007	1.282	1.110
13	1.181	1.504	1.303
14	1.370	1.744	1.511
15	1.573	2.003	1.734
16	1.789	2.278	1.973
17	2.020	2.572	2.227
18	2.265	2.884	2.497
19	2.523	3.213	2.782
20	2.796	3.560	3.083
21	3.083	3.925	3.399
22	3.383	4.308	3.730
23	3.698	4.708	4.077
24	4.026	5.126	4.439
25	4.369	5.563	4.817
26	4.725	6.016	5.210
27	5.096	6.488	5.619
28	5.480	6.978	6.043
29	5.879	7.485	6.482
30	6.291	8.010	6.937
32	7.158	9.114	7.893
34	8.081	10.288	8.910

（续）

d 或 a、s/mm	理论重量/（kg/m）		
	圆形棒	方形棒	六角形棒
35	8.563	10.903	9.442
36	9.059	11.534	9.989
38	10.094	12.852	11.129
40	11.184	14.240	12.332
42	12.330	15.700	13.596
44	13.533	17.230	14.922
45	14.155	18.023	15.607
46	14.791	18.832	16.309
48	16.105	20.506	17.758
50	17.475	22.250	19.269
52	18.901	24.066	20.841
54	20.383	25.952	22.475
55	21.145	26.923	23.315
56	21.921	27.910	24.170
58	23.515	29.940	25.928
60	25.164	32.040	27.747
65	29.533	37.603	32.564
70	34.251	43.610	37.766
75	39.319	50.063	43.354
80	44.736	56.960	49.327
85	50.504	64.303	55.686
90	56.619	72.090	62.430
95	63.085	80.323	69.559
100	69.900	89.000	77.074
(105)	77.065	98.123	84.974
110	84.580	107.690	93.260
(115)	92.444	117.703	101.930
120	100.657	128.160	110.987

注：表中理论重量按纯铜密度 8.90g/cm^3 计算。

2. 导电用铜棒的规格 （见表 3-90）

表 3-90　导电用铜棒的规格 （YS/T 615—2018）

分类	牌号	状态	直径或对边距/mm	直径或对边距/mm	
				3~50	>50~90
				长度/mm	长度/mm
无氧铜	TU0 TU1 TU2 TU3 TU00Ag0.06 TUAg0.03 TUAg0.05 TUAg0.1 TUAg0.2	热挤压（M30）	10~90	1000~ 5000	500~ 5000
		拉拔（H50） 退火（O60）	3~80		
纯铜	T1 T2	拉拔（H50） 退火（O60）	3~80		
银铜	TAg0.1				

注：经协商，直径等于或小于 10mm 的棒材可成盘 （卷）状，其长度不小于 4000mm。

3. 黄铜棒

1) 普通拉制黄铜棒的截面形状如图 3-32 所示，其规格见表 3-91。

表 3-91　普通拉制黄铜棒的规格

d 或 a、s/mm	理论重量/(kg/m)		
	圆形棒	方形棒	六角形棒
5	0.167	0.213	0.184
5.5	0.202	0.257	0.223
6	0.240	0.306	0.265
6.5	0.282	0.359	0.311
7	0.327	0.417	0.360
7.5	0.376	0.478	0.414
8	0.427	0.544	0.471
8.5	0.482	0.614	0.532
9	0.541	0.689	0.596
9.5	0.603	0.767	0.664
10	0.668	0.850	0.736

（续）

d 或 a、s/mm	理论重量/（kg/m）		
	圆形棒	方形棒	六角形棒
11	0.808	1.029	0.891
12	0.961	1.224	1.060
13	1.128	1.437	1.244
14	1.308	1.666	1.443
15	1.502	1.913	1.656
16	1.709	2.176	1.884
17	1.929	2.457	2.127
18	2.163	2.754	2.385
19	2.410	3.069	2.657
20	2.670	3.400	2.944
21	2.944	3.749	3.246
22	3.231	4.114	3.563
23	3.532	4.497	3.894
24	3.845	4.896	4.240
25	4.173	5.313	4.600
26	4.513	5.746	4.976
27	4.867	6.197	5.366
28	5.234	6.664	5.771
29	5.615	7.149	6.191
30	6.008	7.650	6.625
32	6.836	8.704	7.538
34	7.717	9.826	8.509
35	8.178	10.413	9.017
36	8.652	11.016	9.540
38	9.640	12.274	10.629
40	10.682	13.600	11.778
42	11.776	14.994	12.985
44	12.925	16.456	14.251
45	13.518	17.213	14.906
46	14.126	17.986	15.576
48	15.382	19.584	16.960
50	16.690	21.250	18.403
52	18.052	22.984	19.904

（续）

d 或 a、s/mm	理论重量/（kg/m）		
	圆形棒	方形棒	六角形棒
54	19.468	24.786	21.465
55	20.195	25.713	22.267
56	20.936	26.656	23.084
58	22.458	28.594	24.762
60	24.034	30.600	26.500
65	28.206	35.913	31.100
70	32.712	41.650	36.069
75	37.553	47.813	41.406
80	42.726	54.400	47.110

注：理论重量按普通黄铜密度 8.5g/cm³ 计算。

2）挤制普通黄铜棒的截面形状如图 3-32 所示，其规格见表 3-92。

表 3-92　挤制普通黄铜棒的规格

d 或 a、s/mm	理论重量/（kg/m）		
	圆形棒	方形棒	六角形棒
10	0.668	0.850	0.736
11	0.808	1.029	0.891
12	0.961	1.224	1.060
13	1.128	1.437	1.244
14	1.308	1.666	1.443
15	1.502	1.913	1.656
16	1.709	2.176	1.884
17	1.929	2.457	2.127
18	2.163	2.754	2.385
19	2.410	3.069	2.657
20	2.670	3.400	2.944
21	2.944	3.749	3.246
22	3.231	4.114	3.563
23	3.532	4.497	3.894
24	3.845	4.896	4.240
25	4.173	5.313	4.600
26	4.513	5.746	4.976
27	4.867	6.197	5.366
28	5.234	6.664	5.771
29	5.615	7.149	6.191

（续）

d 或 a、s/mm	理论重量/（kg/m）		
	圆形棒	方形棒	六角形棒
30	6.008	7.650	6.625
32	6.836	8.704	7.538
34	7.717	9.826	8.509
35	8.178	10.413	9.017
36	8.652	11.016	9.540
38	9.640	12.274	10.629
40	10.682	13.600	11.778
42	11.776	14.994	12.985
44	12.925	16.456	14.251
45	13.518	17.213	14.906
46	14.126	17.986	15.576
48	15.382	19.584	16.960
50	16.690	21.250	18.403
52	18.052	22.984	19.904
54	19.468	24.786	21.465
55	20.195	25.713	22.267
56	20.936	26.656	23.084
58	22.458	28.594	24.762
60	24.034	30.600	26.500
65	28.206	35.913	31.100
70	32.712	41.650	36.069
75	37.553	47.813	41.406
80	42.726	54.400	47.110
85	48.234	61.413	53.183
90	54.076	68.850	59.624
95	60.251	76.713	66.433
100	66.760	85.000	73.610
（105）	73.603	93.713	81.155
110	80.780	102.850	89.068
（115）	88.290	112.413	97.349
120	96.134	122.400	105.998
130	112.824	143.650	124.400
140	130.850	166.600	144.276
150	150.210	191.250	165.622
160	170.906	217.600	188.442

注：理论重量按黄铜密度 8.5g/cm^3 计算。

3）热锻水暖管件用黄铜棒的规格见表 3-93。

表 3-93　热锻水暖管件用黄铜棒的规格（YS/T 583—2016）

牌号	代号	状态	直径或对边距/mm	长度/mm
H59	T28200			
HPb58-2	T38210			
HPb58-3	T38310			
HPb59-1	T38100			
HPb59-2	T38200			
HPb59-3	T38300			
HPb61-1	C37100			
HPb60-2	C37700			
HPb61-2-0.1	T36230			
HPb61-2-1	T36220			
HPb62-2	C35300			
HPb62-2-0.1	T36210			
HPb62-1-0.6	—			
HPb63-1-0.6	—			
HPb63-1.5	—	热挤压（M30）		
HPb63-1.5-0.6	—	连续铸造（M07）[1]	10~80	1000~
HPb65-1.5	—	1/2 硬（H02）		6000
HPb66-0.5	C33000			
HBi59-1	T49360			
HBi60-1.3	T49240			
HBi60-0.5-0.01	T49310			
HBi60-0.8-0.01	T49320			
HBi60-1.0-0.05	C49260			
HBi60-1.1-0.01	T49330			
HSi62-0.6	C68350			
HSi63-3-0.06	—			
HSi68-1	—			
HAs63-0.1	—			
HAl63-0.6-0.2	—			
HSn60-0.4-0.2	—			
HSn60-0.8	—			
HSn60-1-0.04	—			

注：含铅、铋元素的牌号不推荐用于饮用水系统。

①　连续铸造后，进行剥皮或拉伸处理。

4. 青铜棒

1）拉制镉青铜棒的规格见表 3-94。

表 3-94　拉制镉青铜棒的规格

公称直径/mm	理论重量/ （kg/m）	公称直径/mm	理论重量/ （kg/m）
5	0.173	25	4.320
5.5	0.209	26	4.673
6	0.249	27	5.039
6.5	0.292	28	5.420
7	0.339	29	5.813
7.5	0.389	30	6.221
8	0.442	32	7.078
8.5	0.499	34	7.990
9	0.560	35	8.467
9.5	0.624	36	8.958
10	0.691	38	9.981
11	0.836	40	11.059
12	0.995	42	12.193
13	1.168	44	13.382
14	1.355	45	13.997
15	1.555	46	14.626
16	1.769	48	15.925
17	1.998	50	17.280
18	2.239	52	18.690
19	2.495	54	20.155
20	2.764	55	20.910
21	3.048	56	21.676
22	3.345	58	23.252
23	3.656	60	24.883
24	3.981	—	—

注：理论重量按镉青铜密度 8.8g/cm^3 计算。

2）挤制镉青铜棒的规格见表 3-95。

表 3-95　挤制镉青铜棒的规格

公称直径/mm	理论重量/（kg/m）	公称直径/mm	理论重量/（kg/m）
20	2.765	48	15.925
21	3.048	50	17.280
22	3.345	52	18.690
23	3.656	54	20.155
24	3.981	55	20.910
25	4.320	56	21.676
26	4.673	58	23.252
27	5.039	60	24.883
28	5.420	65	29.203
29	5.813	70	33.869
30	6.221	75	38.880
32	7.078	80	44.237
34	7.990	85	49.939
35	8.467	90	55.987
36	8.958	95	62.381
38	9.981	100	69.120
40	11.059	（105）	76.205
42	12.193	110	83.635
44	13.382	（115）	91.411
45	13.997	120	99.533
46	14.626	—	—

注：理论重量按镉青铜密度 8.8g/cm^3 计算。

3）拉制硅青铜棒的截面形状如图 3-32 所示，其规格见表 3-96。

表 3-96　拉制硅青铜棒的规格

d 或 a、s/ mm	理论重量/（kg/m）		
	圆形棒	方形棒	六角形棒
5	0.165	0.210	0.182
5.5	0.200	0.254	0.219
6	0.237	0.302	0.262
6.5	0.279	0.355	0.307
7	0.323	0.412	0.356
7.5	0.371	0.473	0.409
8	0.422	0.538	0.466
8.5	0.477	0.607	0.526

（续）

d 或 a、s/ mm	理论重量/（kg/m）		
	圆形棒	方形棒	六角形棒
9	0.534	0.680	0.589
9.5	0.595	0.758	0.656
10	0.660	0.840	0.727
11	0.798	1.016	0.880
12	0.950	1.210	1.047
13	1.115	1.420	1.229
14	1.293	1.646	1.426
15	1.484	1.890	1.637
16	1.689	2.150	1.862
17	1.907	2.428	2.102
18	2.137	2.722	2.357
19	2.382	3.032	2.626
20	2.639	3.360	2.910
21	2.909	3.704	3.208
22	3.193	4.066	3.521
23	3.490	4.444	3.848
24	3.800	4.840	4.190
25	4.123	5.250	4.546
26	4.460	5.678	4.917
27	4.809	6.124	5.303
28	5.172	6.586	5.703
29	5.548	7.064	6.117
30	5.937	7.560	6.546
32	6.755	8.602	7.449
34	7.626	9.710	8.408
35	8.081	10.290	8.911
36	8.550	10.886	9.427
38	9.526	12.130	10.503
40	10.555	13.440	11.640

注：表中理论重量按硅青铜 QSi3-1 密度 8.40g/cm³ 计算。

4）挤制硅青铜棒的截面形状如图 3-32 所示，其规格见表 3-97。

表 3-97　挤制硅青铜棒的规格

d 或 a、s/ mm	理论重量/（kg/m）		
	圆形棒	方形棒	六角形棒
20	2.702	3.440	2.979
21	2.979	3.793	3.285
22	3.269	4.162	3.605
23	3.573	4.549	3.940
24	3.890	4.950	4.290
25	4.221	5.375	4.655
26	4.566	5.814	5.035
27	4.924	6.269	5.430
28	5.295	6.742	5.839
29	5.680	7.233	6.264
30	6.079	7.740	6.703
32	6.916	8.806	7.627
34	7.808	9.942	8.610
35	8.274	10.535	9.124
36	8.753	11.146	9.653
38	9.573	12.418	10.755
40	10.806	13.760	11.917
42	11.914	15.170	13.138
44	13.076	16.650	14.419
45	13.677	17.415	15.082
46	14.291	18.198	15.760
48	15.561	19.814	17.160
50	16.886	21.500	18.619
52	18.263	23.254	20.138
54	19.695	25.077	21.717
55	20.431	26.015	22.528
56	21.181	26.969	23.355
58	22.720	28.930	25.053
60	24.314	30.960	26.813
65	28.536	36.495	31.468
70	33.095	42.140	36.495

（续）

d 或 a、s/	理论重量/（kg/m）		
mm	圆形棒	方形棒	六角形棒
75	37.991	48.375	41.895
80	43.230	55.040	47.667
85	48.797	62.135	53.812
90	54.708	69.660	60.329
95	60.955	77.615	67.218
100	67.540	86.000	74.480
（105）	74.463	94.815	82.109
110	81.723	104.060	90.115
（115）	89.322	113.735	98.494
120	97.258	123.840	107.245

注：表中理论重量按硅青铜 QSi1-3 密度 8.60g/cm³ 计算。

5）拉制铝青铜棒的规格见表 3-98。

表 3-98　　拉制铝青铜棒的规格

公称直径/mm	理论重量/（kg/m）	公称直径/mm	理论重量/（kg/m）
5	0.149	19	2.155
5.5	0.181	20	2.388
6	0.215	21	2.632
6.5	0.252	22	2.889
7	0.292	23	3.158
7.5	0.336	24	3.438
8	0.382	25	3.731
8.5	0.431	26	4.035
9	0.483	27	4.351
9.5	0.539	28	4.679
10	0.597	29	5.020
11	0.722	30	5.372
12	0.860	32	6.112
13	1.009	34	6.900
14	1.170	35	7.312
15	1.343	36	7.736
16	1.528	38	8.619
17	1.725	40	9.550
18	1.934	—	—

注：理论重量按 QAl9-2 铝青铜密度 7.6g/cm³ 计算。

6) 挤制铝青铜棒的规格见表 3-99。

表 3-99　挤制铝青铜棒的规格

公称直径/mm	理论重量/(kg/m)	公称直径/mm	理论重量/(kg/m)
10	0.605	44	11.709
11	0.732	45	12.247
12	0.871	46	12.798
13	1.022	48	13.935
14	1.185	50	15.120
15	1.361	52	16.354
16	1.548	54	17.636
17	1.748	55	18.295
18	1.960	56	18.967
19	2.183	58	20.345
20	2.419	60	21.773
21	2.667	65	25.553
22	2.927	70	29.635
23	3.199	75	34.020
24	3.484	80	38.710
25	3.780	85	43.697
26	4.088	90	48.989
27	4.409	95	54.583
28	4.742	100	60.480
29	5.086	(105)	66.679
30	5.443	110	73.181
32	6.193	(115)	79.985
34	6.991	120	87.091
35	7.409	130	102.211
36	7.838	140	118.541
38	8.733	150	136.080
40	9.677	160	154.829
42	10.669	—	—

注：理论重量按 QAl10-4-4 铝青铜密度 7.7g/cm³ 计算。

7) 电子元器件用铍青铜棒的规格见表 3-100。

表 3-100　电子元器件用铍青铜棒的规格（SJ 20716—1998）

品种	牌号	状态	直径/mm	允许偏差/mm
线	QBeMg1.9-0.1	C、CY₄、CY₂、CY₃、CY	0.25～0.3	±0.005
			>0.3～0.5	±0.010
			>0.5～1	±0.015
			>1～2	±0.016
			>2～3.5	±0.020
			>3.5～5	±0.025
棒		C、CY	>5～10	±0.05
			>10～20	±0.07
			>20～35	±0.10
			>35～40	±0.12

注：1. 需方只要求正偏差或负偏差时，其值为表中数值的 2 倍。

　　2. 经双方协议，可供应其他规格和允许偏差的棒（线）。

8) 拉制锡青铜棒的截面形状如图 3-32 所示，其规格见表 3-101。

表 3-101　拉制锡青铜棒的规格

d 或 a、s/mm	理论重量/(kg/m)		
	圆形棒	方形棒	六角形棒
5	0.172	0.220	0.191
5.5	0.209	0.266	0.231
6	0.249	0.317	0.274
6.5	0.292	0.372	0.322
7	0.339	0.431	0.373
7.5	0.389	0.495	0.429
8	0.442	0.563	0.487
8.5	0.499	0.636	0.551
9	0.560	0.713	0.617
9.5	0.624	0.794	0.688
10	0.691	0.880	0.762
11	0.836	1.065	0.922
12	0.995	1.267	1.097
13	1.168	1.487	1.288
14	1.355	1.725	1.494

（续）

d 或 a、s/mm	理论重量/（kg/m）		
	圆形棒	方形棒	六角形棒
15	1.555	1.980	1.715
16	1.769	2.253	1.951
17	1.998	2.543	2.202
18	2.239	2.851	2.469
19	2.495	3.177	2.751
20	2.764	3.520	3.048
21	3.048	3.881	3.361
22	3.345	4.259	3.689
23	3.656	4.655	4.032
24	3.981	5.069	4.390
25	4.320	5.500	4.763
26	4.673	5.949	5.152
27	5.039	6.415	5.556
28	5.420	6.899	5.975
29	5.813	7.401	6.410
30	6.221	7.920	6.859
32	7.078	9.011	7.804
34	7.990	10.173	8.810
35	8.467	10.780	9.336
36	8.958	11.405	9.877
38	9.981	12.707	11.005
40	11.059	14.080	12.194

注：理论重量按锡青铜密度 8.8g/cm³ 计算。

9）挤制锡青铜棒的截面形状如图 3-32 所示，其规格见表 3-102。

表 3-102　挤制锡青铜棒的规格

d 或 a、s/mm	理论重量/（kg/m）		
	圆形棒	方形棒	六角形棒
30	6.221	7.920	6.859
32	7.078	9.011	7.804
34	7.990	10.173	8.810
35	8.467	10.780	9.336

（续）

d 或 a、s/mm	理论重量/（kg/m）		
	圆形棒	方形棒	六角形棒
36	8.958	11.405	9.877
38	9.981	12.707	11.005
40	11.059	14.080	12.194
42	12.193	15.523	13.443
44	13.382	17.037	14.754
45	13.997	17.820	15.433
46	14.626	18.621	16.126
48	15.925	20.275	17.559
50	17.280	22.000	19.053
52	18.690	23.795	20.607
54	20.155	25.661	22.223
55	20.910	26.620	23.054
56	21.676	27.597	23.899
58	23.252	29.603	25.637
60	24.883	31.680	27.436
65	29.203	37.180	32.199
70	33.869	43.120	37.343
75	38.880	49.500	42.868
80	44.237	56.320	48.774
85	49.939	63.580	55.062
90	55.987	71.280	61.730
95	62.381	79.420	68.780
100	69.120	88.000	76.210
（105）	76.205	97.020	84.022
110	83.635	106.480	92.214
（115）	91.411	116.380	100.788
120	99.533	126.720	109.742

注：理论重量按锡青铜密度 8.8g/cm³ 计算。

5. 白铜棒

1）拉制锌白铜棒的规格见表 3-103。

表 3-103　拉制锌白铜棒的规格

公称直径/mm	理论重量/(kg/m)	公称直径/mm	理论重量/(kg/m)
5	0.169	19	2.438
5.5	0.204	20	2.702
6	0.243	21	2.979
6.5	0.285	22	3.269
7	0.331	23	3.573
7.5	0.380	24	3.890
8	0.432	25	4.221
8.5	0.488	26	4.566
9	0.547	27	4.924
9.5	0.610	28	5.295
10	0.675	29	5.680
11	0.817	30	6.079
12	0.973	32	6.916
13	1.141	34	7.808
14	1.324	35	8.274
15	1.520	36	8.753
16	1.729	38	9.753
17	1.952	40	10.806
18	2.188		

注：理论重量按锌白铜密度 8.6g/cm³ 计算。

2）挤制锌白铜棒的规格见表 3-104。

表 3-104　挤制锌白铜棒的规格

公称直径/mm	理论重量/(kg/m)	公称直径/mm	理论重量/(kg/m)
25	4.221	52	18.263
26	4.566	54	19.695
27	4.924	55	20.431
28	5.295	56	21.181
29	5.680	58	22.720
30	6.079	60	24.314
32	6.916	65	28.536
34	7.808	70	33.095
35	8.274	75	37.991
36	8.753	80	43.226
38	9.753	85	48.798
40	10.806	90	54.710
42	11.914	95	60.955
44	13.076	100	67.540
45	13.677	(105)	74.463
46	14.291	110	81.723
48	15.561	(115)	89.322
50	16.885	120	97.258

注：理论重量按锌白铜密度 8.6g/cm³ 计算。

3.5　镁及镁合金产品

3.5.1　镁及镁合金板与带

镁及镁合金板与带的状态和规格见表 3-105。

表 3-105　镁及镁合金板与带的状态和规格

（GB/T 5154—2022）

牌号	状态	厚度/mm	宽度/mm	长度/mm
Mg9995	F	2.00~5.00	≤600	≤1000
M2M	O	0.80~10.00	400~1200	1000~3500
AZ40M	H112、F	>8.00~70.00	400~1200	1000~3500
AZ41M	H18、O	0.40~2.00	≤1000	≤2000
	O	>2.00~10.0	400~1200	1000~3500
	H112、F	>8.00~70.00	400~1200	1000~2000
AZ31B	H24	>0.40~2.00	≤600	≤2000
		>2.00~8.00	≤1000	≤2000
		>8.00~32.00	400~1200	1000~3500
		>32.00~70.00	400~1200	1000~2000
	H26	6.30~50.00	400~1200	1000~2000
	O	0.40~1.00	≤600	—
		>1.00~8.00	≤1000	≤2000
		>8.00~70.00	400~1200	1000~2000
	H112、F	>8.00~70.00	400~1200	1000~2000
ME20M	H18、O	0.40~0.80	≤1000	≤2000
	H24、O	>0.80~10.00	400~1200	1000~3500
	H112、F	>8.00~32.00	400~1200	1000~3500
		>32.00~70.00	400~1200	1000~2000
AZ61A	H112	>0.50~6.00	60~400	≤1200
ZK61M	H112、T5	>8.00~32.00	400~1200	1000~3500
		>32.00~70.00	400~1200	≤2000
LZ91N、LA93M、LA93Z	H112、O	0.40~20.00	400~1200	1000~3500
		>20.00~70.00	400~1200	≤2000

3.5.2　镁及镁合金管

1. 镁及镁合金挤压圆管的直径及允许偏差（见表 3-106）

表 3-106　镁及镁合金挤压圆管的直径及允许偏差（YS/T 495—2005）

（单位：mm）

直径（外径或内径）	直径允许偏差	
	平均直径与公称直径间的偏差	任一点直径与公称直径间的偏差
	 (AA+BB)/2 与公称直径之差	 AA 与公称直径之差
≤12.50	±0.20	±0.40
>12.50~25.00	±0.25	±0.50
>25.00~50.00	±0.30	±0.64
>50.00~100.00	±0.38	±0.76
>100.00~150.00	±0.64	±1.25
>150.00~200.00	±0.88	±1.90

注：1. 当要求非对称偏差时，其非对称偏差的绝对值的平均值不大于表中标定偏差数值。
　　2. 仅要求内径、外径与壁厚三项中的任意二项的偏差。
　　3. 平均直径为在两个互为垂直方向测得的直径的平均值。
　　4. 表中偏差数值不适用于壁厚小于 2.5%×外径的管材。

2. 镁合金热挤压圆管的壁厚及允许偏差（见表 3-107）

表 3-107　镁合金热挤压圆管的壁厚及允许偏差

（YS/T 495—2005）　　　（单位：mm）

公称壁厚	壁厚允许偏差			
	平均壁厚与公称壁厚间的允许偏差		任意点的壁厚与平均壁厚的允许偏差	
	 (AA+BB)/2 与公称壁厚之差		 AA 与平均壁厚之差	
	外径			
	≤30	>30~80	>80~130	>130

（续）

≤1.20	±0.15	—	—	—	
>1.20~1.60	±0.18	±0.20	±0.20	±0.25	
>1.60~2.00	±0.20	±0.20	±0.23	±0.30	
>2.00~3.20	±0.23	±0.25	±0.25	±0.38	
>3.20~6.30	±0.25	±0.25	±0.33	±0.50	±10%×平均壁厚，但最大值：±1.50，最小值：±0.25
>6.30~10.00	±0.28	±0.28	±0.40	±0.64	
>10.00~12.50	—	±0.38	±0.53	±0.88	
>12.5~20.0	—	±0.50	±0.72	±1.15	
>20.00~25.00	—	—	±0.98	±1.40	
>25.00~35.00	—	—	±1.15	±1.65	
>35.00~50.00	—	—	—	±1.90	
>50.00~60.00	—	—	—	±2.15	
>60.00~80.00	—	—	—	±2.40	±3.00
>80.00~90.00	—	—	—	±2.65	
>90.00~100.00	—	—	—	±2.90	

注：1. 仅要求内径、外径与壁厚三项中的任意二项的偏差。

2. 如果标定了外径和内径尺寸，而未标出壁厚尺寸，则除要求外径和内径尺寸偏差符合本标准规定外，还要求任意点壁厚与平均壁厚的允许偏差（偏心度）不大于平均壁厚的±10%，但最大：±1.50mm，最小：±0.25mm。

3. 当要求非对称偏差时，其非对称偏差的绝对值的平均值不大于表中标定偏差数值。

4. 平均壁厚是指在管材断面的外径两端测得壁厚的平均值。

3. 镁合金热挤压异形管的宽度或高度及允许偏差（见表 3-108）

表 3-108　镁合金热挤压异形管的宽度或高度及允许偏差

（YS/T 495—2005）　　　　（单位：mm）

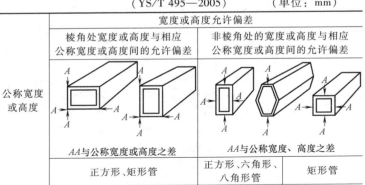

	宽度或高度允许偏差		
公称宽度或高度	棱角处宽度或高度与相应公称宽度或高度间的允许偏差	非棱角处的宽度或高度与相应公称宽度或高度间的允许偏差	
	AA 与公称宽度或高度之差	*AA* 与公称宽度、高度之差	
	正方形、矩形管	正方形、六角形、八角形管	矩形管

（续）

1栏	2栏	3栏	4栏
>12.5~20.00	±0.30	±0.50	宽度允许偏差采用与高度相对的 3 栏；反之,高度允许偏差采用与宽度相对的 3 栏。但是,当这些数值小于本身所对应的 2 栏数值时,则按 2 栏
>20.00~25.00	±0.36	±0.50	
>25.00~50.00	±0.46	±0.64	
>50.00~100.00	±0.64	±0.88	
>100.00~130.00	±0.88	±1.15	
>130.00~150.00	±1.15	±1.40	
>150.00~180.00	±1.40	±1.65	

注：1. 当要求非对称偏差对，其非对称偏差的绝对值的平均值不大于表中标定偏差数值。
　　2. 仅要求内径、外径与壁厚三项中的任意二项的偏差。
　　3. 不适用于壁厚小于 2.5%×外接圆直径的管材。

4. 镁合金热挤压异形管的壁厚及允许偏差（见表 3-109）

表 3-109　镁合金热挤压异形管的壁厚及允许偏差

（YS/T 495—2005）　　　（单位：mm）

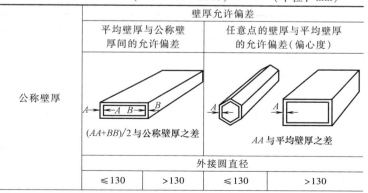

（续）

≤1.20	±0.13	±0.20	±0.13	
>1.20~1.60	±0.15	±0.23	±0.18	
>1.60~3.20	±0.18	±0.25	±0.25	±10%×平均壁厚，但最大值为±1.50，最小值为±0.25
>3.20~6.30	±0.20	±0.38	±0.38	
>6.30~10.00	±0.28	±0.50	±0.64	
>10.00~12.50	±0.36	±0.76	±0.76	
>12.50~20.00	±0.64	±1.00	±1.00	
>20.00~25.00	±0.88	±1.25	±1.25	
>25.00~35.00	±1.15	±1.50	±1.50	
>35.00~50.00	—	1.75	—	

注：1. 仅要求内径、外径与壁厚三项中的任意二项的偏差。

2. 如果标定了外径和内径尺寸，而未标定出壁厚尺寸，则除要求外径和内径尺寸偏差符合本标准规定外，还要求任意点壁厚与平均壁厚的允许偏差（偏心度）不大于平均壁厚的±10%，但最大值为±1.50mm，最小值为±0.25mm。

3. 当要求非对称偏差时，其非对称偏差的绝对值的平均值不大于表中标定偏差数值。

4. 在分别位于两平行对边上的任意两个对称点处测得的壁厚值的平均值称平均壁厚。

3.5.3　镁及镁合金棒

镁及镁合金棒的直径及允许偏差见表 3-110。

表 3-110　镁及镁合金棒直径及其允许偏差（GB/T 5155—2022）

（单位：mm）

棒材直径[①]	直径允许偏差		
	A 级	B 级	C 级
5.00~6.00	0 −0.30	0 −0.48	—
>6.00~10.00	0 −0.36	0 −0.58	—
>10.00~18.00	0 −0.43	0 −0.70	0 −1.10
>18.00~30.00	0 −0.52	0 −0.84	0 −1.30
>30.00~50.00	0 −0.62	0 −1.00	0 −1.60
>50.00~80.00	0 −0.74	0 −1.20	0 −1.90
>80.00~120.00	—	0 −1.40	0 −2.20

（续）

棒材直径①	直径允许偏差		
	A 级	B 级	C 级
>120.00~180.00	—	—	0 -2.50
>180.00~250.00	—	—	0 -2.90
>250.00~300.00	—	—	0 -3.30

① 方棒、六角棒为内切圆直径。

3.6 锌及锌合金产品

1. 锌阳极板的规格 （见表 3-111）

表 3-111 锌阳极板的规格 （GB/T 2056—2005）

牌号	状态	厚度/mm	宽度/mm	长度/mm
Zn1(Zn99.99)	R	6.0~20.0	100~500	300~2000
Zn2(Zn99.95)	R	6.0~20.0	100~500	300~2000

2. 电池锌饼的规格 （见表 3-112）

表 3-112 电池锌饼的规格 （GB/T 3610—2010）

牌号	形状	型号	直径或最长对角线/mm	厚度/mm
DX	圆形	R20	30.90~31.90	3.00~5.00
		R14	24.10~24.40	3.00~4.60
		R10	19.00~19.20	3.30~4.10
		R6	12.90~13.20	5.00~6.00
		R1	10.60	3.80
		R03	9.30~9.60	6.50~6.80
DX	六角形	R20	30.90~31.90	3.90~5.60
		R14	24.40	4.50~5.00

3.7　钛及钛合金产品

3.7.1　钛及钛合金板与带

1. 钛及钛合金板的规格（见表 3-113）

表 3-113　钛及钛合金板的规格（GB/T 3621—2022）

牌号	状态	厚度/mm	宽度/mm	长度/mm
TA0、TA1、TA2、TA3、TA1GELI、TA1G、TA2G、TA3G、TA4G、TA5、TA6、TA7、TA8、TA8-1、TA9、TA9-1、TA10、TA11、TA13、TA15、TA17、TA18、TA22、TA23、TA24、TA32、TC1、TC2、TC3、TC4、TC4ELI、TC20	退火态（M）	0.3~5.0	400~1800	1000~4000
		>5.0~100.0	400~3000	1000~6000
TB2、TB5、TB6、TB8	固溶态（ST）	0.5~5.0	400~1800	1000~4000
		>5.0~100.0	400~3000	1000~6000

2. 板式换热器用钛板的规格（见表 3-114）

表 3-114　板式换热器用钛板的规格（GB/T 14845—2007）

牌号	状态	厚度/mm	宽度/mm	长度/mm
TA1、TA8-1、TA9-1	M	0.5~1.0	300~1000	800~3000

3. 钛及钛合金带与箔的规格（见表 3-115）

表 3-115　钛及钛合金带与箔的规格（GB/T 3622—2023）

牌号	产品分类	状态	厚度/mm	宽度/mm	长度/mm
TA0、TA1、TA2、TA1G、TA2G、TA3G、TA4G、TA8、TA8-1、TA9、TA9-1、TA10	箔材	冷加工态(Y) 退火态(M)	0.01~<0.10	30~300	≥500
	带材	冷加工态(Y) 退火态(M)	0.10~<0.30	50~300	≥500
			0.30~3.00	50~1300	≥5000
		热加工态(R) 退火态(M)	>3.00~5.00	≤1500	≥5000

注：供货形式包括切边和不切边，未注明时以切边供货。

3.7.2　钛及钛合金管

1. 普通钛及钛合金管的规格（见表 3-116）

表 3-116　普通钛及钛合金管的规格（GB/T 3624—2023）

牌号	状态	外径/mm	壁厚/mm	长度/mm
TA0 TA1 TA2 TA1G TA2G TA3G TA8 TA8-1 TA9 TA9-1 TA10 TA18	退火态（M）	3~5	0.2、0.3、0.5、0.6	500~4000
		>5~10	0.3、0.5、0.6、0.8、1.0、1.25	
		>10~15	0.5、0.6、0.8、1.0、1.25、1.5、2.0	
		>15~20	0.6、0.8、1.0、1.25、1.5、2.0、2.5	壁厚≤2.0时，500~9000；壁厚>2.0~5.5时，500~6000
		>20~30	0.6、0.8、1.0、1.25、1.5、2.0、2.5、3.0	
		>30~40	1.0、1.25、1.5、2.0、2.5、3.0、3.5	
		>40~50	1.25、1.5、2.0、2.5、3.0、3.5	
		>50~60	1.5、2.0、2.5、3.0、3.5、4.0、4.5、5.0	
		>60~80	1.5、2.0、2.5、3.0、3.5、4.0、4.5、5.5	
		>80~110	2.5、3.0、3.5、4.0、4.5、5.0	

注：表中所列为可生产的规格。

2. 换热器及冷凝器用钛及钛合金管规格

1）冷轧钛及钛合金无缝管的规格见表 3-117。

表 3-117　冷轧钛及钛合金无缝管的规格（GB/T 3625—2007）

牌号	状态	外径/mm	壁厚/mm
TA1 TA2 TA3 TA9 TA9-1 TA10	退火态（M）	>10~15	0.5、0.6、0.8、1.0、1.25、1.5、2.0
		>15~20	0.6、0.8、1.0、1.25、1.5、2.0、2.5
		>20~30	0.6、0.8、1.0、1.25、1.5、2.0、2.5
		>30~40	1.25、1.5、2.0、2.5、3.0
		>40~50	1.25、1.5、2.0、2.5、3.0、3.5
		>50~60	1.5、2.0、2.5、3.0、3.5、4.0
		>60~80	2.0、2.5、3.0、3.5、4.0、4.5

注：表中所列为可生产的规格。

2）冷轧钛及钛合金焊接管的规格见表 3-118。

表 3-118　冷轧钛及钛合金焊接管的规格（GB/T 3625—2007）

牌号	状态	外径/mm	壁厚/mm
TA1、 TA2、 TA3、 TA9、 TA9-1、 TA10	M	16	0.5、0.6、0.8、1.0
		19	0.5、0.6、0.8、1.0、1.25
		25、27	0.5、0.6、0.8、1.0、1.25、1.5
		31、32、33	0.8、1.0、1.25、1.5、2.0
		38	1.5、2.0、2.5
		50	2.0、2.5
		63	2.0、2.5

注：表中所列为可生产的规格。

3）钛及钛合金焊接-轧制管的规格见表 3-119。

表 3-119　钛及钛合金焊接-轧制管的规格（GB/T 3625—2007）

牌号	状态	外径/mm	壁厚/mm
TA1、TA2 TA3、TA9-1、 TA9、TA10	M	6~10	0.5、0.6、0.8、1.0、1.25
		>10~15	0.5、0.6、0.8、1.0、1.25、1.5
		>15~30	0.5、0.6、0.8、1.0、1.25、1.5、2.0

注：表中所列为可生产的规格。

3.7.3　钛及钛合金棒

钛及钛合金棒的规格见表 3-120。

表 3-120　钛及钛合金棒的规格（GB/T 2965—2023）

牌号	状态[1]	直径或截面 厚度/mm	长度/mm
TA1、TA2、TA3、TA1G、TA2G、 TA3G、TA4G、TA5、TA6、TA7、 TA9、TA10、TA13、TA15、TA18、 TA19、TB2、TB6、TC1、TC2、TC3、 TC4、TC4ELI、TC6、TC9、TC10、 TC11、 TC12、 TC17、 TC18、 TC21、TC25	热加工态（R）、 冷加工态（Y）	7~100	300~6000
	退火态（M）		300~5000

[1] TA19 和 TC9 钛合金棒材的供应状态为热加工态（R）和冷加工态（Y）；
TC6 钛合金棒材的退火态（M）为普通退火态。

3.8　镍及镍合金产品

3.8.1　镍及镍合金板与带

1. 镍及镍合金板的规格（见表 3-121）

表 3-121　镍及镍合金板的规格（GB/T 2054—2023）

牌号	状态	规格尺寸/mm	
		矩形产品（厚度×宽度×长度）	圆形产品（厚度×直径）
N4、N5、N6、N7、DN、NW4-0.07、NW4-0.1、NW4-0.15、NMg0.1、NSi0.19	软态（M）、热加工态（R）、冷加工态（Y）	热轧：（3.0 ~ 100.0）×（50 ~ 3000）×（500 ~ 6000） 冷轧：（0.1 ~ 4.0）×（50 ~ 1500）×（500 ~ 5000）	热轧：（3.0 ~ 100.0）×φ（50 ~ 3000） 冷轧：（0.5 ~ 4.0）×φ（50 ~ 1500）
NCu28-2.5-1.5、NS1101	软态（M）、热加工态（R）		
NCu30、NCr15-8	软态（M）、热加工态（R）、半硬态（Y₂）		
NS1102、NFe30-21-3	软态（M）		
NMo16-15-6-4、NCr22-9-3.5	固溶退火态（ST）		

注：冷加工态（Y）及半硬态（Y_2）仅适用于冷轧方式生产的产品。

2. 镍及镍合金带的规格（见表 3-122）

表 3-122　镍及镍合金带的规格（GB/T 2072—2020）

牌号	品种	状态	厚度/mm	宽度/mm	长度/mm
N2、N4、N5、N6、N7、N8	箔材	硬态（Y）	0.01 ~ 0.02	20 ~ 200	—
		硬态（Y）、软态（M）	>0.02 ~ 0.25	20 ~ 300	—
N4、N5、N6、N7、NMg0.1、DN、NSi0.19、NCu40-2-1、NCu28-2.5-1.5、NW4-0.15、NW4-0.1、NW4-0.07、NCu30	带材	硬态（Y）半硬态（Y₂）软态（M）	>0.25 ~ 0.30	20 ~ 300	≥3000
			>0.30 ~ 0.80	20 ~ 1100	≥5000
			>0.80 ~ 5.00	20 ~ 1350	≥5000

3.8.2 镍及镍合金管

镍及镍合金管的规格见表 3-123。

表 3-123　镍及镍合金管的规格（GB/T 2882—2023）

牌号	状态	外径/mm	壁厚/mm	长度/mm
N2、N4、DN	软态（M）、硬态（Y）	0.35~18	0.05~5.00	100~15000
N6	软态（M）、半硬态（Y₂）、硬态（Y）、消除应力状态（Y₀）	0.35~115	0.05~8.00	
N5、N7、N8	软态（M）、消除应力状态（Y₀）	5.00~115	1.00~8.00	
NCr15-8	软态（M）	12~80	1.00~3.00	
NCu30	软态（M）、消除应力状态（Y₀）	10~115	1.00~8.00	
NCu28-2.5-1.5	软态（M）、硬态（Y）	0.35~110	0.05~5.00	
	半硬态（Y₂）	0.35~18	0.05~0.90	
NCu40-2-1	软态（M）、硬态（Y）	0.35~110	0.05~6.00	
	半硬态（Y₂）	0.35~18	0.05~0.90	
NSi0.19、NMg0.1	软态（M）、硬态（Y）、半硬态（Y₂）	0.35~18	0.05~0.90	

3.8.3 镍及镍合金棒

镍及镍合金棒的规格见表 3-124。

表 3-124　镍及镍合金棒的规格（GB/T 4435—2010）

牌号	状态	直径/mm	长度/mm
N4、N5、N6、N7、N8、NCu28-2.5-1.5、NCu30-3-0.5、NCu40-2-1、NMn5、NCu30、NCu35-1.5-1.5	Y（硬）Y₂（半硬）M（软）	3~65	300~6000
	R（热加工）	6~254	

3.9　钼及钼合金产品

3.9.1 钼及钼合金板

钼及钼合金板的规格见表 3-125。

表 3-125　钼及钼合金板的规格（GB/T 3876—2017）

牌号	厚度/mm	宽度/mm	长度/mm	状态
Mo1、Mo2、MoTi0.5、TZM、MoLa	0.13~20.0	50~1750	200~2500	冷轧态（Y） 热轧态（R） 消应力退火态（M）

3.9.2　钼丝

　　钼丝的牌号与用途见表 3-126。钼丝复绕线盘或线卷的规格见表 3-127。

表 3-126　钼丝的牌号与用途（GB/T 4182—2017）

牌号	用途
Mo1	照明用芯线、灯泡元器件及钼箔带、真空电子器件、喷涂、加热元件、线切割等
MoLa	照明用芯线、灯泡元器件及钼箔带、真空电子器件、喷涂、加热元件、焊接电极、高温构件、线切割等
MoY	钼箔带、支架、引出线、加热元件、高温构件等
MoK	引出线、喷涂、加热元件、高温构件、打印机针头等

表 3-127　钼丝复绕线盘或线卷的规格（GB/T 3876—2017）

钼丝直径/μm	线盘尺寸		线卷直径/mm
	内径/mm	宽度/mm	
>15~100	40	15~25	—
>100~400	85	15~50	—
>400~700	210	15~50	—
>700~1250	—	—	400
>1250~1800	—	—	600
>1800~5000	—	—	1000

3.9.3　钼及钼合金棒

　　钼及钼合金棒的规格见表 3-128。

表 3-128　钼及钼合金棒的规格 （GB/T 17792—2014）

（单位：mm）

名义直径	锻造棒		挤压棒		机加工棒材
	直径允许偏差	长度	直径允许偏差	长度	直径允许偏差
≤25	±1.0	≤2000	±1.0	≤1000	±0.5
>25~45	±1.5	≤2000	±1.5	≤1000	±0.5
>45~55	±2.0	≤1900	±2.0	≤1000	±0.7
>55~60	±2.5	≤1600	±2.5	≤1000	±0.8
>60~70	±3.0	≤1200	±3.0	≤1000	±0.8
>70~75	±3.5	≤1000	—	—	±1.0
>75~85	±4.0	≤800	—	—	±1.2
>85~90	±4.5	≤800	—	—	±1.2
>90~120	±5.0	≤800	—	—	±1.4

注：超出表中规定的棒材尺寸及其允许偏差，由供、需双方协商确定。

第4章 建筑装潢五金件

4.1 合页

4.1.1 普通型合页

普通型合页如图 4-1 所示，其尺寸见表 4-1。

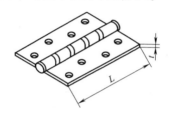

图 4-1 普通型合页

表 4-1 普通型合页的尺寸（QB/T 4595.1—2013）

系列编号	合页长度 L/mm		合页厚度	每片页片
	I 组	II 组	t/mm	最少螺孔数/个
A35	88.90	90.00	2.50	3
A40	101.60	100.00	3.00	4
A45	114.30	110.00	3.00	4
A50	127.00	125.00	3.00	4
A60	152.40	150.00	3.00	5
B45	114.30	110.00	3.50	4
B50	127.00	125.00	3.50	4
B60	152.40	150.00	4.00	5
B80	203.20	200.00	4.50	7

注：1. 系列编号中 A 为中型合页，B 为重型合页，后跟两个数字表示合页长度，35 表示 3½in（88.90mm），40 表示 4in（101.60mm），依次类推。

2. I 组为英制系列，II 组为米制系列。

4.1.2　轻型合页

轻型合页如图 4-2 所示，其尺寸见表 4-2。

4.1.3　H 型合页

H 型合页如图 4-3 所示，其尺寸见表 4-3。

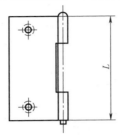

图 4-2　轻型合页

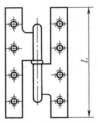

图 4-3　H 型合页

表 4-2　轻型合页的尺寸（QB/T 4595.2—2013）

系列编号	合页长度 L/mm		合页厚度 t/mm		每片页片的最少螺孔数/个
	Ⅰ 组	Ⅱ 组	基本尺寸	极限偏差	
C10	25.40		0.70		2
C15	38.10		0.80		2
C20	50.80	50.00	1.00		3
C25	63.50	65.00	1.10	0 −0.10	3
C30	76.20	75.00	1.10		4
C35	88.90	90.00	1.20		4
C40	101.60	100.00	1.30		4

注：1. C 为轻型合页，后面两个数字表示合页长度，35 表示 3½ in（88.90mm），40 表示 4in（101.60mm），依次类推。

　　2. Ⅰ 组为英制系列，Ⅱ 组为米制系列。

表 4-3　H 型合页的尺寸（QB/T 4595.4—2013）

（单位：mm）

系列编号	合页长度 L/mm	合页厚度 t/mm		每片页片的最少螺孔数/个
		基本尺寸	极限偏差	
H30	80.00	2.00		3
H40	95.00	2.00	0 −0.10	3
H45	110.00	2.00		3
H55	140.00	2.50		4

注：H 为 H 型合页，后面两个数字表示合页长度，30 表示 3in（76.20mm），45 表示 4½in（114.30mm），依次类推。

4.1.4　T 型合页

T 型合页如图 4-4 所示，其尺寸见表 4-4。

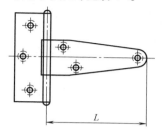

图 4-4　T 型合页

表 4-4　T 型合页的尺寸（QB/T 4595.5—2013）

系列 编号	合页长度 L/mm		合页厚度 t/mm		每片页片的 最少螺孔数/个
	Ⅰ组	Ⅱ组	基本尺寸	极限偏差	
T30	76.20	75.00	1.40		3
T40	101.60	100.00	1.40		3
T50	127.00	125.00	1.50	±0.10	4
T60	152.40	150.00	1.50		4
T80	203.20	200.00	1.80		4

注：1. T 表示 T 型合页，后面两个数字表示合页长度，30 表示 3in（76.20mm），40 表示 4in（101.60mm），依次类推。

　　 2. Ⅰ组为英制系列，Ⅱ组为米制系列。

4.1.5　双袖型合页

双袖Ⅰ型合页如图 4-5 所示，其尺寸见表 4-5。

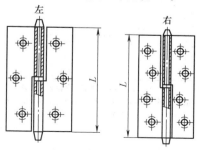

图 4-5　双袖Ⅰ型合页

表 4-5　双袖 I 型合页的尺寸（QB/T 4595.6—2013）

系列编号	合页长度 L/mm	合页厚度 t/mm		每片页片的螺孔数/个
		基本尺寸	极限偏差	
G30	75.00	1.50		3
G40	100.00	1.50	±0.10	3
G50	125.00	1.80		4
G60	150.00	2.00		4

注：G 表示双袖型合页，后面两个数字表示合页长度，30 表示 3in（75.00mm），40 表示 4in（100mm），依次类推。

4.1.6　抽芯型合页

抽芯型合页如图 4-6 所示，其尺寸见表 4-6。

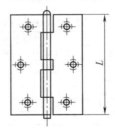

图 4-6　抽芯型合页

表 4-6　抽芯型合页的尺寸（QB/T 4595.3—2013）

系列编号	合页长度 L/mm		合页厚度 t/mm		每片页片的螺孔数/个
	I 组	II 组	基本尺寸	极限偏差	
D15	38.10		1.20		2
D20	50.80	50.00	1.30		3
D25	63.50	65.00	1.40	±0.10	3
D30	76.20	75.00	1.60		4
D35	88.90	90.00	1.60		4
D40	101.60	100.00	1.80		4

注：1. D 为抽芯型合页，后面两个数字表示合页长度，35 表示 3½in（88.90mm），40 表示 4in（101.60mm），依次类推。

　　2. I 组为英制系列，II 组为米制系列。

4.1.7　轴承合页

轴承合页如图 4-7 所示，其尺寸见表 4-7。

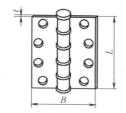

图 4-7　轴承合页

表 4-7　轴承合页的尺寸　　　（单位：mm）

规格	页片尺寸			配用木螺钉	
	长度 L	宽度 B	厚度 t	直径×长度	数量/个
114×98	114	98	3.5	6×30	8
114×114	114	114	3.5	6×30	8
200×140	200	140	4.0	6×30	8
102×102	102	102	3.2	6×30	8
114×102	114	102	3.3	6×30	8
114×114	114	114	3.3	6×30	8
127×114	127	114	3.7	6×30	8

4.1.8　脱卸合页

脱卸合页如图 4-8 所示，其尺寸见表 4-8。

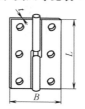

图 4-8　脱卸合页

表 4-8　脱卸合页的尺寸　　　（单位：mm）

规　格	页片尺寸			配用木螺钉(参考)	
	长度 L	宽度 B	厚度 t	直径×长度	数量/个
50	50	39	1.2	3×20	4
65	65	44	1.2	3×25	6
75	75	50	1.5	3×30	6

4.1.9 自关合页

自关合页如图 4-9 所示，其尺寸见表 4-9。

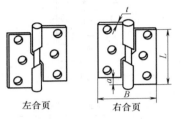

左合页　　　右合页

图 4-9　自关合页

表 4-9　自关合页的尺寸　　（单位：mm）

规格	页片尺寸				配用木螺钉(参考)	
	长度 L	宽度 B	厚度 t	升高 a	直径×长度	数量/个
75	75	70	2.7	12	4.5×30	6
100	100	80	3.0	13	4.5×40	8

4.1.10 台合页

台合页如图 4-10 所示，其尺寸见表 4-10。

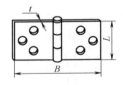

图 4-10　台合页

表 4-10　台合页的尺寸　　（单位：mm）

页片尺寸			配用木螺钉	
长度 L	宽度 B	厚度 t	直径×长度	数量/个
34	80	1.2	3×16	6
38	136	2.0	3.5×25	6

4.1.11 尼龙垫圈合页

尼龙垫圈合页如图 4-11 所示，其尺寸见表 4-11。

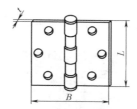

图 4-11　尼龙垫圈合页

表 4-11　尼龙垫圈合页的尺寸 （单位：mm）

规格	页片尺寸			配用木螺钉（参考）	
	长度 L	宽度 B	厚度 t	直径×长度	数量/个
102×76	102	76	2.0	5×25	8
102×102	102	102	2.2	5×25	8
75×75	75	75	2.0	5×20	6
89×89	89	89	2.5	5×25	8
102×75	102	75	2.0	5×25	8
102×102	102	102	3.0	5×25	8
114×102	114	102	3.0	5×30	8

4.1.12　自弹杯状暗合页

自弹杯状暗合页如图 4-12 所示，其尺寸见表 4-12。

图 4-12　自弹杯状暗合页

表 4-12　自弹杯状暗合页的尺寸 （单位：mm）

带底座的合页				基　座				
类型	底座直径	合页总长	合页总宽	类型	中心距	底板厚	基座总长	基座总宽
直臂式	35	95	66	V 型	28	4	42	45
曲臂式	35	90	66					
大曲臂式	35	93	66	K 型	28	4	42	45

4.1.13　弹簧合页

弹簧合页如图 4-13 所示，其尺寸见表 4-13。

图 4-13　弹簧合页

表 4-13　弹簧合页的尺寸（QB/T 1738—1993）

（单位：mm）

规格	页片尺寸					配用木螺钉(参考)	
	长度		宽度		厚度	直径×长度	数量/个
	Ⅱ型	Ⅰ型	单弹簧	双弹簧			
75	75	76	36	48	1.8	3.5×25	8
100	100	102	39	56	1.8	3.5×25	8
125	125	127	45	64	2.0	4×30	8
150	150	152	50	64	2.0	4×30	10
200	200	203	71	95	2.4	4×40	10
250	250	254	—	95	2.4	5×50	10

4.1.14　蝴蝶合页

蝴蝶合页如图 4-14 所示，其尺寸见表 4-14。

图 4-14　蝴蝶合页

表 4-14　蝴蝶合页的尺寸　（单位：mm）

规格	页片尺寸			配用木螺钉	
	长度	宽度	厚度	直径×长度	数量/个
70	70	72	1.2	4×30	6

4.1.15　扇形合页

扇形合页如图 4-15 所示，其尺寸见表 4-15。

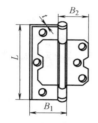

图 4-15　扇形合页

表 4-15　扇形合页的尺寸　（单位：mm）

规格	页片尺寸				配用木螺钉/沉头螺钉（参考）	
	长度 L	宽度 B_1	宽度 B_2	厚度 t	直径×长度	数量/个
75	75	48.0	40.0	2.0	4.5×25/M5×10	3/3
100	100	48.5	40.5	2.5	4.5×25/M5×10	3/3

4.2　拉手

4.2.1　圆柱拉手

圆柱拉手如图 4-16 所示，其尺寸见表 4-16。

图 4-16　圆柱拉手

表 4-16　圆柱拉手的尺寸

品名	材料	表面处理	圆柱拉手尺寸/mm		配用镀锌半圆头螺钉和垫圈
			直径	高度	
圆柱拉手	低碳钢	镀铬	35	22.5	M5×25,垫圈 5
塑料圆柱拉手	ABS		40	20	M5×30

4.2.2　蟹壳拉手

蟹壳拉手如图 4-17 所示，其尺寸见表 4-17。

图 4-17　蟹壳拉手

表 4-17　蟹壳拉手的尺寸　　　（单位：mm）

长度		65（普通）	80（普通）	90（方型）
配用木螺钉	直径×长度	3×16	3.5×20	3.5×20
	数量/个	3	3	4

4.2.3　管子拉手

管子拉手如图 4-18 所示，其尺寸见表 4-18。

图 4-18　管子拉手

表 4-18　管子拉手的尺寸　　　（单位：mm）

主要尺寸	管子	长度（规格尺寸）:250、300、350、400、450、500、550、600、650、700、750、800、850、900、950、1000
		外径×壁厚:32×1.5
	桩头	底座直径×圆头直径×高度:77×65×95
	拉手总长	管子长度+40
每副（2 只）拉手配用镀锌木螺钉（直径×长度）:4×25,12 个		

4.2.4 梭子拉手

梭子拉手如图 4-19 所示，其尺寸见表 4-19。

图 4-19　梭子拉手

表 4-19　梭子拉手的尺寸　　　（单位：mm）

规格尺寸（全长）	主要尺寸				每副（2只）拉手配用镀锌木螺钉	
	管子外径	高度	桩脚底座直径	两桩脚中心距	直径×长度	数量/个
200	19	65	51	60	3.5×18	12
350	25	69	51	210	3.5×18	12
450	25	69	51	310	3.5×18	12

4.2.5 底板拉手

底板拉手如图 4-20 所示，其尺寸见表 4-20。

图 4-20　底板拉手

表 4-20　底板拉手的尺寸　　　（单位：mm）

规格尺寸（底板全长）	普通式			方柄式			每副（2只）拉手附镀锌木螺钉	
	底板宽度	底板厚度	手柄长度	底板宽度	底板厚度	手柄长度	直径×长度	数量/个
150	40	1.0	90	30	2.5	120	3.5×25	8
200	48	1.2	120	35	2.5	163	3.5×25	8
250	58	1.2	150	50	3.0	196	4×25	8
300	66	1.6	190	55	3.0	240	4×25	8

4.2.6　推板拉手

推板拉手如图 4-21 所示，其尺寸见表 4-21。

图 4-21　推板拉手

表 4-21　推板拉手的尺寸　　　（单位：mm）

型号	拉手主要尺寸				每副（2 只）拉手附件的品种、规格和数量		
	规格（长度）	宽度	高度	螺栓孔数及中心距	双头螺柱	盖形螺母	铜垫圈
X-3	200	100	40	2 孔，140	M6×65，2 个	M6，4 个	6，4 个
	250	100	40	2 孔，170	M6×65，2 个	M6，4 个	6，4 个
	300	100	40	3 孔，110	M6×65，3 个	M6，6 个	6，6 个
228	300	100	40	2 孔，270	M6×85，2 个	M6，4 个	6，4 个

注：拉手材料为铝合金，表面为银白色、古铜色或金黄色。

4.2.7　小拉手

小拉手如图 4-22 所示，其尺寸见表 4-22。

图 4-22　小拉手

表 4-22　小拉手的尺寸　　　（单位：mm）

拉手品种		普通式				香蕉式		
拉手规格尺寸（全长）		75	100	125	150	90	110	130
钉孔中心距（纵向）		65	88	108	131	60	75	90
配用螺钉	品种	沉头木螺钉				盘头螺钉		
	直径	3	3.5	3.5	4	M3.5		
	长度	16	20	20	25	25		
	数量/个	4				2		

4. 2. 8　铝合金门窗拉手

铝合金门窗拉手如图 4-23 所示，其尺寸见表 4-23、表 4-24。

图 4-23　铝合金门窗拉手

表 4-23　铝合金门用拉手的尺寸（QB/T 3889—1999）

（单位：mm）

名称	外形长度系列					
门用拉手	200	250	300	350	400	450
	500	550	600	650	700	750
	800	850	900	950	1000	—

表 4-24　铝合金窗用拉手的尺寸（QB/T 3889—1999）

（单位：mm）

名称	外形长度系列			
窗用拉手	50	60	70	80
	90	100	120	150

4. 2. 9　玻璃大门拉手

玻璃大门拉手如图 4-24 所示，其尺寸见表 4-25。

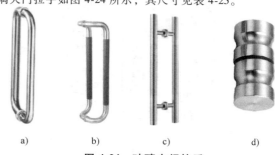

a)　　　　　b)　　　　　c)　　　　　d)

图 4-24　玻璃大门拉手

a）弯管拉手　b）花管拉手　c）直管拉手　d）圆盘拉手

表 4-25　玻璃大门拉手的尺寸

品种	代号	规格尺寸/mm	材料及表面处理
弯管拉手	MA113	管子全长×外径：600×51、457×38、457×32、300×32	不锈钢,表面抛光
花(弯)管拉手	MA112 MA123	管子全长×外径：800×51、600×51、600×32、457×38、457×32、350×32	不锈钢,表面抛光,环状花纹表面为金黄色;手柄部分也有用柚木、彩色大理石或有机玻璃制造的
直管拉手	MA104	600×51、457×38、457×32、300×32	不锈钢,表面抛光,环状花纹表面为金黄色;手柄部分也有用彩色大理石、柚木制造的
	MA122	800×54、600×54、600×42、457×42	
圆盘拉手(太阳拉手)		圆盘直径：160、180、200、220	不锈钢、黄铜,表面抛光;铝合金,表面喷塑(白色、红色等);有机玻璃

4.3　插销

4.3.1　钢插销

钢插销如图 4-25 所示,其尺寸见表 4-26。

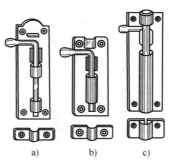

图 4-25　钢插销
a) 普通型　b) 封闭型　c) 管型

表4-26　钢插销的尺寸　　　（单位：mm）

| 规格 | 插板长度 | 插板宽度 | | | 插板厚度 | | | 配用木螺钉 | | | 数量/个 |
| | | | | | | | | 直径×长度 | | | |
		普通	封闭	管型	普通	封闭	管型	普通	封闭	管型	
40	40	—	25	23	—	1.0	1.0	—	3×12	3×12	6
50	50	—	25	23	—	1.0	1.0	—	3×12	3×12	6
65	65	25	25	23	1.0	1.0	1.0	3×12	3×12	3×12	6
75	75	25	29	23	1.0	1.0	1.0	3×16	3.5×16	3×14	6
100	100	28	29	26	1.0	1.0	1.0	3×16	3.5×16	3.5×16	6
125	125	28	29	26	1.2	1.2	1.2	3×16	3.5×16	3.5×16	8
150	150	28	29	26	1.2	1.2	1.2	3×18	3.5×18	3.5×16	8
200	200	28	36	—	1.2	1.2	—	3×18	4×18	—	8
250	250	28	—	—	1.2	—	—	3×18	—	—	8
300	300	28	—	—	1.2	—	—	3×18	—	—	8
350	350	32	—	—	1.2	—	—	3×20	—	—	10
400	400	32	—	—	1.2	—	—	3×20	—	—	10
450	450	32	—	—	1.2	—	—	3×20	—	—	10
500	500	32	—	—	1.2	—	—	3×20	—	—	10
550	550	32	—	—	1.2	—	—	3×20	—	—	10
600	600	32	—	—	1.2	—	—	3×20	—	—	10

注：封闭型（代号F）按外形分FⅠ、FⅡ、FⅢ型。表列为封闭FⅡ型规格。封闭FⅠ型规格尺寸为40~600mm，其中250~300mm和350~600mm的插板长度分别为150mm、200mm，并加配一插节。封闭FⅢ型规格尺寸为75~200mm的插板宽度为33~40mm；规格尺寸小于75mm的基本尺寸参照FⅡ型。材料为低碳钢；插板、插座、插节表面一般涂漆，插杆表面一般镀镍。

4.3.2　铝合金门插销

铝合金门插销分为台阶式（见图4-26a）和平板式（见图4-26b）两类，其尺寸见表4-27。

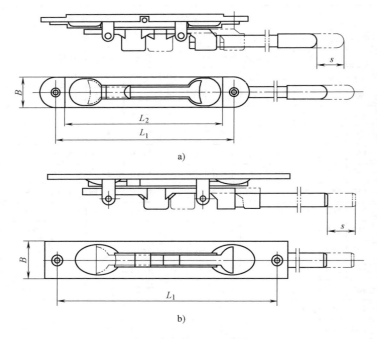

a)

b)

图 4-26　铝合金门插销

a）台阶式　b）平板式

表 4-27　铝合金门插销的尺寸（QB/T 3885—1999）

（单位：mm）

行程 s	宽度 B	孔距 L_1	台阶 L_2
>16	22	130	110
	25	155	

4.3.3　暗插销

暗插销如图 4-27 所示，其尺寸见表 4-28。

图 4-27　暗插销

表 4-28　暗插销的尺寸　（单位：mm）

规格	主要尺寸			配用木螺钉	
	长度 L	宽度 B	深度 C	直径×长度	数量/个
150	150	20	35	3.5×18	5
200	200	20	40	3.5×18	5
250	250	22	45	4×25	5
300	300	25	50	4×25	6

4.3.4　翻窗插销

翻窗插销如图 4-28 所示，其尺寸见表 4-29。

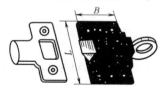

图 4-28　翻窗插销

表 4-29　翻窗插销的尺寸　（单位：mm）

规格 （长度 L）	本体 宽度 B	滑板		销舌伸出 长度	配用木螺钉	
		长度	宽度		直径×长度	数量/个
50	30	50	43	9	3.5×18	6
60	35	60	46	11	3.5×20	6
70	45	70	48	12	3.5×22	6

注：除弹簧采用弹簧钢丝，表面发黑外，其余材料均为低碳钢；本体表面喷漆，滑板、销舌表面镀锌。

4.4　锁具

4.4.1　叶片锁

叶片锁如图 4-29 所示，其尺寸见表 4-30。

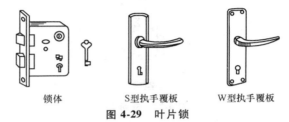

锁体　　　　　　S 型执手覆板　　　　W 型执手覆板

图 4-29　叶片锁

表 4-30　叶片锁的尺寸

锁体类型、型号		锁体尺寸/mm					执手覆板型号	适用门厚/mm
类型	型号	钥匙孔中心距	宽度	高度	厚度	方舌伸出长度		
狭型　普通式	9242	44.5	63.5	105	16	12.5	W4 型（铝合金制）S8 型（锌合金制）	35～50
双开式	9332					16.5		
宽型　双开式	9552	53	78	126	19	16.5		

注：1. 锁体采用低碳钢，锁舌采用铜合金，钥匙采用锌合金。

　　2. 叶片执手插锁的技术要求，参见 QB/T 2473—2017《外装门锁》的规定。

4.4.2　球形门锁

球形门锁如图 4-30 所示，其结构及用途见表 4-31。

图 4-30　球形门锁

表 4-31　球形门锁的结构及用途

84××AA4 系列球形门锁（又称：三杆球形门锁）
结构简图  　　8400AA4型　　　　8430AA4型　　　　8433AA4型 　　8411AA4型　　　　　　　8421AA4型
品种、结构特点及用途 　　8400AA4 型（防风门锁）：锁的外执手中无锁头，内执手中无旋钮，平时室内外均用执手开启，仅起防风作用，适用于平时不需锁闭的门上 　　8411AA4 型（更衣室门锁）：与 8400AA4 型不同之处，内执手中有旋钮，平时锁仅起防风作用，如室内用旋钮将锁保险后，室外即无法开启；但在必要时可用无齿钥匙插入外执手的小孔中开启，适用于更衣室、浴室等的门上 　　8421AA4 型（厕所门锁）：结构与 8411AA4 型相似，仅外执手中多一扇形孔，平时孔中显示出"无人"字样，如在室内用旋钮将锁保险后，孔中则显示出"有人"字样，适用于厕所门上 　　8430AA4 型（弹子球型门锁）：锁的外执手中有弹子锁头，内执手中有旋钮。平时室内外均用执手开启；如在室内用旋钮或在室外用钥匙将锁保险后，室内外均不能转动执手；如需开锁时，在室内用旋钮或在室外用钥匙松开保险，才能转动执手开启锁。锁上还有锁舌保险机构。适用于一般需要锁闭的门上，如房门、办公室门等 　　8433AA4 型（弹子壁橱门锁）：外执手中有弹子锁头，无内执手，适用于需要锁闭的壁橱门上
其他说明 　　1）锁头中心距：60mm 　　2）适用门厚：35~50mm（8433AA4 型为 35~45mm） 　　3）球形执手材料为铝合金，表面本色

（续）

869×系列球形门锁（又称:圆筒球形门锁）

<table>
<tr><td rowspan="1">结构
简图</td><td>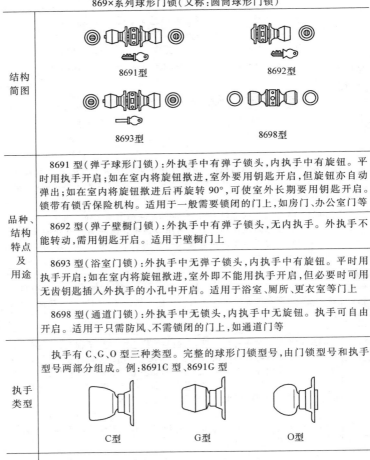</td></tr>
<tr><td>品种、
结构
特点
及
用途</td><td>

8691 型（弹子球形门锁）:外执手中有弹子锁头,内执手中有旋钮。平时用执手开启;如在室内将旋钮撤进,室外要用钥匙开启,但旋钮亦自动弹出;如在室内将旋钮撤进后再旋转 90°,可使室外长期要用钥匙开启。锁带有锁舌保险机构。适用于一般需要锁闭的门上,如房门、办公室门等

8692 型（弹子壁橱门锁）:外执手中有弹子锁头,无内执手。外执手不能转动,需用钥匙开启。适用于壁橱门上

8693 型（浴室门锁）:外执手中无弹子锁头,内执手中有旋钮。平时用执手开启;如在室内将旋钮撤进,室外即不能用执手开启,但必要时可用无齿钥匙插入外执手的小孔中开启。适用于浴室、厕所、更衣室等门上

8698 型（通道门锁）:外执手中无锁头,内执手中无旋钮。执手可自由开启。适用于只需防风、不需锁闭的门上,如通道门等

</td></tr>
<tr><td>执手
类型</td><td>

执手有 C、G、O 型三种类型。完整的球形门锁型号,由门锁型号和执手型号两部分组成。例:8691C 型、8691G 型

</td></tr>
<tr><td>其他
说明</td><td>

1）锁头中心距:70mm
2）适用门厚:35~50mm
3）执手、锁面板、锁扣板、覆圈材料:黄铜,表面镀铬;不锈钢,本色
4）球形门锁的技术要求,参见 QB/T 2476—2017《球形门锁》的规定

</td></tr>
</table>

4.4.3　弹子插芯门锁

弹子插芯门锁如图 4-31 所示，其尺寸见表 4-32。

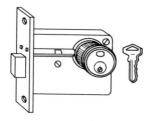

图 4-31　弹子插芯门锁

表 4-32　弹子插芯门锁的尺寸

锁体类型	型号		锁面板形状	锁头中心距/mm	锁体尺寸/mm			适用门厚/mm
	单头锁	双头锁			宽度	高度	厚度	
中型	9411	9412	平口式	56	78	73	19	38~45
	9413	9414	左企口式					
	9415	9416	右企口式					
	9417	9418	圆口式	56.7	78.7	73	19	38~45

注：1. 单头锁的旋钮形状有 A、B、J 型三种。
　　2. 各种弹子插锁（包括执手插锁、拉手插锁、拉环插锁、双舌锁等）的技术要求，参见 QB/T 2474—2017《叶片插芯门锁》的规定。

4.4.4　外装双舌门锁

外装双舌门锁如图 4-32 所示，其尺寸见表 4-33。

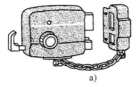

a)　　　　　　　　　　　　　　　　　　b)

图 4-32　外装双舌门锁

a）6685C 型　b）6669L 型

表 4-33　外装双舌门锁的尺寸

型号	锁头数目	锁头防钻结构	方舌防锯结构	安全链装置	方舌伸出		锁体尺寸/mm				适用门厚/mm
					节数	总长度/mm	中心距	宽度	高度	厚度	
6669	单头	无	无	无	一节	18	45	77	55	25	35~55
6669L	单头	无	有	有	一节	18	60	91.5	55	25	35~55
6682	双头	无	无	无	三节	31.5	60	120	96	26	35~50
6685	单头	有	有	无	两节	25	60	100	80	26	35~55
6685C	单头	有	有	有	两节	25	60	100	80	26	35~55
6687	单头	有	有	无	两节	25	60	100	80	26	35~55
6687C	单头	有	有	有	两节	25	60	100	80	26	35~55
6688	双头	无	无	无	两节	25	60	100	80	26	35~50
6690	单头	无	有	无	两节	22	60	95	84	30	35~55
6690A	双头	无	有	无	两节	22	60	95	84	30	35~55
6692	双头	无	有	无	两节	22	60	95	84	30	35~55

注：1. 锁体、安全链采用低碳钢制造，锁舌、钥匙采用铜合金制造。

2. 外装双舌弹子门锁的技术要求，参见 QB/T 2473—2017《外装门锁》的规定。

4.5　龙骨

4.5.1　轻钢墙体龙骨

轻钢墙体龙骨如图 4-33 所示，其尺寸见表 4-34。

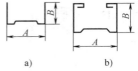

a)　　　　　　　b)

图 4-33　轻钢墙体龙骨

a）U 形　b）C 形

表 4-34　轻钢墙体龙骨的尺寸

名称	横截面形状	规格尺寸/mm						用途
		Q50		Q75		Q100		
		A	B	A	B	A	B	
横龙骨	U 形	52	40	77	40	102	40	用作墙体横向（沿顶、沿地）使用的龙骨，一般常与建筑结构相连接固定
竖龙骨	C 形	50	45	75	45	100	45	用作墙体竖向使用的龙骨，而且其端部与横龙骨连接
通贯龙骨	U 形	20	12	38	12	38	12	用于横向贯穿于竖龙骨之间的龙骨，以加强龙骨骨架的承载力、刚度

注：1. 龙骨长度由供需双方商定。
　　2. 有时出于节省材料而不采用通贯龙骨。

4.5.2　轻钢吊顶龙骨

轻钢吊顶龙骨如图 4-34 所示，其尺寸见表 4-35。

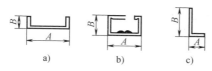

图 4-34　轻钢吊顶龙骨

a）U 形　b）C 形　c）L 形

表 4-35　轻钢吊顶龙骨的尺寸

名称	横截面形状	规格尺寸/mm								备注
		D38		D45		D50		D60		
		A	B	A	B	A	B	A	B	
承载龙骨	U 形	38	—	45	—	50	—	60	—	承载龙骨、覆面龙骨的尺寸 B 没有明确规定，L 形龙骨的尺寸 A 和 B 没有明确规定
覆面龙骨	C 形	38		45		50		60		
L 形龙骨	L 形	—	—	—	—	—	—	—	—	

4.5.3　铝合金吊顶龙骨

铝合金吊顶龙骨的尺寸见表 4-36。

表 4-36　铝合金吊顶龙骨的尺寸

截面形状	名称	截面尺寸/mm	重量/(kg/m)	厚度/mm	适用范围
LT 形	承载龙骨（主龙骨）	38×12	0.56	1.2	TC38 用于吊点间距 900~1200mm，不上人吊顶　TC50 用于吊点间距 900~1200mm，上人吊顶。承载龙骨承受 800N 检修载荷　TC60 用于吊顶间距 1500mm，上人吊顶。承载龙骨可承受 1000N，检修载荷
		50×15	0.92	1.5	
		60×30	1.53	1.5	
	龙骨	23×32	0.2	1.2	
	横撑龙骨	23	0.135	1.2	
	边龙骨	18×32	0.15	1.2	
	异形龙骨	20×18×32	0.25	1.2	
T 形	承载龙骨（大龙骨）	45×15		1.2	吊点间距 900~1200mm，不上人吊顶，中距<1200mm
	中龙骨	22×32		1.3	
	小龙骨	22.5×25			
	边墙龙骨	22×22		1	

4.6　阀门

4.6.1　阀门型号编制方法

1）阀门型号的组成如下：

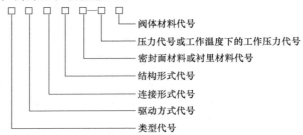

2）阀门类型代号见表 4-37。

表 4-37　阀门类型代号 （JB/T 308—2004）

阀门类型	代号	阀门类型	代号
弹簧载荷安全阀	A	排污阀	P
蝶阀	D	球阀	Q
隔膜阀	G	蒸汽疏水阀	S
杠杆式安全阀	GA	柱塞阀	U
止回阀和底阀	H	旋塞阀	X
截止阀	J	减压阀	Y
节流阀	L	闸阀	Z

3）当阀门还具有其他功能作用或带有其他特异结构时，在阀门类型代号前再加注一个汉语拼音字母，见表 4-38。

表 4-38　具有其他功能作用或带有其他特异结构的阀门类型代号（JB/T 308—2004）

第二功能作用名称	代号	第二功能作用名称	代号
保温型	B	排渣型	P
低温型	D	快速型	Q
防火型	F	（阀杆密封）波纹管型	W
缓闭型	H		

4）驱动方式代号用阿拉伯数字表示，见表 4-39。安全阀、减压阀、疏水阀、手轮直接连接阀杆操作结构形式的阀门，本代号省略，不表示。对于气动或液动机构操作的阀门，常开式用 6K、7K 表示，常闭式用 6B、7B 表示。防爆电动装置的阀门用 9B 表示。

表 4-39　驱动方式代号（JB/T 308—2004）

驱动方式	代号	驱动方式	代号
电磁动	0	锥齿轮	5
电磁-液动	1	气动	6
电-液动	2	液动	7
蜗轮	3	气-液动	8
直齿轮	4	电动	9

注：代号 1、代号 2 及代号 8 是用在阀门启闭时，需有两种动力源同时对阀门进行操作。

5）连接形式代号用阿拉伯数字表示，见表 4-40。

表 4-40　连接形式代号（JB/T 308—2004）

连接形式	代号	连接形式	代号
内螺纹	1	对夹	7
外螺纹	2	卡箍	8
法兰式	4	卡套	9
焊接式	6		

6) 阀门结构形式用阿拉伯数字表示，见表 4-41～表 4-51。

表 4-41　闸阀结构形式代号（JB/T 308—2004）

结构形式				代号
		弹性闸板		0
阀杆升降式(明杆)	楔式闸板	刚性闸板	单闸板	1
			双闸板	2
	平行式闸板		单闸板	3
			双闸板	4
阀杆非升降式（暗杆）	楔式闸板		单闸板	5
			双闸板	6
	平行式闸板		单闸板	7
			双闸板	8

表 4-42　截止阀、节流阀和柱塞阀结构形式代号

（JB/T 308—2004）

结构形式		代号	结构形式		代号
阀瓣非平衡式	直通流道	1	阀瓣平衡式	直通流道	6
	Z 形流道	2			
	三通流道	3		角式流道	7
	角式流道	4			
	直流流道	5			

表 4-43　球阀结构形式代号（JB/T 308—2004）

结构形式		代号	结构形式		代号
浮动球	直通流道	1	固定球	直通流道	7
	Y 形三通流道	2		四通流道	6
	L 形三通流道	4		T 形三通流道	8
	T 形三通流道	5		L 形三通流道	9
				半球直通	0

表 4-44　蝶阀结构形式代号（JB/T 308—2004）

结构形式		代号	结构形式		代号
密封型	单偏心	0	非密封型	单偏心	5
	中心垂直板	1		中心垂直板	6
	双偏心	2		双偏心	7
	三偏心	3		三偏心	8
	连杆机构	4		连杆机构	9

表 4-45　隔膜阀结构形式代号（JB/T 308—2004）

结构形式	代号	结构形式	代号
屋脊流道	1	直通流道	6
直流流道	5	Y 形角式流道	8

表 4-46　旋塞阀结构形式代号（JB/T 308—2004）

结构形式		代号	结构形式		代号
填料密封	直通流道	3	油密封	直通流道	7
	T 形三通流道	4		T 形三通流道	8
	四通流道	5			

表 4-47　止回阀结构形式代号（JB/T 308—2004）

结构形式		代号	结构形式		代号
升降式阀瓣	直通流道	1	旋启式阀瓣	单瓣结构	4
	立式结构	2		多瓣结构	5
	角式流道	3		双瓣结构	6
			蝶形止回式		7

表 4-48　安全阀结构形式代号（JB/T 308—2004）

结构形式		代号	结构形式		代号
弹簧载荷弹簧封闭结构	带散热片全启式	0	弹簧载荷弹簧不封闭且带扳手结构	微启式、双联阀	3
	微启式	1		微启式	7
	全启式	2		全启式	8
	带扳手全启式	4	带控制机构全启式		6
杠杆式	单杠杆	2			
	双杠杆	4	脉冲式		9

表 4-49　减压阀结构形式代号（JB/T 308—2004）

结构形式	代号	结构形式	代号
薄膜式	1	波纹管式	4
弹簧薄膜式	2	杠杆式	5
活塞式	3		

表 4-50　蒸汽疏水阀结构形式代号（JB/T 308—2004）

结构形式	代号	结构形式	代号
浮球式	1	蒸汽压力式或膜盒式	6
浮桶式	3	双金属片式	7
液体或固体膨胀式	4	脉冲式	8
钟形浮子式	5	圆盘热动力式	9

表 4-51　　排污阀结构形式代号（JB/T 308—2004）

结构形式		代号	结构形式		代号
液面连接排放	截止型直通式	1	液底间断排放	截止型直流式	5
				截止型直通式	6
	截止型角式	2		截止型角式	7
				浮动闸板型直通式	8

7）除隔膜阀外，当密封副的密封面材料不同时，以硬度低的材料表示。阀座密封面或衬里材料代号按表 4-52 规定的字母表示。

表 4-52　　密封面或衬里材料代号（JB/T 308—2004）

密封面或衬里材料	代号	密封面或衬里材料	代号
锡基轴承合金(巴氏合金)	B	尼龙塑料	N
搪瓷	C	渗硼钢	P
渗氮钢	D	衬铅	Q
氟塑料	F	奥氏体不锈钢	R
陶瓷	G	塑料	S
Cr13 系不锈钢	H	铜合金	T
衬胶	J	橡胶	X
蒙乃尔合金	M	硬质合金	Y

8）阀门使用的压力级符合 GB/T 1048 的规定时，采用 GB/T 1048 中 10 倍的 MPa 单位数值表示。当介质最高温度超过 425℃时，标注最高工作温度下的工作压力代号。压力等级采用磅级（1b）或 K 级单位的阀门，在型号编制时，应在压力代号栏后有 1b 或 K 的单位符号。公称压力小于等于 1.6MPa 的灰铸铁阀门的阀体材料代号在型号编制时予以省略。公称压力大于等于 2.5MPa 的碳素钢阀门的阀体材料代号在型号编制时予以省略。

9）阀体材料代号用表 4-53 的规定字母表示。

表 4-53　　阀体材料代号（JB/T 308—2004）

阀体材料	代号	阀体材料	代号
碳素钢	C	铬镍钼系不锈钢	R
Cr13 系不锈钢	H	塑料	S
铬钼系钢	I	铜及铜合金	T
可锻铸铁	K	钛及钛合金	Ti
铝合金	L	铬钼钒钢	V
铬镍系不锈钢	P	灰铸铁	Z
球墨铸铁	Q		

注：CF3、CF8、CF3M、CF8M 等材料牌号可直接标注在阀体上。

4.6.2　闸阀

闸阀如图 4-35 所示，其型号及主要技术参数见表 4-54。

图 4-35　闸阀

表 4-54　常用闸阀的型号及主要技术参数

型号	公称压力/MPa	适用介质	适用温度/℃ ≤	公称通径/mm
Z42W-1				300~500
Z542W-1	0.1	煤气		600~1000
Z942W-1			100	600~1400
Z946T-2.5	0.25	水		1600、1800
Z945T-6	0.6			1200、1400
Z41T-10		蒸汽、水	200	50~450
Z41W-10		油品	100	50~450
Z941T-10		蒸汽、水	200	100~450
Z44T-10				50~400
Z44W-10		油品	100	50~400
Z741T-10		水		100~600
Z944T-10	1.0	蒸汽、水	200	100~400
Z944W-10		油品		100~400
Z45T-10		水		50~700
Z45W-10		油品	100	50~450
Z445T-10		水		800~1000
Z945T-10				100~1000
Z945W-10		油品		100~450

（续）

型号	公称 压力/MPa	适用介质	适用温 度/℃ ≤	公称通径/mm
Z40H-16C	1.6	油品、蒸 汽、水	350	200~400
Z940H-16C				200~400
Z640H-16C				200~500
Z40H-16Q				65~200
Z940H-16Q				65~200
Z40W-16P		硝酸类	100	200~300
Z40W-16R		醋酸类		200~300
Z40Y-16I		油品	550	200~400
Z40H-25	2.5	油品、蒸 汽、水	350	50~400
Z940H-25				50~400
Z640H-25				50~400
Z40H-25Q				50~200
Z940H-25Q				50~200
Z542H-25		蒸汽、水	300	300~500
Z942H-25				300~800
Z61Y-40	4.0	油品、 蒸汽、水	425	15~40
Z41H-40				15~40
Z40H-40				50~250
Z440H-40				300~400
Z940H-40				50~400
Z640H-40				50~400
Z40H-40Q			350	50~200
Z940H-40Q				50~200
Z40Y-40P		硝酸类	100	200~250
Z440Y-40P				300~500
Z40Y-40I		油品	550	50~250
Z40H-64	6.4	油品、蒸 汽、水	425	50~250
Z440H-64				300~400
Z940H-64				50~800
Z940Y-64I		油品	550	300~500
Z40Y-64I				50~250

（续）

型号	公称压力/MPa	适用介质	适用温度/℃≤	公称通径/mm
Z40Y-100	10.0	油品、蒸汽、水	450	50~200
Z440Y-100				250~300
Z940Y-100				50~300
Z61Y-160	16.0	油品		15~40
Z41H-160				15~40
Z40Y-160				50~200
Z940Y-160				50~300
Z40Y-160I			550	50~200
Z940Y-160I				50~200

4.6.3　球阀

球阀如图 4-36 所示，其型号及主要技术参数见表 4-55。

图 4-36　球阀

表 4-55　常用球阀的型号及主要技术参数

型号	公称压力/MPa	适用介质	适用温度/℃≤	公称通径/mm
Q11F-16	1.6	油品、水	100	15~65
Q41F-16				32~150
Q941F-16				50~150
Q41F-16P		硝酸类		100~150
Q41F-16R		醋酸类		100~150
Q44F-16Q		油品、水		15~150
Q45F-16Q				15~150
Q347F-25	2.5	油品、水	150	200~500
Q647F-25				200~500
Q947F-25				200~500

（续）

型号	公称压力/MPa	适用介质	适用温度/℃ ≤	公称通径/mm
Q21F-40	4.0	油品、水	150	10~25
Q21F-40P		硝酸类	100	10~25
Q21F-40R		醋酸类		10~25
Q41F-40Q		油品、水	150	32~200
Q41F-40P		硝酸类	100	32~200
Q41F-40R		醋酸类		32~200
Q641F-40Q		油品、水	150	50~100
Q941F-40Q				50~100

4.6.4　截止阀

截止阀如图 4-37 所示，其型号及主要技术参数见表 4-56。

图 4-37　截止阀

表 4-56　常用截止阀的型号及主要技术参数

型号	公称压力/MPa	适用介质	适用温度/℃ ≤	公称通径/mm
J11W-16	1.6	油品	100	15~65
J11T-16		蒸汽、水	200	15~65
J41W-16		油品	100	25~150
J41T-16		蒸汽、水	200	25~150
J41W-16P		硝酸类	100	80~150
J41W-16R		醋酸类		80~150
J21W-25K	2.5	氨、氨液	-40~+150	6
J24W-25K				6

（续）

型号	公称压力/MPa	适用介质	适用温度/℃ ≤	公称通径/mm
J21B-25K				10~25
J24B-25K		氨、氨液	-40~+150	10~25
J41B-25Z	2.5			32~200
J44B-25Z				32~50
WJ41W-25P		硝酸类	100	25~150
J45W-25P				25~100
J21W-40		油品	200	6、10
J91W-40				6、10
J91H-40		油品、蒸汽、水	425	15~25
J94W-40		油品	200	6、10
J94H-40		油品、蒸汽、水	425	15~25
J21H-40		油品、蒸汽、水	425	15~25
J24W-40		油品	200	6、10
J24H-40		油品、蒸汽、水	425	15~25
J21W-40P		硝酸类		6~25
J21W-40R	4.0	醋酸类		6~25
J24W-40P		硝酸类	100	6~25
J24W-40R		醋酸类		6~25
J61Y-40		油品、蒸汽、水		10~25
J41H-40		油品、蒸汽、水		10~150
J41W-40P		硝酸类	100	32~150
J41W-40R		醋酸类		32~150
J941H-40			425	50~150
J41H-40Q		油品、蒸汽、水	350	32~150
J44H-40			425	32~50
J41H-64	6.4		425	50~100
J941H-64				50~100
J41H-100		油品、蒸汽、水		10~100
J941H-100	10.0		450	50~100
J44H-100				32~50
J61Y-160				15~40
J41H-160	16.0	油品		15~40
J41Y-160I			550	15~40
J21W-160			200	6、10

4.6.5　止回阀

止回阀如图 4-38 所示，其型号及主要技术参数见表 4-57。

图 4-38　止回阀

表 4-57　常用止回阀的型号及主要技术参数

型号	公称压力/MPa	适用介质	适用温度/℃ ≤	公称通径/mm
H12X-2.5				50~80
H42X-2.5	0.25	水	50	50~300
H46X-2.5				350~500
H45X-2.5				1600~1800
H45X-6	0.6	水	50	1200~1400
H45X-10				700~1000
H44X-10	1.0			50~600
H44Y-10		蒸汽、水	200	50~600
H44W-10		油类	100	50~450
H11T-16		蒸汽、水	200	15~65
H11W-16		油类	100	15~65
H41T-16	1.6	蒸汽、水	200	25~150
H41W-16		油类	100	25~150
H41W-16P		硝酸类	100	80~150
H41W-16R		醋酸类	100	80~150
H21B-25K		氨、氨液	-40~+150	15~25
H41B-25Z	2.5			32~50
H44H-25			350	200~500
H41H-40		油类、蒸汽、水	425	10~150
H41H-40Q			350	32~150
H44H-40			425	50~400
H44Y-40I	4.0	油类	550	50~250
H44W-40P		硝酸类	100	200~400
H21W-40P				15~25
H41W-40P				32~150

（续）

型号	公称压力/MPa	适用介质	适用温度/℃ ≤	公称通径/mm
H41W-40R	4.0	醋酸类	100	32~150
H41H-64	6.4	油类、蒸汽、水	425	50~100
H44H-64		油类	550	50~500
H44Y-64I				
H41H-100	10.0	油类、蒸汽、水	450	10~100
H44H-100				50~200
H44H-160	16.0	油类、水		50~300
H44Y-160I			550	50~200
H41H-160		油类	450	15~40
H61Y-160				15~40

4.7 管路连接件

4.7.1 管件规格、类型与代号

1）管件规格（即螺纹规格代号）与公称通径之间的关系见表 4-58。

表 4-58 管件规格与公称通径之间的关系（GB/T 3287—2011）

管件规格	1/8	1/4	3/8	1/2	3/4	1	1¼	1½	2	2½	3	4	5	6
公称通径/mm	6	8	10	15	20	25	32	40	50	65	80	100	125	150

2）不同的管件各自有不同的代号，管路图中均用代号表示，管件类型与符号关系见表 4-59。

表 4-59 管件类型与符号（GB/T 3287—2011）

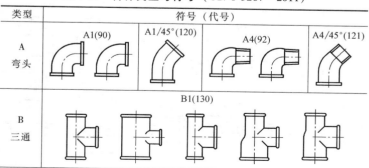

类型	符号（代号）			
A 弯头	A1(90)	A1/45°(120)	A4(92)	A4/45°(121)
B 三通	B1(130)			

（续）

类型	符号（代号）
C 四通	C1(180)
D 短月弯	D1(2a) 　　　　　　D4(1a)
E 单弯三通及双弯弯头	E1(131) 　　　　　　E2(132)
G 长月弯	G1(2) 　　G1/45°(41) 　　G4(1) 　　G4/45°(40) 　　G8(3)
M 外接头	M2(270) M2R—L(271) 　M2(240) 　　　M4(529a) 　M4(246)
N 内外螺丝内接头	N4(241) 　　　　　N8(280) N8R—L(281) 　N8(245)

（续）

类型	符号（代号）			
P 锁紧 螺母	P4(310)			
T 管帽 管堵	T1(300)	T8(291)	T9(290)	T11(596)
U 活接头	U1(330)	U2(331)	U11(340)	U12(341)
UA 活接 弯头	UA1(95)	UA2(97)	UA11(96)	UA12(98)
Za 侧孔弯 头侧孔 三通	Za1(221)		Za2(223)	

4.7.2　弯头、三通和四通

弯头、三通和四通如图 4-39 所示，其尺寸见表 4-60。

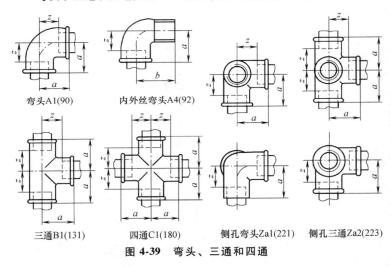

弯头A1(90)　　　内外丝弯头A4(92)

三通B1(131)　　　四通C1(180)　　　侧孔弯头Za1(221)　　　侧孔三通Za2(223)

图 4-39　弯头、三通和四通

表 4-60　弯头、三通和四通的尺寸（GB/T 3287—2011）

公称通径/mm						管 件 规 格						尺寸/mm		安装长度 z/mm
A1	A4	B1	C1	Za1	Za2	A1	A4	B1	C1	Za1	Za2	a	b	
6	6	6	—	—	—	1/8	1/8	1/8	—	—	—	19	25	12
8	8	8	(8)	—	—	1/4	1/4	1/4	(1/4)	—	—	21	28	11
10	10	10	10	(10)	(10)	3/8	3/8	3/8	3/8	(3/8)	(3/8)	25	32	15
15	15	15	15	15	(15)	1/2	1/2	1/2	1/2	1/2	(1/2)	28	37	15
20	20	20	20	20	(20)	3/4	3/4	3/4	3/4	3/4	(3/4)	33	43	18
25	25	25	25	(25)	(25)	1	1	1	1	(1)	(1)	38	52	21
32	32	32	32	—	—	1¼	1¼	1¼	1¼	—	—	45	60	26
40	40	40	40	—	—	1½	1½	1½	1½	—	—	50	65	31
50	50	50	50	—	—	2	2	2	2	—	—	58	74	34
65	65	65	(65)	—	—	2½	2½	2½	(2½)	—	—	69	88	42
80	80	80	(80)	—	—	3	3	3	(3)	—	—	78	98	48
100	100	100	(100)	—	—	4	4	4	(4)	—	—	96	118	60
(125)	—	(125)	—	—	—	(5)	—	(5)	—	—	—	115	—	75
(150)	—	(150)	—	—	—	(6)	—	(6)	—	—	—	131	—	91

注：尽量不采用括号内的规格。

4.7.3　异径弯头

异径弯头如图 4-40 所示，其尺寸见表 4-61。

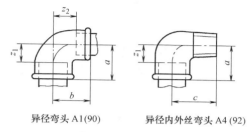

异径弯头 A1(90)　　　　　　异径内外丝弯头 A4(92)

图 4-40　异径弯头

表 4-61　异径弯头的尺寸（GB/T 3287—2011）

公称通径/mm		管件规格		尺寸/mm			安装长度/mm	
A1	A4	A1	A4	a	b	c	z_1	z_2
10×8	—	(3/8×1/4)	—	23	23	—	13	13
15×10	15×10	1/2×3/8	1/2×3/8	26	26	33	13	16
(20×10)	—	(3/4×3/8)	—	28	28	—	13	18
20×15	20×15	3/4×1/2	3/4×1/2	30	31	40	15	18
25×15	—	1×1/2	—	32	34	—	15	21
25×20	25×20	1×3/4	1×3/4	35	36	46	18	21
32×20	—	1¼×3/4	—	36	41	—	17	26
32×25	32×25	1¼×1	1¼×1	40	42	56	21	25
(40×25)	—	(1½×1)	—	42	46	—	23	29
40×32	—	1½×1¼	—	46	48	—	27	29
50×40	—	2×1½	—	52	56	—	28	36
(65×50)	—	(2½×2)	—	61	66	—	34	42

注：尽量不采用括号内的规格。

4.7.4　异径三通

异径三通如图 4-41 所示，其尺寸见表 4-62。

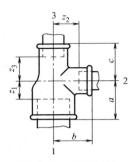

图 4-41　异径三通

表 4-62　异径三通的尺寸（GB/T 3287—2011）

公称通径/mm			管件规格			尺寸/mm			安装长度/mm		
1	2	3	1	2	3	a	b	c	z_1	z_2	z_3
15×10×10			1/2×3/8×3/8			26	26	25	13	16	15
20×10×15			3/4×3/8×1/2			28	28	26	13	18	13
20×15×10			3/4×1/2×3/8			30	31	26	15	18	16
20×15×15			3/4×1/2×1/2			30	31	28	15	18	15
25×15×15			1×1/2×1/2			32	34	28	15	21	15
25×15×20			1×1/2×3/4			32	34	30	15	21	15
25×20×15			1×3/4×1/2			35	36	31	18	21	18
25×20×20			1×3/4×3/4			35	36	33	18	21	18
32×15×25			1¼×1/2×1			34	38	32	15	25	15
32×20×20			1¼×3/4×3/4			36	41	33	17	26	18
32×20×25			1¼×3/4×1			36	41	35	17	26	18
32×25×20			1¼×1×3/4			40	42	36	21	25	21
32×25×25			1¼×1×1			40	42	38	21	25	21
40×15×32			1½×1/2×1¼			36	42	34	17	29	15
40×20×32			1½×3/4×1¼			38	44	36	19	29	17
40×25×25			1½×1×1			42	46	38	23	29	21
40×25×32			1½×1×1¼			42	46	40	23	29	21
（40×32×25）			（1½×1¼×1）			46	48	42	27	29	25
40×32×32			1½×1¼×1¼			46	48	45	27	29	26
50×20×40			2×3/4×1½			40	50	39	16	35	19
50×25×40			2×1×1½			44	52	42	20	35	23
50×32×32			2×1¼×1¼			48	54	45	24	35	26
50×32×40			2×1¼×1½			48	54	46	24	35	27
（50×40×32）			（2×1½×1¼）			52	55	48	28	36	29
50×40×40			2×1½×1½			52	55	50	28	36	31

注：尽量不采用括号内规格。

4.7.5　异径四通

异径四通如图 4-42 所示，其尺寸见表 4-63。

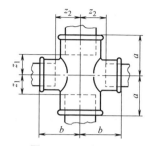

图 4-42　异径四通

表 4-63　异径四通的尺寸（GB/T 3287—2011）

公称通径/ mm	管件规格	尺寸/mm		安装长度/mm	
		a	b	z_1	z_2
（15×10）	（1/2×3/8）	26	26	13	16
20×15	3/4×1/2	30	31	15	18
25×15	1×1/2	32	34	15	21
25×20	1×3/4	35	36	18	21
（32×20）	（1¼×3/4）	36	41	17	26
32×25	1¼×1	40	42	21	25
（40×25）	（1½×1）	42	46	23	29

4.7.6　内接头

内接头如图 4-43 所示，其尺寸见表 4-64。

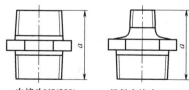

内接头N8(280)
左右旋内接头N8R–L(281)　　异径内接头N8(245)

图 4-43　内接头

表 4-64　内接头的尺寸（GB/T 3287—2011）

公称通径/mm			管件规格			尺寸/mm
N8	N8R-L	异径 N8	N8	N8R-L	异径 N8	a
6	—	—	1/8	—	—	29
8	—	—	1/4	—	—	36
10	—	10×8	3×8	—	3/8×1/4	38
15	15	15×8 15×10	1/2	1/2	1/2×1/4 1/2×3/8	44
20	20	20×10 20×15	3/4	3/4	3/4×3/8 3/4×1/2	47

4.7.7　外接头

外接头如图 4-44 所示，其尺寸见表 4-65。

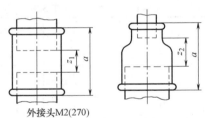

外接头M2(270)

左右旋外接头M2R-L(271)　　异径外接头M2(240)

图 4-44　外接头

表 4-65　外接头的尺寸（GB/T 3287—2011）

公称通径/mm			管件规格			尺寸/mm	安装长度/mm	
M2	M2R-L	异径 M2	M2	M2R-L	异径 M2	a	z_1	z_2
6	—	—	1/8	—	—	25	11	—
8	—	8×6	1/4	—	1/4×1/8	27	7	10
10	10	（10×6） 10×8	3/8	3/8	（3/8×1/8） 3/8×1/4	30	10	13 10
15	15	15×8 15×10	1/2	1/2	1/2×1/4 1/2×3/8	36	10	13 13
20	20	（20×8） 20×10 20×15	3/4	3/4	（3/4×1/4） 3/4×3/8 3/4×1/2	39	9	14 14 11

（续）

公称通径/mm			管件规格			尺寸/mm	安装长度/mm	
M2	M2R-L	异径 M2	M2	M2R-L	异径 M2	a	z_1	z_2
25	25	25×10 25×15 25×20	1	1	1×3/8 1×1/2 1×3/4	45	11	18 15 13
32	32	32×15 32×20 32×25	1¼	1¼	1¼×1/2 1¼×3/4 1¼×1	50	12	18 16 14
40	40	（40×15） 40×20 40×25 40×32	1½	1½	（1½×1/2） 1½×3/4 1½×1 1½×1¼	55	17	23 21 19 17
（50）	（50）	（50×15） （50×20） 50×25 50×32 50×40	（2）	（2）	（2×1/2） （2×3/4） 2×1 2×1¼ 2×1½	65	17	28 26 24 22 22
（65）	—	（65×32） （65×40） （65×50）	（2½）	—	（2½×1¼） （2½×1½） （2½×2）	74	20	28 28 23
（80）	—	（80×40） （80×50） （80×65）	（3）	—	（3×1½） （3×2） （3×2½）	80	20	31 26 23
（100）	—	（100×50） （100×65） （100×80）	（4）	—	（4×2） （4×2½） （4×3）	94	22	34 31 28
（125）	—	—	（5）	—	—	109	29	—
（150）	—	—	（6）	—	—	120	40	—

4.7.8　活接头

活接头如图 4-45 所示，其尺寸见表 4-66。

 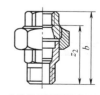

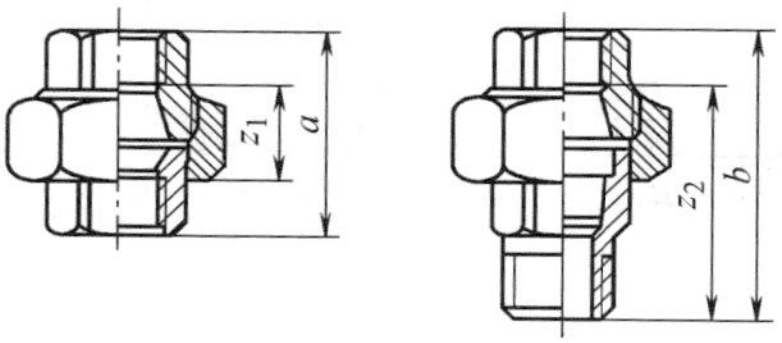

平座活接头U1(330)　　　内外丝平座活接头U2(331)

图 4-45　活接头

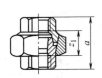 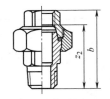

锥座活接头U11(340)　　　内外丝锥座活接头U12(341)

图 4-45　活接头（续）

表 4-66　　活接头的尺寸（GB/T 3287—2011）

公称通径/mm				管件规格				尺寸/mm		安装长度/mm	
U1	U2	U11	U12	U1	U2	U11	U12	a	b	z_1	z_2
—	—	(6)	—	—	—	(1/8)	—	38	—	24	—
8	8	8	8	1/4	1/4	1/4	1/4	42	55	22	45
10	10	10	10	3/8	3/8	3/8	3/8	45	58	25	48
15	15	15	15	1/2	1/2	1/2	1/2	48	66	22	53
20	20	20	20	3/4	3/4	3/4	3/4	52	72	22	57
25	25	25	25	1	1	1	1	58	80	24	63
32	32	32	32	1¼	1¼	1¼	1¼	65	90	27	71
40	40	40	40	1½	1½	1½	1½	70	95	32	76
50	50	50	50	2	2	2	2	78	106	30	82
65	—	65	65	2½	—	2½	2½	85	118	31	91
80	—	80	80	3	—	3	3	95	130	35	100
—	—	100	—	—	—	4	—	100	—	38	—

注：尽量不采用括号内的规格。

4.7.9　活接弯头

活接弯头如图 4-46 所示，其尺寸见表 4-67。

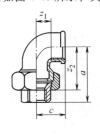 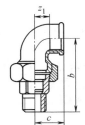

平座活接弯头 UA1(95)　　　内外丝平座活接弯头 UA2(97)

图 4-46　活接弯头

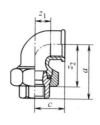 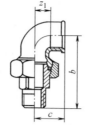

锥座活接弯头UA11(96) 内外丝锥座活接弯头UA12(98)

图 4-46 活接弯头 (续)

表 4-67 活接弯头的尺寸 (GB/T 3287—2011)

公称通径/mm				管件规格				尺寸/mm			安装长度/mm	
UA1	UA2	UA11	UA12	UA1	UA2	UA11	UA12	a	b	c	z_1	z_2
—	—	8	8	—	—	1/4	1/4	48	61	21	11	38
10	10	10	10	3/8	3/8	3/8	3/8	52	65	25	15	42
15	15	15	15	1/2	1/2	1/2	1/2	58	76	28	15	45
20	20	20	20	3/4	3/4	3/4	3/4	62	82	33	18	47
25	25	25	25	1	1	1	1	72	94	38	21	55
32	32	32	32	1¼	1¼	1¼	1¼	82	107	45	26	63
40	40	40	40	1½	1½	1½	1½	90	115	50	31	71
50	50	50	50	2	2	2	2	100	128	58	34	76

4.7.10 内外丝接头

内外丝接头如图 4-47 所示,其尺寸见表 4-68。

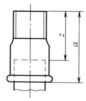

内外丝接头M4(529a) 异径内外丝接头M4(246)

图 4-47 内外丝接头

表 4-68　　内外丝接头的尺寸（GB/T 3287—2011）

公称通径/mm		管件规格		尺寸/mm	安装长度/mm
M4	异径 M4	M4	异径 M4	a	z
10	10×8	3/8	3/8×1/4	35	25
15	15×8 15×10	1/2	1/2×1/4 1/2×3/8	43	30
20	（20×10） 20×15	3/4	（3/4×3/8） 3/4×1/2	48	33
25	25×15 25×20	1	1×1/2 1×3/4	55	38
32	32×20 32×25	1¼	1¼×3/4 1¼×1	60	41
—	40×25 40×32	—	1½×1 1½×1¼	63	44
—	（50×32） （50×40）	—	（2×1¼） （2×1½）	70	46

4.7.11　内外螺丝

内外螺丝如图 4-48 所示，其尺寸见表 4-69。

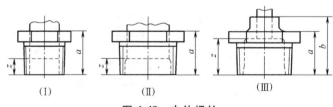

（Ⅰ）　　　　　　（Ⅱ）　　　　　　（Ⅲ）

图 4-48　内外螺丝

表 4-69　内外螺丝的尺寸 （GB/T 3287—2011）

公称通径/mm	管件规格	类型	尺寸/mm		安装长度/mm
			a	b	z
8×6	1/4×1/8	I	20	—	13
10×6	3/8×1/8	II	20	—	13
10×8	3/8×1/4	I	20	—	10
15×6	1/2×1/8	II	24	—	17
15×8	1/2×1/4	II	24	—	14
15×10	1/2×3/8	I	24	—	14
20×8	3/4×1/4	II	26	—	16
20×10	3/4×3/8	II	26	—	16
20×15	3/4×1/2	I	26	—	13
25×8	1×1/4	II	29	—	19
25×10	1×3/8	II	29	—	19
25×15	1×1/2	II	29	—	16
25×20	1×3/4	I	29	—	14
32×10	1¼×3/8	II	31	—	21
32×15	1¼×1/2	II	31	—	18
32×20	1¼×3/4	II	31	—	16
32×25	1¼×1	I	31	—	14
(40×10)	(1½×3/8)	II	31	—	21
40×15	1½×1/2	II	31	—	18
40×20	1½×3/4	II	31	—	16
40×25	1½×1	II	31	—	14
40×32	1½×1¼	I	31	—	12
50×15	2×1/2	III	35	48	35
50×20	2×3/4	III	35	48	33
50×25	2×1	II	35	—	18
50×32	2×1¼	II	35	—	16
50×40	2×1½	II	35	—	16
65×25	2½×1	III	40	54	37
65×32	2½×1¼	III	40	54	35
65×40	2½×1½	II	40	—	21
65×50	2½×2	II	40	—	16
80×25	3×1	III	44	59	42
80×32	3×1¼	III	44	59	40
80×40	3×1½	III	44	59	40
80×50	3×2	II	44	—	20
80×65	3×2½	II	44	—	17
100×50	4×2	III	51	69	45
100×65	4×2½	III	51	69	42
100×80	4×3	II	51	—	21

注：尽量不采用括号内的规格。

4.7.12　管帽和管堵

管帽和管堵如图 4-49 所示，其尺寸见表 4-70。

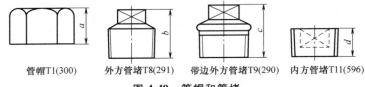

　管帽T1(300)　　外方管堵T8(291)　　带边外方管堵T9(290)　　内方管堵T11(596)

图 4-49　管帽和管堵

表 4-70　管帽和管堵的尺寸（GB/T 3287—2011）

公称通径/mm				管件规格				尺寸/mm			
T1	T8	T9	T11	T1	T8	T9	T11	a_{min}	b_{min}	c_{min}	d_{min}
(6)	6	6	—	(1/8)	1/8	1/8	—	13	11	20	
8	8	8	—	1/4	1/4	1/4	—	15	14	22	
10	10	10	(10)	3/8	3/8	3/8	(3/8)	17	15	24	11
15	15	15	(15)	1/2	1/2	1/2	(1/2)	19	18	26	15
20	20	20	(20)	3/4	3/4	3/4	(3/4)	22	20	32	16
25	25	25	(25)	1	1	1	(1)	24	23	36	19
32	32	32	—	1¼	1¼	1¼	—	27	29	39	—
40	40	40	—	1½	1½	1½	—	27	30	41	—
50	50	50	—	2	2	2	—	32	36	48	—
65	65	65	—	2½	2½	2½	—	35	39	54	—
80	80	80	—	3	3	3	—	38	44	60	—
100	100	100	—	4	4	4	—	45	58	70	—

4.8　网

4.8.1　六角网

六角网按编织方式可分为单向搓捻式（见图 4-50a，代号为 Q）、双向搓捻式（见图 4-50b，代号为 S）、双向搓捻式有加强筋（见图 4-50c，代号为 J），按镀锌方式分为先编后镀网（代号为 B）、先电镀锌后织网（代号为 D）、先热镀锌后织网（代号为 R）。

六角网的网孔尺寸（mm）有：10、13、16、20、25、30、40、50、75 等，其网面长度和宽度见表 4-71。

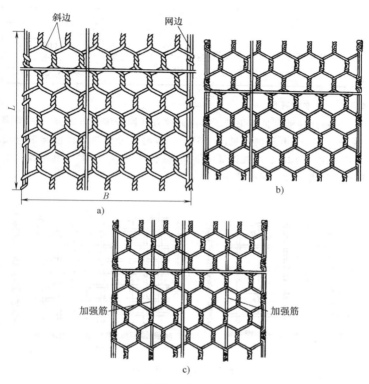

图 4-50　六角网

a）单向搓捻式　b）双向搓捻式　c）双向搓捻式有加强筋

表 4-71　六角网的网面长度和宽度（QB/T 1925. 2—1993）

（单位：mm）

类别	长度 L	宽度 B
B 型	25000	500
	30000	1000
	50000	1500
		2000

（续）

类别	长度 L	宽度 B
D 型、R 型	25000	500
	30000	1000
	50000	1500
		2000

4.8.2　波纹方孔网

　　一般用途镀锌低碳钢丝编织网波纹方孔网按编制方式分为 A 型网（见图 4-51a）、B 型网（见图 4-51b），按材料分为热镀锌低碳钢丝编织网（代号为 R）、电镀锌低碳钢丝编织网（代号为 D）。其网面长度和宽度见表 4-72，网孔尺寸见表 4-73。

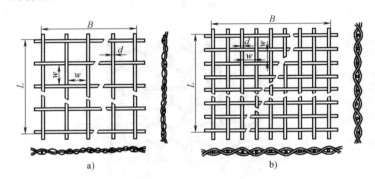

a)　　　　　　　　　　　b)

图 4-51　波纹方孔网

a）A 型　b）B 型

表 4-72　波纹方孔网的网面长度和宽度（QB/T 1925.3—1993）

（单位：mm）

产品分类	长度 L	宽度 B
片网	<1000	900
	1000 ~ 5000	1000
	5001 ~ 10000	1500
卷网	10000 ~ 30000	2000

表 4-73　波纹方孔网的网孔尺寸 （QB/T 1925.3—1993）

（单位：mm）

丝径 d	网孔尺寸 w			
	A 型		B 型	
	Ⅰ 系	Ⅱ 系	Ⅰ 系	Ⅱ 系
0.70			1.5	
			2.0	
0.90			2.5	
1.20	6	8		
1.60	8	12	3	5
	10			
2.20	12	15	4	6
		20		
2.80	15	25	6	10
	20			12
3.50	20	30	6	8
	25			10
				15
4.00	20	30	6	12
	25		8	16
5.00	25	28	20	22
	30	36		
6.00	30	28	20	18
	40	35		
	50	45	25	22
8.00	40	45	30	35
	50	50		
10.00	80	70		
	100	90		
	125	110		

注：1. Ⅰ 系为优先选用规格，Ⅱ 系为一般规格。
　　2. 可根据用户需要生产其他规格尺寸。

4.8.3　铝板网

铝板网如图 4-52 所示，其尺寸见表 4-74。

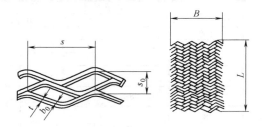

图 4-52　短节距传动用精密铝板网

表 4-74　铝板网的尺寸　　　（单位：mm）

种类	板厚 t	短节距 s_0	长节距 s	丝梗宽 b_0	宽度 B	长度 L
铝板网	0.3	1.1	3	0.4	≤500	
		1.5	4	0.5		
		3	6	0.6		
	0.4	1.5	4	0.5		500~2000
		2.3	6	0.6		
	0.5	3	8	0.7	≥400	
		5	10	0.8		
	1.0	4		1.1		
		5	12.5	1.2		
人字形铝板网	0.4	1.7	6	0.5	≤400	
		2.2	8	0.5		
	0.5	1.7	6	0.6	≤500	500~2000
		2.8	10	0.7		
		3.5	12.5	0.8		
	1.0	2.8	10	2.5	1000	
		3.5	12.5	3.1	2000	

注：材料为 1060、1050A。

4.8.4　铝合金花格网

铝合金花格网如图 4-53 所示，其类型代号及应用见表 4-75，规格尺寸见表 4-76~表 4-78。

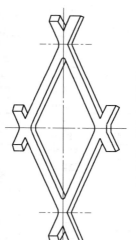

图 4-53　铝合金花格网

表 4-75　铝合金花格网的类型代号及应用（YS/T 92—2021）

产品类型		产品代号	牌号	状态	典型应用	常用孔形
拉伸网	横向拉伸网	HLW	6063	T2、T10	建筑装饰室外幕墙、室内装饰、吊顶、隔断及其他工艺装饰	中花、双花、异形花等
	纵向拉伸网	ZLW	1060、1100、3003、5052	H24		菱形、六边形等
冲孔网		CKW	1050、1060、1100、3003、5005、5052、5754	H24①	建筑物墙体、装潢吸顶、装饰件、室内隔声、穿越城市地段的高速公路、铁路、地铁等交通市政设施中的环保降声治理屏障、消音、粮库通风、机械防护、工作平台、设备平台、楼梯踏板、壕沟盖板、桥梁走道等	长圆孔、方孔、菱形孔、圆孔、六角形孔、十字孔、三角形孔、梅花孔、鱼鳞孔、图案孔、五角星形孔、鳄鱼嘴形孔、凹凸型、不规则型则孔以及各种形状的组合孔

① H24 状态的冲孔网基材，经烘烤处理后，状态为 H44。

表 4-76　铝合金花格横向拉伸网的规格尺寸（YS/T 92—2021）

项目	规格尺寸/mm
网面长度	≤6500
网面宽度	190～2000
丝梗厚度	≤6.00
	>6.00～15.00
	>15.00～30.00

表 4-77　铝合金花格纵向拉伸网的规格尺寸（YS/T 92—2021）

项目	规格尺寸/mm	
	菱形网格	六角形网格
网面长度	≤1000	
	1000～3000	
网面宽度	≤1000	
	>1000～3000	
矩节距	15.0	11.0
	—	20.0
	32.0、40.0、45.0	38.0
	68.0、75.0、95.0	80.0
长节距	25～300	57～200
丝梗宽度	5～30	2～30
丝梗厚度	>1.50～2.00	—
	>2.00～2.50	
	>2.50～3.00	
	>3.00	

表 4-78　铝合金花格冲孔网的规格尺寸（YS/T 92—2021）

项目	规格尺寸/mm
网面长度	≤2000.0
	>2000.0～5000.0
	>5000.0
网面宽度	≤2000.0
	>2000.0
网面厚度	应符合 GB/T 3880.3—2012 中普通级的规定
对角线长度	≤2000.0
	>2000.0

4.9　钉

4.9.1　一般用途圆钢钉

一般用途圆钢钉如图 4-54 所示，其尺寸见表 4-79、表 4-80。

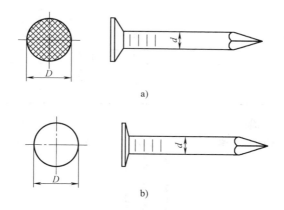

a)

b)

图 4-54　一般用途圆钢钉

a）菱形方格帽钉　b）平帽钉

D—钉帽直径　d—钉杆直径

表 4-79　一般用途圆钢钉的钉帽直径（YB/T 5002—2017）

（单位：mm）

菱形方格帽钉		平帽钉	
钉杆直径 d	钉帽直径 D	钉杆直径 d	钉帽直径 D
≤1.60		2.10	5.30
>1.60~2.10		2.30	5.80
>2.10~3.75	2.0d~2.3d	2.50	6.30
>3.75		2.80	6.80
—	—	3.05	7.00
—	—	3.30	7.00

表 4-80　菱形方格帽钉常用钉长与圆钉直径 （YB/T 5002—2017）

（单位：mm）

钉长	圆钉直径	钉长	圆钉直径
10	0.90	60	2.80
13	1.00	70	3.10
16	1.10	80	3.40
20	1.20	90	3.70
25	1.40	100	4.10
30	1.60	110	4.50
35	1.80	130	5.00
40	2.00	150	5.50
45	2.20	175	6.00
50	2.50	200	6.50

4.9.2　扁头圆钢钉

扁头圆钢钉如图 4-55 所示，其尺寸见表 4-81。

图 4-55　扁头圆钢钉

表 4-81　扁头圆钢钉的尺寸

钉长/mm	35	40	50	60	80	90	100
钉杆直径/mm	2	2.2	2.5	2.8	3.2	3.4	3.8
每千个重量/kg　≈	0.95	1.18	1.75	2.9	4.7	6.4	8.5

4.9.3　拼合用圆钢钉

拼合用圆钢钉如图 4-56 所示，其尺寸见表 4-82。

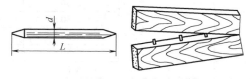

图 4-56　拼合用圆钢钉

表 4-82　拼合用圆钢钉的尺寸

钉长 L/mm	25	30	35	40	45	50	60
钉杆直径 d/mm	1.6	1.8	2	2.2	2.5	2.8	2.8
每千个重量/kg ≈	0.36	0.55	0.79	1.08	1.52	2	2.4

4.9.4　水泥钉

水泥钉如图 4-57 所示，其尺寸见表 4-83。

图 4-57　水泥钉

表 4-83　水泥钉的尺寸

钉号	钉杆尺寸/mm		每千个重量/kg ≈
	长度	直径	
7	101.6	4.57	13.38
7	76.2	4.57	10.11
8	76.2	4.19	8.55
8	63.5	4.19	7.17
9	50.8	3.76	4.73
9	38.1	3.76	3.62
9	25.4	3.76	2.51
10	50.8	3.40	3.92
10	38.1	3.30	3.01
10	25.4	3.40	2.11
11	38.1	3.05	2.49
11	25.4	3.05	1.76
12	38.1	2.77	2.10
12	25.4	2.77	1.40

4.9.5　木螺钉

木螺钉如图 4-58 所示，其尺寸见表 4-84。

图 4-58　木螺钉

表 4-84　木螺钉的尺寸（GB/T 100—1986，GB/T 951—1986）

（单位：mm）

直径	开槽木螺钉钉长			十字槽木螺钉	
	沉头	圆头	半沉头	十字槽号	钉长
1.6	6～12	6～12	6～12	—	—
2	6～16	6～14	6～16	1	6～16
2.5	6～25	6～22	6～25	1	6～25
3	8～30	8～25	8～30	2	8～30
3.5	8～40	8～38	8～40	2	8～40
4	12～70	12～65	12～70	2	12～70
(4.5)	16～85	14～80	16～85	2	16～85
5	18～100	16～90	18～100	2	18～100
(5.5)	25～100	22～90	30～100	3	25～100
6	25～120	22～120	30～120	3	25～120
(7)	40～120	38～120	40～120	3	40～120
8	40～120	38～120	40～120	4	40～120
10	75～120	65～120	70～120	4	70～120

注：1. 钉长系列（mm）：6、8、10、12、14、16、18、20、（22）、25、
30、（32）、35、（38）、40、45、50、（55）、60、（65）、70、（75）、
80、（85）、90、100、120。

2. 括号内的直径和长度，尽可能不采用。

4.9.6　油毡钉

油毡钉如图 4-59 所示，其尺寸见表 4-85。

表 4-85　油毡钉的尺寸

钉杆尺寸/mm		每千个重量/	钉杆尺寸/mm		每千个重量/
长度	直径	kg　≈	长度	直径	kg　≈
15	2.5	0.58	25.40		1.47
20	2.8	1.00	28.58		1.65
25	3.2	1.50	31.75	3.06	1.83
30	3.4	2.00	38.10		2.20
19.05	3.06	1.10	44.45		2.57
22.23		1.28	50.80		2.93

4.9.7　瓦楞钉

瓦楞钉如图 4-60 所示，其尺寸见表 4-86。

图 4-59　油毡钉

图 4-60　瓦楞钉

表 4-86　瓦楞钉的尺寸

钉身 直径/mm	钉帽 直径/mm	长度（除帽）/mm			
		38	44.5	50.8	63.5
		每千个重量/kg　≈			
3.73	20	6.30	6.75	7.35	8.35
3.37	20	5.58	6.01	6.44	7.30
3.02	18	4.53	4.90	5.25	6.17
2.74	18	3.74	4.03	4.32	4.90
2.38	14	2.30	2.38	2.46	—

4.9.8　瓦楞钩钉

瓦楞钩钉（见图 4-61）专用于将瓦楞铁皮或石棉固定于屋梁或壁柱上，直径 6mm，螺纹长度 45mm，钩钉长度有 80mm、100mm、120mm、140mm、160mm 等规格。

4.9.9　麻花钉

麻花钉如图 4-62 所示，其尺寸见表 4-87。

图 4-61　瓦楞钩钉

图 4-62　麻花钉

表 4-87　麻花钉的尺寸

规格尺寸/mm	钉杆尺寸/mm		每千个重量/ kg　≈
	长度	直径	
50	50.8	2.77	2.40
50	50.8	3.05	2.91
55	57.2	3.05	3.28
65	63.5	3.05	3.64

（续）

规格尺寸/mm	钉杆尺寸/mm		每千个重量/
	长度	直径	kg　≈
75	76.2	3.40	5.43
75	76.2	3.76	6.64
85	88.9	4.19	9.62

4.9.10　鱼尾钉

鱼尾钉如图 4-63 所示，其尺寸见表 4-88。

表 4-88　鱼尾钉的尺寸

种类	薄型（A 型）					厚型（B 型）					
全长/mm	6	8	10	13	16	10	13	16	19	22	25
钉帽直径/mm≥	2.2	2.5	2.6	2.7	3.1	3.7	4	4.2	4.5	5	5
钉帽厚度/mm≥	0.2	0.25	0.30	0.35	0.40	0.45	0.50	0.55	0.60	0.65	0.65
卡颈尺寸/mm≥	0.80	1.0	1.15	1.25	1.35	1.50	1.60	1.70	1.80	2.0	2.0
每千个重量/g≈	44	69	83	122	180	132	278	357	480	606	800
每千克个数/个	22700	14400	12000	8200	5550	7600	3600	2800	2100	1650	1250

注：卡颈尺寸指近钉头处钉身的椭圆形断面短轴直径尺寸。

4.9.11　骑马钉

骑马钉如图 4-64 所示，其尺寸见表 4-89。

图 4-63　鱼尾钉

图 4-64　骑马钉

表 4-89　骑马钉的尺寸

钉长 L/mm	10	11	12	13	15	16	20	25	30
钉杆直径 d/mm	1.6	1.8	1.8	1.8	1.8	1.8	2.0	2.2	2.5/2.7
大端宽度 B/mm	8.5	8.5	8.5	8.5	10	10	10.5/12	11/13	13.5/14.5
小端宽度 b/mm	7	7	7	7	8	8	8.5	9	10.5
每千个重量/kg≈	0.37	—	—	—	0.56	—	0.89	1.36	2.19
材质	Q195、Q215、Q235								

第5章 电器五金件

5.1 电线

5.1.1 绝缘电线型号及颜色

1. 绝缘电线型号

1) 绝缘电线型号表示方法如下:

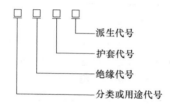

2) 绝缘电线型号中字母代号及含义见表 5-1。

表 5-1 绝缘电线型号中字母代号及含义

分类或用途		绝缘	
符号	含义	符号	含义
A	安装线缆	V	聚氯乙烯
B	布电线	F	氟塑料
F	飞机用低压线	Y	聚乙烯
Y	一般工业移动电器用线	X	橡胶
T	天线	ST	天然丝
HR	电话软线	SE	双丝包
HP	配线	VZ	阻燃聚氯乙烯
I	电影用电缆	R	辐照聚乙烯
SB	无线电装置用电缆	B	聚丙烯

（续）

护套		派生	
符号	含义	符号	含义
V	聚氯乙烯	P	屏蔽
H	橡胶套	R	软
B	编织套	S	双绞
L	蜡克	B	平行
N	尼龙套	D	带形
SK	尼龙丝	T	特种
VZ	阻燃聚氯乙烯	P_1	缠绕屏蔽
ZR	具有阻燃性	W	耐气候、耐油

2. 绝缘电线颜色识别标志

识别标志主要有颜色、文字、字母或符号。电线用标志识别颜色色谱共12种，具体为：白色、红色、黑色、黄色、蓝色、绿色、橙色、灰色、棕色、青绿色、紫色、粉红色

1）接地线芯或类似保护目的用线芯，都必须采用绿/黄组合颜色作为识别标志。其他线芯则不允许使用。多芯电缆中的绿/黄组合颜色线芯应置放在缆芯的最外层。

2）塑料和橡胶绝缘电力电缆采用颜色识别：2芯者颜色应为红、浅蓝（或蓝）色；3芯者颜色应为红、黄、绿色；4芯者颜色，红、黄、绿用于主线芯，浅蓝色用于中性线芯。

5.1.2　通用绝缘电线

1）通用绝缘电线的型号、名称及使用场所见表5-2。

表5-2　通用绝缘电线的型号、名称及使用场所

型号	产品名称	敷设场合要求	导体长期允许工作温度/℃
BXF	铜芯橡胶绝缘氯丁或其他合成胶护套电线	适用于户内明敷和户外寒冷地区	65
BLXF	铝芯橡胶绝缘氯丁或其他合成胶护套电线		

（续）

型号	产品名称	敷设场合要求	导体长期允许工作温度/℃
BXY	铜芯橡胶绝缘黑色聚乙烯护套电线	适用于户内明敷和户外寒冷地区	65
BLXY	铝芯橡胶绝缘黑色聚乙烯护套电线		
BX	铜芯橡胶绝缘棉纱或其他纤维编织电线	固定敷设,可明敷暗敷	
BLX	铝芯橡胶绝缘棉纱或其他纤维编织电线		
BXR	铜芯橡胶绝缘棉纱或其他纤维编织软电线	室内安装要求较柔软时使用	
245IEC04（YYY）245IEC06（YYY）	铜芯聚乙烯乙酸乙酯橡胶或其他合成弹性体绝缘电线	固定敷设于高温环境等场合	110
227IEC01·05（BV）	铜芯聚氯乙烯绝缘电线	固定敷设,可用于室内明敷、穿管等场合	70
BLV	铝芯聚氯乙烯绝缘电线		
227IEC07（BV-90）	铜芯耐热 90℃ 聚氯乙烯绝缘电线	固定敷设于高温环境场合,其他同上	90
BVR	铜芯聚氯乙烯绝缘软电线	固定敷设于要求柔软的场合	
227IEC10（BVV）	铜芯聚氯乙烯绝缘聚氯乙烯护套圆形电线	固定敷设于要求机械防护较高,潮湿等场合;可明敷或暗敷设	70
BVV	铜芯聚氯乙烯绝缘聚氯乙烯护套圆形电线		
BLVV	铝芯聚氯乙烯绝缘聚氯乙烯护套圆形电线		
BVVB	铜芯聚氯乙烯绝缘聚氯乙烯护套扁形电线		
BLVVB	铝芯聚氯乙烯绝缘聚氯乙烯护套扁形电线		
AV	铜芯聚氯乙烯绝缘安装电线	电气、仪表、电子设备等用的硬接线	

（续）

型号	产品名称	敷设场合要求	导体长期允许工作温度/℃
AV-90	铜芯耐热 90℃ 聚氯乙烯绝缘安装电线	敷设于高温环境等场合,其他同上	90
NLYV	农用直埋铝芯聚乙烯绝缘聚氯乙烯护套电线	一般地区	70
NLYV-H	农用直埋铝芯聚乙烯绝缘耐寒聚氯乙烯护套电线	一般及耐寒地区	
NLYV-Y	农用直埋铝芯聚乙烯绝缘防蚁聚氯乙烯护套电线	白蚁活动地区	
NLYY	农用直埋铝芯聚乙烯绝缘聚乙烯护套电线	一般及耐寒地区	
NLVV	农用直埋铝芯聚氯乙烯绝缘聚氯乙烯护套电线		
NLVV-Y	农用直埋铝芯聚氯乙烯绝缘防蚁聚氯乙烯护套电线	白蚁活动地区	
BVF	铝芯丁腈聚氯乙烯绝缘聚氯乙烯绝缘电线	交流 500V 及以下的电器等装置连接线	65
BY	铜芯聚乙烯绝缘电线	用于移动式无线电装置连接,绝缘电阻较高,可用于高频场合和低温-60℃场合	70

2）通用绝缘电线的产品规格见表 5-3。

表 5-3　通用绝缘电线的产品规格

型号	额定电压 (U_0/U) [①] /V	芯数	标称截面面积/mm²
BXF	300/500	1	0.75~240
BLXF	300/500	1	2.5~240
BXY	300/500	1	0.75~240
BLXY	300/500	1	2.5~240

（续）

型号	额定电压 $(U_0/U)^{①}/V$	芯数	标称截面面积/mm²
BX	300/500	1	0.75~630
BLX	300/500	1	2.5~630
BXR	300/500	1	0.75~400
245IEC04（YYY）	450/750	1	0.5~95
245IEC06（YYY）	300/500	1	0.5~1
227IEC05（BV）	300/500	1	0.5~1
227IEC01（BV）	450/750	1	1.5~400
BLV	450/750	1	2.5~400
227IEC07（BV-90）	300/500	1	0.5~2.5
BVR	450/750	1	2.5~70
227IEC10（BVV）	300/500	2~5	1.5~35
BVV	300/500	1	0.75~10
BLVV	300/500	1	2.5~10
BVVB	300/500	2、3	0.75~10
BLVVB	300/500	2、3	2.5~10
AV	300/300	1	0.08~0.4
AV-90	300/300	1	0.08~0.4
NLYV	—	1	4~95
NLYV-H			
NLYV-Y			
NLYY			
NLVV			
NLVV-Y			
BVF	300/500	1	0.75~6
BY	300/500	1	0.06~2.5

① 指相电压/线电压。

5.1.3　通用绝缘软电线

1）通用绝缘软电线的型号、名称和使用场所见表 5-4。

表 5-4　通用绝缘软电线的型号、名称和使用场所

型号	产品名称	敷设场合要求	导体长期允许工作温度/℃
RXS	铜芯橡胶绝缘编织双绞软电线	适用于电热器、家用电器、灯头线等使用要求柔软的地方	65
245IEC51（RX）	铜芯橡胶绝缘总编织圆形软电线		60
RXH	铜芯橡胶绝缘橡胶护套总编织圆形软电线		65
245IEC03（YG）	铜芯耐热硅橡胶绝缘电缆	要求高温等场合	180
245IEC05（YRYY）245IEC07（YRYY）	铜芯聚乙烯-乙酸乙烯酯橡胶或其他合成弹性体绝缘软电线		110
227IEC02（RV）	铜芯聚氯乙烯绝缘连接软电线	用于中轻型移动电器、仪器仪表、家用电器、动力照明等要求柔软的地方	70
227IEC06（RV）	铜芯聚氯乙烯绝缘连接软电线		
227IEC42（RVB）	铜芯聚氯乙烯绝缘扁形连接软电线		
RVS	铜芯聚氯乙烯绝缘绞型连接软电线		
227IEC52（RVV）227IEC53（RVV）	铜芯聚氯乙烯绝缘聚氯乙烯护套圆形连接软电缆（轻型、普通型）		
227IEC08（RV-90）	铜芯耐热 90℃聚氯乙烯绝缘连接软电线	用于要求耐热场合	90
RFB	铜芯丁腈聚氯乙烯复合物绝缘扁形软电线	适用于小型家用电器、灯头线等使用要求柔软的地方	70
RRS	铜芯丁腈聚氯乙烯复合物绝缘绞型软电线		

（续）

型号	产品名称	敷设场合要求	导体长期允许工作温度/℃
AVR	铜芯聚氯乙烯绝缘安装软电线	用于仪器仪表电子设备等内部用软线	70
AVRB	铜芯聚氯乙烯绝缘扁形安装软电线		
AVRS	铜芯聚氯乙烯绝缘绞型安装软电线	轻型电器设备、控制系统等柔软场合使用电源或控制信号连接线	
AVVR	铜芯聚氯乙烯绝缘聚氯乙烯护套安装软电缆		
AVR-90	铜芯耐热 90℃ 聚氯乙烯绝缘安装软电线	用于耐热场合	90
227IEC41（RTPVR）	扁形铜皮软线	用于电话听筒用线	70
227IEC43（SVR）	户内装饰照明回路用软线	用于户内装饰与照明等	
227IEC71f（TVVB）	扁形聚氯乙烯护套电梯电缆和绕性连接用软电缆	用于自由悬挂长度不超过 35m 及移动速度不超过 1.6m/s 的电梯和升降机	
227IEC74（RVVYP）	耐油聚氯乙烯护套屏蔽软电缆	用于包括机床和起重设备等制造加工机械各部件之间的内部连接	
227IEC75（RVVY）	耐油聚氯乙烯护套非屏蔽软电缆		

2）通用绝缘软电线的产品规格见表 5-5。

表 5-5　通用绝缘软电线的产品规格

型号	额定电压（U_0/U）/V	芯数	标称截面面积/mm^2
RXS	300/300	2	0.3~4
245IEC51（RX）	300/300	2~3	0.75~1.5
RX	300/300	2~3	0.3~0.2，5~4
RXH	300/300	1	0.3~4

（续）

型号	额定电压 $(U_0/U)/V$	芯数	标称截面 面积/mm^2
245IEC03（YG）	300/500	1	0.5~16
245IEC05（YRYY）	450/750	1	0.5~95
245IEC07（YRYY）	300/500	1	0.5~1
227IEC06（RV）	300/500	1	0.5~1
227IEC02（RV）	450/750	1	1.5~240
227IEC42（RVB）	300/300	2	0.5~0.75
RVS	300/300	2	0.5~0.75
227IEC52（RVV）	300/300	2~3	0.5~0.75
227IEC53（RVV）	300/500	2~5	0.75~2.5
227IEC08（RV-90）	300/500	1	0.5~2.5
RFB	300/300	2	0.12~2.5
RFS	300/300	2	0.12~2.5
AVR	300/300	1	0.08~0.4
AVRB	300/300	2	0.12~0.4
AVRS	300/300	2	0.12~0.4
AVVR	300/300	2 3~24	0.08~0.4 0.12~0.4
AVR-90	300/300	1	0.08~0.4
227IEC41（RTPVR）	300/300	1	—
227IEC43（SVR）	300/300	1	0.5~0.75
227IEC71f（TVVB）	300/500 450/750	6、9、12、24 4、5、6、9、12 4、5	0.75~1 1.5~2.5 4~25

5.2　电缆

5.2.1　固定布线用无护套聚氯乙烯绝缘电缆

1. 一般用途单芯硬导体无护套电缆

1）型号为 60227 IEC 01（BV）。

2）额定电压为 450/750V。

3）60227 IEC 01（BV）型电缆的综合数据见表 5-6。

表5-6 60227 IEC 01 (BV) 型电缆的综合数据

(GB/T 5023.3—2008)

导体标称截面面积/mm²	导体种类	绝缘厚度规定值/mm	平均外径/mm		70℃时最小绝缘电阻/MΩ·km
			下限	上限	
1.5	1	0.7	2.6	3.2	0.011
1.5	2	0.7	2.7	3.3	0.010
2.5	1	0.8	3.2	3.9	0.010
2.5	2	0.8	3.3	4.0	0.009
4	1	0.8	3.6	4.4	0.0085
4	2	0.8	3.8	4.6	0.0077
6	1	0.8	4.1	5.0	0.0070
6	2	0.8	4.3	5.2	0.0065
10	1	1.0	5.3	6.4	0.0070
10	2	1.0	5.6	6.7	0.0065
16	2	1.0	6.4	7.8	0.0050
25	2	1.2	8.1	9.7	0.0050
35	2	1.2	9.0	10.9	0.0043
50	2	1.4	10.6	12.8	0.0043
70	2	1.4	12.1	14.6	0.0035
95	2	1.6	14.1	17.1	0.0035
120	2	1.6	15.6	18.8	0.0032
150	2	1.8	17.3	20.9	0.0032
185	2	2.0	19.3	23.3	0.0032
240	2	2.2	22.0	26.6	0.0032
300	2	2.4	24.5	29.6	0.0030
400	2	2.6	27.5	33.2	0.0028

2. 一般用途单芯软导体无护套电缆

1) 型号为 60227 IEC 02 (RV)。

2) 额定电压为 450/750V。

3) 60227 IEC 02 (RV) 型电缆的综合数据见表5-7。

3. 内部布线用导体温度为 70℃的单芯实心导体无护套电缆

1) 型号为 60227 IEC 05 (BV)。

2) 额定电压为 300/500V。

3) 60227 IEC 05 (BV) 型电缆的综合数据见表5-8。

表 5-7　60227 IEC 02（RV）型电缆的综合数据

（GB/T 5023.3—2008）

导体标称截面面积/mm²	绝缘厚度规定值/mm	平均外径/mm		70℃时最小绝缘电阻/MΩ·km ≥
		下限	上限	
1.5	0.7	2.8	3.4	0.010
2.5	0.8	3.4	4.1	0.009
4	0.8	3.9	4.8	0.007
6	0.8	4.4	5.3	0.006
10	1.0	5.7	6.8	0.0056
16	1.0	6.7	8.1	0.0046
25	1.2	0.4	10.2	0.0044
35	1.2	9.7	11.7	0.0038
50	1.4	11.5	13.9	0.0037
70	1.4	13.2	16.0	0.0032
95	1.6	15.1	18.2	0.0032
120	1.6	16.7	20.2	0.0029
150	1.8	18.6	22.5	0.0029
185	2.0	20.6	24.9	0.0029
240	2.2	23.5	28.4	0.0028

表 5-8　60227 IEC 05（BV）型电缆的综合数据

（GB/T 5023.3—2008）

导体标称截面面积/mm²	绝缘厚度规定值/mm	平均外径/mm		70℃时最小绝缘电阻/MΩ·km ≥
		下限	上限	
0.5	0.6	1.9	2.3	0.015
0.75	0.6	2.1	2.5	0.012
1	0.6	2.2	2.7	0.011

4. 内部布线用导体温度为 70℃的单芯软导体无护套电缆

1）型号为 60227 IEC 06（RV）。

2）额定电压为 300/500V。

3）60227 IEC 06（RV）型电缆的综合数据见表 5-9。

5. 内部布线用导体温度为 90℃的单芯实心导体无护套电缆

1）型号为 60227 IEC 07（BV-90）。

表 5-9　60227 IEC 06（RV）型电缆的综合数据

（GB/T 5023.3—2008）

导体标称截面面积/mm²	绝缘厚度规定值/mm	平均外径/mm		70℃时最小绝缘电阻/MΩ·km　≥
		下限	上限	
0.5	0.6	2.1	2.5	0.013
0.75	0.6	2.2	2.7	0.011
1	0.6	2.4	2.8	0.010

2）额定电压为 300/500V。

3）60227 IEC 07（BV-90）型电缆的综合数据见表 5-10。

表 5-10　60227 IEC 07（BV-90）型电缆的综合数据

（GB/T 5023.3—2008）

导体标称截面面积/mm²	绝缘厚度规定值/mm	平均外径/mm		90℃时最小绝缘电阻/MΩ·km　≥
		下限	上限	
0.5	0.6	1.9	2.3	0.015
0.75	0.6	2.1	2.5	0.013
1	0.6	2.2	2.7	0.012
1.5	0.7	2.6	3.2	0.011
2.5	0.8	3.2	3.9	0.009

6. 内部布线用导体温度为 90℃的单芯软导体无护套电缆

1）型号为 60227 IEC 08（BV-90）。

2）额定电压为 300/500V。

3）60227 IEC 08（BV-90）型电缆的综合数据见表 5-11。

表 5-11　60227 IEC 08（BV-90）型电缆的综合数据

（GB/T 5023.3—2008）

导体标称截面面积/mm²	绝缘厚度规定值/mm	平均外径/mm		90℃时最小绝缘电阻/MΩ·km　≥
		下限	上限	
0.5	0.6	2.1	2.5	0.013
0.75	0.6	2.2	2.7	0.012
1	0.6	2.4	2.8	0.010
1.5	0.7	2.8	3.4	0.009
2.5	0.8	3.4	4.1	0.009

5. 2. 2　固定布线用有护套聚氯乙烯绝缘电缆

1）型号为 60227 IEC 10（BVV）。

2）额定电压为 300/500V。

3）60227 IEC 10（BVV）型电缆的综合数据见表 5-12。

表 5-12　60227 IEC 10（BVV）型电缆的综合数据

（GB/T 5023. 4—2008）

导体芯数和标称截面面积/mm²	导体种类	绝缘厚度规定值/mm	内护层厚度近似值/mm	护套厚度规定值/mm	平均内径/mm		70℃时最小绝缘电阻/MΩ·km　≥
					下限	上限	
2×1.5	1	0.7	0.4	1.2	7.6	10.0	0.011
	2	0.7	0.4	1.2	7.8	10.5	0.010
2×2.5	1	0.8	0.4	1.2	8.6	11.5	0.010
	2	0.8	0.4	1.2	9.0	12.0	0.009
2×4	1	0.8	0.4	1.2	9.6	12.5	0.0085
	2	0.8	0.4	1.2	10.0	13.0	0.0077
2×6	1	0.8	0.4	1.2	1.05	13.5	0.0070
	2	0.8	0.4	1.2	11.0	14.0	0.0055
2×10	1	1.0	0.6	1.4	13.0	16.5	0.0070
	2	1.0	0.6	1.4	13.5	17.0	0.0055
2×16	2	1.0	0.6	1.4	15.5	20.0	0.0052
2×25	2	1.2	0.8	1.4	18.5	24.0	0.0050
2×35	2	1.2	1.0	1.6	21.0	27.5	0.0044
3×1.5	1	0.7	0.4	1.2	8.0	10.5	0.011
	2	0.7	0.4	1.2	8.2	11.0	0.010
3×2.5	1	0.8	0.4	1.2	9.2	12.0	0.010
	2	0.8	0.4	1.2	9.4	12.5	0.009
3×4	1	0.8	0.4	1.2	10.0	13.0	0.0085
	2	0.8	0.4	1.2	10.5	13.5	0.0077
3×6	1	0.8	0.4	1.4	11.5	14.5	0.0070
	2	0.8	0.4	1.4	12.0	15.5	0.0065
3×10	1	1.0	0.6	1.4	14.0	17.5	0.0070
	2	1.0	0.6	1.4	14.5	19.0	0.0065
3×16	2	1.0	0.8	1.4	16.5	21.5	0.0052
3×25	2	1.2	0.8	1.6	20.5	26.0	0.0050

（续）

导体芯数和标称截面面积/mm²	导体种类	绝缘厚度规定值/mm	内护层厚度近似值/mm	护套厚度规定值/mm	平均内径/mm		70℃时最小绝缘电阻/MΩ·km ≥
					下限	上限	
3×35	2	1.2	1.0	1.6	22.0	29.0	0.0044
4×1.5	1	0.7	0.4	1.2	8.6	11.5	0.011
	2	0.7	0.4	1.2	9.0	12.0	0.010
4×2.5	1	0.8	0.4	1.2	10.0	13.0	0.010
	2	0.8	0.4	1.2	10.0	13.5	0.009
4×4	1	0.8	0.4	1.4	11.5	14.5	0.0085
	2	0.8	0.4	1.4	12.0	15.0	0.0077
4×6	1	0.8	0.6	1.4	12.5	16.0	0.0070
	2	0.8	0.6	1.4	13.0	17.0	0.0065
4×10	1	1.0	0.6	1.4	15.5	19.0	0.0070
	2	1.0	0.6	1.4	16.0	20.5	0.0065
4×16	2	1.0	0.8	1.4	18.0	23.5	0.0052
4×25	2	1.2	1.0	1.6	22.5	28.5	0.0050
4×35	2	1.2	1.0	1.6	24.5	32.0	0.0044
5×1.5	1	0.7	0.4	1.2	9.4	12.0	0.011
	2	0.7	0.4	1.2	9.8	12.5	0.010
5×2.5	1	0.8	0.4	1.2	11.0	14.0	0.010
	2	0.8	0.4	1.2	11.0	14.5	0.009
5×4	1	0.8	0.6	1.4	12.5	16.0	0.0085
	2	0.8	0.6	1.4	13.0	17.0	0.0077
5×6	1	0.8	0.6	1.4	13.5	17.5	0.0070
	2	0.8	0.6	1.4	14.5	18.5	0.0065
5×10	1	1.0	0.6	1.4	17.0	21.0	0.0070
	2	1.0	0.6	1.4	17.5	22.0	0.0065
5×16	2	1.0	0.8	1.6	20.5	26.0	0.0052
5×25	2	1.2	1.0	1.6	24.5	31.5	0.0050
5×35	2	1.2	1.2	1.6	27.0	35.0	0.0044

注：电缆平均外径上下限的计算未遵从 IEC 60719：1992 的规定。

5.2.3 聚氯乙烯绝缘软电缆

1. 扁形铜皮软线

1）型号为 60227 IEC 41（RTPVR）。

2）额定电压为 300/300V。

3）60227 IEC 41（RTPVR）型电缆的综合数据见表 5-13。

表 5-13　60227 IEC 41（RTPVR）**型电缆的综合数据**

（GB/T 5023.5—2008）

绝缘厚度规定值/mm	平均外形尺寸/mm		70℃时最小绝缘电阻/MΩ·km　≥	20℃时最大导体电阻/（Ω/km）　≥
	下限	上限		
0.8	2.2×4.4	3.5×7.0	0.019	270

注：平均外径依据 IEC 60719 标准计算。

2. 户内装饰照明回路用软线

1）型号为 60227 IEC 43（SVR）。

2）额定电压为 300/300V。

3）60227 IEC 43（SVR）型电缆的综合数据见表 5-14。

表 5-14　60227 IEC 43（SVR）**型电缆的综合数据**

（GB/T 5023.5—2008）

导体标称截面面积/mm²	绝缘各层厚度最小值/mm	绝缘总厚度最小值/mm	绝缘总厚度平均值/mm	平均外径/mm		70℃时最小绝缘电阻/MΩ·km
				下限	上限	
0.5	0.2	0.6	0.7	2.3	2.7	0.014
0.75	0.2	0.6	0.7	2.4	2.9	0.012

注：平均外径依据 IEC 60719 标准计算。

3. 轻型聚氯乙烯护套软线

1）型号为 60227 IEC 52（RVV）。

2）额定电压为 300/300V。

3）60227 IEC 52（RVV）型电缆的综合数据见表 5-15。

4. 普通聚氯乙烯护套软线

1）型号为 60227 IEC 53（RVV）。

2）额定电压为 300/300V。

3）60227 IEC 53（RVV）型电缆的综合数据见表 5-16。

表 5-15　60227 IEC 52（RVV）型电缆的综合数据

（GB/T 5023.5—2008）

导体芯数和标称截面面积/mm²	绝缘厚度规定值/mm	护套厚度规定值/mm	平均外形尺寸/mm		70℃时最小绝缘电阻/MΩ·km
			下限	上限	
2×0.5	0.5	0.6	4.6 或 3.0×4.9	5.9 或 3.7×5.9	0.012
2×0.75	0.5	0.6	4.9 或 3.2×5.2	6.3 或 3.8×6.3	0.010
3×0.5	0.5	0.6	4.9	63	0.012
3×0.75	0.5	0.6	5.2	6.7	0.010

注：平均外形尺寸依据 IEC 60719 标准计算。

表 5-16　60227 IEC 53（RVV）型电缆的综合数据

（GB/T 5023.5—2008）

导体芯数和标称截面面积/mm²	绝缘厚度规定值/mm	护套厚度规定值/mm	平均外形尺寸/mm		70℃时最小绝缘电阻/MΩ·km
			下限	上限	
2×0.75	0.6	0.8	5.7 或 3.7×6.0	7.2 或 4.5×7.2	0.011
2×1	0.6	0.8	5.9 或 3.9×6.2	7.5 或 4.7×7.5	0.016
2×1.5	0.7	0.8	6.8	8.6	0.010
2×2.5	0.8	1.0	8.4	10.6	0.009
3×0.75	0.6	0.8	6.0	7.6	0.011
3×1	0.6	0.8	6.3	8.0	0.010
3×1.5	0.7	0.9	7.4	9.4	0.010
3×2.5	0.8	1.1	9.2	11.4	0.009
4×0.75	0.6	0.8	6.6	8.3	0.011
4×1	0.6	0.9	7.1	9.0	0.010
4×1.5	0.7	1.0	8.4	10.5	0.010
4×2.5	0.8	1.1	10.1	12.5	0.009
5×0.75	0.6	0.9	7.4	9.3	0.011
5×1	0.6	0.9	7.8	9.8	0.010
5×1.5	0.7	1.1	9.3	11.6	0.010
5×2.5	0.8	1.2	11.2	13.9	0.009

注：平均外形尺寸依据 IEC 60719 标准计算。

5. 导体温度为 90℃的耐热轻型聚氯乙烯护套软线

1）型号为 60227 IEC 56（RVV-90）。

2）额定电压为 300/300V。

3）60227 IEC 56（RVV-90）型电缆的综合数据见表 5-17。

表 5-17　60227 IEC 56（RVV-90）**型电缆的综合数据**

（GB/T 5023.5—2008）

导体芯数及标称截面面积/mm²	绝缘厚度规定值/mm	护套厚度规定值/mm	平均外形尺寸/mm		90℃时最小绝缘电阻/MΩ·km
			下限	上限	
2×0.5	0.5	0.6	4.6 或 3.0×4.9	5.9 或 3.7×5.9	0.012
2×0.75	0.5	0.6	4.9 或 3.2×5.2	6.3 或 3.8×6.3	0.010
3×0.5	0.5	0.6	4.9	6.3	0.012
3×0.75	0.5	0.6	5.2	6.7	0.010

注：平均外形尺寸依据 IEC 60719 标准计算。

6. 导体温度为 90℃的耐热普通聚氯乙烯护套软线

1）型号为 60227 IEC 57（RVV-90）。

2）额定电压为 300/500V。

3）60227 IEC 57（RVV-90）型电缆的综合数据见表 5-18。

表 5-18　60227 IEC 57（RVV-90）**型电缆的综合数据**

（GB/T 5023.5—2008）

导体芯数及标称截面面积/mm²	绝缘厚度规定值/mm	护套厚度规定值/mm	平均外形尺寸/mm		90℃时最小绝缘电阻/MΩ·km
			下限	上限	
2×0.75	0.6	0.8	5.7 或 3.7×6.0	7.2 或 4.5×7.2	0.011
2×1	0.6	0.8	5.9 或 3.9×6.2	7.5 或 4.7×7.5	0.010
2×1.5	0.7	0.8	6.8	8.6	0.010
2×2.5	0.8	1.0	8.4	10.6	0.009
3×0.75	0.6	0.8	6.0	7.6	0.011

（续）

导体芯数及标称截面面积/mm²	绝缘厚度规定值/mm	护套厚度规定值/mm	平均外形尺寸/mm		90℃时最小绝缘电阻/MΩ·km
			下限	上限	
3×1	0.6	0.8	6.3	8.0	0.010
3×1.5	0.7	0.9	7.4	9.4	0.010
3×2.5	0.8	1.1	9.2	11.4	0.009
4×0.75	0.6	0.8	6.6	8.3	0.011
4×1	0.6	0.9	7.1	9.0	0.010
4×1.5	0.7	1.0	8.4	10.5	0.010
4×2.5	0.8	1.1	10.1	12.5	0.009
5×0.75	0.6	0.9	7.4	9.3	0.011
5×1	0.6	0.9	7.8	9.8	0.010
5×1.5	0.7	1.1	9.3	11.6	0.010
5×2.5	0.8	1.2	11.2	13.9	0.009

注：平均外形尺寸依据 IEC 60719 标准计算。

5.3　开关及插座

5.3.1　常用开关

常用开关的名称、型号及图例见表 5-19。

表 5-19　常用开关的名称、型号及图例

名称	型号	图例
一位开关	M120K11(12)D10-B-N	
	U86K11(2)D10B	
	RL86K11(12)D10B	
二位开关	M120K21(22)D10-B-N	
	U86K21(2)D10B	
	RL86K21(22)-10	

（续）

名称	型号	图例
三位开关	M120K31(32)D10-B-N	
	U86K31(2)D10B	
	RL86K31(32)D10B	
四位开关	M120K41D10-B-N	
	RL86K41(42)-10	
	A86K41(42)-10N	
插牌取电开关	U86KJD16	
	RL86KJD16	
	RL86KJD16Ⅱ	
空调风机开关	U86KKT	
	RL86KKT	
	A86KKTN	
声光控开关	U86KSGY100	
	RL86KSGY60	
	A86KSGY100N	
调光开关	U86KT500E	
	U86KT400	
	M120KT100N	
调速开关	U86KTSD150	
	M120KTS100N	
	A86KTSD150N	

5.3.2　常用插座

常用插座的名称、型号及图例见表 5-20。

表 5-20　常用插座的名称、型号及图例

名称	二极带接地插座	三极带接地插座	二二三插座	二位二极插座
型号	U86Z13A10(16)	U86Z15-16	U86Z223A10(16)	U86Z22TA10
图例				

名称	一位多功能插座	带开关二极插座	带开关二极带接地插座	带开关二二三插座
型号	A86Z1WA10N	RL86Z12(A)K11-10	RL86Z13K11(A)10(16)	RL86Z22(A)K11-10-16
图例				

第6章 紧 固 件

6.1 螺栓

6.1.1 六角头螺栓

六角头螺栓如图 6-1 所示，其规格见表 6-1～表 6-3。

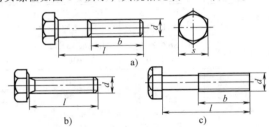

图 6-1 六角头螺栓

a) 部分螺纹 b) 全螺纹 c) 细杆

表 6-1 C 级六角头螺栓的规格 （单位：mm）

螺纹规格 d	螺杆长度 l		螺纹规格 d	螺杆长度 l	
	GB/T 5780 部分螺纹	GB/T 5781 全螺纹		GB/T 5780 部分螺纹	GB/T 5781 全螺纹
M5	25～50	10～50	M24	100～240	50～240
M6	30～60	12～60	M30	120～300	60～300
M8	40～80	16～80	M36	140～300	70～360
M10	45～100	20～100	M42	180～240	80～420
M12	55～120	25～120	M48	200～480	100～480
M16	65～160	35～160	M56	240～500	110～500
M20	80～200	40～200	M64	260～500	120～500

注：l 系列尺寸（mm）：6、8、10、12、16、20、25、30、35、40、45、
50、60、70、80、90、100、110、120、130、140、150、160、180、
200、220、240、260、280、300、320、340、360、380、400、420、
440、460、480、500。

表 6-2　A 级和 B 级六角头螺栓的规格

（单位：mm）

螺纹规格 d	螺杆长度 l		
	GB/T 5782 部分螺纹	GB/T 5783 全螺纹	GB/T 5784 细杆
M1.6	12~16	2~16	—
M2	16~20	4~20	—
M2.5	16~30	5~25	—
M3	20~30	6~30	20~30
M4	25~40	8~40	20~40
M5	25~50	10~50	25~50
M6	30~60	12~60	25~60
M8	35~80	16~80	30~80
M10	40~100	20~100	40~100
M12	45~120	25~100	45~120
M16	55~160	35~100	55~150
M20	65~200	40~100	65~150
M24	80~240	40~100	—
M30	90~300	40~100	—
M36	110~360	40~100	—
M42	130~400	80~500	—
M48	140~400	100~500	—
M56	160~400	110~500	—
M64	200~400	120~500	—

注：l 系列尺寸见表 6-1 注。

表 6-3　A 级和 B 级细牙六角头螺栓的规格

（单位：mm）

螺纹规格 $d \times p$	螺杆长度 l	
	GB/T 5785 部分螺纹	GB/T 5786 全螺纹
M8×1	40~80	16~80
M10×1	45~100	20~100
M12×1.5	50~120	25~120
M16×1.5	65~160	35~160
M20×1.5	80~200	40~200

（续）

螺纹规格	螺杆长度 l	
$d \times p$	GB/T 5785 部分螺纹	GB/T 5786 全螺纹
M21×2	100~240	40~200
M30×2	120~300	40~200
M36×3	140~360	40~200
M42×3	160~440	90~420
M48×3	200~480	100~480
M56×4	220~500	120~500
M64×4	260~500	130~500

注：l 系列尺寸见表 6-1 注。

6.1.2　六角法兰面螺栓

六角法兰面螺栓如图 6-2 所示，其规格见表 6-4。

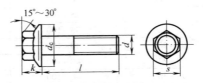

图 6-2　六角法兰面螺栓

表 6-4　六角法兰面螺栓的规格　（单位：mm）

螺纹规格 d	GB/T 5789、5790			GB/T 5789	GB/T 5790
	对边宽度 $s \leqslant$	头部高度 $k \leqslant$	法兰面直径 $d_c \leqslant$	公称长度 l	
M5	8	5.4	11.8	10~50	30~50
M6	10	6.6	14.2	12~60	35~60
M8	13	8.1	18	16~80	40~80
M10	15	9.2	22.3	20~100	45~100
M12	18	10.4	26.6	25~120	50~120
M16	24	14.1	35	35~160	60~160
M20	30	17.7	43	40~200	70~200

注：l 系列尺寸（mm）：10、12、16、20、25、30、35、40、45、50、60、70、80、90、100、110、120、130、140、150、160、180、200。

6.1.3 等长双头螺栓

等长双头螺栓如图 6-3 所示，其规格见表 6-5。

图 6-3 等长双头螺栓

表 6-5 等长双头螺栓的规格 （单位：mm）

螺纹规格 d	螺纹长度 b		螺杆长度 l
	标准	加长	
M8	22	41	100~600
M10	26	45	100~800
M12	30	49	150~1200
M16	38	57	200~1500
M20	46	65	260~1500
M24	54	73	300~1800
M30	66	85	350~2500
M36	78	97	350~2500
M42	90	109	500~2500
M48	102	121	500~2500

注：l 系列尺寸（mm）：100~200（10 进位）、220~320（20 进位）、350、380、400、420、450、480、500~1000（50 进位）、1100~2500（100 进位）。

6.1.4 方头螺栓

1. 方头螺栓如图 6-4 所示，其规格见表 6-6。

6.1.5 地脚螺栓

地脚螺栓如图 6-5 所示，其规格见表 6-7。

图 6-4 方头螺栓

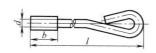

图 6-5 地脚螺栓

表 6-6　方头螺栓的规格　　（单位：mm）

螺纹规格 d	方头边宽 s	螺杆长度 l
M10	16	20 ~ 100
M12	18	25 ~ 120
M16	24	30 ~ 160
M20	30	35 ~ 200
M24	36	55 ~ 240
M30	46	60 ~ 300
M36	55	80 ~ 300
M42	65	80 ~ 300
M48	75	110 ~ 300

注：l 系列尺寸（mm）：20、25、30、35、40、45、50、60、70、80、90、100、110、120、130、140、150、160、180、200、220、240、260、280、300。

表 6-7　地脚螺栓的规格　　（单位：mm）

螺纹规格 d	公称长度 l	螺纹长度 b
M6	80 ~ 160	24 ~ 27
M8	120 ~ 220	28 ~ 31
M10	160 ~ 300	32 ~ 36
M12	160 ~ 400	36 ~ 40
M16	220 ~ 500	44 ~ 50
M20	300 ~ 600	52 ~ 58
M24	300 ~ 800	60 ~ 68
M30	400 ~ 1000	72 ~ 80
M36	500 ~ 1000	84 ~ 94
M42	600 ~ 1250	96 ~ 106
M48	630 ~ 1500	108 ~ 118

注：l 系列尺寸（mm）：80、120、160、220、300、400、500、600、800、1000、1250、1500。

6.2　螺钉

6.2.1　开槽沉头螺钉

开槽沉头螺钉如图 6-6 所示，其规格见表 6-8。

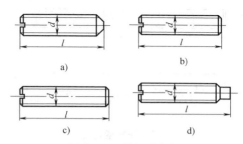

图 6-6 开槽沉头螺钉

a）开槽圆柱头螺钉 b）开槽盘头螺钉

c）开槽沉头螺钉 d）开槽半沉头螺钉

表 6-8 开槽沉头螺钉的规格 （单位：mm）

螺纹规格 d	公称长度 l			
	锥端	平端	凹端	长圆柱端
M1.2	2~6	2~6	—	—
M1.6	2~8	2~8	2~8	2.5~8
M2	3~10	2~10	2.5~10	3~10
M2.5	3~12	2.5~12	3~12	4~12
M3	4~16	3~16	3~16	5~16
M4	6~20	4~20	4~20	6~20
M5	8~25	5~25	5~25	8~25
M6	8~30	6~30	6~30	8~30
M8	10~40	8~40	8~40	10~40
M10	12~50	10~50	10~50	12~50
M12	14~60	12~60	12~60	14~60

注：l 系列尺寸（mm）：2、2.5、3、4、5、6、8、10、12、16、20、25、
30、35、40、45、50、60。

6.2.2 开槽紧定螺钉

开槽紧定螺钉如图 6-7 所示，其规格见表 6-9。

6.2.3 十字槽螺钉

十字槽螺钉如图 6-8 所示，其规格见表 6-10。

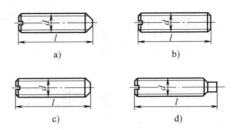

图 6-7　开槽紧定螺钉

a）开槽锥端紧定螺钉　b）开槽平端紧定螺钉

c）开槽凹端紧定螺钉　d）开槽长圆柱端紧定螺钉

表 6-9　开槽紧定螺钉的规格　　（单位：mm）

螺纹规格	公称长度 l			
d	锥端	平端	凹端	长圆柱端
M1.2	2~6	2~6	—	—
M1.6	2~8	2~8	2~8	2.5~8
M2	3~10	2~10	2.5~10	3~10
M2.5	3~12	2.5~12	3~12	4~12
M3	4~16	3~16	3~16	5~16
M4	6~20	4~20	4~20	6~20
M5	8~25	5~25	5~25	8~25
M6	8~30	6~30	6~30	8~30
M8	10~40	8~40	8~40	10~40
M10	12~50	10~50	10~50	12~50
M12	14~60	12~60	12~60	14~60

注：l 系列尺寸（mm）：2、2.5、3、4、5、6、8、10、12、16、20、25、30、35、40、45、50、60。

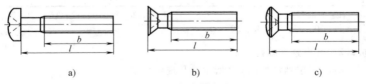

图 6-8　十字槽螺钉

a）十字槽盘头螺钉　b）十字槽沉头螺钉　c）十字槽半沉头螺钉

表 6-10 十字槽螺钉的规格 （单位：mm）

螺纹规格 d	螺纹长度 b	公称长度 l	螺纹规格 d	螺纹长度 b	公称长度 l
M1.6	25	3~16	M5	38	6~50
M2	25	3~20	M6	38	8~60
M2.5	25	3~25	M8	38	10~60
M3	25	4~30	M10	38	12~60
M4	38	5~40			

注：l 系列尺寸（mm）：3、4、5、6、8、10、12、16、20、25、30、35、40、45、50、60。

6.2.4 内六角紧定螺钉

内六角紧定螺钉如图 6-9 所示，其规格见表 6-11。

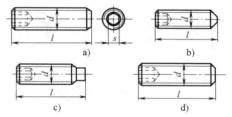

图 6-9 内六角紧定螺钉

a）内六角平端紧定螺钉 b）内六角锥端紧定螺钉
c）内六角圆柱端紧定螺钉 d）内六角凹端紧定螺钉

表 6-11 内六角紧定螺钉的规格 （单位：mm）

螺纹规格 d	内六角对边宽度 s	公称长度 l			
		平端	锥端	圆柱端	凹端
M1.6	0.7	2~8	2~8	2~8	2~8
M2	0.9	2~10	2~10	2.5~10	2~10
M2.5	1.3	2~12	2.5~12	3~12	2~12
M3	1.5	2~16	2.5~16	4~16	2.5~16
M4	2	2.5~20	3~20	5~20	3~20
M5	2.5	3~25	4~25	6~25	4~25
M6	3	4~30	5~30	8~30	5~30
M8	4	5~40	6~40	8~40	6~40

（续）

螺纹规格	内六角对	公称长度 l			
d	边宽度 s	平端	锥端	圆柱端	凹端
M10	5	6~50	8~50	10~50	8~50
M12	6	8~60	10~60	12~60	10~60
M16	8	10~60	12~60	14~60	12~60
M20	10	12~60	14~60	20~60	14~60
M24	12	14~60	20~60	25~60	20~60

注：l 系列尺寸（mm）：2、2.5、3、4、5、6、8、10、12、16、20、25、30、35、40、45、50、60。

6.2.5　内六角圆柱头螺钉

内六角圆柱头螺钉如图 6-10 所示，其规格见表 6-12。

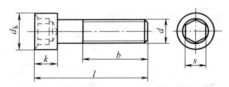

图 6-10　内六角圆柱头螺钉

表 6-12　内六角圆柱头螺钉的规格（单位：mm）

螺纹规格	头部尺寸		内六角	公称长度
d	直径 d_k	高度 k	尺寸 s	l
M1.6	3.00	1.60	1.5	2.5~16
M2	3.80	2.00	1.5	3~20
M2.5	4.50	2.50	2	4~25
M3	5.50	3.00	2.5	5~30
M4	7.00	4.00	3	6~40
M5	8.50	5.00	4	8~50
M6	10.00	6.00	5	10~60
M8	13.00	8.00	6	12~80
M10	16.00	10.00	8	16~100
M12	18.00	12.00	10	20~120
M16	24.00	16.00	14	25~160
M20	30.00	20.00	17	30~200

（续）

螺纹规格	头部尺寸		内六角	公称长度
d	直径 d_k	高度 k	尺寸 s	l
M24	36.00	24.00	19	40~200
M30	45.00	30.00	22	45~200
M36	54.00	36.00	27	55~200
M42	63.00	42.00	32	55~300
M48	73.00	48.00	36	70~300
M56	84.00	56.00	41	80~300
M64	96.00	64.00	46	90~300

注：l 系列尺寸（mm）：2.5、3、4、5、6、8、10、12、（14）、16、20、
　25、30、35、40、45、50、（55）、60、（65）、70、80、90、100、
　110、120、130、140、150、160、180、200、220、240、260、
　280、300。

6.2.6　自攻螺钉

自攻螺钉如图 6-11 所示，其规格见表 6-13。

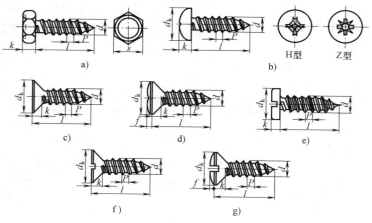

图 6-11　自攻螺钉

a）六角头自攻螺钉　b）十字槽盘头自攻螺钉　c）十字槽沉头自攻螺钉
d）十字槽半沉头自攻螺钉　e）开槽盘头自攻螺钉
f）开槽沉头自攻螺钉　g）开槽半沉头自攻螺钉

表 6-13　自攻螺钉的规格　　（单位：mm）

自攻螺钉用螺纹规格	螺纹外径 $d \leqslant$	螺距 P	头部直径 $d_k \leqslant$		对边宽度 s	头部高度 $k \leqslant$			
			盘头	沉头半沉头		盘头		沉头半沉头	六角头
						十字槽	开槽		
ST2.2	2.24	0.8	4	3.8	3.2	1.6	1.3	1.1	1.6
ST2.9	2.90	1.1	5.6	5.5	5	2.4	1.8	1.7	2.3
ST3.5	3.53	1.3	7	7.3	5.5	2.6	2.1	2.35	2.6
ST4.2	4.22	1.4	8	8.4	7	3.1	2.4	2.6	3
ST4.8	4.80	1.6	9.5	9.3	8	3.7	3	2.8	3.8
ST5.5	5.46	1.8	11	10.3	8	4	3.2	3	4.1
ST6.3	6.25	1.8	12	11.3	10	4.6	3.6	3.15	4.7
ST8	8.00	2.1	16	15.8	13	6	4.8	4.65	6
ST9.5	9.65	2.1	20	18.3	16	7.5	6	5.25	7.5

自攻螺钉用螺纹规格	号码（参考）	十字槽号	公称长度 l				六角头自攻螺钉
			十字槽自攻螺钉		开槽自攻螺钉		
			盘头	沉头半沉头	盘头	沉头半沉头	
ST2.2	2	0	4.5~16	4.5~16	4.5~16	4.5~16	4.5~16
ST2.9	4	1	6.5~19	6.5~19	6.5~19	6.5~19	6.5~19
ST3.5	6	2	9.5~25	9.5~25	6.5~25	9.5~25/22	6.5~22
ST4.2	8	2	9.5~32	9.5~32	9.5~25	9.5~32/25	9.5~25
ST4.8	10	2	9.5~38	9.5~32	9.5~32	9.5~32	9.5~32
ST5.5	12	3	13~38	13~38	13~32	13~38/32	13~32
ST6.3	14	3	13~38	13~38	13~38	13~38	13~38
ST8	16	4	16~50	16~50	16~50	16~50	13~50
ST9.5	20	4	16~50	16~50	16~50	19~50	16~50

注：l 系列尺寸（mm）：4.5、6.5、9.5、13、16、19、22、25、32、38、45、50。

6.3　螺母

6.3.1　六角螺母

六角螺母如图 6-12 所示，其规格见表 6-14。

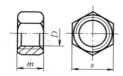

图 6-12 六角螺母

表 6-14 六角螺母的规格 （单位：mm）

螺纹规格 D	对边宽度 s	螺母最大厚度 m				
		六角螺母			六角薄螺母	
		1 型 C 级	1 型	2 型	无倒角	A 和 B 级倒角
			A 和 B 级			
M1.6	3.2	—	1.3	—	1	1
M2	4	—	1.6	—	1.2	1.2
M2.5	5	—	2.0	—	1.6	1.6
M3	5.5	—	2.4	—	1.8	1.8
M4	7	—	3.2	—	2.2	2.2
M5	8	5.6	4.7	5.1	2.7	2.7
M6	10	6.1	5.2	5.7	3.2	3.2
M8	13	7.9	6.8	7.5	4	4
M10	16	9.5	8.4	9.3	5	5
M12	18	12.2	10.8	12.0	—	6
M16	24	15.9	14.8	16.4	—	8
M20	30	18.7	18.0	20.3	—	10
M24	36	22.3	21.5	23.9	—	12
M30	46	26.4	25.6	28.6	—	15
M36	55	31.5	31.0	34.7	—	18
M42	65	34.9	34	—		21
M48	75	38.9	38	—		24
M56	85	45.9	45	—		28
M64	95	52.4	51	—		32

6.3.2 六角开槽螺母

六角开槽螺母如图 6-13 所示，其规格见表 6-15。

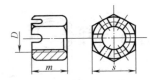

图 6-13　六角开槽螺母

表 6-15　六角开槽螺母的规格　（单位：mm）

螺纹规格 D	对边宽度 s	螺母最大厚度 m			
		1 型 C 级	薄型	1 型	2 型
			A 和 B 级		
M4	7	—	—	5	—
M5	8	6.7	5.1	6.7	6.9
M6	10	7.7	5.7	7.7	8.3
M8	13	9.8	7.5	9.8	10.0
M10	16	12.4	9.3	12.4	12.3
M12	18	15.8	12.0	15.8	16.0
M16	24	20.8	16.4	20.8	21.1
M20	30	24.0	20.3	24.0	26.3
M24	36	29.5	23.9	29.5	31.9
M30	46	34.6	28.9	34.6	37.6
M36	55	40	33.1	40	43.7

6.3.3　六角法兰面螺母

六角法兰面螺母如图 6-14 所示，其规格见表 6-16。

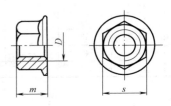

图 6-14　六角法兰面螺母

表 6-16 六角法兰面螺母的规格 （单位：mm）

螺纹规格 D	M5	M6	M8	M10	M12	（M14）	M16	M20
法兰直径 ≤	11.8	14.2	17.9	21.8	26	29.9	34.5	42.8
高度 m ≤	5	6	8	10	12	14	16	20
对边宽度 s	8	10	13	15	18	21	24	30

注：尽量不选用括号内的尺寸。

6.3.4 圆螺母

圆螺母如图 6-15 所示，其规格见表 6-17。

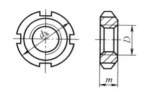

图 6-15 圆螺母

表 6-17 圆螺母的规格 （单位：mm）

螺纹规格 D×P	外径 d_k		高度 m	
	普通	小型	普通	小型
M10×1	22	20	8	6
M12×1.25	25	22		
M14×1.5	28	25		
M16×1.5	30	28		
M18×1.5	32	30		
M20×1.5	35	32		
M22×1.5	38	35	10	8
M24×1.5	42	38		
M25×1.5	42	—		
M27×1.5	45	42		
M30×1.5	48	45		
M33×1.5	52	48		
M35×1.5[①]	52	—		
M36×1.5	55	52		
M39×1.5	58	55		
M40×1.5[①]	58	—		
M42×1.5	62	58		
M45×1.5	68	62		

（续）

螺纹规格 D×P	外径 d_k		高度 m	
	普通	小型	普通	小型
M48×1.5	72	68	12	
M50×1.5①	72	—		
M52×1.5	78	72		
M55×2①	78	—		
M56×2	85	78		
M60×2	90	80		
M64×2	95	85		
M65×2①	95	—		
M68×2	100	90		
M72×2	105	95	15	12
M75×2①	105	—		
M76×2	110	100		
M80×2	115	105		
M85×2	120	110		
M90×2	125	115	18	
M95×2	130	120		
M100×2	135	125		
M105×2	140	130		
M110×2	150	135		
M115×2	155	140	22	15
M120×2	160	145		
M125×2	165	150		
M130×2	170	160		
M140×2	180	170	26	18
M150×2	200	180		
M160×3	210	195		
M170×3	220	205		
M180×3	230	220	30	22
M190×3	240	230		
M200×3	250	240		

① 仅用于滚动轴承锁紧装置。

6.3.5 方螺母

方螺母如图 6-16 所示，其规格见表 6-18。

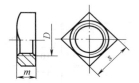

图 6-16 方螺母

表 6-18 方螺母的规格 （单位：mm）

螺纹规格 D	对边宽度 s	高度 m	螺纹规格 D	对边宽度 s	高度 m
M3	5.5	2.4	M10	14	8
M4	7	3.2	M12	18	10
M5	8	4	M16	24	13
M6	10	5	M20	30	16
M8	13	6	M24	36	19

6.3.6 蝶形螺母

蝶形螺母如图 6-17 所示，其规格见表 6-19。

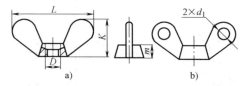

a) b)

图 6-17 蝶形螺母

a）A 型 b）B 型

表 6-19 蝶形螺母的规格 （单位：mm）

螺纹规格 $D \times P$	L	K	m	d_1	每 1000 个 A 型钢螺母的重量/kg
M3×0.5	20	8	3.5	3	1.0
M4×0.7	24	10	4	4	2.0
M5×0.8	28	12	5		4.0

（续）

螺纹规格 $D \times P$	L	K	m	d_1	每 1000 个 A 型钢螺母的重量/kg
M6×1	32	14	6	5	9.0
M8×1.25/M8×1	40	18	8	6	17
M10×1.5/M10×1.25	48	22	10	7	37
M12×1.75/M12×1.5	58	27	12	8	55
M16×2/M16×1.5	72	32	14	10	96

6.3.7　铆螺母

铆螺母如图 6-18 所示，其规格见表 6-20。

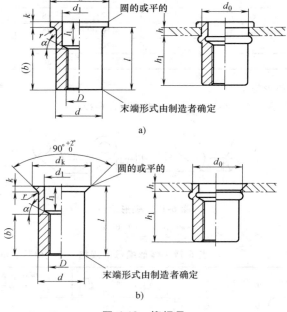

a)

b)

图 6-18　铆螺母

a）平头　b）沉头

表6-20 铆螺母的规格 （单位：mm）

螺纹规格 D（或 D×P）		M3	M4	M5	M6	M8	M10、M10×1	M12、M12×1.5
铆螺母外径 d	①~④	5	6	7	9	11	13	15
铆螺母对边宽度 s	⑤	—	—	—	9	11	13	15
头部直径 d_k≤	①②⑤	8	9	10	12	14	16	18
	③	5.5	6.75	8	10	12	14.5	16.5
	④	6.5	8	9	11	13	16	18
头部高度 k	①⑤	0.8	0.8	1	1.5	1.5	1.8	1.8
	②	1.5	1.5	1.5	1.5	1.5	1.5	1.5
	③④	0.35	0.5	0.6	0.6	0.6	0.85	0.85
光孔直径 d_1	①~④	4	4.8	5.6	7.5	9.2	11	13
	⑤	—	—	—	8	10	11.5	13.5
公称长度 l	①⑤	7.5	9	11	13.5	15	18	21
		8.5	10	12	15	16.5	19.5	22.5
		9.5	11	13	16.5	18	21	24
		10.5	12	14	18	19.5	22.5	25.5
	②	9	10.5	12.5	15	16.5	19.5	22.5
		10	11.5	13.5	16.5	18	21	24
		11	12.5	14.5	18	19.5	22.5	25.5
		—	—	—	—	—	24	27
	③④	7.5	9	11	13.5	15	18	21
		8.5	10	12	15	16.5	19.5	22.5
		9.5	11	13	16.5	18	21	24
铆接厚度 h 推荐计算公式	最小	$l-7.5$	$l-9$	$l-11$	$l-13.5$	$l-15$	$l-18$	$l-21$
	最大	$l-6.5$	$l-8$	$l-10$	$l-12$	$l-13.5$	$l-16.5$	$l-19.5$

① 平头铆螺母。

② 沉头铆螺母。

③ 小沉头铆螺母。

④ 120°小沉头铆螺母。

⑤ 平头六角铆螺母。

6.4　垫圈

6.4.1　平垫圈

平垫圈如图6-19所示，其规格见表6-21。

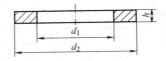

图6-19　平垫圈

表6-21　平垫圈的规格　　　　（单位：mm）

公称尺寸（螺纹规格 d）	内径 d_1		外径 d_2				厚度 h			
	产品等级		小垫圈	平垫圈	大垫圈	特大垫圈	小垫圈	平垫圈	大垫圈	特大垫圈
	A级	C级								
1.6	1.7	1.8	3.5	4	—	—	0.3	0.3	—	—
2	2.2	2.4	4.5	5	—	—	0.3	0.3	—	—
2.5	2.7	2.9	6	6	—	—	0.5	0.5	—	—
3	3.2	3.4	5	7	9	—	0.5	0.5	0.8	—
4	4.3	4.5	8	—	12	—	0.5	0.8	1	—
5	5.3	5.5	9	10	15	18	1	1	1	2
6	6.4	6.6	11	12	18	22	1.6	1.6	1.6	2
8	8.4	9	15	16	24	28	1.6	1.6	2	3
10	10.5	11	18	20	30	34	1.6	2	2.5	3
12	13	13.5	20	24	37	44	2	2.5	3	4
16	17	17.5	28	30	50	56	2.5	3	3	5
20	21	22	34	37	60	72	3	3	4	6
24	25	26	39	44	72	85	4	4	5	6
30	31	33	50	56	92	105	4	4	6	6
36	37	39	60	66	110	125	5	5	8	8
42	45	45	—	78	—	—	—	8	—	—
48	52	52	—	92	—	—	—	8	—	—
56	62	62	—	105	—	—	—	10	—	—
64	70	70	—	115	—	—	—	10	—	—

6.4.2 弹簧垫圈

弹簧垫圈如图 6-20 所示，其规格见表 6-22。

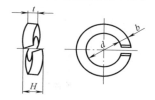

图 6-20 弹簧垫圈

表 6-22 弹簧垫圈的规格 （单位：mm）

规格（螺纹大径）	垫圈主要尺寸						
	内径 d	厚度 t			宽度 b		
	最小	标准	轻型	重型	标准	轻型	重型
2	2.1	0.5	—	—	0.5	—	—
2.5	2.6	0.65	—	—	0.65	—	—
3	3.1	0.8	0.6	—	0.8	1	—
4	4.1	1.1	0.8	—	1.1	1.2	—
5	5.1	1.3	1.1	—	1.3	1.5	—
6	6.1	1.6	1.3	1.8	1.6	2	2.6
8	8.1	2.1	1.6	2.4	2.1	2.5	3.2
10	10.2	2.6	2	3	2.6	3	3.8
12	12.2	3.1	2.5	3.5	3.1	3.5	4.3
16	16.2	4.1	3.2	4.8	4.1	4.5	5.3
20	20.2	5	4	6	5	5.5	6.4
24	24.5	6	5	7.1	6	7	7.5
30	30.5	7.5	6	9	7.5	9	9.3
36	36.5	9	—	10.8	9	—	11
42	42.5	10.5	—	—	10.5	—	—
48	48.5	12	—	—	12	—	—

6.4.3 鞍形弹性垫圈

鞍形弹性垫圈如图 6-21 所示，其规格见表 6-23。

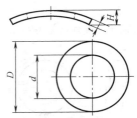

图 6-21　鞍形弹性垫圈

表 6-23　鞍形弹性垫圈的规格（GB/T 860—1987）

（单位：mm）

规格 （螺纹大径）	d		D		H		t
	min	max	min	max	min	max	
2	2.2	2.45	4.2	4.5	0.5	1	0.3
2.5	2.7	2.95	5.2	5.5	0.55	1.1	0.3
3	3.2	3.5	5.7	6	0.65	1.3	0.4
4	4.3	4.6	7.64	8	0.8	1.6	0.4
5	5.3	5.6	9.64	10	0.9	1.8	0.5
6	6.4	6.76	10.57	11	1.1	2.2	0.5
8	8.4	8.76	14.57	15	1.7	3.4	0.5
10	10.5	10.93	17.57	18	2	4	0.8

6.4.4　波形弹性垫圈

波形弹性垫圈如图 6-22 所示，其规格见表 6-24。

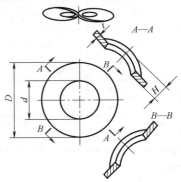

图 6-22　波形弹性垫圈

表 6-24　波形弹性垫圈的规格（GB/T 955—1987）

（单位：mm）

规格	d		D		H		t
（螺纹大径）	min	max	min	max	min	max	
3	3.2	3.5	7.42	8	0.8	1.6	
4	4.3	4.6	8.42	9	1	2	
5	5.3	5.6	10.30	11	1.1	2.2	0.5
6	6.4	6.76	11.30	12	1.3	2.6	
8	8.4	8.76	14.30	15	1.5	3	0.8
10	10.5	10.93	20.16	21	2.1	4.2	1.0
12	13	13.43	23.16	24	2.5	5	1.2
（14）	15	15.43	27.16	28	3	5.9	
16	17	17.43	29	30	3.2	6.3	1.5
（18）	19	19.52	33	34	3.3	6.5	
20	21	21.52	35	36	3.7	7.4	1.6
（22）	23	23.52	39	40	3.9	7.8	
24	25	25.52	43	44	4.1	8.2	1.8
（27）	28	28.52	49	50	4.7	9.4	
30	31	31.62	54.8	56	5	10	2

注：尽可能不采用括号内的规格。

6.4.5　单耳止动垫圈

单耳止动垫圈如图 6-23 所示，其规格见表 6-25。

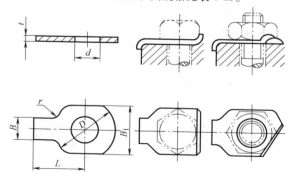

图 6-23　单耳止动垫圈

表 6-25 单耳止动垫圈的规格 （GB/T 854—1988）

（单位：mm）

规格 （螺纹大径）	d		D		L			t	B	B_1	r
	max	min	max	min	公称	min	max				
2.5	2.95	2.7	8	7.64	10	9.17	10.29		3	6	
3	3.5	3.2	10	9.64	12	11.65	12.35	0.4	4	7	2.5
4	4.5	4.2	14	13.57	14	13.65	14.35		5	9	
5	5.6	5.3	17	16.57	16	15.65	16.35		6	11	
6	6.76	6.4	19	18.48	18	17.65	18.35	0.5	7	12	4
8	8.76	8.4	22	21.48	20	19.58	20.42		8	16	
10	10.93	10.5	26	25.48	22	21.58	22.42		10	19	6
12	13.43	13	32	31.38	28	27.58	28.42		12	21	
(14)	15.43	15	32	31.38	28	27.58	28.42			25	
16	17.43	17	40	39.38	32	31.50	32.50		15	32	
(18)	19.52	19	45	44.38	36	35.50	36.50	1	18	38	10
20	21.52	21	45	44.38	36	35.50	36.50				
(22)	23.52	23	50	49.38	42	41.50	42.50		20	39	
24	25.52	25	50	49.38	42	41.50	42.50			42	
(27)	28.52	28	58	57.26	48	47.50	48.50		24	48	
30	31.62	31	63	62.26	52	51.40	52.60		26	55	
36	37.62	37	75	74.26	62	61.40	62.60	1.5	30	65	16
42	43.62	43	88	87.13	70	69.40	70.60		35	78	
48	50.62	50	100	99.13	80	79.40	80.60		40	90	

注：尽可能不采用括号内的规格。

6.4.6 双耳止动垫圈

双耳止动垫圈如图 6-24 所示，其规格见表 6-26。

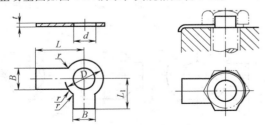

图 6-24 双耳止动垫圈

表6-26　双耳止动垫圈的规格（GB/T 855—1988）

（单位：mm）

规格（螺纹大径）	d max	d min	D max	D min	L 公称	L min	L max	L₁ 公称	L₁ min	L₁ max	B	t	r
2.5	2.95	2.7	5	4.7	10	9.71	10.29	4	3.76	4.24	3	0.4	1
3	3.5	3.2	5	4.7	12	11.65	12.35	5	4.76	5.24	4	0.4	1
4	4.5	4.2	8	7.64	14	13.65	14.35	7	6.71	7.29	5	0.4	1
5	5.6	5.3	9	8.64	16	15.65	16.35	8	7.71	8.29	6	0.5	1
6	6.76	6.4	11	10.57	18	17.65	18.35	9	8.71	9.29	7	0.5	1
8	8.76	8.4	14	12.57	20	19.58	20.42	11	10.65	11.35	8	0.5	2
10	10.93	10.5	17	15.57	22	21.58	22.42	13	12.65	13.35	10	1	2
12	13.43	13	22	21.48	28	27.58	28.42	16	15.65	16.35	12	1	2
(14)	15.43	15	22	21.48	28	27.58	28.42	16	15.65	16.35	12	1	2
16	17.43	17	27	26.48	32	31.5	32.5	20	19.58	20.42	15	1	2
(18)	19.52	19	32	31.38	36	35.5	36.5	22	21.58	22.42	18	1	3
20	21.52	21	32	31.38	36	35.5	36.5	22	21.58	22.42	18	1	3
(22)	23.52	23	36	35.38	42	41.5	42.5	25	24.58	25.42	20	1	3
24	25.52	25	36	35.38	42	41.5	42.5	25	24.58	25.42	20	1	3
(27)	28.52	28	41	40.38	48	47.5	48.5	30	29.58	30.42	24	1	3
30	31.62	31	46	45.38	52	51.4	52.6	32	31.50	32.50	26	1.5	4
36	37.62	37	55	54.26	62	61.4	62.6	38	37.50	38.50	30	1.5	4
42	43.62	43	65	64.26	70	69.4	70.6	44	43.50	44.50	35	1.5	4
48	50.62	50	75	74.26	80	79.4	80.6	50	49.50	50.50	40	1.5	4

注：尽可能不采用括号内的规格。

6.4.7　外舌止动垫圈

外舌止动垫圈如图 6-25 所示，其规格见表 6-27。

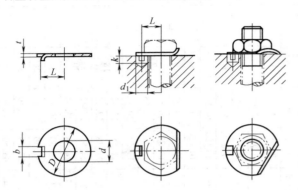

图 6-25　外舌止动垫圈

表 6-27　外舌止动垫圈的规格（GB/T 856—1988）

（单位：mm）

规格（螺纹大径）	d		D		b		L			t	d_1	k
	max	min	max	min	max	min	公称	min	max			
2.5	2.95	2.7	10	9.64	2	1.75	3.5	3.2	3.8		2.5	
3	3.5	3.2	12	11.57	2.5	2.25	4.5	4.2	4.8	0.4	3	3
4	4.5	4.2	14	13.57	2.5	2.25	5.5	5.2	5.8			
5	5.6	5.3	17	16.57	3.5	3.2	7	6.64	7.36			
6	6.76	6.4	19	18.48	3.5	3.2	7.5	7.14	7.86	0.5	4	4
8	8.76	8.4	22	21.48	3.5	3.2	8.5	8.14	8.86			
10	10.93	10.5	26	25.48	4.5	4.2	10	9.64	10.36			5
12	13.43	13	32	31.38	4.5	4.2	12	11.57	12.43		5	
(14)	15.43	15	32	31.38	4.5	4.2	12	11.57	12.43	1		6
16	17.43	17	40	39.38	5.5	5.2	15	14.57	15.43		6	

（续）

规格 （螺纹 大径）	d		D		b		L			t	d₁	k
	max	min	max	min	max	min	公称	min	max			
(18)	19.52	19	45	44.38	6	5.7	18	17.57	18.43		7	
20	21.52	21	45	44.38	6	5.7	18	17.57	18.43	1		7
(22)	23.52	23	50	49.38	7	6.64	20	19.48	20.52		8	
24	25.52	25	50	49.38	7	6.64	20	19.48	20.52			
(27)	28.52	28	58	57.26	8	7.64	23	22.48	23.52		9	
30	31.62	31	63	62.26	8	7.64	25	24.48	25.52			10
36	37.62	37	75	74.26	11	10.57	31	30.38	31.62	1.5	12	
42	43.62	43	88	87.13	11	10.57	36	35.38	36.62			12
48	50.62	50	100	99.13	13	12.57	40	39.38	40.62		14	13

注：尽可能不采用括号内的规格。

6.4.8 圆螺母用止动垫圈

圆螺母用止动垫圈如图 6-26 所示，其规格见表 6-28。

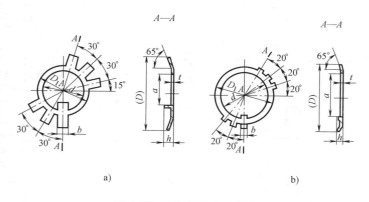

图 6-26 圆螺母用止动垫圈

a）$d \leqslant 100$mm b）$d > 100$mm

表 6-28　圆螺母用止动垫圈的规格 （GB/T 858—1988）

（单位：mm）

规格（螺纹大径）	d	D（参考）	D_1	t	h	b	a
10	10.5	25	16				8
12	12.5	28	19		3	3.8	9
14	14.5	32	20				11
16	16.5	34	22				13
18	18.5	35	24				15
20	20.5	38	27	1	4	4.8	17
22	22.5	42	30				19
24	24.5	45	34				21
25①	25.5	45	34				22
27	27.5	48	37				24
30	30.5	52	40				27
33	33.5	56	43				30
35①	35.5	56	43				32
36	36.5	60	46				33
39	39.5	62	49		5	5.7	36
40①	40.5	62	49				37
42	42.5	66	53				39
45	45.5	72	59				42
48	48.5	76	61				45
50①	50.5	76	61				47
52	52.5	82	67	1.5			49
55①	56	82	67			7.7	52
56	57	90	74				53
60	61	94	79		6		57
64	65	100	84				61
65①	66	100	84				62
68	69	105	88				65
72	73	110	93			9.6	69
75①	76	110	93		7		71
76	77	115	98				72
80	81	120	103				76

（续）

规格 （螺纹大径）	d	D （参考）	D_1	t	h	b	a
85	86	125	108	1.5		9.6	81
90	91	130	112				86
95	96	135	117			11.6	91
100	101	140	122				96
105	106	145	127				101
110	111	156	135	2	7		106
115	116	160	140				111
120	121	166	145			13.5	116
125	126	170	150				121
130	131	176	155				126
140	141	186	165				136
150	151	206	180	2.5	8		146
160	161	216	190				156
170	171	226	200			15.5	166
180	181	236	210				176
190	191	246	220				186
200	201	256	230				196

① 仅用于滚动轴承锁紧装置。

6.4.9　内齿锁紧垫圈

内齿锁紧垫圈如图 6-27 所示，其规格见表 6-29。

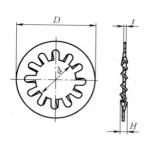

图 6-27　内齿锁紧垫圈

注：$H \approx 2t$。

表 6-29　　内齿锁紧垫圈的规格（GB/T 861.1—1987）

（单位：mm）

| 规格 | d | | D | | t | 齿数 |
（螺纹大径）	min	max	min	max		min
2	2.2	2.45	4.2	4.5	0.3	6
2.5	2.7	2.95	5.2	5.5		
3	3.2	3.5	5.7	6	0.4	
4	4.3	4.6	7.64	8	0.5	8
5	5.3	5.6	9.64	10	0.6	
6	6.4	6.76	10.57	11		
8	8.4	8.76	14.57	15	0.8	
10	10.5	10.93	17.57	18	1.0	9
12	12.5	12.93	19.98	20.5		10
（14）	14.5	14.93	23.48	24	1.2	
16	16.5	16.93	25.48	26		
（18）	19	19.52	29.48	30	1.5	12
20	21	21.52	32.38	33		

注：尽可能不采用括号内的规格。

6.4.10　内锯齿锁紧垫圈

内锯齿锁紧垫圈如图 6-28 所示，其规格见表 6-30。

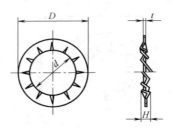

图 6-28　内锯齿锁紧垫圈

注：$H \approx 3t$。

表 6-30　内锯齿锁紧垫圈的规格（GB/T 861.2—1987）

（单位：mm）

规格	d		D		t	齿数
（螺纹大径）	min	max	min	max		min
2	2.2	2.45	4.2	4.5	0.3	7
2.5	2.7	2.95	5.2	5.5		
3	3.2	3.5	5.7	6	0.4	
4	4.3	4.6	7.64	8	0.5	8
5	5.3	5.6	9.64	10	0.6	
6	6.4	6.76	10.57	11		9
8	8.4	8.76	14.57	15	0.8	10
10	10.5	10.93	17.57	18	1.0	12
12	12.5	12.93	19.98	20.5		
（14）	14.5	14.93	23.48	24	1.2	14
16	16.5	16.93	25.48	26		
（18）	19	19.52	29.48	30	1.5	
20	21	21.52	32.38	33		16

注：尽可能不采用括号内的规格。

6.4.11　外齿锁紧垫圈

外齿锁紧垫圈如图 6-29 所示，其规格见表 6-31。

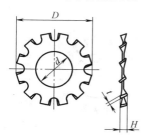

图 6-29　外齿锁紧垫圈

注：$H \approx 2t$。

表 6-31　外齿锁紧垫圈的规格（GB/T 862.1—1987）

（单位：mm）

规格 （螺纹大径）	d		D		t	齿数 min
	min	max	min	max		
2	2.2	2.45	4.2	4.5	0.3	6
2.5	2.7	2.95	5.2	5.5		
3	3.2	3.5	5.7	6	0.4	
4	4.3	4.6	7.64	8	0.5	
5	5.3	5.6	9.64	10	0.6	8
6	6.4	6.76	10.57	11		
8	8.4	8.76	14.57	15	0.8	
10	10.5	10.93	17.57	18	1.0	9
12	12.5	12.93	19.98	20.5		10
(14)	14.5	14.93	23.48	24	1.2	
16	16.5	16.93	25.48	26		
(18)	19	19.52	29.48	30	1.5	12
20	21	21.52	32.38	33		

注：尽可能不采用括号内的规格。

6.4.12　外锯齿锁紧垫圈

外锯齿锁紧垫圈如图 6-30 所示，其规格见表 6-32。

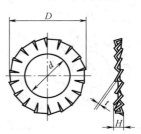

图 6-30　外锯齿锁紧垫圈

注：$H \approx 3t$。

表 6-32　外锯齿锁紧垫圈的规格（GB/T 862.2—1987）

（单位：mm）

规格 （螺纹大径）	d		D		t	齿数 min
	min	max	min	max		
2	2.2	2.45	4.2	4.5	0.3	9
2.5	2.7	2.95	5.2	5.5		
3	3.2	3.5	5.7	6	0.4	
4	4.3	4.6	7.64	8	0.5	11
5	5.3	5.6	9.64	10	0.6	
6	6.4	6.76	10.57	11		12
8	8.4	8.76	14.57	15	0.8	14
10	10.5	10.93	17.57	18	1.0	16
12	12.5	12.93	19.98	20.5		
(14)	14.5	14.93	23.48	24	1.2	18
16	16.5	16.93	25.48	26		
(18)	19	19.52	29.48	30	1.5	
20	21	21.52	32.38	33		20

注：尽可能不采用括号内的规格。

6.4.13　锥形锁紧垫圈

锥形锁紧垫圈如图 6-31 所示，其规格见表 6-33。

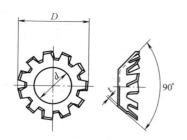

图 6-31　锥形锁紧垫圈

表 6-33　锥形锁紧垫圈的规格（GB/T 956.1—1987）

（单位：mm）

规格 （螺纹大径）	d		D ≈	t	齿数 min
	min	max			
3	3.2	3.5	6	0.4	6
4	4.3	4.6	8	0.5	8
5	5.3	5.6	9.8	0.6	
6	6.4	6.76	11.8		
8	8.4	8.76	15.3	0.8	10
10	10.5	10.93	19	1.0	
12	12.5	12.93	23		

6.4.14　锥形锯齿锁紧垫圈

锥形锯齿锁紧垫圈如图 6-32 所示，其规格见表 6-34。

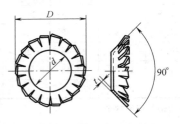

图 6-32　锥形锯齿锁紧垫圈

表 6-34　锥形锯齿锁紧垫圈的规格（GB/T 956.2—1987）

（单位：mm）

规格 （螺纹大径）	d		D ≈	t	齿数 min
	min	max			
3	3.2	3.5	6	0.4	12
4	4.3	4.6	8	0.5	14
5	5.3	5.6	9.8	0.6	14
6	6.4	6.76	11.8		16
8	8.4	8.76	15.3	0.8	18
10	10.5	10.93	19	1.0	20
12	12.5	12.93	23		26

6.4.15 管接头用锁紧垫圈

管接头用锁紧垫圈如图 6-33 所示，其规格见表 6-35。

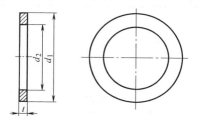

图 6-33 管接头用锁紧垫圈

表 6-35 管接头用锁紧垫圈的规格 （GB/T 5649—2008）

（单位：mm）

适用螺纹	$d_1 \pm 0.4$	d_2	$t \pm 0.08$
M10×1	14.5	8.4	0.9
M12×1.5	17.5	9.7	0.9
M14×1.5	19.5	11.7	0.9
M16×1.5	22.5	13.7	0.9
M18×1.5	24.5	15.7	0.9
M20×1.5	27.5	17.7	1.25
M22×1.5	27.5	19.7	1.25
M27×2	32.5	24	1.25
M33×2	41.5	30	1.25
M42×2	50.5	39	1.25
M48×2	55.5	45	1.25

6.4.16 组合件用外锯齿锁紧垫圈

组合件用外锯齿锁紧垫圈如图 6-34 所示，其规格见表 6-36。

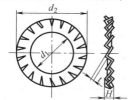

图 6-34 组合件用外锯齿锁紧垫圈

注：$H \approx 3t$。

表 6-36　组合件用外锯齿锁紧垫圈的规格（GB/T 9074.27—1988）

（单位：mm）

规格（螺纹大径）		3	4	5	6	8	10	12
d_1	max	2.83	3.78	4.75	5.71	7.64	9.59	11.53
	min	2.73	3.66	4.57	5.53	7.42	9.37	11.26
d_2	max（公称）	6	8	10	11	15	18	20.5
	min	5.70	7.64	9.64	10.57	14.57	17.57	19.98
t		0.4	0.5	0.6	0.6	0.8	1.0	1.0
齿数 min		9	11	11	12	14	16	16

6.5　销

6.5.1　圆柱销

圆柱销如图 6-35 所示，其规格见表 6-37。

图 6-35　圆柱销

表 6-37　圆柱销的规格　　（单位：mm）

公称直径 d	长度 l	公称直径 d	长度 l
0.6	2~6	6	12~60
0.8	2~8	8	14~80
1	4~10	10	18~95
1.2	4~12	12	22~140
1.5	4~16	16	26~180
2	6~20	20	35~200
2.5	6~24	25	50~200
3	8~28	30	60~200
4	8~40	40	80~200
5	10~50	50	95~200

注：l 系列尺寸（mm）：2、3、4、5、6、8、10、12、14、16、18、20、22、24、26、28、30、32、35、40、45、50、55、60、65、70、75、80、85、90、95、100、120、140、160、180、200。

6.5.2 弹性圆柱销

弹性圆柱销如图 6-36 所示，其规格见表 6-38。

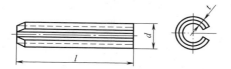

图 6-36 弹性圆柱销

表 6-38 弹性圆柱销的规格

公称直径 d/ mm	壁厚 t/ mm	最小剪切载荷（双剪）/ kN	长度 l/ mm	公称直径 d/ mm	壁厚 t/ mm	最小剪切载荷（双剪）/ kN	长度 l/ mm
1	0.2	0.70	4~20	8	1.5	42.7	10~120
1.5	0.3	1.58	4~20	10	2	70.16	10~160
2	0.4	2.80	4~30	12	2	104.1	10~180
2.5	0.5	4.38	4~30	16	3	171.0	10~200
3	0.5	6.32	4~40	20	4	280.6	10~200
4	0.8	11.24	4~50	25	4.5	438.5	14~200
5	1	17.54	5~80	30	5	631.4	14~200
6	1	26.04	10~100				

注：l 系列尺寸（mm）：4、5、6、8、10、12、14、16、18、20、22、24、26、28、30、32、35、40、45、50、55、60、65、70、75、80、85、90、95、100、120、140、160、180、200。

6.5.3 圆锥销

圆锥销如图 6-37 所示，其规格见表 6-39。

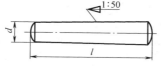

图 6-37 圆锥销

表 6-39　圆锥销的规格　　（单位：mm）

公称直径 d	长度 l	公称直径 d	长度 l
0.6	2~8	6	22~90
0.8	5~12	8	22~120
1	6~16	10	26~160
1.2	6~20	12	32~180
1.5	8~24	16	40~200
2	10~35	20	45~200
2.5	10~35	25	50~200
3	12~45	30	55~200
4	14~55	40	60~200
5	18~60	50	65~200

注：l 系列尺寸（mm）：2、3、4、5、6、8、10、12、14、16、18、20、22、24、26、28、30、32、35、40、45、50、55、60、65、70、75、80、85、90、95、100、120、140、160、180、200，大于 200mm，按 20mm 递增。

6.5.4　开口销

开口销如图 6-38 所示，其规格见表 6-40。

图 6-38　开口销

表 6-40　开口销的规格　　（单位：mm）

开口销公称直径①	开口销直径 d≤	伸出长度 a≤	销身长度 l	开口销公称直径①	开口销直径 d≤	伸出长度 a≤	销身长度 l
0.6	0.5	1.6	4~12	4	3.7	4	18~80
0.8	0.7	1.6	5~16	5	4.6	4	22~100
1	0.9	1.6	6~20	6.3	5.9	4	30~120
1.2	1	2.5	8~26	8	7.5	4	40~160
1.6	1.4	2.5	8~32	10	9.5	6.3	45~200
2	1.8	2.5	10~40	13	12.4	6.3	71~250
2.5	2.3	2.5	12~50	16	15.4	6.3	120~280
3.2	2.9	3.2	14~65	20	19.3	6.3	160~280

注：l 系列尺寸（mm）：4、5、6、8、10、12、14、16、18、20、22、24、26、28、30、32、36、40、45、50、55、60、65、70、75、80、85、90、95、100、120、140、160、180、200。

① 开口销公称直径指被销零件（轴、螺栓）上的销孔直径。

6.5.5 销轴

销轴如图6-39所示，其规格见表6-41。

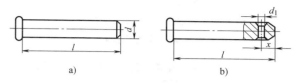

图 6-39　销轴

a）A 型　b）B 型

表 6-41　销轴的规格　（单位：mm）

公称直径 d	销孔直径 d_1	销孔距离 x	公称长度 l	公称直径 d	销孔直径 d_1	销孔距离 x	公称长度 l
3	1.6	2	6~22	22	5	6	24~160
4	1.6	3	6~30	25	6.3	6	40~180
5	2	3	8~40	28	6.3	8	40~180
6	2	3	12~60	30	6.3	8	50~200
8	3.2	4	12~80	32	6.3	8	50~200
10	3.2	4	14~120	36	8	10	60~200
12	4	5	20~120	40	8	10	70~200
14	4	5	20~120	45	8	10	70~200
16	4	5	20~140	50	10	12	70~200
18	5	5	24~140	55	10	12	80~200
20	5	5	24~160	60	10	12	90~200

注：l 系列尺寸（mm）：6、8、10、12、14、16、18、20、22、24、26、28、30、32、35、40、45、48、50、55、60、65、70、75、80、85、90、95、100、120、140、160、180、200。

6.6　铆钉

6.6.1 半圆头铆钉

半圆头铆钉如图6-40所示，其规格见表6-42。

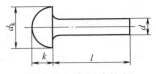

图 6-40　半圆头铆钉

表 6-42　半圆头铆钉的规格　　（单位：mm）

公称直径 d	头部尺寸		公称长度 l	公称直径 d	头部尺寸		公称长度 l	
	直径 d_k	高度 k	精制		直径 d_k	高度 k	精制	粗制
0.6	1.1	0.4	1~6	6	11	3.6	8~60	—
0.8	1.4	0.5	1.5~8	8	14	4.8	16~65	—
1	1.8	0.6	2~8	10	17	6	16~85	—
1.4	2.5	0.8	3~12	12	21	8	20~90	20~90
2	3.5	1.2	3~16	16	29	10	26~110	26~110
2.5	4.6	1.6	5~20	20	35	14	—	32~150
3	5.3	1.8	5~26	24	43	17	—	52~180
4	7.1	2.4	7~50	30	53	21	—	55~180
5	8.8	3	7~55	36	62	25	—	58~200

注：l 系列尺寸（mm）：1、1.5、2、2.5、3、3.5、4、5、6、7、8、9、10、11、12、13、14、15、16、17、18、19、20、22、24、26、28、30、32、34、36、38、40、42、44、46、48、50、52、54、56、58、60、62、65、68、70、75、80、85、90、95、100、110、120、130、140、150、160、170、180、190、200。

6.6.2　平头铆钉

平头铆钉如图 6-41 所示，其规格见表 6-43。

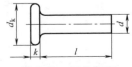

图 6-41　平头铆钉

表 6-43　平头铆钉的规格 （单位：mm）

公称直径 d	2	2.5	3	4	5	6	8	10
头部直径 d_k	4	5	6	8	10	12	16	20
头部高度 k	1	1.2	1.4	1.8	2	2.4	2.8	3.2
公称长度 l	4~8	5~10	6~14	8~22	10~26	12~30	16~30	20~30
l 系列尺寸	4、5、6、7、8、9、10、11、12、13、14、15、16、17、18、19、20、22、24、26、28、30							

6.6.3　沉头铆钉

沉头铆钉如图 6-42 所示，其规格见表 6-44。

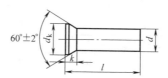

图 6-42　沉头铆钉

表 6-44　沉头铆钉的规格 （单位：mm）

公称直径 d	头部尺寸		公称长度 l	公称直径 d	头部尺寸		公称长度 l	
	直径 d_k	高度 k	精制		直径 d_k	高度 k	精制	粗制
1	1.9	0.5	2~8	8	14	3.2	12~60	—
1.4	2.7	0.7	3~12	10	17.6	4	16~75	—
2	3.0	1	3.5~16	12	18.6	6	18~75	20~75
2.5	4.6	1.1	5~18	16	24.7	8	24~100	24~100
3	5.2	1.2	5~22	20	32	11	—	30~150
4	7	1.6	6~30	24	39	13	—	50~180
5	8.8	2	6~50	30	50	17	—	60~200
6	10.4	2.4	6~50	36	58	19	—	65~200

注：l 系列尺寸见表 6-42 注。

6.6.4　空心铆钉

空心铆钉如图 6-43 所示，其规格见表 6-45。

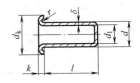

图 6-43 空心铆钉

表 6-45 空心铆钉的规格 （单位：mm）

		公称	1.4	(1.6)	2	2.5	3	(3.5)	4	5	6
d	max		1.53	1.73	2.13	2.63	3.13	3.65	4.15	5.15	6.15
	min		1.27	1.47	1.87	2.37	2.87	3.35	3.85	4.85	5.85
d_k	max		2.6	2.8	3.5	4	5	5.5	6	8	10
	min		2.35	2.55	3.2	3.7	4.7	5.2	5.7	7.64	9.64
k	max		0.5	0.5	0.6	0.6	0.7	0.7	0.82	1.12	1.12
	min		0.3	0.3	0.4	0.4	0.5	0.5	0.58	0.88	0.88
d_1	min		0.8	0.9	1.2	1.7	2	2.5	2.9	4	5
δ			0.2	0.22	0.25	0.25	0.3	0.3	0.35	0.35	0.35
r	max		0.15	0.2	0.25	0.25	0.25	0.3	0.3	0.5	0.7

注：尽可能不采用括号内的规格。

6.6.5 击芯铆钉

击芯铆钉如图 6-44 所示，其规格见表 6-46。

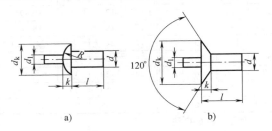

a)   b)

图 6-44 击芯铆钉

a）扁圆头击芯铆钉 b）沉头击芯铆钉

表 6-46　击芯铆钉的规格　（单位：mm）

	公称	3	4	5	(6)	6.4
d	min	2.94	3.92	4.92	5.92	6.32
	max	3.06	4.08	5.08	6.08	6.48
d_k	max	6.24	8.29	9.89	12.35	13.29
	min	5.76	7.71	9.31	11.65	12.71
k	max	1.4	1.7	2	2.4	3
d_1(参考)		1.8	2.18	2.8	3.6	3.8
$R \approx$		5	6.8	8.7	9.3	9.3
l 商品规格范围		6~15	6~20	8~32	8~45	

注：尽可能不采用括号内的规格。

6.6.6　标牌铆钉

标牌铆钉如图 6-45 所示，其规格见表 6-47。

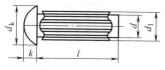

图 6-45　标牌铆钉

表 6-47　标牌铆钉的规格　（单位：mm）

公称直径 d	1.6	2	2.5	3	4	5
头部直径 d_k	3.2	3.74	4.84	5.54	7.39	9.09
头部高度 k	1.2	1.4	1.8	2.0	2.6	3.2
公称外径 d_1	1.75	2.15	2.65	3.15	4.15	5.15
公称长度 l	3~6	3~8	3~10	4~12	6~18	8~20
L 系列尺寸	3、4、5、6、8、10、12、15、18、20					

第7章 传 动 件

7.1 轴承

7.1.1 轴承类型与代号

常用的轴承类型与代号见表 7-1。

表 7-1 常用的轴承类型与代号（GB/T 272—2017）

轴承类型	简图	类型代号	尺寸系列代号	轴承系列代号
双列角接触球轴承		(0)	32	32
			33	33
调心球轴承		1	39	139
		1	(1)0	10
		1	30	130
		1	(0)2	12
		(1)	22	22
		1	(0)3	13
		(1)	23	23
调心滚子轴承		2	38	238
			48	248
			39	239
			49	249
			30	230
			40	240
			31	231
			41	241
			22	222
			32	232
			03[①]	213
			23	223

（续）

轴承类型		简图	类型代号	尺寸系列代号	轴承系列代号
推力调心滚子轴承			2	92	292
				93	293
				94	294
圆锥滚子轴承			3	29	329
				20	320
				30	330
				31	331
				02	302
				22	322
				32	332
				03	303
				13	313
				23	323
双列深沟球轴承			4	（2）2	42
				（2）3	43
推力球轴承	推力球轴承		5	11	511
				12	512
				13	513
				14	514
	双向推力球轴承		5	22	522
				23	523
				24	524
	带球面座圈的推力球轴承		5	12[2]	532
				13[2]	533
				14[2]	534
	带球面座圈的双向推力球轴承		5	22[3]	542
				23[3]	543
				24[3]	544

（续）

轴承类型		简图	类型代号	尺寸系列代号	轴承系列代号
深沟球轴承			6	17	617
				37	637
				18	618
				19	619
			16	（0）0	160
			6	（1）0	60
				（0）2	62
				（0）3	63
				（0）4	64
角接触球轴承			7	18	718
				19	719
				（1）0	70
				（0）2	72
				（0）3	73
				（0）4	74
推力圆柱滚子轴承			8	11	811
				12	812
圆柱滚子轴承	外圈无挡边圆柱滚子轴承		N	10	N 10
				0（2）	N 2
				22	N 22
				（0）3	N 3
				23	N 23
				（0）4	N 4
	内圈无挡边圆柱滚子轴承		NU	10	NU 10
				（0）2	NU 2
				22	NU 22
				（0）3	NU 3
				23	NU 23
				（0）4	NU 4

（续）

轴承类型		简图	类型代号	尺寸系列代号	轴承系列代号
圆柱滚子轴承	内圈单挡边圆柱滚子轴承		NJ	(0)2	NJ 2
				22	NJ 22
				(0)3	NJ 3
				23	NJ 23
				(0)4	NJ 4
	内圈单挡边并带平挡圈圆柱滚子轴承		NUP	(0)2	NUP 2
				22	NUP 22
				(0)3	NUP 3
				23	NUP 23
				(0)4	NUP 4
	外圈单挡边圆柱滚子轴承		NF	(0)2	NF 2
				(0)3	NF 3
				23	NF 23
	双列圆柱滚子轴承		NN	49	NN 49
				30	NN 30
	内圈无挡边双列圆柱滚子轴承		NNU	49	NNU 49
				41	NNU 41
外球面球轴承	带顶丝外球面球轴承		UC	2	UC 2
				3	UC 3

（续）

轴承类型		简图	类型代号	尺寸系列代号	轴承系列代号
外球面球轴承	带偏心套外球面球轴承		UEL	2	UEL 2
				3	UEL 3
	圆锥孔外球面球轴承		UK	2	UK 2
				3	UK 3
四点接触球轴承			QJ	(0)2	QJ 2
				(0)3	QJ 3
				10	QJ 10
长弧面滚子轴承			C	29	C 29
				39	C 39
				49	C 49
				59	C 59
				69	C 69
				30	C 30
				40	C 40
				50	C 50
				60	C 60
				31	C 31
				41	C 41
				22	C 22
				32	C 32

注：括号中的数字表示在组合代号中省略。

① 尺寸系列实为 03，用 13 表示。

② 尺寸系列实为 12、13、14，分别用 32、33、34 表示。

③ 尺寸系列实为 22、23、24，分别用 42、43、44 表示。

7.1.2　调心球轴承

调心球轴承如图 7-1 所示，其尺寸见表 7-2~表 7-8。

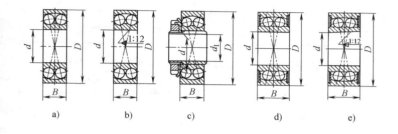

a)　　　　　b)　　　　　c)　　　　　d)　　　　　e)

图 7-1　调心球轴承

a）圆柱孔调心球轴承 10000 型　　b）圆锥孔调心球轴承 10000K 型

c）带紧定套的调心球轴承 10000K+H 型

d）两面带密封圈的圆柱孔调心球轴承 10000-2RS 型

e）两面带密封圈的圆锥孔调心球轴承 10000K-2RS 型

d—轴承公称内径　d_1—紧定套公称内径　D—轴承公称外径　B—轴承公称宽度

表 7-2　39 系列调心球轴承的尺寸（GB/T 281—2013）

（单位：mm）

轴承型号	外形尺寸		
	d	D	B
13940	200	280	60
13994	220	300	60
13948	240	320	60

表 7-3　10 系列调心球轴承的尺寸（GB/T 281—2013）

（单位：mm）

轴承型号	外形尺寸		
	d	D	B
108	8	22	7

表 7-4　30 系列调心球轴承的尺寸（GB/T 281—2013）

（单位：mm）

轴承型号	外形尺寸		
	d	D	B
13030	150	225	56
13036	180	280	74

表 7-5　02 系列调心球轴承的尺寸（GB/T 281—2013）

（单位：mm）

轴承型号			外形尺寸			
10000 型	10000K 型	10000K+H 型	d	d_1	D	B
126	—		6	—	19	6
127	—	—	7	—	22	7
129	—	—	9	—	26	8
1200	1200K		10	—	30	9
1201	1201K		12	—	32	10
1202	1202K		15	—	35	11
1203	1203K		17	—	40	12
1204	1204K	1204K+H204	20	17	47	14
1205	1205K	1205K+H205	25	20	52	15
1206	1206K	1206K+H206	30	25	62	16
1207	1207K	1207K+H207	35	30	72	17
1208	1208K	1208K+H208	40	35	80	18
1209	1209K	1209K+H209	45	40	85	19
1210	1210K	1210K+H210	50	45	90	20
1211	1211K	1211K+H211	55	50	100	21
1212	1212K	1212K+H212	60	55	110	22
1213	1213K	1213K+H213	65	60	120	23
1214	1214K	1214K+H214	70	60	125	24
1215	1215K	1215K+H215	75	65	130	25
1216	1216K	1216K+H216	80	70	140	26
1217	1217K	1217K+H217	85	75	150	28
1218	1218K	1218K+H218	90	80	160	30
1219	1219K	1219K+H219	95	85	170	32
1220	1220K	1220K+H220	100	90	180	34

（续）

轴承型号			外形尺寸			
10000 型	10000K 型	10000K+H 型	d	d_1	D	B
1221	1221K	1221K+H221	105	95	190	36
1222	1222K	1222K+H222	110	100	200	38
1224	1224K	1224K+H3024	120	110	215	42
1226	—		130	—	230	46
1228	—		140	—	250	50

表 7-6 22 系列调心球轴承的尺寸 （GB/T 281—2013）

（单位：mm）

轴承型号[①]					外形尺寸			
10000 型	10000-2RS 型	10000K 型	10000K-2RS 型	10000K+H 型	d	d_1	D	B
2200	2200-2RS	—	—	—	10	—	30	14
2201	2201-2RS	—	—	—	12	—	32	14
2202	2202-2RS	2202K	—	—	15	—	35	14
2203	2203-2RS	2203K	—	—	17	—	40	16
2204	2204-2RS	2204K		2204K+H304	20	17	47	18
2205	2205-2RS	2205K	2205K-2RS	2205K+H305	25	20	52	18
2206	2206-2RS	2206K	2206K-2RS	2206K+H306	30	25	62	20
2207	2207-2RS	2207K	2207K-2RS	2207K+H307	35	30	72	23
2208	2208-2RS	2208K	2208K-2RS	2208K+H308	40	35	80	23
2209	2209-2RS	2209K	2209K-2RS	2209K+H309	45	40	85	23
2210	2210-2RS	2210K	2210K-2RS	2210K+H310	50	45	90	23
2212	2212-2RS	2212K	2212K-2RS	2212K+H312	60	55	110	28
2213	2213-2RS	2213K	2213K-2RS	2213K+H313	65	60	120	31
2214	2214-2RS	2214K	2214K-2RS	2214K+H314	70	60	125	31
2215	—	2215K	—	2215K+H315	75	65	130	31
2216	—	2216K		2216K+H316	80	70	140	33
2217	—	2217K		2217K+H317	85	75	150	36
2218	—	2218K		2218K+H318	90	80	160	40
2219		2219K		2219K+H319	95	85	170	43
2220		2220K		2220K+H320	100	90	180	46
2221		2221K		2221K+H321	105	95	190	50
2222		2222K		2222K+H322	110	100	200	53

① 类型代号 "1" 按 GB/T 272 的规定省略。

表 7-7　03 系列调心球轴承的尺寸（GB/T 281—2013）

（单位：mm）

轴承型号			外形尺寸			
10000 型	10000K 型	10000K+H 型	d	d_1	D	B
135	—	—	5	—	19	6
1300	1300K	—	10	—	35	11
1301	1301K	—	12	—	37	12
1302	1302K	—	15	—	42	13
1303	1303K	—	17	—	47	14
1304	1304K	1304K+H304	20	17	52	15
1305	1305K	1305K+H305	25	20	62	17
1306	1306K	1306K+H306	30	25	72	19
1307	1307K	1307K+H307	35	30	80	21
1308	1308K	1308K+H308	40	35	90	23
1309	1309K	1309K+H309	45	40	100	25
1310	1310K	1310K+H310	50	45	110	27
1311	1311K	1311K+H311	55	50	120	29
1312	1312K	1312K+H312	60	55	130	31
1313	1313K	1313K+H313	65	60	140	33
1314	1314K	1314K+H314	70	60	150	35
1315	1315K	1315K+H315	75	65	160	37
1316	1316K	1316K+H316	80	70	170	39
1317	1317K	1317K+H317	85	75	180	41
1318	1318K	1318K+H318	90	80	190	43
1319	1319K	1319K+H319	95	85	200	45
1320	1320K	1320K+H320	100	90	215	47
1321	1321K	1321K+H321	105	95	225	49
1322	1322K	1322K+H322	110	100	240	50

表 7-8 23 系列调心球轴承的尺寸 （GB/T 281—2013）

（单位：mm）

轴承型号[①]				外形尺寸			
10000 型	10000-2RS 型	10000K 型	10000K+H 型	d	d_1	D	B
2300	—		—	10	—	35	17
2301	—	—		12	—	37	17
2302	2302-2RS	—		15	—	42	17
2303	2303-2RS			17	—	47	19
2304	2304-2RS	2304K	2304K+H2304	20	17	52	21
2305	2305-2RS	2305K	2305K+H2305	25	20	62	24
2306	2306-2RS	2306K	2306K+H2306	30	25	72	27
2307	2307-2RS	2307K	2307K+H2307	35	30	80	31
2308	2308-2RS	2308K	2308K+H2308	40	35	90	33
2309	2309-2RS	2309K	2309K+H2309	45	40	100	36
2310	2310-2RS	2310K	2310K+H2310	50	45	110	40
2311	—	2311K	2311K+H2311	55	50	120	43
2312	—	2312K	2312K+H2312	60	55	130	46
2313	—	2313K	2313K+H2313	65	60	140	48
2314	—	2314K	2314K+H2314	70	60	150	51
2315	—	2315K	2315K+H2315	75	65	160	55
2316	—	2316K	2316K+H2316	80	70	170	58
2317	—	2317K	2317K+H2317	85	75	180	60
2318	—	2318K	2318K+H2318	90	80	190	64
2319	—	2319K	2319K+H2319	95	85	200	67
2320	—	2320K	2320K+H2320	100	90	215	73
2321	—	2321K	2321K+H2321	105	95	225	77
2322	—	2322K	2322K+H2322	110	100	240	80

① 类型代号"1"按 GB/T 272 的规定省略。

7.1.3 推力球轴承

推力球轴承如图 7-2 所示，其尺寸见表 7-9～表 7-15。

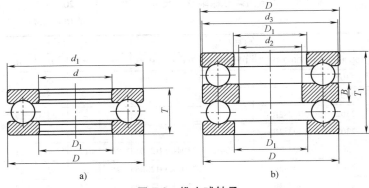

图 7-2 推力球轴承

a) 单向推力球轴承 51000 型   b) 双向推力球轴承 52000 型

表 7-9 11 系列推力球轴承的尺寸（GB/T 301—2015）

（单位：mm）

轴承型号	d	D	T	D_{1smin}	d_{1smax}
51100	10	24	9	11	24
51101	12	26	9	13	26
51102	15	28	9	16	28
51103	17	30	9	18	30
51104	20	35	10	21	35
51105	25	42	11	26	42
51106	30	47	11	32	47
51107	35	52	12	37	52
51108	40	60	13	42	60
51109	45	65	14	47	65
51110	50	70	14	52	70
51111	55	78	16	57	78
51112	60	85	17	62	85
51113	65	90	18	67	90
51114	70	95	18	72	95
51115	75	100	19	77	100
51116	80	105	19	82	105

（续）

轴承型号	d	D	T	D_{1smin}	d_{1smax}
51117	85	110	19	87	110
51118	90	120	22	92	120
51120	100	135	25	102	135
51122	110	145	25	112	145
51124	120	155	25	122	155
51126	130	170	30	132	170
51128	140	180	31	142	178
51130	150	190	31	152	188
51132	160	200	31	162	198
51134	170	215	34	172	213
51136	180	225	34	183	222
51138	190	240	37	193	237
51140	200	250	37	203	247
51144	220	270	37	223	267
51148	240	300	45	243	297
51152	260	320	45	263	317
51156	280	350	53	283	347
51160	300	380	62	304	376
51164	320	400	63	324	396
51168	340	420	64	344	416
51172	360	440	65	364	436
51176	380	460	65	384	456
51180	400	480	65	404	476
51184	420	500	65	424	495
51188	440	540	80	444	535
51192	460	560	80	464	555
51196	480	580	80	484	575
511/500	500	600	80	504	595
511/530	530	640	85	534	635
511/560	560	670	85	564	665
511/600	600	710	85	604	705
511/630	630	750	95	634	745
511/670	670	800	105	674	795

表 7-10　12 系列推力球轴承的尺寸（GB/T 301—2015）

（单位：mm）

轴承型号	d	D	T	D_{1smin}	d_{1smax}
51200	10	26	11	12	26
51201	12	28	11	14	28
51202	15	32	12	17	32
51203	17	35	12	19	35
51204	20	40	14	22	40
51205	25	47	15	27	47
51206	30	52	16	32	52
51207	35	62	18	37	62
51208	40	68	19	42	68
51209	45	73	20	47	73
51210	50	78	22	52	78
51211	55	90	25	57	90
51212	60	95	26	62	95
51213	65	100	27	67	100
51214	70	105	27	72	105
51215	75	110	27	77	110
51216	80	115	28	82	115
51217	85	125	31	88	125
51218	90	135	35	93	135
51220	100	150	38	103	150
51222	110	160	38	113	160
51224	120	170	39	123	170
51226	130	190	45	133	187
51228	140	200	46	143	197
51230	150	215	50	153	212
51232	160	225	51	163	222
51234	170	240	55	173	237
51236	180	250	56	183	247
51238	190	270	62	194	267
51240	200	280	62	204	277
51244	220	300	63	224	297
51248	240	340	78	244	335

（续）

轴承型号	d	D	T	D_{1smin}	d_{1smax}
51252	260	360	79	264	355
51256	280	380	80	284	375
51260	300	420	95	304	415
51264	320	440	95	325	435
51268	340	460	96	345	455
51272	360	500	110	365	495
51276	380	520	112	385	515

表 7-11　13 系列推力球轴承的尺寸 （GB/T 301—2015）

（单位：mm）

轴承型号	d	D	T	D_{1smin}	d_{1smax}
51304	20	47	18	22	47
51305	25	52	18	27	52
51306	30	60	21	32	60
51307	35	68	24	37	68
51308	40	78	26	42	78
51309	45	85	28	47	85
51310	50	95	31	52	95
51311	55	105	35	57	105
51312	60	110	35	62	110
51313	65	115	36	67	115
51314	70	125	40	72	125
51315	75	135	44	77	135
51316	80	140	44	82	140
51317	85	150	49	88	150
51318	90	155	50	93	155
51320	100	170	55	103	170
51322	110	190	63	113	187
51324	120	210	70	123	205
51326	130	225	75	134	220
51328	140	240	80	144	235
51330	150	250	80	154	245
51332	160	270	87	164	265

（续）

轴承型号	d	D	T	D_{1smin}	d_{1smax}
51334	170	280	87	174	275
51336	180	300	95	184	295
51338	190	320	105	195	315
51340	200	340	110	205	335
51344	220	360	112	225	355
51348	240	380	112	245	375

表 7-12　14 系列推力球轴承的尺寸 （GB/T 301—2015）

（单位：mm）

轴承型号	d	D	T	D_{1smin}	d_{1smax}
51405	25	60	24	27	60
51406	30	70	28	32	70
51407	35	80	32	37	80
51408	40	90	36	42	90
51409	45	100	39	47	100
51410	50	110	43	52	110
51411	55	120	48	57	120
51412	60	130	51	62	130
51413	65	140	56	68	140
51414	70	150	60	73	150
51415	75	160	65	78	160
51416	80	170	68	83	170
51417	85	180	72	88	177
51418	90	190	77	93	187
51420	100	210	85	103	205
51422	110	230	95	113	225
51424	120	250	102	123	245
51426	130	270	110	134	265
51428	140	280	112	144	275
51430	150	300	120	154	295
51432	160	320	130	164	315
51434	170	340	135	174	335
51436	180	360	140	184	355

表 7-13　22 系列双向推力球轴承的尺寸（GB/T 301—2015）

（单位：mm）

轴承型号	d_2	D	T_1	$d^{①}$	B	d_{3smax}	D_{1smin}
52202	10	32	22	15	5	32	17
52204	15	40	26	20	6	40	22
52205	20	47	28	25	7	47	27
52206	25	52	29	30	7	52	32
52207	30	62	34	35	8	62	37
52208	30	68	36	40	9	68	42
52209	35	73	37	45	9	73	47
52210	40	78	39	50	9	78	52
52211	45	90	45	55	10	90	57
52212	50	95	46	60	10	95	62
52213	55	100	47	65	10	100	67
52214	55	105	47	70	10	105	72
52215	60	110	47	75	10	110	77
52216	65	115	48	80	10	115	82
52217	70	125	55	85	12	125	88
52218	75	135	62	90	14	135	93
52220	85	150	67	100	15	150	103
52222	95	160	67	110	15	160	113
52224	100	170	68	120	15	170	123
52226	110	190	80	130	18	189.5	133
52228	120	200	81	140	18	199.5	143
52230	130	215	89	150	20	214.5	153
52232	140	225	90	160	20	224.5	163
52234	150	240	97	170	21	239.5	173
52236	150	250	98	180	21	249	183
52238	160	270	109	190	24	269	194
52240	170	280	109	200	24	279	204
52244	190	300	110	220	24	299	224

① d 对应于表 7-10 的单向轴承轴圈内径。

表 7-14　23 系列双向推力球轴承的尺寸 （GB/T 301—2015）

（单位：mm）

轴承型号	d_2	D	T_1	$d^{①}$	B	d_{3smax}	D_{1smin}
52305	20	52	34	25	8	52	27
52306	25	60	38	30	9	60	32
52307	30	68	44	35	10	68	37
52308	30	78	49	40	12	78	42
52309	35	85	52	45	12	85	47
52310	40	95	58	50	14	95	52
52311	45	105	64	55	15	105	57
52312	50	110	64	60	15	110	62
52313	55	115	65	65	15	115	67
52314	55	125	72	70	16	125	72
52315	60	135	79	75	18	135	77
52316	65	140	79	80	18	140	82
52317	70	150	87	85	19	150	88
52318	75	155	88	90	19	155	93
52320	85	170	97	100	21	170	103
52322	95	190	110	110	24	189.5	113
52324	100	210	123	120	27	209.5	123
52326	110	225	130	130	30	224	134
52328	120	240	140	140	31	239	144
52330	130	250	140	150	31	249	154
52332	140	270	153	160	33	269	164
52334	150	280	153	170	33	279	174
52336	150	300	165	180	37	299	184
52338	160	320	183	190	40	319	195
52340	170	340	192	200	42	339	205

① d 对应于表 7-11 的单向轴承轴圈内径。

表 7-15 24 系列双向推力球轴承的尺寸 (GB/T 301—2015)

(单位: mm)

轴承型号	d_2	D	T_1	$d^{①}$	B	d_{3smax}	D_{1smin}
52405	15	60	45	25	11	27	60
52406	20	70	52	30	12	32	70
52407	25	80	59	35	14	37	80
52408	30	90	65	40	15	42	90
52409	35	100	72	45	17	47	100
52410	40	110	78	50	18	52	110
52411	45	120	87	55	20	57	120
52412	50	130	93	60	21	62	130
52413	50	140	101	65	23	68	140
52414	55	150	107	70	24	73	150
52415	60	160	115	75	26	78	160
52416	65	170	120	80	27	83	170
52417	65	180	128	85	29	88	179.5
52418	70	190	135	90	30	93	189.5
52420	80	210	150	100	33	103	209.5
52422	90	230	166	110	37	113	229
52424	95	250	177	120	40	123	249
52426	100	270	192	130	42	134	269
52428	110	280	196	140	44	144	279
52430	120	300	209	150	46	154	299
52432	130	320	226	160	50	164	319
52434	135	340	236	170	50	174	339
52436	140	360	245	180	52	184	359

① d 对应于表 7-12 的单向轴承轴圈内径。

7.1.4 圆锥滚子轴承

圆锥滚子轴承如图 7-3 所示, 其尺寸见表 7-16~表 7-25。

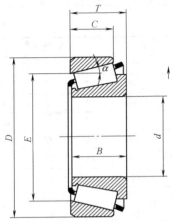

图 7-3　圆锥滚子轴承 30000 型

表 7-16　29 系列圆锥滚子轴承的尺寸 （GB/T 297—2015）

（单位：mm）

轴承型号	d	D	T	B	C	α	E
32904	20	37	12	12	9	12°	29.621
329/22	22	40	12	12	9	12°	32.665
32905	25	42	12	12	9	12°	34.608
329/28	28	45	12	12	9	12°	37.639
32906	30	47	12	12	9	12°	39.617
329/32	32	52	14	14	10	12°	44.261
32907	35	55	14	14	11.5	11°	47.220
32908	40	62	15	15	12	10°55′	53.388
32909	45	68	15	15	12	12°	58.852
32910	50	72	15	15	12	12°50′	62.748
32911	55	80	17	17	14	11°39′	69.503
32912	60	85	17	17	14	12°27′	74.185
32913	65	90	17	17	14	13°15′	78.849
32914	70	100	20	20	16	11°53′	88.590
32915	75	105	20	20	16	12°31′	93.223
32916	80	110	20	20	16	13°10′	97.974

（续）

轴承型号	d	D	T	B	C	α	E
32917	85	120	23	23	18	12°18′	106.599
32918	90	125	23	23	18	12°51′	111.282
32919	95	130	23	23	18	13°25′	116.082
32920	100	140	25	25	20	12°23′	125.717
32921	105	145	25	25	20	12°51′	130.359
32922	110	150	25	25	20	13°20′	135.182
32924	120	165	29	29	23	13°05′	148.464
32926	130	180	32	32	25	12°45′	161.652
32928	140	190	32	32	25	13°30′	171.032
32930	150	210	38	38	30	12°20′	187.926
32932	160	220	38	38	30	13°	197.962
32934	170	230	38	38	30	14°20′	206.564
32936	180	250	45	45	34	17°45′	218.571
32938	190	260	45	45	34	17°39′	228.578
32940	200	280	51	51	39	14°45′	249.698
32944	220	300	51	51	39	15°50′	267.685
32948	240	320	51	51	39	17°	286.852
32952	260	360	63.5	63.5	48	15°10′	320.783
32956	280	380	63.5	63.5	48	16°05′	339.778
32960	300	420	76	76	57	14°45′	374.706
32964	320	440	76	76	57	15°30′	393.406
32968	340	460	76	76	57	16°15′	412.043
32972	360	480	76	76	57	17°	430.612

表 7-17　20 系列圆锥滚子轴承的尺寸 （GB/T 297—2015）

（单位：mm）

轴承型号	d	D	T	B	C	α	E
32004	20	42	15	15	12	14°	32.781
320/22	22	44	15	15	11.5	14°50′	34.708
32005	25	47	15	15	11.5	16°	37.393
320/28	28	52	16	16	12	16°	41.991
32006	30	55	17	17	13	16°	44.438

（续）

轴承型号	d	D	T	B	C	α	E
320/32	32	58	17	17	13	16°50′	46.708
32007	35	62	18	18	14	16°50′	50.510
32008	40	68	19	19	14.5	14°10′	56.897
32009	45	75	20	20	15.5	14°40′	63.248
32010	50	80	20	20	15.5	15°45′	67.841
32011	55	90	23	23	17.5	15°10′	76.505
32012	60	95	23	23	17.5	16°	80.634
32013	65	100	23	23	17.5	17°	85.567
32014	70	110	25	25	19	16°10′	93.633
32015	75	115	25	25	19	17°	98.358
32016	80	125	29	29	22	15°45′	107.334
32017	85	130	29	29	22	16°25′	111.788
32018	90	140	32	32	24	15°45′	119.948
32019	95	145	32	32	24	16°25′	124.927
32020	100	150	32	32	24	17°	129.269
32021	105	160	35	35	26	16°30′	137.685
32022	110	170	38	38	29	16°	146.290
32024	120	180	38	38	29	17°	155.239
32026	130	200	45	45	34	16°10′	172.043
32028	140	210	45	45	34	17°	180.720
32030	150	225	48	48	36	17°	193.674
32032	160	240	51	51	38	17°	207.209
32034	170	260	57	57	43	16°30′	223.031
32036	180	280	64	64	48	15°45′	239.898
32038	190	290	64	64	48	16°25′	249.853
32040	200	310	70	70	53	16°	226.039
32044	220	340	76	76	57	16°	292.464
32048	240	360	76	76	57	17°	310.356
32052	260	400	87	87	65	16°10′	344.432
32056	280	420	87	87	65	17°	361.811
32060	300	460	100	100	74	16°10′	395.676
32064	320	480	100	100	74	17°	415.640

表 7-18　30 系列圆锥滚子轴承的尺寸（GB/T 297—2015）

（单位：mm）

轴承型号	d	D	T	B	C	α	E
33005	25	47	17	17	14	10°55′	38.278
33006	30	55	20	20	16	11°	45.283
33007	35	62	21	21	17	11°30′	51.320
33008	40	68	22	22	18	10°40′	57.290
33009	45	75	24	24	19	11°05′	63.116
33010	50	80	24	24	19	11°55′	67.775
33011	55	90	27	27	21	11°45′	76.656
33012	60	95	27	27	21	12°20′	80.422
33013	65	100	27	27	21	13°05′	85.257
33014	70	110	31	31	25.5	10°45′	95.021
33015	75	115	31	31	25.5	11°15′	99.400
33016	80	125	36	36	29.5	10°30′	107.750
33017	85	130	36	36	29.5	11°	112.838
33018	90	140	39	39	32.5	10°10′	122.363
33019	95	145	39	39	32.5	10°30′	126.346
33020	100	150	39	39	32.5	10°50′	130.323
33021	105	160	43	43	34	10°40′	139.304
33022	110	170	47	47	37	10°50′	146.265
33024	120	180	48	48	38	11°30′	154.777
33026	130	200	55	55	43	12°50′	172.017
33028	140	210	56	56	44	13°30′	180.353
33030	150	225	59	59	46	13°40′	194.260

表 7-19　31 系列圆锥滚子轴承的尺寸（GB/T 297—2015）

（单位：mm）

轴承型号	d	D	T	B	C	α	E
33108	40	75	26	26	20.5	13°20′	61.169
33109	45	80	26	26	20.5	14°20′	65.700
33110	50	85	26	26	20	15°20′	70.214
33111	55	95	30	30	23	14°	78.893
33112	60	100	30	30	23	14°50′	83.522
33113	65	110	34	34	26.5	14°30′	91.653

（续）

轴承型号	d	D	T	B	C	α	E
33114	70	120	37	37	29	14°10′	99. 733
33115	75	125	37	37	29	14°50′	104. 358
33116	80	130	37	37	29	15°30′	108. 970
33117	85	140	41	41	32	15°10′	117. 097
33118	90	150	45	45	35	14°50′	125. 283
33119	95	160	49	49	38	14°35′	133. 240
33120	100	165	52	52	40	15°10′	137. 129
33121	105	175	56	56	44	15°05′	144. 427
33122	110	180	56	56	43	15°35′	149. 127
33124	120	200	62	62	48	14°50′	166. 144

表 7-20　02 系列圆锥滚子轴承的尺寸 （GB/T 297—2015）

（单位：mm）

轴承型号	d	D	T	B	C	α	E
30202	15	35	11. 75	11	10	—	—
30203	17	40	13. 25	12	11	12°57′10″	31. 408
30204	20	47	15. 25	14	12	12°57′10″	37. 304
30205	25	52	16. 25	15	13	14°02′10″	41. 135
30206	30	62	17. 25	16	14	14°02′10″	49. 990
302/32	32	65	18. 25	17	15	14°	52. 500
30207	35	72	18. 25	17	15	14°02′10″	58. 844
30208	40	80	19. 75	18	16	14°02′10″	65. 730
30209	45	85	20. 75	19	16	15°06′34″	70. 440
30210	50	90	21. 75	20	17	15°38′32″	75. 078
30211	55	100	22. 75	21	18	15°06′34″	84. 197
30212	60	110	23. 75	22	19	15°06′34″	91. 876
30213	65	120	24. 75	23	20	15°06′34″	101. 934
30214	70	125	26. 25	24	21	15°38′32″	105. 748
30215	75	130	27. 25	25	22	16°10′20″	110. 408
30216	80	140	28. 25	26	22	15°38′32″	119. 169
30217	85	150	30. 5	28	24	15°38′32″	126. 685
30218	90	160	32. 5	30	26	15°38′32″	134. 901
30219	95	170	34. 5	32	27	15°38′32″	143. 385

（续）

轴承型号	d	D	T	B	C	α	E
30220	100	180	37	34	29	15°38′32″	151.310
30221	105	190	39	36	30	15°38′32″	159.795
30222	110	200	41	38	32	15°38′32″	168.548
30224	120	215	43.5	40	34	16°10′20″	181.257
30226	130	230	43.75	40	34	16°10′20″	196.420
30228	140	250	45.75	42	36	16°10′20″	212.270
30230	150	270	49	45	38	16°10′20″	227.408
30232	160	290	52	48	40	16°10′20″	244.958
30234	170	310	57	52	43	16°10′20″	262.483
30236	180	320	57	52	43	16°41′57″	270.928
30238	190	340	60	55	46	16°10′20″	291.083
30240	200	360	64	58	48	16°10′20″	307.196
30244	220	400	72	65	54	15°38′32″[①]	339.941[①]
30248	240	440	79	72	60	15°38′32″[①]	374.976[①]
30252	260	480	89	80	67	16°25′56″[①]	410.444[①]
30256	280	500	89	80	67	17°03′[①]	423.879[①]

① 参考尺寸。

表 7-21　22 系列圆锥滚子轴承的尺寸 （GB/T 297—2015）

（单位：mm）

轴承型号	d	D	T	B	C	α	E
32203	17	40	17.25	16	14	11°45′	31.170
32204	20	47	19.25	18	15	12°28′	35.810
32205	25	52	19.25	18	16	13°30′	41.331
32206	30	62	21.25	20	17	14°02′10″	48.982
32207	35	72	24.25	23	19	14°02′10″	57.087
32208	40	80	24.75	23	19	14°02′10″	64.715
32209	45	85	24.75	23	19	15°06′34″	69.610
32210	50	90	24.75	23	19	15°38′32″	74.226
32211	55	100	26.75	25	21	15°06′34″	82.837
32212	60	110	29.75	28	24	15°06′34″	90.236
32213	65	120	32.75	31	27	15°06′34″	99.484
32214	70	125	33.25	31	27	15°38′32″	103.765

（续）

轴承型号	d	D	T	B	C	α	E
32215	75	130	33.25	31	27	16°10′20″	108.932
32216	80	140	35.25	33	28	15°38′32″	117.466
32217	85	150	38.5	36	30	15°38′32″	124.970
32218	90	160	42.5	40	34	15°38′32″	132.615
32219	95	170	45.5	43	37	15°38′32″	140.259
32220	100	180	49	46	39	15°38′32″	148.184
32221	105	190	53	50	43	15°38′32″	155.269
32222	110	200	56	53	46	15°38′32″	164.022
32224	120	215	61.5	58	50	16°10′20″	174.825
32226	130	230	67.75	64	54	16°10′20″	187.088
32228	140	250	71.75	68	58	16°10′20″	204.046
32230	150	270	77	73	60	16°10′20″	219.157
32232	160	290	84	80	67	16°10′20″	234.942
32234	170	310	91	86	71	16°10′20″	251.873
32236	180	320	91	86	71	16°41′57″	259.938
32238	190	340	97	92	75	16°10′20″	279.024
32240	200	360	104	98	82	15°10′	294.880
32244	220	400	114	108	90	16°10′20″[①]	326.455[①]
32248	240	440	127	120	100	16°10′20″[①]	356.929[①]
32252	260	480	137	130	105	16°[①]	393.025[①]
32256	280	500	137	130	105	16°[①]	409.128[①]
32260	300	540	149	140	115	16°10′[①]	443.659[①]

① 参考尺寸。

表 7-22　32 系列圆锥滚子轴承的尺寸　（GB/T 297—2015）

（单位：mm）

轴承型号	d	D	T	B	C	α	E
33205	25	52	22	22	18	13°10′	40.441
332/28	28	58	24	24	19	12°45′	45.846
33206	30	62	25	25	19.5	12°50′	49.524
332/32	32	65	26	26	20.5	13°	51.791
33207	35	72	28	28	22	13°15′	57.186
33208	40	80	32	32	25	13°25′	60.405

（续）

轴承型号	d	D	T	B	C	α	E
33209	45	85	32	32	25	14°25′	68.075
33210	50	90	32	32	24.5	15°25′	72.727
33211	55	100	35	35	27	14°55′	81.240
33212	60	110	38	38	29	15°05′	89.032
33213	65	120	41	41	32	14°35′	97.863
33214	70	125	41	41	32	15°15′	102.275
33215	75	130	41	41	31	15°55′	106.675
33216	80	140	46	46	35	15°50′	114.582
33217	85	150	49	49	37	15°35′	122.894
33218	90	160	55	55	42	15°40′	129.820
33219	95	170	58	58	44	15°15′	138.642
33220	100	180	63	63	48	15°05′	145.949
33221	105	190	68	68	52	15°	153.622

表 7-23 03 系列圆锥滚子轴承的尺寸（GB/T 297—2015）

（单位：mm）

轴承型号	d	D	T	B	C	α	E
30302	15	42	14.25	13	11	10°45′29″	33.272
30303	17	47	15.25	14	12	10°45′29″	37.420
30304	20	52	16.25	15	13	11°18′36″	41.318
30305	25	62	18.25	17	15	11°18′36″	50.637
30306	30	72	20.75	19	16	11°51′35″	58.287
30307	35	80	22.75	21	18	11°51′35″	65.769
30308	40	90	25.25	23	20	12°57′10″	72.703
30309	45	100	27.25	25	22	12°57′10″	81.780
30310	50	110	29.25	27	23	12°57′10″	90.633
30311	55	120	31.5	29	25	12°57′10″	99.146
30312	60	130	33.5	31	26	12°57′10″	107.769
30313	65	140	36	33	28	12°57′10″	116.846
30314	70	150	38	35	30	12°57′10″	125.244
30315	75	160	40	37	31	12°57′10″	134.097
30316	80	170	42.5	39	33	12°57′10″	143.174
30317	85	180	44.5	41	34	12°57′10″	150.433

（续）

轴承型号	d	D	T	B	C	α	E
30318	90	190	46.5	43	36	12°57′10″	159.061
30319	95	200	49.5	45	38	12°57′10″	165.861
30320	100	215	51.5	47	39	12°57′10″	178.578
30321	105	225	53.5	49	41	12°57′10″	186.752
30322	110	240	54.5	50	42	12°57′10″	199.925
30324	120	260	59.5	55	46	12°57′10″	214.892
30326	130	280	63.75	58	49	12°57′10″	232.028
30328	140	300	67.75	62	53	12°57′10″	247.910
30330	150	320	72	65	55	12°57′10″	265.955
30332	160	340	75	68	58	12°57′10″	282.751
30334	170	360	80	72	62	12°57′10″	299.991
30336	180	380	83	75	64	12°57′10″	319.070
30338	190	400	86	78	65	12°57′10″[1]	333.507[1]
30340	200	420	89	80	67	12°57′10″[1]	352.209[1]
30344	220	460	97	88	73	12°57′10″[1]	383.498[1]
30348	240	500	105	95	80	12°57′10″[1]	416.303[1]
30352	260	540	113	102	85	13°29′32″[1]	451.991[1]

[1] 参考尺寸。

表 7-24　13 系列圆锥滚子轴承的尺寸（GB/T 297—2015）

（单位：mm）

轴承型号	d	D	T	B	C	α	E
31305	25	62	18.25	17	13	28°48′39″	44.130
31306	30	72	20.75	19	14	28°48′39″	51.771
31307	35	80	22.75	21	15	28°48′39″	58.861
31308	40	90	25.25	23	17	28°48′39″	66.984
31309	45	100	27.25	25	18	28°48′39″	75.107
31310	50	110	29.25	27	19	28°48′39″	82.747
31311	55	120	31.5	29	21	28°48′39″	89.563
31312	60	130	33.5	31	22	28°48′39″	98.236
31313	65	140	36	33	23	28°48′39″	106.359
31314	70	150	38	35	25	28°48′39″	113.449
31315	75	160	40	37	26	28°48′39″	122.122

（续）

轴承型号	d	D	T	B	C	α	E
31316	80	170	42.5	39	27	28°48′39″	129.213
31317	85	180	44.5	41	28	28°48′39″	137.403
31318	90	190	46.5	43	30	28°48′39″	145.527
31319	95	200	49.5	45	32	28°48′39″	151.584
31320	100	215	56.5	51	35	28°48′39″	162.739
31321	105	225	58	53	36	28°48′39″	170.724
31322	110	240	63	57	38	28°48′39″	182.014
31324	120	260	68	62	42	28°48′39″	197.022
31326	130	280	72	66	44	28°48′39″	211.753
31328	140	300	77	70	47	28°48′39″	227.999
31330	150	320	82	75	50	28°48′39″	244.244

表 7-25　23 系列圆锥滚子轴承的尺寸（GB/T 297—2015）

（单位：mm）

轴承型号	d	D	T	B	C	α	E
32303	17	47	20.25	19	16	10°45′29″	36.090
32304	20	52	22.25	21	18	11°18′36″	39.518
32305	25	62	25.25	24	20	11°18′36″	48.637
32306	30	72	28.75	27	23	11°51′35″	55.767
32307	35	80	32.75	31	25	11°51′35″	62.829
32308	40	90	35.25	33	27	12°57′10″	69.253
32309	45	100	38.25	36	30	12°57′10″	78.330
32310	50	110	42.25	40	33	12°57′10″	86.263
32311	55	120	45.5	43	35	12°57′10″	94.316
32312	60	130	48.5	46	37	12°57′10″	102.939
32313	65	140	51	48	39	12°57′10″	111.786
32314	70	150	54	51	42	12°57′10″	119.724
32315	75	160	58	55	45	12°57′10″	127.887
32316	80	170	61.5	58	48	12°57′10″	136.504
32317	85	180	63.5	60	49	12°57′10″	144.223
32318	90	190	67.5	64	53	12°57′10″	151.701
32319	95	200	71.5	67	55	12°57′10″	160.318

（续）

轴承型号	d	D	T	B	C	α	E
32320	100	215	77.5	73	60	12°57′10″	171.650
32321	105	225	81.5	77	63	12°57′10″	179.359
32322	110	240	84.5	80	65	12°57′10″	192.071
32324	120	260	90.5	86	69	12°57′10″	207.039
32326	130	280	98.75	93	78	12°57′10″	223.692
32328	140	300	107.75	102	85	13°08′03″	240.000
32330	150	320	114	108	90	13°08′03″	256.671
32332	160	340	121	114	95	—	—
32334	170	360	127	120	100	13°29′32″[①]	286.222[①]
32336	180	380	134	126	106	13°29′32″[①]	303.693[①]
32338	190	400	140	132	109	13°29′32″[①]	321.711[①]
32340	200	420	146	138	115	13°29′32″[①]	335.821[①]
32344	220	460	154	145	122	12°57′10″[①]	368.132[①]
32348	240	500	165	155	132	12°57′10″[①]	401.268[①]

① 参考尺寸。

7.2　传动带

7.2.1　普通 V 带和窄 V 带

V 带的截面如图 7-4 所示，其尺寸见表 7-26。

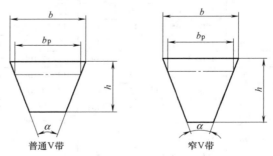

普通V带　　　　　窄V带

图 7-4　V 带的截面

表 7-26 V 带的截面尺寸 （GB/T 11544—2012）

型号	节宽 b_p/mm	顶宽 b/mm	高度 h/mm	楔角 α/(°)
Y	5.3	6	4	40
Z	8.5	10	6	40
A	11.0	13	8	40
B	14.0	17	11	40
C	19.0	22	14	40
D	27.0	32	19	40
E	32.0	38	23	40
SPZ	8.5	10	8	40
SPA	11.0	13	10	40
SPB	14.0	17	14	40
SPC	19.0	22	18	40

7.2.2 机用带扣

机用带扣如图 7-5 所示，其尺寸见表 7-27。

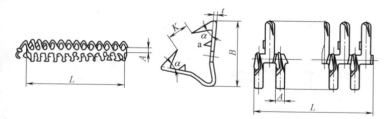

图 7-5 机用带扣

注：1. 15 号机用带扣无 a 齿。

2. 大齿角度 α 为 74°±2°。

表 7-27 机用带扣的尺寸 （QB/T 2291—1997）

号数	长度 L/mm	厚度 t/mm	齿宽 B/mm	筋宽 A/mm	齿尖距 K/mm	每支齿数	每盒支数	适用传动带厚度/mm
15	190	1.10	15	2.30	5.0	34	16	3～4
20	290	1.20	20	2.60	6.0	45	10	4～5
25	290	1.30	22	3.30	7.0	36	16	5～6
27	290	1.30	25	3.30	8.0	36	16	5～6

（续）

号数	长度 L/mm	厚度 t/mm	齿宽 B/mm	筋宽 A/mm	齿尖距 K/mm	每支齿数	每盒支数	适用传动带厚度/mm
35	290	1.50	30	3.90	9.0	30	8	7~8
45	290	1.80	34	5.00	10.0	24	8	8~9.5
55	290	2.30	40	6.70	12.0	18	8	9.5~11
65	290	2.50	47	6.90	14.0	18	8	11~12.5
75	290	3.00	60	8.50	18.0	14	8	12.5~16

7.2.3　带连接用螺栓

带连接用螺栓如图7-6所示，其尺寸见表7-28。

表7-28　带连接用螺栓的尺寸　（单位：mm）

螺栓	直径	5	6	8	10
	长度	20	25	32	42
适用平带	宽度	20~40	40~100	100~125	125~300
	厚度	3~4	4~6	5~7	7~13

7.2.4　活络 V 带

活络 V 带如图7-7所示，其尺寸见表7-29。

图7-6　带连接用螺栓

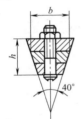

图7-7　活络 V 带

表7-29　活络 V 带的尺寸

活络 V 带类型		A	B	C	D	E
截面尺寸/mm	宽度 b	12.7	16.5	22	32	38
	高度 h	11	11	15	23	27
截面组成片数		3	3	4	5	6
整根扯断力/kN≥		1.57	2.06	4.22	7.85	9.81
每米节数		40	32	32	30	30
每盘 V 带长度/m		30	30	30	15	15

7.2.5 平带

平带如图 7-8 所示,其尺寸见表 7-30。

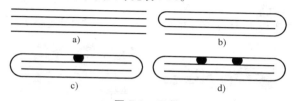

图 7-8　平带

a)切边式　b)包边式(边部封口)　c)包边式

(中部封口)　d)包边式(双封口)

表 7-30　平带的尺寸

规格①		190/40	190/60	240/40	240/60	290/40	290/60	340/40	340/60	385/60	425/60	450/40	500/40	560/40
拉伸强度/(kN/m)≥	纵向	190	190	240	240	290	290	340	340	385	425	450	500	560
	横向	75	110	95	140	115	175	130	200	225	250	180	200	225
织物材料黏合类型		通用橡胶材料用"R"表示,氯丁胶材料用"C"表示,塑料材料用"P"表示												
伸长率		对平带进行纵向拉伸试验时,在与拉伸强度规格对应的拉力下,伸长率应≤20%												
平带宽度系列/mm		16、20、25、32、40、50、63、71、80、90、100、112、125、140、160、180、200、224、250、280、315、355、400、450、500												
有端平带最小长度		平带宽度 b≤90mm,长度≥8m;90<b≤250mm,长度≥15m;b>250mm,长度≥20m												
环形平带内周长度系列/mm		500、530*、560、600*、630、670*、710、750*、800、850*、900、950*、1000、1060*、1120、1180*、1250、1320*、1400、1500*、1600、1700*、1800、1900*、2000、2240、2500、2800、3150、3550、4000、4500、5000(不带"*"长度为优选系列,带"*"长度为第二系列)												

注:有端平带规格以拉伸强度规格、织物材料粘合类型代号和宽度表示。

例:340/40R160。环形平带还应增加内周长度(单位为"m",不标出)190/40 P 50-20。

① 分数形式的拉伸强度规格的分子为纵向强度,分母为横向强度与纵向强度比(%)。规格为 450~560kN/m 的横向强度与纵向强度比只有 40% 一种。

7.3 传动链

7.3.1 滚子链

短节距传动用精密滚子链如图 7-9 所示，其尺寸见表 7-31。

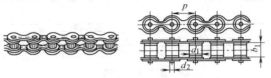

图 7-9 短节距传动用精密滚子链

表 7-31 短节距传动用精密滚子链的尺寸

ISO 链号	主要尺寸/mm				抗拉载荷/kN≥		
	节距 p	滚子直径 $d_1 \leqslant$	内链节内宽 $b_1 \geqslant$	销轴直径 $d_2 \leqslant$	单排	双排	三排
05B	8	5	3	2.31	4.4	7.8	11.1
06B	9.525	6.35	5.72	3.28	8.9	16.9	24.9
08A	12.7	7.92	7.85	3.98	13.8	27.6	41.4
08B	12.7	8.51	7.75	4.45	17.8	31.1	44.5
081	12.7	7.75	3.3	3.66	8	—	—
083	12.7	7.75	4.88	4.09	11.6	—	—
084	12.7	7.75	4.88	4.09	15.6	—	—
085	12.7	7.77	6.25	3.58	6.7	—	—
10A	15.875	10.16	9.4	5.09	21.8	43.6	65.4
10B	15.875	10.16	9.65	5.08	22.2	44.5	66.7
12A	19.05	11.91	12.57	5.96	31.1	62.3	93.4
12B	19.05	12.07	11.68	5.72	28.9	57.8	86.7
16A	25.4	15.88	15.75	7.94	55.6	111.2	166.8
16B	25.4	15.88	17.02	8.28	60	106	160
20A	31.75	19.05	18.9	9.54	86.7	173.5	260.2
20B	31.75	19.05	19.56	10.19	95	170	250
24A	38.1	22.23	25.22	11.11	124.6	249.1	373.7
24B	38.1	25.4	25.4	14.63	160	280	425
28A	44.45	25.4	25.22	12.71	169	338.1	507.1
28B	44.45	27.94	30.99	15.9	200	360	530
32A	50.8	28.58	31.55	14.9	222.4	444.8	667.2

（续）

ISO 链号	主要尺寸/mm				抗拉载荷/kN ≥		
	节距 p	滚子直径 $d_1 \leqslant$	内链节内宽 $b_1 \geqslant$	销轴直径 $d_2 \leqslant$	单排	双排	三排
32B	50.8	29.21	30.99	17.81	250	450	670
36A	57.15	35.71	35.48	17.46	280.2	560.5	840.7
40A	63.5	39.68	37.85	19.85	347	683.9	1040.9
40B	63.5	39.37	38.1	22.89	355	630	950
48A	76.2	47.63	47.35	23.81	500.4	1000.8	1501.3
48B	76.2	48.26	45.72	29.24	560	1000	1500
56B	88.9	53.98	53.34	34.32	850	1600	2240
64B	101.6	69.5	60.96	39.4	1120	2000	3000
72B	114.3	72.39	68.58	44.8	1400	2500	3750

7.3.2 方框链

方框链如图 7-10 所示，其尺寸见表 7-32。

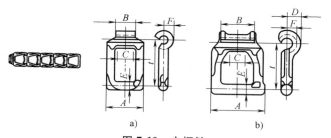

图 7-10 方框链

a）标准型 b）加强型

表 7-32 方框链的尺寸

链号	节距 t/mm	每 10m 的近似数量/个	尺寸/mm					
			A	B	C	D	E	F
25	22.911	436	19.84	10.32	9.53	—	3.57	5.16
32	29.312	314	24.61	14.68	12.70	—	4.37	6.35
33	35.408	282	26.19	15.48	12.70	—	4.37	6.35
34	35.509	282	29.37	17.46	12.70	—	4.76	6.75
42	34.925	289	32.54	19.05	15.88	—	5.56	7.14

（续）

链号	节距 t/mm	每10m的近似数量/个	尺寸/mm					
			A	B	C	D	E	F
45	41.402	243	33.34	19.84	17.46	—	5.56	7.54
50	35.052	285	34.13	19.05	15.88	—	6.75	7.94
51	29.337	314	31.75	16.67	14.29	—	6.75	9.13
52	38.252	262	38.89	20.64	15.88	—	6.75	8.73
55	41.427	243	35.72	19.84	17.46	—	6.75	9.13
57	58.623	171	46.04	27.78	17.46	—	6.75	10.32
62	42.012	239	42.07	24.61	20.64	—	7.94	10.72
66	51.130	197	46.04	27.78	23.81	—	7.94	10.72
67	58.623	171	51.59	34.93	17.46	13.49	7.94	10.32
75	66.269	151	53.18	25.58	23.81	—	9.92	12.30
77	58.344	171	56.36	36.51	17.46	15.48	9.53	9.13

第8章 密封及润滑件

8.1 密封圈

8.1.1 液压气动用 O 形橡胶密封圈

液压气动用 O 形橡胶密封圈如图 8-1 所示，其尺寸标识代号见表 8-1。

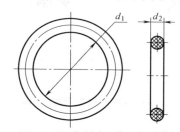

图 8-1 液压气动用 O 形橡胶密封圈

表 8-1 液压气动用 O 形圈尺寸标识代号 （GB/T 3452.1—2005）

内径 d_1/mm	截面直径 d_2/mm	系列代号 （G 或 A）	等级代号 （N 或 S）	O 形圈尺寸标识代号
7.5	1.8	G	S	O 形圈 7.5 × 1.8-G-S-GB/T 3452.1—2005
32.5	2.65	A	N	O 形圈 32.5 × 2.65-A-N-GB/T 3452.1—2005
167.5	3.55	A	S	O 形圈 167.5 × 3.55-A-S-GB/T 3452.1—2005
268	5.3	G	N	O 形圈 268 × 5.3-G-N-GB/T 3452.1—2005
515	7	G	N	O 形圈 515 × 7-G-N-GB/T 3452.1—2005

8.1.2　V_D 形橡胶密封圈

V_D 形橡胶密封圈如图 8-2 所示，其尺寸见表 8-2 和表 8-3。

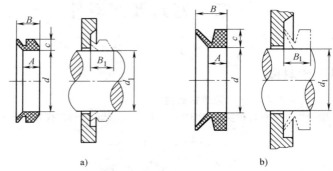

a)　　　　　　　　　　　　b)

图 8-2　V_D 形橡胶密封圈

a）S 型　b）A 型

表 8-2　S 型 V_D 形橡胶密封圈的尺寸（JB/T 6994—2007）

（单位：mm）

密封圈代号	公称轴径	轴径 d_1	d	c	A	B	安装宽度 B_1
V_D 5S	5	4.5～5.5	4	2	3.9	5.2	4.5±0.4
V_D 6S	6	5.5～6.5	5				
V_D 7S	7	6.5～8.0	6				
V_D 8S	8	8.0～9.5	7				
V_D 10S	10	9.5～11.5	9	3	5.6	7.7	6.7±0.6
V_D 12S	12	11.5～13.5	10.5				
V_D 14S	14	13.5～15.5	12.5				
V_D 16S	16	15.5～17.5	14				
V_D 18S	18	17.5～19	16				
V_D 20S	20	19～21	18	4	7.9	10.5	9.0±0.8
V_D 22S	22	21～24	20				
V_D 25S	25	24～27	22				
V_D 28S	28	27～29	25				
V_D 30S	30	29～31	27				
V_D 32S	32	31～33	29				

（续）

密封圈 代号	公称 轴径	轴径 d_1	d	c	A	B	安装宽度 B_1
V_D36S	36	33～36	31	4	7.9	10.5	9.0±0.8
V_D38S	38	36～38	34				
V_D40S	40	38～43	36	5	9.5	13.0	11.0±1.0
V_D45S	45	43～48	40				
V_D50S	50	48～53	45				
V_D56S	56	53～58	49				
V_D60S	60	58～63	54				
V_D63S	63	63～68	58				
V_D71S	71	68～73	63	6	11.3	15.5	13.5±1.2
V_D75S	75	73～78	67				
V_D80S	80	78～83	72				
V_D85S	85	83～88	76				
V_D90S	90	88～93	81				
V_D95S	95	93～98	85				
V_D100S	100	98～105	90				
V_D110S	110	105～115	99	7	13.1	18.0	15.5±1.5
V_D120S	120	115～125	108				
V_D130S	130	125～135	117				
V_D140S	140	135～145	126				
V_D150S	150	145～155	135				
V_D160S	160	155～165	144	8	15.0	20.5	18.0±1.8
V_D170S	170	165～175	153				
V_D180S	180	175～185	162				
V_D190S	190	185～195	171				
V_D200S	200	195～210	180				

表 8-3　A 型 V_D 形橡胶密封圈的尺寸（JB/T 6994—2007）

（单位：mm）

密封圈 代号	公称 轴径	轴径 d_1	d	c	A	B	安装宽度 B_1
V_D3A	3	2.7～3.5	2.5	1.5	2.1	3.0	2.5±0.3
V_D4A	4	3.5～4.5	3.2	2	2.4	3.7	3.0±0.4
V_D5A	5	4.5～5.5	4				

（续）

密封圈代号	公称轴径	轴径 d_1	d	c	A	B	安装宽度 B_1
V_D6A	6	5.5~6.5	5				
V_D7A	7	6.5~8.0	6	2	2.4	3.7	3.0±0.4
V_D8A	8	8.0~9.5	7				
V_D10A	10	9.5~11.5	9				
V_D12A	12	11.5~12.5	10.5				
V_D13A	13	12.5~13.5	11.7	3	3.4	5.5	4.5±0.6
V_D14A	14	13.5~15.5	12.5				
V_D16A	16	15.5~17.5	14				
V_D18A	18	17.5~19	16				
V_D20A	20	19~21	18				
V_D22A	22	21~24	20				
V_D25A	25	24~27	22				
V_D28A	28	27~29	25				
V_D30A	30	29~31	27	4	4.7	7.5	6.0±0.8
V_D32A	32	31~33	29				
V_D36A	36	33~36	31				
V_D38A	38	36~38	34				
V_D40A	40	38~43	36				
V_D45A	45	43~48	40				
V_D50A	50	48~53	45				
V_D56A	56	53~58	49	5	5.5	9.0	7.0±1.0
V_D60A	60	58~63	54				
V_D63A	63	63~68	58				
V_D71A	71	68~73	63				
V_D75A	75	73~78	67				
V_D80A	80	78~83	72				
V_D85A	85	83~88	76	6	6.8	11.0	9.0±1.2
V_D90A	90	88~93	81				
V_D95A	95	93~98	85				
V_D100A	100	98~105	90				
V_D110A	110	105~115	99	7	7.9	12.8	10.5±1.5
V_D120A	120	115~125	108				

（续）

密封圈 代号	公称 轴径	轴径 d_1	d	c	A	B	安装宽度 B_1
V_D130A	130	125～135	117				
V_D140A	140	135～145	126	7	7.9	12.8	10.5±1.5
V_D150A	150	145～155	135				
V_D160A	160	155～165	144				
V_D170A	170	165～175	153				
V_D180A	180	175～185	162	8	9.0	14.5	12.0±1.8
V_D190A	190	185～195	171				
V_D200A	200	195～210	180				
V_D224A	224	210～235	198				
V_D250A	250	235～265	225				
V_D280A	280	265～290	247				
V_D300A	300	290～310	270				
V_D320A	320	310～335	292				
V_D355A	355	335～365	315				
V_D375A	375	365～390	337				
V_D400A	400	390～430	360				
V_D450A	450	430～480	405				
V_D500A	500	480～530	450				
V_D560A	560	530～580	495				
V_D600A	600	580～630	540				
V_D630A	630	630～665	600	15	14.3	25	20.0±4.0
V_D670A	670	665～705	630				
V_D710A	710	705～745	670				
V_D750A	750	745～785	705				
V_D800A	800	785～830	745				
V_D850A	850	830～875	785				
V_D900A	900	875～920	825				
V_D950A	950	920～965	865				
V_D1000A	1000	965～1015	910				
V_D1060A	1060	1015～1065	955				
V_D1100A	（1100）	1065～1115	1000				
V_D1120A	1120	1115～1165	1045				
V_D1200A	（1200）	1165～1215	1090				
V_D1250A	1250	1215～1270	1135				

（续）

密封圈代号	公称轴径	轴径 d_1	d	c	A	B	安装宽度 B_1
V_D1320A	1320	1270~1320	1180				
V_D1350A	(1350)	1320~1370	1225				
V_D1400A	1400	1370~1420	1270				
V_D1450A	(1450)	1420~1470	1315				
V_D1500A	1500	1470~1520	1360				
V_D1550A	(1550)	1520~1570	1405				
V_D1600A	1600	1570~1620	1450				
V_D1650A	(1650)	1620~1670	1495	15	14.3	25	20.0±4.0
V_D1700A	1700	1670~1720	1540				
V_D1750A	(1750)	1720~1770	1585				
V_D1800A	1800	1770~1820	1630				
V_D1850A	(1850)	1820~1870	1675				
V_D1900A	1900	1870~1920	1720				
V_D1950A	(1950)	1920~1970	1765				
V_D2000A	2000	1970~2020	1810				

注：带括号的尺寸为非标准尺寸，尽量不采用。

8.1.3　往复运动用密封圈

往复运动用密封圈如图 8-3 所示，其尺寸见表 8-4～表 8-9。

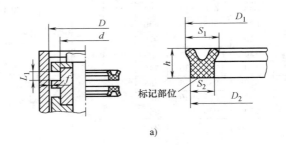

a)

图 8-3　往复运动用密封圈

a）活塞 L_1 密封沟槽的密封结构及 Y 形圈

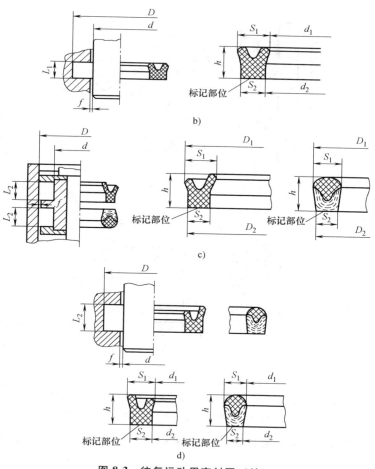

图 8-3　往复运动用密封圈（续）

b）活塞杆 L_1 密封沟槽的密封结构及 Y 形圈

c）活塞 L_2 密封沟槽的密封结构及 Y 形圈、蕾形圈

d）活塞杆 L_2 密封沟槽的密封结构及 Y 形圈、蕾形圈

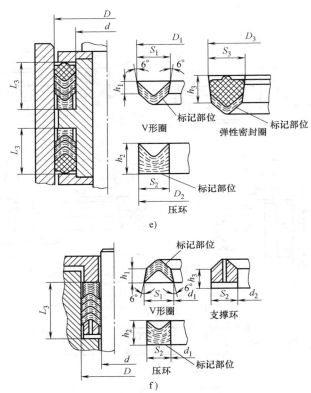

e)

f)

图 8-3　往复运动用密封圈（续）

e）活塞 L_3 密封沟槽的密封结构及 V 形圈、压环和弹性圈

f）活塞杆 L_3 密封沟槽的密封结构及 V 形圈、压环和支撑环

表 8-4　活塞 L_1 密封沟槽用 Y 形圈的尺寸（GB/T 10708.1—2000）

（单位：mm）

D	d	L_1	外径		宽度		高度
			D_1	D_2	S_1	S_2	h
12	4	5	13	11.5	5	3.5	4.4
16	8		17	15.5			

（续）

D	d	L_1	外径		宽度		高度
			D_1	D_2	S_1	S_2	h
20	12	5	21.1	19.4	5	3.5	4.4
25	17		26.1	24.4			
32	24		33.1	31.4			
40	32		41.1	39.4			
20	10	6.3	21.2	19.4	6.2	4.4	5.6
25	15		26.2	24.4			
32	22		33.2	31.4			
40	30		41.2	39.4			
50	40		51.2	49.4			
56	46		57.5	55.4			
63	53		64.2	62.4			
50	35	9.5	51.5	49.2	9	6.7	8.5
56	41		57.5	55.2			
63	48		64.5	62.2			
70	65		71.5	69.2			
80	65		81.5	79.2			
90	75		91.5	89.2			
100	85		101.5	99.2			
110	95		111.5	109.2			
70	50	12.5	71.8	69	11.8	9	11.3
80	60		81.8	79			
90	70		91.8	89			
100	80		101.8	99			
110	90		111.8	109			
125	105		126.8	124			
140	120		141.8	139			
160	140		161.8	159			
180	160		181.8	179			
125	100	16	127.2	123.8	14.7	11.3	14.8
140	115		142.2	138.8			
160	135		162.2	158.8			
180	155		182.2	178.8			

（续）

D	d	L_1	外径		宽度		高度
			D_1	D_2	S_1	S_2	h
200	175	16	202. 2	198. 8	14. 7	11. 3	14. 8
220	195		222. 2	218. 8			
250	225		252. 2	248. 8			
200	170	20	202. 8	198. 5	17. 8	13. 5	18. 5
220	190		222. 8	218. 5			
250	220		252. 8	248. 5			
280	250		282. 8	278. 5			
320	290		322. 8	318. 5			
360	330		362. 8	358. 5			
400	360	25	403. 5	398	23. 3	18	23
450	410		453. 5	448			
500	460		503. 5	498			

表 8-5　活塞杆 L_1 密封沟槽用 Y 形圈的尺寸

（GB/T 10708. 1—2000）　　　（单位：mm）

d	D	L_1	外径		宽度		高度
			d_1	d_2	S_1	S_2	h
6	14	5	5	6. 5	5	3. 5	4. 6
8	16		7	8. 5			
10	18		9	10. 5			
12	20		11	12. 5			
14	22		13	14. 5			
16	24		15	16. 5			
18	26		17	18. 5			
20	28		19	20. 5			
22	30		21	22. 5			
25	33		24	25. 5			
28	38	6. 3	26. 8	28. 6	6. 2	4. 4	5. 6
32	42		30. 8	32. 6			
36	46		31. 8	36. 6			
40	50		38. 8	40. 6			
45	55		43. 8	45. 6			

（续）

d	D	L_1	外径		宽度		高度
			d_1	d_2	S_1	S_2	h
50	60	6.3	48.8	50.6	6.2	4.4	5.6
56	71		54.5	56.8			
63	78		61.5	63.8			
70	85	9.5	68.5	70.8	9	6.7	8.5
80	95		78.5	80.8			
90	105		88.5	90.8			
100	120		98.2	101			
110	130	12.5	108.2	111	11.8	9	11.3
125	145		123.2	126			
140	160		138.2	141			
160	185		157.8	161.2			
180	205	16	177.8	181.2	14.7	11.3	14.8
200	225		197.8	201.2			
220	250		217.2	221.5			
250	280	20	247.2	251.5	17.8	13.5	18.5
280	310		277.2	281.5			
320	360	25	316.7	322	23.3	18	23
360	400		356.7	362			

表 8-6　活塞 L_2 密封沟槽用 Y 形圈及蕾形圈的尺寸

（GB/T 10708.1—2000）　　（单位：mm）

D	d	L_2	Y 形圈					蕾形圈				
			外径		宽度		高度	外径		宽度		高度
			D_1	D_2	S_1	S_2	h	D_1	D_2	S_1	S_2	h
12	4		13	11.5				12.7	11.5			
16	8		17	15.5				16.7	15.5			
20	12	6.3	21	19.5	5	3.5	5.8	20.7	19.5	4.7	3.5	5.6
25	17		26	24.5				25.7	24.5			
32	24		33	31.5				32.7	31.5			
40	32		44	39.5				40.7	39.5			
20	10	8	21.2	19.4	6.2	4.4	7.3	20.8	19.4	5.8	4.4	7
25	15		26.2	24.4				25.8	24.4			

（续）

D	d	L_2	Y形圈					蕾形圈				
			外径		宽度		高度	外径		宽度		高度
			D_1	D_2	S_1	S_2	h	D_1	D_2	S_1	S_2	h
32	22	8	33.2	31.4	6.2	4.4	7.3	32.8	31.4	5.8	4.4	7
46	30		41.2	39.4				40.8	39.4			
50	40		51.2	49.4				50.8	49.4			
56	46		57.2	55.4				56.8	55.4			
63	53		64.2	62.4				63.8	62.4			
50	35	12.5	51.5	49.2	9	6.7	11.5	51	49.1	8.5	6.6	11.3
56	44		57.5	55.2				57	55.1			
63	48		64.5	62.2				64	62.1			
70	55		71.5	69.2				71	69.1			
80	65		81.5	79.2				81	79.1			
90	75		91.5	89.2				91	89.1			
100	85		101.5	99.2				101	99.1			
110	95		111.5	109.2				111	109.4			
70	50	16	71.8	69	11.8	9	15	71.2	68.6	11.2	8.6	14.5
80	60		81.8	79				81.2	78.6			
90	70		91.8	89				91.2	88.6			
100	80		101.8	99				101.2	98.6			
110	90		111.8	109				111.2	108.6			
125	105		126.8	124				126.2	123.6			
140	120		141.8	139				141.2	138.6			
160	140		161.8	159				161.2	158.6			
180	160		181.8	179				181.2	178.6			
125	100	20	127.2	123.8	14.7	11.3	18.5	126.3	123.2	13.8	10.7	18
140	115		142.2	138.8				141.3	138.2			
160	135		162.2	158.8				161.3	158.2			
180	155		182.2	178.8				181.3	178.2			
200	175		202.2	198.8				201.3	198.2			
220	195		222.2	218.8				221.3	218.2			
250	225		252.2	248.8				251.3	248.2			
200	170	25	202.8	198.5	17.8	13.5	23	201.4	198	16.4	12.7	22.5
220	190		222.8	218.5				221.4	218			
250	220		252.8	248.5				251.4	248			

（续）

D	d	L_2	Y 形圈					蕾形圈				
			外径		宽度		高度	外径		宽度		高度
			D_1	D_2	S_1	S_2	h	D_1	D_2	S_1	S_2	h
280	250		282.8	278.5				281.4	278			
320	290	25	322.8	318.5	17.8	13.5	23	321.4	318	16.4	12.7	22.5
360	330		362.8	358.5				361.4	358			
400	360		403.3	398				401.8	397			
450	410	32	453.3	448	23.3	18	29	451.8	447	21.8	17	28.5
500	460		503.3	498				501.8	497			

表 8-7　活塞杆 L_2 密封沟槽用 Y 形圈、蕾形圈的尺寸

（GB/T 10708.1—2000）　　（单位：mm）

d	D	L_2	Y 形圈					蕾形圈				
			内径		宽度		高度	内径		宽度		高度
			d_1	d_2	S_1	S_2	h	d_1	d_2	S_1	S_2	h
6	14		5	6.5				5.3	6.5			
8	16		7	8.5				7.3	8.5			
10	18		9	10.5				9.3	10.5			
12	20		11	12.5				11.3	12.5			
14	22	6.3	13	14.5	3.5	5.8		13.3	14.5	4.7	3.5	5.5
16	24		15	16.5				15.3	16.5			
18	26		17	18.5				17.3	18.5			
20	28		19	20.5				19.3	20.5			
22	30		21	22.5				21.3	22.5			
25	33		24	25.5				24.3	25.5			
10	20		8.8	10.6				9.2	10.6			
12	22		10.8	12.6	6.2			11.2	12.6			
14	24		12.8	14.6				13.2	14.6			
16	26		14.8	16.6				15.2	16.6			
18	28		16.8	18.6				17.2	18.6			
20	30		18.8	20.6				19.2	20.6			
22	32	8	20.8	22.6	4.4	7.3		21.2	22.6	5.8	4.4	7
25	35		23.8	25.6				24.2	25.6			
28	38		26.8	28.6				27.2	28.6			
32	42		30.8	32.6				31.2	32.6			
36	46		34.8	36.6				35.2	36.6			
40	50		38.8	40.6				39.2	40.6			

（续）

d	D	L_2	Y 形圈					蕾形圈				
			内径		宽度		高度	内径		宽度		高度
			d_1	d_2	S_1	S_2	h	d_1	d_2	S_1	S_2	h
45	55	8	43.8	45.6	6.2	4.4	7.3	44.2	45.6	5.8	4.4	7
50	60		48.8	50.6				49.2	50.6			
28	43	12.5	26.5	28.8	9	6.7	11.5	27	28.9	8.5	6.6	11.3
32	47		30.5	32.8				31	32.9			
36	51		34.5	36.8				35	36.9			
40	55		38.5	40.8				39	40.9			
45	60		43.5	45.8				44	45.9			
50	65		48.5	50.8				49	50.9			
56	71		54.5	56.8				55	56.9			
63	78		61.5	63.8				62	63.9			
70	85		68.5	70.8				69	70.9			
80	95		78.5	80.8				79	80.9			
90	105		88.5	90.8				89	90.9			
56	76	16	54.2	57	11.8	9	15	54.8	57.4	11.2	8.6	14.5
63	83		61.2	64				61.8	64.4			
70	90		68.2	71				68.8	71.4			
80	100		78.2	81				78.8	81.4			
90	110		88.2	91				88.8	91.4			
100	120		98.2	101				98.8	101.4			
110	130		108.2	111				108.8	111.4			
125	145		123.2	126				123.8	126.4			
140	160		138.2	141				138.8	141.4			
100	125	20	97.8	101.2	14.7	11.3	18.5	98.7	101.8	13.8	10.7	18
110	135		107.8	111.2				108.7	111.8			
125	150		122.8	126.2				123.7	126.8			
140	165		137.8	141.2				138.7	141.8			
160	185		157.8	161.2				158.7	161.8			
180	205		177.8	181.2				178.7	181.8			
200	225		197.8	201.2				198.7	201.8			
160	190	25	157.2	161.5	18.5	13.5	23	158.6	162	16.4	13	22.5
180	210		177.2	181.5				178.6	182			

（续）

d	D	L₂	Y 形圈					蓄形圈				
			内径		宽度		高度	内径		宽度		高度
			d_1	d_2	S_1	S_2	h	d_1	d_2	S_1	S_2	h
200	230	25	197.2	201.5	18.5	13.5	23	198.6	202	16.4	13	22.5
220	250		217.2	221.5				218.6	222			
250	280		247.2	251.5				248.6	252			
280	310		277.2	281.5				278.6	282			
320	360	32	317.7	322	23.3	18	29	318.2	323	21.8	17	28.5
360	400		357.7	362				358.2	363			

表 8-8　活塞 L_3 密封沟槽用 V 形圈、压环和弹性圈的尺寸

（GB/T 10708.1—2000）　　（单位：mm）

D	d	L_3	外径			宽度			高度		
			D_1	D_2	D_3	S_1	S_2	S_3	h_1	h_2	h_3
20	10	16	20.6	19.7	20.8	5.6	4.7	5.8	3	6	6.5
25	15		25.6	24.7	25.8						
32	22		32.6	31.7	32.8						
40	30		40.6	39.7	40.8						
50	40		50.6	49.7	50.8						
56	46		56.6	55.7	56.8						
63	53		63.6	62.7	63.8						
50	35	25	50.7	49.5	51.1	8.2	7	8.6	4.5	7.5	8
56	41		56.7	55.5	57.1						
63	48		63.7	62.5	64.1						
70	55		70.7	69.5	71.1						
80	65		80.7	79.5	81.1						
90	75		90.7	89.5	91.1						
100	85		100.7	99.5	101.1						
110	95		110.7	109.5	111.1						
70	50	32	70.8	69.4	71.3	10.8	9.4	11.3	5	10	11
80	60		80.8	79.4	81.3						
90	70		90.8	89.4	91.3						
100	80		100.8	99.4	101.3						
110	90		110.8	109.4	111.3						

（续）

D	d	L₃	外径			宽度			高度		
			D_1	D_2	D_3	S_1	S_2	S_3	h_1	h_2	h_3
125	105		125.8	124.4	126.3						
140	120	32	140.8	139.4	141.3	10.8	9.4	11.3	5	10	11
160	140		160.8	159.4	161.3						
180	160		180.8	179.4	181.3						
125	100		126	124.4	126.6						
140	115		141	139.4	141.6						
160	135		161	169.4	161.6						
180	155	40	181	179.4	181.6	13.5	11.9	14.1	6	12	15
200	175		201	199.4	201.6						
220	195		221	219.4	221.6						
250	225		251	249.4	251.6						
200	170		201.3	199.2	201.9						
220	190		221.3	219.2	221.9						
250	220		251.3	249.2	251.9						
280	250	50	281.3	279.2	281.9	16.3	14.2	16.8	6.5	12	17.5
320	290		321.3	319.2	321.9						
360	330		361.3	359.2	361.9						
400	360		401.6	399	402.1						
450	410	63	451.6	449	452.1	21.6	19	22.1	7	14	26.5
500	490		501.6	499	502.1						

表 8-9　活塞杆 L_3 密封沟槽用 V 形圈、压环和支撑环的尺寸

（GB/T 10708.1—2000）　　　（单位：mm）

d	D	L₃	外径		宽度		高度		
			d_1	d_2	S_1	S_2	h_1	h_2	h_3
6	14		5.5	6.3					
8	16		7.5	8.3					
10	18	14.5	9.5	10.3	4.5	3.7	2.5	6	3
12	20		11.5	12.3					
14	22		13.5	14.3					
16	24		15.5	16.3					

（续）

d	D	L_3	外径		宽度		高度		
			d_1	d_2	S_1	S_2	h_1	h_2	h_3
18	26	14.5	17.5	18.3	4.5	3.7	2.5	6	
20	28		19.5	20.3					
22	30		21.5	22.3					
25	33		24.5	25.3					
10	20	16	9.4	10.3	5.6	4.7	3	6.5	3
12	22		11.4	12.3					
14	24		13.4	14.3					
16	26		15.4	16.3					
18	28		17.4	18.3					
20	30		19.4	20.3					
22	32		21.4	22.3					
25	35		24.4	25.3					
28	38		27.4	28.3					
32	42		31.4	32.3					
36	46		35.4	36.3					
40	50		39.4	40.3					
45	55		44.4	45.3					
50	60		49.4	50.3					
28	43	25	27.3	28.5	8.2	7	4.5	8	
32	47		31.3	32.5					
36	51		35.3	36.5					
40	55		39.3	40.5					
45	60		44.3	45.5					
50	65		49.3	50.5					
56	71		55.3	56.6					
63	78		62.3	63.6					
70	85		69.3	70.5					
80	95		79.3	80.5					
90	105		89.3	90.5					
56	76	32	55.2	56.6	10.8	9.4	6	10	
63	83		62.2	63.6					
70	90		69.2	70.6					

（续）

d	D	L_3	外径		宽度		高度		
			d_1	d_2	S_1	S_2	h_1	h_2	h_3
80	100	32	79.2	80.6	10.8	9.4	6	10	3
90	110		89.2	90.6					
100	120		99.2	100.6					
110	130		109.2	110.6					
125	145		124.2	125.6					
140	160		139.2	140.6					
100	125	40	99	100.6	13.5	11.9		12	
110	135		109	110.6					
125	150		124	125.6					
140	165		139	140.6					
160	185		159	160.6					
180	205		179	180.6					
200	225		199	200.6					
160	190	50	158.8	160.8	16.2	14.2	6.5	14	
180	210		178.8	180.8					
200	230		198.8	200.8					
220	250		218.8	220.8					
250	280		248.8	250.8					
280	310		278.8	280.8					
320	360	63	318.4	321	21.6	19	7	15.5	4
360	400		358.4	361					

8.2　油枪和油杯

8.2.1　压杆式油枪

压杆式油枪如图 8-4 所示，其尺寸见表 8-10。

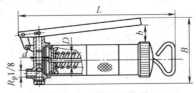

图 8-4　压杆式油枪

表 8-10　压杆式油枪的尺寸（JB/T 7942.1—1995）

储油量/ cm³	公称压力/ MPa	出油量/ cm³	尺寸/mm				
			D	L	B	b	d
100	16	0.6	35	255	90	30	8
200		0.7	42	310	96		
400		0.8	53	385	125		9

注：表中 D、L、B、d 为推荐尺寸。

8.2.2　手推式油枪

手推式油枪如图 8-5 所示，其尺寸见表 8-11。

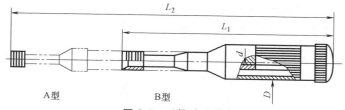

图 8-5　手推式油枪

表 8-11　手推式油枪的尺寸（JB/T 7942.2—1995）

储油量/ cm³	公称压力/ MPa	出油量/ cm³	尺寸/mm			
			D	L_1	L_2	d
50	6.3	0.3	33	230	330	5
100		0.5				6

注：公称压力指压注润滑脂的给定压力。

8.2.3　直通式压注油杯

直通式压注油杯如图 8-6 所示，其尺寸见表 8-12。

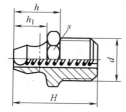

图 8-6　直通式压注油杯

表 8-12　直通式压注油杯的尺寸（JB/T 7940.1—1995）

（单位：mm）

d	H	h	h_1	s	钢球的公称直径
M6	13	8	6	8	
M8×1	16	9	6.5	10	3
M10×1	18	10	7	11	

8.2.4　接头式压注油杯

接头式压注油杯如图 8-7 所示，其尺寸见表 8-13。

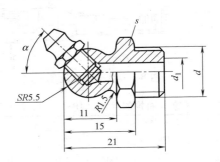

图 8-7　接头式压注油杯

表 8-13　接头式压注油杯的尺寸（JB/T 7940.1—1995）

（单位：mm）

d	d_1	α	s	直通式压注油杯
M6	3			
M8×1	4	45°、90°	11	M6
M10×1	5			

8.2.5　旋盖式油杯

旋盖式油杯如图 8-8 所示，其尺寸见表 8-14。

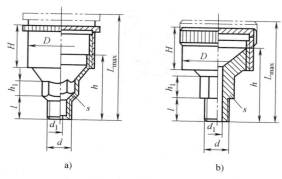

图 8-8　旋盖式油杯

a）A 型　b）B 型

表 8-14　旋盖式油杯的尺寸（JB/T 7940.3—1995）

（单位：mm）

最小容量/cm³	d	l	H	h	h₁	d₁	D		L_max	s
							A 型	B 型		
1.5	M8×1		14	22	7	3	16	18	33	10
3	M10×1	8	15	23	8	4	20	22	35	13
6			17	26			26	28	40	
12	M14×1.5		20	30			32	34	47	
18			22	32			36	40	50	18
25		12	24	34	10	5	41	44	55	
50	M16×1.5		30	44			51	54	70	21
100			38	52			68	68	85	
200	M24×1.5	16	48	64	16	6	—	86	105	30

8.2.6　压配式压注油杯

压配式压注油杯如图 8-9 所示，其尺寸见表 8-15。

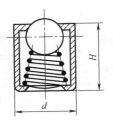

图 8-9　压配式压注油杯

表 8-15　压配式压注油杯的尺寸（JB/T 7940.4—1995）

（单位：mm）

d	H	钢球的公称直径	d	H	钢球的公称直径
6	6	4	16	20	11
8	10	5	25	30	13
10	12	6			

8.2.7　弹簧盖油杯

弹簧盖油杯如图 8-10 所示，其尺寸见表 8-16~表 8-18。

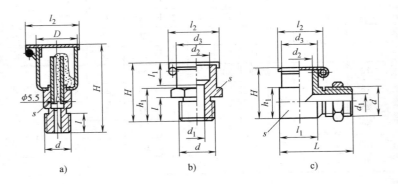

a)　　　　　　　　　　b)　　　　　　　　　　c)

图 8-10　弹簧盖油杯

a）A 型　b）B 型　c）C 型

表 8-16 A 型弹簧盖油杯的尺寸（JB/T 7940.5—1995）

（单位：mm）

最小 容量/cm³	d	H	D	l₂	l	s
		≤		≈		
1	M8×1	38	16	21	10	10
2		40	18	23		
3	M10×1	42	20	25		
6		45	25	30		11
12	M14×15	55	30	36	12	18
18		60	32	38		
25		65	35	41		
50		68	45	51		

表 8-17 B 型弹簧盖油杯的尺寸（JB/T 7940.5—1995）

（单位：mm）

d	d₁	d₂	d₃	H	h₁	l	l₁	l₂	s
M6	3	6	10	18	9	6	8	15	10
M8×1	4	8	12	24	12	8	10	17	13
M10×1	5								
M12×1.5	6	10	14	26	14	10	12	19	16
M16×1.5	8	12	18	28				23	21

表 8-18 C 型弹簧盖油杯的尺寸（JB/T 7940.5—1995）

（单位：mm）

d	d₁	d₂	d₃	H	h₁	L	l₁	l₂	螺母	s
M6	3	6	10	18	9	25	12	15	M6	13
M8×1	4	8	12	24	12	28	14	17	M8×1	
M10×1	5					30	16		M10×1	
M12×1.5	6	10	14	26	14	34	19	19	M12×1.5	16
M16×1.5	8	12	18	30	18	37	23	23	M16×1.5	21

8.2.8 针阀式油杯

针阀式油杯如图 8-11 所示，其尺寸见表 8-19。

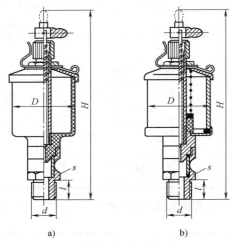

图 8-11　针阀式油杯

a) A 型　b) B 型

表 8-19　针阀式油杯的尺寸（JB/T 7940.6—1995）

（单位：mm）

最小容量/cm³	d	l	H	D	s	螺母
16	M10×1		105	32	13	M8×1
25		12	115	36		
50	M14×1.5		130	45	18	M10×1
100			140	55		
200	M16×1.5	14	170	70	21	
400			190	85		

第9章　钳工工具

9.1　锉

9.1.1　钳工锉

1. 钳工齐头扁锉

钳工齐头扁锉如图 9-1 所示，其尺寸见表 9-1。

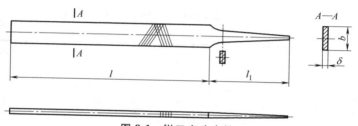

图 9-1　钳工齐头扁锉

表 9-1　钳工齐头扁锉的尺寸（QB/T 2569.1—2023）

（单位：mm）

代号	l	l_1	b	δ
Q-01-100-1~5	100	40	12	2.5(3)
Q-01-125-1~5	125	40	14	3.0(3.5)
Q-01-150-1~5	150	45	16	3.5(4)
Q-01-200-1~5	200	55	20	4.5(5)
Q-01-250-1~5	250	60(65)	24(25)	5.5(6)
Q-01-300-1~5	300	70(75)	28(30)	6.5
Q-01-350-1~5	350	75(85)	32(35)	7.5
Q-01-400-1~5	400	80(90)	36	8.5
Q-01-450-1~5	450	85(90)	40	9.5

注：表中尺寸为光坯尺寸，带括号的尺寸为非推荐尺寸。

2. 钳工尖头扁锉

钳工尖头扁锉如图 9-2 所示，其尺寸见表 9-2。

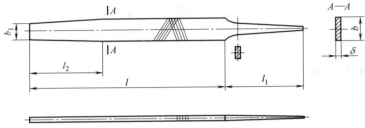

图 9-2 钳工尖头扁锉

表 9-2 钳工尖头扁锉的尺寸（QB/T 2569.1—2023）

（单位：mm）

代号	l	l_1	b	δ	b_1	l_2
Q-02-100-1~5	100	40	12	2.5(3)		
Q-02-125-1~5	125	40	14	3(3.5)		
Q-02-150-1~5	150	45	16	3.5(4)		
Q-02-200-1~5	200	55	20	4.5(5)		25%l
Q-02-250-1~5	250	60(65)	24(25)	5.5(6)	≤80%b	~
Q-02-300-1~5	300	70(75)	28(30)	6.5		50%l
Q-02-350-1~5	350	75(85)	32(35)	7.5		
Q-02-400-1~5	400	80(90)	36	8.5		
Q-02-450-1~5	450	85(90)	40	9.5		

注：表中尺寸为光坯尺寸，带括号的尺寸为非推荐尺寸。

3. 钳工半圆锉

钳工半圆锉如图 9-3 所示，其尺寸见表 9-3。

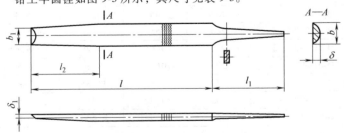

图 9-3 钳工半圆锉

表 9-3　钳工半圆锉的尺寸（QB/T 2569.1—2023）

（单位：mm）

代号	l	l_1	b	δ	b_1	δ_1	l_2
$Q\text{-}^{03b}_{03h}\text{-}100\text{-}1\sim5$	100	40	12（11）	4（3.5）			
$Q\text{-}^{03b}_{03h}\text{-}125\text{-}1\sim5$	125	40	14	4.5（4）			
$Q\text{-}^{03b}_{03h}\text{-}150\text{-}1\sim5$	150	45	16	5（4.5）			
$Q\text{-}^{03b}_{03h}\text{-}200\text{-}1\sim5$	200	55	20	6.0			25%l
$Q\text{-}^{03b}_{03h}\text{-}250\text{-}1\sim5$	250	60（65）	24（25）	7.5	≤80%b	≤80%δ	～
$Q\text{-}^{03b}_{03h}\text{-}300\text{-}1\sim5$	300	70（75）	28（30）	8.5			50%l
$Q\text{-}^{03b}_{03h}\text{-}350\text{-}1\sim5$	350	75（85）	32（35）	9.5			
$Q\text{-}^{03b}_{03h}\text{-}400\text{-}1\sim5$	400	80（90）	36	10.5			

注：表中尺寸为光坯尺寸，带括号的尺寸为非推荐尺寸。

4. 钳工三角锉

钳工三角锉如图 9-4 所示，其尺寸见表 9-4。

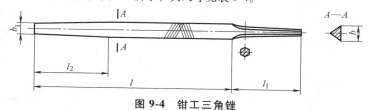

图 9-4　钳工三角锉

表 9-4　钳工三角锉的尺寸（QB/T 2569.1—2023）

（单位：mm）

代号	l	l_1	b	b_1	l_2
Q-04-100-1～5	100	35	8		
Q-04-125-1～5	125	40	9.5		
Q-04-150-1～5	150	45	11		25%l
Q-04-200-1～5	200	55	13（15）		
Q-04-250-1～5	250	60（65）	16（17）	≤80%b	～
Q-04-300-1～5	300	70（75）	19（20）		50%l
Q-04-350-1～5	350	75（85）	22（24）		
Q-04-400-1～5	400	80（90）	26		

注：表中尺寸为光坯尺寸，带括号的尺寸为非推荐尺寸。

5. 钳工方锉

钳工方锉如图 9-5 所示,其尺寸见表 9-5。

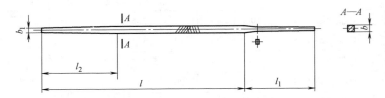

图 9-5　钳工方锉

表 9-5　钳工方锉的尺寸（QB/T 2569.1—2023）

（单位：mm）

代号	l	l_1	b	b_1	l_2
Q-05-100-1~5	100	35	3.5(4)		
Q-05-125-1~5	125	40	4.5(5)		
Q-05-150-1~5	150	45	5.5(6)		
Q-05-200-1~5	200	55	7(8)		$25\%l$
Q-05-250-1~5	250	60(65)	9(10)	$\leqslant80\%b$	$\sim$
Q-05-300-1~5	300	70(75)	11(12)		$50\%l$
Q-05-350-1~5	350	75(85)	14(15)		
Q-05-400-1~5	400	80(90)	18		
Q-05-450-1~5	450	90	22		

注：表中尺寸为光坯尺寸,带括号的尺寸为非推荐尺寸。

6. 钳工圆锉

钳工圆锉如图 9-6 所示,其尺寸见表 9-6。

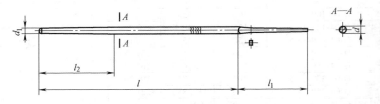

图 9-6　钳工圆锉

表 9-6　钳工圆锉的尺寸（QB/T 2569.1—2023）

（单位：mm）

代号	l	l_1	d	d_1	l_2
Q-06-100-1~5	100	35	3.5(4)	≤80%d	25%l ~ 50%l
Q-06-125-1~5	125	40	4.5(5)		
Q-06-150-1~5	150	45	5.5(6)		
Q-06-200-1~5	200	55	7(7.5)		
Q-06-250-1~5	250	60(65)	9(9.5)		
Q-06-300-1~5	300	70(75)	11(12)		
Q-06-350-1~5	350	75(85)	14(15)		
Q-06-400-1~5	400	80(90)	18		

注：表中尺寸为光坯尺寸，带括号的尺寸为非推荐尺寸。

9.1.2　锯锉

1. 齐头三角锯锉

齐头三角锯锉如图 9-7 所示，其尺寸见表 9-7。

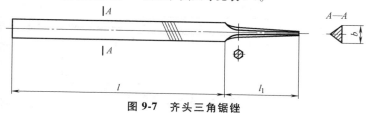

图 9-7　齐头三角锯锉

表 9-7　齐头三角锯锉的尺寸（QB/T 2569.1—2023）

（单位：mm）

代号	l	l_1	b
J-01p-75-1~2	75	30	6
J-01z-75-1~2			5
J-01t-75-1~2			4
J-01p-100-1~2	100	35	8.5
J-01z-100-1~2			6
J-01t-100-1~2			5
J-01p-125-1~2	125	40	10
J-01z-125-1~2			7
J-01t-125-1~2			6

（续）

代号	l	l_1	b
J-01p-150-1~2			12
J-01z-150-1~2	150	45	8.5
J-01t-150-1~2			7
J-01p-175-1~2			13.5
J-01z-175-1~2	175	50	10
J-01t-175-1~2			8.5
J-01p-200-1~2			15.5
J-01z-200-1~2	200	50(55)	12
J-01t-200-1~2			10
J-01p-250-1~2			18
J-01z-250-1~2	250	60(65)	14

注：表中尺寸为光坯尺寸，带括号的尺寸为非推荐尺寸。

2. 尖头三角锯锉

尖头三角锯锉如图9-8所示，其尺寸见表9-8。

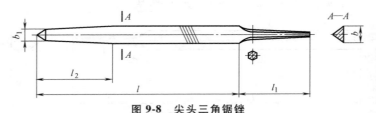

图9-8　尖头三角锯锉

表9-8　尖头三角锯锉的尺寸（QB/T 2569.1—2023）

（单位：mm）

代号	l	l_1	b	b_1	l_2
J-02p-75-1~2			6		
J-02z-75-1~2	75	30	5		
J-02t-75-1~2			4		
J-02p-100-1~2			8.5		25%l
J-02z-100-1~2	100	35	6	≤80%b	~
J-02t-100-1~2			5		50%l
J-02p-125-1~2			10		
J-02z-125-1~2	125	40	7		
J-02t-125-1~2			6		

（续）

代号	l	l_1	b	b_1	l_2
J-02p-150-1~2			12		
J-02z-150-1~2	150	45	8.5		
J-02t-150-1~2			7		
J-02p-175-1~2			13.5		
J-02z-175-1~2	175	50	10	$\leqslant 80\% b$	$25\% l$ ~ $50\% l$
J-02t-175-1~2			8.5		
J-02p-200-1~2			15.5		
J-02z-200-1~2	200	50(55)	12		
J-02t-200-1~2			10		
J-02p-250-1~2			18		
J-02z-250-1~2	250	60(65)	14		

注：表中尺寸为光坯尺寸，带括号的尺寸为非推荐尺寸。

3. 齐头扁锯锉

齐头扁锯锉如图 9-9 所示，其尺寸见表 9-9。

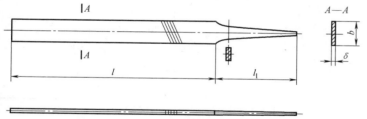

图 9-9　齐头扁锯锉

表 9-9　齐头扁锯锉的尺寸（QB/T 2569.1—2023）

（单位：mm）

代号	l	l_1	b	δ
J-03-100-1~2	100	40	12	1.8
J-03-120-1~2	120	40	14	2.0
J-03-150-1~2	150	45	16	3(2.5)
J-03-175-1~2	175	50	18	3.0
J-03-200-1~2	200	55	20	3.5
J-03-250-1~2	250	60(65)	24(25)	4.5
J-03-300-1~2	300	70(75)	28(30)	5.0
J-03-350-1~2	350	75(85)	32(35)	6.0

注：表中尺寸为光坯尺寸，带括号的尺寸为非推荐尺寸。

4. 尖头扁锯锉

尖头扁锯锉如图 9-10 所示，其尺寸见表 9-10。

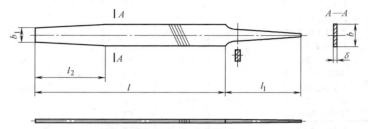

图 9-10　尖头扁锯锉

表 9-10　尖头扁锯锉的尺寸 （QB/T 2569.1—2023）

（单位：mm）

代号	l	l_1	b	δ	b_1	l_2
J-04-100-1~2	100	40	12	1.8		
J-04-125-1~2	125	40	14	2.0		
J-04-150-1~2	150	45	16	3(2.5)		25%l
J-04-175-1~2	175	50	18	3.0	≤80%b	~
J-04-200-1~2	200	55	20	3.5		50%l
J-04-250-1~2	250	60(65)	24(25)	4.5		
J-04-300-1~2	300	70(75)	28(30)	5.0		
J-04-350-1~2	350	75(85)	32(35)	6.0		

注：表中尺寸为光坯尺寸，带括号的尺寸为非推荐尺寸。

5. 菱形锯锉

菱形锯锉如图 9-11 所示，其尺寸见表 9-11。

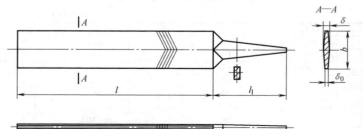

图 9-11　菱形锯锉

表 9-11　菱形锯锉的尺寸（QB/T 2569. 1—2023）

（单位：mm）

代号	l	l_1	b	δ	δ_0 $\leqslant$
J-05-60-1~2	60	30	16	2.1	0.4
J-05-75-1~2	75	30	17	2.3	0.45
J-05-100-1~2	100	35	20	3.2	0.5
J-05b-125-1~2	125	40	25	3.5	0.55
J-05h-125-1~2				(4.0)	0.7
J-05b-150-1~2	150	45	28	4.0	0.7
J-05h-150-1~2				(5.0)	1.0
J-05-200-1~2	200	55	32	5.0	0.9

注：表中尺寸为光坯尺寸，带括号的尺寸为非推荐尺寸。

9.1.3　整形锉

1. 整形齐头扁锉

整形齐头扁锉如图 9-12 所示，其尺寸见表 9-12。

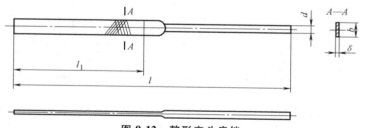

图 9-12　整形齐头扁锉

表 9-12　整形齐头扁锉的尺寸（QB/T 2569. 2—2023）

（单位：mm）

代号	l	l_1	b	δ	d
Z-01-100-2~8	100	40	2.8	0.6	2
Z-01-120-1~7	120	50	3.4	0.8	2.5
Z-01-140-0~6	140	65	5.4	1.2	3
Z-01-160-00~3	160	75	7.3	1.6	4
Z-01-180-00~2	180	85	9.2	2.0	5

2. 整形尖头扁锉

整形尖头扁锉如图 9-13 所示，其尺寸见表 9-13。

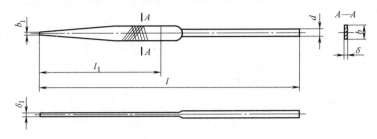

图 9-13　整形尖头扁锉

表 9-13　整形尖头扁锉的尺寸（QB/T 2569. 2—2023）

（单位：mm）

代号	l	l_1	b	δ	b_1	δ_1	d
Z-02-100-2~8	100	40	2.8	0.6	0.4	0.5	2
Z-02-120-1~7	120	50	3.4	0.8	0.5	0.6	2.5
Z-02-140-0~6	140	65	5.4	1.2	0.7	1.0	3
Z-02-160-00~3	160	75	7.3	1.6	0.8	1.2	4
Z-02-180-00~2	180	85	9.2	2.0	1.0	1.7	5

注：梢部长度不应小于锉身的 50%。

3. 整形半圆锉

整形半圆锉如图 9-14 所示，其尺寸见表 9-14。

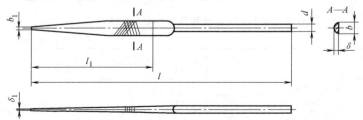

图 9-14　整形半圆锉

表 **9-14**　整形半圆锉的尺寸（QB/T 2569. 2—2023）

（单位：mm）

代号	l	l_1	b	δ	b_1	δ_1	d
Z-03-100-2 ~ 8	100	40	2.9	0.9	0.5	0.4	2
Z-03-120-1 ~ 7	120	50	3.3	1.2	0.6	0.5	2.5
Z-03-140-0 ~ 6	140	65	5.2	1.7	0.8	0.6	3
Z-03-160-00 ~ 3	160	75	6.9	2.2	0.9	0.7	4
Z-03-180-00 ~ 2	180	85	8.5	2.9	1.0	0.9	5

注：梢部长度不应小于锉身的 50%。

4. 整形三角锉

整形三角锉如图 9-15 所示，其尺寸见表 9-15。

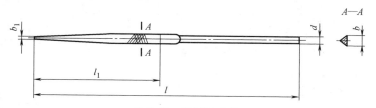

图 9-15　整形三角锉

表 **9-15**　整形三角锉的尺寸（QB/T 2569. 2—2023）

（单位：mm）

代号	l	l_1	b	b_1	d
Z-04-100-2 ~ 8	100	40	1.9	0.4	2
Z-04-120-1 ~ 7	120	50	2.4	0.6	2.5
Z-04-140-0 ~ 6	140	65	3.6	0.7	3
Z-04-160-00 ~ 3	160	75	4.8	0.8	4
Z-04-180-00 ~ 2	180	85	6.0	1.1	5

注：梢部长度不应小于锉身的 50%。

5. 整形方锉

整形方锉如图 9-16 所示，其尺寸见表 9-16 。

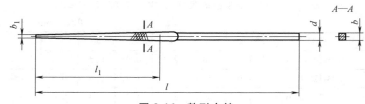

图 9-16　整形方锉

表 9-16　整形方锉的尺寸（QB/T 2569.2—2023）

（单位：mm）

代号	l	l_1	b	b_1	d
Z-05-100-2～8	100	40	1.2	0.4	2
Z-05-120-1～7	120	50	1.6	0.6	2.5
Z-05-140-0～6	140	65	2.6	0.7	3
Z-05-160-00～3	160	75	3.4	0.8	4
Z-05-180-00～2	180	85	4.2	1.0	5

注：梢部长度不应小于锉身的 50%。

6. 整形圆锉

整形圆锉如图 9-17 所示，其尺寸见表 9-17。

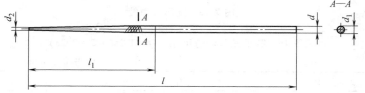

图 9-17　整形圆锉

表 9-17　整形圆锉的尺寸（QB/T 2569.2—2023）

（单位：mm）

代号	l	l_1	d_1	d_2	d
Z-06-100-2～8	100	40	1.4	0.4	2
Z-06-120-1～7	120	50	1.9	0.5	2.5
Z-06-140-0～6	140	65	2.9	0.7	3
Z-06-160-00～3	160	75	3.9	0.9	4
Z-06-180-00～2	180	85	4.9	1.1	5

注：梢部长度不应小于锉身的 50%。

7. 整形单面三角锉

整形单面三角锉如图 9-18 所示，其尺寸见表 9-18。

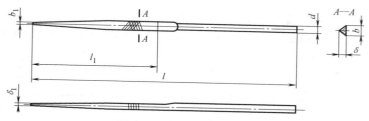

图 9-18　整形单面三角锉

表 9-18　整形单面三角锉的尺寸（QB/T 2569.2—2023）

（单位：mm）

代号	l	l_1	b	δ	b_1	δ_1	d
Z-07-100-2～8	100	40	3.4	1.0	0.4	0.3	2
Z-07-120-1～7	120	50	3.8	1.4	0.6	0.4	2.5
Z-07-140-0～6	140	65	5.5	1.9	0.7	0.5	3
Z-07-160-00～3	160	75	7.1	2.7	0.9	0.8	4
Z-07-180-00～2	180	85	8.7	3.4	1.3	1.1	5

注：梢部长度不应小于锉身的 50%。

8. 整形刀形锉

整形刀形锉如图 9-19 所示，其尺寸见表 9-19。

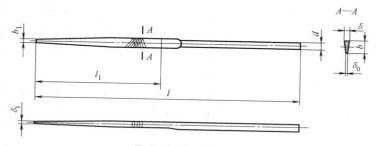

图 9-19　整形刀形锉

表 9-19　整形刀形锉的尺寸 （QB/T 2569.2—2023）

（单位：mm）

代号	l	l_1	b	δ	b_1	δ_0	δ_1	d
Z-08-100-2～8	100	40	3.0	0.9	0.5	0.3	0.4	2
Z-08-120-1～7	120	50	3.4	1.1	0.6	0.4	0.5	2.5
Z-08-140-0～6	140	65	5.4	1.7	0.8	0.6	0.7	3
Z-08-160-00～3	160	75	7.0	2.3	1.1	0.8	1.0	4
Z-08-180-00～2	180	85	8.7	3.0	1.4	1.0	1.3	5

注：梢部长度不应小于锉身的 50%。

9. 整形双半圆锉

整形双半圆锉如图 9-20 所示，其尺寸见表 9-20。

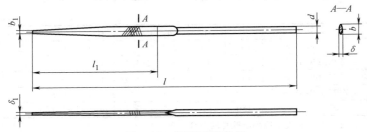

图 9-20　整形双半圆锉

表 9-20　整形双半圆锉的尺寸 （QB/T 2569.2—2023）

（单位：mm）

代号	l	l_1	b	δ	b_1	δ_1	d
Z-09-100-2～8	100	40	2.6	1.0	0.4	0.3	2
Z-09-120-1～7	120	50	3.2	1.2	0.6	0.5	2.5
Z-09-140-0～6	140	65	5.0	1.8	0.7	0.6	3
Z-09-160-00～3	160	75	6.3	2.5	0.8	0.6	4
Z-09-180-00～2	180	85	7.8	3.4	1.0	0.8	5

注：梢部长度不应小于锉身的 50%。

10. 整形椭圆锉

整形椭圆锉如图 9-21 所示，其尺寸见表 9-21。

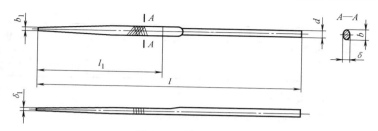

图 9-21 整形椭圆锉

表 9-21 整形椭圆锉的尺寸 （QB/T 2569.2—2023）

（单位：mm）

代号	l	l_1	b	δ	b_1	δ_1	d
Z-10-100-2~8	100	40	1.8	1.2	0.4	0.3	2
Z-10-120-1~7	120	50	2.2	1.3	0.6	0.5	2.5
Z-10-140-0~6	140	65	3.4	2.4	0.7	0.6	3
Z-10-160-00~3	160	75	4.4	3.4	0.9	0.8	4
Z-10-180-00~2	180	85	6.4	4.3	1.0	0.9	5

注：梢部长度不应小于锉身的 50%。

11. 整形圆边扁锉

整形圆边扁锉如图 9-22 所示，其尺寸见表 9-22。

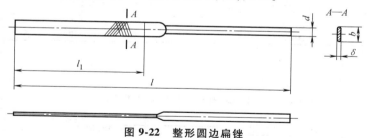

图 9-22 整形圆边扁锉

表 9-22 整形圆边扁锉的尺寸 （QB/T 2569.2—2023）

（单位：mm）

代号	l	l_1	b	δ	d
Z-11-100-2~8	100	40	2.8	0.6	2
Z-11-120-1~7	120	50	3.4	0.8	2.5

（续）

代号	l	l_1	b	δ	d
Z-11-140-0~6	140	65	5.4	1.2	3
Z-11-160-00~3	160	75	7.3	1.6	4
Z-11-180-00~2	180	85	9.2	2.0	5

12. 整形菱形锉

整形菱形锉如图 9-23 所示，其尺寸见表 9-23。

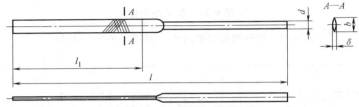

图 9-23　整形菱形锉

表 9-23　整形菱形锉的尺寸（QB/T 2569.2—2023）

（单位：mm）

代号	l	l_1	b	δ	d
Z-12-100-2~8	100	40	2.8	0.6	2
Z-12-120-1~7	120	50	3.4	0.8	2.5
Z-12-140-0~6	140	65	5.4	1.2	3
Z-12-160-00~3	160	75	7.3	1.6	4
Z-12-180-00~2	180	85	9.2	2.0	5

9.1.4　异形锉

1. 异形齐头扁锉

异形齐头扁锉如图 9-24 所示，其尺寸见表 9-24。

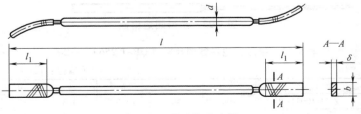

图 9-24　异形齐头扁锉

表 9-24 异形齐头扁锉的尺寸 （QB/T 2569.2—2023）

（单位：mm）

代号	l	l_1	b	δ	d
Y-01-140-2	140	20	5.4	1.2	3
Y-01-160-2	160	30	7.3	1.6	4
Y-01-180-2	180	35	9.2	2.0	5

注：两端形状、尺寸相同，弯曲方向相反。

2. 异形尖头扁锉

异形尖头扁锉如图 9-25 所示，其尺寸见表 9-25。

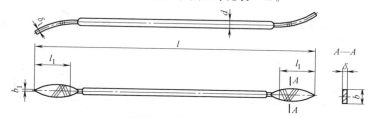

图 9-25　异形尖头扁锉

表 9-25 异形尖头扁锉的尺寸 （QB/T 2569.2—2023）

（单位：mm）

代号	l	l_1	b	δ	b_1	δ_1	d
Y-02-140-2	140	25	5.2	1.1	0.8	0.9	3
Y-02-160-2	160	30	7.3	1.5	0.8	1.2	4
Y-02-180-2	180	35	9.2	2.0	0.9	1.7	5

注：两端形状、尺寸相同，弯曲方向相反。

3. 异形半圆锉

异形半圆锉如图 9-26 所示，其尺寸见表 9-26。

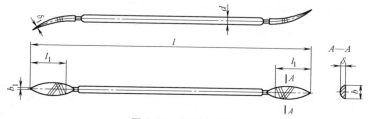

图 9-26　异形半圆锉

表 9-26　异形半圆锉的尺寸（QB/T 2569.2—2023）

（单位：mm）

代号	l	l_1	b	δ	b_1	δ_1	d
Y-03-140-2	140	25	4.9	1.6	0.8	0.7	3
Y-03-160-2	160	30	6.9	2.2	0.9	0.8	4
Y-03-180-2	180	35	8.5	2.9	1.0	0.9	5

注：两端形状、尺寸相同，弯曲方向相反。

4. 异形三角锉

异形三角锉如图 9-27 所示，其尺寸见表 9-27。

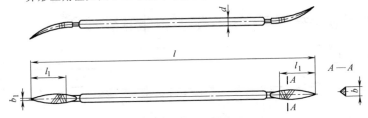

图 9-27　异形三角锉

表 9-27　异形三角锉的尺寸（QB/T 2569.2—2023）

（单位：mm）

代号	l	l_1	b	b_1	d
Y-04-140-2	140	25	3.3	0.8	3
Y-04-160-2	160	30	4.8	0.9	4
Y-04-180-2	180	35	6.0	1.1	5

注：两端形状、尺寸相同，弯曲方向相反。

5. 异形方锉

异形方锉如图 9-28 所示，其尺寸见表 9-28。

图 9-28　异形方锉

表 9-28　异形方锉的尺寸（QB/T 2569.2—2023）

（单位：mm）

代号	l	l_1	b	b_1	d
Y-05-140-2	140	25	2.4	0.8	3
Y-05-160-2	160	30	3.4	0.9	4
Y-05-180-2	180	35	4.2	1.0	5

注：两端形状、尺寸相同，弯曲方向相反。

6. 异形圆锉

异形圆锉如图 9-29 所示，其尺寸见表 9-29。

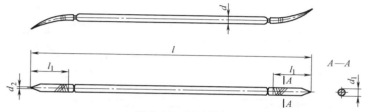

图 9-29　异形圆锉

表 9-29　异形圆锉的尺寸（QB/T 2569.2—2023）

（单位：mm）

代号	l	l_1	d_1	d_2	d
Y-06-140-2	140	25	3	0.8	3
Y-06-160-2	160	30	4	0.9	4
Y-06-180-2	180	35	5	1.0	5

注：两端形状、尺寸相同，弯曲方向相反。

7. 异形单面三角锉

异形单面三角锉如图 9-30 所示，其尺寸见表 9-30。

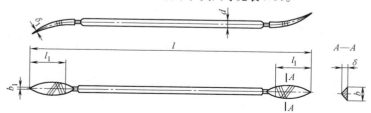

图 9-30　异形单面三角锉

表 9-30　异形单面三角锉的尺寸（QB/T 2569.2—2023）

（单位：mm）

代号	l	l_1	b	δ	b_1	δ_1	d
Y-07-140-2	140	25	5.2	1.9	0.8	0.7	3
Y-07-160-2	160	30	7.1	2.7	0.9	0.8	4
Y-07-180-2	180	35	8.7	3.4	1.3	1.1	5

注：两端形状、尺寸相同，弯曲方向相反。

8. 异形刀形锉

异形刀形锉如图 9-31 所示，其尺寸见表 9-31。

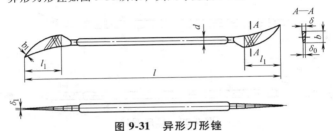

图 9-31　异形刀形锉

表 9-31　异形刀形锉的尺寸（QB/T 2569.2—2023）

（单位：mm）

代号	l	l_1	b	δ	b_1	δ_0	δ_1	d
Y-08-140-2	140	25	5	1.6	0.9	0.6	0.8	3
Y-08-160-2	160	30	7	2.3	1.1	0.8	1.0	4
Y-08-180-2	180	35	8.5	3.0	1.4	1.0	1.3	5

注：两端形状、尺寸相同，弯曲方向相反。

9. 异形双半圆锉

异形双半圆锉如图 9-32 所示，其尺寸见表 9-32。

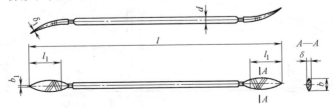

图 9-32　异形双半圆锉

表 9-32　异形双半圆锉的尺寸（QB/T 2569.2—2023）

（单位：mm）

代号	l	l_1	b	δ	b_1	δ_1	d
Y-09-140-2	140	25	5.2	1.9	0.8	0.7	3
Y-09-160-2	160	30	6.3	2.5	0.9	0.8	4
Y-09-180-2	180	35	7.8	3.4	1.0	0.9	5

注：两端形状、尺寸相同，弯曲方向相反。

10. 异形椭圆锉

异形椭圆锉如图 9-33 所示，其尺寸见表 9-33。

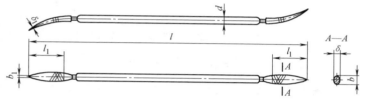

图 9-33　异形椭圆锉

表 9-33　异形椭圆锉的尺寸（QB/T 2569.2—2023）

（单位：mm）

代号	l	l_1	b	δ	b_1	δ_1	d
Y-10-140-2	140	25	3.3	2.3	0.8	0.7	3
Y-10-160-2	160	30	4.4	3.4	0.9	0.8	4
Y-10-180-2	180	35	6.4	4.3	1.0	0.9	5

注：两端形状、尺寸相同，弯曲方向相反。

9.1.5　钟表锉与特殊钟表锉

1. 钟表锉

1）钟表齐头扁锉如图 9-34 所示，其尺寸见表 9-34。

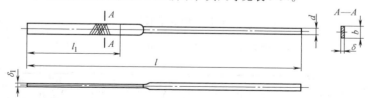

图 9-34　钟表齐头扁锉

表 9-34　钟表齐头扁锉的尺寸（QB/T 2569.2—2023）

（单位：mm）

代号	l	l_1	b	δ	δ_1	d
B-01-140-3～6	140	45	5.3	1.3	1.2	3

2）钟表尖头扁锉如图 9-35 所示，其尺寸见表 9-35。

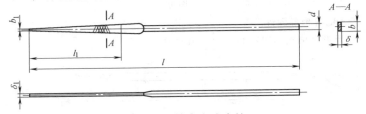

图 9-35　钟表尖头扁锉

表 9-35　钟表尖头扁锉的尺寸（QB/T 2569.2—2023）

（单位：mm）

代号	l	l_1	b	δ	b_1	δ_1	d
B-02-140-3～6	140	45	5.3	1.3	0.8	1.2	3

注：梢部长度不应小于锉身的 50%。

3）钟表半圆锉如图 9-36 所示，其尺寸见表 9-36。

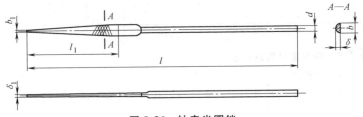

图 9-36　钟表半圆锉

表 9-36　钟表半圆锉的尺寸（QB/T 2569.2—2023）

（单位：mm）

代号	l	l_1	b	δ	b_1	δ_1	d
B-03-140-3～6	140	45	5.3	1.7	0.6	0.7	3

注：梢部长度不应小于锉身的 50%。

4）钟表三角锉如图 9-37 所示，其尺寸见表 9-37。

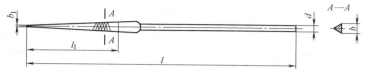

图 9-37 钟表三角锉

表 9-37 钟表三角锉的尺寸（QB/T 2569.2—2023）

（单位：mm）

代号	l	l_1	b	b_1	d
B-04-140-3～6	140	45	5.1	0.6	3

注：梢部长度不应小于锉身的 50%。

5）钟表方锉如图 9-38 所示，其尺寸见表 9-38。

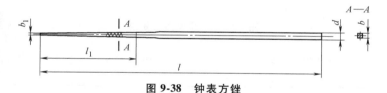

图 9-38 钟表方锉

表 9-38 钟表方锉的尺寸（QB/T 2569.2—2023）

（单位：mm）

代号	l	l_1	b	b_1	d
B-05-140-3～6	140	45	2.1	0.6	3

注：梢部长度不应小于锉身的 50%。

6）钟表圆锉如图 9-39 所示，其尺寸见表 9-39。

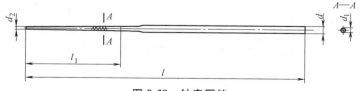

图 9-39 钟表圆锉

表 9-39　钟表圆锉的尺寸（QB/T 2569.2—2023）

（单位：mm）

代号	l	l_1	d_1	d_2	d
B-06-140-3~6	140	45	2.1	0.6	3

注：梢部长度不应小于锉身的 50%。

7）钟表单面三角锉如图 9-40 所示，其尺寸见表 9-40。

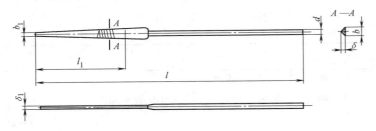

图 9-40　钟表单面三角锉

表 9-40　钟表单面三角锉的尺寸（QB/T 2569.2—2023）

（单位：mm）

代号	l	l_1	b	δ	b_1	δ_1	d
B-07-140-3~6	140	45	4.7	1.6	0.7	0.6	3

注：梢部长度不应小于锉身的 50%。

8）钟表刀形锉如图 9-41 所示，其尺寸见表 9-41。

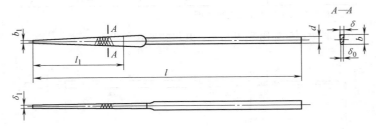

图 9-41　钟表刀形锉

表 **9-41**　钟表刀形锉的尺寸（QB/T 2569.2—2023）

（单位：mm）

代号	l	l_1	b	δ	b_1	δ_0	δ_1	d
B-08-140-3~6	140	45	5.6	1.7	0.7	0.6	0.6	3

注：梢部长度不应小于锉身的 50%。

9）钟表双半圆锉如图 9-42 所示，其尺寸见表 9-42。

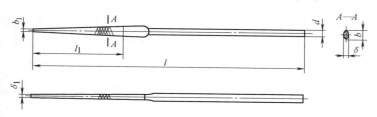

图 9-42　钟表双半圆锉

表 **9-42**　钟表双半圆锉的尺寸（QB/T 2569.2—2023）

（单位：mm）

代号	l	l_1	b	δ	b_1	δ_1	d
B-09-140-3~6	140	45	5.0	1.9	0.6	0.7	3

注：梢部长度不应小于锉身的 50%。

10）钟表棱边锉如图 9-43 所示，其尺寸见表 9-43。

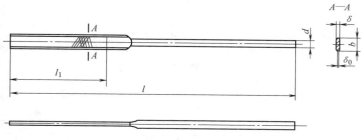

图 9-43　钟表棱边锉

表 9-43　钟表棱边锉的尺寸（QB/T 2569.2—2023）

（单位：mm）

代号	l	l_1	b	δ	δ_0	d
B-10-140-3～6	140	45	5.8	0.8	0.2	3

注：梢部长度不应小于锉身的 50%。

2. 特殊钟表锉

1）特殊钟表齐头扁锉如图 9-44 所示，其尺寸见表 9-44。

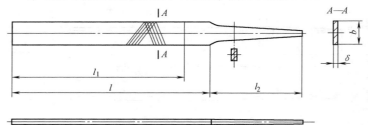

图 9-44　特殊钟表齐头扁锉

表 9-44　特殊钟表齐头扁锉的尺寸（QB/T 2569.2—2023）

（单位：mm）

代号	l	l_1	l_2	b	δ
T-01-75-3～8	75	65	35	9.3	1.9

2）特殊钟表三角锉如图 9-45 所示，其尺寸见表 9-45。

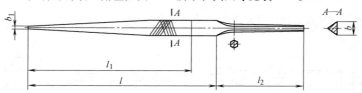

图 9-45　特殊钟表三角锉

表 9-45　特殊钟表三角锉的尺寸（QB/T 2569.2—2023）

（单位：mm）

代号	l	l_1	l_2	b	b_1
T-02-75-3～8	75	65	35	5.4	0.7

注：梢部长度不应小于锉身的 50%。

3）特殊钟表方锉如图 9-46 所示，其尺寸见表 9-46。

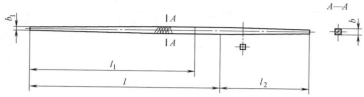

图 9-46　特殊钟表方锉

表 9-46　特殊钟表方锉的尺寸（QB/T 2569.2—2023）

（单位：mm）

代号	l	l_1	l_2	b	b_1
T-03-75-3~8	75	65	35	2.2	0.6

注：梢部长度不应小于锉身的 50%。

4）特殊钟表圆锉如图 9-47 所示，其尺寸见表 9-47。

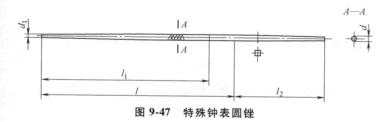

图 9-47　特殊钟表圆锉

表 9-47　特殊钟表圆锉的尺寸（QB/T 2569.2—2023）

（单位：mm）

代号	l	l_1	l_2	d	d_1
T-04-75-3~8	75	65	35	1.9	0.5

注：梢部长度不应小于锉身的 50%。

5）特殊钟表单面三角锉如图 9-48 所示，其尺寸见表 9-48。

表 9-48　特殊钟表单面三角锉的尺寸（QB/T 2569.2—2023）

（单位：mm）

代号	l	l_1	l_2	b	δ	b_1	δ_1
T-05-75-3~8	75	65	35	8.5	2.3	0.9	0.7

注：梢部长度不应小于锉身的 50%。

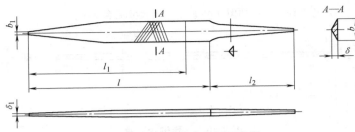

图 9-48　特殊钟表单面三角锉

6) 特殊钟表刀形锉如图 9-49 所示，其尺寸见表 9-49。

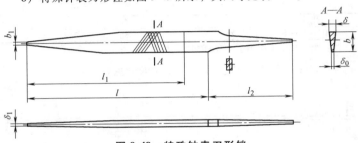

图 9-49　特殊钟表刀形锉

表 9-49　特殊钟表刀形锉的尺寸（QB/T 2569.2—2023）

（单位：mm）

代号	l	l_1	l_2	b	δ	b_1	δ_0	δ_1
T-06-75-3～8	75	65	35	8.5	2.6	1.0	0.7	2.5

注：梢部长度不应小于锉身的 50%。

9.1.6　硬质合金旋转锉

1. 硬质合金旋转锉的尺寸

硬质合金旋转锉柄部直径与长度的关系见表 9-50，硬质合金旋转锉切削直径与柄部直径关系见表 9-51。

表 9-50　柄部直径与长度的关系（GB/T 9217.1—2005）

（单位：mm）

柄部直径	柄部长度
3	30
6	40

表 9-51　切削直径与柄部直径关系（GB/T 9217.1—2005）

（单位：mm）

切削部分直径	柄部直径	切削部分直径	柄部直径
2	3	8	6
3	3、6	10	6
4	3、6	12	6
6	3、6	16	6

2. 硬质合金旋转锉的符号（见表 9-52）

表 9-52　硬质合金旋转锉的符号（GB/T 9217.1—2005）

符号	类型	图示
A	圆柱形旋转锉	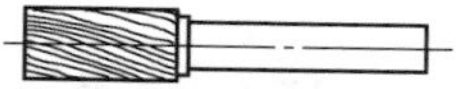
C	圆柱形球头旋转锉	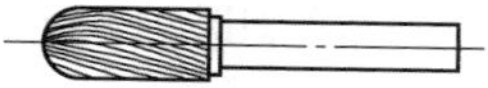
D	圆球形旋转锉	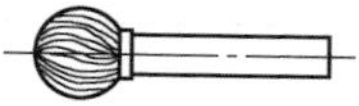
E	椭圆形旋转锉	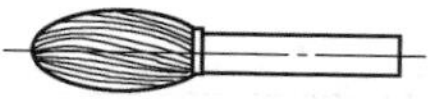
F	弧形圆头旋转锉	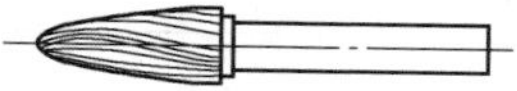
G	弧形尖头旋转锉	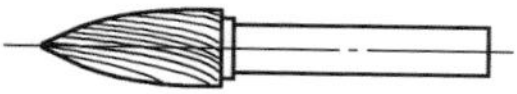
H	火炬形旋转锉	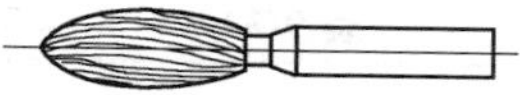
J	60°圆锥形旋转锉	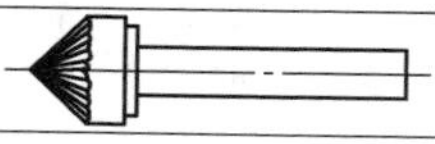
K	90°圆锥形旋转锉	
L	锥形圆头旋转锉	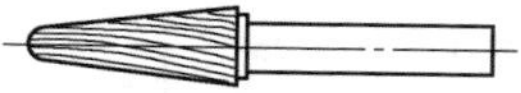
M	锥形尖头旋转锉	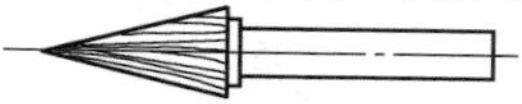
N	倒锥形旋转锉	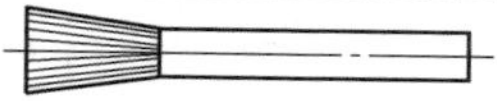

9.2　锯

9.2.1　机用锯条

1. 机用锯条的标记方法

机用锯条的标记内容包括：机用锯条、标准号（GB/T 6080.1—2010）、锯条长度 l（mm）、锯条宽度 a（mm）、锯条厚度 b（mm）、锯条齿距 p（mm），齿距后可在括号内补充每 25mm 的齿数。例如，长度 $l = 300$mm，宽度 $a = 25$mm，厚度 $b = 1.25$mm，齿距 $p = 2.5$mm 的机用锯条标记为：机用锯条　GB/T 6080.1—2010　300×25×1.25×2.5，或标记为：机用锯条　GB/T 6080.1—1998　300×25×1.25×2.5（10）。

2. 机用锯条的尺寸

机用锯条如图 9-50 所示，其尺寸见表 9-53。

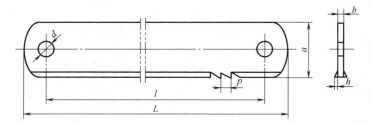

图 9-50　机用锯条

表 9-53　机用锯条的尺寸（GB/T 6080.1—2010）

长度 l/ mm	宽度 a/ mm	厚度 b/ mm	齿距 p/ mm	每 25mm 齿数	总长 L/ mm ≤	销孔直径 d/mm
300	25	1.25	1.8	14	330	
			2.5	10		
350	25	1.25	1.8	14	380	8.2
			2.5	10		
	32	1.6	2.5	10		
			4.0	6		

（续）

长度 l/ mm	宽度 a/ mm	厚度 b/ mm	齿距 p/ mm	每 25mm 齿数	总长 L/ mm ≤	销孔直径 d/mm
400	32	1.6	2.5	10	430	8.2
			4.0	6		
	38	1.8	4.0	6		
			6.3	4		
	40	2.0	4.0	6		
			6.3	4		
450	32	1.6	2.5	10	485	10.2 (8.2)
			4.0	6		
	38	1.8	4.0	6		
			6.3	4		
	40	2.0	4.0	6		
			6.3	4		
500	40	2.0	2.5	10	535	10.2
			4.0	6		
			6.3	4		
600	50	2.5	4.0	6	640	12.5
			6.3	4		
700	50	2.5	4.0	6	740	
			6.3	4		
			8.5	3		

9.2.2　手用钢锯条

1. 手工钢锯条的分类

手工钢锯条按其特性分全硬型（H）和挠性型（F）两种类型，按使用材质分为碳素结构钢（D）、碳素工具钢（T）、合金工具钢（M）、高速钢（G）及双金属复合钢（Bi）五种类型，按其结构分为单面齿型（A）、双面齿型（B）两种类型。

2. 手用钢锯条的尺寸

手用钢锯条如图 9-51 所示，其尺寸见表 9-54。

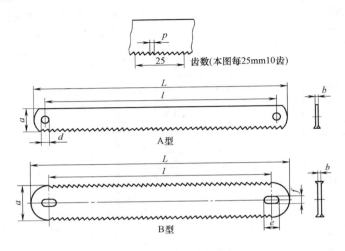

图 9-51　手用钢锯条

表 9-54　手用钢锯条的尺寸（GB/T 14764—2008）

类型	长度 l/ mm	宽度 a/ mm	厚度 b/ mm	每 25mm 齿数	齿距 p/ mm	销孔 $d(e×f)$/ mm	全长 L/mm ≤
A 型	300	12.0 或 10.7	0.65	32 24 20 18 16 14	0.8 1.0 1.2 1.4 1.5 1.8	3.8	315
	250						265
B 型	296	22	0.65	32 24	0.8 1.0	8×5	315
	292	25		18	1.4	12×6	

3. 手用钢锯条的锯切参数（见表 9-55）

表 9-55 手用钢锯条的锯切参数（GB/T 14764—2008）

规格		碳素结构钢、碳素工具钢、合金工具钢		高速钢、双金属复合钢	
尺寸(l×a)/mm	齿距 p/mm	最大锯切时间/min		最大锯切时间/min	
		第 1 片	第 5 片	第 1 片	第 5 片
300×12.0 250×12.0 300×10.7 250×10.7	0.8	5.5	7.5	4.5	5.5
	1.0				
	1.2				
	1.4	5.5	8		
	1.5				
	1.8	6	9		

9.2.3 镶片圆锯

镶片圆锯如图 9-52 所示，其尺寸见表 9-56 和表 9-57。

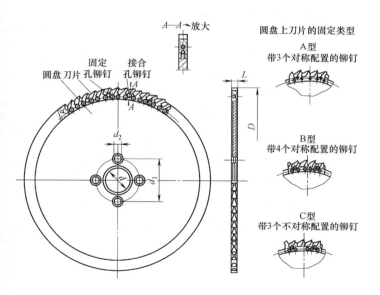

图 9-52 镶片圆锯

表 9-56 I 系列镶片圆锯的尺寸 （GB/T 6130—2001）

D	L	d	d₁/mm	d₂/mm	刀片数	粗齿	普通齿	中齿	细齿	刀片固定类型
\	mm					\ 齿型 / 齿数				
250	5	32	50	8.5	14	42	56	84	112	
315		40	63	10.5						
400		50	80	17	18	54	72	108	114	
500	6		100							
630		80	120	22	20	60	80	120	160	A
800	7				24	72	96	144	192	
1000	8	100	200	32	30	90	120	180	240	
1250	9				36	108	144	216	288	
1600	12	120	315	40	40	120	160	240	320	B
2000	14.5		400		44	132	176	264	352	

表 9-57 II 系列镶片圆锯的尺寸 （GB/T 6130—2001）

D	L	d	d₁/mm	d₂/mm	刀片数	粗齿	普通齿	中齿	细齿	刀片固定类型
\	mm					\ 齿型 / 齿数				
350	5	32	62	16	14	42	56	84	112	
410		40	70	22	18	54	72	108	114	
510	6									
610		80	120	24	20	60	80	120	160	A
710	6.5				24	72	96	144	192	
810	7	120	185	27						
1010	8				30	90	120	180	240	
1430	10.5	150	225		36	108	144	216	288	
2010	14.5	240	320	37	44	132	176	264	352	B

9.3 划线工具

9.3.1 划规

划规如图 9-53 所示，其尺寸见表 9-58。

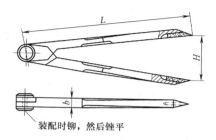

装配时铆，然后锉平

图 9-53 划规

表 9-58 划规的尺寸（JB/T 3411.54—1999）

（单位：mm）

L	H_{max}	b
160	200	9
200	280	10
250	350	
320	430	13
400	520	16
500	620	

9.3.2 长划规

长划规如图 9-54 所示，其尺寸见表 9-59。

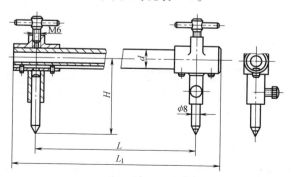

图 9-54 长划规

表 9-59 长划规的尺寸 (JB/T 3411.55—1999)

(单位：mm)

L_{max}	L_1	d	$H \approx$
800	850	20	70
1250	1315	32	90
2000	2065		

9.3.3 钩头划规

钩头划规如图 9-55 所示，其尺寸见表 9-60。

图 9-55 钩头划规

表 9-60 钩头划规的尺寸 (单位：mm)

总长	头部直径	销轴直径
100	16	8
200	20	10
300	30	15
400	35	15

9.3.4 划针

划针如图 9-56 所示，其尺寸见表 9-61。

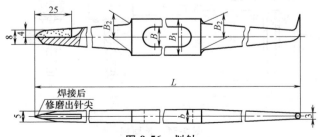

图 9-56 划针

表 9-61 划针的尺寸 (JB/T 3411.64—1999)

（单位：mm）

L	B	B_1	B_2	b	展开长 ≈
320	11	20	15	8	330
450					460
500	13	25	20	10	510
700		30	25		710
800	17	38	33	12	860
1200		45	37		1210
1500			40		1510

9.3.5 划线盘

划线盘如图 9-57 所示，其尺寸见表 9-62。

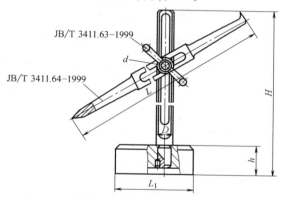

图 9-57 划线盘

表 9-62 划线盘的尺寸 (JB/T 3411.65—1999)

（单位：mm）

H	L	L_1	D	d	h
355	320	100	22	M10	35
450					
560	450	120	25		40
710	500	140	30	M12	50
900	700	160	35		60

9.3.6　大划线盘

大划线盘如图 9-58 所示，其尺寸见表 9-63。

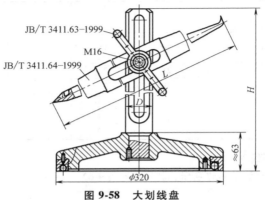

图 9-58　大划线盘

表 9-63　大划线盘的尺寸（JB/T 3411.66—1999）

（单位：mm）

H	L	D
1000	850	45
1250		
1600	1200	50
2000	1500	

9.3.7　划线尺架

划线尺架如图 9-59 所示，其尺寸见表 9-64。

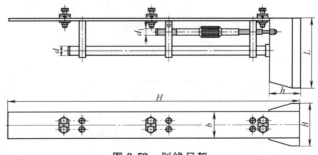

图 9-59　划线尺架

表 9-64　划线尺架的尺寸（JB/T 3411.57—1999）

（单位：mm）

H	L	B	h	b	d	d₁
500	130	80	60	50	15	M10
800	150	95	65		20	
1250	200	140	100	55	25	M16
2000	250	160	120	60		

9.3.8　划线用 V 形铁

划线用 V 形铁如图 9-60 所示，其尺寸见表 9-65。

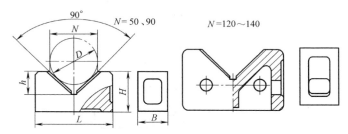

图 9-60　划线用 V 形铁

表 9-65　划线用 V 形铁的尺寸（JB/T 3411.60—1999）

（单位：mm）

N	D	L	B	H	h
50	15~60	100	50	50	26
90	40~100	150	60	80	46
120	60~140	200	80	120	61
150	80~180	250	90	130	75
200	100~240	300	120	180	100
300	120~350	400	160	250	150
350	150~450	500	200	300	175
400	180~550	600	250	400	200

9.3.9　带夹紧两面 V 形铁

带夹紧两面 V 形铁如图 9-61 所示，其尺寸见表 9-66。

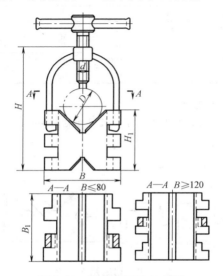

图 9-61　带夹紧两面 V 形铁

表 9-66　带夹紧两面 V 形铁的尺寸（JB/T 3411.61—1999）

（单位：mm）

夹持工件直径 D	B	B_1	H	H_1	d
8～35	50	50	85	40	M8
10～60	80	80	130	60	M10
15～100	125	120	200	90	M12
20～135	160	150	260	120	M16
30～175	200	160	325	150	

9.3.10　方箱

方箱如图 9-62 所示，其尺寸见表 9-67。

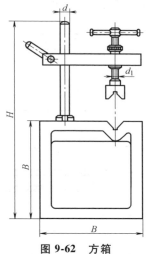

图 9-62　方箱

表 9-67　方箱的尺寸（JB/T 3411.56—1999）

（单位：mm）

B	H	d	d_1
160	320	20	M10
200	400		M12
250	500	25	M16
320	600		
400	750	30	M20
500	900		

9.3.11　尖冲子

尖冲子如图 9-63 所示，其尺寸见表 9-68。

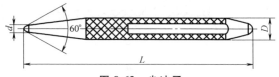

图 9-63　尖冲子

表 9-68　尖冲子的尺寸（JB/T 3411.29—1999）

（单位：mm）

d	D	L
2	8	80
3		
4	10	
6	14	100

9.3.12　圆冲子

圆冲子如图 9-64 所示，其尺寸见表 9-69。

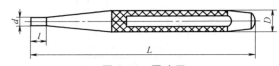

图 9-64　圆冲子

表 9-69　圆冲子的尺寸（JB/T 3411.30—1999）

（单位：mm）

d	D	L	l
3	8	80	6
4	10		
5	12	100	10
6	14		
8	16	125	14
10	18		

9.3.13　半圆头铆钉冲子

半圆头铆钉冲子如图 9-65 所示，其尺寸见表 9-70。

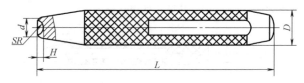

图 9-65　半圆头铆钉冲子

表 9-70 半圆头铆钉冲子的尺寸 （JB/T 3411.31—1999）

（单位：mm）

公称直径（铆钉直径）	SR	D	L	d	H
2.0	1.9	10	80	5	1.1
2.5	2.5	12	100	6	1.4
3.0	2.9	14	100	8	1.6
4.0	3.8	16	125	10	2.2
5.0	4.7	18	125	12	2.6
6.0	6.0	20	140	14	3.2
8.0	8.0	22	140	16	4.4

9.3.14 四方冲子

四方冲子如图 9-66 所示，其尺寸见表 9-71。

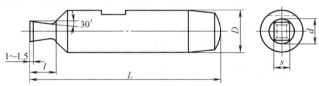

图 9-66 四方冲子

表 9-71 四方冲子的尺寸 （JB/T 3411.33—1999）

（单位：mm）

s	d ≈	D	L	l
2.00	3.0	8	80	4
2.24	3.2	8	80	4
2.50	3.6	8	80	4
2.80	4.0	8	80	4
3.00	4.2	14	80	6
3.15	4.5	14	80	6
3.55	5.0	14	80	6
4.00	5.6	16	100	10
4.50	6.4	16	100	10
5.00	7.0	16	100	10
5.60	7.8	16	100	10
6.00	8.4	16	100	10

（续）

s	$d \approx$	D	L	l
6.30	8.9	16		
7.10	10.0	18	100	14
8.00	11.3			
9.00	12.7	20		18
10.00	14.1			
11.20	15.8		125	
12.00	16.9			
12.50	17.6	25		25
14.00	19.7			
16.00	22.6			
17.00	24.0	30		
18.00	25.4			
20.00	28.2		150	32
22.00	31.1	35		
22.40	31.6			
25.00	35.3	40		

9.3.15　六方冲子

六方冲子如图 9-67 所示，其尺寸见表 9-72。

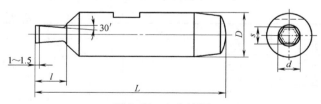

图 9-67　六方冲子

表 9-72　六方冲子的尺寸（JB/T 3411.34—1999）

（单位：mm）

s	d	D	L	l
3	3.5	14	80	6
4	4.6			
5	5.8	16	100	10

（续）

s	d	D	L	l
6	6.9	16		10
8	9.2	18	100	14
10	11.5			
12	13.8	20		18
14	16.2		125	
17	19.6	25		25
19	21.9			
22	25.4	30		32
24	27.7		150	
27	31.2	35		

第10章 手工工具

10.1 手钳

10.1.1 钢丝钳

钢丝钳如图10-1所示，其尺寸见表10-1。

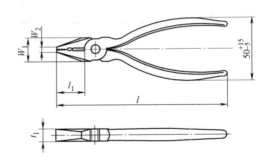

图10-1 钢丝钳

表10-1 钢丝钳的尺寸（QB/T 2442.1—2007）

公称长度 l	l_1	W_{1max}	W_{2max}	t_{1max}
140±8	30±4	23	5.6	10
160±9	32±5	25	6.3	11.2
180±10	36±6	28	7.1	12.5
200±11	40±8	32	8	14
220±12	45±10	35	9	16
250±14	45±12	40	10	20

10.1.2 扁嘴钳

扁嘴钳如图10-2所示，其尺寸见表10-2。

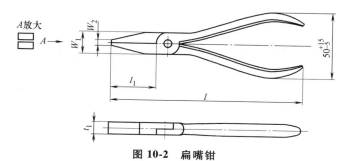

图 10-2　扁嘴钳

注：钳子头部在 l_1 长度上允许呈锥度。

表 10-2　扁嘴钳的尺寸（QB/T 2440.2—2007）

（单位：mm）

钳嘴类型	公称长度 l	l_1	W_{1max}	W_{2max}	t_{1max}
短嘴 （S）	125±6	$25_{-5}^{\ 0}$	16	3.2	9
	140±7	$32_{-6.3}^{\ 0}$	18	4	10
	160±8	$40_{-8}^{\ 0}$	20	5	11
长嘴 （L）	140±7	40±4	16	3.2	9
	160±8	50±5	18	4	10
	180±9	63±6.3	20	5	11

10.1.3　圆嘴钳

圆嘴钳如图 10-3 所示，其尺寸见表 10-3。

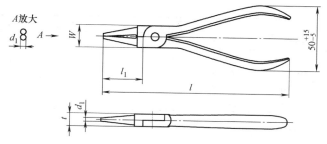

图 10-3　圆嘴钳

表 10-3　圆嘴钳的尺寸（QB/T 2440.3—2007）

（单位：mm）

钳嘴类型	公称长度 l	l_1	d_{1max}	W_{max}	t_{max}
短嘴 （S）	125±6.3	25_{-5}^{0}	2	16	9
	140±8	$32_{-6.3}^{0}$	2.8	18	10
	160±8	40_{-8}^{0}	3.2	20	11
长嘴 （L）	140±7	40±4	2.8	17	9
	160±8	50±5	3.2	19	10
	180±9	63±6	3.6	20	11

10.1.4　尖嘴钳

尖嘴钳如图 10-4 所示，其尺寸见表 10-4。

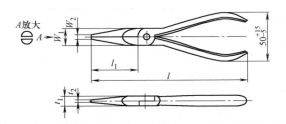

图 10-4　尖嘴钳

表 10-4　尖嘴钳的尺寸（QB/T 2440.1—2007）

（单位：mm）

公称长度 l	l_1	W_{1max}	W_{2max}	t_{1max}	t_{2max}
140±7	40±5	16	2.5	9	2
160±8	53±6.3	19	3.2	10	2.5
180±10	60±8	20	5	11	3
200±10	80±10	22	5	12	4
280±14	80±14	22	5	12	4

10.1.5　带刃尖嘴钳

带刃尖嘴钳如图 10-5 所示，其尺寸见表 10-5。

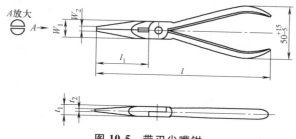

图 10-5 带刃尖嘴钳

表 10-5 带刃尖嘴钳的尺寸 (QB/T 2442.3—2007)

（单位：mm）

公称长度 l	l_1	W_{1max}	W_{2max}	t_{1max}	t_{2max}
140±7	40±5	16	2.5	9	2
160±8	53±6.3	19	3.2	10	2.5
180±10	60±8	20	5	11	3
200±10	80±10	22	5	12	4

10.1.6 防爆用管子钳

防爆用管子钳如图 10-6 所示，其尺寸见表 10-6。

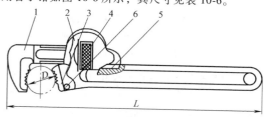

图 10-6 防爆用管子钳

1—活动钳口　2—钳柄体　3—固定钳口　4—调节螺母

5—片弹簧　6—铆钉

10.1.7 手动起重用夹钳

1. 竖吊钢板手动夹钳

竖吊钢板手动夹钳（产品代号为 DSQ）如图 10-7 所示，其尺寸见
表 10-7。

表 10-6　防爆用管子钳的尺寸（QB/T 2613. 10—2005）

规格	全长 L		最大夹持管径 D/mm
	基本尺寸/mm	相对偏差(%)	
200	200	±3	25
250	250		30
300	300	±4	40
350	350		50
450	450		60
600	600	±5	75
900	900		85

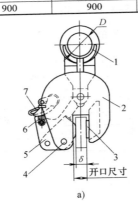 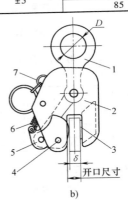

a)　　　　　　　　b)

图 10-7　竖吊钢板手动夹钳

1—吊环　2—钳体　3—钳口垫板　4—钳轴　5—钳舌

6—弹簧　7—扳手（拉环）

表 10-7　竖吊钢板手动夹钳的尺寸（JB/T 7333—2013）

型号	极限起吊重量/t	试验力 F_e/kN	最小直径 D/mm	最大夹持厚度 $\delta^{①}$/mm　≥
DSQ-0. 5	0. 5	10	28	15
DSQ-0. 8	0. 8	16	30	15
DSQ-1	1	20	40	20
DSQ-1. 6	1. 6	32	45	20
DSQ-2	2	40	55	20
DSQ-3. 2	3. 2	63	60	30
DSQ-5	5	100	60	40
DSQ-8	8	160	70	50
DSQ-10	10	200	80	60
DSQ-12. 5	12. 5	250	90	70
DSQ-16	16	320	100	80

① 指可夹持钢板厚度范围的上限值。

2. 横吊钢板手动夹钳

横吊钢板手动夹钳（产品代号为 DHQ）如图 10-8 所示，其尺寸见表 10-8。

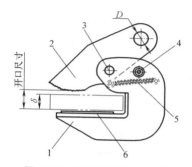

图 10-8 横吊钢板手动夹钳

1—钳体 2—钳舌 3—钳轴 4—定位装置 5—弹簧 6—钳口垫板

表 10-8 横吊钢板手动夹钳的尺寸（JB/T 7333—2013）

型号	极限起吊重量[①]/t	试验力 F_e/kN	最小直径 D/mm	最大夹持厚度 δ[②]/mm ≥
DHQ/2-0.5	0.5	10	16	25
DHQ/2-1	1	20	16	25
DHQ/2-1.6	1.6	32	20	25
DHQ/2-2	2	40	22	25
DHQ/2-3.2	3.2	63	25	30
DHQ/2-5	5	100	30	40
DHQ/2-6	6	120	35	50
DHQ/2-8	8	160	40	60
DHQ/2-10	10	200	45	70

① 指手动夹钳成对使用且吊点夹角为 60°时，允许起吊的最大重量。

② 指可夹持钢板厚度范围的上限值。

3. 圆钢手动夹钳

圆钢手动夹钳（产品代号为 DYQ）如图 10-9 所示，其尺寸见表 10-9。

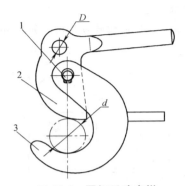

图 10-9　圆钢手动夹钳

1—钳轴　2—钳舌　3—钳体

表 10-9　圆钢手动夹钳的尺寸（JB/T 7333—2013）

型号	极限起吊重量/t	试验力 F_e/kN	最小直径 D/mm	适用圆钢直径 d/mm
DYQ-0.16	0.16	3.2	16	30~60
DYQ-0.25	0.25	5	16	60~80
DYQ-0.4	0.4	8	16	80~100
DYQ-0.63	0.63	12.6	18	100~130

4. 钢轨手动夹钳

钢轨手动夹钳（产品代号为 DGQ）如图 10-10 所示，其尺寸见表 10-10。

表 10-10　钢轨手动夹钳的尺寸（JB/T 7333—2013）

型号	极限起吊重量/t	试验力 F_e/kN	最小直径 d/mm	适用钢轨规格重量/（kg/m）
DGQ-0.1	0.1	2	22.4	9~12
DGQ-0.25	0.25	5	22.4	15~22
DGQ-0.5	0.5	10	25	30~50

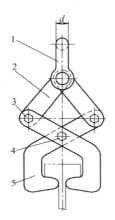

图 10-10 钢轨手动夹钳

1—吊环 2—拉板 3—连接轴 4—钳轴 5—钳板

5. 工字钢手动夹钳

工字钢手动夹钳（产品代号为 DZQ）如图 10-11 所示，其尺寸见表 10-11。

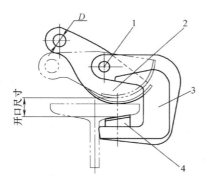

图 10-11 工字钢手动夹钳

1—钳轴 2—钳板 3—钳体 4—钳口垫板

表 10-11　工字钢手动夹钳的尺寸 （JB/T 7333—2013）

型号	极限起吊重量[①]/t	试验力 F_e/kN	最小直径 D/mm	适用工字钢型号
DZQ/2-0.5	0.5	10	18	10~16
DZQ/2-1	1	20	20	18~22
DZQ/2-1.6	1.6	32	22	25~32
DZQ/2-2	2	40	24	36~45
DZQ/2-3.2	3.2	63	25	50~63

① 指手动夹钳成对使用且吊点夹角为 60° 时，允许起吊的最大重量。

10.1.8　开箱钳

开箱钳如图 10-12 所示，常用来开木箱、拆旧木结构件时起拔钢钉。其长度一般为 450mm。

10.1.9　铅印钳

铅印钳如图 10-13 所示，用于在仪表、包裹、文件、设备等物体上轧封铅印。其长度有 150mm、175mm、200mm、240mm、250mm 五种，轧封铅印直径为 9mm、10mm、11mm、12mm、15mm。

图 10-12　开箱钳

图 10-13　铅印钳

10.1.10　大力钳

大力钳如图 10-14 所示，用以夹紧零件进行铆接、焊接、磨削等加工。其特点是钳口可以锁紧并产生很大的夹紧力，使被夹紧零件不会松脱；而且钳口有多挡调节位置，供夹紧不同厚度零件使用；另外也可作扳手使用。其长度为 220mm，钳口的最大开口为 50mm。

10.1.11　胡桃钳

胡桃钳如图 10-15 所示，主要用于拔鞋钉或起钉，也可剪切钉子及其他金属线。其长度有 125mm、150mm、175mm、200mm、225mm、250mm 六种。

图 10-14　　大力钳　　　　　　图 10-15　　胡桃钳

10.1.12　羊角起钉钳

羊角起钉钳如图 10-16 所示，常用来开木箱、拆旧木结构件时起拔钢钉。其长度一般为 250mm，直径为 16mm。

图 10-16　　羊角起钉钳

10.1.13　断线钳

断线钳如图 10-17 所示，其规格与剪切能力见表 10-12。

图 10-17　　断线钳

表 10-12　　断线钳的规格与剪切能力 （QB/T 2206—2011）

规格尺寸/mm	200	300	350	450	600	750	900	1050	1200
试材直径/mm	2	4	5	6	8	10	12	14	16
试材材质	GB/T 699 规定的 45 圆钢，硬度为 28~30HRC								

10.1.14　剥线钳

剥线钳如图 10-18 所示，其尺寸见表 10-13。

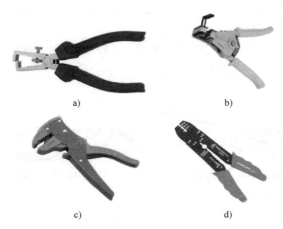

a)　　　　　　　　　　b)

c)　　　　　　　　　　d)

图 10-18　剥线钳

a）T 型　b）Z 型　c）J 型　d）Y 型

表 10-13　剥线钳的尺寸（QB/T 2207—2017）

（单位：mm）

类型	规格	全长 l	柄宽 w
T 型	160	160±8	50±5
Z 型	170	170±8	120±5
J 型	170	170±8	80±5
Y 型	160	160±8	≥10
	180	180±8	
	200	200±8	

10.1.15　紧线钳

紧线钳如图 10-19 所示。紧线钳专供外线电工架设和维修各种类型的电线、电话线和广播线等空中线路，或用低碳钢丝包扎时收紧两线端，以便绞接或夹紧索具。平口式紧线钳的技术参数见表 10-14，虎头式紧线钳的技术参数见表 10-15。

图 10-19　紧线钳

表 10-14　平口式紧线钳的技术参数

规格（号数）	钳口弹开尺寸/mm	额定拉力/kN	夹线直径范围/mm			
			单股钢、铜线	钢绞线	无芯铝绞线	钢芯铝绞线
1	≥21.5	15	10~20	—	12.4~17.5	13.7~19
2	≥10.5	8	5~10	5.1~9.6	5.1~9	5.4~9.9
3	≥5.5	3	1.5~5	1.5~4.8	—	—

表 10-15　虎头式紧线钳的技术参数

长度/mm	150	200	250	300	350	400	450	500
额定拉力/kN	2	2.5	3.5	6	8	10	12	15
夹线直径范围/mm	1~3	1.5~3.5	2~5.5	2~7	3~8.5	3~10.5	3~12	4~13.5

10.1.16　压线钳

　　压线钳如图 10-20 所示，用于冷轧压接（围压、点压、叠压）铜、铝导线，起中间连接或封端作用。其技术参数及适用范围见表 10-16。

图 10-20　压线钳

表 10-16　压线钳的技术参数及适用范围（QB/T 2733—2005）

型号	手柄长度（缩/伸）/mm	重量/kg	适用范围
JYJ-V$_1$	245	0.35	适用于压接（围压）0.5~6mm^2 裸导线
JYJ-V$_2$	245	0.35	适用于压接（围压）0.5~6mm^2 绝缘导线
JYJ-1	450/600	2.5	适用于压接（围压）6~240mm^2 导线
JYJ-1A	450/600	2.5	适用于压接（围压）6~240mm^2 导线，能自动脱模
JYJ-2	450/600	3	适用于压接（围压、点压、叠压）6~300mm^2 导线
JYJ-3	450/600	4.5	适用于压接（围压、点压、叠压）16~400mm^2 导线

10.1.17　线缆钳

线缆钳如图 10-21 所示，其技术参数及适用范围见表 10-17。

图 10-21　线缆钳

表 10-17　线缆钳的技术参数及适用范围

型号	外形长度（缩/伸）/mm	重量/kg	适用范围
XLJ-S-150	310/395	1.4	切断≤150mm^2 铜铝电缆导线和直径≤5mm 低碳圆钢
XLJ-S-240	400/555	2.5	切断≤240mm^2 铜铝电缆导线和直径≤6mm 低碳圆钢
XLJ-D-240	250	0.6	切断≤240mm^2 或直径≤30mm 铜铝电缆
XLJ-D-300	240	1.0	切断直径≤40mm 或≤300mm^2 铜铝电缆
XLJ-D-500	240/290	1.1	切断直径≤40mm 或 500mm^2 铜铝电缆

（续）

型号	外形长度（缩/伸）/mm	重量/kg	适用范围
XLJ-G-40	440/630	3.6	切断 ≤120mm² 钢绞线，≤800mm² 钢芯铝绞线，直径 ≤36mm 钢芯电缆和直径 ≤14mm 低碳圆钢
XLJ-G-40A	440/630	3.6	切断直径 ≤20mm 钢丝缆绳和直径 ≤36mm 铜铝电缆
XLJ-G-60	525/715	7.0	切断 ≤150mm² 钢绞线，≤1200mm² 钢芯铝绞线，直径 ≤52mm 钢芯电缆和直径 ≤16mm 低碳圆钢
XLJ-G-60A	525/715	7.0	切断直径 ≤26mm 钢丝缆绳和直径 ≤52mm 铜铝电缆

10.1.18 鸭嘴钳

鸭嘴钳（见图 10-22）与扁嘴钳相似，但其钳口部分通常制出齿纹，一般不会损伤被夹持零件的表面，多用于纺织厂修理钢筘工作中。其长度有 125mm、140mm、160mm、180mm 和 200mm 五种。

10.1.19 水泵钳

水泵钳如图 10-23 所示，其尺寸见表 10-18。

图 10-22　鸭嘴钳

图 10-23　水泵钳

表 10-18　水泵钳的尺寸（QB/T 2440.4—2007）

长度/mm	100	120	140	160	180	200	225	250	300	350	400	500
调整挡数	3	3	3	3	4	4	4	4	4	6	8	10
载荷/N	400	500	560	630	735	800	900	1000	1250	1250	1250	1250

10.2　扳手

10.2.1　活扳手

活扳手如图 10-24 所示，其尺寸见表 10-19。

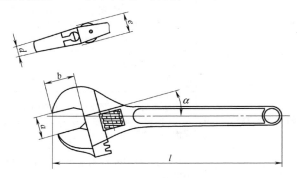

图 10-24　活扳手

表 10-19　活扳手的尺寸（GB/T 4440—2022）

长度 l/ mm	开口尺寸 a_{min}/mm	开口深度 b_{min}/mm	扳口前端厚度 d_{max}/ mm	头部厚度 e_{max}/mm	夹角 α/ (°) A 型	B 型
100	13	12	6	10		
150	19	17.5	7	13		
200	24	22	8.5	15		
250	27	26	11	17		
300	34	31	13.5	20		
375	41	40	16	26	15	22.5
450	50	48	19	32		
600	60	57	28	36		
750	75	72	29	38		
900	90	87	31	42		

10.2.2　呆扳手

1. 双头呆扳手

双头呆扳手如图 10-25 所示，其尺寸见表 10-20。

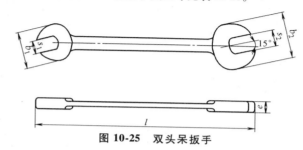

图 10-25　双头呆扳手

表 10-20　双头呆扳手的尺寸（QB/T 3001—2008）

（单位：mm）

规格 $s_1 \times s_2$（对边尺寸组配）	头部外形		厚度	全长 l　≥	
	b_1　≤	b_2　≤	e　≤	长型	短型
3.2×4	14	15	3	81	72
4×5	15	18	3.5	87	78
5×5.5	18	19	3.5	95	85
5.5×7	19	22	4.5	99	89
（6×7）	20	22	4.5	103	92
7×8	22	24	4.5	111	99
（8×9）	24	26	5	119	106
8×10	24	28	5.5	119	106
10×11	28	30	6	135	120
10×13	28	34	7	135	120
11×13	30	34	7	143	127
（12×13）	32	34	7	151	134
（12×14）	32	36	7	159	134
（13×14）	34	36	7	159	141
13×15	34	39	7.5	159	141
13×16	34	41	8	159	141
（13×17）	34	43	8.5	159	141
（14×15）	36	39	7.5	167	148

（续）

规格 $s_1 \times s_2$ （对边尺寸组配）	头部外形		厚度	全长 l $\geqslant$	
	b_1 $\leqslant$	b_2 $\leqslant$	e $\leqslant$	长型	短型
（14×17）	36	43	8.5	167	148
15×16	39	41	8	175	155
（15×18）	39	45	8.5	175	155
（16×17）	41	43	8.5	183	162
16×18	41	45	8.5	183	162
（17×19）	43	47	9	191	169
（18×19）	45	47	9	199	176
18×21	45	51	10	199	176
（19×22）	47	53	10.5	207	183
（19×24）	47	57	11	207	183
（20×22）	49	53	10	215	190
（21×22）	51	53	10	223	202
（21×23）	51	55	10.5	223	202
21×24	51	57	11	223	202
（22×24）	53	57	11	231	209
（24×26）	57	62	11.5	247	223
24×27	57	64	12	247	223
（24×30）	57	70	13	247	223
（25×28）	60	66	12	255	230
（27×29）	64	68	12.5	271	244
27×30	64	70	13	271	244
（27×32）	64	74	13.5	271	244
（30×32）	70	74	13.5	295	265
30×34	70	78	14	295	265
（30×36）	70	83	14.5	295	265
（32×34）	74	78	14	311	284
（32×36）	74	83	14.5	311	284
34×36	78	83	14.5	327	298
36×41	83	93	16	343	312
41×46	93	104	17.5	383	357
46×50	104	112	19	423	392
50×55	112	123	20.5	455	420
55×60	123	133	22	495	455

注：括号内的尺寸组配为非优先组配。

2. 单头呆扳手

单头呆扳手如图 10-26 所示，其尺寸见表 10-21。

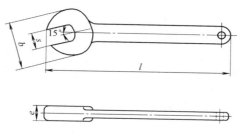

图 10-26　单头呆扳手

表 10-21　单头呆扳手的尺寸（QB/T 3001—2008）

（单位：mm）

规格 s	头部外形 b ≤	厚度 e ≤	全长 l ≥
5.5	19	4.5	80
6	20	4.5	85
7	22	5	90
8	24	5	95
9	26	5.5	100
10	28	6	105
11	30	6.5	110
12	32	7	115
13	34	7	120
14	36	7.5	125
15	39	8	130
16	41	8	135
17	43	8.5	140
18	45	9	150
19	47	9	155
20	49	9.5	160
21	51	10	170
22	53	10.5	180
23	55	10.5	190

（续）

规格 s	头部外形 b ≤	厚度 e ≤	全长 l ≥
24	57	11	200
25	60	11.5	205
26	62	12	215
27	64	12.5	225
28	66	12.5	235
29	68	13	245
30	70	13.5	255
31	72	14	265
32	74	14.5	275
34	78	15	285
36	83	15.5	300
41	93	17.5	330
46	104	19.5	350
50	112	21	370
55	123	22	390
60	133	24	420
65	144	26	450
70	154	28	480

10.2.3　两用扳手

两用扳手如图 10-27 所示，其尺寸见表 10-22。

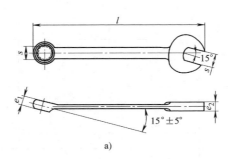

a)

图 10-27　两用扳手

a）A 型

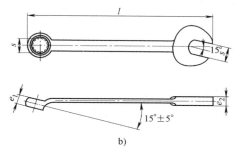

b)

图 10-27 两用扳手（续）

b）B 型

表 10-22 两用扳手的尺寸（GB/T 4388—2008）

（单位：mm）

规格 s	两用扳手			规格 s	两用扳手		
	厚度 e_1 ≤	厚度 e_2 ≤	全长 l ≥		厚度 e_1 ≤	厚度 e_2 ≤	全长 l ≥
3.2	5	3.3	55	20	15	9.5	200
4	5.5	3.5	55	21	15.5	10	205
5	6	4	65	22	16	10.5	215
5.5	6.3	4.2	70	23	16.5	10.5	220
6	6.5	4.5	75	24	17.5	11	230
7	7	5	80	25	18	11.5	240
8	8	5	90	26	18.5	12	245
9	8.5	5.5	100	27	19	12.5	255
10	9	6	110	28	19.5	12.5	270
11	9.5	6.5	115	29	20	13	280
12	10	7	125	30	20	13.5	285
13	11	7	135	31	20.5	14	290
14	11.5	7.5	145	32	21	14.5	300
15	12	8	150	34	22.5	15	320
16	12.5	8	160	36	23.5	15.5	335
17	13	8.5	170	41	26.5	17.5	380
18	14	9	180	46	29.5	19.5	425
19	14.5	9	185	50	32	21	460

10. 2. 4　内四方扳手

内四方扳手如图 10-28 所示，其尺寸见表 10-23。

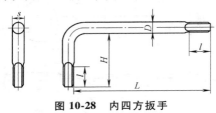

图 10-28　内四方扳手

表 10-23　内四方扳手的尺寸（JB/T 3411. 35—1999）

（单位：mm）

s	D	L	l	H
2	5	56	8	18
2. 5				
3	6	63		20
4		70		25
5	8	80	12	28
6	10	90		32
8	12	100	15	36
10	14	112		40
12	18	125	18	45
14	20	140		56

10. 2. 5　内六角扳手

内六角扳手如图 10-29 所示，其尺寸见表 10-24。

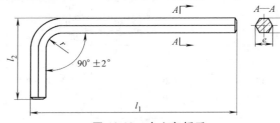

图 10-29　内六角扳手

表 10-24 内六角扳手的尺寸（GB/T 5356—2021）

（单位：mm）

规格	对边宽度 s			对角宽度 e[①]		长柄长度 l_1			短柄长度 l_2
	公称尺寸	max	min	max	min	标准型	长型	加长型	长度
0.7	0.7	0.71	0.70	0.79	0.76	33	—	—	7
0.9	0.9	0.89	0.88	0.99	0.96	33	—	—	11
1.3	1.3	1.27	1.24	1.42	1.37	41	63.5	81	13
1.5	1.5	1.50	1.48	1.68	1.63[②]	46.5	63.5	91.5	15.5
2	2	2.00	1.96	2.25	2.18[③]	52	77	102	18
2.5	2.5	2.50	2.46	2.82	2.75[③]	58.5	87.5	114.5	20.5
3	3	3.00	2.96	3.39	3.31[③]	66	93	129	23
3.5	3.5	3.50	3.45	3.96	3.91	69.5	98.5	140	25.5
4	4	4.00	3.95	4.53	4.43[③]	74	104	144	29
4.5	4.5	4.50	4.45	5.10	5.04	80	114.5	156	30.5
5	5	5.00	4.95	5.67	5.57[④]	85	120	165	33
5.5	5.5	5.5	5.45	6.26	6.17	88.5	129.5	173.5	34.5
6	6	6.00	5.95	6.81	6.70[④]	96	141	186	38
7	7	7.00	6.94	7.95	7.85	102	147	197	41
8	8	8.00	7.94	9.09	8.97	108	158	208	44
9	9	9.00	8.94	10.23	10.10	114	169	219	47
10	10	10.00	9.94	11.37	11.23	122	180	234	50
11	11	11.00	10.89	12.51	12.31	129	191	247	53
12	12	12.00	11.89	13.65	13.44	137	202	262	57
13	13	13.00	12.89	14.79	14.57	145	213	277	63
14	14	14.00	13.89	15.93	15.70	154	229	294	70
15	15	15.00	14.89	17.07	16.83	161	240	307	73
16	16	16.00	15.89	18.21	17.96	168	240	307	76
17	17	17.00	16.89	19.35	19.09	177	262	337	80
18	18	18.00	17.89	20.49	20.22	188	262	358	84
19	19	19.00	18.87	21.63	21.32	199	—		89
21	21	21.00	20.87	23.91	23.58	211	—		96
22	22	22.00	21.87	25.05	24.71	222	—		102
23	23	23.00	22.87	26.19	25.84	233	—		108

（续）

规格	对边宽度 s			对角宽度 e[①]		长柄长度 l_1			短柄长度 l_2
	公称尺寸	max	min	max	min	标准型	长型	加长型	长度
24	24	24.00	23.87	27.33	26.97	248	—	—	114
27	27	27.00	26.87	30.75	30.36	277	—	—	127
29	29	29.00	28.87	33.03	32.62	311	—	—	141
30	30	30.00	29.87	34.17	33.75	315	—	—	142
32	32	32.00	31.84	36.45	35.98	347	—	—	157
36	36	36.00	35.84	41.01	40.50	391	—	—	176
41	41	41.00	40.84	46.71	46.15	572	—	—	192
46	46	46.00	45.84	52.41	51.80	656	—	—	216

① $e_{max} = 1.14 s_{max} - 0.03mm$（$1.5mm \leqslant s \leqslant 46mm$），$e_{min} = 1.13 s_{min}$（$8mm \leqslant s \leqslant 46mm$）。

② $e_{min} = 1.13 s_{min} - 0.04mm$。

③ $e_{min} = 1.13 s_{min} - 0.03mm$。

④ $e_{min} = 1.13 s_{min} - 0.02mm$。

10.2.6　内六角花形扳手

内六角花形扳手如图 10-30 所示，其工作部分尺寸见表 10-25，柄部长度见表 10-26。

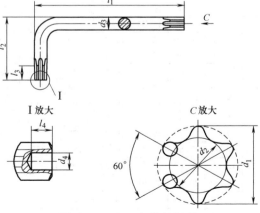

图 10-30　内六角花形扳手

表 10-25 内六角花形扳手的工作部分尺寸 (GB/T 5357—2023)

(单位：mm)

工作部槽号	$d_1 \leqslant$	$d_2 \leqslant$	$l_3 \geqslant$	$d_4 \geqslant$	$l_4 \geqslant$
T7	1.97	1.42	1.52	0.66	1.02
T8	2.30	1.65	1.52	0.74	1.02
T9	2.48	1.79	1.52	0.81	1.27
T10	2.72	1.96	2.03	0.94	1.40
T15	3.26	2.34	2.16	1.19	1.57
T20	3.84	2.76	2.29	1.57	1.98
T25	4.40	3.15	2.54	1.96	2.16
T27	4.96	3.55	2.79	2.21	2.41
T30	5.49	3.94	3.18	2.72	2.84
T40	6.60	4.74	3.30	3.15	3.40
T45	7.77	5.54	3.81	3.40	3.17
T50	8.79	6.15	4.57	3.73	3.42
T55	11.17	7.91	5.08	4.75	4.06
T60	13.20	9.45	7.62	5.56	8.00
T70	15.49	11.04	8.89	6.73	9.14
T80	17.51	12.62	10.16	7.14	10.41
T90	19.88	14.16	11.43	7.52	10.67
T100	22.09	15.75	12.70	7.92	10.67

注：扳手的柄部直径 d_3 可为整数。

表 10-26 内六角花形扳手的柄部长度 (GB/T 5357—2023)

(单位：mm)

工作部槽号	对应螺钉(参考)	l_1			l_2
		标准型	长型	加长型	短柄
T7	M3.5 紧定螺钉	50	—	—	18
T8	M2.5	50	—	—	18
T9	M4.5 紧定螺钉	50	—	—	19
T10	M3	54	90	128	21

（续）

工作部槽号	对应螺钉(参考)	l_1			l_2
		标准型	长型	加长型	短柄
T15	M3.5	58	94	140	22
T20	M4	62	100	144	23
T25	M5	66	104	156	24
T27	M6	68	110	166	26
T30	M6	76	120	186	30
T40	M8	82	130	196	34
T45	M10	92	142	208	36
T50	M10	106	162	220	40
T55	M12、M14	120	182	236	46
T60	M16	136	202	296	52
T70	M18	146	214	306	58
T80	M20	162	246	358	64
T90	M22	180	268	358	70
T100	M24	206	308	358	76

10.2.7　丁字形内六角扳手

丁字形内六角扳手如图 10-31 所示，其尺寸见表 10-27。

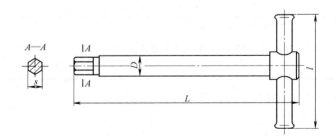

图 10-31　丁字形内六角扳手

表 10-27 丁字形内六角扳手的尺寸 (JB/T 3411.36—1999)

(单位：mm)

s	L	l	D
3	100	60	8
3	150	60	8
4	100	60	8
4	200	60	8
5	200	100	12
5	300	100	12
6	200	100	12
6	300	100	12
8	250	120	12
8	350	120	12
10	250	120	20
10	350	120	20
12	300	160	20
12	400	160	20
14	300	160	20
14	400	160	20
17	300	200	25
17	450	200	25
19	300	200	25
19	450	200	25
22	350	250	30
22	500	250	30
24	350	250	30
24	500	250	30
27	350	250	35
27	500	250	35

10.2.8　十字柄套筒扳手

　　十字柄套筒扳手如图10-32所示，其尺寸见表10-28。

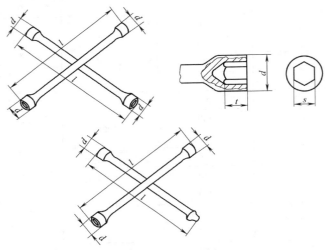

图 10-32　十字柄套筒扳手

表 10-28　十字柄套筒扳手的尺寸（GB/T 14765—2008）

（单位：mm）

型号	套筒对边尺寸 s[①] ≤	传动方榫 对边尺寸	套筒外径 d ≤	柄长 l ≥	套筒孔深 t ≥
1	24	12.5	38	355	0.8s
2	27	12.5	42.5	450	0.8s
3	34	20	49.5	630	0.8s
4	41	20	63	700	0.8s

　　① 根据 GB/T 3104 规定的对边尺寸。

10.2.9　管活两用扳手

　　管活两用扳手如图10-33所示，其尺寸见表10-29。管活两用扳手的结构特点是固定钳口制成带有细齿的平钳口，活动钳口一端制成平钳口，另一端制成有细齿的凹钳口。向下按动蜗杆时，活动钳口可迅速取下，调换钳口位置。利用活动钳口的平口，可当活扳手使用；利用凹钳口，可当管子钳使用。

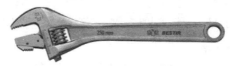

图 10-33　管活两用扳手

表 10-29　管活两用扳手的尺寸

类型	Ⅰ型		Ⅱ型			
长度/mm	250	300	200	250	300	375
夹持六角对边宽度/mm≤	30	36	24	30	36	46
夹持管子外径/mm≤	30	36	25	32	40	50

10. 2. 10　快速管子扳手

快速管子扳手如图 10-34 所示，其尺寸见表 10-30。

图 10-34　快速管子扳手

表 10-30　快速管子扳手的尺寸

规格尺寸(长度)/mm	200	250	300
夹持管子外径/mm	12~25	14~30	16~40
适用螺栓规格	M6~M14	M8~M18	M10~M24
试验扭矩/N·m	196	323	490

10. 2. 11　阀门扳手

阀门扳手如图 10-35 所示，其尺寸见表 10-31。

图 10-35　阀门扳手

表 10-31　　阀门扳手的尺寸　　（单位：mm）

方孔对边尺寸	8	9	11	12	14	17	19	22	24
全长	120	140	160	200	250	300	350	400	450

10. 2. 12　棘轮扳手

棘轮扳手用于拆装圆螺栓、螺母等，特别适合回转空间很小的场合使用。棘轮扳手如图 10-36 所示，相应对边尺寸为 5.5mm×7mm、8mm×10mm、12mm×14mm、17mm×19mm、22mm×24mm。

图 10-36　棘轮扳手

10. 2. 13　扭力扳手

扭力扳手如图 10-37 所示，其尺寸见表 10-32。

图 10-37　扭力扳手

表 10-32　　扭力扳手的尺寸　（GB/T 15729—2008）

普通式	扭矩/N·m≤	100、200、300、500				
	方榫尺寸/mm	12.5				
预调式	扭矩范围/N·m	≤20	20~100	80~300	280~760	750~2000
	长度 L/mm	300	488	606	800	920
	方榫尺寸/mm	6.3	12.5	12.5	20	25

10. 2. 14　双向棘轮扭力扳手

双向棘轮扭力扳手如图 10-38 所示，其尺寸见表 10-33。

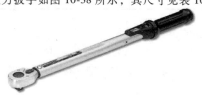

图 10-38　双向棘轮扭力扳手

表 10-33　双向棘轮扭力扳手的尺寸

力矩/N·m	精度（%）	方榫尺寸/mm	总长/mm
0~300	±5	12.7×12.7、14×14	400~478

10.2.15　丝锥扳手

丝锥扳手如图 10-39 所示，其尺寸见表 10-34。

图 10-39　丝锥扳手

表 10-34　丝锥扳手的尺寸

扳手长度/mm	130	180	230	280	380	480	600
适用丝锥公称直径/mm	2~4	3~6	3~10	6~14	8~18	12~24	16~27

10.2.16　增力扳手

增力扳手如图 10-40 所示，其尺寸见表 10-35。

图 10-40　增力扳手

表 10-35　增力扳手的尺寸

型号	输出扭矩/N·m ≤	减速比	输入端方孔尺寸/mm	输出端方榫尺寸/mm
Z120	1200	5.1	12.5	120
Z180	1800	6.0	12.5	25

（续）

型号	输出扭矩/ N·m ≤	减速比	输入端方孔 尺寸/mm	输出端方榫 尺寸/mm
Z300	3000	12.4	12.5	25
Z400	4000	16.0	12.5	六方32
Z500	5000	18.4	12.5	六方32
Z750	7500	68.6	12.5	六方36
Z1200	12000	82.3	12.5	六方46

10.2.17　消火栓扳手

消火栓扳手是与地上或地下消火栓配套使用的拆卸或紧固工具，如图10-41所示。地上消火栓的长度为400mm，开口间距为55mm；地下消火栓的长度为1000mm，开口间距为29mm×29mm或32mm×32mm。

图10-41　消火栓扳手

10.3　旋具

10.3.1　一字槽螺钉旋具

一字槽螺钉旋具如图10-42所示，其尺寸见表10-36。

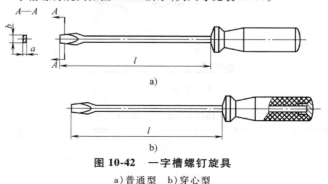

a)

b)

图10-42　一字槽螺钉旋具

a) 普通型　b) 穿心型

表 10-36 一字槽螺钉旋具的尺寸（QB/T 2564.4—2012）

（单位：mm）

规格[1] $a \times b$	旋杆长度 l_0^{+5}			
	A 系列[2]	B 系列	C 系列	D 系列
0.4×2		40		
0.4×2.5		50	75	100
0.5×3		50	75	100
0.6×3		75	100	125
0.6×3.5	25(35)	75	100	125
0.8×4	25(35)	75	100	125
1×4.5	25(35)	100	125	150
1×5.5	25(35)	100	125	150
1.2×6.5	25(35)	100	125	150
1.2×8	25(35)	125	150	175
1.6×8		125	150	175
1.6×10		150	175	200
2×12		150	200	250
2.5×14		200	250	300

① 规格 $a \times b$ 按 QB/T 2564.2 的规定。

② 括号内的尺寸为非推荐尺寸。

10.3.2 十字槽螺钉旋具

十字槽螺钉旋具如图 10-43 所示，其尺寸见表 10-37。

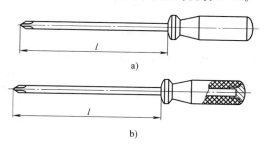

a)

b)

图 10-43 十字槽螺钉旋具

a）普通型 b）穿心型

表 10-37　十字槽螺钉旋具的尺寸（QB/T 2564.5—2012）

（单位：mm）

工作端部槽号	旋杆长度 l_0^{+5}	
PH 或 PZ	A 系列	B 系列
0	25(35)	60
1	25(35)	75(80)
2	25(35)	100
3	—	150
4	—	200

注：括号内的尺寸为非推荐尺寸。

10.3.3　内六角花形螺钉旋具

内六角花形螺钉旋具如图 10-44 所示，其尺寸见表 10-38。

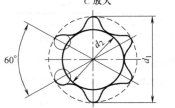

图 10-44　内六角花形螺钉旋具

表 10-38　内六角花形螺钉旋具的尺寸（GB/T 5358—2021）

（单位：mm）

工作部槽号	d_1 ≤	d_2 ≤	l_1 ≥	d_3 ≥	l_2 ≥
T5	1.37	1.02	1.52	—	—
T6	1.65	1.22	1.52	—	—
T7	1.97	1.42	1.52	0.66	1.02
T8	2.30	1.66	1.52	0.74	1.02
T9	2.48	1.79	1.52	0.81	1.27
T10	2.72	1.96	2.03	0.94	1.40

（续）

工作部槽号	$d_1 \leqslant$	$d_2 \leqslant$	$l_1 \geqslant$	$d_3 \geqslant$	$l_2 \geqslant$
T15	3.26	2.34	2.16	1.19	1.57
T20	3.84	2.74	2.29	1.57	1.98
T25	4.40	3.15	2.54	1.96	2.16
T27	4.96	3.54	2.79	2.21	2.41
T30	5.49	3.94	3.18	2.72	2.84
T40	6.60	4.74	3.30	3.15	3.40
T45	7.77	5.54	3.81	3.40	3.17
T50	8.79	6.15	4.57	3.73	3.42

工作部槽号	l/mm				
T5	50	75	—	—	—
T6	50	75	—	—	—
T7	50	75	—	—	—
T8	50	75	—	—	—
T9	50	75	—	—	—
T10	50	75	—	—	—
T15	—	75	100	—	—
T20	—	75	100	—	—
T25	—	75	100	—	—
T27	—	75	100	—	—
T30	—	—	100	125	150	—
T40	—	—	—	125	150	—
T45	—	—	—	125	150	—
T50	—	—	—	—	150	200

10.3.4 螺旋棘轮螺钉旋具

螺旋棘轮螺钉旋具如图 10-45 所示，其尺寸见表 10-39。

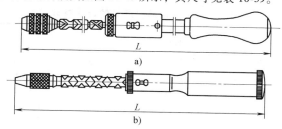

图 10-45　螺旋棘轮螺钉旋具

a）A 型旋具　b）B 型旋具

表 10-39　螺旋棘轮螺钉旋具的尺寸（QB/T 2564.6—2002）

类型	规格	L/mm
A 型	220	220
	300	300
B 型	300	300
	450	450

10.3.5　多用螺钉旋具

多用螺钉旋具如图 10-46 所示，其技术参数见表 10-40。

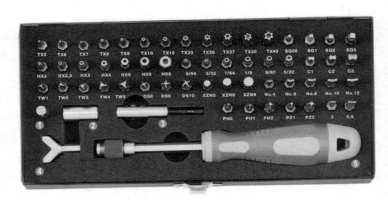

图 10-46　多用螺钉旋具

表 10-40　多用螺钉旋具的技术参数

全长（手柄+旋杆）/mm	件数	一字形旋杆头宽/mm	十字形旋杆（十字槽号）	钢锥数	刀片数	小锤数	木工钻直径/mm	套筒基本尺寸/mm
230	6	3、4、6	1、2	1	—	—	—	—
	8	3、4、5、6	1、2	1	1	—	—	—
	12	3、4、5、6	1、2	1	1	1	6	6、8

10.4　锤

10.4.1　八角锤

八角锤如图 10-47 所示，其尺寸见表 10-41。

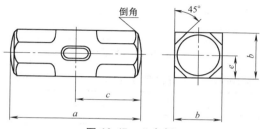

图 10-47　八角锤

表 10-41　八角锤的尺寸（QB/T 1290.1—2010）

规格重量/kg	a/mm	b/mm	c/mm	e/mm
0.9	105	38	52.5	19.0
1.4	115	44	57.5	22.0
1.8	130	48	65.0	24.0
2.7	152	54	76.0	27.0
3.6	165	60	82.5	30.0
4.5	180	64	90.0	32.0
5.4	190	68	95.0	34.0
6.3	198	72	99.0	36.0
7.2	208	75	104.0	37.5
8.1	216	78	108.0	39.0
9.0	224	81	112.0	40.5
10.0	230	84	115.0	42.0
11.0	236	87	118.0	43.5

10.4.2　圆头锤

圆头锤如图 10-48 所示，其尺寸见表 10-42。

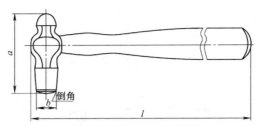

图 10-48　圆头锤

表 10-42　圆头锤的尺寸（QB/T 1290.2—2010）

规格重量/kg	l/mm	a/mm	b/mm
0.11	260	66	18
0.22	285	80	23
0.34	315	90	26
0.45	335	101	29
0.68	355	116	34
0.91	375	127	38
1.13	400	137	40
1.36	400	147	42

10.4.3　钳工锤

钳工锤如图 10-49 所示，其尺寸见表 10-43、表 10-44。

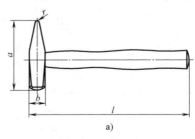

a)

图 10-49　钳工锤

a）A 型

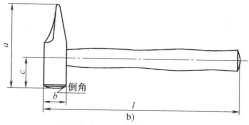

图 10-49 钳工锤（续）

b）B 型

表 10-43 A 型钳工锤的尺寸（QB/T 1290.3—2010）

规格重量/ kg	l/mm	a/mm	r_{min}/mm	$(b$/mm$)\times$ $(b$/mm$)$
0.1	260	82	1.25	15×15
0.2	280	95	1.75	19×19
0.3	300	105	2.00	23×23
0.4	310	112	2.00	25×25
0.5	320	118	2.50	27×27
0.6	330	122	2.50	29×29
0.8	350	130	3.00	33×33
1.0	360	135	3.50	36×36
1.5	380	145	4.00	42×42
2.0	400	155	4.00	47×47

表 10-44 B 型钳工锤的尺寸（QB/T 1290.4—2010）

规格重量/kg	l/mm	a/mm	b/mm	c/mm
0.28	290	85	25	34
0.40	310	98	30	40
0.67	310	105	35	42
1.50	350	131	45	53

10.4.4 扁尾锤

扁尾锤如图 10-50 所示，其尺寸见表 10-45。

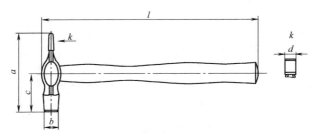

图 10-50　扁尾锤

表 10-45　扁尾锤的尺寸（QB/T 1290.4—2010）

规格重量/kg	l/mm	a/mm	b/mm	c/mm	d/mm
0.10	240	83	14	40	14
0.14	255	87	16	44	16
0.18	270	95	18	47	18
0.22	285	103	20	51	20
0.27	300	110	22	54	22
0.35	325	122	25	59	25

10.4.5　检车锤

1）A 型检车锤如图 10-51 所示，其尺寸见表 10-46。

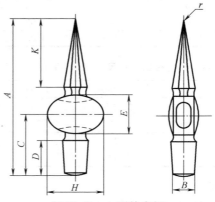

图 10-51　A 型检车锤

表 10-46　A 型检车锤的尺寸（QB/T 1290.5—2010）

规格重量/kg	A/mm	B/mm	C/mm	D/mm	E/mm	H/mm	r/mm	K/mm
0.25	120	18	47.5	27	27	42	1.5	52

2）B 型检车锤如图 10-52 所示，其尺寸见表 10-47。

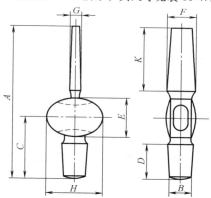

图 10-52　B 型检车锤

表 10-47　B 型检车锤的尺寸（QB/T 1290.5—2010）

规格重量/kg	A/mm	B/mm	C/mm	D/mm	E/mm	F/mm	G/mm	H/mm	K/mm
0.25	120	18	47.5	27	27	19	3	42	52

10.4.6　敲锈锤

敲锈锤如图 10-53 所示，其尺寸见表 10-48。

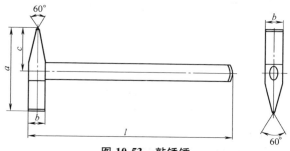

图 10-53　敲锈锤

表 10-48　　敲锈锤的尺寸（QB/T 1290.6—2010）

规格重量/kg	l/mm	a/mm	b/mm	c/mm
0.2	285.0	115.0	19.0	57.5
0.3	300.0	126.0	22.0	63.0
0.4	310.0	134.0	25.0	67.0
0.5	320.0	140.0	28.0	70.0

10.4.7　焊工锤

焊工锤如图 10-54 所示。

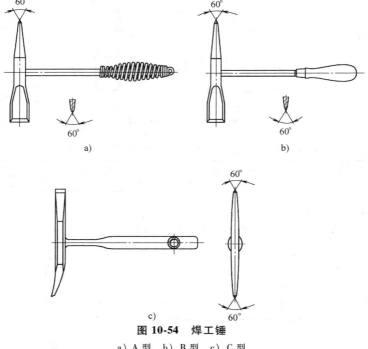

图 10-54　焊工锤

a）A 型　b）B 型　c）C 型

10.4.8　羊角锤

羊角锤如图 10-55 所示，其尺寸见表 10-49。

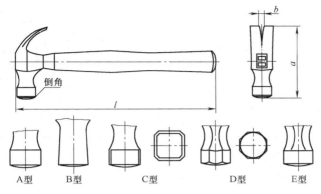

图 10-55 羊角锤

表 10-49 羊角锤的尺寸 （QB/T 1290.8—2010）

规格重量/kg	l_{max}/mm	a_{max}/mm	b_{max}/mm
0.25	305	105	7
0.35	320	120	7
0.45	340	130	8
0.50	340	130	8
0.55	340	135	8
0.65	350	140	9
0.75	350	140	9

10.4.9 木工锤

木工锤如图 10-56 所示，其尺寸见表 10-50。

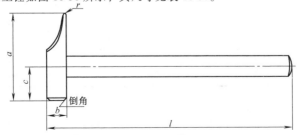

图 10-56 木工锤

表 10-50　木工锤的尺寸（QB/T 1290.9—2010）

规格重量/kg	l/mm	a/mm	b/mm	c/mm	r_{max}/mm
0.20	280	90	20	36	6.0
0.25	285	97	22	40	6.5
0.33	295	104	25	45	8.0
0.42	308	111	28	48	8.0
0.50	320	118	30	50	9.0

10.4.10　石工锤

石工锤如图 10-57 所示，其尺寸见表 10-51。

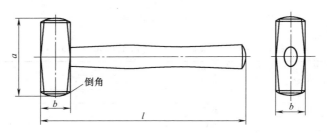

图 10-57　石工锤

表 10-51　石工锤的尺寸（QB/T 1290.10—2010）

规格重量/kg	l/mm	a/mm	b/mm
0.80	240	90	36
1.00	260	95	40
1.25	260	100	43
1.50	280	110	45
2.00	300	120	50

10.4.11　什锦锤

什锦锤如图 10-58 所示。什锦锤应有三角锉、锥子、木凿、一字槽螺钉旋杆、十字槽螺钉旋杆五个附件，如图 10-59 所示。

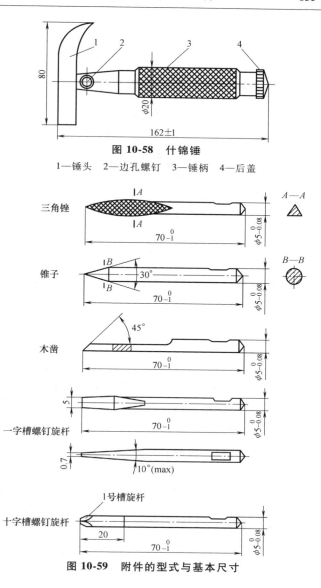

图 10-58　什锦锤

1—锤头　2—边孔螺钉　3—锤柄　4—后盖

三角锉

锥子

木凿

一字槽螺钉旋杆

十字槽螺钉旋杆

图 10-59　附件的型式与基本尺寸

10.5 斧

10.5.1 石工斧

石工斧如图 10-60 所示，其尺寸见表 10-52。

图 10-60　石工斧

表 10-52　石工斧的尺寸

规格重量/kg	刃口宽/mm	锤面尺寸/mm	龙口尺寸/mm
1.5	135	33×74	10×36

10.5.2 木工斧

木工斧如图 10-61 所示，其尺寸见表 10-53。

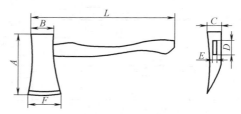

图 10-61　木工斧

表 10-53　木工斧的尺寸（QB/T 2565.5—2002）

规格重量/kg	A/mm ≥	B/mm ≥	C/mm ≥	D/mm	E/mm	F/mm ≥
1.0	120	34	26	32	14	78
1.25	135	36	28	32	14	78
1.5	160	48	35	32	14	78

10.5.3　采伐斧

采伐斧如图 10-62 所示，其尺寸见表 10-54。

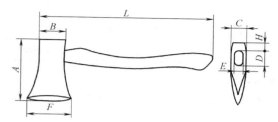

图 10-62　采伐斧

表 10-54　采伐斧的尺寸　(QB/T 2565.2—2002)

规格重量/ kg	L	A/mm ≥	B/mm ≥	C/mm ≥	F/mm ≥	H/mm ≥	D/mm	E/mm
0.7	380	130	50	20	82	15	46	16
0.9	430	155	58	22	92	16	50	18
1.1	510	165	62	22	98	18	60	20
1.3	710	174	68	23	105	19	63	23
1.6		180	74	24	110	20	63	23
1.8		185	76	25	110	21	73	25
2.0	710~910	185	76	26	122	21	73	25
2.2		190	78	27	124	22	73	25
2.4		220	84	28	134	29	75	25

10.5.4　劈柴斧

劈柴斧如图 10-63 所示，其尺寸见表 10-55。

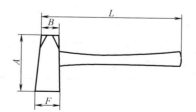

图 10-63　劈柴斧

表 10-55 劈柴斧的尺寸 （QB/T 2565.3—2002）

规格重量/ kg	A/mm ≥	B/mm ≥	C/mm ≥	D/mm	E/mm	F/mm ≥	L/mm
2.5	200	51	49	60	22	90	810~910
3.2	215	56	54	60	22	106	

10.5.5 厨房斧

厨房斧如图 10-64 所示，其尺寸见表 10-56。

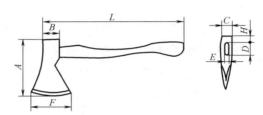

图 10-64 厨房斧

表 10-56 厨房斧的尺寸 （QB/T 2565.4—2002）

规格重量/ kg	A/mm ≥	B/mm ≥	C/mm ≥	D/mm	E/mm	F/mm ≥	H/mm ≥	L/mm
0.6	150	44	18	46	18	102	15	360
0.8	160	48	20	50	20	110	16	380
1.0	170	50	22	50	20	118	18	400
1.2	195	54	25	54	23	122	19	610~810
1.4	200	58	26	54	23	125	20	
1.6	205	60	27	58	25	130	21	710~910
1.8	210	62	28	58	25	135	21	
2.0	215	64	29	58	25	140	22	

10.5.6 多用斧

多用斧如图 10-65 所示，其尺寸见表 10-57。

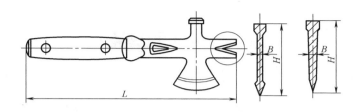

图 10-65 多用斧

表 10-57 多用斧的尺寸（QB/T 2565.6—2002）

规格	L/mm		H/mm ≥	B/mm	
				A 型	B 型
260	260	0	98	8	8
280	280	-3.0	106	8	8
300	300	0	110	9	10
340	340	-4.0	118	9	13

10.6 凿

10.6.1 木凿

木凿如图 10-66 所示，其尺寸见表 10-58。

图 10-66 木凿

表 10-58 木凿的尺寸

种类	凿刃宽度 B/mm
平凿、圆凿	4、6、8、10、13、16、19、22、25
扁凿	13、16、19、22、25、32、38

10.6.2 石工凿

石工凿如图 10-67 所示，其尺寸见表 10-59。

图 10-67　石工凿

表 10-59　石工凿的尺寸

规格	长度/mm	宽度/mm	厚度/mm
1 号	160	120	60
2 号	160	100	60
3 号	160	80	60

10.6.3　无柄斜边平口凿

无柄斜边平口凿如图 10-68 所示，其尺寸见表 10-60。

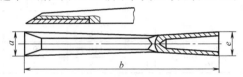

图 10-68　无柄斜边平口凿

表 10-60　无柄斜边平口凿的尺寸

规格	4	6 (1/ 4in)	8 (5/ 16in)	10 (3/ 8in)	13 (1/ 2in)	16 (5/ 8in)	19 (3/ 4in)	22 (7/ 8in)	25 (1in)
a/mm	4	6	8	10	13	16	19	22	25
b/mm≥	150				160				
e/mm≥	$\phi20$			$\phi22$			$\phi24$		

10.6.4　有柄斜边平口凿

有柄斜边平口凿如图 10-69 所示，其尺寸见表 10-61。

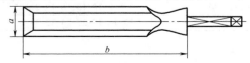

图 10-69　有柄斜边平口凿

表 10-61 有柄斜边平口凿的尺寸

规格	6 (1/4in)	8 (5/16in)	10 (3/8in)	12	13 (1/2in)	16 (5/8in)	18
a/mm	6	8	10	12	13	16	18
b/mm ≥	125					140	

规格	19 (3/4in)	20	22 (7/8in)	25 (1in)	32 (5/4in)	38 (3/2in)
a/mm	19	20	22	25	32	38
b/mm ≥	140				150	

10.6.5 无柄半圆平口凿

无柄半圆平口凿如图 10-70 所示，其尺寸见表 10-62。

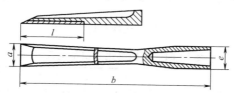

图 10-70 无柄半圆平口凿

表 10-62 无柄半圆平口凿的尺寸

规格	4	6 (1/4in)	8 (5/16in)	10 (3/8in)	13 (1/2in)	16 (5/8in)	19 (3/4in)	22 (7/8in)	25 (1in)
a/mm	4	6	8	10	13	16	19	22	25
b/mm ≥	150				160				
l/mm ≥	40								
e/mm ≥	φ20			φ22			φ24		

10.6.6 有柄半圆平口凿

有柄半圆平口凿如图 10-71 所示，其尺寸见表 10-63。

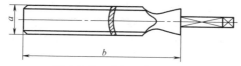

图 10-71 有柄半圆平口凿

表 10-63　有柄半圆平口凿的尺寸

规格	10 （3/8in）	13 （1/2in）	16 （5/8in）	19 （3/4in）	22 （7/8in）	25 （1in）
a/mm	10	13	16	19	22	25
b_{min}/mm	125		140			

10.6.7　无柄平边平口凿

无柄平边平口凿如图 10-72 所示，其尺寸见表 10-64。

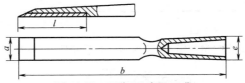

图 10-72　无柄平边平口凿

表 10-64　无柄平边平口凿的尺寸

规格	13 （1/2in）	16 （5/8in）	19 （3/4in）	22 （7/8in）	25 （1in）	32 （5/4in）	38 （3/2in）
a/mm	13	16	19	22	25	32	38
b/mm≥	180			200			
l/mm≥	40						
e/mm≥	$\phi22$			$\phi24$			

10.6.8　有柄平边平口凿

有柄平边平口凿如图 10-73 所示，其尺寸见表 10-65。

图 10-73　有柄平边平口凿

表 10-65　有柄平边平口凿的尺寸

规格	6 （1/4in）	8 （5/16in）	10 （3/8in）	12	13 （1/2in）	16 （5/8in）	18
a/mm	6	8	10	12	13	16	18
b/mm≥	125					140	

（续）

规　格	19 （3/4in）	20	22 （7/8in）	25 （1in）	32 （5/4in）	38 （3/2in）
a/mm	19	20	22	25	32	38
b/mm ≥	140				150	

10.7　剪

10.7.1　纺织手用剪

纺织手用剪如图 10-74 所示，其尺寸见表 10-66。

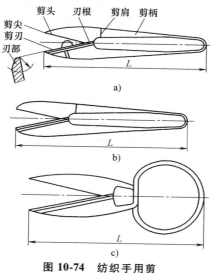

剪尖　剪头　刃根　剪肩　剪柄
剪刃
刃部
L
a)

L
b)

L
c)

图 10-74　纺织手用剪

a）A1 型　b）A2 型　c）B 型

表 10-66　纺织手用剪的尺寸（FZ/T 92051—1995）

类型	剪刀长 L/mm
A 型	92
	100
	125
B 型	105

10.7.2 民用剪

民用剪如图 10-75 所示，其尺寸见表 10-67。

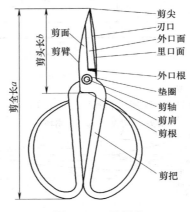

剪尖
刃口
外口面
里口面
外口根
垫圈
剪轴
剪肩
剪根
剪把
剪面
剪臂
剪头长 b
剪全长 a

图 10-75 民用剪

表 10-67 民用剪的尺寸（QB/T 1966—1994）

代号		剪全长 a/mm	剪头长 b/mm
1	A	198	95
	B	215	120
2	A	174	83
	B	200	110
3	A	153	73
	B	185	95
4	A	123	52
	B	160	75
5	A	104	42
	B	145	70

10.7.3 稀果剪

稀果剪如图 10-76 所示，其尺寸见表 10-68。

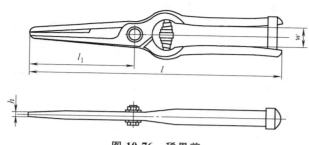

图 10-76　稀果剪

表 10-68　稀果剪的尺寸（QB/T 2289.1—2012）

（单位：mm）

规格	l	l_1	h	w　$\geqslant$
150	150±5	45±5	6±1	15
200	200±5	65±5	8±1	15

注：特殊规格的基本尺寸可不受本表限制。

10.7.4　桑剪

桑剪如图 10-77 所示，其尺寸见表 10-69。

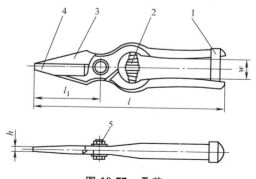

图 10-77　桑剪

1—带扣　2—弹簧　3、4—剪片　5—主轴螺栓

表 10-69　桑剪的尺寸（QB/T 2289.2—2012）

（单位：mm）

规格	l	l_1	h	w ≥
200	200±5	72±5	8±1	15

注：特殊规格的基本尺寸可不受本表限制。

10.7.5　高枝剪

高枝剪如图 10-78 所示，其尺寸见表 10-70。

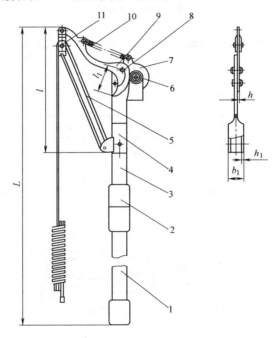

图 10-78　高枝剪

1—伸缩外手柄　2—锁紧旋钮　3—伸缩内手柄　4—工作头

5—拉绳　6—树枝　7—小剪片　8—主轴螺栓

9—大剪片　10—拉簧　11—定滑轮

表 10-70　高枝剪的尺寸（QB/T 2289.3—2012）

（单位：mm）

规格	l	l_1	b_1	h	h_1	L
300	300±10	60±5	$\phi(30\pm5)$	8±1	2±0.5	3500~5500

注：1. L 为伸长后的尺寸。

　　2. 特殊规格的基本尺寸可不受本表限制。

10.7.6　剪枝剪

剪枝剪的类型分为 Z 型（整体型）、S 型（塑料手柄）、L 型（铝合金手柄）、G 型（钢板手柄）、C 型（长柄）、T 型（伸缩柄）。剪枝剪如图 10-79 所示，其尺寸见表 10-71。

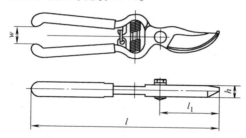

图 10-79　剪枝剪

表 10-71　剪枝剪的尺寸（QB/T 2289.4—2012）

（单位：mm）

产品类型	规格	l	l_1	h	w $\geqslant$
Z 型、S 型、L 型、G 型	150	150±5	45±4	$8_{-2}^{\ 0}$	15
Z 型、S 型、L 型、G 型	180	180±5	60±4		15
Z 型、S 型、L 型、G 型	200	200±10	68±5	12_{-3}^{+1}	15
Z 型、S 型、L 型、G 型	230	230±10	72±5		15
Z 型、S 型、L 型、G 型	250	250±10	75±8	13_{-3}^{+1}	15
C 型	550	550±100	90±10	15_{-3}^{+1}	150
C 型	800	800±100	90±10	15_{-3}^{+1}	150
T 型	900	900(600)±100	90±10	15_{-3}^{+1}	150

注：1. T 型 l 括号内 600 和 w 是伸长前的尺寸。

　　2. 特殊规格的基本尺寸可不受本表限制。

10.7.7　整篱剪

整篱剪按柄部的类型分为 Z 型（整体型）和 T 型（伸缩型）。整篱剪如图 10-80 所示，其尺寸见表 10-72。

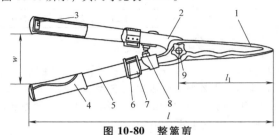

图 10-80　整篱剪

1—大剪片　2—小剪片　3—伸缩柄限位块　4—手柄套　5—伸缩柄
6—伸缩柄锁座　7—伸缩柄锁扣　8—碰块　9—主轴螺栓

表 10-72　整篱剪的尺寸（QB/T 2289.5—2012）

（单位：mm）

产品类型	规格	l	l_1	w　≥
Z 型	600	600±50	200±10	150
	700	700±50	250±10	150
T 型	800	800（650）±50	200±10	150
	1100	1100（750）±50	250±10	150

注：1. 对于 T 型，l 括号内（650）和（750）是伸长前的尺寸。
　　2. 特殊规格的基本尺寸可不受本表限制。

10.8　刀

10.8.1　菜刀

菜刀如图 10-81 所示，其尺寸见表 10-73。

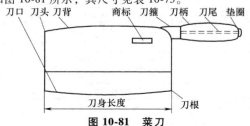

刀口　刀头　刀背　　　商标　刀箍　刀柄　刀尾　垫圈

刀身长度　　　　刀根

图 10-81　菜刀

表 10-73　菜刀的尺寸　　（单位：mm）

类型	规格							
	1 号	2 号	3 号	4 号	5 号	6 号	7 号	8 号
	刀身长度/mm							
A	220±2	210±2	200±2	190±2	180±2	170±2	160±2	150±2
B	215±2	205±2	195±2	185±2	175±2	165±2	155±2	145±2

10.8.2　电工刀

电工刀如图 10-82 所示，其尺寸见表 10-74。

图 10-82　电工刀

表 10-74　电工刀的尺寸　　（单位：mm）

类型	规格	刀柄长度/mm	类型	规格	刀柄长度/mm
A	1 号	115	B	1 号	115
	2 号	105		2 号	105
	3 号	95		3 号	95

10.8.3　滚花刀

滚花刀如图 10-83 所示，其尺寸见表 10-75。

图 10-83　滚花刀

表 10-75　滚花刀的尺寸

滚花轮数目	单轮、双轮、六轮
滚花轮花纹种类	直纹、右斜纹、左斜纹
滚花轮花纹齿距/mm	0.6、0.8、1、1.2、1.6

10.8.4　竹刀

竹刀是指用来劈制竹片及进行表面修理用的工具，如图 10-84 所示，一般有 0.7mm、0.8mm、0.9mm、1.0mm、1.1mm、1.2mm 和 1.3mm 等规格。

10.8.5　切苇刀

切苇刀各部分名称如图 10-85 所示。刀片分为飞刀（见图 10-86）、底刀（见图 10-87）、侧刀（见图 10-88）三种类型。

图 10-84　竹刀

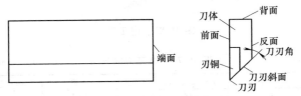

图 10-85　切苇刀各部分名称

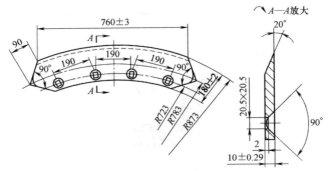

图 10-86　飞刀

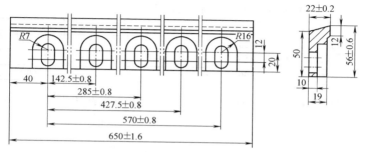

图 10-87 底刀

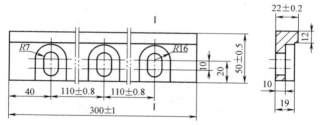

图 10-88 侧刀

10.8.6 切纸上下圆刀

1. 切纸上圆刀

1）A 型切纸上圆刀如图 10-89 所示，其尺寸见表 10-76。

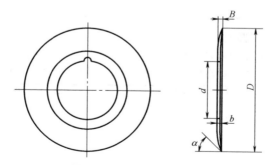

图 10-89 A 型切纸上圆刀

表 10-76　A 型切纸上圆刀的尺寸 （QB/T 1567—1992）

外径 D/mm	内径 d/mm	厚度 b/mm	高度 B/mm	角度 α/(°)
$\phi125$	$\phi33$	3	5	45
$\phi130$	$\phi60$			
$\phi150$	$\phi90$	2		60

2）B 型切纸上圆刀如图 10-90 所示，其尺寸见表 10-77。

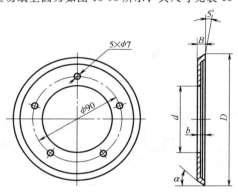

图 10-90　B 型切纸上圆刀

表 10-77　B 型切纸上圆刀的尺寸 （QB/T 1567—1992）

外径 D/mm	内径 d/mm	厚度 b/mm	高度 B/mm	角度 α/(°)
$\phi135$	$\phi75$	2.5	5	35
$\phi150$				

2. 切纸下圆刀

C 型切纸下圆刀如图 10-91 所示，其尺寸见表 10-78。

表 10-78　C 型切纸下圆刀的尺寸 （QB/T 1567—1992）

外径 D/mm	内径 d/mm	高度 B/mm	角度 α/(°)
$\phi114$	$\phi100$	40	30
$\phi136$	$\phi120$	50	
$\phi152$	$\phi140$	50	
$\phi200$	$\phi180$	55	

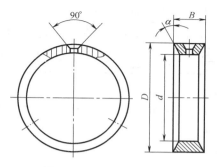

图 10-91 C 型切纸下圆刀

3. 切纸多刃底刀

D 型、E 型切纸多刃底刀如图 10-92、图 10-93 所示，其尺寸见表 10-79。

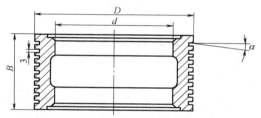

图 10-92 D 型切纸多刃底刀

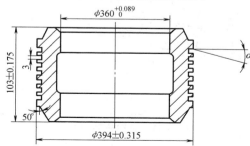

图 10-93 E 型切纸多刃底刀

表 10-79　D 型和 E 型切纸多刃底刀的尺寸（QB/T 1567—1992）

外径 D/mm	内径 d/mm	高度 B/mm	槽宽 /mm	齿数	槽数	角度 α/(°)
φ200	φ165	92	3	10	11	≥7
φ409	φ374	88		9	10	

10.8.7　管子割刀

通用型管子割刀如图 10-94 所示，轻型管子割刀如图 10-95 所示，其尺寸见表 10-80。

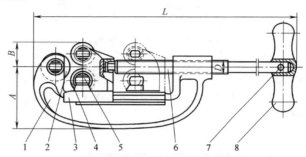

图 10-94　通用型管子割刀

1—割刀体　2—刀片　3—滑块　4—滚轮　5—轴销　6—螺杆　7—手柄锁　8—手柄

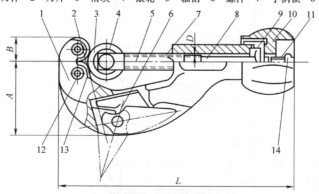

图 10-95　轻型管子割刀

1—割刀体　2—刮刀片　3—刀片　4—刀片螺钉　5—刀杆　6—撑簧　7—刮刀销
8—螺杆　9—螺母　10—手轮　11—垫圈　12—滚轮轴　13—滚轮　14—半圆头螺钉

表 10-80　管子割刀的尺寸（QB／T 2350—1997）

（单位：mm）

类型	规格代号	基本尺寸				可切断管子的最大外径和壁厚
		A	B	L	D	
轻型	1	41	12.7	124	左 M8×1	25×1
通用型	1	60	22	260	M12×17.5	33.50×3.25
	2	76	31	375	M16×2	60×3.50
	3	111	44	540	M20×2.5	88.50×4
	4	143	63	665	M20×2.5	114×4

10.8.8　砂轮整形刀

砂轮整形刀如图 10-96 所示，其尺寸见表 10-81。

图 10-96　砂轮整形刀

表 10-81　砂轮整形刀的尺寸　（单位：mm）

直径	孔径	厚度
34	7	1.25
34	7	1.5

10.8.9　金刚石砂轮整形刀

金刚石砂轮整形刀如图 10-97 所示，其尺寸见表 10-82。

图 10-97　金刚石砂轮整形刀

表 10-82　金刚石砂轮整形刀的尺寸

金刚石型号	每粒金刚石含量		适用修整砂轮尺寸（直径×厚度）/mm
	克拉	mg	
100～300	0.10～0.30	20～60	≤100×12
300～500	0.30～0.50	60～100	100×12～200×12
500～800	0.50～0.80	100～160	200×12～300×15
800～1000	0.80～1.00	160～200	300×15～400×20
1000～2500	1.00～2.50	200～500	400×20～500×30
≥3000	≥3.00	≥600	≥500×40

10.8.10　金刚石玻璃刀

金刚石玻璃刀如图 10-98 所示，其尺寸见表 10-83。

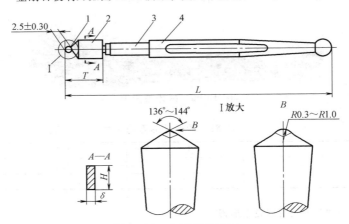

图 10-98　金刚石玻璃刀

1—刀头　2—刀板　3—铜梗　4—木柄

表 10-83　金刚石玻璃刀的尺寸（QB/T 2097.1—1995）

（单位：mm）

规格代号	全长 L	刀板长 T	刀板宽 H	刀板厚 δ
1～3	182	25	13	5
4～6	184	27	16	6

10.8.11　金刚石圆规刀

金刚石圆规刀是用来裁割圆形平板玻璃的工具，如图 10-99 所示。裁割玻璃板的厚度为 1~3mm，直径为 35~200mm。

图 10-99　金刚石圆规刀

10.9　手工建筑工具

10.9.1　泥抹子

泥抹子如图 10-100 所示，其尺寸见表 10-84 和表 10-85。

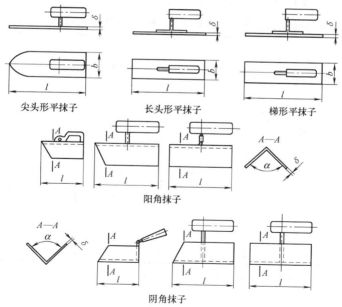

图 10-100　泥抹子

表 10-84　尖头形平抹子的尺寸（QB/T 2212. 2—2011）

（单位：mm）

规格 l	b	δ
220	80	
230	85	
240	90	
250	90	
260	95	≥0. 7
280	100	
300	100	
320	110	

注：特殊类型和其他规格可不受本表限制。

表 10-85　阳角抹子和阴角抹子的尺寸（QB/T 2212. 2—2011）

规格 l/mm	δ/mm	α/（°）	
		阳角抹子	阴角抹子
100			
110			
120			
130			
140	≥1. 0	92±1	88±1
150			
160			
170			
180			

注：特殊类型和其他规格可不受本表限制。

10.9.2　泥压子

泥压子如图 10-101 所示，其尺寸见表 10-86。

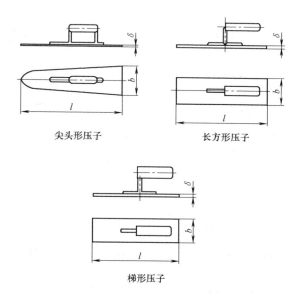

尖头形压子 长方形压子

梯形压子

图 10-101 泥压子

表 10-86 泥压子的尺寸（QB/T 2212.3—2011）

（单位：mm）

规格 l	b	δ
190	50	
195	50	
200	55	≥1.0
205	55	
210	60	

注：特殊类型和其他规格可不受本表限制。

10.9.3 砌铲

砌铲如图 10-102 所示，其尺寸见表 10-87～表 10-89。

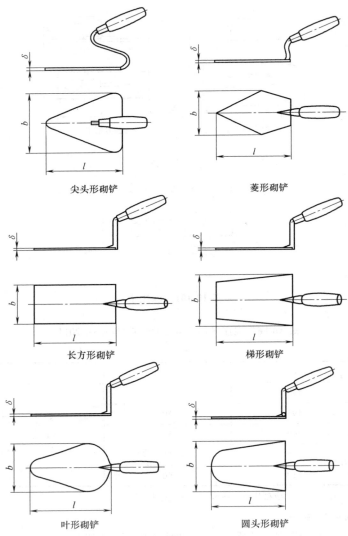

尖头形砌铲　　　　　　　　　菱形砌铲

长方形砌铲　　　　　　　　　梯形砌铲

叶形砌铲　　　　　　　　　圆头形砌铲

图 10-102　砌铲

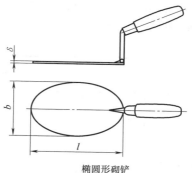

椭圆形砌铲

图 10-102 砌铲（续）

表 10-87 尖头形砌铲的尺寸（QB/T 2212.4—2011）

（单位：mm）

规格 l	b	δ
140	170	
145	175	
150	180	
155	185	
160	190	≥1.0
165	195	
170	200	
175	205	
180	210	
185	215	

注：特殊类型和其他规格可不受本表限制。

表 10-88 菱形砌铲的尺寸（QB/T 2212.4—2011）

（单位：mm）

规格 l	b	δ
180	125	
200	140	
230	160	≥1.0
250	175	

注：特殊类型和其他规格可不受本表限制。

表 10-89　长方形砌铲、梯形砌铲、叶形砌铲、圆头形砌铲、
椭圆形砌铲的尺寸 （QB/T 2212.4—2011）

（单位：mm）

规格 l	b	δ
125	60	
140	70	
150	75	
165	80	
180	90	
190	95	≥1.0
200	100	
215	105	
230	115	
240	120	
250	125	

注：特殊类型和其他规格可不受本表限制。

10.9.4　砌刀

砌刀如图 10-103 所示，其尺寸见表 10-90。

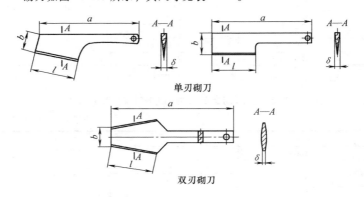

单刃砌刀

双刃砌刀

图 10-103　砌刀

表 10-90 砌刀的尺寸 （QB/T 2212.5—2011）

（单位：mm）

规格 l	b	a	δ
135	50	335	≥4.0
140	50	340	
145	50	345	
150	50	350	
155	55	355	
160	55	360	≥6.0
165	55	365	
170	60	370	
175	60	375	
180	60	380	

注：1. 刃口厚度不小于 1.0mm。

2. 特殊类型和其他规格可不受本表限制。

10.9.5 打砖工具

1. 打砖刀

打砖刀如图 10-104 所示，其尺寸见表 10-91。

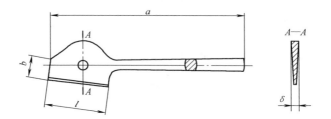

图 10-104 打砖刀

表 10-91 打砖刀的尺寸 （QB/T 2212.6—2011）

规格 l	b	a	δ
110	75	300	≥6.0

注：特殊类型和其他规格可不受本表限制。

2. 打砖斧

打砖斧如图 10-105 所示，其尺寸见表 10-92。

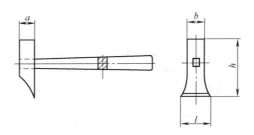

图 10-105　打砖斧

表 10-92　打砖斧的尺寸　（QB/T 2212.6—2011）

规格 l	a	b	h
50	20	25	110
55	25	30	120

注：特殊类型和其他规格可不受本表限制。

10.9.6　勾缝器

1. 分格器

分格器如图 10-106 所示，其尺寸见表 10-93。

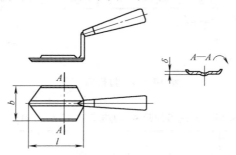

图 10-106　分格器

表 10-93　分格器的尺寸（QB/T 2212.7—2011）

（单位：mm）

规格 l	b	δ
80	45	
100	60	$\geqslant 1.5$
110	65	

注：特殊类型和其他规格可不受本表限制。

2. 缝溜子

缝溜子如图 10-107 所示，其尺寸见表 10-94。

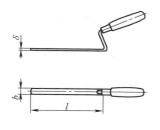

图 10-107　缝溜子

表 10-94　缝溜子的尺寸（QB/T 2212.7—2011）

（单位：mm）

规格 l	b	δ
100		
110		
120		
130	10	$\geqslant 2.5$
140		
150		
160		

注：特殊类型和其他规格可不受本表限制。

3. 缝扎子

缝扎子如图 10-108 所示，其尺寸见表 10-95。

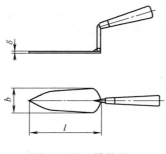

图 10-108　缝扎子

表 10-95　缝扎子的尺寸（QB/T 2212.7—2011）

（单位：mm）

规格 l	b	δ
50	20	
80	25	
90	30	
100	35	
110	40	≥1.0
120	45	
130	50	
140	55	
150	60	

注：特殊类型和其他规格可不受本表限制。

10.10　锹和镐

10.10.1　钢锹

钢锹按其用途和形状分为：农用锹、尖锹、方锹、煤锹和深翻锹，如图 10-109~图 10-113 所示，其尺寸见表 10-96。

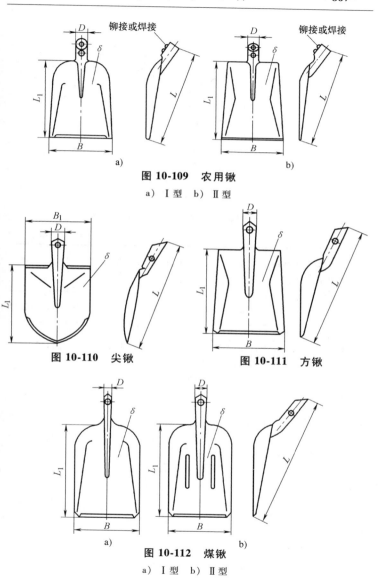

图 10-109 农用锹

a）Ⅰ型 b）Ⅱ型

图 10-110 尖锹

图 10-111 方锹

图 10-112 煤锹

a）Ⅰ型 b）Ⅱ型

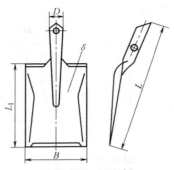

图 10-113　深翻锹

表 10-96　钢锹的尺寸 （QB/T 2095—1995）

（单位：mm）

分类	类型代号	规格代号	全长 L	身长 L_1	前幅宽 B	后幅宽 B_1	锹裤外径 D	厚度 δ
农用锹	I II	—	345±10	290±5	230±5	—	42±1	1.7±0.15
尖锹	—	1 号	460±10	320±5	—	260±5	37±1	1.6±0.15
		2 号	425±10	295±5		235±5		
		3 号	380±10	265±5		220±5		
方锹	—	1 号	420±10	295±5	250±5		37±1	1.6±0.15
		2 号	380±10	280±5	230±5			
		3 号	340±10	235±5	190±5			
煤锹	I II	1 号	550±12	400±6	285±5	—	38±1	1.6±0.15
		2 号	510±12	380±6	275±5			
		3 号	490±12	360±6	250±5			
深翻锹	—	1 号	450±10	300±5	190±5		37±1	1.7±0.15
		2 号	400±10	265±5	170±5			
		3 号	350±10	225±5	150±5			

10.10.2　钢镐

1. 双尖钢镐

双尖钢镐如图 10-114 所示，其尺寸见表 10-97 和表 10-98。

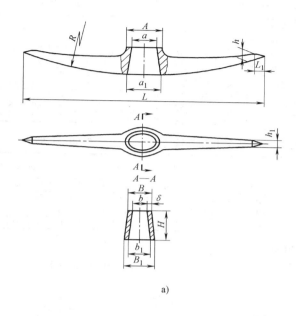

a)

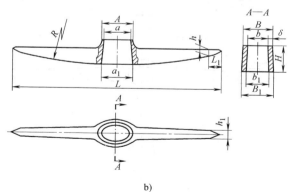

b)

图 10-114　双尖钢镐

a）A 型　b）B 型

表 10-97　　双尖 A 型钢镐的尺寸 （QB/T 2290—1997）

规格重量/kg	总长 L/mm	镐身圆弧 R/mm	柄孔尺寸/mm									尖部尺寸/mm		
			A	a	a_1	B	b	b_1	B_1	H	δ	L_1	h	h_1
1.5	450	700	60	50	60	45	35	40	56	54	5	20	15	13
2	500	800	68	58	70	48	38	45	65	62	5	25	17	14
2.5	520	800	68	58	70	48	38	45	65	62	5	25	17	14
3	560	1000	76	64	76	52	40	48	68	65	6	30	18	16
3.5	580	1000	76	64	76	52	40	48	68	65	6	30	18	16
4	600	1000	76	64	76	52	40	48	68	65	6	30	18	17

表 10-98　　双尖 B 型钢镐的尺寸 （QB/T 2290—1997）

规格重量/kg	总长 L/mm	镐身圆弧 R/mm	柄孔尺寸/mm									尖部尺寸/mm		
			A	a	a_1	B	b	b_1	B_1	H	δ	L_1	h	h_1
3	500	1000	76	64	76	52	40	48	68	65	6	30	18	16
3.5	520	1000	76	64	76	52	40	48	68	65	6	30	20	16
4	540	1000	76	64	76	52	40	48	68	65	6	30	20	17

2. 尖扁钢镐

尖扁钢镐如图 10-115 所示，其尺寸见表 10-99 和表 10-100。

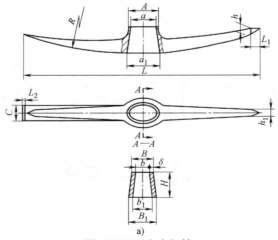

图 10-115　　尖扁钢镐

a）A 型

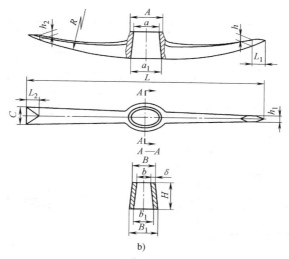

图 10-115　尖扁钢镐（续）

b）B 型

表 10-99　尖扁 A 型钢镐的尺寸（QB/T 2290—1997）

规格重量/kg	总长 L/mm	镐身圆弧 R/mm ≤	柄孔尺寸/mm									尖部尺寸/mm			扁部尺寸/mm	
			A	a	a_1	B	b	b_1	B_1	H	δ	L_1	h	h_1	C	L_2
1.5	450	700	60	50	60	45	35	40	56	54	5	20	15	13	30	4
2	500	800	68	58	70	48	38	45	65	62	5	25	17	14	35	5
2.5	520	800	68	58	70	48	38	45	65	62	5	25	17	14	38	5
3	560	1000	76	64	76	52	40	48	68	65	6	30	18	15	40	6
3.5	600	1000	76	64	76	52	40	48	68	65	6	30	19	16	42	6
4	620	1000	76	64	76	52	40	48	68	65	6	30	20	17	44	7

表 10-100　尖扁 B 型钢镐的尺寸（QB/T 2290—1997）

规格重量/kg	总长 L/mm	镐身圆弧 R/mm ≤	柄孔尺寸/mm									尖部尺寸/mm			扁部尺寸/mm		
			A	a	a_1	B	b	b_1	B_1	H	δ	L_1	h	h_1	C	h_2	L_2
1.5	420	670	60	50	60	45	35	40	56	54	5	30	18	15	45	14	35

（续）

规格重量/kg	总长 L /mm	镐身圆弧 R /mm ≤	柄孔尺寸/mm									尖部尺寸/mm			扁部尺寸/mm		
			A	a	a_1	B	b	b_1	B_1	H	δ	L_1	h	h_1	C	h_2	L_2
2.5	520	800	68	58	70	48	38	45	65	62	5	25	17	14	38	16	28
3	550	1000	76	64	76	52	40	48	68	65	6	30	21	17	40	17	40
3.5	570	1000	76	64	76	52	40	48	68	65	6	30	22	18	42	17	40

10.10.3　耙镐

耙镐及其尺寸如图10-116所示。

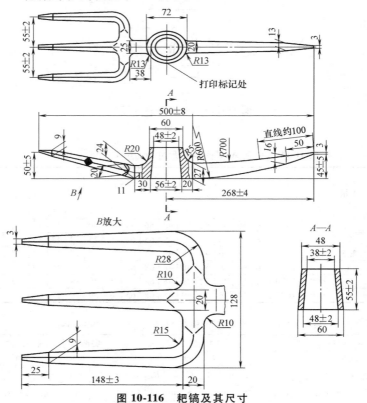

图 10-116　耙镐及其尺寸

第11章 木工工具

11.1 木工锯

11.1.1 木工圆锯片

木工圆锯片如图 11-1 所示，其尺寸见表 11-1。

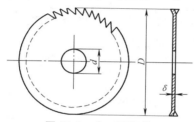

图 11-1 木工圆锯片

表 11-1 木工圆锯片的尺寸（GB/T 13573—1992）

（单位：mm）

外径 D	孔径 d	厚度 δ					齿数/个
		1	2	3	4	5	
160	20(30)	0.8	1.0	1.2	1.6	—	
（180）		0.8	1.0	1.2	1.6	2.0	
200		0.8	1.0	1.2	1.6	2.0	
（225）		0.8	1.0	1.2	1.6	2.0	
250	30 或 60	0.8	1.0	1.2	1.6	2.0	
（280）		0.8	1.0	1.2	1.6	2.0	
315		1.0	1.2	1.6	2.0	2.5	80 或 100
（355）		1.0	1.2	1.6	2.0	2.5	
400		1.0	1.2	1.6	2.0	2.5	
（450）	30 或 85	1.2	1.6	2.0	2.5	3.2	
500		1.2	1.6	2.0	2.5	3.2	
（560）		1.2	1.6	2.0	2.5	3.2	

（续）

外径 D	孔径 d	厚度 δ					齿数/个
		1	2	3	4	5	
630	30 或 85	1.6	2.0	2.5	3.2	4.0	
(710)		1.6	2.0	2.5	3.2	4.0	
800	40 或（50）	1.6	2.0	2.5	3.2	4.0	
(900)		2.0	2.5	3.2	4.0	5.0	80 或 100
1000		2.0	2.5	3.2	4.0	5.0	
1250	60	—	3.2	3.6	4.0	5.0	
1600		—	3.2	4.5	5.0	6.0	
2000		—	3.6	5.0	7	—	

注：括号内尺寸尽量避免使用，用户特殊要求例外。

11.1.2　木工硬质合金圆锯片

木工硬质合金圆锯片如图 11-2 所示，其尺寸见表 11-2。

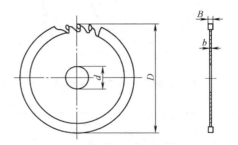

图 11-2　木工硬质合金圆锯片

表 11-2　木工硬质合金圆锯片的尺寸（GB/T 14388—2010）

（单位：mm）

D	B	b	d	近似齿距					
				10	13	16	20	30	40
				齿数					
100	2.5	1.6	20	32	24	20	16	10	8
125				40	32	24	20	12	10
(140)					36	28	24	16	12
160				48	40	32			

（续）

D	B	b	d	近似齿距					
				10	13	16	20	30	40
				齿数					
（180）	2.5	1.6	30	56	40	36	28		
	3.2	2.2							
	2.5	1.6	60						
	3.2	2.2						20	
200	2.5	1.6	30	64	48	40	32		16
	3.2	2.2							
	2.5	1.6	60						
	3.2	2.2							
（225）	2.5	1.6	30	72	56		36	24	
	3.2	2.2							
	2.5	1.6	60						
	3.2	2.2							
250	2.5	1.6	30			48			
	3.2	2.2							
	3.6	2.6							
	2.5	1.6	60	80					
	3.2	2.2							
	3.6	2.6							
	2.5	1.6	（85）						
	3.2	2.2							
	3.6	2.6							
（280）	2.5	1.6	30		64		40	28	20
	3.2	2.2							
	3.6	2.6							
	2.5	1.6	60						
	3.2	2.2		96	56				
	3.6	2.6							
	2.5	1.6	（85）						
	3.2	2.2							
	3.6	2.6							
315	2.5	1.6	30						
	3.2	2.2							

（续）

D	B	b	d	近似齿距					
				10	13	16	20	30	40
				齿数					
315	3.6	2.6	30	96	72	64	48	32	24
	2.5	1.6	60						
	3.2	2.2	60						
	3.6	2.6	60						
	2.5	1.6	(85)						
	3.2	2.2	(85)						
	3.6	2.6	(85)						
(355)	2.5	2.2	30	112		72	56	36	28
	3.2	2.6	30						
	4.0	2.8	30						
	4.5	3.2	30						
	3.2	2.2	60						
	3.6	2.6	60						
	4.0	2.8	60						
	4.5	3.2	60						
	3.2	2.2	(85)						
	3.6	2.6	(85)						
	4.0	2.8	(85)						
	4.5	3.2	(85)		96				
400	3.2	2.2	30	128		80	64	40	32
	3.6	2.6	30						
	4.0	2.8	30						
	4.5	3.2	30						
	3.2	2.2	60						
	3.6	2.6	60						
	4.0	2.8	60						
	4.5	3.2	60						
	3.2	2.2	(85)						
	3.6	2.6	(85)						
	4.0	2.8	(85)						
	4.5	3.2	(85)						

（续）

D	B	b	d	近似齿距					
				10	13	16	20	30	40
				齿数					
(450)	3.6	2.6	30	—	112		72		36
	4.0	2.8	30						
	4.5	3.2	30						
	5.0	3.6	30						
	3.6	2.6	85						
	4.0	2.8	85						
	4.5	3.2	85						
	5.0	3.6	85						
500	3.6	2.6	30	—		96		48	
	4.0	2.8	30						
	4.5	3.2	30						
	5.0	3.6	30						
	3.6	2.6	85		128		80		40
	4.0	2.8	85						
	4.5	3.2	85						
	5.0	3.6	85						
(560)	4.5	3.2	30	—	—	112		56	
	5.0	3.6	30						
	4.5	3.2	85				96		48
	5.0	3.6	85						
630	4.5	3.2	40	—	—	128		64	
	5.0	3.6	40						

注：括号内的尺寸尽量避免采用。

11. 1. 3　木工锯条

木工锯条如图 11-3 所示，其尺寸见表 11-3。

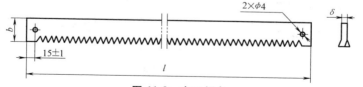

图 11-3　木工锯条

表 11-3　木工锯条的尺寸（QB/T 2094.1—2015）

（单位：mm）

规格	长度 l	宽度 b	厚度 δ
400	400	22	
450	450	25	0.50
500	500	25	
550	550	32	
600	600	32	0.60
650	650	38	
700	700		
750	750	38	
800	800	44	0.70
850	850		
900	900		
950	950		
1000	1000	44	0.80
1050	1050	50	0.90
1100	1100		
1150	1150		

11.1.4　木工绕锯条

木工绕锯条如图 11-4 所示，其尺寸见表 11-4。

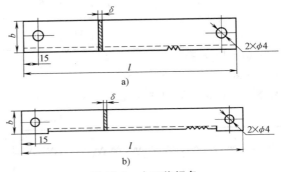

图 11-4　木工绕锯条

a）A 型　b）B 型

表 11-4 木工绕锯条的尺寸 (QB/T 2094.4—2015)

(单位：mm)

规格	长度 l	宽度 b	厚度 δ
400	400		
450	450		0.50
500	500		
550	550	10	
600	600		
650	650		0.60
700	700		0.70
750	750		
800	800		

11.1.5 细木工带锯条

细木工带锯条如图 11-5 所示，其尺寸见表 11-5。

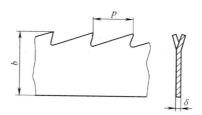

图 11-5 细木工带锯条

表 11-5 细木工带锯条的尺寸 (GB/T 21690—2008)

(单位：mm)

宽度 b	厚度 δ	齿距 p	厚度 δ	齿距 p	厚度 δ	齿距 p
6.3	(0.4)	(3.2)	0.5	4	(0.6)	(5)
10	(0.4)	(4)	0.5	6.3	(0.6)	(6.3)
12.5			(0.5)	(6.3)	0.6	6.3
16			(0.5)	(6.3)	0.6	6.3
20			0.5	6.3	0.7	8
25			0.5	6.3	0.7	8
(30)					0.7	10

（续）

宽度 b	厚度 δ	齿距 p	厚度 δ	齿距 p	厚度 δ	齿距 p
32					0.7	10
（35）					0.7	10
40					0.8	10
（45）					0.8	10
50					0.9	12.5
63					0.9	12.5

注：1. 表格中规定的齿距仅仅适用于图 11-5 中的齿形。
　　2. 尽可能不选择括号内尺寸。

11.2　木工钻

11.2.1　手用支罗钻

手用支罗钻如图 11-6 所示，其尺寸见表 11-6。

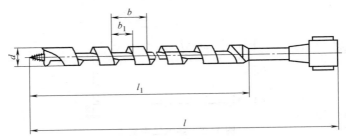

图 11-6　手用支罗钻

表 11-6　手用支罗钻的尺寸（QB/T 1736—2018）

（单位：mm）

规格	d	b	b_1	l	l_1
6	6	17	10		
8	8	17	10		
10	10	20	12		
11	11	20	12	150～610	70～340
12	12	24	14		
13	13	24	14		

（续）

规格	d	b	b_1	l	l_1
14	14	28	17		
15	15	28	17		
16	16	30	18		
17	17	30	18		
18	18	34	21		
19	19	34	21		
20	20	36	22		
21	21	36	22		
22	22	36	22		
23	23	36	22	150～610	70～340
24	24	36	22		
25	25	36	22		
26	26	38	23		
28	28	38	23		
30	30	40	24		
32	32	40	24		
34	34	44	25		
36	36	44	25		
38	38	44	25		

11.2.2　机用支罗钻

机用支罗钻如图 11-7 所示，其尺寸见表 11-7。

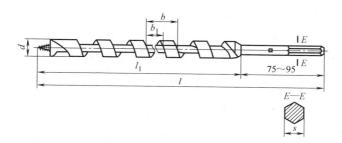

图 11-7　机用支罗钻

表 11-7　机用支罗钻的尺寸（QB/T 1736—2018）

（单位：mm）

规格	d	b	b_1	s	l	l_1
6	6	17	10	5.0		
8	8	17	10	7.0		
10	10	20	12	9.0		
11	11	20	12	9.0		
12	12	24	14	9.0		
13	13	24	14	9.0		
14	14	28	17	9.0		
15	15	28	17	9.0		
16	16	30	18	9.0		
17	17	30	18	9.0		
18	18	34	21	9.0		
19	19	34	21	9.0		
20	20	36	22	11.0		
21	21	36	22	11.0	100~1000	25~925
22	22	36	22	11.0		
23	23	36	22	11.0		
24	24	36	22	11.0		
25	25	36	22	11.0		
26	26	38	23	11.0		
28	28	38	23	11.0		
30	30	40	24	11.0		
32	32	40	24	11.0		
34	34	44	25	11.0		
36	36	44	25	11.0		
38	38	44	25	11.0		
40	40	44	25	11.0		
52	52	45	26	12.5		

11.2.3 三尖木工钻

三尖木工钻如图 11-8 所示，其尺寸见表 11-8。

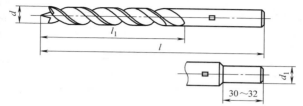

图 11-8 三尖木工钻

表 11-8 三尖木工钻的尺寸（QB/T 1736—2018）

（单位：mm）

规格	d	d_1	l	l_1
4	4		80	48
5	5		90	56
6	6		100	62
7	7	—	110	68
8	8		120	75
9	9		130	82
10	10		160	95
11	11	10	165	100
12	12		170	105
13	13		175	110
14	14		180	115
15	15		185	120
16	16		190	125
18	18		200	130
20	20		210	140
22	22	13	220	150
24	24		235	160
26	26		250	170
28	28		260	180
30	30		270	190
32	32		280	195

（续）

规格	d	d_1	l	l_1
34	34		285	200
36	36		290	205
38	38	13	295	210
40	40		300	215
45	45		310	225
50	50		325	240

11.2.4　木工方凿钻

1）木工方凿钻是由空心凿刀和钻头组合而成的一种复合刀具，如图 11-9 所示。空心凿刀须有出屑口，如图 11-10 所示。钻头切削部分采用蜗旋式（Ⅰ型）或螺旋式（Ⅱ型），如图 11-11 所示。

图 11-9　木工方凿钻

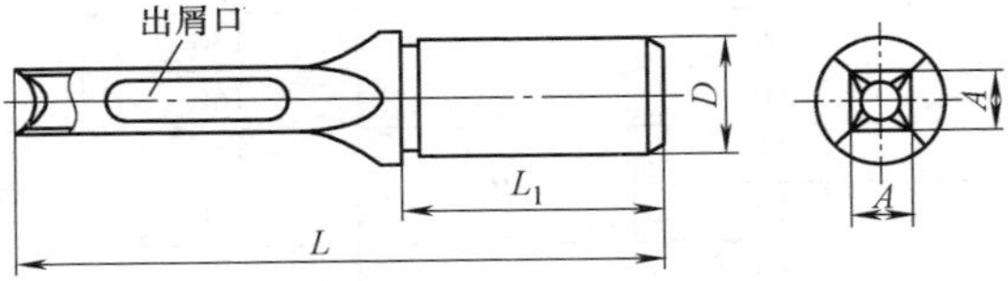

图 11-10　空心凿刀

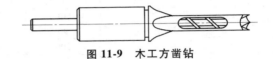

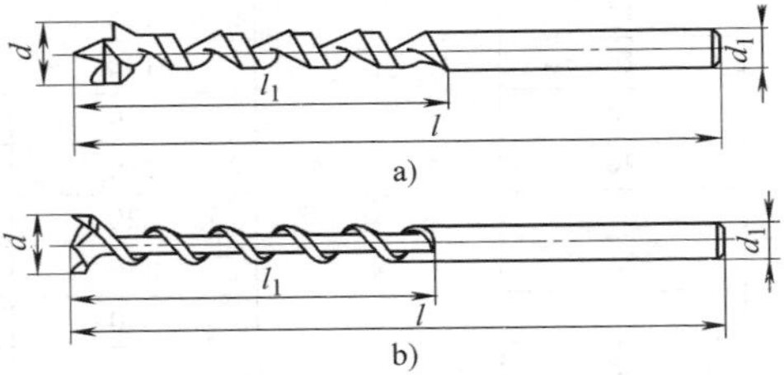

a)

b)

图 11-11　钻头切削部分

a）蜗旋式（Ⅰ型）　b）螺旋式（Ⅱ型）

2）木工方凿钻中空心凿刀和钻头的尺寸见表 11-9。

表 11-9 木工方凿钻中空心凿刀和钻头的尺寸（JB/T 3872—2010）

（单位：mm）

方凿钻规格	空心凿刀				钻头			
	A	D	L_1	L	d	d_1	l_1	l
6.3	6.3	19	40	100~150	6	7~10	50~80	160~250
8	8				7.8			
9.5	9.5				9.2			
10	10				9.8			
11	11				10.8			
12	12				11.8			
12.5	12.5				12.3			
14	14				13.8	11~16		
16	16				15.8			
20	20	28.5	50	200~220	19.8		90~180	255~315
22	22				21.8	18~22		
25	25				24.8			

11.2.5 木工销孔钻

木工销孔钻如图 11-12~图 11-15 所示，其尺寸见表 11-10。

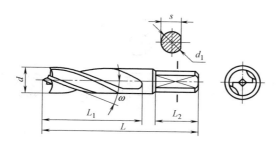

图 11-12 I 型木工销孔钻

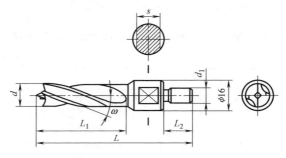

图 11-13　Ⅱ型木工销孔钻

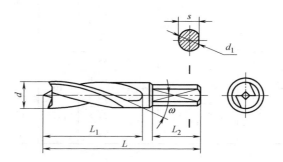

图 11-14　Ⅲ型木工销孔钻

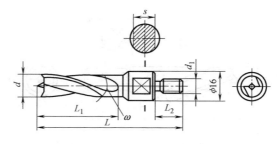

图 11-15　Ⅳ型木工销孔钻

表 11-10 木工销孔钻的尺寸（JB/T 9947—2018）

d/mm		d_1/mm	$\omega/(°)$	L/mm	L_1/mm	L_2/mm	s/mm
第 1 系列	第 2 系列						
5	4.8	10				22	9
		M8				15	12
		M10					
6	5.8	10		57.5	32	22	9
		M8				15	12
		M10					
7	6.8	10		70	45	22	9
		M8				15	12
		M10					
8	7.8	10				22	9
		M8				15	12
		M10					
9	8.8	10	15~20			22	9
		M8				15	12
		M10					
10	9.8	10				22	9
		M8				15	12
		M10					
12	11.8	10		85	60	22	9
		M8				15	12
		M10					
14	13.8	10				22	9
		M8				15	12
		M10					
16	15.8	10				22	9
		M8				15	12
		M10					

11.2.6 木工硬质合金销孔钻

1. 整体硬质合金通孔钻（A 型）

整体硬质合金通孔钻（A 型）如图 11-16 所示，其尺寸见表 11-11。

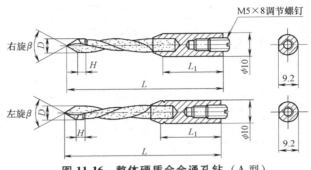

图 11-16　整体硬质合金通孔钻（A 型）

表 11-11　整体硬质合金通孔钻（A 型）的尺寸（JB/T 10849—2008）

（单位：mm）

D/mm	3、4、5、6、7、8
L/mm	57、70
L_1/mm	20、27
H/mm	2
β/（°）	60±1

2. 整体硬质合金不通孔钻（B 型）

整体硬质合金不通孔钻（B 型）如图 11-17 所示，其尺寸见表 11-12。

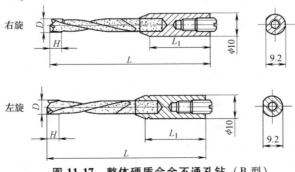

图 11-17　整体硬质合金不通孔钻（B 型）

表 11-12　整体硬质合金不通孔钻（B 型）的尺寸（JB/T 10849—2008）

（单位：mm）

D	3	4	5	6	7	8
L	57、70					
L_1	20、27					
H	3.5	4.5	4.5	5	5.5	6

3. 单粒硬质合金通孔钻（C 型）

单粒硬质合金通孔钻（C 型）如图 11-18 所示，其尺寸见表 11-13。

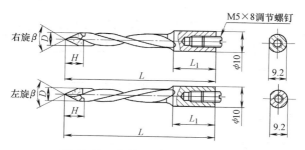

图 11-18　单粒硬质合金通孔钻（C 型）

表 11-13　单粒硬质合金通孔钻（C 型）的尺寸（JB/T 10849—2008）

D/mm	4	5	6	7	8	9	10	11	12	13	14	15	16
L/mm	57、70												
L_1/mm	20、27												
H/mm	6	7	8.5	11	11	13.5	13.5	14.5	15	16	18	19	20
β/(°)	60±1												

4. 单粒硬质合金不通孔钻（D 型）

单粒硬质合金不通孔钻（D 型）如图 11-19 所示，其尺寸见表 11-14。

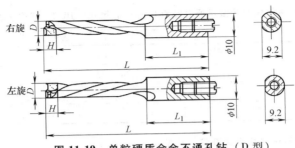

图 11-19　单粒硬质合金不通孔钻（D型）

表 11-14　单粒硬质合金不通孔钻（D型）的尺寸（JB/T 10849—2008）

（单位：mm）

D	3	4	5	6	7	8	9	10	11	12	13	14	15	16
L	57、70													
L_1	20、27													
H	4.5		5.5		6.5			7.5				8.5		

11.3　木工刀

11.3.1　电刨用刨刀

1. A型双面刨刀

A型双面刨刀如图 11-20 所示，其尺寸见表 11-15。

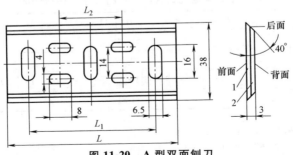

图 11-20　A型双面刨刀

1—刃刀　2—刀体

表 11-15　A 型双面刨刀的尺寸（JB/T 9603—2013）

（单位：mm）

长度 L	固定孔中心距 L_1	调刀孔中心距 L_2
100	74	35
90	64	32
80	60	30
60	40	20

2. B 型双面刨刀

B 型双面刨刀如图 11-21 所示，其尺寸见表 11-16。

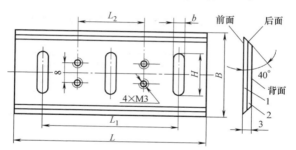

图 11-21　B 型双面刨刀

1—刃刀　2—刀体

表 11-16　B 型双面刨刀的尺寸（JB/T 9603—2013）

（单位：mm）

长度 L	宽度 B	固定孔中心距 L_1	固定孔宽度 b	固定孔长度 H	调刀孔中心距 L_2
90	39	64	6.5	20	32
80(82)	38	60	6.5	16	26
60	34	40	6.5	15	16

3. C 型双面刨刀

C 型双面刨刀如图 11-22 所示，其尺寸见表 11-17。

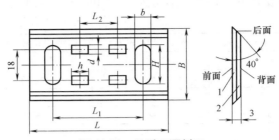

图 11-22 C 型双面刨刀

1—刃刀 2—刀体

表 11-17 C 型双面刨刀的尺寸（JB/T 9603—2013）

（单位：mm）

长度 L	宽度 B	固定孔中心距 L_1	固定孔宽度 b	固定孔长度 H	调刀孔宽度 d	调刀孔长度 h
60	32	38	6.5	16	4	8

4. D 型单面刨刀

D 型单面刨刀如图 11-23 所示，其尺寸见表 11-18。

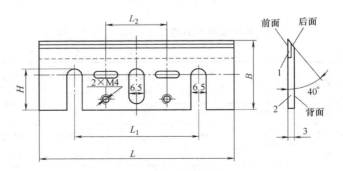

图 11-23 D 型单面刨刀

1—刃刀 2—刀体

表 11-18　D 型单面刨刀的尺寸（JB/T 9603—2013）

（单位：mm）

长度 L	宽度 B	固定孔中心距 L_1	调刀孔心距 L_2	固定孔长度 H
82	29	82	26	17.5

5. E 型单面刨刀

E 型单面刨刀如图 11-24 所示，其尺寸见表 11-19。

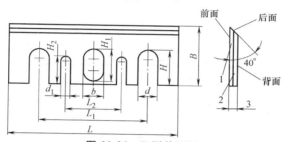

图 11-24　E 型单面刨刀

1—刃刀　2—刀体

表 11-19　E 型单面刨刀的尺寸（JB/T 9603—2013）

（单位：mm）

长度 L	宽度 B	开口孔中心距 L_1	调刀中心距 L_2	开口孔宽度 d
100	30	70	35	9
90	28	58	29	9
80	28	52	26	9

调刀孔宽度 d_1	固定孔宽度 b	开口孔长度 H	调刀孔长度 H_2	固定孔长度 H_1
4.4	9	18	15	15
4.4	9	18	15	15
4.4	9	18	15	15

11.3.2　木工手用刨刀和盖铁

1. 木工手用刨刀

木工手用刨刀如图 11-25 所示，其尺寸见表 11-20。

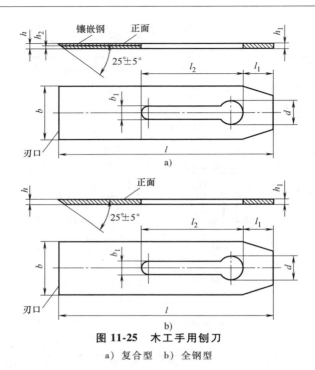

图 11-25　木工手用刨刀

a) 复合型　b) 全钢型

表 11-20　木工手用刨刀的尺寸（QB/T 2082—2017）

（单位：mm）

规格	b	b_1	d	h	h_1	h_2[①]	l	l_1	l_2
19	19	—	—						
25	25	9	≥16						
32	32								
38	38								
44	44			3.00	2.5	≥0.7	≥180	32.0	≥90
51	51	11	≥19						
57	57								
60	60								
64	64								

① h_2 为镶嵌钢厚度，应在与本体分离后测量。

2. 木工手用刨刀盖铁

木工手用刨刀盖铁如图 11-26 所示，其尺寸见表 11-21。

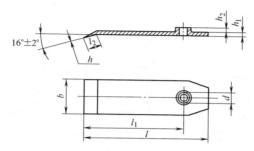

图 11-26　木工手用刨刀盖铁

表 11-21　木工手用刨刀盖铁的尺寸（QB/T 2082—2017）

（单位：mm）

规格	b	d	l	l_1	l_2	h	h_1	h_2
19	19	—						
25	25							
32	32							
38	38							
44	44		≥96	≥68	≥8	≤1.2	3.00	2.00
51	51	M10						
57	57							
60	60							
64	64							

11.3.3　木工硬质合金单片指接铣刀

木工硬质合金单片指接铣刀如图 11-27 所示，其尺寸见表 11-22。

表 11-22　木工硬质合金单片指接铣刀的尺寸（JB/T 10211—2000）

（单位：mm）

D	B	d	齿数
160	4	40、50、70	2、4

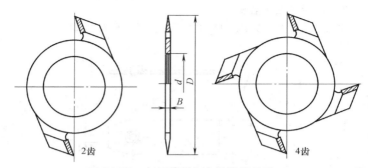

图 11-27　木工硬质合金单片指接铣刀

11. 3. 4　木工硬质合金圆柱铣刀

木工硬质合金圆柱铣刀如图 11-28 所示，其尺寸见表 11-23。

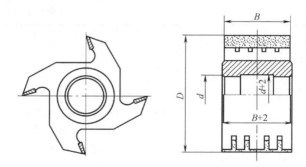

图 11-28　木工硬质合金圆柱铣刀

表 11-23　木工硬质合金圆柱铣刀的尺寸（JB/T 10210—2000）

（单位：mm）

D	B	d
70	30	25. 4
	50	
80	60	
	80	30

（续）

D	B	d
100	100	30
	110	
125	120	35
	150	
150	160	
	180	40
180	200	
	210	

11.3.5　木工硬质合金直刃镂铣刀

木工硬质合金直刃镂铣刀如图 11-29 所示，其尺寸见表 11-24。

$D \leqslant 12$

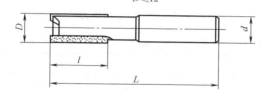

$D > 12$

图 11-29　木工硬质合金直刃镂铣刀

表 11-24　木工硬质合金直刃镂铣刀的尺寸（JB/T 8341—2018）

（单位：mm）

D	L	l	d
6、6.35、8、10	65	20	6.35
			12
			12.7
		25	
12、12.7、14、16、18	70	30	12
20、22、24、26、28、30	75		12.7
			16

11.3.6　木工硬质合金圆弧铣刀

1. 凸半圆铣刀

凸半圆铣刀如图 11-30 所示，其尺寸见表 11-25。

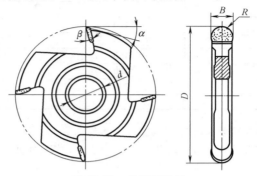

图 11-30　凸半圆铣刀

表 11-25　凸半圆铣刀的尺寸（JB/T 8776—2018）

R/mm	D/mm	B/mm	d/mm	参考值	
				β/(°)	α/(°)
5	120	10	25.4	15~25	15~20
7.5		15			
10		20			
15	140	30	30		
20		40			
22	160	44	35		
25		50	40		
28		56			
30		60			

2. 凹半圆铣刀

凹半圆铣刀如图 11-31 所示，其尺寸见表 11-26。

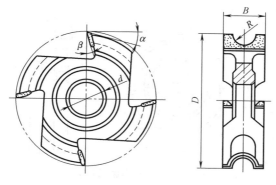

图 11-31 凹半圆铣刀

表 11-26 凹半圆铣刀的尺寸（JB/T 8776—2018）

R/mm	D/mm	B/mm	d/mm	参考值	
				$\beta/(°)$	$\alpha/(°)$
5	120	20	25.4	15~25	15~20
7.5		25			
10		30			
15	140	40	30		
20		50			
22	160	54	35		
25		60	40		
28		66			
30		70			

3. 1/4 凸圆弧铣刀

1/4 凸圆弧铣刀如图 11-32 所示，其尺寸见表 11-27。

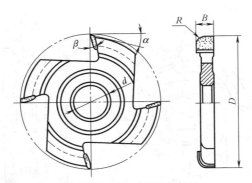

图 11-32　1/4 凸圆弧铣刀

表 11-27　1/4 凸圆弧铣刀的尺寸（JB/T 8776—2018）

R/mm	D/mm	B/mm	d/mm	参考值	
				α/(°)	β/(°)
3	120	8	25.4	15~25	15~20
4		9			
5	125	10			
6		11			
7		12			
8	140	13			
9		14			
10		15			
11	160	16	30		
12		17			
13		18			
14		19	35		
15		20			
16	180	21			
18		23			
20		25	40		
22	220	27			
24		29			
25		30			
26	250	31			
28		33			
30		35			

4. 1/4 凹圆弧铣刀

1/4 凹圆弧铣刀如图 11-33 所示，其尺寸见表 11-28。

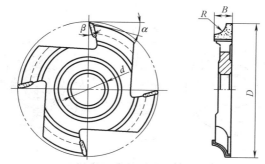

图 11-33　1/4 凹圆弧铣刀

表 11-28　1/4 凹圆弧铣刀的尺寸（JB/T 8776—2018）

R/mm	D/mm	B/mm	d/mm	参考值	
				α/(°)	β/(°)
3	120	8			
4		9			
5	125	10			
6		11			
7		12			
8	140	13	25.4		
9		14			
10		15			
11	160	16			
12		17	30		
13		18			
14		19		15~25	15~20
15		20	35		
16	180	21			
18		23			
20		25			
22	220	27	40		
24		29			
25		30			
26	250	31			
28		33			
30		35			

11.3.7　木工硬质合金封边刀

1）木工硬质合金封边刀有焊接式和可转换刀片式两种，如图 11-34 所示。

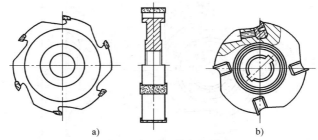

a)　　　　　　　　　　　　b)

图 11-34　木工硬质合金封边刀

a）焊接式　b）可转换刀片式

2）切削刃按形状分为平口和形状刃口两种，平口切削刃为一直线，形状刃口按用户要求制作（最常规的有单 R 和双 R 两种），如图 11-35 所示。

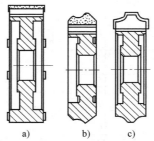

a)　　　　b)　　　　c)

图 11-35　木工硬质合金封边刀的切削刃

a）平口切削刃　b）单 R 形状刃口　c）双 R 形状刃口

3）木工硬质合金封边刀刀体和切削刃的尺寸见表 11-29。

表 11-29　木工硬质合金封边刀刀体和切削刃的尺寸（JB/T 10848—2008）

内孔 d	齿数 z	前角 α	后角 γ	外径 D
随封边机定	4~8	15°~20°	10°~15°	随机床要求定

11.4　其他木工工具

1. 木工锤

木工锤的相关内容见 10.4.9 节。

2. 木工斧

木工斧的相关内容见 10.5.2 节。

3. 木锉

1）扁木锉如图 11-36 所示，其尺寸见表 11-30。

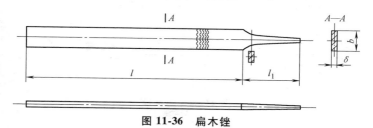

图 11-36　扁木锉

表 11-30　扁木锉的尺寸（QB/T 2569.3—2023）

（单位：mm）

代号	l	l_1	b	δ
M-01-200	200	55	20	5
M-01-250	250	60(65)	25	6
M-01-300	300	70(75)	30	7

注：表中尺寸为光坯尺寸，带括号的尺寸为非推荐尺寸。

2）半圆木锉如图 11-37 所示，其尺寸见表 11-31。

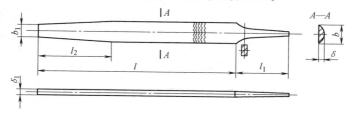

图 11-37　半圆木锉

表 11-31　半圆木锉的尺寸（QB/T 2569.3—2023）

（单位：mm）

代号	l	l_1	b	δ	b_1	δ_1	l_2
M-02-150	150	45	16	5			
M-02-200	200	55	21	6	$\leqslant 80\%b$	$\leqslant 80\%\delta$	$\leqslant 80\%l$
M-02-250	250	60(65)	25	7			
M-02-300	300	70(75)	30	8.5			

注：表中尺寸为光坯尺寸，带括号的尺寸为非推荐尺寸。

3）圆木锉如图 11-38 所示，其尺寸见表 11-32。

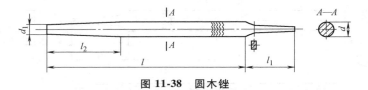

图 11-38　圆木锉

表 11-32　圆木锉的尺寸（QB/T 2569.3—2023）

（单位：mm）

代号	l	l_1	d	d_1	l_2
M-03-150	150	45	6		
M-03-200	200	50	8	$\leqslant 80\%d$	$25\%l \sim$
M-03-250	250	60(65)	10		$50\%l$
M-03-300	300	70(75)	12		

注：表中尺寸为光坯尺寸，带括号的尺寸为非推荐尺寸。

4）家具半圆木锉如图 11-39 所示，其尺寸见表 11-33。

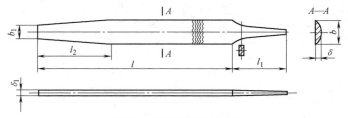

图 11-39　家具半圆木锉

表 11-33　家具半圆木锉的尺寸（QB/T 2569.3—2023）

（单位：mm）

代号	l	l_1	b	δ	b_1	δ_1	l_2
M-04-150	150	45	18	3			
M-04-200	200	55	25	5	$\leq 80\%b$	$\leq 80\%\delta$	$25\%l \sim 50\%l$
M-04-250	250	60(65)	29	6			
M-04-300	300	70(75)	34	7			

注：表中尺寸为光坯尺寸，带括号的尺寸为非推荐尺寸。

第12章 切削工具

12.1 钻

12.1.1 硬质合金锥柄麻花钻

硬质合金锥柄麻花钻如图 12-1 所示，其尺寸见表 12-1。

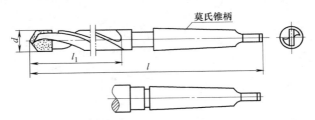

图 12-1 硬质合金锥柄麻花钻

表 12-1 硬质合金锥柄麻花钻的尺寸

（GB/T 10947—2006） （单位：mm）

d	l_1		l		莫氏锥柄号	硬质合金刀片参考型号
	短型	标准型	短型	标准型		
10.00						
10.20	50	87	140	168		E211
10.50						
10.80					1	
11.00						
11.20	65	94	145	175		E213
11.50						
11.80						
12.00						
12.20	70	101	170	199	2	E214
12.50						

（续）

d	l_1		l		莫氏锥柄号	硬质合金刀片参考型号
	短型	标准型	短型	标准型		
12.80						E214
13.00		101		199		
13.20	70		170			E215
13.50						
13.80		108		206		
14.00						
14.25						E216
14.50	75	114	175	212		
14.75						
15.00						
15.25						E217
15.50	80	120	180	218	2	
15.75						
16.00						
16.25						E218
16.50	85	125	185	223		
16.75						
17.00						
17.25						E219
17.50	90	130	190	228		
17.75						
18.00						
18.25						E220
18.50	95	135	195	256		
18.75						
19.00						
19.25						E221
19.50	100	140	220	261	3	
19.75						
20.00						
20.25	105	145	225	265		E222
20.50						

（续）

d	l_1		l		莫氏锥柄号	硬质合金刀片参考型号
	短型	标准型	短型	标准型		
20.75	105	145	225	265		E222
21.00						
21.25	110	150	230	271		E223
21.50						
21.75						
22.00						E224
22.25						
22.50						
22.75		155		276		
23.00						E225
23.25						
23.50					3	
23.75	115	160	235	281		E226
24.00						
24.25						
24.50						
24.75						
25.00						E227
25.25						
25.50						
25.75		165		286		
26.00						E228
26.25						
26.50						
26.75	120	170	240	291		
27.00						
27.25			270	319		E229
27.50						
27.75					4	
28.00						
28.25	125	175	275	324		E230
28.50						

（续）

| d | l_1 | | l | | 莫氏锥柄号 | 硬质合金刀片参考型号 |
---	短型	标准型	短型	标准型		
28.75						E230
29.00						
29.25	125	175	275	324	4	
29.50						E231
29.75						
30.00						

12.1.2 1：50 锥孔锥柄麻花钻

1：50 锥孔锥柄麻花钻如图 12-2 所示，其尺寸见表 12-2。

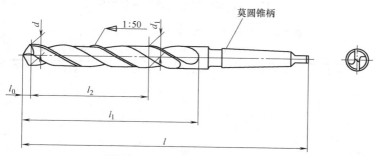

图 12-2 1：50 锥孔锥柄麻花钻

表 12-2 1：50 锥孔锥柄麻花钻的尺寸

（JB/T 10003—2013） （单位：mm）

d	d_1	l	l_1	l_2	l_0	莫氏锥柄号
12	15.1	290	190	155	12	2
	16.9	380	280	245		
16	20.2	355	255	210	16	
	22.2	455	355	310		
20	24.3	385	265	215	20	3
	26.3	485	365	315		
25	29.4	430	280	220	25	4
	31.4	530	380	320		

（续）

d	d_1	l	l_1	l_2	l_0	莫氏锥柄号
30	34.5	445	295	225	30	4
	36.5	545	395	325		

12.1.3　带整体导柱的直柄平底锪钻

带整体导柱的直柄平底锪钻如图 12-3 所示，其尺寸见表 12-3。

图 12-3　带整体导柱的直柄平底锪钻

表 12-3　带整体导柱的直柄平底锪钻的尺寸

（GB/T 4260—2004）　　　（单位：mm）

切削直径 d_1	导柱直径 d_2	柄部直径 d_3	总长 l_1	刃长 l_2	柄长 l_3 ≈	导柱长 l_4
2~3.15	按引导孔直径配套要求规定（最小直径为 $d_1/3$）	$= d_1$	45	7	—	≈d_2
>3.15~5			56	10		
>5~8			71	14	31.5	
>8~10			80	18	35.5	
>10~12.5		10				
>12.5~20		12.5	100	22	40	

12.1.4　带可换导柱的莫氏锥柄平底锪钻

带可换导柱的莫氏锥柄平底锪钻如图 12-4 所示，其尺寸见表 12-4。

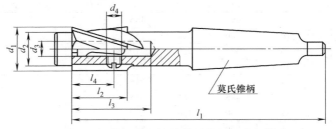

图 12-4　带可换导柱的莫氏锥柄平底锪钻

表 12-4　带可换导柱的莫氏锥柄平底锪钻的尺寸

（GB/T 4261—2004）　　（单位：mm）

切削直径 d_1	导柱直径 d_2	d_3	d_4	l_1	l_2	l_3	l_4	莫氏锥柄号
>12.5~16	>5~14	4	M3	132	22	30	16	2
>16~20	>6.3~18	5	M4	140	25	38	19	2
>20~25	>8~22.4	6	M5	150	30	46	23	2
>25~31.5	>10~28	8	M6	180	35	54	27	3
>31.5~40	>12.5~35.5	10	M8	190	40	64	32	3
>40~50	>16~45	12	M8	236	50	76	42	4
>50~63	>20~56	16	M10	250	63	88	53	4

12.1.5　带整体导柱的直柄 90°锥面锪钻

带整体导柱的直柄 90°锥面锪钻如图 12-5 所示，其尺寸见表 12-5。

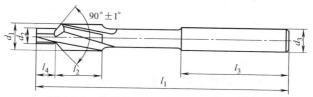

图 12-5　带整体导柱的直柄 90°锥面锪钻

表 12-5　带整体导柱的直柄 90°锥面锪钻的尺寸

（GB/T 4263—2004）　　（单位：mm）

切削直径 d_1	导柱直径 d_2	柄部直径 d_3	总长 l_1	刃长 l_2	柄长 l_3 ≈	导柱长 l_4
2~3.15	按引导孔直径配套要求规定（最小直径为 $d_1/3$）	$=d_1$	45	7	—	≈d_2
>3.15~5			56	10	—	
>5~8			71	14	31.5	
>8~10			80	18	35.5	
>10~12.5		10	80	18	35.5	
>12.5~20		12.5	100	22	40	

12.1.6　带可换导柱的莫氏锥柄 90°锥面锪钻

带可换导柱的莫氏锥柄 90°锥面锪钻如图 12-6 所示，其尺寸见表 12-6。

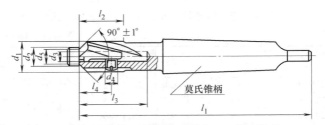

图 12-6　带可换导柱的莫氏锥柄 90°锥面锪钻

表 12-6　带可换导柱的莫氏锥柄 90°锥面锪钻的尺寸

（GB/T 4264—2004）　　　（单位：mm）

切削直径 d_1	导柱直径 d_2	d_3	螺钉 d_4	d_5	l_1	l_2	l_3	l_4	莫氏锥柄号
>12.5~16	>6.3~14	4	M3	6	132	22	30	16	2
>16~20	>6.3~18	5	M4	6	140	25	38	19	
>20~25	>8~22.4	6	M5	7.5	150	30	46	23	
>25~31.5	>10~28	8	M6	9.5	180	35	54	27	3
>31.5~40.4	>12.5~35.5	10	M8	12	190	40	64	32	

12.1.7　60°、90°、120°直柄锥面锪钻

60°、90°、120°直柄锥面锪钻如图 12-7 所示，其尺寸见表 12-7。

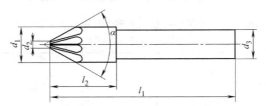

图 12-7　60°、90°、120°直柄锥面锪钻

表 12-7　60°、90°、120°直柄锥面锪钻的尺寸

（GB/T 4258—2004）　　　（单位：mm）

公称尺寸 d_1	小端直径 $d_2^{①}$	总长 l_1		钻体长 l_2		柄部直径 d_3
		$\alpha=60°$	$\alpha=90°$ 或 $120°$	$\alpha=60°$	$\alpha=90°$ 或 $120°$	
8	1.6	48	44	16	12	8

（续）

公称尺寸 d_1	小端直径 d_2[①]	总长 l_1		钻体长 l_2		柄部直径 d_3
		$\alpha=60°$	$\alpha=90°$或$120°$	$\alpha=60°$	$\alpha=90°$或$120°$	
10	2	50	46	18	14	8
12.5	2.5	52	48	20	16	8
16	3.2	60	56	24	20	10
20	4	64	60	28	24	10
25	7	69	65	33	29	10

① 前端部结构不做规定。

12.1.8 60°、90°、120°莫氏锥柄锥面锪钻

60°、90°、120°莫氏锥柄锥面锪钻如图 12-8 所示，其尺寸见表 12-8。

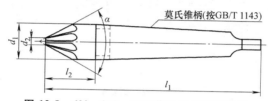

图 12-8 60°、90°、120°莫氏锥柄锥面锪钻

表 12-8 60°、90°、120°莫氏锥柄锥面锪钻的尺寸

（GB/T 1143—2004） （单位：mm）

公称尺寸 d_1	小端直径 d_2[①]	总长 l_1		钻体长 l_2		莫氏锥柄号
		$\alpha=60°$	$\alpha=90°$或$120°$	$\alpha=60°$	$\alpha=90°$或$120°$	
16	3.2	97	93	24	20	1
20	4	120	116	28	24	2
25	7	125	121	33	29	2
31.5	9	132	124	40	32	2
40	12.5	160	150	45	35	3
50	16	165	153	50	38	3
63	20	200	185	58	43	4
80	25	215	196	73	54	4

① 前端部结构不做规定。

12.1.9 钢板钻

钢板钻如图 12-9 所示，其尺寸见表 12-9 和表 12-10。

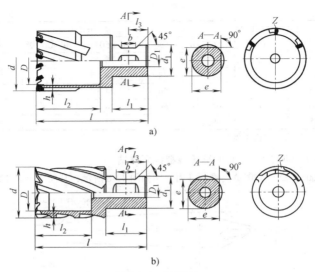

a)

b)

图 12-9　钢板钻

a）硬质合金钢板钻　　b）高速钢钢板钻

表 12-9　钢板钻的直径与长度

（JB/T 11447—2013）　　　（单位：mm）

d	25 系列		35 系列		50 系列		75 系列		100 系列	
	l	l_2	l	l_2	l	l_2	l	l_2	l	l_2
12										
13										
14						—	—	—	—	
15										
16	62	32	74	42	89	57				
17										
18										
19										
20							115	82	143	110
21										
22										

（续）

d	25 系列		35 系列		50 系列		75 系列		100 系列	
	l	l_2	l	l_2	l	l_2	l	l_2	l	l_2
23										
24										
25										
26										
27										
28										
29										
30										
31										
32										
33										
34										
35										
36										
37										
38	62	32	74	42	89	57	115	82	143	110
39										
40										
41										
42										
43										
44										
45										
46										
47										
48										
49										
50										
51										
52										
53										
54										

（续）

d	25 系列		35 系列		50 系列		75 系列		100 系列	
	l	l_2	l	l_2	l	l_2	l	l_2	l	l_2
55	62	32	74	42	89	57	115	82	143	110
56										
57										
58										
59										
60										
61	73		85		100		127		155	
62										
63										
64										
65										
70										
75										
80										
85										
90										
95										
100										

注：25、35、50、75、100 系列指最大加工钢板厚度（mm）。

表 12-10　钢板钻柄部尺寸（JB/T 11447—2013）

（单位：mm）

d	d_1	D_1	l_1	l_3	b	e
12 ~ 17	19.05	6.35	23	11.5	13.5	17.4
>17 ~ 60		8(6.35)				
>60 ~ 100	31.75	8	34	21	17	29.8

注：1. 柄部的结构也可由供需双方协议制造。

　　2. 括号内尺寸非优先选用。

12.1.10　中心钻

1. A 型中心钻

A 型中心钻如图 12-10 所示，其尺寸见表 12-11。

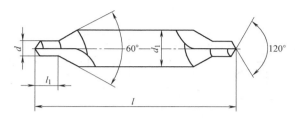

图 12-10 A 型中心钻

表 12-11 A 型中心钻的尺寸（GB/T 6078—2016）

（单位：mm）

d	d_1	l	l_1
(0.50)			0.8
(0.63)			0.9
(0.80)	3.15	31.5	1.1
1.00			1.3
(1.25)			1.6
1.60	4.0	35.5	2.0
2.00	5.0	40.0	2.5
2.50	6.3	45.0	3.1
3.15	8.0	50.0	3.9
4.00	10.0	56.0	5.0
(5.00)	12.5	63.0	6.3
6.30	16.0	71.0	8.0
(8.00)	20.0	80.0	10.1
10.00	25.0	100.0	12.8

注：括号内尺寸尽量不采用。

2. B 型中心钻

B 型中心钻如图 12-11 所示，其尺寸见表 12-12 。

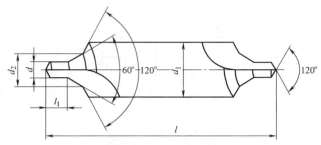

图 12-11　B 型中心钻

表 12-12　B 型中心钻的尺寸（GB/T 6078—2016）

（单位：mm）

d	d_1	d_2	l	l_1
1.00	4.0	2.12	35.5	1.3
(1.25)	5.0	2.65	40.0	1.6
1.60	6.3	3.35	45.0	2.0
2.00	8.0	4.25	50.0	2.5
2.50	10.0	5.30	56.0	3.1
3.15	11.2	6.70	60.0	3.9
4.00	14.0	8.50	67.0	5.0
(5.00)	18.0	10.60	75.0	6.3
6.30	20.0	13.20	80.0	8.0
(8.00)	25.0	17.00	100.0	10.1
10.00	31.5	21.20	125.0	12.8

注：括号内尺寸尽量不采用。

3. R 型中心钻

R 型中心钻如图 12-12 所示，其尺寸见表 12-13。

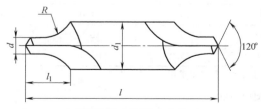

图 12-12　R 型中心钻

表 12-13　R 型中心钻的尺寸（GB/T 6078—2016）

（单位：mm）

d	d_1	l	l_1	R
1.00	3.15	31.5	3.0	2.5~3.15
(1.25)			3.35	3.15~4.0
1.60	4.0	35.5	4.25	4.0~5.0
2.00	5.0	40.0	5.3	5.0~6.3
2.50	6.3	45.0	6.7	6.3~8.0
3.15	8.0	50.0	8.5	8.0~10.0
4.00	10.0	56.0	10.6	10.0~12.5
(5.00)	12.5	63.0	13.2	12.5~16.0
6.30	16.0	71.0	17.0	16.0~20.0
(8.00)	20.0	80.0	21.2	20.0~25.0
10.00	25.0	100.0	26.5	25.0~31.5

注：括号内尺寸尽量不采用。

12.1.11　锥柄中心钻

1. A 型锥柄中心钻

A 型锥柄中心钻如图 12-13 所示，其尺寸见表 12-14。

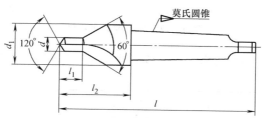

图 12-13　A 型锥柄中心钻

表 12-14　A 型锥柄中心钻的尺寸（JB/T 11748—2013）

（单位：mm）

d	d_1	l	l_1	l_2	莫氏圆锥
3.15	8.0	100	3.9	25	
4.00	10.0	103	5.0	28	1
(5.00)	12.5	107	6.3	32	

（续）

d	d_1	l	l_1	l_2	莫氏圆锥
6.30	16.0	112	8.0	36	1
(8.00)	20.0	132	10.1	40	2
10.00	25.0	142	12.8	50	
12.00	30.0	171	15.4	60	3
14.00	35.0	187	17.9	70	
16.00	40.0	216	20.5	80	4
20.00	50.0	236	25.6	100	

注：括号内的尺寸尽量不用。

2. B 型锥柄中心钻

B 型锥柄中心钻如图 12-14 所示，其尺寸见表 12-15。

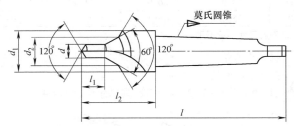

图 12-14　B 型锥柄中心钻

表 12-15　B 型锥柄中心钻的尺寸（JB/T 11748—2013）

（单位：mm）

d	d_1	d_2	l	l_1	l_2	莫氏圆锥
3.15	11.2	6.7	105	3.9	30	1
4.00	14.0	8.5	109	5.0	34	
(5.00)	18.0	10.6	128	6.3	38	2
6.30	20.0	13.2	130	8.0	40	
(8.00)	25.0	17.0	140	10.1	50	
10.00	31.5	21.2	174	12.8	63	3
12.00	38.0	25.5	186	15.4	75	
14.00	44.0	29.7	224	17.9	88	4
16.00	50.0	34.0	236	20.5	100	
20.00	63.0	42.5	295	25.6	125	5

注：括号内的尺寸尽量不用。

3. C 型锥柄中心钻

C 型锥柄中心钻如图 12-15 所示，其尺寸见表 12-16。

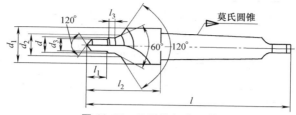

图 12-15　C 型锥柄中心钻

表 12-16　C 型锥柄中心钻的尺寸（JB/T 11748—2013）

（单位：mm）

螺纹代号	d	d_1	d_2	d_3	l	l_1	l_2	l_3	莫氏圆锥
M3	3.2	6.7	5.3	2.46	100	3.3	24	0.8	1
M4	4.3	8.5	6.7	3.24	102	4.2	26	1.1	
M5	5.3	10.0	8.1	4.13	104	5.5	28	1.6	
M6	6.4	12.0	9.6	4.92	108	6.5	32	2.2	
M8	8.4	15.0	12.2	6.65	112	8.8	36	2.7	
M10	10.5	18.5	14.9	8.38	129	11.0	38	3.7	2
M12	13.0	23.0	18.1	10.11	141	13.3	50	5.1	
M16	17.0	29.0	23.0	13.84	171	18.2	60	6.8	3
M20	21.0	36.0	28.4	17.29	209	22.8	72	8.6	
M24	26.0	44.0	34.2	20.75	225	27.3	88	10.0	4

4. R 型锥柄中心钻

R 型锥柄中心钻如图 12-16 所示，其尺寸见表 12-17。

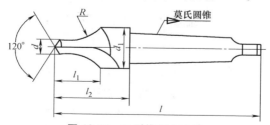

图 12-16　R 型锥柄中心钻

表 12-17　R 型锥柄中心钻的尺寸（JB/T 11748—2013）

（单位：mm）

d	d_1	l	l_1	R	l_2	莫氏圆锥
3.15	8.0	100	8.5	8.0~10.0	25	1
4.00	10.0	103	10.6	10.0~12.5	28	
(5.00)	12.5	107	13.2	12.5~16.0	32	
6.30	16.0	112	17.0	16.0~20.0	36	
(8.00)	20.0	132	21.2	20.0~25.0	40	2
10.00	25.0	142	26.5	25.0~31.5	50	

注：括号内的尺寸尽量不用。

12.1.12　定心钻

定心钻如图 12-17 所示，其尺寸见表 12-18。

图 12-17　定心钻

表 12-18　定心钻的尺寸（GB/T 17112—2022）（单位：mm）

直径 d	4	6	8	10	12	16	20
总长 L	52	66	79	89	102	115	131
槽长 l	12	20	25	25	30	35	40

12.1.13　弓摇钻

弓摇钻如图 12-18 所示，其尺寸见表 12-19。

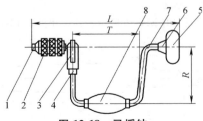

图 12-18　弓摇钻

1—夹爪　2—夹头　3—接头　4—换向机构

5—顶盘　6—法兰盘　7—弓架　8—手柄

表 12-19　弓摇钻的尺寸（QB/T 2510—2001）　（单位：mm）

规格	最大夹持尺寸	L	T	R
250	22	320~360	150±3	125
300	28.5	340~380		150
350	38	360~400	160±3	175

注：弓摇钻的规格是根据其回转直径确定的。

12.1.14　手摇钻

手摇钻如图 12-19 所示，其尺寸见表 12-20。

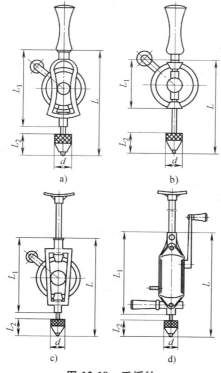

图 12-19　手摇钻

a）手持式 A 型　　b）手持式 B 型　　c）胸压式 A 型　　d）胸压式 B 型

表 12-20　手摇钻的尺寸（QB/T 2210—1996）

（单位：mm）

类型		规格	L	L_1	L_2	d	夹持直径
			$\leqslant$	$\leqslant$	$\leqslant$	$\leqslant$	$\leqslant$
手持式	A 型	6	200	140	45	28	6
		9	250	170	55	34	9
	B 型	6	150	85	45	28	6
胸压式	A 型	9	250	170	55	34	9
		12	270	180	65	38	12
	B 型	9	250	170	55	34	9

12.2　丝锥

12.2.1　通用柄机用和手用丝锥

1）粗柄机用和手用丝锥如图 12-20 所示，其尺寸见表 12-21、表 12-22。

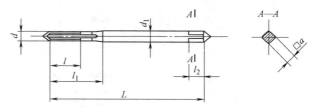

图 12-20　粗柄机用和手用丝锥

表 12-21　粗柄机用和手用粗牙普通螺纹丝锥的尺寸

（GB/T 3464.1—2007）　　（单位：mm）

代号	公称直径 d	螺距 P	d_1	l	L	l_1	方头	
							a	l_2
M1	1							
M1.1	1.1	0.25		5.5	38.5	10		
M1.2	1.2		2.5				2	4
M1.4	1.4	0.3		7	40	12		
M1.6	1.6	0.35		8	41	13		

（续）

代号	公称直径 d	螺距 P	d_1	l	L	l_1	方头	
							a	l_2
M1.8	1.8	0.35	2.5	8	41	13	2	4
M2	2	0.4				13.5		
M2.2	2.2	0.45	2.8	9.5	44.5	15.5	2.24	5
M2.5	2.5							

表 12-22　粗柄机用和手用细牙普通螺纹丝锥的尺寸

（GB/T 3464.1—2007）　　（单位：mm）

代号	公称直径 d	螺距 P	d_1	l	L	l_1	方头	
							a	l_2
M1×0.2	1	0.2	2.5	5.5	38.5	10	2	4
M1.1×0.2	1.1							
M1.2×0.2	1.2							
M1.4×0.2	1.4			7	40	12		
M1.6×0.2	1.6					13		
M1.8×0.2	1.8			8	41			
M2×0.25	2	0.25				13.5		
M2.2×0.25	2.2		2.8	9.5	44.5	15.5	2.24	5
M2.5×0.35	2.5	0.35						

2）粗柄带颈机用和手用丝锥如图 12-21 所示，其尺寸见表 12-23、表 12-24。

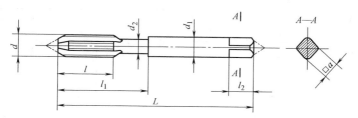

图 12-21　粗柄带颈机用和手用丝锥

表 12-23　粗柄带颈机用和手用粗牙普通螺纹丝锥的尺寸

（GB/T 3464.1—2007）　　（单位：mm）

代号	公称直径 d	螺距 P	d_1	l	L	d_2 ≥	l_1	方头 a	方头 l_2
M3	3	0.5	3.15	11	48	2.12	18	2.5	5
M3.5	3.5	(0.6)	3.55		50	2.5	20	2.8	
M4	4	0.7	4	13	53	2.8	21	3.15	6
M4.5	4.5	(0.75)	4.5			3.15		3.55	
M5	5	0.8	5	16	58	3.55	25	4	7
M6	6	1	6.3	19	66	4.5	30	5	8
M7	7		7.1			5.3		5.6	
M8	8	1.25	8	22	72	6	35	6.3	9
M9	9		9			7.1	36	7.1	10
M10	10	1.5	10	24	80	7.5	39	8	11

注：1. 括号内的尺寸尽可能不用。

　　2. 允许无空刀槽，无空刀槽时螺纹部分长度尺寸应为 $l+(l_1-l)/2$。

表 12-24　粗柄带颈机用和手用细牙普通螺纹丝锥的尺寸

（GB/T 3464.1—2007）　　（单位：mm）

代号	公称直径 d	螺距 P	d_1	l	L	d_2 ≥	l_1	方头 a	方头 l_2
M3×0.35	3	0.35	3.15	11	48	2.12	18	2.5	5
M3.5×0.35	3.5		3.55		50	2.5	20	2.8	
M4×0.5	4		4	13	53	2.8	21	3.15	6
M4.5×0.5	4.5		4.5			3.15		3.55	
M5×0.5	5	0.5	5	16	58	3.55	25	4	7
M5.5×0.5	5.5		5.6	17	62	4	26	4.5	
M6×0.5	6		6.3	19	66	4.5	30	5	8
M6×0.75		0.75							
M7×0.75	7		7.1			5.3		5.6	
M8×0.5	8	0.5	8			6	32	6.3	9
M8×0.75		0.75							
M8×1		1		22	72		35		
M9×0.75	9	0.75	9	19	66	7.1	33	7.1	10
M9×1		1		22	72		36		

（续）

代号	公称直径 d	螺距 P	d_1	l	L	d_2 ≥	l_1	方头	
								a	l_2
M10×0.75	10	0.75	10	20	73	7.5	35	8	11
M10×1		1		24	80		39		
M10×1.25		1.25							

注：允许无空刀槽，无空刀槽时螺纹部分长度尺寸应为 $l+(l_1-l)/2$。

3）细柄机用和手用丝锥如图 12-22 所示，其尺寸见表 12-25、表 12-26。

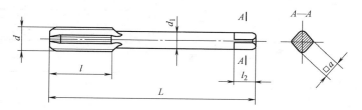

图 12-22 细柄机用和手用丝锥

表 12-25 细柄机用和手用粗牙普通螺纹丝锥的尺寸

（GB/T 3464.1—2007） （单位：mm）

代号	公称直径 d	螺距 P	d_1	l	L	方头	
						a	l_2
M3	3	0.5	2.24	11	48	1.8	4
M3.5	3.5	(0.6)	2.5		50	2	
M4	4	0.7	3.15	13	53	2.5	5
M4.5	4.5	(0.75)	3.55			2.8	
M5	5	0.8	4	16	58	3.15	6
M6	6	1	4.5	19	66	3.55	
M7	(7)		5.6			4.5	7
M8	8	1.25	6.3	22	72	5	8
M9	(9)		7.1			5.6	
M10	10	1.5	8	24	80	6.3	9
M11	(11)			25	85		
M12	12	1.75		29	89	7.1	10

（续）

代号	公称直径	螺距	d_1	l	L	方头	
	d	P				a	l_2
M14	14	2	11.2	30	95	9	12
M16	16		12.5	32	102	10	13
M18	18	2.5	14	37	112	11.2	14
M20	20						
M22	22		16	38	118	12.5	16
M24	24	3	18	45	130	14	18
M27	27		20		135	16	20
M30	30	3.5		48	138		
M33	33		22.4	51	151	18	22
M36	36	4	25	57	162	20	24
M39	39		28	60	170	22.4	26
M42	42	4.5					
M45	45		31.5	67	187	25	28
M48	48	5					
M52	52		35.5	70	200	28	31
M56	56	5.5					
M60	60		40	76	221	31.5	34
M64	64	6		79	224		
M68	68		45		234	35.5	38

注：括号内的尺寸尽可能不用。

表 12-26　细柄机用和手用细牙普通螺纹丝锥的尺寸

（GB/T 3464.1—2007）　　　（单位：mm）

代号	公称直径	螺距	d_1	l	L	方头	
	d	P				a	l_2
M3×0.35	3	0.35	2.24	11	48	1.8	4
M3.5×0.35	3.5		2.5		50	2	
M4×0.5	4	0.5	3.15	13	53	2.5	5
M4.5×0.5	4.5		3.55			2.8	
M5×0.5	5		4	16	58	3.15	6
M5.5×0.5	(5.5)			17	62		
M6×0.75	6	0.75	4.5	19	66	3.55	
M7×0.75	(7)		5.6			4.5	7

（续）

代号	公称直径 d	螺距 P	d_1	l	L	方头	
						a	l_2
M8×0.75	8	0.75	6.3	19	66	5	8
M8×1		1		22	72		
M9×0.75	(9)	0.75	7.1	19	66	5.6	
M9×1		1		22	72		
M10×0.75	10	0.75	8	20	73	6.3	9
M10×1		1		24			
M10×1.25		1.25					
M11×0.75	(11)	0.75			80		
M11×1		1		22			
M12×1	12	1	9			7.1	10
M12×1.25		1.25		29	89		
M12×1.5		1.5					
M14×1	14	1	11.2	22	87	9	12
M14×1.25①		1.25		30	95		
M14×1.5		1.5					
M15×1.5	(15)						
M16×1	16	1	12.5	22	92	10	13
M16×1.5		1.5		32	102		
M17×1.5	(17)						
M18×1	18	1	14	22	97	11.2	14
M18×1.5		1.5		37	112		
M18×2		2					
M20×1	20	1		22	102		
M20×1.5		1.5		37	112		
M20×2		2					
M22×1	22	1	16	24	109	12.5	16
M22×1.5		1.5		38	118		
M22×2		2					
M24×1	24	1	18	24	114	14	18
M24×1.5		1.5		45	130		
M24×2		2					
M25×1.5	25	1.5					

（续）

代号	公称直径 d	螺距 P	d_1	l	L	方头 a	方头 l_2
M25×2	25	2	18	45	130	14	18
M26×1.5	26	1.5		35	120		
M27×1		1		25			
M27×1.5	27	1.5		37	127		
M27×2		2					
M28×1		1		25	120		
M28×1.5	(28)	1.5	20	37	127	16	20
M28×2		2					
M30×1		1		25	120		
M30×1.5	30	1.5		37	127		
M30×2		2					
M30×3		3		48	138		
M32×1.5	(32)	1.5		37	137	18	22
M32×2		2					
M33×1.5		1.5	22.4				
M33×2	33	2					
M33×3		3		51	151		
M35×1.5[②]	(35)	1.5		39	144	20	24
M36×1.5			25				
M36×2	36	2					
M36×3		3		57	162		
M38×1.5	38	1.5		39	149		
M39×1.5							
M39×2	39	2					
M39×3		3		60	170		
M40×1.5		1.5		39	149	22.4	26
M40×2	(40)	2	28				
M40×3		3		60	170		
M42×1.5		1.5		39	149		
M42×2	42	2					
M42×3		3		60	170		
M42×4		(4)					

（续）

代号	公称直径 d	螺距 P	d_1	l	L	方头 a	方头 l_2
M45×1.5	45	1.5		45	165		
M45×2		2					
M45×3		3		67	187		
M45×4		(4)					
M48×1.5	48	1.5	31.5	45	165	25	28
M48×2		2					
M48×3		3		67	187		
M48×4		(4)					
M50×1.5	(50)	1.5		45	165		
M50×2		2					
M50×3		3		67	187		
M52×1.5	52	1.5		45	175		
M52×2		2					
M52×3		3		70	200		
M52×4		4					
M55×1.5	(55)	1.5	35.5	45	175	28	31
M55×2		2					
M55×3		3		70	200		
M55×4		4					
M56×1.5	56	1.5		45	175		
M56×2		2					
M56×3		3		70	200		
M56×4		4					
M58×1.5	58	1.5			193		
M58×2		2					
M58×3		(3)			209		
M58×4		(4)					
M60×1.5	60	1.5	40	76	193	31.5	34
M60×2		2					
M60×3		3			209		
M60×4		4					
M62×1.5	62	1.5			193		

（续）

代号	公称直径 d	螺距 P	d_1	l	L	方头 a	l_2
M62×2		2			193		
M62×3	62	（3）		76	209		
M62×4		（4）					
M64×1.5		1.5			193		
M64×2		2					
M64×3	64	3	40		209	31.5	34
M64×4		4					
M65×1.5		1.5			193		
M65×2		2					
M65×3	65	（3）			209		
M65×4		（4）					
M68×1.5		1.5			203		
M68×2		2					
M68×3	68	3			219		
M68×4		4					
M70×1.5		1.5			203		
M70×2		2		79			
M70×3	70	（3）			219		
M70×4		（4）					
M70×6		（6）			234		
M72×1.5		1.5	45		203	35.5	38
M72×2		2					
M72×3	72	3			219		
M72×4		4					
M72×6		6			234		
M75×1.5		1.5			203		
M75×2		2					
M75×3	75	（3）			219		
M75×4		（4）					
M75×6		（6）			234		
M76×1.5	76	1.5	50	83	226	40	42
M76×2		2					

（续）

代号	公称直径 d	螺距 P	d_1	l	L	方头	
						a	l_2
M76×3		3					
M76×4	76	4			242		
M76×6		6			258		
M78×2	78	2					
M80×1.5		1.5		83	226		
M80×2		2					
M80×3	80	3			242		
M80×4		4					
M80×6		6	50		258		
M82×2	82	2			226	40	42
M85×2		2					
M85×3	85	3			242		
M85×4		4					
M85×6		6		86	261		
M90×2		2			226		
M90×3	90	3			242		
M90×4		4					
M90×6		6			261		
M95×2		2			244		
M95×3	95	3			260		
M95×4		4					
M95×6		6	56	89	279	45	46
M100×2		2			244		
M100×3	100	3			260		
M100×4		4					
M100×6		6			279		

注：括号内的尺寸尽可能不用。

① 仅用于火花塞。

② 仅用于滚动轴承锁紧螺母。

12.2.2　细长柄机用丝锥

细长柄机用丝锥如图 12-23 所示，其尺寸见表 12-27。

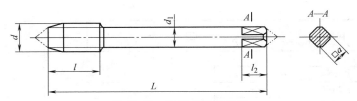

图 12-23　细长柄机用丝锥

表 12-27　细长柄机用丝锥的尺寸（GB/T 3464.2—2003）

（单位：mm）

代号		公称直径	螺距		d_1	l	L	方头	
粗牙	细牙	d	粗牙	细牙		≤		a	l_2
M3	M3×0.35	3	0.5	0.35	2.24	11	66	1.8	4
M3.5	M3.5×0.35	3.5	0.6		2.5		68	2	
M4	M4×0.5	4	0.7	0.5	3.15	13	73	2.5	5
M4.5	M4.5×0.5	4.5	0.75		3.55			2.8	
M5	M5×0.5	5	0.8		4	16	79	3.15	6
—	M5.5×0.5	5.5	—			17	84		
M6	M6×0.75	6	1	0.75	4.50	19	89	3.55	7
M7	M7×0.75	7			5.60			4.5	
M8	M8×1	8	1.25	1	6.30	22	97	5.0	8
M9	M9×1	9			7.1			5.6	
M10	M10×1	10	1.5	1.25	8	24	108	6.3	9
	M10×1.25								
M11	—	11		—		25	115		
M12	M12×1.25	12	1.75	1.25	9	29	119	7.1	10
	M12×1.5			1.5					
M14	M14×1.25	14	2	1.25	11.2	30	127	9	12
	M14×1.5			1.5					
—	M15×1.5	15	—		12.5	32	137	10	13
M16	M16×1.5	16	2						
—	M17×1.5	17	—						
M18	M18×1.5	18	2.5	1.5	14	37	149	11.2	14
	M18×2			2					
M20	M20×1.5	20		1.5					

（续）

代号		公称直径	螺距		d_1	l	L	方头	
粗牙	细牙	d	粗牙	细牙		$\leqslant$		a	l_2
M20	M20×2	20		2	14	37	149	11.2	14
M22	M22×1.5	22	2.5	1.5	16	38	158	12.5	16
	M22×2			2					
M24	M24×1.5	24	3	1.5	18	45	172	14	18
	M24×2			2					

12.2.3 短柄机用和手用丝锥

1）粗短柄机用和手用丝锥如图 12-24 所示，其尺寸见表 12-28、表 12-29。

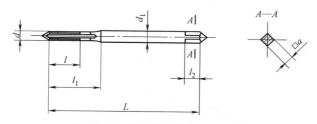

图 12-24 粗短柄机用和手用丝锥

表 12-28 粗短柄机用和手用粗牙普通螺纹丝锥的尺寸

（GB/T 3464.3—2007） （单位：mm）

代号	公称直径 d	螺距 P	d_1	l	L	l_1	方头	
							a	l_2
M1	1							
M1.1	1.1	0.25		5.5	28	10		
M1.2	1.2							
M1.4	1.4	0.3	2.5	7		12	2	4
M1.6	1.6	0.35			32	13		
M1.8	1.8			8				
M2	2	0.4				13.5		
M2.2	2.2	0.45	2.8	9.5	36	15.5	2.24	5
M2.5	2.5							

表 12-29　粗短柄机用和手用细牙普通螺纹丝锥的尺寸

（GB/T 3464.3—2007）　　（单位：mm）

代号	公称直径 d	螺距 P	d_1	l	L	l_1	方头	
							a	l_2
M1×0.2	1							
M1.1×0.2	1.1			5.5	28	10		
M1.2×0.2	1.2	0.2	2.5				2	4
M1.4×0.2	1.4			7		12		
M1.6×0.2	1.6				32	13		
M1.8×0.2	1.8			8				
M2×0.25	2	0.25			36	13.5		
M2.2×0.25	2.2		2.8	9.5		15.5	2.24	5
M2.5×0.35	2.5	0.35						

2）粗柄带颈短柄机用和手用丝锥如图 12-25 所示，其尺寸见表 12-30、表 12-31。

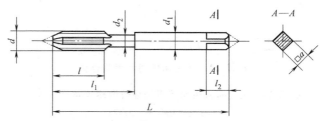

图 12-25　粗柄带颈短柄机用和手用丝锥

表 12-30　粗柄带颈短柄机用和手用粗牙普通螺纹丝锥的尺寸

（GB/T 3464.3—2007）　　（单位：mm）

代号	公称直径 d	螺距 P	d_1	l	L	d_2 ≥	l_1	方头	
								a	l_2
M3	3	0.5	3.15	11	40	2.12	18	2.5	5
M3.5	3.5	(0.6)	3.55			2.5	20	2.8	
M4	4	0.7	4	13	45	2.8	21	3.15	6
M4.5	4.5	(0.75)	4.5			3.15		3.55	
M5	5	0.8	5	16	50	3.55	25	4	7

（续）

代号	公称直径 d	螺距 P	d_1	l	L	d_2 ≥	l_1	方头	
								a	l_2
M6	6	1	6.3	19	55	4.5	30	5	8
M7	7		7.1			5.3		5.6	
M8	8	1.25	8	22	65	6	35	6.3	9
M9	9		9			7.1	36	7.1	10
M10	10	1.5	10	24	70	7.5	39	8	11

注：1. 括号内的尺寸尽可能不用。

2. 允许无空刀槽，无空刀槽时螺纹部分长度尺寸应为 $l+(l_1-l)/2$。

表 12-31　粗柄带颈短柄机用和手用细牙普通螺纹丝锥的尺寸

（GB/T 3464.3—2007）　　（单位：mm）

代号	公称直径 d	螺距 P	d_1	l	L	d_2 ≥	l_1	方头	
								a	l_2
M3×0.35	3	0.35	3.15	11	40	2.12	18	2.5	5
M3.5×0.35	3.5		3.55			2.5	20	2.8	
M4×0.5	4		4	13	45	2.8	21	3.15	6
M4.5×0.5	4.5		4.5			3.15		3.55	
M5×0.5	5	0.5	5	16		3.55	25	4	7
M5.5×0.5	5.5		5.5	17		4	26	4.5	
M6×0.5	6		6.3		50	4.5	30	5	8
M6×0.75		0.75							
M7×0.75	7		7.1	19		5.3		5.6	
M8×0.5	8	0.5	8			6	32	6.3	9
M8×0.75		0.75							
M8×1		1		22	60		35		
M9×0.75	9	0.75	9	19		7.1	33	7.1	10
M9×1		1		22			36		
M10×0.75	10	0.75	10	20		7.5	35	8	11
M10×1		1		24	65		39		
M10×1.25		1.25							

注：允许无空刀槽，无空刀槽时螺纹部分长度尺寸应为 $l+(l_1-l)/2$。

3）细短柄机用和手用丝锥如图 12-26 所示，其尺寸见表 12-32、表 12-33。

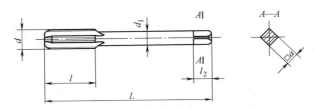

图 12-26　细短柄机用和手用丝锥

表 12-32　细短柄机用和手用粗牙普通螺纹丝锥的尺寸

（GB/T 3464.3—2007）　　　（单位：mm）

代号	公称直径 d	螺距 P	d_1	l	L	方头	
						a	l_2
M3	3	0.5	2.24	11	40	1.8	4
M3.5	3.5	(0.6)	2.5			2	
M4	4	0.7	3.15	13	45	2.5	5
M4.5	4.5	(0.75)	3.55			2.8	
M5	5	0.8	4	16	50	3.15	6
M6	6	1	4.5	19	55	3.55	
M7	(7)		5.6			4.5	7
M8	8	1.25	6.3	22	65	5	8
M9	(9)		7.1			5.6	
M10	10	1.5	8	24	70	6.3	9
M11	(11)			25			
M12	12	1.75	9	29	80	7.1	10
M14	14	2	11.2	30	90	9	12
M16	16		12.5	32		10	13
M18	18	2.5	14	37	100	11.2	14
M20	20						
M22	22		16	38	110	12.5	16
M24	24	3	18	45	120	14	18
M27	27		20			16	20
M30	30	3.5		48	130		

（续）

代号	公称直径 d	螺距 P	d_1	l	L	方头 a	方头 l_2
M33	33	3.5	22.4	51	130	18	22
M36	36	4	25	57	145	20	24
M39	39	4	28	60	145	22.4	26
M42	42	4.5	28	60	160	22.4	26
M45	45	4.5	31.5	67	160	25	28
M48	48	5	31.5	67	175	25	28
M52	52	5	35.5	70	175	28	31

注：括号内的尺寸尽可能不用。

表 12-33　细短柄机用和手用细牙普通螺纹丝锥的尺寸

（GB/T 3464.3—2007）　（单位：mm）

代号	公称直径 d	螺距 P	d_1	l	L	方头 a	方头 l_2
M3×0.35	3	0.35	2.24	11	40	1.8	4
M3.5×0.35	3.5	0.35	2.5	11	40	2	4
M4×0.5	4	0.5	3.15	13	45	2.5	5
M4.5×0.5	4.5	0.5	3.55	13	45	2.8	5
M5×0.5	5	0.5	4	16	50	3.15	6
M5.5×0.5	(5.5)	0.5	4	17	50	3.15	6
M6×0.75	6	0.75	4.5	19	50	3.55	6
M7×0.75	(7)	0.75	5.6	19	50	4.5	7
M8×0.75	8	0.75	6.3	22	60	5	8
M8×1	8	1	6.3	22	60	5	8
M9×0.75	(9)	0.75	7.1	19	60	5.6	8
M9×1	(9)	1	7.1	22	60	5.6	8
M10×0.75	10	0.75	8	20	65	6.3	9
M10×1	10	1	8	24	65	6.3	9
M10×1.25	10	1.25	8	24	65	6.3	9
M11×0.75	(11)	0.75	8	22	65	6.3	9
M11×1	(11)	1	8	22	65	6.3	9
M12×1	12	1	9	29	70	7.1	10
M12×1.25	12	1.25	9	29	70	7.1	10
M12×1.5	12	1.5	9	29	70	7.1	10

（续）

代号	公称直径 d	螺距 P	d_1	l	L	方头	
						a	l_2
M14×1	14	1	11.2	22	70	9	12
M14×1.25[①]		1.25		30			
M14×1.5		1.5					
M15×1.5	(15)						
M16×1	16	1	12.5	22	80	10	13
M16×1.5		1.5		32			
M17×1.5	(17)						
M18×1	18	1	14	22	90	11.2	14
M18×1.5		1.5		37			
M18×2		2					
M20×1	20	1		22			
M20×1.5		1.5		37			
M20×2		2					
M22×1	22	1	16	24		12.5	16
M22×1.5		1.5		38			
M22×2		2					
M24×1	24	1	18	24	95	14	18
M24×1.5		1.5		45			
M24×2		2					
M25×1.5	25	1.5					
M25×2		2					
M26×1.5	26	1.5		35			
M27×1	27	1	20	25	105	16	20
M27×1.5		1.5		37			
M27×2		2					
M28×1	(28)	1		25			
M28×1.5		1.5		37			
M28×2		2					
M30×1	30	1		25			
M30×1.5		1.5		37			
M30×2		2					
M30×3		3		48			

（续）

代号	公称直径 d	螺距 P	d_1	l	L	方头	
						a	l_2
M32×1.5	（32）	1.5	22.4	37	115	18	22
M32×2		2					
M33×1.5	33	1.5					
M33×2		2					
M33×3		3		51			
M35×1.5②	（35）	1.5	25	39	125	20	24
M36×1.5	36						
M36×2		2					
M36×3		3		57			
M38×1.5	38	1.5	28	39	130	22.4	26
M39×1.5	39	1.5					
M39×2		2					
M39×3		3		60			
M40×1.5	（40）	1.5		39			
M40×2		2					
M40×3		3		60			
M42×1.5	42	1.5		39			
M42×2		2					
M42×3		3		60			
M42×4		（4）					
M45×1.5	45	1.5	31.5	45	140	25	28
M45×2		2					
M45×3		3		67			
M45×4		（4）					
M48×1.5	48	1.5		45	150		
M48×2		2					
M48×3		3		67			
M48×4		（4）					
M50×1.5	（50）	1.5		45			
M50×2		2					
M50×3		3		67			
M52×1.5	52	1.5	35.5	45		28	31

（续）

代号	公称直径 d	螺距 P	d_1	l	L	方头	
						a	l_2
M52×2		2		45			
M52×3	52	3	35.5	70	150	28	31
M52×4		4					

注：括号内的尺寸尽可能不用。

① 仅用于火花塞。

② 仅用于滚动轴承锁紧螺母。

12.2.4 螺母丝锥

1）直径不大于 5mm 的螺母丝锥如图 12-27 所示，其尺寸见表 12-34、表 12-35。

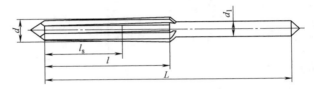

图 12-27 直径不大于 5mm 的螺母丝锥

表 12-34 直径不大于 5mm 粗牙螺母丝锥的尺寸

（GB/T 967—2008） （单位：mm）

代号	公称直径 d	螺距 P	L	l	l_s	d_1
M2	2	0.4	36	12	8	1.4
M2.2	2.2	0.45		14	10	1.6
M2.5	2.5					1.8
M3	3	0.5	40	15	12	2.24
M3.5	3.5	0.6	45	18	14	2.5
M4	4	0.7	50	21	16	3.15
M5	5	0.8	55	24	19	4

注：表中切削锥长度 l_s 为推荐尺寸。

表 12-35 直径不大于 5mm 细牙螺母丝锥的尺寸

(GB/T 967—2008) (单位：mm)

代号	公称直径 d	螺距 P	L	l	l_s	d_1
M3×0.35	3	0.35	40	11	8	2.24
M3.5×0.35	3.5		45			2.5
M4×0.5	4	0.5	50	15	11	3.15
M5×0.5	5		55			4

注：表中切削锥长度 l_s 为推荐尺寸。

2）直径大于 5mm 且不大于 30mm 圆柄（无方头）的螺母丝锥如图 12-28 所示，其尺寸见表 12-36、表 12-37。

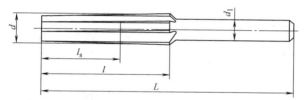

图 12-28 直径大于 5mm 且不大于 30mm 圆柄（无方头）的螺母丝锥

表 12-36 直径大于 5mm 且不大于 30mm 圆柄（无方头）粗牙螺母
丝锥的尺寸（GB/T 967—2008）（单位：mm）

代号	公称直径 d	螺距 P	L	l	l_s	d_1
M6	6	1	60	30	24	4.5
M8	8	1.25	65	36	31	6.3
M10	10	1.5	70	40	34	8
M12	12	1.75	80	47	40	9
M14	14	2	90	54	46	11.2
M16	16		95	58	50	12.5
M18	18	2.5	110	62	52	14
M20	20					16
M22	22					18

（续）

代号	公称直径 d	螺距 P	L	l	l_s	d_1
M24	24	3	130	72	60	18
M27	27					22.4
M30	30	3.5	150	84	70	25

注：表中切削锥长度 l_s 为推荐尺寸。

表 12-37　直径大于 5mm 且不大于 30mm 圆柄（无方头）细牙螺母丝锥的尺寸（GB/T 967—2008）

（单位：mm）

代号	公称直径 d	螺距 P	L	l	l_s	d_1
M6×0.75	6	0.75	55	22	17	4.5
M8×1	8	1	60	30	25	6.3
M8×0.75		0.75	55	22	17	
M10×1.25		1.25	65	36	30	8
M10×1	10	1	60	30	25	
M10×0.75		0.75	55	22	17	
M12×1.5		1.5	80	45	37	9
M12×1.25	12	1.25	70	36	30	
M12×1		1	65	30	25	
M14×1.5	14	1.5	80	45	37	11.2
M14×1		1	70	30	25	
M16×1.5	16	1.5	85	45	37	12.5
M16×1		1	70	30	25	
M18×2		2	100	54	44	14
M18×1.5	18	1.5	90	45	37	
M18×1		1	80	30	25	
M20×2		2	100	54	44	16
M20×1.5	20	1.5	90	45	37	
M20×1		1	80	30	25	
M22×2		2	100	54	44	18
M22×1.5	22	1.5	90	45	37	
M22×1		1	80	30	25	

（续）

代号	公称直径 d	螺距 P	L	l	l_s	d_1
M24×2		2	110	54	44	
M24×1.5	24	1.5	100	45	37	18
M24×1		1	90	30	25	
M27×2		2	110	54	44	
M27×1.5	27	1.5	100	45	37	22.4
M27×1		1	90	30	25	
M30×2		2	120	54	44	
M30×1.5	30	1.5	110	45	37	25
M30×1		1	100	30	25	

注：表中切削锥长度 l_s 为推荐尺寸。

3）直径大于 5mm 带方头的螺母丝锥如图 12-29 所示，其尺寸见表 12-38、表 12-39。

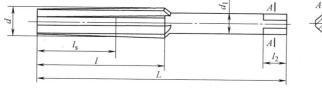

图 12-29 直径大于 5mm 带方头的螺母丝锥

表 12-38 直径大于 5mm 带方头粗牙螺母丝锥的尺寸

（GB/T 967—2008） （单位：mm）

代号	公称直径 d	螺距 P	L	l	l_s	d_1	方头	
							a	l_2
M6	6	1	60	30	24	4.5	3.55	6
M8	8	1.25	65	36	31	6.3	5	8
M10	10	1.5	70	40	34	8	6.3	9
M12	12	1.75	80	47	40	9	7.1	10
M14	14	2	90	54	46	11.2	9	12
M16	16		95	58	50	12.5	10	13

（续）

代号	公称直径 d	螺距 P	L	l	l_s	d_1	方头	
							a	l_2
M18	18					14	11.2	14
M20	20	2.5	110	62	52	16	12.5	16
M22	22					18	14	18
M24	24	3	130	72	60			
M27	27					22.4	18	22
M30	30	3.5	150	84	70	25	20	24
M33	33							
M36	36	4	175	96	80	28	22.4	26
M39	39					31.5	25	28
M42	42	4.5	195	108	90			
M45	45					35.5	28	31
M48	48	5	220	120	100			
M52	52					40	31.5	34

注：表中切削锥长度 l_s 为推荐尺寸。

表 12-39　直径大于 5mm 带方头细牙螺母丝锥的尺寸

（GB/T 967—2008）　　（单位：mm）

代号	公称直径 d	螺距 P	L	l	l_s	d_1	方头	
							a	l_2
M6×0.75	6	0.75	55	22	17	4.5	3.55	6
M8×1	8	1	60	30	25	6.3	5	8
M8×0.75		0.75	55	22	17			
M10×1.25		1.25	65	36	30			
M10×1	10	1	60	30	25	8	6.3	9
M10×0.75		0.75	55	22	17			
M12×1.5		1.5	80	45	37			
M12×1.25	12	1.25	70	36	30	9	7.1	10
M12×1		1	65	30	25			
M14×1.5	14	1.5	80	45	37	11.2	9	12
M14×1		1	70	30	25			
M16×1.5	16	1.5	85	45	37	12.5	10	13
M16×1		1	70	30	25			

（续）

代号	公称直径 d	螺距 P	L	l	l_s	d_1	方头	
							a	l_2
M18×2	18	2	100	54	44	14	11.2	14
M18×1.5		1.5	90	45	37			
M18×1		1	80	30	25			
M20×2	20	2	100	54	44	16	12.5	16
M20×1.5		1.5	90	45	37			
M20×1		1	80	30	25			
M22×2	22	2	100	54	44	18	14	18
M22×1.5		1.5	90	45	37			
M22×1		1	80	30	25			
M24×2	24	2	110	54	44	18	14	18
M24×1.5		1.5	100	45	37			
M24×1		1	90	30	25			
M27×2	27	2	110	54	44	22.4	18	22
M27×1.5		1.5	100	45	37			
M27×1		1	90	30	25			
M30×2	30	2	120	54	44	25	20	24
M30×1.5		1.5	110	45	37			
M30×1		1	100	30	25			
M33×2	33	2	120	55	44			
M33×1.5		1.5	110	45	37			
M36×3	36	3	160	80	68	28	22.4	26
M36×2		2	135	55	46			
M36×1.5		1.5	125	45	37			
M39×3	39	3	160	80	68	31.5	25	28
M39×2		2	135	55	46			
M39×1.5		1.5	125	45	37			
M42×3	42	3	170	80	68			
M42×2		2	145	55	46			
M42×1.5		1.5	135	45	37			
M45×3	45	3	170	80	68	35.5	28	31
M45×2		2	145	55	46			
M45×1.5		1.5	135	45	37			

（续）

代号	公称直径 d	螺距 P	L	l	l_s	d_1	方头	
							a	l_2
M48×3	48	3	180	80	68	35.5	28	31
M48×2		2	155	55	46			
M48×1.5		1.5	145	45	37			
M52×3	52	3	180	80	68	40	31.5	34
M52×2		2	155	55	46			
M52×1.5		1.5	145	45	37			

注：表中切削锥长度 l_s 为推荐尺寸。

12.2.5　圆柱和圆锥管螺纹丝锥

1）G 系列和 Rp 系列圆柱管螺纹丝锥如图 12-30 所示，其尺寸见表 12-40。

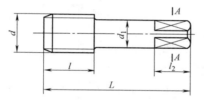

图 12-30　G 系列和 Rp 系列圆柱管螺纹丝锥

表 12-40　G 系列和 Rp 系列圆柱管螺纹丝锥的尺寸

（GB/T 20333—2023）　　　（单位：mm）

螺纹 代号	25.4mm 上 的螺纹牙数	基本直径 d	螺距 P ≈	d_1	l	L	方头	
							a	l_2
1/16	28	7.723	0.907	5.6	14	52	4.5	7
1/8	28	9.728		8	15	59	6.3	9
1/4	19	13.157	1.337	10	19	67	8	11
3/8	19	16.662		12.5	21	75	10	13
1/2	14	20.955	1.814	16	26	87	12.5	16
(5/8)	14	22.911		18		91	14	18
3/4	14	26.411		20	28	96	16	20
(7/8)	14	30.201		22.4	29	102	18	22

（续）

螺纹代号	25.4mm 上的螺纹牙数	基本直径 d	螺距 P ≈	d_1	l	L	方头	
							a	l_2
1	11	33.249		25	33	109	20	24
1 1/4	11	41.910		31.5	36	119	25	28
1 1/2	11	47.803		35.5	37	125	28	31
(1 3/4)	11	53.746			39	132		
2	11	59.614	2.309	40	41	140	31.5	34
(2 1/4)	11	65.710			42	142		
2 1/2	11	75.184		45	45	153	35.5	38
3	11	87.884		50	48	164	40	42
3 1/2	11	100.330		63	50	173	50	51
4	11	113.030		71	53	185	56	56

注：括号内的尺寸尽可能避免使用。

2）Rc 系列圆锥管螺纹丝锥如图 12-31 所示，其尺寸见表 12-41。

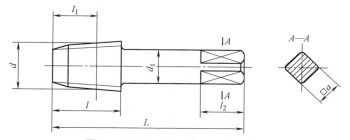

图 12-31　Rc 系列圆锥管螺纹丝锥

表 12-41　Rc 系列圆锥管螺纹丝锥的尺寸

（GB/T 20333—2023）　　　　（单位：mm）

螺纹代号	25.4mm 上的螺纹牙数	基本直径 d	螺距 P ≈	d_1	l	L	l_1 最大值	方头	
								a	l_2
1/16	28	7.723	0.907	5.6	14	52	10.1	4.5	7
1/8	28	9.728		8	15	59		6.3	9
1/4	19	13.157	1.337	10	19	67	15	8	11
3/8	19	16.662		12.5	21	75	15.4	10	13

（续）

螺纹代号	25.4mm上的螺纹牙数	基本直径 d	螺距 P $\approx$	d_1	l	L	l_1 最大值	方头	
								a	l_2
1/2	14	20.955	1.814	16	26	87	20.5	12.5	16
3/4	14	26.441		20	28	96	21.8	16	20
1	11	33.249		25	33	109	26	20	24
1 1/4	11	41.910		31.5	36	119	28.3	25	28
1 1/2	11	47.803		35.5	37	125	28.3	28	31
2	11	59.614		40	41	140	32.7	31.5	34
2 1/2	11	75.184	2.309	45	45	153	37.1	35.5	38
3	11	87.884		50	48	164	40.2	40	42
3 1/2	11	100.330		63	50	173	41.9	50	51
4	11	113.030		71	53	185	46.2	56	56

12.2.6　梯形螺纹丝锥

梯形螺纹丝锥如图 12-32 所示，其尺寸见表 12-42。

图 12-32　梯形螺纹丝锥

表 12-42　梯形螺纹丝锥的尺寸

（GB/T 28256—2012）　　　（单位：mm）

螺纹代号	大径 d	螺距 P	I 型（短型）			II 型（长型）			l_3	d_2	d_1	方头	
			l	l_1	l_2	l	l_1	l_2				a	l_4
Tr8×1.5	8.3	1.5	60	24	15	80	30	20	8	6.0	6.3	5.0	8
Tr10×2	10.5	2.0	80	40	28	110	56	40	10	8.0	7.1	5.6	
Tr12×3	12.5	3.0	115	63	45	160	85	65	12	9.0	8.0	6.3	9
Tr14×3	14.5									11.0	10.0	8.0	11
Tr16×4	16.5	4.0	170	100	75	220	125	100	16	12.0	11.2	9.0	12
Tr18×4	18.5									14.0	12.5	10.0	13
Tr20×4	20.5									16.0	14.0	11.2	14

（续）

螺纹代号	大径 d	螺距 P	Ⅰ型（短型）			Ⅱ型（长型）			l_3	d_2	d_1	方头	
			l	l_1	l_2	l	l_1	l_2				a	l_4
Tr22×5	22.5	5.0	250	155	125	290	170	140	20	17.0	16.0	12.5	16
Tr24×5	24.5									19.0	18.0	14.0	18
Tr26×5	26.5									21.0	20.0	16.0	20
Tr28×5	28.5									23.0	22.4	18.0	22
Tr30×6	31.0	6.0	300	170	135	350	216	180	24	24.0			
Tr32×6	33.0									26.0	25.0	20.0	24
Tr34×6	35.0									28.0			
Tr36×6	37.0									30.0	28.0	22.4	26
Tr38×7	39.0	7.0	360	220	175	420	250	210	28	31.0			
Tr40×7	41.0									33.0	31.0	25.0	28
Tr42×7	43.0									35.0			
Tr44×7	45.0									37.0			
Tr46×8	47.0	8.0	400	240	190	490	290	240	32	38.0	35.5	28.0	31
Tr48×8	49.0									40.0			
Tr50×8	51.0									42.0	40.0	31.5	34
Tr52×8	53.0									44.0			

注：1. 优先生产供应单支丝锥。

　　2. 成组丝锥支数由制造厂决定。

　　3. 不等径成组丝锥，第一粗锥、第二粗锥……的柄部应分别切割 1 条、2 条……圆环标志，以示区别。

　　4. 丝锥按直沟或螺旋沟生产，由制造厂决定。

　　5. l_2 为推荐尺寸。

12.2.7　挤压丝锥

1. 粗柄丝锥

粗柄丝锥如图 12-33 所示，其尺寸见表 12-43、表 12-44。

图 12-33　粗柄丝锥

表 12-43　粗柄粗牙丝锥的尺寸（GB/T 28253—2012）

（单位：mm）

代号	公称直径 d	螺距 P	d_1	l	L	l_1	a	l_2
M1	1					10		
M1.1	1.1	0.25		5.5	38.5	10		
M1.2	1.2		2.5				2	4
M1.4	1.4	0.3		7	40	12		
M1.6	1.6	0.35				13		
M1.8	1.8			8	41			
M2	2	0.4				13.5		
M2.2	2.2	0.45	2.8	9.5	44.5	15.5	2.24	5
M2.5	2.5							

表 12-44　粗柄细牙丝锥的尺寸（GB/T 28253—2012）

（单位：mm）

代号	公称直径 d	螺距 P	d_1	l	L	l_1	a	l_2
M1×0.2	1					10		
M1.1×0.2	1.1			5.5	38.5	10		
M1.2×0.2	1.2	0.2	2.5				2	4
M1.4×0.2	1.4			7	40	12		
M1.6×0.2	1.6					13		
M1.8×0.2	1.8			8	41			
M2×0.25	2	0.25				13.5		
M2.2×0.25	2.2		2.8	9.5	44.5	15.5	2.24	5
M2.5×0.35	2.5	0.35						

2. 粗柄带颈丝锥

粗柄带颈丝锥如图 12-34 所示，其尺寸见表 12-45、表 12-46。

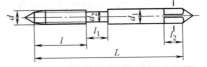

图 12-34　粗柄带颈丝锥

表 12-45 粗柄带颈粗牙丝锥的尺寸

（GB/T 28253—2012）　（单位：mm）

代号	公称直径 d	螺距 P	d_1	l	L	d_2 ≥	l_1	a	l_2
M3	3	0.5	3.15	11	48	2.12	18	2.50	
M3.5	3.5	0.6	3.55		50	2.50	20	2.80	5
M4	4	0.7	4	13		2.8	21	3.15	
M4.5	4.5	0.75	4.5		53	3.15		3.55	6
M5	5	0.8	5	16	58	3.55	25	4	7
M6	6	1	6.3	19	66	4.5	30	5	8
M7	7		7.1			5.3		5.6	
M8	8	1.25	8	22	72	6	35	6.3	9
M9	9		9			7.1	36	7.1	10
M10	10	1.50	10	24	80	7.5	39	8	11

注：允许无空刀槽，无空刀槽时螺纹部分长度尺寸应为 $l+(l_1-l)/2$。

表 12-46 粗柄带颈细牙丝锥的尺寸

（GB/T 28253—2012）　（单位:mm）

代号	公称直径 d	螺距 P	d_1	l	L	d_2 ≥	l_1	a	l_2
M3×0.35	3	0.35	3.15	11	48	2.12	18	2.50	
M3.5×0.35	3.5		3.55		50	2.50	20	2.80	5
M4×0.5	4		4	13		2.8	21	3.15	
M4.5×0.5	4.5		4.5		53	3.15		3.55	6
M5×0.5	5	0.5	5	16	58	3.55	25	4	
M5.5×0.5	5.5		5.6	17	62	4	26	4.5	7
M6×0.5	6		5.3	19	66	4.5	30	5	
M6×0.75		0.75							8
M7×0.75	7		7.1			5.3		5.6	
M8×0.5	8	0.50	8			6	32	6.3	9
M8×0.75		0.75							
M8×1		1		22	72		35		
M9×0.75	9	0.75	9	19	66	7.1	33	7.1	10
M9×1		1		22	72		36		
M10×0.75	10	0.75	10	20	73	7.5	35	8	11
M10×1		1		24	80		39		
M10×1.25		1.25							

注：允许无空刀槽，无空刀槽时螺纹部分长度尺寸应为 $l+(l_1-l)/2$。

3. 细柄带颈丝锥

细柄带颈丝锥如图 12-35 所示,其尺寸见表 12-47、表 12-48。

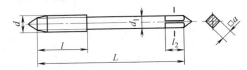

图 12-35　细柄带颈丝锥

表 12-47　细柄带颈粗牙丝锥的尺寸(GB/T 28253—2012)

(单位:mm)

代号	公称直径 d	螺距 P	d_1	l	L	a	l_2
M3	3	0.5	2.24	11	48	1.8	4
M3.5	3.5	0.6	2.5		50	2	
M4	4	0.7	3.15	13	53	2.5	5
M4.5	4.5	0.75	3.55			2.8	
M5	5	0.8	4	16	58	3.15	6
M6	5.5	1	4.5	19	66	3.55	
M7	7		5.6			4.5	7
M8	8	1.25	6.3	22	72	5	8
M9	9		7.1			5.6	
M10	10	1.5	8	24	80	6.3	9
M11	11			25	85		
M12	12	1.75	9	29	89	7.1	10
M14	14	2	11.2	30	95	9	12
M16	16		12.5	32	102	10	13
M18	18	2.5	14	37	112	11.2	14
M20	20						
M22	22		16	38	118	12.5	16
M24	24	3	18	45	130	14	18
M27	27		20		135	16	20

表 12-48 细柄带颈细牙丝锥的尺寸（GB/T 28253—2012）

（单位：mm）

代号	公称直径 d	螺距 P	d_1	l	L	a	l_2
M3×0.35	3	0.35	2.24	11	48	1.8	4
M3.5×0.35	3.5		2.5		50	2	
M4×0.5	4		3.15	13	53	2.5	5
M4.5×0.5	4.5		3.55			2.8	
M5×0.5	5	0.5	4	16	58	3.15	6
M5.5×0.5	5.5			17	62		
M6×0.5	6		4.5	19	66	3.55	
M6×0.75		0.75					
M7×0.75	7		5.6			4.5	7
M8×0.5	8	0.5	6.3			5	8
M8×0.75		0.75					
M8×1		1		22	72		
M9×0.75	9	0.75	7.1	19	66	5.6	
M9×1		1		22	72		
M10×0.75	10	0.75	8	20	73	6.3	9
M10×1		1		24	80		
M10×1.25		1.25					
M11×0.75	11	0.75					
M11×1		1		22			
M12×1	12		9			7.1	10
M12×1.25		1.25		29	89		
M12×1.5		1.5					
M14×1	14	1	11.2	22	87	9	12
M14×1.25		1.25		30	95		
M14×1.5		1.5					
M15×1.5	15						
M16×1	16	1	12.5	22	92	10	13
M16×1.5		1.5		32	102		
M17×1.5	17	1.5					
M18×1	18	1	14	22	97	11.2	14
M18×1.5		1.5		37	112		

（续）

代号	公称直径 d	螺距 P	d_1	l	L	a	l_2
M18×2	18	2		37	112		
M20×1		1	14	22	102	11.2	14
M20×1.5	20	1.5		37	112		
M20×2		2					

12.2.8　螺旋槽丝锥

螺旋槽丝锥如图 12-36 所示，其尺寸见表 12-49、表 12-50。

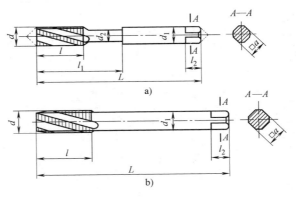

图 12-36　螺旋槽丝锥

a）适用于 M3~M6　b）适用于 M7~M33

表 12-49　粗牙普通螺纹螺旋槽丝锥的尺寸

（GB/T 3506—2008）　　　（单位：mm）

螺纹 代号	公称直径 d	螺距 P	L	l	l_1	d_1	$d_2 \geqslant$	a	l_2
M3	3	0.5	48	11	18	3.15	2.12	2.5	
M3.5	3.5	0.6	50		20	3.55	2.5	2.8	5
M4	4	0.7	53	13	21	4	2.8	3.15	
M4.5	4.5	0.75				4.5	3.15	3.55	6
M5	5	0.8	58	16	25	5	3.55	4	7

（续）

螺纹代号	公称直径 d	螺距 P	L	l	l₁	d₁	d₂≥	a	l₂
M6	6	1	66	19	30	6.3	4.5	5	8
M7	7					5.6		4.5	7
M8	8	1.25	72	22		6.3		5	8
M9	9					7.1		5.6	
M10	10	1.5	80	24		8		6.3	9
M11	11		85	25					
M12	12	1.75	89	29		9		7.1	10
M14	14	2	95	30	—	11.2	—	9	12
M16	16		102	32		12.5		10	13
M18	18	2.5	112	37		14		11.2	14
M20	20								
M22	22		118	38		16		12.5	16
M24	24	3	130	45		18		14	18
M27	27		135			20		16	20

注：允许无空刀槽、无空刀槽时螺纹部分长度尺寸应为 $l+(l_1-l)/2$。

表 12-50　细牙普通螺纹螺旋槽丝锥的尺寸

（GB/T 3506—2008）　　（单位：mm）

螺纹代号	公称直径 d	螺距 P	L	l	l₁	d₁	d₂≥	a	l₂
M3×0.35	3	0.35	48	11	18	3.15	2.12	2.50	5
M3.5×0.35	3.5		50		20	3.55	2.50	2.80	
M4×0.5	4	0.5	53	13	21	4	2.8	3.15	6
M4.5×0.5	4.5					4.5	3.15	3.55	
M5×0.5	5		58	16	25	5	3.55	4	7
M5.5×0.5	5.5		62	17	26	5.6	4	4.5	
M6×0.75	6	0.75	66	19	30	6.3	4.5	5	8
M7×0.75	7					5.6		4.5	7
M8×1	8	1	72	22		6.3		5	8
M9×1	9					7.1		5.6	
M10×1	10		80	24	—	8	—	6.3	9
M10×1.25		1.25							
M12×1.25	12		89	29		9		7.1	10

（续）

螺纹代号	公称直径 d	螺距 P	L	l	l_1	d_1	$d_2 \geqslant$	a	l_2
M12×1.5	12	1.5	89	29		9		7.1	10
M14×1.25	14	1.25	95	30		11.2		9	12
M14×1.5									
M15×1.5	15	1.5	102	32		12.5		10	13
M16×1.5	16								
M17×1.5	17								
M18×1.5	18		112	37		14		11.2	14
M18×2		2							
M20×1.5	20	1.5							
M20×2		2							
M22×1.5	22	1.5	118	38		16		12.5	16
M22×2		2							
M24×1.5	24	1.5	130	45	—	18	—	14	18
M24×2		2							
M25×1.5	25	1.5							
M25×2		2							
M27×1.5	27	1.5	127	37		20		16	20
M27×2		2							
M28×1.5	28	1.5							
M28×2		2							
M30×1.5	30	1.5							
M30×2		2							
M30×3		3	138	48					
M32×1.5	32	1.5	137	37		22.4		18	22
M32×2		2							
M33×1.5	33	1.5							
M33×2		2							
M33×3		3	151	51					

注：允许无空刀槽，无空刀槽时螺纹部分长度尺寸应为 $l+(l_1-l)/2$。

12.3　板牙

12.3.1　普通螺纹圆板牙

普通螺纹圆板牙如图 12-37 所示，其尺寸见表 12-51、表 12-52。

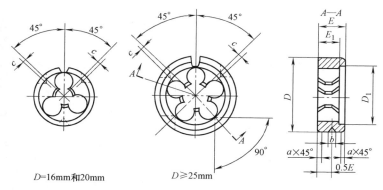

$D=16mm$ 和 $20mm$ 和 $D \geqslant 25mm$

图 12-37 普通螺纹圆板牙

注：1. 容屑孔数不做规定。

2. 切削锥由制造厂自定，但至少有一端切削锥长度应符合螺纹收尾
（GB/T 3）的规定。

表 12-51 粗牙普通螺纹圆板牙的尺寸（GB/T 970.1—2008）

（单位：mm）

代号	公称直径 d	螺距 P	D	D_1	E	E_1	c	b	a
M1	1	0.25	16	11	5	2	0.5	3	0.2
M1.1	1.1								
M1.2	1.2								
M1.4	1.4	0.3				2.5			
M1.6	1.6	0.35							
M1.8	1.8								
M2	2	0.4				3			
M2.2	2.2	0.45							
M2.5	2.5								
M3	3	0.5	20	—	—	—	0.5	4	0.2
M3.5	3.5	0.6							
M4	4	0.7							
M4.5	4.5	0.75			7		0.6		0.5
M5	5	0.8							

（续）

代号	公称直径 d	螺距 P	D	D₁	E	E₁	c	b	a
M6	6	1	20		7		0.6	4	0.5
M7	7								
M8	8	1.25	25		9		0.8	5	
M9	9								
M10	10	1.5	30		11		1.0		
M11	11								
M12	12	1.75	38		14				1
M14	14	2					1.2	6	
M16	16								
M18	18	2.5	45		18①				
M20	20								
M22	22	3	55		22		1.5		
M24	24								
M27	27			—		—			
M30	30	3.5	65		25				
M33	33						1.8	8	
M36	36	4							
M39	39		75		30				2
M42	42	4.5							
M45	45								
M48	48	5	90				2		
M52	52								
M56	56	5.5	105		36				
M60	60						2.5	10	
M64	64	6	120						
M68	68								

① 根据用户需要，M16 圆板牙的厚度 E 尺寸可按 14mm 制造。

表 12-52　　细牙普通螺纹圆板牙的尺寸

（GB/T 970.1—2008）　　（单位：mm）

代号	公称直径 d	螺距 P	D	D₁	E	E₁	c	b	a
M1×0.2	1	0.2	16	11	5	2	0.5	3	0.2

（续）

代号	公称直径 d	螺距 P	D	D_1	E	E_1	c	b	a
M1.1×0.2	1.1								
M1.2×0.2	1.2								
M1.4×0.2	1.4	0.2				2		3	
M1.6×0.2	1.6		16	11					
M1.8×0.2	1.8								
M2×0.25	2	0.25			5		0.5		0.2
M2.2×0.25	2.2								
M2.5×0.35	2.5	0.35				2.5			
M3×0.35	3			15		3			
M3.5×0.35	3.5								
M4×0.5	4		20					4	
M4.5×0.5	4.5	0.5							
M5×0.5	5								
M5.5×0.5	5.5								
M6×0.75	6			—	7	—	0.6		
M7×0.75	7	0.75							
M8×0.75	8		25		9		0.8		0.5
M8×1		1							
M9×0.75	9	0.75							
M9×1		1						5	
M10×0.75	10	0.75		24		8			
M10×1		1	30	—	11	—	1		
M10×1.25		1.25							
M11×0.75	11	0.75		24		8			
M11×1		1							
M12×1	12	1							1
M12×1.25		1.25							
M12×1.5		1.5							
M14×1	14	1	38	—	10	—	1.2	6	
M14×1.25		1.25							
M14×1.5		1.5							
M15×1.5	15								

（续）

代号	公称直径 d	螺距 P	D	D_1	E	E_1	c	b	a
M16×1	16	1	45	36	14	10	1.2	6	1
M16×1.5		1.5		—		—			
M17×1.5	17								
M18×1	18	1		36		10			
M18×1.5		1.5		—		—			
M18×2		2							
M20×1	20	1		36		10			
M20×1.5		1.5		—		—			
M20×2		2							
M22×1	22	1	55	45	16	12	1.5		
M22×1.5		1.5		—					
M22×2		2							
M24×1	24	1		45		12			
M24×1.5		1.5		—		—			
M24×2		2							
M25×1.5	25	1.5		—		—			
M25×2		2							
M27×1	27	1	65	54	18	12	1.8	8	
M27×1.5		1.5		—		—			
M27×2		2							
M28×1	28	1		54		12			
M28×1.5		1.5		—		—			
M28×2		2							
M30×1	30	1		54		12			
M30×1.5		1.5							
M30×2		2							
M30×3		3			25				
M32×1.5	32	1.5		—	18	—			2
M32×2		2							
M33×1.5	33	1.5							
M33×2		2							
M33×3		3			25				

（续）

代号	公称直径 d	螺距 P	D	D_1	E	E_1	c	b	a
M35×1.5	35	1.5	65	—	18	—			
M36×1.5	36								
M36×2		2							
M36×3		3			25				
M39×1.5	39	1.5	75	63	20	16	1.8	8	2
M39×2		2							
M39×3		3		—	30	—			
M40×1.5	40	1.5		63	20	16			
M40×2		2							
M40×3		3		—	30	—			
M42×1.5	42	1.5		63	20	16			
M42×2		2							
M42×3		3		—	30	—			
M42×4		4							
M45×1.5	45	1.5	90	75	22	18	2		
M45×2		2							
M45×3		3		—	36	—			
M45×4		4							
M48×1.5	48	1.5		75	22	18			
M48×2		2							
M48×3		3		—	36	—			
M48×4		4							
M50×1.5	50	1.5		75	22	18			
M50×2		2							
M50×3		3		—	36	—			
M52×1.5	52	1.5		75	22	18			
M52×2		2							
M52×3		3		—	36	—			
M52×4		4							
M55×1.5	55	1.5	105	90	22	18	2.5	10	
M55×2		2		—		—			
M55×3		3			36				

（续）

代号	公称直径 d	螺距 P	D	D_1	E	E_1	c	b	a
M55×4	55	4		—	36	—			
M56×1.5		1.5		90		18			
M56×2	56	2	105		22		2.5	10	2
M56×3		3		—		—			
M56×4		4			36				

12.3.2　螺尖圆板牙

螺尖圆板牙如图 12-38 所示，其尺寸见表 12-53、表 12-54。

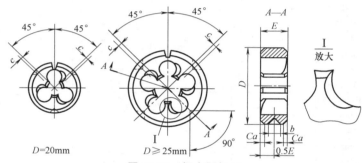

图 12-38　螺尖圆板牙

表 12-53　粗牙普通螺纹用螺尖圆板牙的尺寸

（JB/T 13334—2017）　　（单位：mm）

代号	公称直径 d	螺距 P	D	E	c	b	a
M3	3	0.5					
M3.5	3.5	0.6		5	0.5		0.2
M4	4	0.7				4	
M4.5	4.5	0.75	20				
M5	5	0.8		7	0.6		
M6	6						0.5
M7	7	1					
M8	8	1.25	25	9	0.8	5	

（续）

代号	公称直径 d	螺距 P	D	E	c	b	a
M9	9	1.25	25	9	0.8		0.5
M10	10	1.5	30	11	1.0	5	
M11	11						
M12	12	1.75	38	14			1
M14	14	2			1.2	6	
M16	16						
M18	18		45	18[①]			
M20	20	2.5					
M22	22		55	22	1.5		
M24	24	3					2
M27	27					8	
M30	30	3.5	65	25	1.8		
M33	33						

① 根据用户需要，M16 螺尖圆板牙的厚度 E 尺寸可按 14mm 制造。

表 12-54　细牙普通螺纹用螺尖圆板牙的尺寸

（JB/T 13334—2017）　　　　（单位：mm）

代号	公称直径 d	螺距 P	D	E	c	b	a
M3×0.35	3	0.35	20	5	0.5	4	0.2
M3.5×0.35	3.5						
M4×0.5	4	0.5					
M4.5×0.5	4.5						
M5×0.5	5						
M5.5×0.5	5.5						
M6×0.75	6	0.75		7	0.6		0.5
M7×0.75	7		25	9	0.8	5	
M8×0.75	8	0.75					
M8×1		1					
M9×0.75	9	0.75					
M9×1		1					

（续）

代号	公称直径 d	螺距 P	D	E	c	b	a
M10×0.75	10	0.75	30	11	1	5	
M10×1		1					
M10×1.25		1.25					
M11×0.75	11	0.75					
M11×1		1					
M12×1	12	1	38	10			1
M12×1.25		1.25					
M12×1.5		1.5					
M14×1	14	1					
M14×1.25		1.25					
M14×1.5		1.5					
M15×1.5	15						
M16×1	16	1			1.2	6	
M16×1.5		1.5					
M17×1.5	17						
M18×1	18	1	45	14			
M18×1.5		1.5					
M18×2		2					
M20×1	20	1					
M20×1.5		1.5					
M20×2		2					
M22×1	22	1	55	16	1.5	8	
M22×1.5	22	1.5					1
M22×2		2					
M24×1	24	1	55	16	1.5	8	
M24×1.5		1.5					
M24×2		2					
M25×1.5	25	1.5					

（续）

代号	公称直径 d	螺距 P	D	E	c	b	a
M25×2	25	2	55	16	1.5		
M27×1		1					
M27×1.5	27	1.5					
M27×2		2					1
M28×1		1					
M28×1.5	28	1.5		18			
M28×2		2					
M30×1		1					
M30×1.5	30	1.5	65		1.8	8	
M30×2		2					
M30×3		3		25			
M32×1.5	32	1.5					2
M32×2		2		18			
M33×1.5		1.5					
M33×2	33	2					
M33×3		3		25			

12.3.3　可调圆板牙

可调圆板牙如图 12-39 所示，其尺寸见表 12-55、表 12-56。

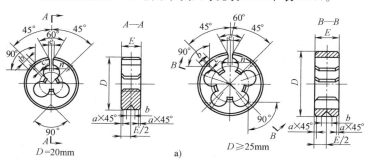

图 12-39　可调圆板牙

a）不带调节螺钉径向

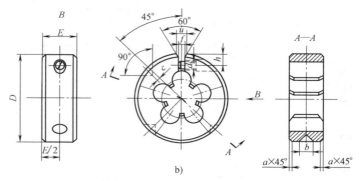

图 12-39　可调圆板牙（续）

b）带调节螺钉切向

表 12-55　粗牙普通螺纹用可调圆板牙的尺寸

（JB/T 13930—2020）　　　　（单位：mm）

螺纹代号	公称直径 d	螺距 P	基本尺寸		参考尺寸			不带调节螺钉		带调节螺钉			
			D	E	c	b	a	e	n	f	u	d_1	h
M3	3	0.5	20	7	0.5	4	0.2	3	1.5	1.5	3	M3	2.5
M3.5	3.5	0.6											
M4	4	0.7											
M4.5	4.5	0.75											
M5	5	0.8			0.6								
M6	6	1					0.5						
M7	7												
M8	8	1.25	25	9	0.8	5		3.5			3.5		
M9	9												
M10	10	1.5	30	11	1.0								
M11	11												
M12	12	1.75	38	14	1.2	6	1	4.5	2	2	4.5	M4	3.5
M14	14	2											
M16	16		45	18									
M18	18	2.5											

（续）

螺纹代号	公称直径 d	螺距 P	基本尺寸		参考尺寸			不带调节螺钉		带调节螺钉			
			D	E	c	b	a	e	n	f	u	d_1	h
M20	20	2.5	45	18	1.2	6	1	4.5	2	2	4.5	M4	3.5
M22	22		55	22	1.5			5			5	M5	5
M24	24	3											
M27	27												
M30	30	3.5	65	25	1.8	8	2	6	2.5	2.5	6		
M33	33												
M36	36	4										M6	6
M39	39		75	30				7			7		
M42	42	4.5											
M45	45												
M48	48	5	90	36	2			10	3	3	10		
M52	52												

表 12-56 细牙普通螺纹用可调圆板牙的尺寸

（JB/T 13930—2020）　　（单位：mm）

螺纹代号	公称直径 d	螺距 P	基本尺寸		参考尺寸			不带调节螺钉		带调节螺钉			
			D	E	c	b	a	e	n	f	u	d_1	h
M3×0.35	3.5	0.35	20	7	0.5	4	0.2	3	1.5	1.5	3	M3	2.5
M3.5×0.35	3.5	0.35											
M4×0.5	4	0.5											
M4.5×0.5	4.5	0.5											
M5×0.5	5	0.5											
M5.5×0.5	5.5	0.5											
M6×0.75	6	0.75			0.6								
M7×0.75	7	0.75											
M8×0.75	8	0.75	25	9	0.8	5	0.5	3.5			3.5		
M8×1		1											
M9×0.75	9	0.75											
M9×1		1											
M10×0.75	10	0.75	30	8	1		1						

（续）

螺纹代号	公称直径 d	螺距 P	基本尺寸		参考尺寸			不带调节螺钉		带调节螺钉			
			D	E	c	b	a	e	n	f	u	d_1	h
M10×1	10	1	30	11	1	5		3.5	1.5	1.5	3.5	M3	2.5
M10×1.25		1.25											
M11×0.75	11	0.75		8									
M11×1		1		11									
M12×1	12	1	38	10	1.2	6	1	4.5	2	2	4.5	M4	3.5
M12×1.25		1.25											
M12×1.5		1.5											
M14×1	14	1											
M14×1.25		1.25											
M14×1.5		1.5											
M15×1.5	15	1.5											
M16×1	16	1	45	14									
M16×1.5		1.5											
M17×1.5	17	1.5											
M18×1	18	1		10									
M18×1.5		1.5		14									
M18×2		2											
M20×1	20	1		10									
M20×1.5		1.5		14									
M20×2		2											
M22×1	22	1	55	12	1.5	8		5			5	M5	5
M22×1.5		1.5		16									
M22×2		2											
M24×1	24	1		12									
M24×1.5		1.5											
M24×2		2		16									
M25×1.5	25	1.5											
M25×2		2											
M27×1	27	1	65	14	1.8			6	2.5	2.5	6	M6	6
M27×1.5		1.5		18									
M27×2		2											

（续）

螺纹代号	公称直径 d	螺距 P	D	E	c	b	a	e	n	f	u	d_1	h
M28×1	28	1		14									
M28×1.5		1.5		18									
M28×2		2											
M30×1	30	1		14			1						
M30×1.5		1.5		18									
M30×2		2											
M30×3		(3)		25									
M32×1.5	32	1.5	65					6	2.5	2.5	6		
M32×2		2		18									
M33×1.5	33	1.5											
M33×2		2		18									
M33×3		(3)		25									
M35×1.5	35	1.5			1.8								
M36×1.5	36	1.5		18									
M36×2		2											
M36×3		3		25		8						M6	6
M39×1.5	39	1.5		18									
M39×2		2		20									
M39×3		3		30			2						
M40×1.5	40	1.5	75	18				7	2.5	2.5	7		
M40×2		(2)		20									
M40×3		(3)		30									
M42×1.5	42	1.5		18									
M42×2		2		20									
M42×3		3											
M42×4		(4)		30									
M45×1.5	45	1.5	90	18	2			10	3	3	10		
M45×2		2		22									
M45×3		3		36									
M45×4		(4)											
M48×1.5	48	1.5		18									

（续）

螺纹代号	公称直径 d	螺距 P	基本尺寸		参考尺寸			不带调节螺钉		带调节螺钉			
			D	E	c	b	a	e	n	f	u	d_1	h
M48×2	48	2		22									
M48×3		3		36									
M48×4		(4)											
M50×1.5	50	1.5		18									
M50×2		(2)		22									
M50×3		(3)	90	36	2	8	2	10	3	3	10	M6	6
M52×1.5	52	1.5		18									
M52×2		2		22									
M52×3		3		36									
M52×4		(4)											

注：括号内的尺寸尽量不采用，如果采用应做标识。

12.3.4　60°圆锥管螺纹圆板牙

60°圆锥管螺纹圆板牙如图 12-40 所示，其尺寸见表 12-57。

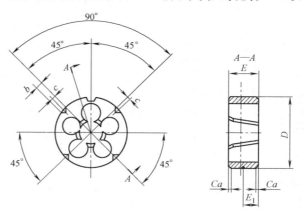

图 12-40　60°圆锥管螺纹圆板牙

表 12-57　60°圆锥管螺纹圆板牙的尺寸

（JB/T 8364.1—2010）　　（单位：mm）

代号 NPT	每 25.4mm 内的牙数	螺距 P	D	E	E_1	c	b	a
1/16	27	0.941	30	11	5.5	1.0	5	
1/8								
1/4	18	1.411	38	16	7.0	1.2	6	1.0
3/8			45	18	9.0			
1/2	14	1.814	45	22	11.0	1.5		
3/4			55					
1			65	26	12.5	1.8	8	
1¼	11.5	2.209	75	28	15			2.0
1½			90		18	2.0		
2			105	30		2.5	10	

12.3.5　六方板牙

六方板牙如图 12-41 所示，其尺寸见表 12-58。

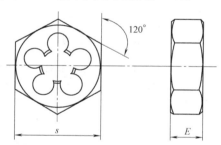

120°

s

E

图 12-41　六方板牙

表 12-58　圆锥管螺纹六方板牙的尺寸（GB/T 20325—2006）

代号	基本直径 /mm	近似螺距 /mm	s/mm	E/mm
1/16	7.723	0.907	21	10
1/8	9.728	0.907	27	10
1/4	13.157	1.337	36	14
3/8	16.662	1.337	41	15

（续）

代号	基本直径 /mm	近似螺距 /mm	s/mm	E/mm
1/2	20.955	1.814	50	19
3/4	26.441	1.814	60	20
1	33.249	2.309	60	24
1¼	41.910	2.309	85	26
1½	47.803	2.309	85	26
2	59.614	2.309	100	31

12.4　铰刀

12.4.1　手用铰刀

手用铰刀如图 12-42 所示，其尺寸见表 12-59、表 12-60。

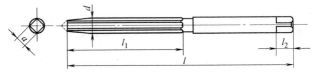

图 12-42　手用铰刀

表 12-59　米制系列的推荐直径和各相应尺寸

（GB/T 1131.1—2004）　　（单位：mm）

d	l_1	l	a	l_2	d	l_1	l	a	l_2
(1.5)	20	41	1.12		5.0	44	87	4.00	
1.6	21	44	1.25		5.5	47	93	4.50	7
1.8	23	47	1.40	4	6.0				
2.0	25	50	1.60		7.0	54	107	5.60	8
2.2	27	54	1.80		8.0	58	115	6.30	9
2.5	29	58	2.00		9.0	62	124	7.10	10
2.8	31	62	2.24	5	10.0	66	133	8.00	11
3.0					11.0	71	142	9.00	12
3.5	35	71	2.80		12.0	76	152	10.00	13
4.0	38	76	3.15	6	(13.0)				
4.5	41	81	3.55		14.0	81	163	11.20	14

（续）

d	l_1	l	a	l_2	d	l_1	l	a	l_2
(15.0)	81	163	11.20	14	36	142	284	28.00	31
16.0	87	175	12.50	16	(38)	152	305	31.5	34
(17.0)					40				
18.0	93	188	14.00	18	(42)	163	326	35.50	38
(19.0)					44				
20.0	100	201	16.00	20	45				
(21.0)					(46)				
22	107	215	18.00	22	(48)	174	347	40.00	42
(23)					50				
(24)	115	231	20.00	24	(52)	184	367	45.00	46
25					(55)				
(26)					56				
(27)	24	247	22.40	26	(58)				
28					(60)				
(30)					(62)	194	387	50.00	51
32	133	265	25.00	28	63				
(34)	142	284	28.00	31	67	203	406	56.00	56
(35)					71				

注：括号内的尺寸尽量不采用。

表 12-60　英制系列的推荐直径和各相应尺寸

（GB/T 1131.1—2004）　　（单位：in）

d	l_1	l	a	l_2	d	l_1	l	a	l_2
$\frac{1}{16}$	$\frac{13}{16}$	$1\frac{3}{4}$	0.049	$\frac{5}{32}$	$\frac{3}{8}$	$2\frac{5}{8}$	$5\frac{1}{4}$	0.315	$\frac{7}{16}$
$\frac{3}{32}$	$1\frac{1}{8}$	$2\frac{1}{4}$	0.079		$(\frac{13}{32})$				
$\frac{1}{8}$	$1\frac{5}{16}$	$2\frac{5}{8}$	0.098	$\frac{3}{16}$	$\frac{7}{16}$	$2\frac{13}{16}$	$5\frac{5}{8}$	0.354	$\frac{15}{32}$
$\frac{5}{32}$	$1\frac{1}{2}$	3	0.124	$\frac{1}{4}$	$(\frac{15}{32})$				
$\frac{3}{16}$	$1\frac{3}{4}$	$3\frac{7}{16}$	0.157	$\frac{9}{32}$	$\frac{1}{2}$	3	6	0.394	$\frac{1}{2}$
$\frac{7}{32}$	$1\frac{7}{8}$	$3\frac{11}{16}$	0.177		$\frac{9}{16}$	$3\frac{3}{16}$	$6\frac{7}{16}$	0.441	$\frac{9}{16}$
$\frac{1}{4}$	2	$3\frac{15}{16}$	0.197	$\frac{5}{16}$	$\frac{5}{8}$	$3\frac{7}{16}$	$6\frac{7}{8}$	0.492	$\frac{5}{8}$
$\frac{9}{32}$	$2\frac{1}{8}$	$4\frac{3}{16}$	0.220		$\frac{11}{16}$	$3\frac{11}{16}$	$7\frac{7}{16}$	0.551	$\frac{23}{32}$
$\frac{5}{16}$	$2\frac{1}{4}$	$4\frac{1}{2}$	0.248	$\frac{11}{32}$	$\frac{3}{4}$	$3\frac{15}{16}$	$7\frac{15}{16}$	0.630	$\frac{25}{32}$
$\frac{11}{32}$	$2\frac{7}{16}$	$4\frac{7}{8}$	0.280	$\frac{13}{32}$	$(\frac{13}{16})$				

（续）

d	l_1	l	a	l_2	d	l_1	l	a	l_2
$\frac{7}{8}$	$4\frac{3}{16}$	$8\frac{1}{2}$	0.709	$\frac{7}{8}$	$1\frac{1}{2}$	6	12	1.240	$1\frac{11}{32}$
1	$4\frac{1}{2}$	$9\frac{1}{16}$	0.787	$\frac{15}{16}$	$(1\frac{5}{8})$				
$(1\frac{1}{16})$	$4\frac{7}{8}$	$9\frac{3}{4}$	0.882	$1\frac{1}{32}$	$1\frac{3}{4}$	$6\frac{7}{15}$	$12\frac{13}{16}$	1.398	$1\frac{1}{2}$
$1\frac{1}{8}$					$(1\frac{7}{8})$	$6\frac{7}{8}$	$13\frac{11}{16}$	1.575	$1\frac{21}{32}$
$1\frac{1}{4}$	$5\frac{1}{4}$	$10\frac{7}{16}$	0.984	$1\frac{3}{32}$	2				
$(1\frac{5}{16})$					$2\frac{1}{4}$	$7\frac{1}{4}$	$14\frac{7}{16}$	1.772	$1\frac{13}{16}$
$1\frac{3}{8}$	$5\frac{5}{8}$	$11\frac{3}{16}$	1.102	$1\frac{7}{32}$	$2\frac{1}{2}$	$7\frac{5}{8}$	$15\frac{1}{4}$	1.968	2
$(1\frac{7}{16})$					3	$8\frac{3}{8}$	$16\frac{11}{16}$	2.480	$2\frac{7}{16}$

注：1. 括号内的尺寸尽量不采用。

　　2. 1in＝25.4mm。

12.4.2　可调节手用铰刀

可调节手用铰刀如图 12-43 所示，其尺寸见表 12-61、表 12-62。

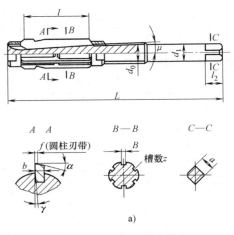

a)

图 12-43　可调节手用铰刀

a）普通型铰刀

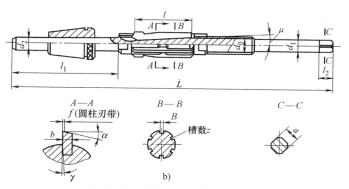

图 12-43　可调节手用铰刀（续）

b）带导向套型铰刀

表 12-61　普通型铰刀的尺寸（JB/T 3869—1999）

（单位：mm）

铰刀调节范围	L	B	b	d_1	d_0	a	l_2	参考尺寸					
								l	μ	γ	α	f	z
6.5~7.0	85	1.0	1.0	4	M5×0.5	3.15	6	35	1°30′		14°	0.05~0.15	5
>7.0~7.75	90												
>7.75~8.5	100	1.15	1.15	4.8	M6×0.75	4							
>8.5~9.25	105						7	38		-1°~-4°	12°	0.1~0.2	
>9.25~10	115	1.3	1.3	5.6	M7×0.75	4.5							
>10~10.75	125												
>10.75~11.75	130			6.3	M8×1	5							
>11.75~12.75	135	1.6	1.6	7.1	M9×1	5.6	8	44	2°			0.1~0.25	6
>12.75~13.75	145							48					
>13.75~15.25	150			8	M10×1	6.3	9	52			10°		
>15.25~17	165	1.8	1.8	9	M11×1	7.1	10	55					

（续）

铰刀调节范围	L	B	b	d_1	d_0	a	l_2	参考尺寸					
								l	μ	γ	α	f	z
>17 ~19	170	2.0	2.0	10	M12× 1.25	8	11	60	2°			0.1 ~ 0.25	6
>19 ~21	180			11.2	M14× 1.5	9	12						
>21 ~23	195	2.5	2.5	14	M16× 1.5	11.2	14	65				0.1 ~ 0.3	
>23 ~26	215				M18× 1.5			72	2°30′	−1° ~ −4°	10°		
>26 ~29.5	240	3.0	3.0	18	M20× 1.5	14	18	80					
>29.5 ~33.5	270	3.5	3.5	19.8	M22× 1.5	16	20	85					
>33.5 ~38	310				M24× 2			95				0.15 ~ 0.4	
>38 ~44	350	4.0	4.0	25	M30× 2	20	24	105	3°				
>44 ~54	400	4.5	4.5	31.5	M32× 2	25	28	120	3°30′				
>54 ~63	460	4.5	4.5	40	M45× 2	31.5	34						
>63 ~84	510	5.0	5.0	50	M55× 2	50	42	135	5°		8°	0.2 ~ 0.4	
>84 ~100	570	6.0	6.0	63	M70× 2	50	51	140					6 或 8

表 12-62　带导向套型铰刀的尺寸 （JB/T 3869—1999）

（单位：mm）

铰刀调节范围	L	B	b	d_1	d_0	d_2	a	l_2	参考尺寸					
									l	μ	γ	α	f	l_1	z
15.25 ~17	245	1.8	1.8	9	M11× 1	9	7.1	10	55	2°	−1° ~ −4°	10°	0.1 ~ 0.25	80	6
>17 ~19	260	2.0	2.0	10	M12× 1.25	10	8	11	60					90	

（续）

铰刀调节范围	L	B	b	d_1	d_0	d_2	a	l_2	参考尺寸						
									l	μ	γ	α	f	l_1	z
>19~21	300	2.0	2.0	11.2	M14×1.5	11.2	9	12	60	2°				95	
>21~23	340	2.5	2.5	14	M16×1.5	14	11.2	14	65				0.1~0.3	105	
>23~26	370				M18×1.5				72					115	
>26~29.5	400	3.0	3.0	18	M20×1.5	18	14	18	80	2°30′		10°		125	6
>29.5~33.5	420	3.5	3.5	20	M22×1.5	20	16	20	85		−1°~−4°			130	
>33.5~38	440				M24×2				95				0.15~0.4		
>38~44	490	4.0	4.0	25	M30×2	25	20	24	105	3°					
>44~54	540	4.5	4.5	31.5	M36×2	31.5	25	28		3°30′				140	
>54~68	550			40	M45×2	40	31.5	34	120	5°		8°	0.2~0.4		

12.4.3　莫氏圆锥和米制圆锥铰刀

1）直柄莫氏圆锥和米制圆锥铰刀如图 12-44 所示，其尺寸见表 12-63。

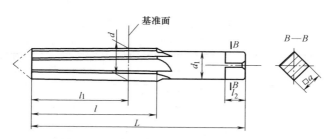

图 12-44　直柄莫氏圆锥和米制圆锥铰刀

表 12-63　直柄莫氏圆锥和米制圆锥铰刀的尺寸

（GB/T 1139—2017）　　（单位：mm）

圆锥		d	L	l	l_1	d_1	方头	
代号	锥度比						a	l_2
米制 4	1：20	4.000	48	30	22	4.0	3.15	6
米制 6		6.000	63	40	30	5.0	4.00	7
莫氏 0	1：19.212	9.045	93	61	48	8.0	6.30	9
莫氏 1	1：20.047	12.065	102	66	50	10.0	8.00	11
莫氏 2	1：20.020	17.780	121	79	61	14.0	11.20	14
莫氏 3	1：19.922	23.825	146	96	76	20.0	16.00	20
莫氏 4	1：19.254	31.267	179	119	97	25.0	20.00	24
莫氏 5	1：19.002	44.399	222	150	124	31.5	25.00	28
莫氏 6	1：19.180	63.348	300	208	176	45.0	35.50	38

2）莫氏锥柄莫氏圆锥和米制圆锥铰刀如图 12-45 所示，其尺寸见表 12-64。

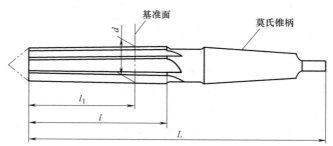

图 12-45　莫氏锥柄莫氏圆锥和米制圆锥铰刀

表 12-64　莫氏锥柄莫氏圆锥和米制圆锥铰刀的尺寸

（GB/T 1139—2017）　　（单位：mm）

圆锥		d	L	l	l_1	莫氏锥柄号
代号	锥度比					
米制 4	1：20	4.000	106	30	22	
米制 6		6.000	116	40	30	1
莫氏 0	1：19.212	9.045	137	61	48	
莫氏 1	1：20.047	12.065	142	66	50	

（续）

圆锥		d	L	l	l_1	莫氏锥柄号
代号	锥度比					
莫氏	2	1：20.020	17.780	173	79	61	2
	3	1：19.922	23.825	212	96	76	3
	4	1：19.254	31.267	263	119	97	4
	5	1：19.002	44.399	331	150	124	5
	6	1：19.180	63.348	389	208	176	

12.4.4 硬质合金机用铰刀

硬质合金机用铰刀如图 12-46 所示，其尺寸见表 12-65。

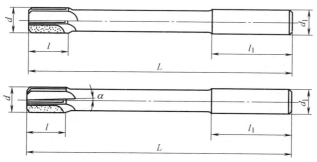

图 12-46 硬质合金机用铰刀

表 12-65 硬质合金机用铰刀的尺寸（GB/T 4251—2008）

（单位：mm）

d	d_1	L	l	l_1
6	5.6	93	17	36
7	7.1	109		40
8	8.0	117		42
9	9.0	125		44
10	10.0	133		46
11		142		
12		151	20	
(13)				
14	12.5	160		50

（续）

d	d_1	L	l	l_1
（15）	12.5	162	20	50
16		170		
（17）	14.0	175	25	52
18		182		
（19）	16.0	189		58
20		195		

注：括号内的尺寸尽量不采用。

12.5　车刀

12.5.1　高速钢车刀

高速钢车刀如图 12-47 所示，其尺寸见表 12-66～表 12-70。

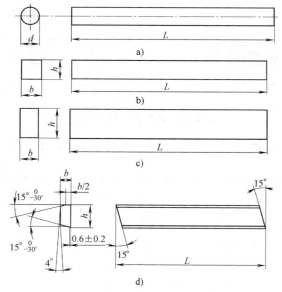

图 12-47　高速钢车刀条

a）圆形截面车刀条　b）正方形截面车刀条
c）矩形截面车刀条　d）不规则四边形截面车刀条

表 12-66　圆形截面车刀条的尺寸（GB/T 4211.1—2004）

（单位：mm）

d	$L\pm 2$				
	63	80	100	160	200
4	×	×	×		
5	×	×	×		
6	×	×	×	×	
8		×	×	×	
10		×	×	×	×
12			×	×	×
16			×	×	×
20					×

注："×"表示有此规格，下同。

表 12-67　正方形截面车刀条的尺寸（GB/T 4211.1—2004）

（单位：mm）

h	b	$L\pm 2$				
		63	80	100	160	200
4	4	×				
5	5	×				
6	6	×	×	×	×	×
8	8	×	×	×	×	×
10	10	×	×	×	×	×
12	12	×	×	×	×	×
16	16			×	×	×
20	20				×	×
25	25					×

表 12-68　矩形截面车刀条的第一种尺寸

（GB/T 4211.1—2004）　　（单位：mm）

比例 $h/b\approx$	h	b	$L\pm 2$		
			100	160	200
1.6	6	4	×		
	8	5	×		
	10	6		×	×

（续）

比例 h/b ≈	h	b	L±2		
			100	160	200
1.6	12	8		×	×
	16	10		×	×
	20	12		×	×
	25	16			×
2	8	4	×		
	10	5	×		
	12	6		×	×
	16	8		×	×
	20	10		×	×
	25	12			×

表 12-69　矩形截面车刀条的第二种尺寸

（GB/T 4211.1—2004）　　（单位：mm）

比例 h/b ≈	h	b	L±2
2.33	14	6	140
2.5	10	4	120

表 12-70　不规则四边形截面车刀条的尺寸

（GB/T 4211.1—2004）　　（单位：mm）

h	b	L±2				
		85	120	140	200	250
12	3	×	×			
12	5	×	×			
16	3			×	×	
16	4			×		
16	6			×		
18	4			×		
20	3			×		
20	4			×		×
25	4					×
25	6					×

注：车刀条的一端可制成直角。

12.5.2　硬质合金车刀

常用硬质合金车刀见表 12-71。

表 12-71　常用硬质合金车刀

符号	车刀形状	名称	符号	车刀形状	名称
01	70°	70° 外圆 车刀	10	90°	90° 内孔 车刀
02	45°	45° 端面 车刀	11	45°	45° 内孔 车刀
03	95°	95° 外圆 车刀	12		内螺纹 车刀
04		切槽 车刀	13		内切槽 车刀
05	90°	90° 端面 车刀	14	75°	75° 外圆 车刀
06	90°	90° 外圆 车刀	15		B 型 切断 车刀
07		A 型 切断 车刀			
08	75°	75° 内孔 车刀	16	60°	外螺纹 车刀
09	95°	95° 内孔 车刀	17	36°	带轮 车刀

12.5.3　天然金刚石车刀

天然金刚石车刀如图 12-48 所示，其尺寸见表 12-72。

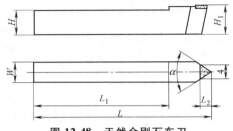

图 12-48　天然金刚石车刀

表 12-72　天然金刚石车刀的尺寸　（JB/T 10725—2007）

（单位：mm）

L	W	H	H_1	L_1	L_2	α
48	6.0	10.0	10.0	42		
50	6.5	6.5	10.5	44	2.5~3.5	30°~75°
52	6.8	6.8	11.0	46		

注：表中尺寸为常用尺寸，对表中 L、W、H 进行任意组合可作为选用尺寸。

12.6　铣刀

12.6.1　圆柱形铣刀

1）整体圆柱形铣刀如图 12-49 所示，其尺寸见表 12-73。

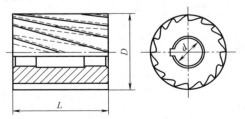

图 12-49　整体圆柱形铣刀

表 12-73　整体圆柱形铣刀的尺寸（GB/T 1115—2022）

（单位：mm）

外径 D	孔径 d	长度 L					
50	22	40	—	63	—	80	—	—
63	27	—	50		70	—	—	—
80	32	—	—	63	—	—	100	—
100	40				70			125

2）组合圆柱形铣刀如图 12-50 所示，其尺寸见表 12-74。

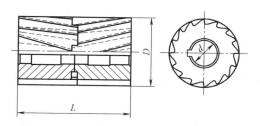

图 12-50　组合圆柱形铣刀

表 12-74　组合圆柱形铣刀的尺寸（GB/T 1115—2022）

（单位：mm）

外径 D	孔径 d	长度 L					
80	32	80	—	125	—	—	—
100	40	—	100	—	160	—	—
125	50		—	125	—	200	—
160	60	—	—	—	160	—	250

12.6.2　T 型槽铣刀

1）普通直柄、削平直柄和螺纹柄 T 型槽铣刀如图 12-51 所示，其尺寸见表 12-75。

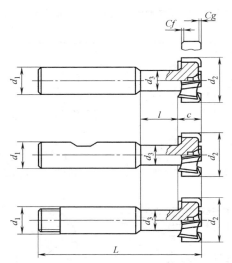

图 12-51 普通直柄、削平直柄和螺纹柄 T 型槽铣刀

表 12-75 普通直柄、削平直柄和螺纹柄 T 型槽

铣刀的尺寸（GB/T 6124—2007）（单位：mm）

d_2	c	d_3 ≤	l_{0}^{+1}	d_1	L	f ≤	g ≤	T 型槽宽度
11	3.5	4	6.5	10	53.5	0.6	1	5
12.5	6	5	7		57			6
16	8	7	10		62			8
18		8	13	12	70			10
21	9	10	16		74			12
25	11	12	17	16	82		1.6	14
32	14	15	22		90			18
40	18	19	27	25	108	1	2.5	22
50	22	25	34	32	124			28
60	28	30	43		139			36

2）带螺纹的莫式锥柄 T 型槽铣刀如图 12-52 所示，其尺寸见表 12-76。

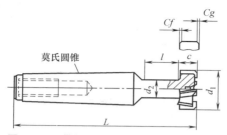

图 12-52 带螺纹的莫式锥柄 T 型槽铣刀

表 12-76 带螺纹的莫式锥柄 T 型槽铣刀的尺寸

(GB/T 6124—2007) (单位：mm)

d_1	c	d_2 ≤	l_0^{+1}	L	f ≤	g ≤	莫氏圆锥号	T 型槽宽度
18	8	8	13	82	0.6	1	1	10
21	9	10	16	98		2	12
25	11	12	17	103		1.6		14
32	14	15	22	111			3	18
40	18	19	27	138	1	2.5	4	22
50	22	25	34	173				28
60	28	30	43	188				36
72	35	36	50	229	1.6	4	5	42
85	40	42	55	240	2	6		48
95	44	44	62	251				54

12.6.3 键槽铣刀

1）直柄键槽立铣刀如图 12-53 所示，其尺寸见表 12-77。

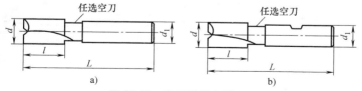

图 12-53 直柄键槽立铣刀

a）普通直柄键槽立铣刀 b）削平直柄键槽立铣刀

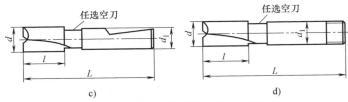

图 12-53　直柄键槽立铣刀（续）

c）2°斜削平直柄键槽立铣刀　d）螺纹柄键槽立铣刀

表 12-77　直柄键槽立铣刀的尺寸（GB/T 1112—2012）

（单位：mm）

d	d_1		推荐系列		短系列		标准系列	
			l	L	l	L	l	L
2	$3^①$	4	4	30	4	36	7	39
3			5	32	5	37	8	40
4	4		7	36	7	39	11	43
5	5		8	40	8	42	13	47
6	6		10	45		52		57
7	8		14	50	10	54	16	60
8					11	55	19	63
10	10		18	60	13	63	22	72
12	12		22	65	16	73	26	83
14	12	$14^①$	24	70				
16	16		28	75	19	79	32	92
18	16	$18^①$	32	80				
20	20		36	85	22	88	38	104

① 此尺寸不推荐采用，如采用，应与相同规格的键槽铣刀相区别。

2）莫氏锥柄键槽铣刀如图 12-54 所示，其尺寸见表 12-78。

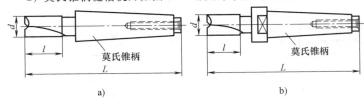

a）　　　　　　　　　　　　　　　　b）

图 12-54　莫氏锥柄键槽铣刀

a）Ⅰ型　b）Ⅱ型

表 12-78　莫氏锥柄键槽铣刀的尺寸（GB/T 1112—2012）

（单位：mm）

d	推荐系列 l	推荐系列 L（I型）	短系列 l	短系列 L I型	短系列 L II型	标准系列 l	标准系列 L I型	标准系列 L II型	莫氏锥柄号
6			8	78		13	83		
7			10	80		16	86		
8	—		11	81		19	89		1
10			13	83		22	92		
12			16	86		26	96		
				101			111		2
14	24	110	16	86		26	96		1
				101			111		
16	28	115	19	104	—	32	117	—	2
18	32	120							
20			22	107		38	123		
	36	125		124			140		3
22				107			123		2
				124			140		
24	40	145	26	128		45	147		
25									
28	45	150							3
32	50	155	32	134		53	155		
	—			157	180		178	201	4
36				134	—		155	—	3
	55	185		157	180		178	201	
38	60	190	38	163	186	63	188	211	4
40				196	224		221	249	3
45	65	195		163	186		188	211	4
	—			196	224		221	249	5

（续）

d	推荐系列		短系列			标准系列			莫氏锥柄号
	l	L	l	L		l	L		
	I 型			I 型	II 型		I 型	II 型	
50	65	195	45	170	193	75	200	223	4
				203	231		233	261	5
56	—			170	193		200	223	4
				203	231		233	261	5
63			53	211	239	90	248	276	

12.6.4　尖齿槽铣刀

尖齿槽铣刀如图 12-55 所示，其尺寸见表 12-79。

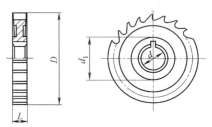

图 12-55　尖齿槽铣刀

表 12-79　尖齿槽铣刀的尺寸（GB/T 1119.1—2002）

（单位：mm）

D	d	d₁ ≥	L															
			4	5	6	8	10	12	14	16	18	20	22	25	28	32	36	40
50	16	27	×	×	×	×	×											
63	22	34	×	×	×	×	×	×	×									
80	27	41		×	×	×	×	×	×	×	×							
100	32	47			×	×	×	×	×	×	×	×	×	×				
125						×	×	×	×	×	×	×	×	×				
160	40	55					×	×	×	×	×	×	×	×	×	×		
200								×	×	×	×	×	×	×	×	×	×	×

注："×"表示有此规格。

12.6.5　直柄立铣刀

直柄立铣刀如图 12-56 所示，其尺寸见表 12-80。

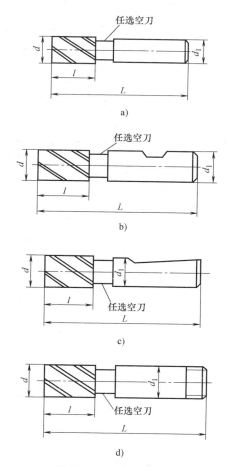

图 12-56　直柄立铣刀

a）普通直柄立铣刀　　b）削平直柄立铣刀

c）2°斜削平直柄立铣刀　　d）螺纹柄立铣刀

表 12-80　直柄立铣刀的尺寸（GB/T 6117.1—2010）

（单位：mm）

直径范围 d	推荐直径 d	$d_1$① Ⅰ组	$d_1$① Ⅱ组	标准系列 l	标准系列 L② Ⅰ组	标准系列 L② Ⅱ组	长系列 l	长系列 L② Ⅰ组	长系列 L② Ⅱ组	粗齿	中齿	细齿
1.9~2.36	2	4③	6	7	39	51	10	42	54	3	4	—
>2.36~3	2.5 / 3	4③	6	8	40	52	12	44	56	3	4	—
>3~3.75	3.5	4③	6	10	42	54	15	47	59	3	4	—
>3.75~4	4	5③	6	11	43	55	19	51	63	3	4	—
>4~4.75	—	5③	6	11	45	55	19	53	63	3	4	—
>4.75~5	5	5③	6	13	47	57	24	58	68	3	4	—
>5~6	6	6	6	13	57	57	24	68	68	3	4	—
>6~7.5	7	8	10	16	60	66	30	74	80	3	4	—
>7.5~8	8	8	10	19	63	69	38	82	88	3	4	—
>8~9.5	9	10	10	19	69	69	38	88	88	3	4	5
>9.5~10	10	10	10	22	72	72	45	95	95	3	4	5
>10~11.8	11	12	12	22	79	79	45	102	102	3	4	5
>11.8~15	12 / 14	12	12	26	83	83	53	110	110	3	4	5
>15~19	16 / 18	16	16	32	92	92	63	123	123	3	4	6
>19~23.6	20 / 22	20	20	38	104	104	75	141	141	3	4	6
>23.6~30	24 / 25, 28	25	25	45	121	121	90	166	166	3	4	6
>30~37.5	32 / 36	32	32	53	133	133	106	186	186	4	6	8
>37.5~47.5	40 / 45	40	40	63	155	155	125	217	217	4	6	8
>47.5~60	50 / 56	50	50	75	177	177	150	252	252	4	6	8
>60~67	63	50	63	90	192	202	180	282	292	6	8	10
>67~75	71	63	63	90	202	202	180	292	292	6	8	10

① 柄部尺寸和公差分别按 GB/T 6131.1、GB/T 6131.2、GB/T 6131.3 和 GB/T 6131.4 的规定。

② 总长尺寸的Ⅰ组和Ⅱ组分别与柄部直径的Ⅰ组和Ⅱ组相对应。

③ 只适用于普通直柄。

12.6.6　莫氏锥柄立铣刀

莫氏锥柄立铣刀如图 12-57 所示，其尺寸见表 12-81。

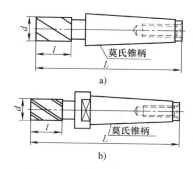

图 12-57 莫氏锥柄立铣刀

a) Ⅰ组 b) Ⅱ组

表 12-81 莫氏锥柄立铣刀的尺寸（GB/T 6117.2—2010）

（单位：mm）

直径范围 d	推荐直径 d	l 标准系列	l 长系列	L 标准系列 Ⅰ组	L 标准系列 Ⅱ组	L 长系列 Ⅰ组	L 长系列 Ⅱ组	莫氏锥柄号	齿数 粗齿	齿数 中齿	齿数 细齿
5~6	6	13	24	83		94					
>6~7.5	7	16	30	86		100					—
>7.5~9.5	8	19	38	89		108		1			
	9										
>9.5~11.8	10 11	22	45	92		115					5
>11.8~15	12 14	26	53	96		123			3	4	
				111	—	138	—				
>15~19	16 18	32	63	117		148		2			
>19~23.6	20 22	38	75	123		160					6
				140		177					
>23.6~30	24 25	45	90	147		192		3			
>30~37.5	32 36	53	106	155		208					
				178	201	231	254	4	4	6	8
>37.5~47.5	40 45	63	125	188	211	250	273				
				221	249	283	311	5			

（续）

直径范围	推荐直径	\multicolumn{2}{c}{l}	\multicolumn{4}{c}{L}	莫氏锥柄号	\multicolumn{3}{c}{齿数}
d	d	标准系列	长系列	\multicolumn{2}{c}{标准系列}	\multicolumn{2}{c}{长系列}		粗齿	中齿	细齿
				I 组	II 组	I 组	II 组				
>47.5~60	50	75	150	200	223	275	298	4	4	6	8
	—			233	261	308	336	5			
	—			200	223	275	298	4	6	8	10
	56			233	261	308	336	5			
>60~75	63	71	90	180	248	276	338	366			

12.6.7　套式立铣刀

套式立铣刀如图 12-58 所示，其尺寸见表 12-82。

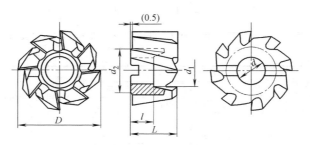

图 12-58　套式立铣刀

注：背面上 0.5mm 不做硬性的规定。

表 12-82　套式立铣刀的尺寸（GB/T 1114—2016）

（单位：mm）

D	d	L	l_0^{+1}	$d_1 \geqslant$	$d_2 \geqslant$
40	16	32	18	23	33
50	22	36	20	30	41
63	27	40	22	38	49
80	27	45	22	38	49
100	32	50	25	45	59
125	40	56	28	56	71
160	50	63	31	67	91

12.6.8 圆角铣刀

圆角铣刀如图 12-59 所示，其尺寸见表 12-83。

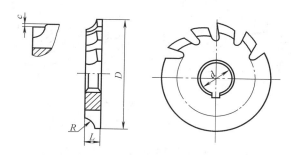

图 12-59 圆角铣刀

表 12-83 圆角铣刀的尺寸（GB/T 6122—2017）

（单位：mm）

R	D	d	L	c
1			4	0.2
1.25	50	16		
1.6			5	0.25
2				
2.5				
3.15(3)	63	22	6	0.3
4			8	0.4
5			10	0.5
6.3(6)	80	27	12	0.6
8			16	0.8
10	100		18	1.0
12.5(12)		32	20	1.2
16	125		24	1.6
20			28	2.0

注：括号内的值为替代方案。

12.6.9 三面刃铣刀

三面刃铣刀如图 12-60 所示，其尺寸见表 12-84。

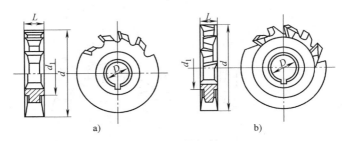

图 12-60　三面刃铣刀

a）直齿三面刃铣刀　b）错齿三面刃铣刀

表 12-84　三面刃铣刀的尺寸（GB/T 6119—2012）

（单位：mm）

d	D	d_1 ≥	L														
			4	5	6	8	10	12	14	16	18	20	22	25	28	32	36	40
50	16	27	×	×	×	×	×	—	—	—	—	—						
63	22	34	×	×	×	×	×	×	×	×			—	—				
80	27	41			×	×	×	×	×	×	×	×			—			
100	32	47				×	×	×	×	×	×	×	×	×			—	
125			—	—		×	×	×	×	×	×	×	×	×	×			
160	40	55			—		×	×	×	×	×	×	×	×	×	×		
200						—	×	×	×	×	×	×	×	×	×	×	×	×

注："×"表示有此规格。

12.6.10　硬质合金 T 型槽铣刀

1）直柄硬质合金 T 型槽铣刀如图 12-61 所示，其尺寸见表 12-85。

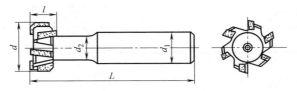

图 12-61　直柄硬质合金 T 型槽铣刀

表 12-85   直柄硬质合金 T 型槽铣刀的尺寸 （GB/T 10948—2006）

（单位：mm）

T 型槽基本尺寸	d	l	L	d_1	d_2 ≤	硬质合金刀片参考型号
12	21	9	74	12	10	A106
14	25	11	82	16	12	D208
18	32	14	90		15	D212
22	40	18	108	25	19	D214
28	50	22	124	32	25	D218A
36	60	28	139		30	D220

2）锥柄硬质合金 T 型槽铣刀如图 12-62 所示，其尺寸见表 12-86。

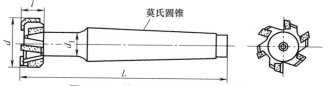

图 12-62   锥柄硬质合金 T 型槽铣刀

表 12-86   锥柄硬质合金 T 型槽铣刀的尺寸 （GB/T 10948—2006）

（单位：mm）

T 型槽基本尺寸	d	l	L	d_1 ≤	硬质合金刀片参考型号
12	21	9	100	10	D106
14	25	11	105	12	D208
18	32	14	110	15	D212
22	40	18	140	19	D214
28	50	22	175	25	D218A
36	60	28	190	30	D220
42	72	35	230	36	D228A
48	85	40	240	42	D236
54	95	44	250	44	

12.6.11   硬质合金螺旋齿立铣刀

1）直柄硬质合金螺旋齿立铣刀如图 12-63 所示，其尺寸见表 12-87。

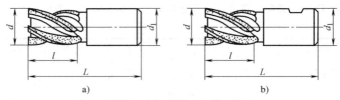

图 12-63　直柄硬质合金螺旋齿立铣刀

a）A 型　b）B 型

表 12-87　直柄硬质合金螺旋齿立铣刀的尺寸（GB/T 16456. 1—2008）

（单位：mm）

d	l	d_1	L_0^{+2}
12	20	12	75
	25		80
16	25	16	88
	32		95
20	32	20	97
	40		105
25	40	25	111
	50		121
32	40	32	120
	50		130
40	50	40	140
	63		153

2）莫氏锥柄硬质合金螺旋齿立铣刀如图 12-64 所示，其尺寸见表 12-88。

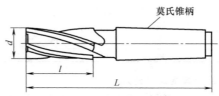

图 12-64　莫氏锥柄硬质合金螺旋齿立铣刀

表 12-88　莫氏锥柄硬质合金螺旋齿立铣刀的尺寸

（GB/T 16456.3—2008）　　　（单位：mm）

d	$l_{-2}^{\ 0}$	$L_{-2}^{\ 0}$	莫氏锥柄号
16	25	110	2
	32	117	
20	32	117	2
	40	125	
		142	3
25	40	142	3
	50	152	
32	40	165	4
	50	175	
40	50	181	4
	63	194	
50	63	194	4
	80	238	5
63	63	221	5
	100	258	

12.7　砂磨器具

12.7.1　磨料和结合剂

固结磨具用的磨料种类见表 12-89，结合剂种类见表 12-90。

表 12-89　磨料种类

类别		名称	代号
天然类		天然刚玉	NC
		金刚砂	E
		石榴石	G
人造类	刚玉系列	棕刚玉	A
		白刚玉	WA
		单晶刚玉	SA
		微晶刚玉	MA
		铬刚玉	PA
		锆刚玉	ZA

（续）

类别		名称	代号
人造类	刚玉系列	黑刚玉	BA
		烧结刚玉	AS
		陶瓷刚玉	CA
	碳化物系列	黑碳化硅	C
		绿碳化硅	GC
		立方碳化硅	SC
		碳化硼	BC

表 12-90　结合剂种类

代号	名称
V	陶瓷结合剂
R	橡胶结合剂
RF	增强橡胶结合剂
B	树脂或其他热固性有机结合剂
BF	纤维增强树脂结合剂
Mg	菱苦土结合剂
PL	塑料结合剂

12.7.2　磨钢球砂轮

磨钢球砂轮如图 12-65 所示，其尺寸见表 12-91、表 12-92。

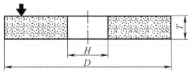

图 12-65　砂轮

表 12-91　陶瓷结合剂磨钢球砂轮的尺寸（GB/T 23541—2017）

（单位：mm）

外径 D	厚度 T	孔径 H
420	80	150
560、600、650、700	100	290
720	80、100	290

（续）

外径 D	厚度 T	孔径 H
720	100	360
760	100	305
800	100	290、360、420、450
800	140	360
820	100	290
820	110、140	305
860	100	290
900	100	360
900	100、140	400
1000	140	440

表 12-92 树脂结合剂磨钢球砂轮的尺寸 （GB/T 23541—2017）

（单位：mm）

外径 D	厚度 T	孔径 H
400	30、40、100、140	150
400	30、40、100、140	175
400	30、40、100、140	220
660	30、40、100、140	175
660	30、40、100、140	220
660	30、40、100、140	290
700、720	40、50、100、140	290
720	40、50、100、140	360
800	30、40、50、60、70、80、100、140	290、360、420、440、450、480
900	40、50、60、70、80、100、140	360、420、440、480

12.7.3 菱苦土砂轮

菱苦土砂轮的形状见表 12-93，其中，1 型砂轮的基本尺寸见 GB/T 4127.4—2008，2 型、6 型砂轮的基本尺寸见 GB/T 4127.5—2008。

表 12-93　菱苦土砂轮的形状（JB/T 4204—2023）

代号	断面图	代号	断面图
1	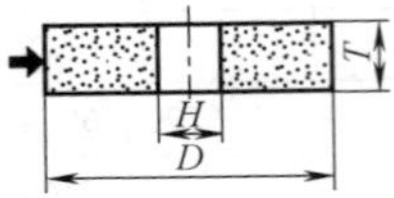	2d	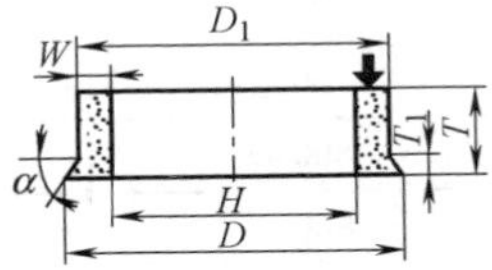
2	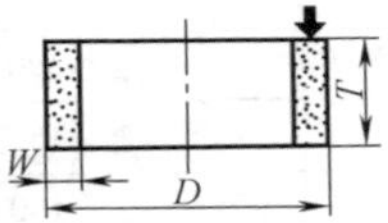	2e	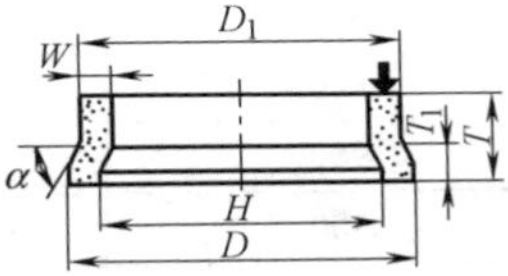
2a	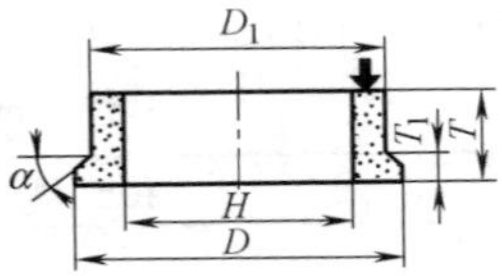	6	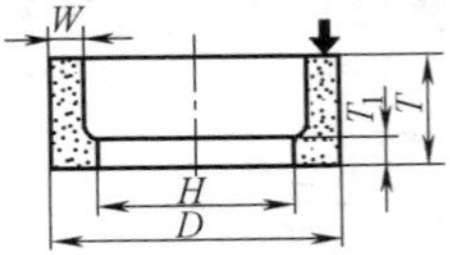
2b	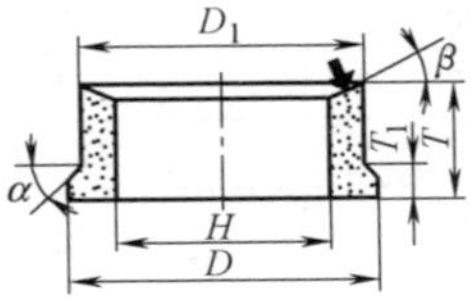	6a	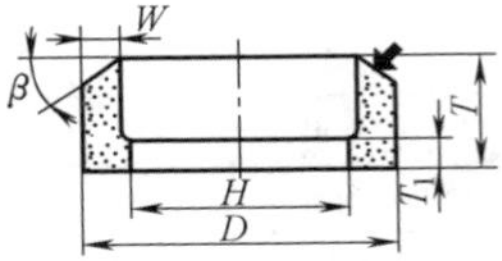
2c	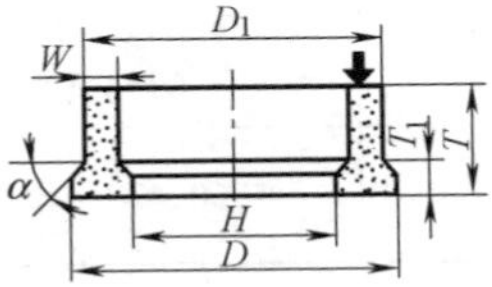	6b	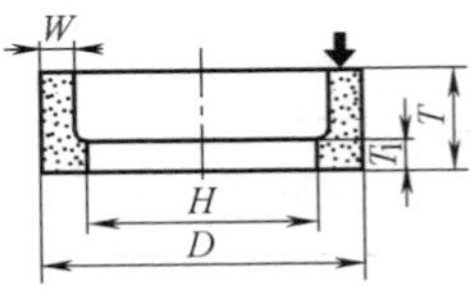

12.7.4　工具磨和工具室用砂轮

1）平形砂轮如图 12-66 所示，其尺寸见表 12-94。

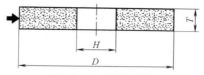

图 12-66 平形砂轮

表 12-94 平形砂轮的尺寸（A 系列）（GB/T 4127.6—2008）

（单位：mm）

D	T							H					
	6	10	13	16	20	25	32	13	16	20	25	32	51
50	×	×	×	—	—	—	—	×	—	—	—	—	—
100	—	×	×	—	×	—	—	—	×	×	—	—	—
125	—	—	×	×	×	×	—	—	—	×	—	×	—
150	×	×	×	×	×	×	—	—	—	×	×	×	—
175	—	×	×	×	×	×	×	—	—	×	—	×	—
200	×	×	×	×	×	×	×	—	—	×	×	×	×
250	—	—	×	—	×	×	—	—	—	—	—	×	—
300	—	—	—	—	×	×	×	—	—	—	—	×	—

注："×"表示有此规格。

2）平形 C 型面砂轮如图 12-67 所示，其尺寸见表 12-95。

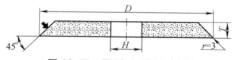

图 12-67 平形 C 型面砂轮

表 12-95 平形 C 型面砂轮的尺寸（B 系列）（GB/T 4127.6—2008）

（单位：mm）

D	T					H
	8	10	13	16	25	
175	×	×	—	—	—	
200	—	×	×	×	—	32
250	—	×	×	×	—	
300	—	—	—	×	—	

（续）

D	T					H
	8	10	13	16	25	
300	—	—	×	—	—	75
	—	—	×	×	—	127
350	—	—	—	—	×	

注："×"表示有此规格。

3）单斜边砂轮如图 12-68 所示，其尺寸见表 12-96、表 12-97。

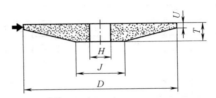

图 12-68　单斜边砂轮

表 12-96　单斜边砂轮的尺寸（A 系列）（GB/T 4127.6—2008）

（单位：mm）

D	T	H	J	U
80	5	13	40	1
100	6	20	50	1.5
125	7	20	63	2
		32		
150	8	32	75	
175	10		85	3
200	13		100	
250	14		125	

表 12-97　单斜边砂轮的尺寸（B 系列）（GB/T 4127.6—2008）

（单位：mm）

D	T	H	J	U
75	6	13	30	2
80	13	20	45	3
100	6		55	2

（续）

D	T	H	J	U
100	8	20	55	
125	8		57	2
	10		65	
150	10		59	
	13		68	
175	6		141	
	8		118	
	10	32	123	
200	10		127	
	13		87	3
	16		103	
250	10		170	
	13		136	
	16		102	
300	10		248	
	13	32、127	225	
	16		203	

4）双斜边砂轮如图 12-69 所示，其尺寸见表 12-98。

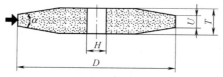

图 12-69　双斜边砂轮

表 12-98　双斜边砂轮的尺寸（B 系列）（GB/T 4127.6—2008）

（单位：mm）

D	T	H	U	α
125	13	20	4	40°
	16			
	16	32		
	20	20	6	

（续）

D	T	H	U	α
150	16	32	4	40°
	20		6	
200	13、16		4	
250	10	75		
	13			
	16			
	20		6	
	25			
300	20		11	
	32			
	25	127	6	
350	10、16、25、32			
	8	160	3	50°
400	8	203		
	10			
	13			
500	10	305		

5）单边凹砂轮（5 型）如图 12-70 所示，其尺寸见表 12-99。

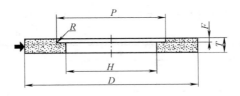

图 12-70　5 型砂轮

表 12-99　5 型砂轮的尺寸（A 系列）（GB/T 4127.6—2008）

（单位：mm）

D	T	H	P	F①	R≤
150	32	20	80	16	
		32			
175	32	32	90	16	3.2
200	40	32	110	20	
		50.8			
250	40	50.8	150	20	
		75.2			
300	45	76.2	150	20	5
	50			25	
400	50	127	215	25	

① F 取值应小于或等于厚度 T 的一半。

6）双面凹砂轮（7 型）如图 12-71 所示，其尺寸见表 12-100。

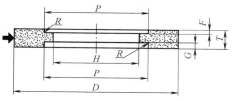

图 12-71　7 型砂轮

表 12-100　7 型砂轮的尺寸（A 系列）（GB/T 4127.6—2008）

（单位：mm）

D	T	H	P	F	G	R≤
300	50	76.2	150	10	10	5
400	65	127	215			

7）杯形砂轮如图 12-72 所示，其尺寸见表 12-101、表 12-102。

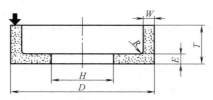

图 12-72　杯形砂轮

表 12-101　杯形砂轮的 A 系列尺寸 （GB/T 4127.6—2008）

（单位：mm）

D	T	H	W	E≥
50	32	13	5	8
80	40		6	10
100	50	20	8	10
125	63	20	8	13
		32		
150	80	32	10	16
180	80		16	16

表 12-102　杯形砂轮的 B 系列尺寸 （GB/T 4127.6—2008）

（单位：mm）

D	T	H	W	E	R
40	25	13	4	5	3
50	32		5	7	
60	32	20		7	
75	40			8	
100	50		7.5	10	4
125		32、65	7.5、12.5	13	
150	63	65	25	25	5
			12.5	13	
	80	32		15	
200	63	32、75	15	18	
	100	100	25	25	
250	100	150			

8）碗形砂轮如图 12-73 所示，其尺寸见表 12-103、表 12-104。

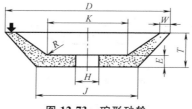

图 12-73 碗形砂轮

表 12-103 碗形砂轮的 A 系列尺寸 （GB/T 4127.6—2008）

（单位：mm）

D	T	H	J	K	W	E ⩾
50	32	13	27	22	4	8
80			57	46	6	
100	40	20	71	56	8	10
125		20	96	81		
		32				
150	50	32	114	96	10	13
180			144	120	13	13

表 12-104 碗形砂轮的 B 系列尺寸 （GB/T 4127.6—2008）

（单位：mm）

D	T	H	J	K	W	E	R
50	25	13	32	23	5	7	3
75	32	20	52	44	5	10	
100	30		50	40	10		4
	35		75	62	7.5		
125	35		66	55	10	13	
	45		92	75	10		
150	35	32	91	81	12.5	13	
	50		114	97	10	15	
175	63		102	86	22.5	25	5
200			127	106	25		
250	140	100	201	155	30	40	
300	150	140	247	191	35		

9）碟形砂轮如图 12-74 所示，其尺寸见表 12-105。

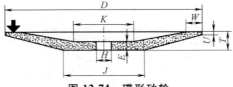

图 12-74　碟形砂轮

表 12-105　碟形砂轮的 A 系列尺寸（GB/T 4127.6—2008）

（单位：mm）

D	T	H	$J=K$	W	$E\geqslant$	U
80	10	13	31	4	6	2.5
100	13	20	36	5	7	
125	13	20	61	6	7	
		32				3.2
150	16	32	66	8	9	
180	20		76	10	11	
200	20		90	10	12	

10）碟形一号砂轮如图 12-75 所示，其尺寸见表 12-106。

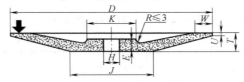

图 12-75　碟形一号砂轮

表 12-106　碟形一号砂轮的 B 系列尺寸（GB/T 4127.6—2008）

（单位：mm）

D	T	H	K	J	W	U	E
75	8	13	30	30	4	2	5
100	10	20	40	40	6	2	6
125	13		50	50	6	3	8
150	16	32	60	60	8	4	10
200	20		80	81	10	4	12
250	25		100	103	13	6	15

（续）

D	T	H	K	J	W	U	E
300	20	127	180	181	15	4	13
350	25			193	25		18
400	25			243	25		
500	32	203	255	291	35		27
600	32			406	35	6	24
800	35	400	500	770	40	3	30

11）碟形二号砂轮如图 12-76 所示，其尺寸见表 12-107。

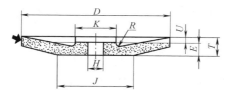

图 12-76　碟形二号砂轮

表 12-107　碟形二号砂轮的 B 系列尺寸（GB/T 4127.6—2008）

（单位：mm）

D	T	H	J	K	U	E	R
225	18	40	120	105	2、4、6、8	16	4
275	20	40	125	105	2、4、6、8	21	5
	25						
350	27	55	170	130	5、8、	22	6
450	29	127	255	205	10、12		7

12.7.5　树脂重负荷磨削砂轮

树脂重负荷磨削砂轮如图 12-77 所示，其尺寸见表 12-108。

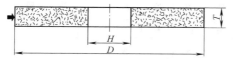

图 12-77　树脂重负荷磨削砂轮

表 12-108　树脂重负荷磨削砂轮的尺寸（JB/T 3631—2017）

（单位：mm）

外径 D	厚度 T	孔径 H
400~500	40~80	127~203.2
>500~610		>203.2~304.8
>610~1000	>80~152	>304.8

12.7.6　树脂和橡胶薄片砂轮

树脂和橡胶薄片砂轮如图 12-78 所示，其尺寸见表 12-109、表 12-110。

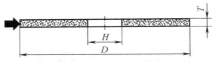

图 12-78　树脂和橡胶薄片砂轮

表 12-109　切割开槽砂轮尺寸（JB/T 6353—2015）

（单位：mm）

D	T									H
	0.5	0.8	1	1.5	2	2.5	3	4	5	
50	▲	▲	▲	▲	▲		▲			6
	■	▲			△					10
60			▲							6
80							▲			
				■						10
	■		■	■	■		▲			20
100							▲	▲		6
	■	■	■	■	■	■	■			16、20、22
125	■	▲	■	■	■	■	■			22
	■	■	■	■	■	■	■	■	△	32
150	■	△	■	■	■		■			25、25.4
	■	■	■	▲	■	▲	■	■		32
175			▲	▲	■					25
	△		▲	■						32
180	■	▲	▲		▲					25、25.4
	■	▲	▲		▲					32

（续）

D	T									H
	0.5	0.8	1	1.5	2	2.5	3	4	5	
200			■	■	■	▲	■			25
		△	■	■	■	▲	■			32
250					△					25
			▲	■	■					32
300					▲		■			25
			■			■	▲			32
								▲		40
400						▲	▲			25
						■	▲			32
							▲			40
500								▲		32

注："▲"表示树脂结合剂，"△"表示橡胶结合剂，"■"表示树脂或橡胶结合剂。

表 12-110　磨转子槽砂轮尺寸（JB/T 6353—2017）

（单位：mm）

D	T				H	结合剂代号
360	3	4	6	8	127	B

12.7.7　珩磨和超精磨磨石

珩磨和超精磨磨石如图 12-79 所示，其尺寸见表 12-111～表 12-116。

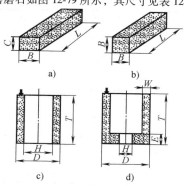

图 12-79　珩磨和超精磨磨石

a）5410 型长方珩磨磨石　　b）5411 型正方珩磨磨石
c）5420 型筒形珩磨磨石　　d）5421 型杯形珩磨磨石

表 12-111　5410 型长方珩磨磨石的 A 系列尺寸

（GB/T 4127. 10—2008）　　（单位：mm）

B	C	L
3	2	30
4	3	40
6	5	60
8	6	80/100
10	8	100
13	10	150
15	12	150

注：选择表中之外的长度，可以按以下系列尺寸制造：25mm、30mm、40mm、
50mm、60mm、80mm、100mm、125mm、150mm、200mm、300mm。

表 12-112　5410 型长方珩磨磨石的 B 系列尺寸

（GB/T 4127. 10—2008）　　（单位：mm）

磨石种类	B	C	L
超精磨石	4、6、8、10、13、16、20	3、4、6、8、10、13、16	20、25、32、40、50、63
	25、32、40、50、63	20、25、32、40	80、100、125、160
珩磨磨石	6	5	63
	13	10	100、125
	16	13	160

注：选择表中之外的长度，可以按以下系列尺寸制造：25mm、30mm、40mm、
50mm、60mm、80mm、100mm、125mm、150mm、200mm、300mm。

表 12-113　5411 型正方珩磨磨石的 A 系列尺寸

（GB/T 4127. 10—2008）　　（单位：mm）

B	L	B	L
2	25	10	100
3	40	13	150
4	50	15	150
5	60	15	200
6	80	20	200
8	100	25	300

注：选择表中之外的长度，可以按以下系列尺寸制造：25mm、30mm、40mm、
50mm、60mm、80mm、100mm、125mm、150mm、200mm、300mm。

表 12-114 5411 型正方珩磨磨石的 B 系列尺寸

（GB/T 4127.10—2008）　（单位：mm）

磨石种类	B	L
超精磨石	3、4、6、8、10、13、16、20	20、25、32、40、50、63
	25、32、40、50、63	80、100、125、160
珩磨磨石	4	40
	6	50
	6	100
	8	80
	13	100
	10、13	125
	13、16	160
	16	200
	20、25	250

注：选择表中之外的长度，可以按以下系列尺寸制造：25mm、30mm、40mm、50mm、60mm、80mm、100mm、125mm、150mm、200mm、300mm。

表 12-115 5420 型筒形珩磨磨石的 A 系列尺寸

（GB/T 4127.10—2008）　（单位：mm）

D	T	H
30	30	20
30	40	25
35	25	10
40	32	28

表 12-116 5421 型杯形珩磨磨石的基本尺寸（A 系列）

（GB/T 4127.10—2008）　（单位：mm）

D	T	H	W、E
40	40	12	
34	30	12	
40	50	20	
30	40	20	$W<0.17D$
50	45	12	$E>0.20T$
38	35	12	
65	50	20	
55	40	20	

12.7.8　手持抛光磨石

手持抛光磨石如图 12-80 所示，其尺寸见表 12-117～表 12-127。

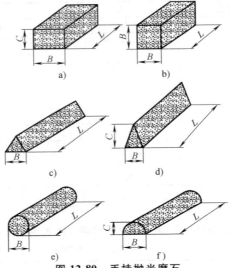

图 12-80　手持抛光磨石

a) 9010 型：长方抛光磨石　　b) 9011 型：正方抛光磨石
c) 9020 型：三角抛光磨石　　d) 9021 型：刀形抛光磨石
e) 9030 型：圆形抛光磨石　　f) 9040 型：半圆抛光磨石

表 12-117　9010 型长方抛光磨石的 A 系列尺寸

（GB/T 4127.11—2008）　　　（单位：mm）

B	C	L
6	3	100
10	5	
13	6	
25	13	
16	8	150
15	10	
20	10	
50	25	

（续）

B	C	L
20	15	
30	20	200
50	25	

表 12-118　9010 型长方抛光磨石的 B 系列尺寸

（GB/T 4127.11—2008）　（单位：mm）

B	C	L
20	6、10	125
20、25	10、13、16	
50	15/10①	150
30	13	
40	20、25	
50	15/10①	200
75	50	

① 双面磨石，两层厚度分别为 15mm 和 10mm。

表 12-119　9011 型正方抛光磨石的 A 系列尺寸

（GB/T 4127.11—2008）　（单位：mm）

B	L	B	L
6	100	20	150
10	—	25	
13	150	20	200
16			

表 12-120　9011 型正方抛光磨石的 B 系列尺寸

（GB/T 4127.11—2008）　（单位：mm）

B	L	B	L
8	100	25	200
13		25	250
		40	
16		50	100

表 12-121　9020 型三角抛光磨石的 A 系列尺寸

（GB/T 4127. 11—2008）　（单位：mm）

B	L	B	L
6		13	150
8	100	16	
10		20	200
13		25	250
10	150	30	

表 12-122　9020 型三角抛光磨石的 B 系列尺寸

（GB/T 4127. 11—2008）　（单位：mm）

B	L	B	L
8	150	16	200
20		25	300

表 12-123　9021 型刀形抛光磨石的 B 系列尺寸

（GB/T 4127. 11—2008）　（单位：mm）

B	C	L
10	25	150
	30	
20	50	

表 12-124　9030 型圆形抛光磨石的 A 系列尺寸

（GB/T 4127. 11—2008）　（单位：mm）

B	L	B	L
6		13	150
8	100	16	
10		20	200
10	150	25	250

表 12-125　9030 型圆形抛光磨石的 B 系列尺寸

（GB/T 4127. 11—2008）　（单位：mm）

B	L
20	150

表 12-126　9040 型半圆抛光磨石的 A 系列尺寸

（GB/T 4127. 11—2008）　　（单位：mm）

B = 2C	L	B = 2C	L
6		13	
8	100	16	150
10		20	200
10	150	25	250

表 12-127　9040 型半圆抛光磨石的 B 系列尺寸

（GB/T 4127. 11—2008）　　（单位：mm）

B = 2C	L
25	200

第 13 章 测量工具

13.1 卡尺

13.1.1 游标卡尺

游标卡尺如图 13-1 所示，其主要技术参数见表 13-1。

图 13-1 游标卡尺

表 13-1 游标卡尺的主要技术参数（GB/T 21389—2008）

（单位：mm）

测量范围	0~70	0~150	0~200	0~300	0~500	0~1000	0~1500	0~2000	0~2500	0~3000	0~3500	0~4000
分度值	0.02、0.05、0.10											

13.1.2 带表卡尺

带表卡尺如图 13-2 所示，其主要技术参数见表 13-2。

图 13-2 带表卡尺

表 13-2 带表卡尺的主要技术参数（GB/T 21389—2008）

（单位：mm）

测量范围	0~70	0~150	0~200	0~300	0~500	0~1000	0~1500	0~2000	0~2500	0~3000	0~3500	0~4000
分度值	0.01、0.02、0.05											

13.1.3　电子数显卡尺

电子数显卡尺如图 13-3 所示，其主要技术参数见表 13-3。

图 13-3　电子数显卡尺

表 13-3　电子数显卡尺的主要技术参数（GB/T 21389—2008）

（单位：mm）

测量范围	0~70	0~150	0~200	0~300	0~500	0~1000	0~1500	0~2000	0~2500	0~3000	0~3500	0~4000
分度值	0.01											

13.1.4　高度游标卡尺

高度游标卡尺如图 13-4 所示，其主要技术参数见表 13-4。

图 13-4　高度游标卡尺

表 13-4　高度游标卡尺的主要技术参数（GB/T 21390—2008）

（单位：mm）

测量范围	0~150	>150~400	>400~600	>600~1000
分度值	0.02、0.05、0.10			

13.1.5　电子数显高度卡尺

电子数显高度卡尺如图 13-5 所示，其主要技术参数见表 13-5。

图 13-5 电子数显高度卡尺

表 13-5 电子数显高度卡尺的主要技术参数 （GB/T 21390—2008）

（单位：mm）

测量范围	0~100	0~150	0~200	0~300	0~500	0~1000
分度值	0.01					

13.1.6 深度游标卡尺

深度游标卡尺如图 13-6 所示，其主要技术参数见表 13-6。

图 13-6 深度游标卡尺

表 13-6 深度游标卡尺的主要技术参数 （GB/T 21388—2008）

（单位：mm）

测量范围	0~100	0~150	0~200	0~300	0~500	0~1000
分度值	0.02、0.05、0.10					

13.1.7 电子数显深度卡尺

电子数显深度卡尺如图 13-7 所示，其主要技术参数见表 13-7。

图 13-7　电子数显深度卡尺

表 13-7　电子数显深度卡尺的主要技术参数 （GB/T 21388—2008）

（单位：mm）

测量范围	0~100	0~150	0~200	0~300	0~500	0~1000
分度值	0.01					

13. 1. 8　齿厚游标卡尺

齿厚游标卡尺如图 13-8 所示，其主要技术参数见表 13-8。

图 13-8　齿厚游标卡尺

表 13-8　齿厚游标卡尺的主要技术参数 （GB/T 6316—2008）

（单位：mm）

模数测量范围	0~16	0~25	5~32	15~55
分度值	0.02			

13. 1. 9　电子数显齿厚卡尺

电子数显齿厚卡尺如图 13-9 所示，其主要技术参数见表 13-9。

图 13-9　电子数显齿厚卡尺

表 13-9　电子数显齿厚卡尺的主要技术参数（GB/T 6316—2008）

（单位：mm）

模数测量范围	0~16	0~25	5~32	15~55
分度值	0.01			

13.2　千分尺

13.2.1　外径千分尺

外径千分尺如图 13-10 所示，其主要技术参数见表 13-10。

图 13-10　外径千分尺

表 13-10　外径千分尺的主要技术参数（GB/T 1216—2018）

（单位：mm）

基本尺寸	标称值
测微螺杆和测砧伸出尺架的部分的公称直径	5、6.35、6.5、7.5、8.0
测砧伸出尺架的长度	≥3
在测量范围上限时测微螺杆伸出尺架的长度	≥3
外径千分尺的测量范围上限	≤1000

（续）

基本尺寸	标称值
外径千分尺的量程	13、15、25、50
尺架深度	$\geqslant 0.5L_3$
外径千分尺测微螺杆的螺距	0.5、1

13.2.2 大外径千分尺

大外径千分尺如图 13-11 所示，其主要技术参数见表 13-11。

图 13-11 大外径千分尺

表 13-11 大外径千分尺的主要技术参数（JB/T 10007—2012）

（单位：mm）

结构形式	测量范围
测砧为可调式	1000 ~ 1100、1100 ~ 1200、1000 ~ 1200、1200 ~ 1300、1300 ~ 1400、1200 ~ 1400、1400 ~ 1500、1500 ~ 1600、1400 ~ 1600、1600 ~ 1700、1700 ~ 1800、1600 ~ 1800、1800 ~ 1900、1900 ~ 2000、1800 ~ 2000、2000 ~ 2200、2200 ~ 2400、2400 ~ 2600、2600 ~ 2800、2800 ~ 3000
测砧带表式	1000 ~ 1500、1500 ~ 2000、2000 ~ 2500、2500 ~ 3000

13.2.3 电子数显外径千分尺

电子数显外径千分尺（见图 13-12）用于测量精密外尺寸，测量范围为 0~25mm，分辨率为 0.001mm。

图 13-12 电子数显外径千分尺

13.2.4　两点内径千分尺

两点内径千分尺如图 13-13 所示，其主要技术参数见表 13-12。

图 13-13　两点内径千分尺

表 13-12　两点内径千分尺的主要技术参数（GB/T 8177—2024）

尺寸范围/mm	最大允许误差/μm	长度尺寸的允许变化值/μm
≤50	±4	—
>50~100	±5	—
>100~150	±6	—
>150~200	±7	—
>200~250	±8	—
>250~300	±9	—
>300~350	±10	—
>350~400	±11	—
>400~450	±12	—
>450~500	±13	—
>500~800	±16	—
>800~1250	±22	—
>1250~1600	±27	—
>1600~2000	±32	10
>2000~2500	±40	15
>2500~3000	±50	25
>3000~4000	±60	—
>4000~5000	±72	60
>5000~6000	±90	80

13.2.5　三爪内径千分尺

三爪内径千分尺如图 13-14 所示，其主要技术参数见表 13-13。

图 13-14 三爪内径千分尺

表 13-13 三爪内径千分尺的主要技术参数 (GB/T 6314—2018)

测量范围	量程	测量范围	量程
>3~6	0.5、1、2	>20~40	4、5
>6~12	2、2.5	>40~100	10、13、25、30、50
>12~20	2.5、3、4	>100~300	10、13、25、30、50、100

13.2.6 深度千分尺

深度千分尺如图 13-15 所示,其主要技术参数见表 13-14。

图 13-15 深度千分尺

表 13-14 深度千分尺的主要技术参数 (GB/T 1218—2018)

(单位:mm)

测量范围	深度千分尺示值最大允许误差	
	量程为 25mm	量程为 50mm
≤50	0.005	0.007
>50~100	0.006	0.008
>100~150	0.007	0.009
>150~200	0.008	0.010
>200~250	0.009	0.011
>250~300	0.010	0.012

注:示值误差的测量条件是在全量程范围内单向移动。

13.2.7　电子数显深度千分尺

电子数显深度千分尺（见图 13-16）用于测量精密外尺寸，测量范围为 0~25mm，分辨率为 0.001mm。

图 13-16　电子数显深度千分尺

13.2.8　板厚千分尺

板厚千分尺如图 13-17 所示，其主要技术参数见表 13-15。

图 13-17　板厚千分尺

表 13-15　板厚千分尺的主要技术参数（JB/T 2989—2016）

（单位：mm）

测量范围	最大允许误差[1]				重复性	
	尺架弓深 H					
	H≤150		H>150		H≤150	H>150
	量程≤25	量程>25	量程≤25	量程>25		
≤50	±0.004	±0.006	±0.005	±0.007	0.001	0.003
>50~100	±0.005	±0.007	±0.006	±0.008		
>100~150	±0.007	±0.009	±0.008	±0.010		
>150~200	±0.008	±0.010	±0.009	±0.011	0.002	
>200~250	±0.010	±0.012	±0.011	±0.013		
>250~300	±0.011	±0.013	±0.012	±0.014		

① 最大允许误差值仅适用于尺架弓深 H 不大于 400mm 的条件下。

13.2.9　壁厚千分尺

壁厚千分尺如图 13-18 所示，其主要技术参数见表 13-16。

图 13-18　壁厚千分尺

表 13-16　壁厚千分尺的主要技术参数　（单位：mm）

测量范围	0~25	25~50
分度值	0.01	

13.2.10　杠杆千分尺

杠杆千分尺如图 13-19 所示，其主要技术参数见表 13-17。

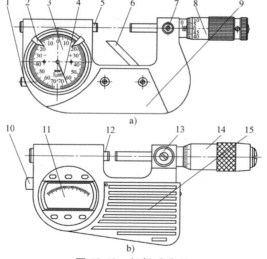

a)

b)

图 13-19　杠杆千分尺

a）指针式　b）数显式

1、10—按钮　2—公差指示器　3—度盘　4—指针　5、12—活动测砧
6—支撑杆（选配）　7、13—锁紧装置　8、14—微分装置
9、15—隔热装置　11—数显指示表部件

表 13-17　杠杆千分尺的主要技术参数（GB/T 8061—2022）

（单位：mm）

测量范围	分度值（分辨力）	指示表的指示范围
0~25	0.001（0.0005）	±0.040、±0.060、±0.070
25~50		
50~75	0.002（0.001）	±0.140
75~100		（±0.040、±0.060、±0.070）

注：括号内的分度值和指示范围适用于某些特殊的产品。

13.2.11　公法线千分尺

公法线千分尺如图 13-20 所示，其主要技术参数见表 13-18。

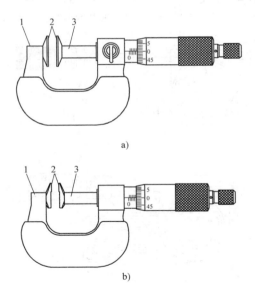

a)

b)

图 13-20　公法线千分尺

a）圆盘型　b）鸭嘴型

1—测砧　2—测量面　3—测微螺杆

表 13-18　公法线千分尺的主要技术参数（GB/T 1217—2022）

（单位：mm）

测量范围	最大允许误差	平行度公差		尺架变形量
		圆盘型	鸭嘴型	
0~25、25~50	0.004	0.004	0.003	0.002
50~75、75~100	0.005	0.005	0.004	0.003
100~125、125~150	0.006	0.006	0.004	0.004
150~175、175~200	0.007	0.006	0.005	0.005
200~225、225~250	0.008	0.007	0.005	0.006
250~275、275~300	0.009	0.007	0.007	0.007
300~325、325~350	0.010	0.009	0.008	0.008
350~375、375~400	0.011	0.009	0.008	0.009
400~425、425~450	0.012	0.011	0.010	0.010
450~475、475~500	0.013	0.011	0.010	0.011

注：公法线千分尺的测量范围跨越表中分挡时，按测量范围的上限查表。

13.2.12　尖头千分尺

尖头千分尺如图 13-21 所示，其主要技术参数见表 13-19。

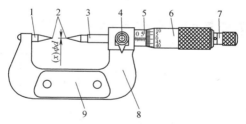

图 13-21　尖头千分尺

1—测砧　2—测量面　3—测微螺杆　4—锁紧装置　5—固定套管

6—微分筒　7—测力装置　8—尺架　9—隔热装置

表 13-19　尖头千分尺的主要技术参数（GB/T 6313—2018）

测量范围/mm	示值最大允许误差	尺架受 10N 力时的变形量
	μm	
0~25、25~50	4	2
50~75、75~100	5	3

13.2.13　螺纹千分尺

螺纹千分尺如图 13-22 所示，其主要技术参数见表 13-20。

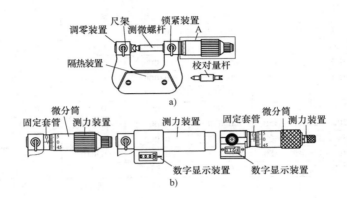

图 13-22　螺纹千分尺

a）总图　b）A 部详图

表 13-20　螺纹千分尺的主要技术参数（GB/T 10932—2024）

（单位：mm）

测量范围	最大允许误差	测头对示值误差的影响	尺架变形量
0～25、25～50	0.004	0.006	0.002
50～75、75～100	0.005	0.008	0.003
100～125、125～150	0.006	0.012	0.004
150～175、175～200	0.007	0.012	0.005
200～225、225～250	0.008	0.015	0.006
250～275、275～300	0.008	0.015	0.007

13.2.14　奇数沟千分尺

奇数沟千分尺如图 13-23 所示，其主要技术参数见表 13-21。

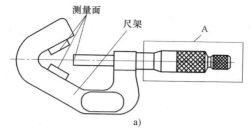

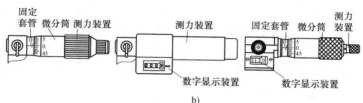

图 13-23　奇数沟千分尺

a）总图　b）A 部详图

表 13-21　奇数沟千分尺的主要技术参数（GB/T 9058—2024）

类型	测微螺杆螺距/mm	测砧间夹角 α	测量范围/mm
三沟千分尺	0.75	60°	1～15、5～20、20～35、35～50、50～65、65～80
五沟千分尺	0.559	108°	5～25、25～45、45～65、65～85
七沟千分尺	0.5275	128°34′17″	

13.3　量尺

13.3.1　三角尺

三角尺的角度规定见表 13-22，其尺寸分段、线纹长度和宽度及宽度差见表 13-23。

13.3.2　金属直尺

金属直尺如图 13-24 所示，其主要技术参数见表 13-24。

表 13-22　三角尺的角度规定（QB/T 1474.2—2023）

示意图	符号	标称角度/(°)
	∠A	60
	∠B	30
	∠C	90
	∠D	45
	∠E	45
	∠F	90

表 13-23　三角尺尺寸分段、线纹长度和宽度及宽度差

（QB/T 1474.2—2023）　　（单位：mm）

尺寸分段	厘米线长	毫米线长	线纹宽度	宽度差
75~150	5~10	3~6	0.10~0.40	≤0.12
>150~300	5~10	3~6	0.10~0.40	≤0.12
>300~450	6~12	4~10	0.10~0.40	≤0.12
>450~600	6~12	4~10	0.10~0.40	≤0.12

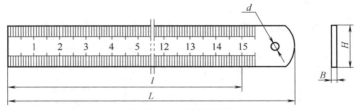

图 13-24　金属直尺

表 13-24　金属直尺的主要技术参数（GB/T 9056—2004）

（单位：mm）

标称长度 l	全长 L	厚度 B	宽度 H	孔径 d
150	175	0.5	15 或 20	5
300	335	1.0	25	5
500	540	1.2	30	5
600	640	1.2	30	5
1000	1050	1.5	35	7
1500	1565	2.0	40	7
2000	2055	2.0	40	7

13.3.3　铁水平尺

铁水平尺又叫铁准尺，是检测设备的水平和垂直位置的量具，如图 13-25 所示。其长度有 150mm、200mm、250mm、300mm、350mm、400mm、450mm、500mm、550mm、600mm 等规格。

图 13-25　铁水平尺

13.3.4　木水平尺

木水平尺是建筑工程中检查建筑物对于水平位置偏差的工具，如图 13-26 所示，其长度有 150mm、200mm、250mm、300mm、350mm、400mm、450mm、500mm、550mm、600mm 等规格。

图 13-26　木水平尺

13.3.5　数显水平尺

数显水平尺如图 13-27 所示，是泥瓦工和木工常用的工具。

13.3.6　纤维卷尺

纤维卷尺按结构不同分为 Z 型（折卷式）H 型（摇卷盒式）和 J 型（摇卷架式）三种，如图 13-28～图 13-30 所示，其规格见表 13-25。

图 13-27　数显水平尺

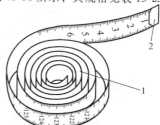

图 13-28　折卷式卷尺

1—尺带　2—夹头

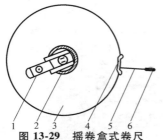 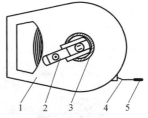

图 13-29　摇卷盒式卷尺

1—摇柄　2—护圈　3—尺盒

4—盒门　5—尺带　6—拉环

图 13-30　摇卷架式卷尺

1—尺架　2—摇柄　3—护圈

4—尺带　5—拉环

表 13-25　纤维卷尺的规格 （QB/T 1519—2011）

类型	尺带规格尺寸/m	尺带截面尺寸/mm	
		宽度	厚度
Z 型	0.5 的整数倍(5m 以下)	4~40	0.45
H 型			
Z 型	5 的整数倍		
H 型			
J 型			

13.3.7　钢卷尺

钢卷尺按结构不同分为 A 型 （自卷式）、B 型 （自卷制动式）、C 型 （数显式）、D 型 （摇卷盒式）、E 型 （摇卷架式）、F 型 （量油尺） 六种，如图 13-31~图 13-34 所示，其规格见表 13-26。

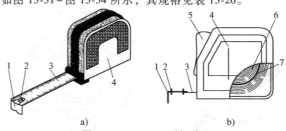

a)　　　　　　　　　　b)

图 13-31　A、B 型钢卷尺

a) A 型 （自卷式）　 b) B 型 （自卷制动式）

1—尺钩　2—铆钉　3—尺带　4—尺盒　5—制动键　6—尺簧　7—尺芯

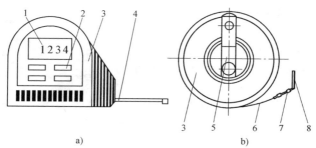

图 13-32　C、D 型钢卷尺

a）C 型（数显式）　b）D 型（摇卷盒式）

1—显示器　2—操作按钮　3—尺盒　4—尺带组件

5—摇柄　6—尺带　7—铆钉　8—拉环

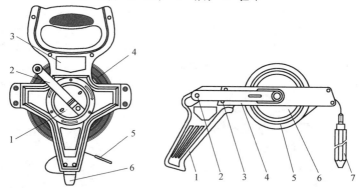

图 13-33　E 型（摇卷架式）钢卷尺　　图 13-34　F 型（量油尺）钢卷尺

1—转盘　2—摇柄　3—尺架　4—尺带　　1—手把　2—摇柄　3—铆钉　4—尺架

5—拉环　6—记号尖及护套　　　　　　5—尺带　6—转盘　7—重锤

表 13-26　钢卷尺的规格（QB/T 2443—2011）

类型	尺带规格尺寸/m	尺带截面		
		宽度/mm	厚度/mm	形状
A、B、C 型	0.5 的整数倍	4~40	0.11~0.16	弧面或平面
D、E、F 型	5 的整数倍	10~16	0.14~0.28	平面

注：1. 有特殊要求的尺带不受本表限制。

　　2. 尺带的宽度和厚度系指金属材料的宽度和厚度。

13.3.8　万能角尺

万能角尺（见图 13-35）用于测量一般的角度、长度、深度、水平度，以及用于在圆形工件上定中心等，也可进行角度划线。其公称长度为 300mm，角度测量范围为 0~180°。

图 13-35　万能角尺

13.3.9　游标万能角度尺

游标万能角度尺是用来测量两测量面夹角大小的器具，如图 13-36 所示。它有 I 型和 II 型两种型号，I 型测量范围为 0~320°，II 型测量范围为 0~360°。

13.3.10　带表万能角度尺

带表万能角度尺是利用活动直尺测量面相对于基尺测量面的旋转，利用机械指示表对该两测量面间分隔的角度进行读数的角度测量器具，如图 13-37 所示。其测量范围为 0~360°。

图 13-36　游标万能角度尺

图 13-37　带表万能角度尺

13.4　量规

13.4.1　中心规

中心规如图 13-38 所示，用于检验螺纹及螺纹车刀角度，也可校验车床的准确性。中心规有普通型和数显型两类，规格有 55°和 60°两种。

图 13-38　中心规

13.4.2　带表卡规

带表卡规如图 13-39 所示，其主要技术参数见表 13-27。

图 13-39　带表卡规

表 13-27　带表卡规的主要技术参数（JB/T 10017—2012）

（单位：mm）

名称	分度值/分辨力	量程	测量范围区间	最大测量臂长度
带表内卡规	0.005	5	2.5～5	10、20、30、40
		10		
	0.01	10	5～160	10、20、25、30、35、50、55、60、80、90、100、120、150、160、175、200、250
		20		
	0.02	40	10～175	25、30、40、55、60、70、80、115、170
	0.05	50	15～230	125、150、175
	0.10	100	30～320	380、540
带表外卡规	0.005	5	0～10	10、20、30、40
		10	0～50	
	0.01	10	0～100	25、30、40、55、60、70、80
		20		

（续）

名称	分度值/分辨力	量程	测量范围区间	最大测量臂长度
带表外卡规	0.02	20	0、100	25、30、40、55、60、70、80、115、170
		40		
		50		
	0.05	50	0~150	125、150、175
	0.10	50	0~400	200、230、300、360、400、530
		100		

13.4.3 杠杆卡规

杠杆卡规如图 13-40 所示，其测量范围及指示机构的示值范围见表 13-28，最大允许误差、重复性及方位误差见表 13-29。

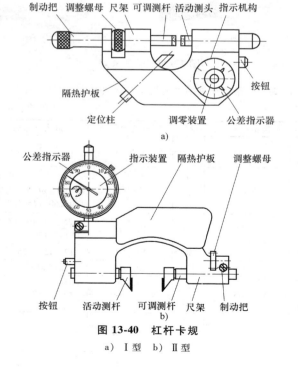

图 13-40 杠杆卡规

a）Ⅰ型 b）Ⅱ型

表 13-28　杠杆卡规的测量范围及指示机构的示值范围

（JB/T 3237—2007）　　　（单位：mm）

类型	分度值	杠杆卡规的测量范围	指示机构的示值范围
I 型	0.001	0~25、25~50	±0.06、±0.05
	0.002	0~25、25~50、50~75、75~100、100~125、125~150	±0.03
	0.005	0~25、25~50、50~75、75~100、100~125、125~150、150~175、175~200	±0.15
II 型	0.001	0~20、20~40、40~60、60~80	±0.05、±0.06
	0.002	0~20、20~40、40~60、60~80、80~130、130~180	±0.08

表 13-29　杠杆卡规的最大允许误差、重复性及方位误差

（JB/T 3237—2007）

类型	分度值/mm	最大允许误差			重复性	方位误差
		±10 分度内	±10~±30 分度	在±30 分度外		
		μm				
I 型	0.001	±0.5	±1.0	±1.5	0.3	0.2
	0.002	±1.0	±2.0		0.5	0.5
	0.005	±2.5	±5.0	—	2.5	1.0
II 型	0.001	±1.0	±2.0	±3.0	0.6	0.3
	0.002	±1.5	±3.5		1.0	0.5

注：最大允许误差、重复性和方位误差值为温度在 20℃ 时的规定值。

13.4.4　圆锥量规

莫氏与米制圆锥量规如图 13-41 所示，其主要技术参数见表 13-30。

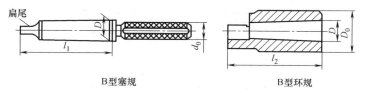

B型塞规　　　　　　　　　　　　　B型环规

图 13-41　莫氏与米制圆锥量规

表 13-30　莫氏与米制圆锥量规的主要技术参数

（GB/T 11853—2003）

圆锥规格		锥度	锥角	主要尺寸/mm		
				D	l_1	l_2
米制圆锥	4	1：20	2°51′51.1″	4	23	—
	6			6	32	—
莫氏圆锥	0	0.6246：12 = 1：19.212	2°58′53.8″	9.045	50	56.5
	1	0.59858：12 = 1：20.047	2°51′26.7″	12.065	53.5	62
	2	0.59941：12 = 1：20.020	2°51′41.0″	17.780	64	75
	3	0.60235：12 = 1：19.922	2°52′31.5″	23.825	81	94
	4	0.62326：12 = 1：19.254	2°58′30.6″	31.267	102.5	117.5
	5	0.63151：12 = 1：19.002	3°0′52.4″	44.399	129.5	149.5
	6	0.62565：12 = 1：19.180	2°59′11.7″	63.380	182	210
米制圆锥	80	1：20	2°51′51.1″	80	196	220
	100			100	232	260
	120			120	268	300
	160			160	340	380
	200			200	412	460

13.4.5　内六角量规

内六角量规如图 13-42 所示，其尺寸见表 13-31。

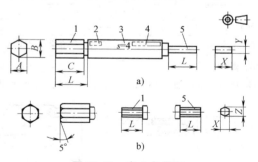

图 13-42　内六角量规

a）标准结构　　b）可任选的小规格通端和止端结构

1—通端　2—通端标志部位　3—内六角规格　4—止端标志部位　5—止端

表 13-31　内六角量规的尺寸（GB/T 70.5—2008）

（单位：mm）

	内六角公称规格 s		0.7	0.9	1.3	1.5	2	2.5	3	4	5	6	8
通规	对边宽度 A	≤	0.709	0.886	1.274	1.519	2.019	2.519	3.019	4.019	5.019	6.019	8.024
		≥	0.706	0.883	1.271	1.516	2.016	2.514	3.014	4.014	5.014	6.014	8.019
	对角宽度 B	≤	0.804	1.006	1.449	1.728	2.298	2.868	3.438	4.578	5.718	6.858	9.144
		≥	0.799	1.001	1.444	1.723	2.293	2.863	3.433	4.573	5.713	6.853	9.139
	长度有效长度 L≥		1.5	2.4	4.7	5	5	7	7	7	7	8	8
量规有效长度 L≥			1.5	2.4	4.7	5	5	7	7	7	7	12	16
止规	对边宽度 X	≤	0.727	0.916	1.303	1.583	2.083	2.586	3.086	4.101	5.146	6.146	8.181
		≥	0.725	0.914	1.301	1.581	2.081	2.581	3.081	4.096	5.141	6.141	8.176
	厚度 Y	≤	—	—	—	1.68	2.23	2.79	—	1.80	2.30	2.80	3.80
		≥	—	—	—	1.66	2.21	2.77	—	1.75	2.25	2.75	3.75
对角宽度 Z		≤	0.782	0.980	1.397	—	—	—	3.35	—	—	—	—
		≥	0.770	0.968	1.384	—	—	—	3.33	—	—	—	—

	内六角公称规格 s		10	12	14	17	19	22	27	32	36	41	46
通规	对边宽度 A	≤	10.024	12.031	14.031	17.049	19.064	22.064	27.064	32.079	36.079	41.079	46.075
		≥	10.019	12.026	14.026	17.044	19.059	22.059	27.059	32.074	36.074	41.074	46.074
	对角宽度 B	≤	11.424	13.711	15.991	19.432	21.729	25.149	30.849	36.566	41.126	46.826	52.521
		≥	11.419	13.706	15.986	19.427	21.724	25.144	30.844	36.561	41.121	46.821	52.521
	长度有效长度 L≥		12	12	12	19	19	22	22	32	32	41	41
量规有效长度 L≥			20	24	28	34	38	44	54	64	72	82	82
止规	对边宽度 X	≤	10.181	12.218	14.218	17.236	19.281	22.281	27.281	32.336	36.336	41.336	46.331
		≥	10.176	12.213	14.213	17.231	19.276	22.276	27.276	32.331	36.331	41.331	46.331
	厚度 Y	≤	4.80	5.75	6.75	8.10	9.10	10.50	12.90	15.30	17.20	19.60	22.00
		≥	4.75	5.70	6.70	8.05	9.05	10.45	12.85	15.25	17.15	19.55	21.95
对角宽度 Z		≤	—	—	—	—	—	—	—	—	—	—	—
		≥	—	—	—	—	—	—	—	—	—	—	—

13.4.6　螺纹量规

螺纹量规如图 13-43 所示，其主要技术参数见表 13-32。

图 13-43　螺纹量规

表 13-32　螺纹量规的主要技术参数（GB/T 3934—2003）

（单位：mm）

螺纹直径/mm	螺距/mm					
	粗牙	细牙				
1、1.2	0.25	0.2				
1.4	0.3	0.2				
1.6、1.8	0.35	0.2				
2	0.4	0.25				
2.2	0.45	0.25				
2.5	0.45	0.35				
3	0.5	0.35				
3.5	0.6	0.35				
4	0.7	0.5				
5	0.8	0.5				
6	1	0.75	0.5			
8	1.25	1	0.75	0.5		
10	1.5	1.25	1	0.75	0.5	
12	1.75	1.5	1.25	1	0.75	0.5
14	2	1.5	1.25	1	0.75	0.5
16	2	1.5	1	0.75	0.5	
18、20、22	2.5	2	1.5	1	0.75	0.5
24、27	3	2	1.5	1	0.75	
30、33	3.5	3	2	1.5	1	0.75

（续）

螺纹直径/mm	螺距/mm					
	粗牙	细牙				
36、39	4	3	2	1.5	1	
42、45	4.5	4	3	2	1.5	1
48、52	5	4	3	2	1.5	1
56、60	5.5	4	3	2	1.5	1
64、68、72	6	4	3	2	1.5	1
76、80、85	6	4	3	2	1.5	
90、95、100	6	4	3	2	1.5	
105、110、115	6	4	3	2	1.5	
120、125、130	6	4	3	2	1.5	
135~140	6	4	3	2	1.5	

13.4.7　螺纹环规

螺纹环规如图 13-44 所示，其主要技术参数见表 13-33。

图 13-44　螺纹环规

表 13-33　螺纹环规的主要技术参数（GB/T 10920—2008）

（单位：mm）

公称直径 d	螺距
1~2.5	0.2、0.25、0.3、0.35、0.4、0.45
>2.5~5	0.35、0.5、0.6、0.7、0.75、0.8
>5~10	0.75、1、1.25、1.5
>10~15	1、1.25、1.5、1.75、2
>15~20	1、1.5、2、2.5
>20~25	1、1.5、2、2.5、3
>25~32	1、1.5、2、3、3.5
>32~40	1、1.5、2、3、3.5、4

（续）

公称直径 d	螺距
>40~50	1、1.5、2、3、4、4.5、5
>50~60	1.5、2、3、4、5、5.5
>60~80	1.5、2、3、4、6
82、85、90	1.5、2、3、4、6
95、100、105、110、115、120、125、130、135、140、145、150、155、160、165、170、175、180	2、3、4、6

13.5　样板

13.5.1　半径样板

半径样板如图 13-45 所示，其主要技术参数见表 13-34。

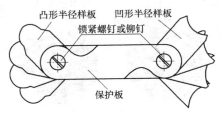

图 13-45　半径样板

表 13-34　半径样板的主要技术参数（JB/T 7980—2010）

半径样板的尺寸/mm			成组半径样板的组装顺序 半径系列尺寸/mm	成组半径样板的片数	
半径	宽度	厚度		凸形	凹形
1~6.5	13.5	0.5	1、1.25、1.5、1.75、2、2.25、2.5、2.75、3、3.5、4、4.5、5、5.5、6、6.5	16	16
7~14.5	20.5		7、7.5、8、8.5、9、9.5、10、10.5、11、11.5、12、12.5、13、13.5、14、14.5		
15~25			15、15.5、16、16.5、17、17.5、18、18.5、19、19.5、20、21、22、23、24、25		

13.5.2 螺纹样板

螺纹样板如图 13-46 所示，其主要技术参数见表 13-35。

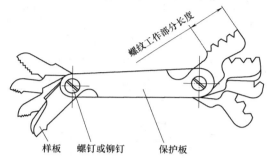

图 13-46 螺纹样板

表 13-35 螺纹样板的主要技术参数（JB/T 7981—2010）

普通螺纹样板的组装顺序螺距系列尺寸/mm	统一螺纹样板的组装顺序螺距系列尺寸/（螺纹牙数/in）	螺纹样板的厚度尺寸/mm
0.40、0.45、0.50、0.60、0.70、0.75、0.80、1.00、1.25、1.50、1.75、2.00、2.50、3.00、3.50、4.00、4.50、5.00、5.50、6.00	28、24、20、18、16、14、13、12、11、10、9、8、7、6、5、4.5、4	0.5

13.5.3 齿轮渐开线样板

齿轮渐开线样板如图 13-47 所示，其主要技术参数见表 13-36。

图 13-47 齿轮渐开线样板

13.5.4 齿轮螺旋线样板

齿轮螺旋线样板如图 13-48 所示，其主要技术参数见表 13-37。

表 13-36　齿轮渐开线样板的主要技术参数（GB/T 6467—2010）

（单位：mm）

基圆半径/mm	25	50	60	100	120	150	200	250	300	400
展开角/(°)	48	44	42	40	40	36	30	30	27	23
展开长度/mm	20	38	44	70	84	94	105	130	140	160
孔径/mm	28			32(40)			34(40)	45(50)		
轴径/mm										
轴长/mm	270~300			270~340			300~340	270~500		

注：允许生产特定基本参数的样板。

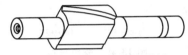

图 13-48　齿轮螺旋线样板

表 13-37　齿轮螺旋线样板的主要技术参数（GB/T 6468—2010）

分圆螺旋角/(°)	0	15	30	45
分圆半径/mm	24	24	—	—
	31	31	31	31
	50	50	50	50
	100	100	100	100
	200	200	200	200
齿宽/mm	60~100	60~100	80~150	80~150
轴长/mm	270~300	270~300	270~550	270~550

注：允许生产特定基本参数的样板。

13.6　样块及量块

13.6.1　木制件表面粗糙度比较样块

对于木制件表面粗糙度比较样块，其表面粗糙度参数公称值见表 13-38，取样长度推荐值见表 13-39，平均值偏差与标准偏差的范围见表 13-40。

13.6.2　铸造表面粗糙度比较样块

铸造表面粗糙度比较样块分类及数值见表 13-41。

表 13-38 样块表面粗糙度参数公称值 （GB/T 14495—2009）

加工方法	砂光		光刨类		平、压刨类		车	
木材分类	粗孔材	细孔材	粗孔材	细孔材	粗孔材	细孔材	粗孔材	细孔材
表面粗糙度参数公称值 $Ra/\mu m$	3.2	3.2	3.2	3.2	3.2	3.2	3.2	3.2
	6.3	6.3	6.3	6.3	6.3	6.3	6.3	6.3
	12.5	12.5	12.5		12.5	12.5	12.5	12.5
	25		25		25	25	25	
					50	50		

注：1. 光刨类包括手光刨、机光刨、刮刨。

2. 平、压刨类包括铣削。

3. 粗孔材类指管孔直径大于 200μm 的木材；细孔材类指管孔直径小于或等于 200μm 的木材（包括无孔材）。

表 13-39 样块表面粗糙度的取样长度 （GB/T 14495—2009）

（单位：mm）

$Ra/\mu m$		3.2	6.3	2.5	25	50①
加工方法	平、压刨类	2.5	8.0		25	
	其他		2.5		8.0	

① 对于轮廓微观不平度的平均间距大于 10mm 的木制件表面，在评定表面粗糙度 Ra 参数值时，应采用在记录轮廓图形上计算的方法。

表 13-40 平均值偏差与标准偏差的范围 （GB/T 14495—2009）

加工方法	木材分类	样块的表面粗糙度平均值偏差（公称值百分率，%）	评定长度所包括的取样长度个数				
			2	3	4	5	6
			标准偏差（有效值百分率，%）				
砂光	细孔材	+20 −15	24	19	17	15	14
	粗孔材	+25 −20	32	26	22	20	18
其他	细孔材	+25 −20	32	26	22	20	18
	粗孔材	+30 −25	40	32	28	25	23

表 13-41　铸造表面粗糙度比较样块分类及数值（GB/T 6060.1—2018）

合金种类	铸造方法	表面粗糙度参数 Ra 标称值/μm											
		0.2	0.4	0.8	1.6	3.2	6.3	12.5	25	50	100	200	400
铸钢	砂型铸造	—	—	—	—	—	—	△	△	○	○	○	○
	壳型铸造	—	—	—	△	○	○	○	○	○	—	—	—
	熔模铸造	—	—	△	○	○	○	○	○	—	—	—	—
铸铁	砂型铸造	—	—	—	—	—	—	△	○	○	○	○	—
	壳型铸造	—	—	—	△	○	○	○	○	○	—	—	—
	熔模铸造	—	—	—	△	○	○	○	○	—	—	—	—
	金属型铸造	—	—	—	—	△	○	○	○	○	—	—	—
铸造铜合金	砂型铸造	—	—	—	—	—	—	△	○	○	○	○	—
	熔模铸造	—	—	△	○	○	○	○	○	—	—	—	—
	金属型铸造	—	—	—	△	○	○	○	○	—	—	—	—
	压力铸造	—	△	○	○	○	○	—	—	—	—	—	—
铸造铝合金	砂型铸造	—	—	—	—	—	—	△	○	○	○	○	—
	熔模铸造	—	—	△	○	○	○	○	○	—	—	—	—
	金属型铸造	—	—	—	△	○	○	○	○	—	—	—	—
	压力铸造	△	○	○	○	○	○	—	—	—	—	—	—
铸造镁合金	砂型铸造	—	—	—	—	—	—	△	○	○	○	○	—
	熔模铸造	—	—	△	○	○	○	○	○	—	—	—	—
	压力铸造	—	△	○	○	○	○	—	—	—	—	—	—
铸造锌合金	砂型铸造	—	—	—	—	—	—	△	○	○	○	○	—
	压力铸造	△	○	○	○	○	○	—	—	—	—	—	—
铸造钛合金	石墨型铸造	—	—	—	—	—	△	○	○	○	—	—	—
	熔模铸造	—	—	—	—	△	○	○	○	—	—	—	—

注：1. △表示需采取特殊措施才能达到的表面粗糙度。
2. ○表示可以达到的表面粗糙度。
3. —表示不适用，或无此项。

13.6.3　磨、车、镗、铣、插及刨加工表面粗糙度比较样块

对于磨、车、镗、铣、插及刨加工表面粗糙度比较样块，取样长度标准值见表 13-42，平均值公差见表 13-43，样块每边最小尺寸见表 13-44。

表 13-42　取样长度标准值（GB/T 6060.2—2006）

表面粗糙度参数公称值 $Ra/\mu m$	样块加工方法				表面粗糙度参数公称值 $Ra/\mu m$	样块加工方法			
	磨	车、镗	铣	插、刨		磨	车、镗	铣	插、刨
	取样长度/mm					取样长度/mm			
0.025	0.25	—			1.6	0.8	0.8	2.5	0.8
0.05	0.25	—			3.2	2.5	2.5	2.5	2.5
0.1	0.25	—			6.3	—	2.5	8.0	2.5
0.2	0.25	—			12.5		2.5	8.0	8.0
0.4	0.8	0.8	0.8		25.0	—	—	—	8.0
0.8	0.8	0.8	0.8	0.8					

注：1. 样块表面微观不平度主要间距应不大于给定的取样长度。

　　2. 对于加工纹理呈周期变化的样块标准表面，其取样长度应取距表中规定值最近的、较大的整周期数的长度。

表 13-43　平均值公差（GB/T 6060.2—2006）

样块加工方法	样块的表面粗糙度平均值偏差（公称值百分率,%）	评定长度所包括的取样长度的数目			
		3 个	4 个	5 个	6 个
		标准偏差(有效值百分率,%)			
磨		12	10	9	8
铣	+12				
车、镗	−17	5		4	
插					
刨		4		3	

注：表中取样长度数目为 3 个、4 个、6 个的标准偏差是按取样长度数目为 5 个的标准偏差计算的。

表 13-44　样块每边最小尺寸（GB/T 6060.2—2006）

表面粗糙度参数公称值 $Ra/\mu m$	0.025 ~ 3.2	6.3 ~ 12.5	25
最小长度/mm	20	30	50

注：表面粗糙度参数 Ra 公称值为 6.3 ~ 12.5μm 的模样，当取样长度为 2.5mm 时，其表面每边的最小长度可为 20mm。

13.6.4　角度量块

角度量块如图 13-49 所示，其主要技术参数见表 13-45、表 13-46。

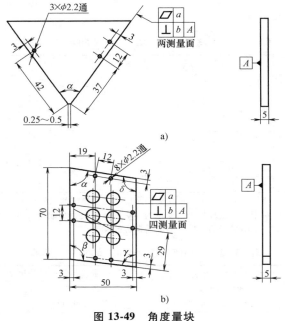

图 13-49　角度量块

a) Ⅰ型　b) Ⅱ型

表 13-45　Ⅰ型角度量块的主要技术参数（GB/T 22521—2008）

工作角度递增值	工作角度标称值 α	块数
1°	10°、11°、…、78°、79°	70
—	10°0′30″	1
15″	15°0′15″、15°0′30″、15°0′45″	3
1′	15°1′、15°2′、…、15°8′、15°9′	9
10′	15°10′、15°20′、15°30′、15°40′、15°50′	5
15°10′	30°20′、45°30′、60°40′、75°50′	4

表 13-46　Ⅱ型角度量块的主要技术参数 （GB/T 22521—2008）

工作角度标称值($\alpha-\beta-\gamma-\delta$)	块数
$80°-99°-81°-100°$、$82°-97°-83°-98°$、$84°-95°-85°-96°$、 $86°-93°-87°-94°$、$88°-91°-89°-92°$、$90°-90°-90°-90°$	6
$89°10'-90°40'-89°20'-90°50'$、 $89°30'-90°20'-89°40'-90°30'$	2
$89°50'-90°0'30''-89°59'30''-90°10'$、 $89°59'30''-90°0'15''-89°59'45''-90°0'30''$	2

13.6.5　长度量块

量块一个测量面上的任意点到与其相对的另一测量面相研合的辅助体表面之间的垂直距离是量块长度 l，如图 13-50 所示。量块矩形截面的基本尺寸见表 13-47，量块长度和长度变动量见表 13-48。

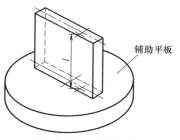

图 13-50　量块长度 l

表 13-47　量块矩形截面的基本尺寸 （GB/T 6093—2001）

（单位：mm）

矩形截面	标称长度 ln	矩形截面长度 a	矩形截面 宽度 b
	$0.5 \sim 10$	$30_{-0.3}^{0}$	$9_{-0.20}^{-0.05}$
	$>10 \sim 1000$	$35_{-0.3}^{0}$	

表 13-48 量块长度和长度变动量（GB/T 6093—2001）

标称长度 ln/mm	K 级		0 级		1 级		2 级		3 级	
	量块测量面上任意点长度相对于标称长度的极限偏差	量块长度变动量最大允许值	量块测量面上任意点长度相对于标称长度的极限偏差	量块长度变动量最大允许值	量块测量面上任意点长度相对于标称长度的极限偏差	量块长度变动量最大允许值	量块测量面上任意点长度相对于标称长度的极限偏差	量块长度变动量最大允许值	量块测量面上任意点长度相对于标称长度的极限偏差	量块长度变动量最大允许值
	μm									
≤10	±0.20	0.05	±0.12	0.10	±0.20	0.16	±0.45	0.30	±1.00	0.50
>10~25	±0.30	0.05	±0.14	0.10	±0.30	0.16	±0.60	0.30	±1.20	0.50
>25~50	±0.40	0.06	±0.20	0.10	±0.40	0.18	±0.80	0.30	±1.60	0.55
>50~75	±0.50	0.06	±0.25	0.12	±0.50	0.18	±1.00	0.35	±2.00	0.55
>75~100	±0.60	0.07	±0.30	0.12	±0.60	0.20	±1.20	0.35	±2.50	0.60
>100~150	±0.80	0.08	±0.40	0.14	±0.80	0.20	±1.60	0.40	±3.00	0.65
>150~200	±1.00	0.09	±0.50	0.16	±1.00	0.25	±2.00	0.40	±4.00	0.70
>200~250	±1.20	0.10	±0.60	0.16	±1.20	0.25	±2.40	0.45	±5.00	0.75
>250~300	±1.40	0.10	±0.70	0.18	±1.40	0.25	±2.80	0.50	±6.00	0.80
>300~400	±1.80	0.12	±0.90	0.20	±1.80	0.30	±3.60	0.50	±7.00	0.90
>400~500	±2.20	0.14	±1.10	0.25	±2.20	0.35	±4.40	0.60	±9.00	1.00
>500~600	±2.60	0.16	±1.30	0.25	±2.60	0.40	±5.00	0.70	±11.00	1.10
>600~700	±3.00	0.18	±1.50	0.30	±3.00	0.45	±6.00	0.70	±12.00	1.20
>700~800	±3.40	0.20	±1.70	0.30	±3.40	0.50	±6.50	0.80	±14.00	1.30
>800~900	±3.80	0.20	±1.90	0.35	±3.80	0.50	±7.50	0.90	±15.00	1.40
>900~1000	±4.20	0.25	±2.00	0.40	±4.20	0.60	±8.00	1.00	±17.00	1.50

注：距离测量面边缘 0.8mm 范围内不计。

13. 7 指示表

13. 7. 1 百分表

百分表如图 13-51 所示，其主要技术参数见表 13-49。

图 13-51 百分表

表 13-49 百分表的主要技术参数 （GB/T 1219—2008）

指示表分度值	指示表测量范围	测量器具的最大允许误差	回程误差 ≤
mm		μm	
0.10	0~10	2.0	1.0
	0~30	3.0	1.5
	0~100	4.0	2.0
0.01	0~20	2.0	1.0
	0~100	3.5	1.5

13. 7. 2 千分表

千分表如图 13-52 所示，其主要技术参数见表 13-50。

13. 7. 3 电子数显指示表

电子数显指示表如图 13-53 所示，其允许误差见表 13-51。

图 13-52　千分表

表 13-50　千分表的主要技术参数（GB/T 1219—2008）

指示表分度值	指示表测量范围	测量器具的最大允许误差	回程误差≤
mm		μm	
0.001	0~1	1.0	0.5
	0~5	1.5	0.5
0.002	0~3	1.5	0.5
	0~10	2.0	1.0

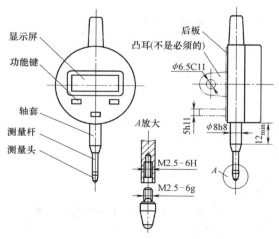

图 13-53　电子数显指示表

表 13-51　电子数显指示表的允许误差（GB/T 18761—2007）

（单位：mm）

分辨力	测量范围	最大允许误差					回程误差	重复性
		任意 0.02	任意 0.2	任意 1.0	任意 2.0	全量程		
0.01	≤10	—	±0.010	—	—	±0.020	0.010	0.010
	>10~30			±0.020	—	±0.030		
	>30~50			—	±0.020			
	>50~100			—				
0.005	≤10	—	±0.010	±0.010	—	±0.015	0.005	0.005
	>10~30							
	>30~50			—	±0.015	±0.020		
0.001	≤1	±0.002	±0.003	—	—	±0.003	0.001	0.001
	>1~3			±0.004		±0.005	0.002	0.002
	>3~10					±0.007		
	>10~30			±0.005		±0.010	0.003	0.003

13.7.4　杠杆指示表

杠杆指示表如图 13-54 所示，其允许误差见表 13-52。

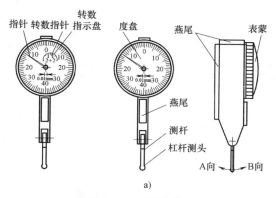

图 13-54　杠杆指示表

a）指针式

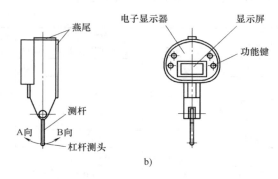

b)

图 13-54　杠杆指示表（续）

b）电子数显式

表 13-52　指针式杠杆指示表的允许误差（GB/T 8123—2007）

（单位：mm）

分度值	量程	最大允许误差					回程误差	重复性
		任意 5 个标尺标记	任意 10 个标尺标记	任意 1/2 量程（单向）	单向量程	双向量程		
0.01	0.8	±0.004	±0.005	±0.008	±0.010	±0.013	0.003	0.003
	1.6			±0.010	±0.020	±0.023		
0.002	0.2	—	±0.002	±0.003	±0.004	±0.006	0.002	0.001
0.001	0.12	—	±0.002	±0.003	±0.003	±0.005		

注：1. 在量程内，任意状态下（任意方位、任意位置）的杠杆指示表均应符合表中的规定。

2. 杠杆指示表的示值误差判定，适用浮动零位的原则（即示值误差的带宽不应超过表中最大允许误差"±"符号后面对应的规定值）。

13.7.5　内径指示表

内径指示表如图 13-55 所示，其基本参数见表 13-53，误差范围见表 13-54。

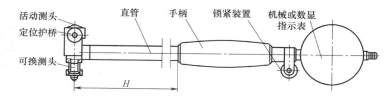

图 13-55　内径指示表

表 13-53　内径指示表的基本参数（GB/T 8122—2024）

（单位：mm）

分度值	0.01、0.001						0.01	
测量范围	6~10	10~18	18~35 18~50 35~50	50~100 50~160 100~160	100~250 160~250	250~450	450~ 700	700~ 1000
测孔深度	≥40						≥100	
活动测头的工作行程	≥0.6	≥0.8	≥1.0 （≥0.8）	≥1.6 （≥0.8）			≥2.0 （≥0.8）	

注：1. 括号内的指标仅用于内径千分表。

　　2. 内径百分表所配指示表的量程大于活动测头的工作行程至少 1.5mm。

表 13-54　内径指示表的误差范围（GB/T 8122—2024）

（单位：mm）

分度值	测量范围 L	最大允许误差			定中心误差	重复性
		任意 0.05	任意 0.1	全工作行程		
0.01	6~10	—	0.005	±0.012	—	0.003
	10~18	—			0.003	
	18~50	—		±0.015	0.003	
	50~250	—	0.006	±0.018	0.003	
	250~450	—			0.005	0.003
	450~700	—	—	±0.022		
	700~1000	—	—			

（续）

分度值	测量范围 L	最大允许误差				定中心误差	重复性
		任意 0.05	任意 0.1	全工作行程			
0.001	6~10	0.002	—	±0.005		0.002	0.002
	10~18						
	18~50	0.003	—	±0.006		0.002	
	50~250			±0.007		0.0025	
	250~450			±0.008		0.003	

注：1. 表中数值均为标准温度在 20℃给出。

　　2. 任意 0.05mm 误差指从活动测头工作行程开始的 0~0.05mm、0.05~0.10mm、0.10~0.15mm …… 直至工作行程结束的任一 0.05mm 的检测段的最大示值误差。

　　3. 任意 0.10mm 误差指从活动测头工作行程开始的 0~0.10mm、0.10~0.20mm、0.20~0.30mm …… 直至工作行程结束的任一 0.10mm 的检测段的最大示值误差。

13.7.6　深度指示表

深度指示表如图 13-56 所示，其基本参数见表 13-55，允许误差见表 13-56。

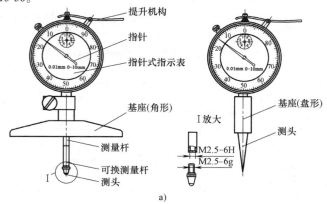

图 13-56　深度指示表

a）指针式

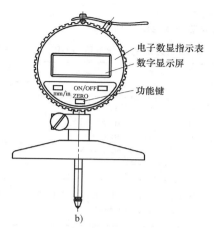

b)

图 13-56　深度指示表（续）

b）电子数显式

表 13-55　深度指示表的基本参数（JB/T 6081—2007）

（单位：mm）

盘形基座尺寸	角形基座尺寸	基座上的安装孔径
$\phi16$、$\phi25$、$\phi40$	63×12、80×15、100×16、160×20	$\phi8$

表 13-56　深度指示表的允许误差（JB/T 6081—2007）

（单位：mm）

所配指示表的量程	允许误差				
	分度值/分辨力				
	0.01		0.001		0.005
	指针式深度指示表	电子数显深度指示表	指针式深度指示表	电子数显深度指示表	电子数显深度指示表
≤1	—	—	±0.007	±0.004	—
>1~3			±0.009	±0.006	
>3~10	±0.020	±0.020	±0.010	±0.008	±0.015
>10~30	±0.030	±0.030	±0.015	±0.012	±0.020
>30~50	±0.040	±0.040	—	—	±0.030
>50~100	±0.050	±0.050			

注：允许误差不包括可换测量杆的误差。

13.7.7　一般压力表

1. 一般压力表的测量范围 （见表 13-57）

表 13-57　一般压力表的测量范围 （GB/T 1226—2017）

类型	测量范围
压力表	$0 \sim 0.1$、$0 \sim 1$、$0 \sim 10$、$0 \sim 100$、$0 \sim 1000$ $0 \sim 0.16$、$0 \sim 1.6$、$0 \sim 16$、$0 \sim 160$ $0 \sim 0.25$、$0 \sim 2.5$、$0 \sim 25$、$0 \sim 250$ $0 \sim 0.4$、$0 \sim 4$、$0 \sim 40$、$0 \sim 400$ $0 \sim 0.6$、$0 \sim 6$、$0 \sim 60$、$0 \sim 600$
真空表	$-0.1 \sim 0$
压力真空表	$-0.1 \sim 0.06$、$-0.1 \sim 0.15$、$-0.1 \sim 0.3$、$-0.1 \sim 0.5$、$-0.1 \sim$ 0.9、$-0.1 \sim 1.5$、$-0.1 \sim 2.4$

2. 一般压力表的安装尺寸

1）直接安装仪表的主要安装尺寸如图 13-57 和表 13-58 所示。

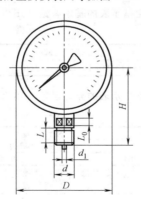

图 13-57　直接安装仪表的主要安装尺寸

注：图中接头尺寸 L_0 处可为四方、六方或对方，图示为四方。

2）嵌装（盘装）及凸装（墙装）仪表的主要安装尺寸如图 13-58 和表 13-59 所示。

表 13-58　直接安装仪表的主要安装尺寸（GB/T 1226—2017）

（单位：mm）

D	H ≥	接头尺寸			L_0 ≥
		d	L	d_1	
40	40	M10×1	10	4	9
60	55	M14×1.5	14	5	
100	85	M20×1.5	20	6	12
150	110				
200	135				
250	160				

注：当对仪表接头螺纹有特殊要求时，用户与生产商协商解决。

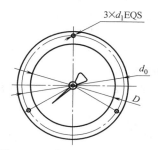

图 13-58　嵌装（盘装）及凸装

（墙装）仪表的主要安装尺寸

表 13-59　嵌装（盘装）及凸装（墙装）仪表的主要安装尺寸

（GB/T 1226—2017）　　（单位：mm）

外壳公称直径 D	装配螺栓中心圆直径 d_0	外壳螺栓孔直径 d_1
40	50	4
60	72	5
100	118	6
150	165	6
200	215	6
250	272	7

13.7.8　精密压力表

1. 精密压力表的测量范围（见表 13-60）

表 13-60　精密压力表的测量范围（GB/T 1227—2017）

类型	测量范围
压力表	0~0.1、0~1、0~10、0~100、0~1000 0~0.16、0~1.6、0~16、0~160 0~0.25、0~2.5、0~25、0~250 0~0.4、0~4、0~40、0~400 0~0.6、0~6、0~60、0~600
真空表	-0.1~0
压力真空表	-0.1~0.06、-0.1~0.15、-0.1~0.3、-0.1~0.5、-0.1~0.9、-0.1~1.5、-0.1~2.4

2. 精密压力表的安装尺寸

1）直接安装仪表的主要安装尺寸如图 13-59 和表 13-61 所示。

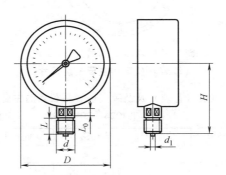

图 13-59　直接安装仪表的主要安装尺寸

注：接头尺寸 L_0 处可为四方、六方或对方，图示为四方。

2）嵌装式仪表的主要安装尺寸如图 13-60 和表 13-62 所示。

表 13-61　直接安装仪表的主要安装尺寸（GB/T 1227—2017）

（单位：mm）

D	H≥	接头尺寸			
		d	L	d_1	L_0
150	110				
200	135				
250	160	M20×1.5	20	6	12
300	185				
400	235				

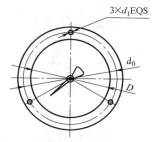

图 13-60　嵌装式仪表的主要安装尺寸

表 13-62　嵌装式仪表的主要安装尺寸（GB/T 1227—2017）

（单位：mm）

D	d_0	d_1
150	165	6
200	215	6
250	272	7
300	自定	7
400	自定	7

第 14 章 电 动 工 具

14.1 电钻和电动旋具

14.1.1 电钻

电钻如图 14-1 所示，其主要技术参数见表 14-1。

图 14-1 电钻

表 14-1 电钻的主要技术参数（GB/T 5580—2007）

规格尺寸/ mm	4		6			8		10		
类型	A	C	A	B	C	A	B	C	A	B
额定输出 功率/W≥	80	90	120	160	120	160	200	140	180	230
额定转矩/ N·m≥	0.35	0.50	0.85	1.20	1.00	1.60	2.20	1.50	2.20	3.00

规格/ 尺寸 mm	13			16		19	23	32
类型	C	A	B	A	B	A		
额定输出 功率/W≥	200	230	320	320	400			500
额定转矩/ N·m≥	2.50	4.00	6.00	7.00	9.00	12.00	16.00	32.00

注：电钻规格尺寸指电钻钻削抗拉强度为 390MPa 钢材时所允许使用的最大钻头
直径。

14. 1. 2　冲击电钻

冲击电钻如图14-2所示,其主要技术参数见表14-2。

图 14-2　冲击电钻

表 14-2　冲击电钻的主要技术参数(GB/T 22676—2008)

规格尺寸/mm	10	12	16	20
额定输出功率/W	160	200	240	280
额定转矩/N·m	1.4	2.2	3.2	4.5
额定冲击次数/(次/min)	17600	13600	11200	9600

注: 1. 冲击电钻规格尺寸是指加工砖石、轻质混凝土等材料的最大钻孔直径。

　　2. 对双速冲击电钻,表中的参数系指低速挡时的参数。

14. 1. 3　电钻锤

电钻锤如图14-3所示,其主要技术参数见表14-3。

图 14-3　电钻锤

表 14-3　电钻锤的主要技术参数(JB/T 8368.1—1996)

型号	SBE-500R	SB2-500①	SBE-400R	SB2-400N①
输入功率/W	500	500	400	400
输出功率/W	250	250	200	200
无负载转速 (第一齿转数)/ (r/min)	2800	2300	2600	2300

（续）

型号	SBE-500R	SB2-500①	SBE-400R	SB2-400N①
第二齿锤动率/（次/min）	42000	2900 43500	39000	2900 43500

① 第二齿锤动率有两挡。

14.1.4　电动螺丝刀

电动螺丝刀如图 14-4 所示，其主要技术参数见表 14-4。

图 14-4　电动螺丝刀

表 14-4　电动螺丝刀的主要技术参数（GB/T 22679—2008）

规格尺寸/mm	适用范围/mm	额定输出功率/W	拧紧力矩/N·m
M6	机螺钉 M4~M6 木螺钉≤4 自攻螺钉 ST3.9~ST4.8	≥85	2.45~8.0

注：木螺钉≤4mm 是指在拧入一般木材中的木螺钉规格。

14.1.5　电动自攻螺丝刀

电动自攻螺丝刀如图 14-5 所示，其主要技术参数见表 14-5。

图 14-5　电动自攻螺丝刀

表 14-5 电动自攻螺丝刀的主要技术参数（JB/T 5343—2013）

规格代号	适用的自攻螺钉范围	输出功率/W≥	负载转速/（r/min）≤
5	ST2.9～ST4.8	140	1600
6	ST3.9～ST6.3	200	1500

14.2 电锯和电剪刀

14.2.1 电动链锯

电动链锯如图 14-6 所示，其主要技术参数见表 14-6。

图 14-6 电动链锯

表 14-6 电动链锯的主要技术参数（LY/T 1121—2022）

导板长度/mm（in）	类型	额定输入功率/W≥	额定转矩/N·m≥	机电转换效率/（%）≥	锯链线速度/（m/s）≥	供油装置最小供油速率/（mL/min）≥	整机净重/kg≤
305（12）	A	420	1.5	55	10	4	3.5
355（14）	A	650	1.8	55	12		4.5
405（16）	B	850	2.5	60	14	6	5.0
450（18）	C	2000	3.2	65	16		6.5

注：A 为轻型（家用级），B 为标准型（半专业级），C 为重型（专业级）。

14.2.2 电圆锯

电圆锯如图 14-7 所示，其主要技术参数见表 14-7。

图 14-7 电圆锯

表 14-7　电圆锯的主要技术参数（GB/T 22761—2008）

规格尺寸 /mm	额定输出功率 /W ≥	额定转矩 /N·m ≥	最大锯割深度 /mm ≥	最大调节角度 /(°)
160×30	550	1.70	55	45
180×30	600	1.90	60	45
200×30	700	2.30	65	45
235×30	850	3.00	84	45
270×30	1000	4.20	98	45

注：表中规格尺寸指可使用的最大锯片外径×孔径。

14.2.3　曲线锯

曲线锯如图 14-8 所示，其主要技术参数见表 14-8。

图 14-8　曲线锯

表 14-8　曲线锯的主要技术参数（GB/T 22680—2008）

规格尺寸 /mm	额定输出功率 /W ≥	工作轴额定往复次数 /(次/min) ≥
40(3)	140	1600
55(6)	200	1500
65(8)	270	1400
80(10)	420	1200

注：1. 额定输出功率是指电动机的输出功率（指拆除往复机构后的输出功率）。
　　2. 曲线锯规格指垂直锯割一般硬木的最大厚度。
　　3. 括号内数值为锯割抗拉强度为 390MPa 钢板的最大厚度。

14.2.4　电动刀锯

电动刀锯如图 14-9 所示，其主要技术参数见表 14-9。

图 14-9　电动刀锯

表 14-9　电动刀锯的主要技术参数（GB/T 22678—2008）

规格尺寸 /mm	额定输出功率 /W ≥	额定转矩 /N·m ≥	空载往复次数 /（次/min）≥
24	430	2.3	2400
26			
28	570	2.6	2700
30			

注：1. 额定输出功率指刀锯拆除往复机构后的额定输出功率。

　　2. 电子调速刀锯的基本参数基于电子装置调节到最大值时的参数。

14.2.5　手持式电剪刀

手持式电剪刀如图 14-10 所示，其主要技术参数见表 14-10。

图 14-10　手持式电剪刀

表 14-10　手持式电剪刀的主要技术参数（GB/T 22681—2008）

规格尺寸/mm	额定输出功率/W ≥	刀杆额定往复次数/（次/min）≥
1.6	120	2000
2	140	1100
2.5	180	800
3.2	250	650
4.5	540	400

注：1. 电剪刀规格尺寸是指电剪刀剪切抗拉强度为 390MPa 热轧钢板的最大厚度。

　　2. 额定输出功率是指电动机的输出功率。

14.2.6　双刃电剪刀

双刃电剪刀如图 14-11 所示，其主要技术参数见表 14-11。

图 14-11　双刃电剪刀

表 14-11　双刃电剪刀的主要技术参数（JB/T 6208—2013）

规格尺寸/mm	最大剪切厚度/mm	额定输出功率/W ≥	额定往复次数/(次/min)≥
1.5	1.5	130	1850
2	2	180	150

14.3　砂光机和砂轮机

14.3.1　宽带式砂光机

宽带式砂光机如图 14-12 所示。其主要技术参数为最大加工宽度，常用宽带式砂光机的最大加工宽度（mm）为 400、630、900、1100、1600、1900、2200、2600、2900、3200、3500、3800。

图 14-12　宽带式砂光机

14.3.2　平板砂光机

平板砂光机如图 14-13 所示，其主要技术参数见表 14-12。

图 14-13　平板砂光机

表 14-12　平板砂光机的主要技术参数 （GB/T 22675—2008）

规格尺寸/mm	最小额定输入功率/W	空载摆动次数/（次/min）≥
90	100	10000
100	100	10000
125	120	10000
140	140	10000
150	160	10000
180	180	10000
200	200	10000
250	250	10000
300	300	10000
350	350	10000

注：1. 制造厂应在每一挡砂光机的规格上指出所对应的平板尺寸，其值为多边形的一条长边或圆形的直径。

2. 空载摆动次数是指砂光机空载时平板摆动的次数（摆动 1 周为 1 次），其值等于偏心轴的空载转速。

3. 电子调速砂光机是以电子装置调节到最大值时测得的参数。

14.3.3　落地砂轮机

落地砂轮机如图 14-14 所示，其主要技术参数见表 14-13。

图 14-14　落地砂轮机

表 14-13　落地砂轮机的主要技术参数 （JB/T 3770—2017）

最大砂轮直径/mm	200	250	300	350	400	500	600
砂轮厚度/mm	25			40		50	65
砂轮孔径/mm	32		75		127	203	305
额定输出功率/kW	0.5	0.75	1.5	1.75	2.2[①]	4.0	5.5
同步转速/（r/min）	3000			1500 3000	1500		1000
额定电压/V	380						
额定频率/Hz	50						

① 他驱式砂轮机的额定输出功率为 3.0kW。

14.3.4　台式砂轮机

台式砂轮机如图 14-15 所示，其主要技术参数见表 14-14。

图 14-15　台式砂轮机

表 14-14　台式砂轮机的主要技术参数（JB/T 4143—2014）

最大砂轮直径/mm	150	200	250
砂轮厚度/mm	20	25	25
砂轮孔径/mm	32	32	32
额定输出功率/kW	0.25	0.50	0.75
同步转速/(r/min)	3000	3000	3000
电动机额定电压/V	380(220)[①]		
额定频率/Hz	50		

①　当砂轮机使用三相电动机时额定电压为 380V，当砂轮机使用单相电动机时额定电压为 220V。

14.3.5　直向砂轮机

直向砂轮机如图 14-16 所示，其主要技术参数见表 14-15、表 14-16。

图 14-16　直向砂轮机

表 14-15　单相串励和三相中频直向砂轮机的主要技术参数

（GB/T 22682—2008）

规格尺寸/mm		额定输出功率/W≥	额定转矩/N·m≥	空载转速/(r/min)≤	许用砂轮安全线速度/(m/s)≥
φ80×20×20(13)	A	200	0.36	11900	50
	B	280	0.40		
φ100×20×20(16)	A	300	0.50	9500	
	B	350	0.60		
φ125×20×20(16)	A	380	0.80	7600	
	B	500	1.10		
φ150×20×32(16)	A	520	1.35	6300	
	B	750	2.00		
φ175×20×32(20)	A	800	2.40	5400	
	B	1000	3.15		

注：括号内数值为 ISO 603 的内孔值。

表 14-16　三相工频直向砂轮机的主要技术参数

（GB/T 22682—2008）

规格尺寸/mm		额定输出功率/W≥	额定转矩/N·m≥	空载转速/(r/min)<	许用砂轮安全线速度/(m/s)≥
φ125×20×20(16)	A	250	0.85	3000	≥35
	B	350	1.20		
φ150×20×32(16)	A				
	B	500	1.70		
φ175×20×32(20)	A				
	B	750	2.40		

注：括号内数值为 ISO 603 的内孔值。

14.4　抛光机和磨光机

14.4.1　抛光机

抛光机一般可分为台式抛光机、自驱式落地抛光机、他驱式落地抛光机三种，其主要技术参数见表 14-17。

表 14-17　抛光机的主要技术参数 （JB/T 6090—2007）

最大抛轮直径/mm	200	300	400
电动机额定功率/kW	0.75	1.5	3
电动机同步转速/(r/min)	3000		1500
额定电压/V	380		
额定频率/Hz	50		

14.4.2　地板磨光机

地板磨光机如图 14-17 所示，其主要技术参数见表 14-18。

图 14-17　地板磨光机

表 14-18　地板磨光机的主要技术参数 （JG/T 5068—1995）

主参数		三相				单相			
滚筒宽度/mm		200	(250)	300	350	200	(250)	300	350
电动机功率/kW ≤		1.5	2.2		3	1.5	2.2		3
滚筒线速度/(m/s) ≥		18							
吸尘器风速/(m/s) ≥		26							
整机重量/kg ≤	铝合金外壳	55	(76)	86	92	55	(76)	86	92
	铸铁外壳	65	(86)	96	108	65	(86)	96	108
外形尺寸（长×宽×高）/mm ≤		1000×450×1000		1150×500×1000		1000×450×1000		1150×500×1000	

注：一般不采用括号内的参数。

14.4.3　角向磨光机

角向磨光机如图 14-18 所示，其主要技术参数见表 14-19。

图 14-18　角向磨光机

表 14-19　角向磨光机的主要技术参数（GB/T 7442—2007）

规格		额定输出功率/W	额定转矩/N·m
砂轮外径/mm	类　型	≥	
100	A	200	0.30
	B	250	0.38
115	A	250	0.38
	B	320	0.50
125	A	320	0.50
	B	400	0.63
150	A	500	0.80
	C	710	1.25
180	A	1000	2.00
	B	1250	2.50
230	A	1000	2.80
	B	1250	3.55

14.4.4　电动湿式磨光机

电动湿式磨光机如图 14-19 所示，其主要技术参数见表 14-20。

图 14-19　电动湿式磨光机

表 14-20　电动湿式磨光机的主要技术参数（JB/T 5333—2013）

规格尺寸/ mm		额定输出 功率/W≥	额定转矩/ N·m≥	最高空载转速/(r/min)≤	
				陶瓷结合剂	树脂结合剂
80	A	200	0.4	7150	8350
	B	250	1.1	7150	8350
100	A	340	1	5700	6600
	B	500	2.4	5700	6600
125	A	450	1.5	4500	5300
	B	500	2.5	4500	5300
150	A	850	5.2	3800	4400
	B	1000	6.1	3800	4400

注：A 表示标准型，B 表示重型。

14.5　土石林木电动工具

14.5.1　电锤

电锤如图 14-20 所示，其主要技术参数见表 14-21。

图 14-20　电锤

表 14-21　电锤的主要技术参数（GB/T 7443—2007）

规格尺寸[①]/mm	16	18	20	22	26	32	38	50
钻削率/(cm^3/min) ≥	15	18	21	24	30	40	50	70

① 规格尺寸指在 C30 号混凝土（抗压强度为 30~35MPa）上作业时的最大钻孔直径（mm）。

14.5.2　混凝土钻孔机

混凝土钻孔机如图 14-21 所示，其主要技术参数见表 14-22。

图 14-21　混凝土钻孔机

表 14-22　混凝土钻孔机的主要技术参数（JG/T 5005—1992）

钻头直径/mm	110	160	200	250
钻削率/（cm³/min）≥	150	300	470	680

注：钻孔机规格指在 C30 混凝土（骨料为中等可钻性如硅化灰盐等）上作业时的最大钻孔直径。

14.5.3　地面水磨石机

地面水磨石机如图 14-22 所示，其主要技术参数为磨盘直径，地面水磨石机的磨盘直径（mm）为 200、250、300、350、（400）、（450）（带括号的为备用参数）。

图 14-22　地面水磨石机

14.5.4　电刨

电刨如图 14-23 所示，其主要技术参数见表 14-23。

图 14-23   电刨

表 14-23   电刨的主要技术参数 （JB/T 7843—2013）

刨削尺寸（宽度×深度）/mm	额定输出功率/W ≥	额定转矩/N·m ≥
60×1	250	0.23
82（80）×1	300	0.28
82（80）×2	350	0.33
82（80）×3	400	0.38
90×2	450	0.44
100×2	500	0.50

14.5.5   往复式割草机

往复式割草机如图 14-24 所示，其主要技术参数见表 14-24。

图 14-24   往复式割草机

表 14-24　往复式割草机的主要技术参数（GB/T 10940—2008）

	割幅/m	1.1	1.4	2.1	2.8	4.0	5.4	6.0
悬挂式	工作速度/(km/h)	3~7	6~7	7~10	7~10	—	—	7~9
	生产率/(ha/h)	0.3~0.7	0.8~1	1.5~2	2~2.8		—	4.2~5.4
半悬挂式	工作速度/(km/h)	—	—	6~7	—	—	—	—
	生产率/(ha/h)	—	—	1.2~1.4	—	—	—	—
牵引式	工作速度/(km/h)	—	—	5.5	7~10	8~9	8~9	—
	生产率/(ha/h)	—	—	1	2~2.8	3.2~3.6	4.3~4.8	—

14.5.6　旋转割草机

旋转割草机如图 14-25 所示，其主要技术参数见表 14-25。

图 14-25　旋转割草机

表 14-25　旋转割草机的主要技术参数（GB/T 10938—2008）

类型	割幅/mm	滚筒（刀盘）数/个	滚筒（刀盘）转速/(r/min)	每个滚筒（刀盘）上的刀片数/片	作业速度/(km/h)≤
滚筒式旋转割草机	0.84	1	1400~1900	2~4	12
	1.65	2	1600~2100		
	2.46	3			

（续）

类型	割幅/mm	滚筒（刀盘）数/个	滚筒（刀盘）转速/(r/min)	每个滚筒（刀盘）上的刀片数/片	作业速度/(km/h)≤
盘式旋转割草机	1.70	4	2500~3000	2~3	16
	2.07	5			
	2.46	6			

14.5.7　旋转搂草机

旋转搂草机如图 14-26 所示，其主要技术参数见表 14-26。

图 14-26　旋转搂草机

表 14-26　旋转搂草机的主要技术参数 （JB/T 10905—2008）

项 目	指 标
工作速度/(km/h)	6~12
工作幅宽/m	3.2~4.0
漏搂率(%)	<5
生产率/(hm²/h)	2.0~4.8
配套动力/kW	17.5~25

第 15 章 气 动 工 具

15.1 气动砂轮机

15.1.1 直柄式气动砂轮机

直柄式气动砂轮机如图 15-1 所示，其主要技术参数见表 15-1。

图 15-1 直柄式气动砂轮机

表 15-1 直柄式气动砂轮机的主要技术参数（JB/T 7172—2016）

产品系列		40	50	60	80	100	150
空转转速/(r/min)≤		17500		16000	12000	9500	6600
负荷性能	主轴功率/kW≥	—		0.36	0.44	0.73	1.14
	单位功率耗气量/[L/(s·kW)]≤	—		36.27	36.95		32.87
噪声（声功率级）/dB(A)≤		95		100	105		
机重（不包括砂轮重量）/kg≤		1.0	1.2	2.1	3.0	4.2	6.0
气管内径/mm		6	10	13		16	

注：验收气压为 0.63MPa。

15.1.2 端面式气动砂轮机

端面气动砂轮机如图 15-2 所示，其主要技术参数见表 15-2。

图 15-2 端面气动砂轮机

表 15-2　端面气动砂轮机的主要技术参数（JB/T 5128—2015）

产品系列	配装砂轮直径/mm		空转转速/（r/min）≤	功率/kW≥	单位功率耗气量/[L/(s·kW)]≤	空转噪声（声功率级）/dB(A)≤	气管内径/mm	机重/kg≤
	钹形	碗形						
100	100	—	13000	0.5	50	102	13	2.0
125	125	100	11000	0.6	48	102	13	2.5
150	150	100	10000	0.7	48	106	16	3.5
180	180	150	7500	1.0	46	113	16	4.5
200	205	150	7000	1.5	44	113	16	4.5
230	—	150	7000	2.1	44	110	16	5.5

注：1. 配装砂轮的允许线速度：钹形砂轮应不低于 80m/s，碗形砂轮应不低于 60m/s。

　　2. 验收气压为 0.63MPa。

　　3. 机重不包括砂轮的重量。

15.1.3　角式气动砂轮机

角式气动砂轮机如图 15-3 所示，其主要技术参数见表 15-3。

图 15-3　角式气动砂轮机

表 15-3　角式气动砂轮机的主要技术参数（JB/T 10309—2011）

产品系列	砂轮最大直径/mm	空转转速/（r/min）≤	空转耗气量/（L/s）≤	主轴功率/kW≥
100	100	14000	30	0.45
125	125	12000	34	0.50
150	150	10000	35	0.60
180	180	8400	36	0.70

（续）

产品系列	单位功率耗气量/ [L/(s·kW)]≤	空转噪声/ dB(A)≤	气管内径/ mm	机重/kg≤
100	27	108	13	2.0
125	36	109	13	2.0
150	35	110	13	2.0
180	34	110	13	2.5

注：1. 产品的验收气压为 0.63MPa。

　　2. 机重不包括砂轮的重量。

15.2　气钻

气钻如图 15-4 所示，其主要技术参数见表 15-4。

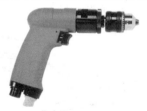

图 15-4　气钻

表 15-4　气钻的主要技术参数（JB/T 9847—2010）

基本参数	产品系列								
	6	8	10	13	16	22	32	50	80
功率/kW≥	0.200		0.290		0.660	1.07	1.24	2.87	
空转转速/(r/min) ≥	900	700	600	400	360	260	180	110	70
单位功率耗气量/ [L/(s·kW)]≤	44.0		36.0		35.0	33.0	27.0	26.0	
噪声（声功率级）/ dB(A)≤	100		105			120			
机重/kg≤	0.9	1.3	1.7	2.6	6.0	9.0	13.0	23.0	35.0
气管内径/mm	10		12.5		16			20	

注：1. 验收气压为 0.63MPa。

　　2. 噪声在空运转下测量。

　　3. 机重不包括钻卡的重量，角式气钻重量可增加 25%。

15.3　气枪

15.3.1　气动喷漆枪

气动喷漆枪如图 15-5 所示，其主要技术参数见表 15-5。

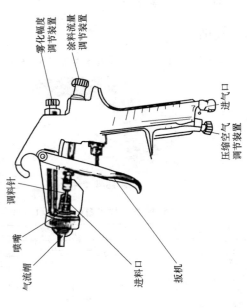

图 15-5　气动喷漆枪

表 15-5　气动喷漆枪的主要技术参数（JB/T 13280—2017）

产品系列	喷嘴口径/mm	耗气量/(L/min) ≤	涂料流量/(mL/min) ≥	喷涂距离/mm	喷幅(长×宽)/mm	噪声(声功率级)/dB(A)	气管内径/mm	进气接头螺纹尺寸/in	涂料黏度(4号福特杯)/s	额定工作压力/MPa
01	0.2	10	6	100	φ25	≤90	2.5	G1/8	7	0.15~0.30
01	0.5	20	38	100	φ25				10	
01	0.6	21	50	150	90×20					
01	0.8	23	75	150	130×20					
01	1.0	26	120	150	150×25					
02	1.1	80	230	200	170×35		5~8	G1/4	18	0.20~0.50
02	1.3	85	260	200	190×35					
02	1.5	95	320	200	200×35					
02	1.8	100	370	200	240×35					
02	2.0	110	410	200	260×35					
03	2.5	115	420	200	250×40				20	0.30~0.60
03	3.0	120	580	200	240×40					
04	3.5	125	650	200	240×40				30	
04	4.0	130	720	200	240×40					

15.3.2　气动打钉枪

气动打钉枪如图 15-6 所示，其主要技术参数见表 15-6。

图 15-6　气动打钉枪

表 15-6　气动打钉枪的主要技术参数（JB/T 7739—2017）

产品类型	产品规格	气管内径/mm	进气接口螺纹尺寸/in①	验收气压/MPa	性能指标 冲击能/J≥	性能指标 机重/kg≤	钉子规格尺寸/mm
直排曲头钉	32	6~8	Rc1/4	0.63	2.7	1.25	L = 10、15、20、25、30、32 1.8~2.0　1　1.25
	50	8			3.0	1.37	L = 10、15、20、25、30、32、35、40、45、50 1.8~2.0　1　1.25

（续）

产品类型	产品规格	气管内径/mm	进气接口螺纹尺寸/in①	验收气压/MPa	性能指标		钉子规格尺寸/mm
					冲击能/J≥	机重/kg≤	
直排曲头钉	50	8	Rc1/4	0.63	4.0	2.3	$L=20$、25、30、32、38、40、45、50 2.8 1.4 1.6
	64	8			5.0	4.1	$L=20$、25、30、32、38、40、45、50、57、64 2.8 1.4 1.6
	64	8			10.0	7.9	$L=18$、25、32、38、45、50、57、64 6.5~7 $\phi2.2$ $\phi2.2$
直排无头钉	6	8			1.4	1.0	$L=12$、15、18、22、25 $\phi0.64$

（续）

产品类型	产品规格	气管内径/mm	进气接口螺纹尺寸/in[①]	验收气压/MPa	性能指标		钉子规格尺寸/mm
					冲击能/J≥	机重/kg≤	
直排无头钉	8	8			1.4	1.0	$L = 12、15、18、22、25$
U形钉	13	6	Rc1/4	0.63	1.4	0.9	$L = 6、8、10、13$
	16	8			2.0	0.85	$L = 6、8、10、12、14、16$
	16	8			2.0	0.85	$L = 6、8、10、12、14、16$

（续）

产品类型	产品规格	气管内径/mm	进气接口螺纹尺寸/in①	验收气压/MPa	性能指标		钉子规格尺寸/mm
					冲击能/J≥	机重/kg≤	
U形钉	16	6	Rc1/4	0.63	2.0	0.9	$L = 6、8、10、12、14、16$ 12.5 0.95 0.65
	16	8			2.0	1.0	$L = 6、8、10、12、14、16$ 12.7 0.95 0.65
	25	6			3.0	1.2	$L = 6、8、10、12、14、16、20、25$ 12.8 0.9 0.7
	13	6			1.4	1.0	$L = 6、8、10、13$ 11.2 1.2 0.6

（续）

产品类型	产品规格	气管内径/ mm	进气接口螺纹尺寸/ in①	验收气压/ MPa	性能指标		钉子规格尺寸/ mm
					冲击能/ J≥	机重/ kg≤	
U 形钉	16	8	Rc1/4	0.63	1.4	0.9	L = 6、8、10、13、16 11.2 1.2　0.6
	16	8			1.0	1.0	L = 6、8、10、12、14、16 10.8 1.25　0.6
	25	6			3.0	1.3	L = 6、8、10、13、16、19、22、25 5.2 1.2　0.6
	40	8			5.0	2.3	L = 16、19、22、25、28、32、38、40 5.7 1.25　1.05

（续）

产品类型	产品规格	气管内径/mm	进气接口螺纹尺寸/in①	验收气压/MPa	性能指标		钉子规格尺寸/mm
					冲击能/J⩾	机重/kg⩽	
U形钉	25	8	Rc1/4	0.63	9.0	2.6	$L = 15、19、25$
	50	8			8.0	2.2	$L = 19、22、25、32、38、45、50$
	50	6			10.0	2.7	$L = 25、32、50$
	18	6			5.0	2.7	$L = 15、18$

（续）

产品类型	产品规格	气管内径/mm	进气接口螺纹尺寸/in[①]	验收气压/MPa	性能指标		钉子规格尺寸/mm
					冲击能/J⩾	机重/kg⩽	
U 形钉	50	8	Rc1/4	0.63	12.0	4.8	$L = 32 、38 、50$ 12.7 1.9　1.6
片形钉	15	6			2.0	—	$L = 15$ 0.4　5.4
斜排钉	90	8			12.0	—	$L = 50 、65 、75 、82 、90$ 21.0° $\phi2.87 \sim \phi3.33$
	90	8			12.0	4.0	$L = 50 、65 、75 、82 、90$ 28.0° $\phi2.87 \sim \phi3.33$

（续）

产品类型	产品规格	气管内径/mm	进气接口螺纹尺寸/in①	验收气压/MPa	性能指标		钉子规格尺寸/mm
					冲击能/J≥	机重/kg≤	
斜排钉	64	8			10.0	4.0	$L = 38、64$ $\phi 3.5 \sim \phi 3.9$ 1.5 $34.0°$
	64	8			10.0	4.0	$L = 25 \sim 64$ 2.7 $\phi 1.8$ $34.0°$
	90	8	Rc1/4	0.63	12.0	4.0	$L = 50、65、75、82、90$ $34.0°$ $\phi 2.87 \sim \phi 3.33$
卷盘钉	45	8			8.0	2.7	$L = 25、32、38、45$ $\phi 5.2$ $15.0°$ $\phi 2.1 \sim \phi 2.3$

（续）

产品类型	产品规格	气管内径/mm	进气接口螺纹尺寸/in[①]	验收气压/MPa	性能指标		钉子规格尺寸/mm
					冲击能/J≥	机重/kg≤	
卷盘钉	55	8	Rc1/4	0.63	8.0	2.7	$L=25$、32、38、45、50、55　$\phi 5.2$　$15.0°$　$\phi 2.1\sim\phi 2.3$
	65	8			8.0	3.0	$L=40$、45、50、57、65　$\phi 5.2$　$15.0°$　$\phi 2.1\sim\phi 2.3$
	70	8			10.0	3.8	$L=45$、50、57、65、70　$\phi 5.7\sim\phi 7$　1.5　$15.0°$　$\phi 2.3\sim\phi 2.9$

（续）

产品类型	产品规格	气管内径/mm	进气接口螺纹尺寸/in①	验收气压/MPa	性能指标		钉子规格尺寸/mm
					冲击能/J≥	机重/kg≤	
卷盘钉	80	8			10.0	4.0	$L = 50、57、65、70、75、83$
	90	8	Rc1/4	0.63	12.0	4.1	$L = 45、50、65、70、75、83、90$
	100	8			12.0	5.3	$L = 65、70、75、83、90、100$

（续）

产品类型	产品规格	气管内径/mm	进气接口螺纹尺寸/in①	验收气压/MPa	性能指标		钉子规格尺寸/mm
					冲击能/J≥	机重/kg≤	
卷盘钉	45	8			8.0	3.0	$L = 19、22、25、32、38、45$
C 形钉	23	8	Rc1/4	0.63	8.0	1.6	23.5
散装钉	70	6			9.0	3.8	$L = 25 \sim 70$
	120	8			3.0	5.3	$\phi = 3 \sim 11$ $L = 50 \sim 120$

① 1in = 25.4mm。

15.4　气动工程工具

15.4.1　气动棘轮扳手

气动棘轮扳手如图 15-7 所示，其主要技术参数见表 15-7。

图 15-7　气动棘轮扳手

表 15-7　气动棘轮扳手的主要技术参数（JB/T 14423—2023）

产品系列	1/4″	3/8″- I	3/8″- II	1/2″
额定拧紧扭矩/N・m≥	18	25	55	60
空转耗气量/(L/min)≤	600	600	750	750
空转转速/(r/min)≥	240	260	140	160
噪声(声功率级)/dB(A)≤	108		110	
机重/kg≤	0.7	0.7	1.3	1.3
气管内径/mm	10	10	10	10

注：1. 验收气压为 0.63MPa。
　　2. 额定拧紧扭矩为在测试台上扭紧 90°时积累的扭矩。
　　3. 机重不包括机动套筒扳手、进气接头等的重量。
　　4. 由 3/8″规格改制 1/4″或由 1/2″规格改制成 3/8″套筒四方头的产品，
　　　 扭力按相应规格参数测试。

15.4.2　冲击式气扳机

冲击式气扳机如图 15-8 所示，其主要技术参数见表 15-8。

图 15-8　冲击式气扳机

表 15-8　冲击式气扳机的主要技术参数（JB/T 8411—2016）

基本参数	产品系列												
	6	8	10	14	16	20	24	30	36	42	56	76	100
拧紧螺纹范围/mm	5~6	6~8	8~10	12~14	14~16	18~20	22~24	24~30	32~36	38~42	45~56	58~76	78~100
拧紧扭矩/N·m ≥	20	50	70	150	196	490	735	882	1350	1960	6370	14700	34300
拧紧时间/s ≤	2	2	2	2	2	3	3	3	5	5	10	20	30
负荷耗气量/(L/s) ≤	10	16	16	16	18	30	30	40	40	50	60	75	90
空转转速/(r/min) ≥（无减速机构型）	8000	8000	6500	6000	5000	5000	4800	4800	—	—	—	—	—
空转转速/(r/min) ≥（有减速机构型）	3000	3000	2500	1500	1400	1000	800	800	2800	2800	2800	2800	2800
噪声(声功率级)/dB(A) ≤	113	113	113	113	113	118	118	118	123	123	123	123	123
机重/kg ≤（无减速机构型）	1.0	1.2	2.0	2.5	3.0	5.0	6.0	9.5	12	16.0	30.0	36.0	76.0
机重/kg ≤（有减速机构型）	1.5	1.5	2.2	3.0	3.5	8.0	9.5	13.0	12.7	20.0	40.0	56.0	96.0
气管内径/mm	8	8	13	13	16	20	16	16	13	19	25	25	25
传动四方系列	6.3、10、12.5、16						20		25	25	40（63）	63	63

注：1. 验收气压为 0.63MPa。
2. 产品的空转转速和机重栏上、下两行分别适用于无减速机构型和有减速机构型产品。
3. 机重不包括机动套筒手柄、进气接头、辅助手柄、吊环等的重量。
4. 括号内数字尽可能不用。

15.4.3　气铲

气铲如图 15-9 所示，其主要技术参数见表 15-9。

图 15-9　气铲

表 15-9　气铲的主要技术参数（JB/T 8412—2016）

产品规格	机重[①]/kg	验收气压 0.63MPa						
		冲击能量/J≥	耗气量/(L/s)≤	冲击频率/Hz≥	缸径/mm	噪声(声功率级)/dB(A)≤	气管内径/mm	气铲尾柄/mm
2	2	0.7	7	45	18	103	10	$\phi10\times41$
		2		50	25			□12
3	3	5	9	50	24			六角形 14×48
5	5	8	19	35	28	116	13	$\phi17\times60$
6	6	10	21	32	30			
		14	15	20	28	120		
7	7	17	16	13	28	116		

①机重应在指标值的±10%之内。

15.4.4　气镐

气镐如图 15-10 所示，其主要技术参数见表 15-10。

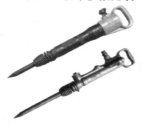

图 15-10　气镐

表 15-10　气镐的主要技术参数 （JB/T 9848—2023）

产品规格	验收气压为 0.63MPa				气管内径/mm	镐钎尾柄规格尺寸/mm
	冲击能量/J≥	冲击频率/Hz≥	耗气量/(L/s)≤	噪声(声功率级)/dB(A)≤		
7	28	20	20	115	16	$\phi26\times80$
8	30	18	20	116	16	$\phi25\times75$、$\phi24\times72$
10	43	16	26	118	16	$\phi25\times75$、$\phi24\times72$
12	45	18	26	118	16	$\phi24\times72$
16	50	18	26	118	16	$\phi24\times72$
20	55	16	28	120	16	$\phi30\times87$

15.4.5　气动捣固机

气动捣固机如图 15-11 所示，其主要技术参数见表 15-11。

图 15-11　气动捣固机

表 15-11　气动捣固机的主要技术参数 （JB/T 9849—2011）

产品规格	机重/kg≤	验收气压为 0.63MPa		气管内径/mm
		耗气量/(L/s)≤	冲击频率/Hz≥	噪声(声功率级)/dB(A)≤	

产品规格	机重/kg≤	耗气量/(L/s)≤	冲击频率/Hz≥	噪声(声功率级)/dB(A)≤	气管内径/mm
2	3	7.0	18	105	10
		9.5	16		
4	5	10.0	15	109	13
6	7	13.0	14		
9	10	15.0	10	110	
18	19	19.0	8		

15.4.6　手持式凿岩机

手持式凿岩机如图 15-12 所示，其主要技术参数见表 15-12。

图 15-12　手持式凿岩机

表 15-12　手持式凿岩机的主要技术参数（JB/T 1674—2020）

产品系列	验收气压为 0.4MPa						
	空转转速/（r/min）≥	冲击能/J	冲击频率/Hz	凿岩耗气量/（L/s）≤	噪声（声功率级）/dB（A）≤	每米岩孔耗气量/（L/m）≤	凿孔深度/m
轻		2.5~20	40~55	20	114		1
中	200	15~40	25~40	40	120	18.8×10³	3
重		30~50	22~40	55	124		5

产品系列	气管内径/mm	水管内径/mm	钎尾规格/mm
轻	8 或 13	—	制造企业自定
中	16 或 20（19）	8 或 13	H22×108 或 H19×108
重	20（19）	13	H22×108 或 H25×108

注：（19）也可选用。

15.4.7　手持式气动钻机

手持式气动钻机如图 15-13 所示，其主要技术参数见表 15-13。

图 15-13　手持式气动钻机

表 15-13　手持式气动钻机的主要技术参数（MT/T 994—2006）

类型	额定转矩/ N·m≤	动力失速转矩/ N·m≤	钻机机重(不含注 油器、支腿、架柱)/ kg≤
手持式气动钻机	65	110	15
支腿支撑手持式 气动钻机	75	170	25
架柱支撑手持式 气动钻机	110	220	—

15.4.8　气动夯管锤

气动夯管锤如图 15-14 所示，其主参数代号见表 15-14，主要技术参数见表 15-15。

图 15-14　气动夯管锤

表 15-14　气动夯管锤的主参数代号（JB/T 10547—2006）

主参数代号	140	155	190	260	300
气动夯管锤缸体 外径范围/mm	135~146	150~160	190~205	260~275	295~310

（续）

主参数代号	350	420	510	610	710
气动夯管锤缸体 外径范围/mm	350~365	415~426	510~525	610~625	710~725

表 15-15   气动夯管锤的主要技术参数（JB/T 10547—2006）

主参数代号	冲击能/J ≥	冲击频率/Hz ≥	工作压力/ MPa	耗气量/(m³/min) ≤
140	600	4	0.4~0.8	3.5
155	750	4	0.4~0.8	3.5
190	900	3.5	0.4~0.8	6
260	1800	3.3	0.4~0.8	8
300	3000	3.0	0.4~0.8	12
350	4800	2.5	0.6~1.2	18
420	8600	2.3	0.6~1.2	25
510	15500	2.3	0.6~1.2	35
610	30000	2.0	0.6~1.2	45
710	50000	2.0	0.6~1.2	80

参 考 文 献

[1] 刘胜新，杨明杰. 新编五金大手册 [M]. 北京：机械工业出版社，2020.

[2] 潘家祯. 新编实用五金手册 [M]. 北京：化学工业出版社，2022.

[3] 李维荣. 五金手册 [M]. 北京：机械工业出版社，2021.

[4] 李书常. 电器五金速查手册 [M]. 北京：化学工业出版社，2019.

[5] 张能武. 五金工具手册 [M]. 北京：中国电力出版社，2019.

[6] 刘胜新. 五金工具手册 [M]. 2版. 北京：机械工业出版社，2015.

[7] 祝燮权. 实用五金手册 [M]. 8版. 上海：上海科学技术出版社，2015.

[8] 潘继民. 五金件手册 [M]. 北京：机械工业出版社，2011.

[9] 王金荣. 五金实用手册 [M]. 北京：机械工业出版社，2011.